Nivaldo Chiossi

Geologia de engenharia

3ª edição

oficina de textos

Copyright © 2013 Oficina de Textos
1ª reimpressão 2016 | 2ª reimpressão 2020
Grafia atualizada conforme o Acordo Ortográfico da Língua
Portuguesa de 1990, em vigor no Brasil dese 2009.

Conselho editorial Arthur Pinto Chaves; Cylon Gonçalves da Silva; Doris C. C. K. Kowaltowski; José Galizia Tundisi; Luis Enrique Sánchez; Paulo Helene; Rozely Ferreira dos Santos; Teresa Gallotti Florenzano

Capa e projeto gráfico Malu Vallim
Diagramação Resolvo Ponto Com.
Preparação de textos Cássio Pelin e Gerson Silva
Revisão de textos Hélio Hideki Iraha
Impressão e acabamento BMF gráfica e editora

Dados Internacionais de Catalogação na Publicação (CIP)
(Câmara Brasileira do Livro, SP, Brasil)

Chiossi, Nivaldo José
 Geologia de engenharia / Nivaldo Chiossi . --
3. ed. -- São Paulo : Oficina de Textos, 2013.

Bibliografia
ISBN 978-85-7975-083-0

 1. Geologia 2. Geologia ambiental 3. Geologia
de engenharia I. Título.

13-07665   CDD-624.151

Índices para catálogo sistemático:
1. Geologia de engenharia 624.151

Todos os direitos reservados à **Editora Oficina de Textos**
Rua Cubatão, 798
CEP 04013-003 São Paulo SP
tel. (11) 3085 7933
www.ofitexto.com.br   atend@ofitexto.com.br

Apresentação

Conheci o Nivaldo Chiossi na década de 1950, quando Nivaldo, eu e o Ayrton Badelucci tomávamos o trem noturno de São Paulo a Bauru na quinta-feira e o ônibus de Bauru para Lins (onde dávamos 8 horas de aulas) na sexta-feira pela manhã. Retornávamos a Bauru no começo da noite e, finalmente, tomávamos o trem noturno para amanhecer sábado em São Paulo.

Foram anos pioneiros no Brasil na área de Geologia de Engenharia. A disciplina Geologia aplicada à Engenharia ministrada pelo Nivaldo foi o primeiro curso do gênero no Brasil.

Nos 50 anos que nos separam desses tempos de Escola de Engenharia de Lins, Nivaldo e eu seguimos ensinando e, em 1975, Nivaldo publica o Livro *Geologia aplicada à Engenharia*, enquanto eu, em 1996, o livro *100 Barragens Brasileiras*.

Nunca mais nos encontramos, mas agora, 50 anos depois, caiu-me nas mãos a revisão atualizada do livro do Nivaldo, enriquecida e ilustrada com as novas obras de Engenharia espalhadas pelo Brasil afora, cobrindo uma enorme diversidade de assuntos, entre os quais águas subterrâneas, rios e bacias hidrográficas, barragens, túneis, cavernas, mineração, rodovias, ferrovias, canais, dutos, linhas de transmissão, gás e petróleo, além de uma incursão num dos temas da atualidade – o Meio Ambiente.

Em cada tema, Nivaldo inclui ilustrações e mostra de forma didática a importância de conhecer a geologia local, que inclui as rochas e os solos formadores do substrato onde a Engenharia implanta suas obras.

Os capítulos iniciais de 1 a 5 são dedicados aos conceitos básicos sobre solos e rochas e se constituem no arcabouço teórico para adentrar-se nas áreas aplicadas. A citação bombástica de Marcelo Gleiser, "vivemos na superfície de uma bolha de metal incandescente, à mercê de seus ajustes", abre o livro, como uma introdução à teoria das placas tectônicas. Depois de quatro páginas, a obra nos remete de volta à nossa modesta terra, com seus minerais que formam as rochas e que, por sua vez, alteram-se para formar os solos.

O Cap. 6 envereda pela complexa Geologia Estrutural, um desafio permanente para qualquer obra de engenharia. Os Caps. 7, 8 e 9 tratam dos métodos de investigação do subsolo, da elaboração de mapas geológicos e geotécnicos e dos recursos dos fotos aéreas e do sensoriamento remoto para a identificação dos aspectos estruturais da geologia da área de interesse a uma obra de engenharia. Encerram a obra os capítulos de aplicação já mencionados.

Parabéns ao Nivaldo Chiossi pela revisão do livro *Geologia de Engenharia*.

Paulo Teixeira da Cruz
Professor do Departamento de Engenharia de Estruturas e Fundações
Escola Politécnica da Universidade de São Paulo

Prefácio

"Aqueles que se expõem poderão ser perseguidos."
(de um sermão do Pe. Juarez Pedro de Castro, 2012)

A Geologia é definida como a ciência que trata da origem, evolução e estrutura da Terra, por meio do estudo das rochas. Compreende um vasto campo, que pode ser dividido em dois grupos gerais: Geologia Teórica ou Natural e Geologia Aplicada, e um grande número de subdivisões, como exposto no esquema a seguir:

Geologia			
Teórica ou natural	Geologia física	Mineralogia, Petrografia, Sedimentologia, Estrutural, Geomorfologia	
	Geologia histórica	Paleontologia, Estratigrafia	
Aplicada	Econômica	Mineração, Petróleo	
	Engenharia	Projetos e construção em Engenharia Civil: túneis, barragens, estradas, canais, metrô, água subterrânea, fundações etc.	
		Meio Ambiente: resíduos sólidos, deslizamentos, saneamento básico etc.	

Os cursos de Geologia no Brasil são relativamente novos, o primeiro foi há quase 60 anos.

Com o objetivo de inserir a presente obra na perspectiva histórica que a originou, destaco os seguintes eventos:

Década de 1950

A criação dos cursos de Geologia no Brasil teve início na década de 1950, quando os alunos do curso de História Natural da Faculdade de Filosofia, Ciências e Letras da Universidade de São Paulo (USP) foram autorizados a fazer o Curso de Especialização de Geologia, com duração de dois anos.

1955

Ano em que temos, na prática, como referência histórica, a criação, no Instituto de Pesquisas Tecnológicas do Estado de São Paulo (IPT), da seção de Geologia Aplicada, sob a orientação do renomado engenheiro Ernesto Pichler.

1957

O próximo passo foi a criação, em 1957, de um curso específico de Geologia dentro da própria Faculdade de Filosofia, Ciências e Letras da USP, por meio da Lei Estadual de 5/2/1957. Seus objetivos visavam a atender o setor mineral e novas áreas com crescimento impressionante, como a Engenharia Civil, Geofísica Aplicada, Hidrogeologia e Planejamento Urbano, entre outras.

No Brasil, até então, a Geologia Aplicada à Engenharia era exercida por engenheiros civis e de minas que tinham feito alguma especialização em Geologia.

Ainda em 1957, foi criada, pelo Ministério da Educação e Cultura, a Campanha para Formação de Geólogos (CAGE), por meio de Decreto do Exmo. Sr. Presidente da República Juscelino Kubitschek, em 18/1/1957. Essa campanha propôs, ainda, a criação de mais três cursos de Geologia no país: em Porto Alegre, Ouro Preto e Recife.

Posteriormente, as escolas de Engenharia passaram a criar, em seus cursos de Engenharia Civil, a disciplina de Geologia Aplicada à Engenharia, nome depois alterado para Geologia de Engenharia.

1967

Ano em que a disciplina Geologia Aplicada à Engenharia foi colocada no currículo das faculdades particulares de Engenharia, por minha iniciativa, à época professor da Escola de Engenharia de Lins. Foi o curso pioneiro no país.

1975

Ano em que lancei no Brasil o primeiro livro sobre Geologia Aplicada à Engenharia, destinado a mostrar a importância do conhecimento geológico e geotécnico para obras civis, mineração e meio ambiente.

Ao mesmo tempo, crescia aceleradamente em nosso país, em razão do seu desenvolvimento, a necessidade de geólogos de engenharia. Essa necessidade proporcionou a criação da Associação Paulista de Geologia Aplicada (APGA), passou a ser Associação Brasileira de Engenharia (ABGE), que atualmente abrange também a área ambiental, e agora é Associação Brasileira de Geologia de Engenharia e Ambiental, com centenas de associados em todo o país.

Porém, devemos registrar que um dos grandes problemas no ensino da Geologia de Engenharia para estudantes de Engenharia, engenheiros e não geólogos sempre foi, desde a década de 1970, desenvolver e encontrar uma linguagem fácil, acessível e compreensível para esse público.

1980/2011

Lentamente, no período entre 1980 e 2010, essa linguagem teve certa evolução. Porém, como detectado no 13º Congresso da ABGE, realizado em novembro de 2011, em São Paulo, ainda existe por parte de estudantes e engenheiros interessados em aprender a aplicação da Geologia de Engenharia certo lamento ao confessar que os professores de Geologia de Engenharia praticam doses consideráveis de "geologuês", tanto no ensino (nas escolas) como em reuniões técnicas conjuntas.

2012

Tudo aconteceu de forma muito, muito rápida, em 2011, no referido Congresso da ABGE, em São Paulo, ao aceitar ministrar um minicurso para não geólogos com o colega Luiz Ferreira Vaz.

Revi muitos colegas, revivi a nossa Geologia de Engenharia e recebi o honroso convite: "Você não quer fazer a revisão do seu livro?".

Estamos falando de um livro escrito há mais de 29 anos, quando a Geologia de Engenharia engatinhava e iriam surgir os primeiros geólogos de engenharia no nosso país. Ponderei acerca da dificuldade da tarefa, de estar meio afastado da profissão, mas, no fim, aquela vontade incontida que sempre tive desde o primeiro dia de trabalho voltou e cantou alto: "Use sua facilidade de escrever, comunicar e faça!".

Ademais, percebi que, nesses longos 29 anos, apenas um livro – além do meu – tinha sido escrito a respeito do tema, pelo Professor Carlos Leite Maciel Filho, da Universidade Federal de Santa Maria (RS).

Trabalhando direto desde o início de 2012, revendo, acrescentando elementos fundamentais como sensoriamento remoto, ações da água superficial e subterrânea na paisagem e áreas construídas, desenvolvendo um capítulo sobre obras subterrâneas e outro sobre mineração, introduzindo considerações acerca de obras lineares (rodovias, ferrovias, canais, dutos, linhas de transmissão) e incorporando a variável ambiental, julgo ter terminado a minha missão. Missão, aliás, que alcancei chegando aos 80 anos, que completei em abril de 2013.

Vale lembrar que esta obra teve origem no Departamento de Livros e Publicações da Escola Politécnica da Universidade de São Paulo, onde, pela insistência de Norma Romano, virou livro com repetidas edições (a última de 1987), tendo alcançado países como Portugal e Peru. Agora, ofereço-a aos estudantes de Engenharia e engenheiros com revisão, objeto de dedicação e muita coragem.

Portanto, o objetivo desta nova edição da obra *Geologia aplicada à Engenharia*, agora com o título *Geologia de Engenharia*, foi atualizar e complementar as edições anteriores, em decorrência da aplicação dos processos e tecnologias atuais, sempre buscando a linguagem fácil e objetiva das antigas edições que tanto auxiliou os estudantes de Geologia/Engenharia durante o curso e na vida prática. Sem pretender, jamais, transformar o estudante/engenheiro em geólogo.

O presente texto foi desenvolvido dentro de um esquema no qual a Geologia de Engenharia está curricularmente ligada à Mecânica dos Solos. Alguns aspectos que podem aparecer com tendências essencialmente descritivas deverão ser mais profundamente analisados durante o próprio curso de Engenharia Civil.

Sou grato por todos esses anos em que convivi feliz com a Geologia de Engenharia e com os maravilhosos colegas que marcharam comigo na direção da ABGE por dois mandatos, tanto na Diretoria como no Conselho e nas Representações Regionais. Meu muito obrigado a todos.

Por fim, gostaria de registrar que, ao longo dos 20 anos em que exerci o ensino da Geologia de Engenharia como Professor Titular/Regente da Escola de Engenharia de Lins, percebi que não basta ter um bom livro-texto para garantir o ensino e o aprendizado. É necessária uma complementação constante e contínua, por meio de aulas práticas semanais, para a identificação de rochas e solos, bem como exercícios simuladores com mapas, perfis geológicos e de sondagens e observação do nível d'água, para entender o modo de ocorrência e o comportamento das rochas, dos solos e da natureza.

Nivaldo José Chiossi

Dedicatória

    Para graça e beleza das minhas netas
    Mariana
    e
    Isabela

Sumário

13 **1 O planeta Terra**
    1.1 Origem – 13
    1.2 Estrutura – 14
    1.3 A crosta da Terra – 14
    1.4 Teoria das placas tectônicas – 15

17 **2 Minerais**
    2.1 Conceito de mineral – 17
    2.2 Propriedades dos minerais – 17
    2.3 Descrição dos minerais mais comuns de rochas – 21
        Teste rápido (1 minuto para cada questão) – 28

31 **3 Rochas**
    3.1 Definição – 31
    3.2 Classificação – 32
    3.3 Rochas magmáticas – 32
    3.4 Rochas sedimentares – 39
    3.5 Rochas metamórficas – 51
    3.6 Minerais metamórficos – 54
    3.7 Propriedades das rochas – 55
    3.8 Quadros resumidos para a identificação macroscópica dos principais tipos de rochas – 64
        Teste rápido (1 minuto para cada questão) – 68

71 **4 Uso das rochas e dos solos como material de construção e material industrial**
    4.1 Obtenção dos materiais industriais e de construção – 72
    4.2 Métodos de investigação – 73
    4.3 Rochas e solos mais comuns e sua aplicação – 74
    4.4 Métodos de exploração de jazidas – 76
    4.5 Aplicação de cascalho de aluvião e pedra britada como agregados para concreto – 77
    4.6 Aplicação das argilas e areias – 79

81 **5 Solos**
    5.1 Tipos de solos – 82
    5.2 Propriedades gerais dos solos – 87
    5.3 Classificação granulométrica de solos – 89
    5.4 Representação granulométrica dos solos – 90
    5.5 Ensaios de simples caracterização – 91
    5.6 Quadro resumido para identificação de solos no campo – 92
        Teste rápido (1 minuto para cada questão) – 92

95 **6 Elementos estruturais das rochas**
    6.1 Deformações das rochas – 97
    6.2 Dobras – 98
    6.3 Falhas – 103

6.4 Fraturas – 105
6.5 Orogênese – 108
    Teste rápido (1 minuto para cada questão) – 111

7 Investigação do subsolo

7.1 Descrição dos métodos geofísicos (ou indiretos) – 113
7.2 Descrição resumida dos métodos geofísicos – 114
7.3 Descrição dos métodos diretos – 125
7.4 Métodos diretos para investigação de rochas – 130
7.5 Registro dos dados de sondagem e apresentação – 135
7.6 Número e profundidade das sondagens – 137
7.7 Aplicação das sondagens para interpretação estrutural – 141
7.8 Aplicação das sondagens para determinação do nível freático – 141

8 Mapas geológicos e geotécnicos

8.1 Definição – 143
8.2 Construção/elaboração – 143
8.3 Representação – 144
8.4 Legendas geológicas – 145
8.5 Tipos de mapas geológicos – 147
8.6 Cartografia geotécnica – 156

9 Fotografias aéreas e sensoriamento remoto

9.1 Fotografias aéreas – 161
9.2 Sensoriamento remoto – 183

10 Águas subterrâneas

10.1 Ciclo hidrológico – 191
10.2 Definições e conceitos fundamentais – 193
10.3 Origem e comportamento da água subterrânea – 197
10.4 Obtenção da água subterrânea – 198
10.5 Qualidade da água subterrânea – 202
10.6 Reservas subterrâneas no Brasil – 203
10.7 Fontes – 204
10.8 Drenagem e rebaixamento do nível freático em obras de engenharia – 205
10.9 Rebaixamento do nível freático – 206

11 Águas superficiais: rios e bacias hidrográficas

11.1 Tipos de cursos d'água – 220
11.2 Função dos cursos d'água – 221
11.3 Fases de um rio – 221
11.4 Controle estrutural dos rios – 222
11.5 Cachoeiras – 222
11.6 Erosão fluvial – 225
11.7 Redes de drenagem – 226

227 **12 Ação das águas subterrâneas e superficiais na paisagem e nas áreas construídas**

12.1 Escorregamentos – 227
12.2 Boçorocas – 234
12.3 Agressividade ao concreto das fundações – 235
12.4 Dolinas – 237
12.5 Cavernas, subsidências e colapsos em áreas calcárias – 237
12.6 Erosão marinha – 238

245 **13 A Geologia de Engenharia em barragens**

13.1 Definição e objetivos – 245
13.2 A importância da Geologia de Engenharia – 246
13.3 Elementos de uma barragem – 247
13.4 Forças que atuam em uma barragem – 249
13.5 Tipos de barragens – 250
13.6 Seleção do tipo de barragem – 253
13.7 Fases nos estudos de barragens – 254
13.8 Estudo geológico básico – 255
13.9 Problemas correlatos ao estudo geológico – 264
13.10 Condições geológicas de algumas barragens no Brasil – 266
13.11 Dados básicos de algumas barragens brasileiras – 268
13.12 As maiores barragens do Brasil – 270
13.13 Erros e "acidentes" – 271
13.14 Evolução da Geologia de Engenharia no projeto e construção de barragens – 273
13.15 Hidrovias – 276
   Exercício sobre barragens – 281

283 **14 A Geologia de Engenharia no projeto e construção de obras subterrâneas**

14.1 O uso do espaço subterrâneo – 283
14.2 Túneis – 285
14.3 Métodos de escavação de túneis – 294
14.4 O acidente na estação Pinheiros da Linha Amarela do metrô de São Paulo – 309
14.5 Túneis metroviários: o caso da Linha Azul (N-S) do metrô de São Paulo – 311
14.6 O metrô de Fortaleza – 322
14.7 O uso de minitúneis em obras de saneamento básico – 325

329 **15 A Geologia de Engenharia no projeto e construção de obras lineares**

15.1 Rodovias/estradas – 329
15.2 Ferrovias – 338
15.3 Canais – 345
15.4 Dutos – 354
15.5 Linhas de transmissão – 362

371 **16 A Geologia de Engenharia na mineração e exploração de petróleo e gás**

16.1 Mineração – 371
16.2 Exploração de petróleo no Brasil – 379

391   **17 A Geologia de Engenharia para o meio ambiente**
      17.1 Formas de uso e ocupação do solo e os impactos resultantes – 391
      17.2 Licenciamento ambiental – 396
      17.3 Passivo ambiental – 396
      17.4 Desastres naturais e a Geologia de Engenharia – 398
      17.5 As ações do homem no meio ambiente: impactos resultantes – 412
      17.6 Resíduos sólidos – 418

423   **Referências bibliográficas**

O planeta Terra 1

"Vivemos na superfície de uma bolha de metal incandescente, à mercê de seus ajustes."
(Marcelo Gleiser, Professor de Física Teórica no Dartmouth College, em Hanover – EUA)

1.1 Origem

Assim como os demais planetas do Sistema Solar, o planeta Terra foi, provavelmente, originado por uma força gravitacional que condensou diversos materiais preexistentes no espaço, constituídos de partículas como poeira cósmica e gás.

Muitos elementos químicos formados entraram nessa composição: os mais densos permaneceram no centro desse redemoinho gravitacional e os menos densos, os gases, permaneceram na superfície. As temperaturas do núcleo ou centro do redemoinho permaneceram bastante elevadas, enquanto diminuíam gradualmente nas regiões mais próximas da superfície.

Na parte mais externa da Terra, houve a solidificação de materiais em fusão pelo resfriamento natural, constituindo a crosta terrestre, que se acredita ter-se formado após 700 milhões de anos da origem da Terra.

1.2 Estrutura

A estrutura interna do planeta Terra pode ser representada por três camadas distintas: a primeira, conhecida como litosfera ou crosta e com espessura de até 120 km; a segunda, conhecida como manto e com espessura ao redor de 2.900 km; e, finalmente, a última camada, conhecida como núcleo e com espessura de aproximadamente 3.500 km, teoricamente constituída principalmente de níquel e ferro e subdividida em núcleos externo e interno (Fig. 1.1).

O manto é a zona situada logo abaixo da crosta e estende-se até quase a metade do raio da Terra. Divide-se em mantos superior e inferior e é grosseiramente homogêneo, formado essencialmente por rochas magmáticas.

Acredita-se que a região superior do manto, conhecida como astenosfera, estende-se até 700 km de profundidade. É importante assinalar que é o estado não sólido da astenosfera que possibilita o deslocamento, sobre ela, das placas tectônicas rígidas da litosfera, onde se localizam os continentes.

O manto inferior estende-se de 700 a 2.900 km, onde se inicia o limite com o núcleo da Terra. A porção mais externa do núcleo estende-se de 2.900 a 5.150 km, e a interna, de 5.150 a 6.400 km, que é o centro da Terra.

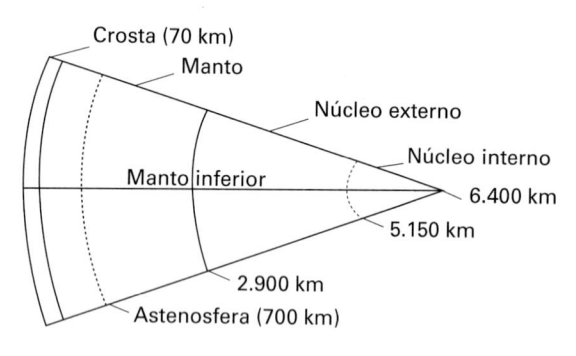

FIG. 1.1 Corte esquemático da estrutura do planeta Terra

1.3 A crosta da Terra

1.3.1 Definição

Damos o nome de *crosta* ou *litosfera* à parte mais externa da Terra, parcial ou totalmente consolidada (Fig. 1.2). A crosta é constituída fundamentalmente de duas partes distintas: o *sial*, que é a parte mais externa, composta principalmente de *silício* e *alumínio*, representada por rochas de *constituição granítica*; e o *sima*, que é a camada subjacente ao *sial* e cuja composição básica é o silício e o magnésio, representada por rochas do tipo basáltico. A espessura do sial é variável, podendo atingir 50 km nas áreas continentais e praticamente zero sob mares e oceanos.

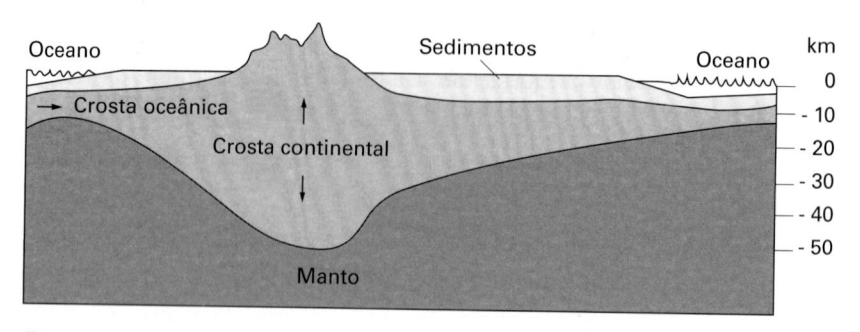

FIG. 1.2 Seção da crosta continental e oceânica

1.3.2 Constituição da crosta

A parte mais superficial da crosta está representada por *rochas*, que são agregados naturais de um ou mais minerais (*mineral* é definido como toda substância inorgânica natural de composição química e estruturas definidas). As rochas são divididas em três tipos principais, de acordo com sua gênese: *magmáticas* (ou ígneas), *sedimentares* e *metamórficas*.

A composição da crosta da Terra é aproximadamente a mesma das rochas magmáticas, pois a quantidade de rochas sedimentares presentes na crosta é insignificante quando comparada com a das magmáticas. Em volume, ou seja, em profundidade, predominam na crosta as rochas magmáticas, com uma porcentagem de 95% do seu volume total, sendo o restante coberto pelas rochas sedimentares. Em área, ocorre o inverso, isto é, as rochas sedimentares são mais abundantes que as magmáticas, numa proporção de 75% para 25%.

Clarke e Washington (apud Franco, 1963), utilizando os resultados de 5.159 análises químicas de rochas, com eliminação dos óxidos menos importantes, estabeleceram uma composição média para a crosta nas áreas continentais (Tab. 1.1).

Tab. 1.1 Composição média para a crosta nas áreas continentais

Elemento	Composição (%)
SiO_2	60,18
Al_2O_3	15,61
Fe_2O_3	3,14
FeO	3,88
MgO	3,56
CaO	5,117
Na_2O	3,9
K_2O	3,1
TiO_2	1,0
P_2O_5	0,3

Vê-se, ainda, que mais de 90% do volume total ocupado pelos elementos citados na Tab. 1.1 são destinados ao oxigênio. Os outros elementos químicos conhecidos, como, por exemplo, cobre, zircônio, chumbo, mercúrio, terras-raras, bário, estanho, ferro, manganês, níquel e zinco, são encontrados na crosta ora disseminados em minerais como impurezas, ora constituindo óxidos, sulfatos, silicatos etc. É curioso que esses mesmos elementos, geralmente disseminados nas rochas sem qualquer interesse econômico, podem também ocorrer em concentrações, por vezes, volumosas e econômicas, constituindo os depósitos ou jazidas de minérios.

1.4 Teoria das placas tectônicas

A crosta terrestre pode ser comparada com um piso de placas cerâmicas irregulares, com a diferença de que suas placas podem mover-se, ao passo que as de um piso são fixas pelos processos de rejunte. Numa comparação mais simplista, a crosta teria o aspecto externo de uma bola de futebol, em que seus gomos regulares equivaleriam às placas tectônicas irregulares.

A crosta da Terra não é um corpo totalmente rígido e contínuo, sendo, na realidade, segmentada em 12 placas tectônicas principais e outras menores.
(Teoria desenvolvida na década de 1960)

Na Fig. 1.3 estão delimitadas placas tectônicas maiores, como a Pacífica, a Norte-Americana, a Sul-Americana, a Euro-Asiática e a Africana, e placas menores, como a de Nazca, que está encostada na Sul-Americana, e o encontro delas dá origem a terremotos violentos que têm ocorrido nos Andes. Outras placas menores são as do Caribe, Cocos e Árabe.

Com relação à placa Sul-Americana, onde se encontra a América do Sul e o Brasil, pode-se notar que ela se limita a oeste, no oceano Pacífico, com a placa de Nazca, e do outro lado com a placa Africana, estando o limite entre elas a meio caminho da América do Sul e da África, em pleno oceano Atlântico.

Assim, as placas tectônicas podem aproximar-se entre si e colidir, ou afastar-se, ou, ainda, ter movimentos paralelos. As velocidades de deslocamento são calculadas por métodos diversos, como anomalias magnéticas, ondas sísmicas de superfície e medições diretas, e chegam a alcançar, em alguns locais, até 6 cm/ano.

A movimentação das placas tectônicas está ligada ao aparecimento de terremotos, tsunamis e vulcões.

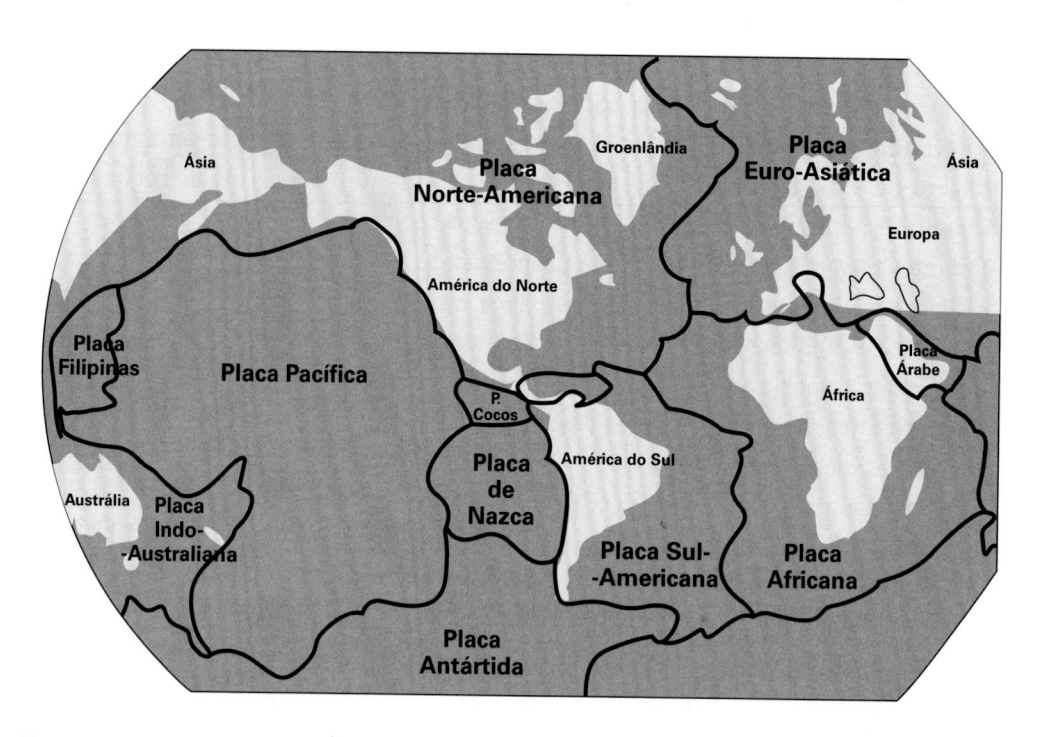

FIG. 1.3 Placas tectônicas
Fonte: NCR (1979) (simplificado).

Minerais 2

Os minerais são os elementos constituintes das rochas; logo, o conhecimento dos minerais implica o conhecimento das rochas.

2.1 Conceito de mineral

Entende-se por *matéria mineral* aquela formada por processos inorgânicos da natureza e que possui composição química definida. A denominação tem caráter mais amplo, havendo autores que consideram o petróleo e o âmbar como minerais, apesar de ambos serem substâncias orgânicas e o petróleo não ser uma substância de composição química definida.

Mineral não significa somente matéria cristalina (sólida), pois água e mercúrio, em temperatura ambiente, são minerais.

Mineralogia é a ciência que estuda as propriedades, a composição, a maneira de ocorrência e a gênese dos minerais.

2.2 Propriedades dos minerais

As propriedades que mais interessam no estudo de um mineral são:
- *propriedades físicas*: dureza, traço, clivagem, fratura, tenacidade, flexibilidade e peso específico;
- *propriedades ópticas*: brilho, cor e microscopia;
- *propriedades morfológicas*: hábito (serão dadas noções resumidas). Simetria, associação de minerais e goniometria não serão estudadas;
- *propriedades químicas* (não serão estudadas): ensaios por via seca e ensaios por via úmida.

2.2.1 Propriedades físicas

i) *Dureza*

É a resistência ao risco. A dureza relativa é dada pela escala empírica de Mohs (Tab. 2.1).

Tab. 2.1 Escala de Mohs

Mineral	Dureza	Critérios
talco	1	riscáveis pela unha
gipsita	2	riscáveis pela unha
calcita	3	riscáveis pelo canivete e pelo vidro
fluorita	4	riscáveis pelo canivete e pelo vidro
apatita	5	riscáveis pelo canivete e pelo vidro
ortoclásio	6	
quartzo	7	não são riscáveis nem pelo aço
topázio	8	não são riscáveis nem pelo aço
coríndon	9	não são riscáveis nem pelo aço
diamante	10	não são riscáveis nem pelo aço

A dureza de um mineral depende de vários fatores:

a) *Composição química*
  1) compostos de metais pesados, como prata, cobre, ouro e chumbo, são moles;
  2) sulfetos e óxidos de ferro, de níquel e de cobalto são duros;
  3) sulfetos em geral são moles;
  4) óxidos e silicatos, especialmente os que contêm alumínio, são duros.

b) *Estrutura cristalina*

Diamante e grafita são exemplos. Ambos são formados por carbono; porém, em razão da sua estrutura, o diamante tem dureza 10 e a grafita, 1 a 2.

ii) *Traço*

É a propriedade que o mineral tem de deixar um risco de pó quando friccionado contra uma superfície não polida de porcelana branca. Para que isso aconteça, é necessário que o mineral tenha dureza inferior à da porcelana. Os de maior dureza causam um sulco na porcelana, e dizemos que têm traço incolor.

iii) *Clivagem*

É a propriedade de os minerais se partirem em determinados planos, ou já apresentarem esses planos, de acordo com suas direções de fraqueza. A clivagem pode ser chamada de:

a) *proeminente*: quando o mineral apresenta um plano muito evidente e quase perfeito, como acontece com a mica, que se cliva em folhas paralelas, ou a calcita, que se parte em forma de romboedro (em planos bem lisos);

b) *perfeita*: quando o plano apresenta certo caráter de aspereza, como acontece com os feldspatos;

c) *distinta*: quando os planos de clivagem apresentam um pequeno grau de escalonamento, como, por exemplo, a fluorita;

d) *indistinta*: é o caso da apatita.

iv) *Fratura*

Trata-se de quando os minerais não se partem em planos, mas segundo uma superfície irregular. As fraturas mais comuns são:

a) *conchoidal*: em concavidades mais ou menos profundas (p. ex., quartzo);

b) *igual ou plana*: quando a superfície, embora com pequenas elevações e depressões, aproxima-se de um plano;

c) *desigual ou irregular*: com superfície irregular.

v) *Tenacidade*

É a resistência ao choque de um martelo ou ao corte de uma lâmina de aço. De acordo com a resistência oferecida, os minerais são chamados de:

a) *quebradiços* ou *fiáveis*: reduzem-se a pó quando submetidos a pressão (p. ex., calcita);
b) *sécteis*: podem ser cortados por uma lâmina (p. ex., gipsita);
c) *maleáveis*: redutíveis a lâminas pelo martelo (p. ex., ouro).

vi] *Flexibilidade*

É uma deformação que pode ser:
a) *elástica*: cessa quando o esforço é retirado (p. ex., mica);
b) *plástica*: permanece após a retirada do esforço (p. ex., talco).

vii] *Peso específico*

É o número que expressa a relação entre o peso do mineral e o peso de igual volume de água destilada a 4°C.

Se um mineral possui peso específico 3, significa que um certo volume desse mineral pesa três vezes o que pesaria o mesmo volume de água.

O peso específico depende de dois fatores:
a) *natureza dos átomos*: os elementos de peso atômico mais elevado formam minerais de maior peso específico, como, por exemplo: calcita ($CaCO_3$) = 2,9; barita ($BaCO_3$) = 4,3; cerusita ($PbCO_3$) = 6,5;
b) *estrutura atômica*: o diamante e a grafita, ambos formados pelo elemento carbono, possuem estruturas diferentes. O diamante tem estrutura mais compacta, com uma elevada densidade de átomos por unidade de volume; seu peso específico é 3,5. A grafita tem menor densidade de átomos por unidade de volume; seu peso específico é 2,2.

2.2.2 Propriedades ópticas

i] *Brilho*

É o aspecto da reflexão da luz na superfície do mineral. O brilho dos minerais pode ser de dois tipos: metálico e não metálico. Os *minerais de brilho metálico* são de aspecto brilhante, semelhante ao brilho dos metais polidos. Esses minerais geralmente são escuros e opacos (p. ex., galena, pirita, calcopirita). Os *minerais de brilho não metálico* são geralmente claros, e quando em lâminas delgadas, são transparentes.

Ainda há outros tipos de brilho:
a) *brilho vítreo*: produz reflexões como o vidro (p. ex., quartzo);
b) *brilho resinoso*: possui aspecto de resina (p. ex., blenda);
c) *brilho graxo*: o mineral parece estar coberto por uma camada de óleo (p. ex., gipsita, malaquita e serpentina);
d) *brilho adamantino*: possui reflexos fortes e brilhantes, como o diamante (p. ex., cerusita e anglesita);
e) *brilho perláceo*: mostra aspecto de pérola;
f) *brilho sedoso*: possui aspecto de seda e resulta de agregados paralelos de fibras finas (p. ex., gipsita).

ii] *Cor*

A cor em um mineral deve ser sempre observada em superfície ou em fratura recente, pois a superfície exposta ao ar se transforma, formando películas de alteração. Em muitos minerais, a cor é uma propriedade útil para o reconhecimento.

Os de brilho metálico geralmente apresentam cor constante e bem definida. As alterações superficiais por decomposição alteram a cor. Assim, por exemplo, os minerais ferruginosos podem apresentar uma película amarelada de oxidação.

As micas podem ser incolores, brancas, pretas ou esverdeadas. O quartzo pode ser incolor, violeta, branco, enfumaçado ou amarelo. O berilo pode ser incolor, verde, azul, amarelo, róseo ou branco. Os feldspatos são cinza, róseos ou brancos.

iii] *Microscopia*

Microscopia e outras propriedades ópticas, tais como índice de refração, pleocroísmo, figuras de interferência e luminescência, ultrapassam o limite de nosso estudo macroscópico e, apesar de serem os métodos mais rápidos e eficientes para a identificação de um mineral, não serão abordados nesta obra.

2.2.3 Propriedades morfológicas

Sendo a grande maioria dos minerais (cerca de 90%) constituída de substâncias cristalizadas, o estudo das propriedades morfológicas – *Cristalografia* – assume um papel extremamente importante em Mineralogia.

Os minerais amorfos, que constituem a minoria, não podem ser objeto do estudo morfológico, uma vez que apresentam formas irregulares e indefinidas, ao contrário dos cristais, cuja forma pode ser descrita, estudada e interpretada.

As substâncias cristalizadas (naturais e artificiais) podem ocorrer com forma externa geométrica definida, constituindo os *cristais*, na acepção exata da palavra. Possuem disposição regular em fileiras dos átomos, moléculas ou íons, e forma externa poliédrica.

i] *Hábito*

É a maneira mais frequente como se apresenta um cristal ou mineral. Todos os minerais estão enquadrados em sete sistemas cristalinos. Não estudaremos os sistemas cristalinos, mas devemos saber os hábitos dos minerais mais comuns, como, por exemplo:

- *granadas*: granular;
- *quartzo*: prismático, terminado por faces de romboedro;
- *turmalina*: prismático, trigonal, estriado;
- *feldspatos*: prismas monoclínicos ou triclínicos;
- *pirita*: cúbico;
- *magnetita*: octaédrico;
- *calcita* e *dolomita*: romboédricos;
- *micas*: placas tabulares.

2.2.4 Propriedades químicas

Como já foi assinalado, as propriedades químicas dos minerais não serão estudadas aqui. Vale lembrar, porém, que, de acordo com a sua composição química, os minerais podem ser classificados em óxidos, silicatos, sulfatos, carbonatos, sulfetos etc.

2.3 Descrição dos minerais mais comuns de rochas

2.3.1 Propriedades físicas gerais dos minerais de rochas

i] *Forma e hábito*

Os minerais de rochas geralmente não se apresentam como cristais, isto é, não possuem forma geométrica. A esse respeito devemos considerá-los nos três tipos de rochas:

a] As *magmáticas* são as que têm maior probabilidade de formar cristais com forma própria, pois seu ambiente de formação, o magma, é fluido. Os primeiros minerais formados podem impor sua forma ao meio, mas, à medida que aumenta o número de cristais, o espaço diminui, e os últimos minerais formados têm de adaptar-se ao espaço restante, ficando com contornos irregulares.

b] As *metamórficas* não apresentam cristais bem formados, porque se originam de transformações verificadas no estado sólido. Quando existirem cristais, é porque sua força de cristalização é muito grande, chegando a deformar outros minerais para impor sua própria forma.

c] As *sedimentares*, formadas por erosão, transporte e deposição de sedimentos, apresentam seus minerais desgastados. Soluções saturadas podem, porém, precipitar-se em fendas, cavidades ou aberturas existentes nas rochas, dando origem a cristais bem formados.

ii] *Cor*

Os minerais, quando puros, possuem uma cor inerente, que pode variar conforme as impurezas, de maneira que um mesmo tipo de rocha pode apresentar cores diversas, de acordo com as cores de seus minerais. Em São Paulo, o granito de São Roque é cinza e o de Itu é rosa, devido à coloração cinza e rosa de seus feldspatos. Os mármores são de cores mais diversas, segundo as impurezas do carbonato de cálcio.

iii] *Cor do traço*

Não é critério para a determinação dos minerais de uma rocha, porque o pó deixado na porcelana poderá ser de vários minerais, especialmente se a granulação for milimétrica.

iv] *Clivagem*

Pode ser evidente nos minerais de rochas de granulação grossa, especialmente em superfícies recentemente quebradas. Os minerais com uma só boa clivagem tendem a formar placas, como as micas, talco e clorita. Duas boas clivagens aparecem nos anfibólios e piroxênios. Três direções de clivagem podem formar cubo, como na galena, ou romboedro, como na calcita, de modo que, na rocha, o mineral fraturado pode apresentar o contorno de um quadrado ou de um losango.

v] *Fratura*

Para a determinação dos minerais de uma rocha, consideraremos apenas um tipo de fratura: a concoide de quartzo.

vi] *Reações químicas*

Deve-se fazer uso do HCl em solução 1:1 para se obter efervescência em carbonatos (calcários e dolomitos). O mesmo efeito poderá ser obtido com algumas gotas de limão no material pulverizado.

vii] *Peso específico*

Não é usual determinar o peso específico para a classificação dos minerais de uma rocha.

2.3.2 Os minerais mais comuns nas rochas

No Quadro 2.1 estão relacionados 19 minerais, que são os mais comuns nas rochas, cada um dos quais será descrito resumidamente.

1] *Quartzo* (Fig. 2.1)
- *Fórmula*: SiO_2.

É sílica cristalizada macroscopicamente. A opala é sílica amorfa, e a ágata, o sílex, o ônix e o jaspe são variedades de calcedônia, ou seja, sílica microcristalina.
- *Forma*: nas rochas, o quartzo não tem forma definida. Quando formado em cavidades, apresenta forma de prisma hexagonal terminado por faces de romboedros, dando a impressão de bipirâmide hexagonal.
- *Clivagem*: ausente.
- *Fratura*: concoide.
- *Cor*: nas rochas, o quartzo apresenta-se desde incolor até cinza-escuro. Geralmente é branco.
- *Brilho*: vítreo.
- *Traço*: incolor.
- *Dureza*: 7.
- *Peso específico*: 2,65.
- *Ocorrência*: nas *ígneas*, em granitos e pegmatitos; nas *metamórficas*, em quartzitos, micaxistos e gnaisses; nas *sedimentares*, em arenitos, siltitos e conglomerados. *A presença de quartzo deve ser suspeitada em quase todo tipo de rocha.*
- *Caracteres distintivos*: falta de clivagem, brilho e cor distinguem o quartzo dos feldspatos, que usualmente se associam a ele.
- *Emprego*: como adorno em joalheria, areia para construção, em fundição, como abrasivo, em porcelanas, em lentes de aparelhos ópticos científicos, em osciladores de rádio, em filtros para barragens e em concreto.

Quadro 2.1 Minerais mais comuns nas rochas

1. Quartzo	6. Zircão	11. Topázio	16. Amianto
2. Feldspatos	7. Magnetita	12. Calcita	17. Talco
3. Micas	8. Hematita	13. Dolomita	18. Zeólitas
4. Anfibólios	9. Pirita	14. Caulim	19. Fluorita
5. Piroxênios	10. Turmalina	15. Clorita	

FIG. 2.1   Quartzo incolor

2] *Feldspatos*

O grupo dos feldspatos é formado por: ortoclásio ($KAlSi_3O_8$), albita ($NaAlSi_3O_8$) e anortita ($CaAl2Si_3O_8$).

Entre ortoclásio e albita, há termos intermediários em composição que podem ser abrangidos pela expressão (K, Na e Ca) $AlSi_3O_8$ e são denominados feldspatos alcalinos ou *ortoclásios*. Entre albita e anortita ocorre o mesmo fenômeno, e são denominados feldspatos alcalicálcicos, ou simplesmente *plagioclásios*.

- *Forma*: nas rochas, os feldspatos não são uniformes, mas podem apresentar contornos retangulares ou hexagonais.
- *Clivagem*: os feldspatos aparecem nas rochas quase sempre apresentando reflexões dos planos de clivagem, quando expostos à luz, pois eles têm boa clivagem em duas direções. O grão de feldspato pode aparecer dividido por uma linha distinta.
- *Fratura*: irregular em fragmentos quebradiços.
- *Cor*: os *ortoclásios* geralmente são creme, tijolo, róseos ou vermelhos, em razão das impurezas de hematita. Os *plagioclásios* geralmente são cinza, brancos, pardos, esverdeados ou até pretos. Observações: 1) rochas com muito ortoclásio tendem a apresentar cores avermelhadas; rochas nas quais predominam plagioclásios tendem a ser cinza; 2) se uma mesma rocha contém dois feldspatos e apenas um deles é avermelhado, é quase certo que este seja ortoclásio e o outro, plagioclásio.
- *Brilho*: vítreo em fratura recente.
- *Traço*: branco não característico.
- *Peso específico*: ortoclásio, 2,54; albita, 2,62; anortita, 2,76.
- *Ocorrência*: os feldspatos ocorrem em quase todos os tipos de rochas ígneas intrusivas ou extrusivas e nas metamórficas. Eles são mais raros nas sedimentares, porque estas se decompõem em argila e caulim.
- *Emprego*: moídos, em granulação finíssima, são fundidos e misturados com caulim, quartzo e argila, na produção de porcelana.

3] *Micas* (Fig. 2.2)

Entre os principais minerais do grupo das micas, encontram-se:

- mica branca: $H_2KAl_3(SiO_4)_3$ - *moscovita*;
- mica preta: $(H,K)_2(Mg,Fe)_2(Al,Fe)_2(SiO_4)_3$ - *biotita*;
- mica verde: *sericita*;
- mica roxa: *lepidolita*.
- *Forma*: quando bem cristalizadas, mostram-se em placas hexagonais.
- *Clivagem*: perfeita em uma direção.
- *Cor*: a moscovita é incolor, branca, cinza, parda ou esverdeada. Em lâminas finas, é sempre incolor. A biotita é preta ou pardacenta. Em lâminas finas, é translúcida, parda ou verde-escura.

FIG. 2.2 Placa de mica branca (moscovita)

- *Brilho*: acetinado.
- *Alteração*: biotita e variedades de mica preta alteram-se facilmente por hidratação, tornando-se moles e descoradas, e perdendo a elasticidade. A moscovita não se altera facilmente.
- *Ocorrência*: em granitos, pegmatitos, gnaisses, micaxistos e filitos.
- *Emprego*: a moscovita é largamente empregada como isolante elétrico e também na fabricação de vidros refratários e refratários em geral.

4] *Anfibólios*

Formam um grupo de silicatos que são sais do ácido metassilícico (H_2SiO_3).
- *Forma*: em geral, os anfibólios apresentam-se sob a forma de lâminas longas com terminações irregulares, por vezes tão finas que mal se percebem na rocha as agulhas brilhantes.
- *Clivagem*: duas boas direções de clivagem.
- *Cor*: depende da quantidade de ferro; dessa forma, tem-se branco ou cinza na tremolita; verde-vivo na actinolita; verde-escuro a preto na hornblenda.
- *Brilho*: vítreo (sedoso no amianto).
- *Alteração*: sob a ação de diversos agentes, os anfibólios podem produzir talco, clorita, limonita, carbonato.
- *Ocorrência*: tremolita em calcários, dolomitos e rochas talcosas. Hornblenda é comum em rochas ígneas e metamórficas.
- *Determinação*: nas rochas, os anfibólios podem ser confundidos com biotita, piroxênio ou turmalina. O mineral distingue-se da biotita porque não apresenta esfoliação em lâminas; a turmalina não tem clivagem e pode apresentar seção triangular. A seção dos anfibólios geralmente é losangular.

5] *Piroxênios*

Formam um grupo de silicatos que são sais do ácido metassilícico (H_2SiO_3), como, por exemplo:
- enstatita: $MgSiO_3$;
- hiperstênio: $(Fe,Mg)SiO_3$;
- diopsídio: $CaMg(SiO_3)_2$;
- espodumênio: $LiAl(SiO_3)_2$;
- rodonita: $MnSiO_3$.
- *Forma*: nas rochas, os piroxênios não apresentam faces terminais. Um cristal de piroxênio é prismático, curto e grosso, mais ou menos equidimensional.
- *Clivagem*: duas boas direções de clivagem.
- *Alteração*: são facilmente alteráveis. Por meio de intemperismo, podem formar calcita e limonita, e por meio de metamorfismo, transformam-se em agregados de agulhas ou grãos de anfibólio. Por esse processo, rochas ígneas ricas de piroxênio, como gabros, diabásios e basaltos, transformam-se em rochas metamórficas ricas de anfibólios, como anfibolitos, anfibólio-xistos e outros.
- *Ocorrência*: são comuns em rochas metamórficas, como gnaisses, anfibolitos e mármores.

- *Determinação*: devem-se verificar o contorno do prisma (seção quadrada) e as duas direções de clivagem. Os piroxênios podem ser confundidos com (a) turmalina, mas esta apresenta seção triangular; (b) epídoto, mas este possui cor verde-amarela característica; (c) anfibólio, mas este possui seção losangular.
- *Emprego*: diopsídio, como joia; espodumênio, para adicionar em graxas lubrificantes.

6] *Zircão*
- *Fórmula*: $ZrSiO_4$.
- *Hábito*: prisma tetragonal bipiramidado.
- *Cor*: incolor, azulado, arroxeado ou pardo.
- *Dureza*: 7,5.
- *Ocorrência*: em rochas ígneas, metamórficas e sedimentares. Sua presença é quase sempre constante em rochas leucocráticas e arenitos.
- *Determinação*: pode apresentar seção retangular.
- *Emprego*: límpido, usado para gemas, como refratário.

7] *Magnetita* (Fig. 2.3)
- *Fórmula*: Fe_3O_4.
- *Hábito*: octaédrico; sem clivagem.
- *Cor*: cinza-aço a preta.
- *Traço*: preto.
- *Brilho*: metálico.
- *Ocorrência*: pode aparecer, na rocha, na forma perfeita de um octaedro, e como pedacinhos macroscópicos ou microscópicos em rochas ígneas e metamórficas. É magnética.
- *Emprego*: minério de ferro.

FIG. 2.3 Cristais de magnetita incrustados em filitos

8] *Hematita*
- *Fórmula*: Fe_2O_3.
- *Hábito*: placas hexagonais; micáceo.
- *Cor*: preta metálica. Em agregados finos, cor vermelha de brilho fosco.
- *Traço*: vermelho-sangue.
- *Ocorrência*: nos gnaisses e xistos cristalinos, muitas vezes em camadas espessas (itabirito).
- *Emprego*: é o minério de ferro mais comum, especialmente no Brasil.
- A hematita também é usada em forma pulverizada, como pigmento vermelho.

9] *Pirita* (Fig. 2.4)
- *Fórmula*: FeS_2.
- *Hábito*: cúbico, octaédrico. É bem cristalizado. Os cubos apresentam estrias.

- *Cor:* amarelo-latão, com brilho metálico. Sua cor leva a uma confusão com o ouro. É conhecida como "ouro dos tolos".
- *Traço:* esverdeado a preto.
- *Ocorrência:* em rochas ígneas, metamórficas e sedimentares. Nestas, é formada posteriormente à rocha.
- *Emprego:* pode aparecer associada a ouro ou cobre. Também pode ser fonte de enxofre para a fabricação de H_2SO_4. É utilizada como fonte de SO_2 na preparação de polpa de madeira, no fabrico de papel e como desinfetante.

10] *Turmalina*
- *Composição:* borossilicato de Fe, Mg, Al, Na, Li, hidratado.
- *Hábito:* prismas de seção aproximadamente triangular e estriados verticalmente. Sem clivagem.
- *Cor:* preta, castanha, verde, vermelha, vinho ou rósea. A variedade mais comum nas rochas é a preta.
- *Ocorrência:* em pegmatitos, na forma de cristais grandes (de centímetros a metros). A variedade rósea geralmente está associada à mica roxa (lepidolita); a parda é encontrada em calcários.
- *Reconhecimento:* distingue-se do anfibólio e do piroxênio por sua seção triangular, falta de clivagem e dureza.
- *Emprego:* pela sua dureza (7 a 7,5), quando límpida, é uma pedra semipreciosa, geralmente nas cores verde, rosa ou azul. Há turmalinas bicolores. Em razão das suas propriedades piezoelétricas, é empregada na fabricação de calibradores de pressão.

FIG. 2.4 Na parte inferior, cristais amarelados de pirita em rocha xistosa

11] *Topázio*
- *Fórmula:* $(Al,F)_2SiO_4$.
- *Hábito:* prismático com seção losangular.
- *Cor:* incolor, azul, laranja ou verde.
- *Ocorrência:* pegmatitos e veios profundos.
- *Emprego:* pela sua dureza (8), quando límpido, é empregado como joia. O topázio rosa pode ser obtido pelo aquecimento do topázio amarelo-escuro.

12] *Calcita* (Fig. 2.5)
- *Fórmula:* $CaCO_3$.
- *Hábito:* romboedros são os mais frequentes.
- *Clivagem:* ótima em três direções, não ortogonais.
- *Brilho:* vítreo a sedoso.
- *Cor:* incolor, branca, cinza a preta, amarela ou vermelha.

- *Ocorrência*: em cavidades, fraturas, amígdalas, estalactites, estalagmites e crostas. É o mineral formador de calcários e mármores.
- *Determinação*: se for confundida com quartzo, a calcita é facilmente distinguida pela baixa dureza e pelas ótimas clivagens. Dos feldspatos, distingue-se por sua dureza baixa; das micas, pelo fato de estas possuírem separação em lâminas. Efervesce com HCl, liberando CO_2.
- *Emprego*: a calcita e o calcário são usados para a fabricação de cimentos. Aquecida a 900°C, perde CO_2 e transforma-se em CaO (cal virgem), que, com água, forma o hidróxido de cálcio (cal hidratada). O calcário é também usado para corrigir a acidez do solo. Os mármores são usados na construção civil.

FIG. 2.5 Fragmento de calcita

13] *Dolomita*
- *Fórmula*: $CaMg(CO_3)_2$.
- *Determinação*: as mesmas analogias feitas para a calcita. Difere da calcita por efervescer somente pulverizada.
- *Emprego*: para adorno em construção. Usada no cimento para retardar a pega e também em tijolos refratários.

14] *Caulim (argila)*
- *Fórmula*: $H_4Al_2Si_2O_9$.
- *Hábito*: placoide, hexagonal, microscópico. Macroscopicamente, sempre aparece em forma pulverulenta.
- *Cor*: branca ou colorida, dependendo da quantidade de óxido de ferro.
- *Formação*: o caulim origina-se da decomposição dos feldspatos atacados por água, contendo CO_2. Exemplo:

  $2KAlSi_3O_8 + 2H_2O + CO_2 \quad\quad H_4Al_2Si_2O_9 + 4SiO_2 + K_2CO_3$
  ortoclásio   caulim   sílica (solúvel)

- *Ocorrência*: rochas sedimentares e ígneas decompostas.
- *Reconhecimento*: pulverulento; macio e untuoso ao tato.
- *Emprego*: indústria cerâmica (porcelana).

15] *Clorita*
- *Fórmula*: $(Si_4O_{10})Mg_3(OH)_2 \cdot Mg_3(OH)_6$
- *Hábito*: placoide como as micas (esfoliação em lâminas).
- *Cor*: verde.
- *Ocorrência*: em qualquer tipo de rocha que tenha minerais ferromagnesianos, a clorita aparece como produto de alteração.

16] *Amianto (serpentina)*
- *Fórmula:* $H_4Mg_3Si_2O_9$.
- *Hábito:* massas compactas ou granulares finas. A forma fibrosa fina e flexível é denominada asbesto (amianto).

17] *Talco*
- *Fórmula:* $H_2Mg_3(SiO_3)_4$.
- *Hábito:* lâminas microscópicas.
- *Cor:* branca, esverdeada ou parda.
- *Reconhecimento:* dureza 1; macio e untuoso ao tato.
- *Ocorrência:* rochas metamórficas.
- *Emprego:* perfumaria, pintura, cerâmica e papel.

18] *Zeólitas*

Constituem um grupo de silicatos hidratados de alumínio. As zeólitas são formadas a partir de feldspatos, por influência de vapores ou soluções quentes.
- *Brilho:* vítreo.
- *Cor:* incolor, branca ou amarela.
- *Hábito:* cúbico, feixes de cristais achatados, losangulares, fibrorradiados, agregados aciculares, tufos à semelhança de massa de algodão.
- *Ocorrência:* encontradas em aberturas ou amígdalas de rochas ígneas extrusivas (p. ex., basalto).
- *Reconhecimento:* preenchendo as vesículas (cavidades) das rochas ígneas extrusivas (basaltos vesiculares).

19] *Fluorita*
- *Fórmula:* CaF.
- *Hábito:* cúbico, octaédrico.
- *Cor:* branca, amarela, verde, rósea, vermelha, azul, violeta ou parda.
- *Ocorrência:* em pegmatitos, calcários, dolomitos, como acessório do granito.
- *Reconhecimento:* brilho vítreo e clivagem octaédrica.
- *Emprego:* fundente; usada na fabricação de HF, de vidro opalescente.

Teste rápido (1 minuto para cada questão)

1] A crosta do planeta Terra, sua parte mais externa, possui uma espessura maior:
   a] Nas fossas oceânicas
   b] Embaixo dos continentes
   c] As duas alternativas estão corretas

2] Numa seção/corte do planeta Terra, da superfície ao seu centro, podemos distinguir três zonas distintas:
   a] Crosta oceânica, crosta continental e núcleo
   b] Crosta, manto e núcleo
   c] Crosta, manto inferior e manto superior

3] A América do Sul está situada na placa tectônica:
   a] de Nazca
   b] Antártida
   c] Sul-Americana

4] A solidificada crosta da Terra tem espessura que varia entre:
   a] 0 e 10 km
   b] 10 e 70 km
   c] 10 e 300 km

5] A consolidação das lavas dá origem às rochas:
   a] Magmáticas
   b] Metamórficas
   c] Sedimentares

6] O mineral quartzo é característico de:
   a] Calcários
   b] Folhelhos
   c] Arenitos

7] O mineral de maior dureza é o:
   a] Quartzo
   b] Ferro
   c] Diamante

8] A dureza do mineral talco é de:
   a] 1
   b] 5
   c] 10

9] Mineral que ocorre nos três tipos de rocha:
   a] Hematita
   b] Quartzo
   c] Caulim

10] Cristal é, por definição:
   a] Todo mineral brilhante
   b] Todo mineral com forma geométrica
   c] Todo mineral de valor econômico

Respostas

1	2	3	4	5	6	7	8	9	10
b	b	c	b	a	c	c	a	b	b

3 Rochas

Sill de rocha magmática constituído de diabásio intrusivo em rochas sedimentares (folhelhos)
Rodovia dos Bandeirantes, km 158, São Paulo (Foto: Ruth Dolce Chiossi)

3.1 Definição

Rochas são agregados de uma ou mais espécies de minerais e constituem unidades mais ou menos definidas da crosta terrestre. Contudo, há rochas que fogem um pouco a essa definição. Trata-se das lavas vulcânicas, que nem sempre se mostram formadas por grânulos de minerais iguais ou diferentes, mas sim constituídas de material vítreo, amorfo e de cores diversas.

Mineral é toda substância inorgânica natural, de composição química e estrutura definidas. Quando um mineral adquire formas geométricas próprias, que correspondam à sua estrutura atômica, passa a ser chamado *cristal*.

Rocha não deve ser necessariamente todo material resistente e duro da crosta, como parece ser à primeira vista. Em Geologia, fala-se em rocha sem levar em conta a dureza ou o estado de coesão. Assim, são rochas tanto materiais resistentes como granitos, calcários, sienitos e gabros, como materiais mais moles e friáveis, como argilas, folhelhos, arenitos etc.

Como vimos, as rochas são agregados de minerais. Quando esses agregados são formados por um só tipo de mineral, diz-se que a rocha é *simples*. *Rocha composta* é aquela constituída por mais de uma espécie mineral. Assim, são rochas simples os *quartzitos*, que são constituídos somente de quartzo (SiO_2), e os *mármores*, que são rochas usualmente formadas só de cristais de calcita ($CaCO_3$).

São exemplos de rochas compostas os *granitos*, constituídos de quartzo, feldspato (ortoclásio ou albita) e micas; e os *diabásios*, formados por feldspato (plagioclásio), piroxênio e magnetita etc. As rochas simples recebem também o nome de *uniminerálicas*, enquanto as compostas são conhecidas pela denominação de rochas *pluriminerálicas*.

Sob o ponto de vista mineralógico, pode-se dizer que as rochas existentes na crosta praticamente se constituem de apenas 20 minerais. Entre eles, os *feldspatos* são os mais importantes e mais abundantes. Enquadram-se nesse grupo o orto-clásio e o microclínio, bem como os vários minerais denominados plagioclásios. Seguem-se os *feldspatoides* (nefelina, leucita e analcita); os minerais do grupo das *micas* (moscovita, biotita, sericita e clorita); os minerais *ferromagnesianos* (piroxê-nios e anfibólios); as *olivinas* e *serpentinas*; os minerais da família da *sílica*, os *sili-catos* (granadas, epídoto, andaluzita, cianita e sillimanita) e os *óxidos* (magnetita, hematita e ilmenita); os *carbonatos* (calcita, dolomita e magnesita); os *fosfatos* (apa-tita) etc.

3.2 Classificação

As rochas que ocorrem tanto na superfície da Terra como no seu subsolo são divididas, em função de sua gênese, em três tipos distintos:

a) *rochas magmáticas* são aquelas formadas a partir do resfriamento e da conso-lidação do magma, um material em estado de fusão no interior da Terra. Por esse motivo, as rochas magmáticas são também chamadas *endógenas*;

b) *rochas sedimentares* são aquelas formadas por materiais derivados da decompo-sição e desintegração de qualquer rocha. Esses materiais são transportados, depositados e acumulados nas regiões de topografia mais baixa, como bacias, vales e depressões. Posteriormente, pelo peso das camadas superiores ou pela ação cimentante da água subterrânea, consolidam-se, formando uma rocha sedimentar. As rochas sedimentares são também chamadas *exógenas*, por se formarem na superfície da Terra; e *estratificadas*, por normalmente apresenta-rem camadas;

c) *rochas metamórficas* são aquelas originadas pela ação da pressão da tempera-tura e de soluções químicas em outra rocha qualquer. Por meio desses fatores, as rochas podem sofrer dois tipos de alterações básicas: 1) na sua estrutura, principalmente pela ação da pressão que irá orientar os minerais, ou pela ação da temperatura que irá recristalizá-los; 2) na sua composição mineralógica, pela ação conjunta dos dois fatores citados, bem como de soluções químicas.

3.3 Rochas magmáticas

3.3.1 Magma

É considerado o material em fusão existente no interior da Terra e constituído por uma mistura complexa de silicatos, óxidos, fosfatos e titanatos líquidos, que, por solidificação, formam as rochas. Água pode ocorrer na proporção de 5% a 6%.

O magma seria, assim, a rocha no estado de fusão. A lava, que é o material vertido nos vulcões em muitas regiões da Terra, constitui um ótimo exemplo de magma. *Lava* é o nome que se dá ao magma que atinge a superfície terrestre, vindo de certas profundidades (regiões superaquecidas), e que se esparrama pelas encostas dos vulcões ou nas depressões próximas. O magma contém, via de regra, cristais em suspensão e bolhas de gás.

Os gases encontrados nos magmas nas regiões vulcânicas são, predominantemente, água, CO_2, CO, HF, HCl, SO_2, H_2BO_3, S, H_2S, NH_3, CH_4, Cl, F, H e N.

3.3.2 Natureza dos magmas

As lavas são os magmas que atingem a superfície da Terra. Usualmente, por resfriamento, ou se vitrificam ou se solidificam. A saída do magma se faz pelos vulcões. A expulsão da lava pode ocorrer de maneira absolutamente calma, com o magma escorrendo pelos flancos do vulcão, ou pode ser acompanhada de explosões, como aconteceu na erupção do Vesúvio, no ano de 79 d.C. Em qualquer dos casos, geralmente ocorre emissão de gases aquecidos. Quando estes ocupam um volume considerável da lava e ocorrem explosões, o magma divide-se em partículas finíssimas, denominadas "cinzas vulcânicas".

O homem já teve oportunidade de assistir ao nascimento de vulcões. Um deles foi o Paracutim, no México, que teve seu início no dia 20 de fevereiro de 1943, em uma região plana e cultivada. Houve, inicialmente, sucessão de explosões acompanhadas pelo lançamento de blocos incandescentes e partículas menores, que formaram um cone e uma cratera. Dois ou três dias depois, surgiu a lava líquida, que se infiltrou pelas fendas abertas nas rochas circunjacentes. Pelo ano de 1946, a estrutura vulcânica já tinha atingido cerca de 450 m de altura.

Fato curioso aconteceu com o vulcão Monte Nuovo, no ano de 1538, nas proximidades da cidade de Nápoles, na Itália. Após violentas explosões, em poucos dias formou-se um cone de detritos de cerca de 150 m. Dias depois, a erupção cessava sem ter sido expelido qualquer tipo de lava. Até hoje, o vulcão Monte Nuovo não mostrou sinais de atividade. Contudo, isso não significa que esse vulcão esteja extinto. O próprio Vesúvio, seu vizinho, permaneceu cerca de 500 anos (1139-1631) em período de repouso, para então reviver violentamente. Esse vulcão, que já se tornou famoso em todo o mundo, originou-se no ano de 79 d.C., dentro das ruínas do vulcão Monte Somma. Este, por sua vez, parece ter tido uma longa história, pois podem ser contados nada menos que 14 períodos de erupção e dois longos intervalos de repouso.

A título de ilustração, lembramos que o magma existente no interior da Terra, e que atinge a superfície através das aberturas vulcânicas, tem exercido elevado efeito destruidor. Assim é que, nos últimos 2.000 anos, cerca de um milhão de pessoas morreram em consequência de vulcanismo, destacando-se 16.000 pessoas pelo Vesúvio, no ano de 79 d.C.; 47.000 pelo Tambaroa, em Java (1815); 30.000 na Ilha da Martinica, pelo Monte Pelée, em 1902. Digna de registro foi a atividade exercida pelo vulcão Krakatoa, entre Sumatra e Java, no ano de 1883, quando explodiu violentamente, fazendo uma montanha de 2.700 m de altura transformar-se em uma de 1.500 m. O número de vítimas foi estimado em 36.000, e cerca de 18 km^3 de rocha foram pulverizados e atirados ao redor. O estouro do vulcão pôde ser ouvido a cerca de 5.000 km de distância, e muros foram fendilhados a 160 km.

A velocidade com que as lavas dos vulcões escorrem pode variar de 100 m por dia a 50 km por hora.

A determinação da temperatura das lavas é uma operação difícil. Um dos métodos usados é atirar varetas de metais no interior da lava para verificar quais se fundem e quais permanecem intactas. A temperatura das lavas nas crateras ou depressões dos vulcões não é a mesma na superfície e no seu interior. Nas partes superiores, em razão da queima dos gases libertados, a temperatura é mais alta que a verificada na parte interna. Valores de temperatura encontrados em diversas lavas estudadas variaram entre 900 e 1.200°C.

No Brasil, felizmente, não existem vulcões. Ocorrem somente estruturas vulcânicas muito antigas, e as mais conhecidas são as do arquipélago de Fernando de Noronha (antigo vulcão) e o planalto de Poços de Caldas (restos erodidos de uma cratera vulcânica).

Atualmente se tem comentado acerca do encontro de chaminés vulcânicas nos Estados de Goiás, Rio Grande do Sul e Roraima.

3.3.3 Modos de ocorrência das rochas magmáticas

As rochas magmáticas podem ocorrer na crosta de duas maneiras diferentes, segundo se formem na sua superfície ou internamente. No primeiro caso, são chamadas *extrusivas* e no segundo, *intrusivas*.

Rochas extrusivas

Quando o magma, vindo de regiões profundas da crosta, atinge a superfície terrestre e se esparrama, forma-se, por meio de rápido resfriamento, um corpo extrusivo de rocha magmática chamado *derrame* (p. ex., os derrames de basalto do sul do Brasil).

Inúmeras sondagens realizadas na bacia do Paraná permitiram a constatação de que as maiores espessuras dos derrames basálticos encontram-se no eixo do rio Paraná, sendo também maior o número de derrames. A Tab. 3.1 indica o número de derrames basálticos observados e as espessuras totais verificadas em sondagens realizadas nas proximidades do rio Tietê (SP). As sondagens de Lins e Três Lagoas foram realizadas pela Petrobras; as sondagens das corredeiras do Banharão e do Matão, em Barra Bonita, foram realizadas pelo Departamento de Águas e Energia Elétrica (DAEE) de São Paulo.

Derrames são, portanto, corpos magmáticos de forma tabular que cobrem extensas áreas. A forma e as dimensões dos derrames são consequência da fluidez do magma. Esta, por sua vez, depende da composição química. Magmas pobres em sílica e ricos em ferro e magnésio (p. ex., basalto) são geralmente mais móveis e podem, ao se derramar na superfície da crosta, atingir grandes distâncias a partir do local de extravasamento (Fig. 3.1). Os magmas ditos ácidos, ricos em sílica e pobres em ferro e magnésio, são viscosos e, por essa razão, não formam derrames; ao

Tab. 3.1 Derrames basálticos e espessuras totais verificadas em sondagens nas proximidades do rio Tietê (SP)

Local	Número de derrames	Espessura total
Barra Bonita	1	30 m
Barra Bonita	3	80 m
Lins	16	580 m
Três Lagoas	26	738 m

contrário, acumulam-se nas proximidades do orifício de extravasamento, constituindo edifícios ou estruturas vulcânicas.

Rochas intrusivas

Quando a consolidação do magma ocorre internamente, são formadas as rochas intrusivas. As rochas intrusivas consolidadas no interior da crosta possuem formas que dependem da estrutura geológica e da natureza das rochas que elas penetram. Se o magma, ao penetrar uma rocha preexistente, orienta-se segundo os seus planos de estratificação ou xistosidade, produzirá uma forma dita *concordante*. Por outro lado, se o magma atravessar determinada rocha seguindo direções ou planos que não correspondam aos de estratificação ou xistosidade, produzirá uma forma denominada *transgressiva* ou *discordante*. Formas concordantes e discordantes só podem ser distinguidas umas das outras quando as intrusões se deram em rochas de estrutura estratificada, mais ou menos horizontais.

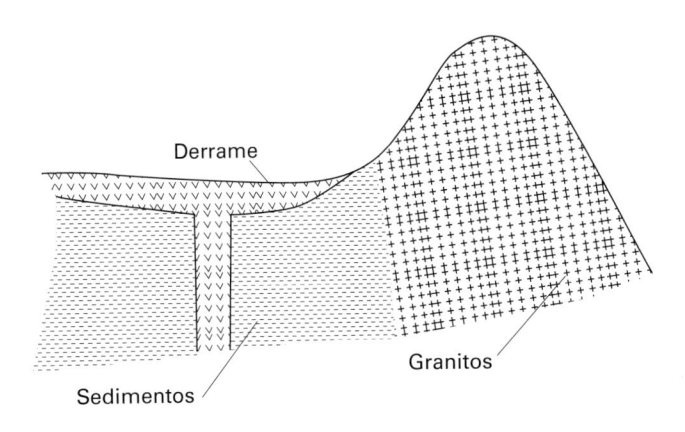

FIG. 3.1 Esquema de rocha extrusiva e massa de rocha intrusiva

As formas intrusivas mais comuns nas formações geológicas brasileiras são:

a] *Sills*: formas concordantes de rocha de forma tabular, relativamente pouco espessas, provenientes da consolidação de um magma que penetrou as camadas da rocha encaixante, em posição aproximadamente horizontal. Possuem superfícies paralelas (Fig. 3.2).

Os *sills* possuem, às vezes, forma ligeiramente lenticular. Sua espessura varia de alguns centímetros a muitas centenas de metros. A distância atingida por uma camada de *sill* e sua espessura dependem da força com que o magma é injetado, da sua temperatura, do seu grau de fluidez e do peso das camadas que o magma deve levantar para produzir o espaço necessário à sua acomodação (Fig. 3.2). Sendo os magmas básicos pobres em sílica e também os mais fluidos, são eles os que, mais comumente, produzem os *sills*. No sul do Brasil (Estados de São Paulo, Paraná, Santa Catarina e Rio Grande do Sul) ocorrem, no interior das rochas sedimentares, numerosos sills de diabásio, de espessuras diversas. Quando se fazem perfurações nos Estados mencionados, para a localização de rochas portadoras de petróleo ou lençóis aquíferos, é muito comum encontrar espessos *sills* alternados com as rochas sedimentares. As pedreiras da região de Laranjal Paulista, Piracicaba, Mogi Mirim, Rio Claro etc., no Estado de São Paulo, estão localizadas em *sills* de diabásio de extensão limitada, que penetraram rochas sedimentares.

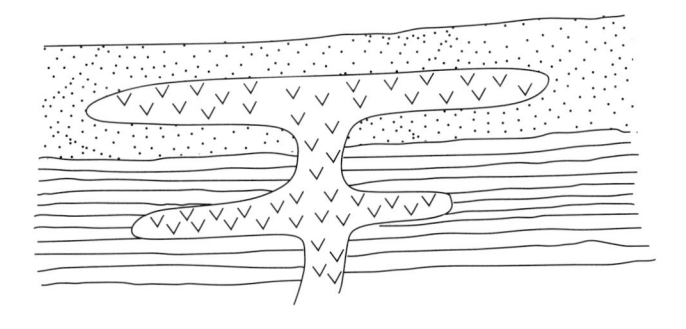

FIG. 3.2 *Sill* em sedimentos (p. ex., Salto de Piracicaba, SP)

b] *Diques*: formas discordantes mais ou menos tabulares, normalmente verticais, que cortam angularmente as camadas das rochas invadidas (Fig. 3.3). A espes-

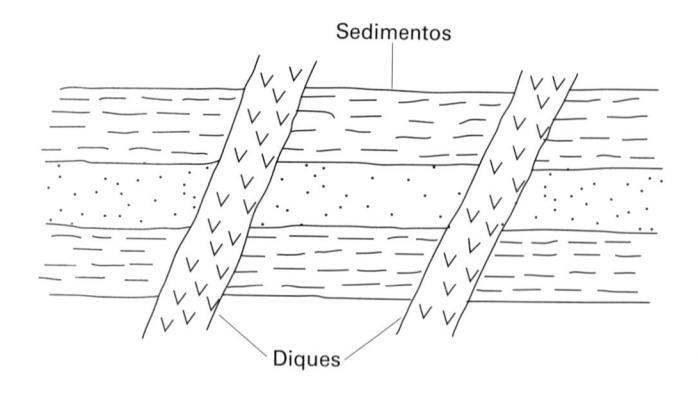

FIG. 3.3   Diques em sedimentos (rio Tibagi, PR)

sura dos diques varia de poucos centímetros de espessura até centenas de metros. O comprimento de tais estruturas intrusivas é também variável. Diques de diabásio e pegmatitos, de quilômetros de comprimento, são comuns nos Estados do Paraná e Rio Grande do Norte, respectivamente. Muitas vezes, a rocha que constitui o dique é mais resistente que a rocha que o encaixa. É por essa razão que, nessas regiões, os diques formam saliências na superfície do terreno. Quando a rocha encaixante é mais resistente à erosão que a rocha do dique (p. ex., um dique de diabásio em gnaisse), forma-se uma depressão no lugar onde se encontra o dique. Raramente a rocha encaixante e a rocha do dique apresentam a mesma resistência aos agentes erosivos.

É raro, para uma mesma região, a existência de um só dique. Normalmente os diques ocorrem em grande número, quase todos paralelos a uma mesma direção ou distribuídos radialmente. Essa distribuição regular é sempre consequência da estrutura geológica invadida pelo material magmático.

Um dos exemplos mais espetaculares de ocorrência de sistema de diques é no Estado do Paraná, onde ocorrem dezenas de diques com até 45 km de extensão e largura de 50 a 200 m, em média.

Os diques de diabásio cortam rochas sedimentares e, sendo mais resistentes, provocaram a formação de verdadeiros "muros" na topografia. O fato é facilmente observado por avião quando se sobrevoa a área, ou por fotografias aéreas. Os diques são aproximadamente paralelos.

No vale do rio Tibagi, esses diques são comuns e, quando cortados pelo rio, provocam a formação de corredeiras e cachoeiras (Fig. 3.4).

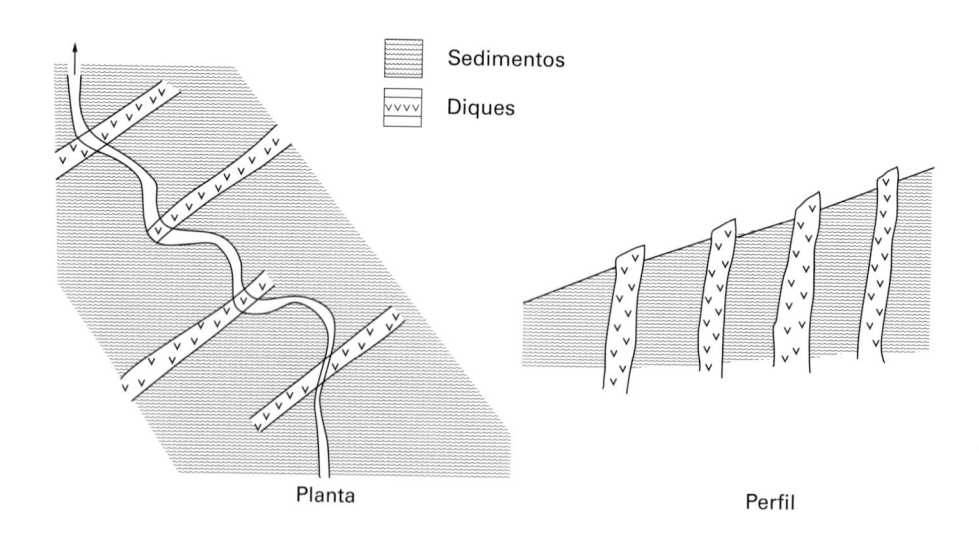

FIG. 3.4   Diques de diabásio cortando rochas sedimentares no rio Tibagi (PR)

c] *Batólitos*: grandes massas magmáticas consolidadas internamente, de constituição granítica. Quando expostas pela erosão, abrangem grandes áreas.

As formas de ocorrência das rochas magmáticas podem aparecer em separado ou em conjunto. A Fig. 3.5 mostra um conjunto de diversas ocorrências magmáticas.

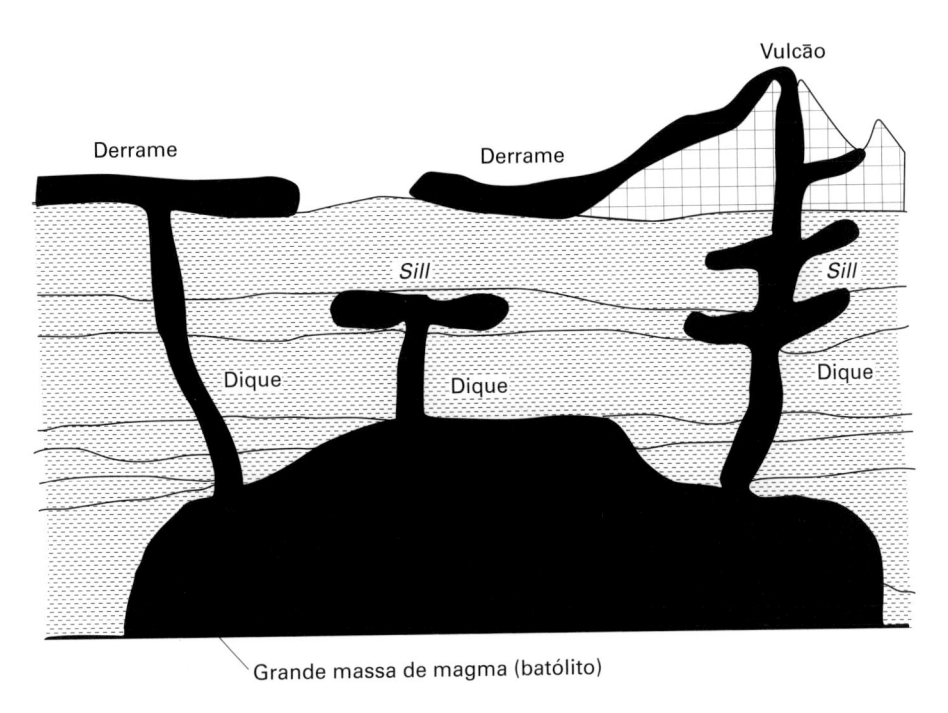

FIG. 3.5 Conjunto de diversas ocorrências magmáticas

3.3.4 Classificação das rochas magmáticas

Existem diversos critérios de classificação. Serão enumeradas aqui apenas algumas propriedades mais usuais, utilizadas na classificação das rochas magmáticas.

Porcentagem de sílica

Em todas as análises químicas de rochas magmáticas intrusivas e extrusivas aparece sempre, como um dos óxidos constituintes, o de silício. A porcentagem de sílica encontrada nas análises corresponde à sílica que muitas vezes é encontrada livremente na rocha (p. ex., o quartzo do granito), bem como à sílica pertencente aos minerais silicatados. De acordo com a porcentagem de sílica, as rochas magmáticas são divididas em três grandes grupos: *ácidas, intermediárias* ou *neutras* e *básicas*. Ácidas seriam as rochas com teores de sílica superiores a 65%; intermediárias ou neutras, as com teores compreendidos entre 65% e 52%; e básicas, as com teores abaixo de 52%.

Cor dos minerais

A separação de minerais em claros e escuros permite a divisão das rochas magmáticas em três grandes categorias:

1] *leucocráticas*: possuem menos de 30% de minerais escuros;

2) *mesocráticas*: possuem entre 30% e 60% de minerais escuros;
3) *melanocráticas*: possuem acima de 60% de minerais escuros.

Tipo de feldspato

Para alguns autores, com referência aos feldspatos, as rochas são divididas em alcalinas, monzoníticas e alcalicálcicas. Nas *rochas alcalinas*, predominam sobre os plagioclásios os feldspatos potássicos, sódicos e os intercrescimentos de ambos. Nas *rochas monzoníticas*, a quantidade de feldspato alcalino é aproximadamente igual à dos feldspatos alcalicálcicos (plagioclásios). As *rochas alcalicálcicas* possuem maior quantidade de plagioclásios do que feldspatos alcalinos.

Granulação

A granulação dos minerais de uma rocha é também usada como base de classificação. Existem três tipos de granulação, que obedecem a um critério aproximado de divisão: *granulação grossa*, na qual os minerais teriam um tamanho médio acima de 5 mm e que corresponde às rochas formadas a grande profundidade; *granulação média*, em que o tamanho médio dos minerais varia entre 1 mm e 5 mm e que corresponde às rochas formadas a profundidades médias; e *granulação fina*, na qual os minerais se apresentam com dimensões médias inferiores a 1 mm e, às vezes, chegam a formar uma massa fina, onde não é possível distinguir os minerais, e que corresponde às rochas formadas na superfície da Terra.

Classificação

Resumidamente, classificaremos os tipos mais comuns das rochas magmáticas da seguinte maneira:

1) *Rochas portadoras de feldspatos*
   a) *rochas ácidas*: granitos, pegmatitos, aplitos e granodioritos;
   b) *rochas intermediárias*: sienitos e dioritos;
   c) *rochas básicas*: basaltos, diabásios e gabros.

2) *Rochas sem feldspatos*
   a) *ultramafitos*: consistem em minerais ferromagnesianos e acessórios. A ocorrência de qualquer tipo de feldspato, mesmo em quantidades bem subordinadas, exclui a rocha desse grupo (p. ex., piroxenitos, peridotitos, eclogitos etc.).

Classificação das rochas magmáticas em Geologia de Engenharia

A seguir, em termos bem práticos, estão relacionados e agrupados os dez tipos mais comuns de rochas magmáticas.

i) *Rochas graníticas ou ácidas* (quatro tipos; Quadro 3.1);
ii) *Rochas básicas* (quatro tipos; Quadro 3.2);
iii) *Rochas intermediárias ou alcalinas* (dois tipos; Quadro 3.3).

Em termos mais práticos e simplistas ainda, pode-se dizer que:
a) no grupo (i), o granito é a base. O pegmatito seria "um granito de granulação supergrosseira", e o aplito, o outro extremo, de granulação finíssima;

Quadro 3.1 Rochas graníticas ou ácidas

Características	Tipos de rochas			
	pegmatito	granito	granodiorito	aplito
granulação	muito grossa	grossa a média	média a fina	fina
modo de ocorrência	diques	grandes massas (batólitos)	massas e diques	diques
cor mais comum	clara	tons de cinza-róseo	cinza	cinza-claro e rósea

Quadro 3.2 Rochas básicas

Características	Tipos de rochas			
	gabro	diabásio	basalto maciço	basalto vesicular
granulação	grossa	média a fina	fina	fina com cavidades
modo de ocorrência	massas rochosas e diques	diques	derrames	derrames
cor mais comum	preta, cinza, verde	preta	preta/cinza	marrom/roxa

Quadro 3.3 Rochas intermediárias ou alcalinas

Características	Tipos de rochas	
	sienito	tinguaíto, fonólito
granulação	média a grossa	fina a média, com cristais menores
modo de ocorrência	intrusões	intrusões
cor mais comum	tons de cinza	verde-escura, preta

b] no grupo (ii), o diabásio é a base, sendo o gabro "um diabásio de granulação grossa", e o basalto maciço, "um diabásio de granulação finíssima". Foge ao grupo a variação de basalto vesicular, por ter uma estrutura própria e com cavidades (vesículas);

c] no grupo (iii), as rochas possuem ocorrência mais comum. A base seria o sienito, e o extremo, em granulação fina, o tinguaíto ou fonólito.

Como os estudantes/engenheiros não precisam ser transformados em geólogos, daí a simplificação.

3.4 Rochas sedimentares

3.4.1 Definição

As rochas incluídas nesse grupo são as que se formaram tanto pela atividade mecânica como pela atividade química dos agentes do intemperismo, sobre rochas preexistentes. Elas são o acúmulo do produto da decomposição e desintegração de todas as rochas presentes na crosta terrestre. Muitas vezes, esses produtos da decomposição ou desintegração são deixados no próprio local em que se deram as transformações; porém, normalmente são transportados pelo vento ou pela água e depositados em regiões mais baixas, nos continentes ou no fundo dos mares. Quando a água é o agente de transporte, o material carregado em suspensão é depositado quando a velocidade de transporte do meio diminui. Os materiais dissolvidos são precipitados ou diretamente, por efeito de mudança nas condições físico-químicas do meio, ou indiretamente, pela atividade vital de animais e plantas. Tendo se formado sob condições diversas, as rochas sedimentares, também denominadas *secundárias* ou *exógenas*, podem mostrar grandes variações em sua composição mineralógica e química, bem como em sua textura.

3.4.2 Condições para a formação de rochas sedimentares

As condições necessárias para a formação de uma rocha sedimentar são (Fig. 3.6):

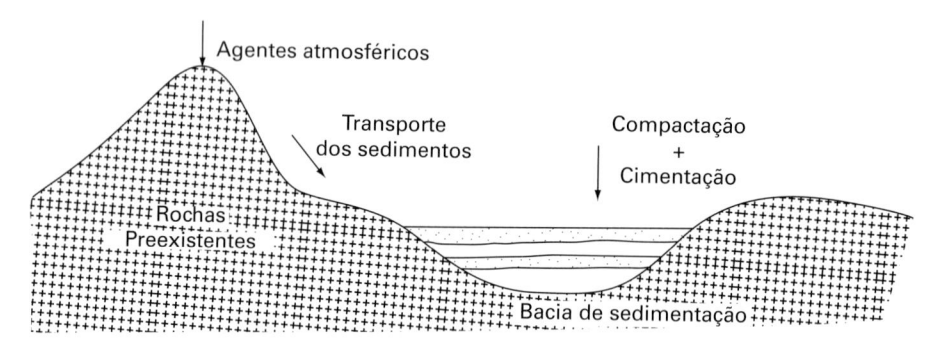

FIG. 3.6 Esquema de formação de uma rocha sedimentar

a) presença de *rochas* que deverão ser a fonte dos materiais;
b) presença de *agentes móveis* ou *imóveis* (vento, água, variação de temperatura etc.) que desagreguem ou desintegrem aquelas rochas;
c) presença de um *agente transportador* dos sedimentos recém-formados (água, vento etc.);
d) *deposição desse material* em uma bacia de acumulação, continental ou marinha. São vários os exemplos de bacias sedimentares no Brasil. As dimensões dessas bacias e as características dos seus materiais variam enormemente;
e) *consolidação desses sedimentos* em decorrência do peso das próprias camadas superiores e/ou por meio de soluções cimentantes (carbonatos, óxidos etc.). Um exemplo típico é dado pelas argilas que, sob a influência de grandes pesos, se transformam em folhelhos, às vezes de dureza bem apreciável. Outro exemplo é dado por um sedimento quando é atravessado por uma solução e, entre os seus interstícios, ocorre a precipitação da substância que se encontrava dissolvida, que pode agir como um verdadeiro cimento. Assim, areia misturada a calcário ou a óxido de ferro poderá transformar-se em arenito consistente (Figs. 3.7 e 3.8).

Dá-se o nome de *diagênese* ao fenômeno que compreende as modificações sofridas pelos sedimentos, iniciado no momento em que se efetua a deposição e continuado por certo tempo. É a transformação do sedimento em rocha definitiva. As áreas de ocorrência das rochas sedimentares são chamadas de *bacias sedimentares*, das quais são exemplos:

a) *Bacia sedimentar do Paraná*

O nome, contudo, não tem relação com o rio ou o próprio Estado. Essa bacia abrange a região centro-sul do Brasil e cobre mais de 1 milhão de km^2, estendendo-se pelo Uruguai, Argentina e Paraguai.

FIG. 3.7 Camadas horizontais de calcário (Irecê, BA)

FIG. 3.8 Vista aérea do Grand Canyon, no rio Colorado (Nevada - EUA), escavado em rochas sedimentares. O cânion atinge 1,6 km de profundidade e 10 km de largura

Entre os sedimentos da bacia, constituídos de arenitos, folhelhos e calcários, ocorrem derrames de basalto que chegam a atingir cerca de 800 m de espessura, como em Três Lagoas, no Estado de Mato Grosso do Sul. Nesse local, a espessura de sedimentos é de 4.300 m, encontrada numa perfuração da Petrobras. No Estado de São Paulo, a forma da bacia pôde ser resumidamente delimitada por meio de três sondagens da Petrobras (Fig. 3.9).

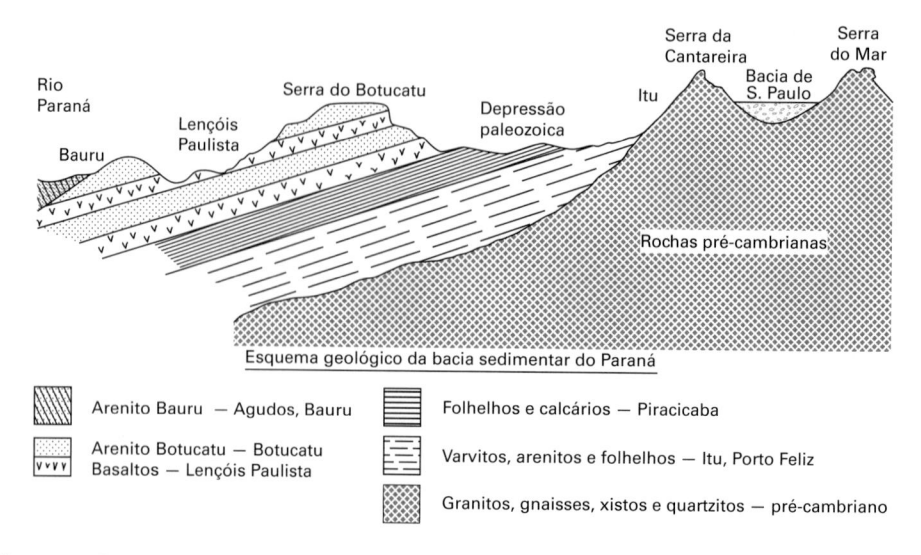

Fig. 3.9 Corte esquemático da bacia do Paraná, no Estado de São Paulo

b] *Bacia sedimentar de São Paulo*
Outro exemplo de bacia sedimentar é a região onde se desenvolveu a cidade de São Paulo, na qual existe uma depressão topográfica preenchida por areias e argilas, com espessura máxima conhecida de mais de 200 m. A área da bacia é de cerca de 5.000 km^2.

c] *Outras bacias sedimentares*
As áreas ou bacias sedimentares do Brasil estão se tornando bastante conhecidas em termos geológicos, em virtude das explorações de petróleo feitas pela Petrobras e do fato de o óleo ocorrer somente em rochas sedimentares.

São outros exemplos de bacias sedimentares: Piauí (Maranhão), Sergipe (Alagoas), bacia do Tucano e Recôncavo (Bahia), e a pequena bacia sedimentar localizada na cidade de Curitiba, que possui cerca de 3.000 km^2.

3.4.3 Intemperismo

Define-se *intemperismo* ou *meteorização* como o conjunto de processos que ocasiona a desintegração e a decomposição das rochas e dos minerais, por ação de agentes atmosféricos e biológicos. Não existe processo algum que seja tão geral, nenhum que se desenvolva em formas tão variadas como o intemperismo, e, em toda a superfície terrestre, não existe rocha alguma que possa escapar à sua ação. Até mesmo uma rocha tão resistente como o granito, quando sujeita por muito tempo à ação intensa do intemperismo, chega a desfazer-se entre os dedos.

A maior importância geológica do intemperismo está na destruição das rochas, com a consequente produção de outros materiais, que irão constituir os *solos*, os *sedimentos* e as *rochas sedimentares*.

De grande importância para o homem é a *formação do solo*, necessário para a obtenção dos produtos agrícolas essenciais para a existência humana.

O intemperismo é também causa de outros *benefícios econômicos*, pois contribui para a *concentração de minerais úteis* ou *minérios*, como ouro, platina, pedras preciosas etc. Ao destruir as rochas que os continham, permite que esses minerais sejam concentrados mediante a separação dos outros minerais presentes. Outro resultado econômico da ação do intemperismo é a formação de depósitos enriquecidos de cobre, manganês, níquel etc. Quando uma rocha que contém pequenas quantidades de um desses minerais fica sujeita ao intemperismo, a água superficial ou subterrânea pode separar o mineral metálico, transportá-lo e voltar a depositá-lo em outros lugares, formando depósitos concentrados e enriquecidos de grande importância econômica.

O intemperismo difere da erosão por ser um fenômeno de alteração das rochas, executado por *agentes essencialmente imóveis*, enquanto a erosão é a remoção e o transporte dos materiais por meio de *agentes móveis* (água, vento etc.).

Como produto final do intemperismo, temos o que se chama de *regolito* ou *manto de decomposição*, o qual recobre a rocha inalterada e cuja espessura varia de alguns centímetros até dezenas de metros.

Agentes do intemperismo

Os agentes do intemperismo podem ser reunidos em dois grupos principais:

i) *físicos* ou *mecânicos*, pelos quais os materiais são desintegrados principalmente por ação de:
   1) *variação de temperatura;*
   2) *congelamento da água;*
   3) *cristalização de sais;*
   4) *ação física de vegetais.*

ii) *químicos*, pelos quais os materiais são decompostos por ação de:
   1) *hidrólise;*
   2) *hidratação;*
   3) *oxidação;*
   4) *carbonatação;*
   5) *ação química dos organismos e dos materiais orgânicos.*

Fatores que influem no intemperismo

Os agentes do intemperismo trabalham simultaneamente, e a ação maior ou menor de um ou de outro depende de diversos fatores, tais como: *clima, topografia, tipo de rocha, vegetação* etc.

a) O *clima* influi de diversas maneiras, sendo que, em regiões áridas, há uma predominância da ação dos agentes físicos em relação aos químicos, acontecendo o inverso nas regiões úmidas. Em resumo, podemos dizer que o intemperismo químico é dominante nas regiões quentes e úmidas, e o intemperismo físico, nas regiões geladas e nos desertos. Dessa maneira, no Nordeste do Brasil predomina o intemperismo físico, e na região centro-sul, o químico.

b) A *topografia* influi da seguinte maneira: o solo inicialmente formado constitui uma camada que protege a rocha contra uma posterior alteração e decomposição. Porém, nas regiões de declives acentuados, ele é constantemente removido pelas enxurradas ou por efeito direto da gravidade, e, nesse caso, o ataque às rochas aumenta.

c) O *tipo de rocha* influi na ação de intemperismo segundo as diferentes resistências oferecidas ao ataque físico e químico. Na maior ou menor resistência oferecida ao intemperismo por uma rocha, influem certas estruturas, tais como fraturas, falhamentos, porosidade, composição mineralógica etc.

d) A *vegetação* também influi, pois pode fixar o solo com suas raízes e retardar sua remoção, ocasionando certa proteção à rocha subjacente, pois impede o avanço da decomposição.

Tipos de intemperismo

i) *Intemperismo físico*

a) *Ação da variação da temperatura*

Nas regiões áridas, em virtude da absorção do calor dos raios solares durante o dia, a temperatura das rochas chega a alcançar 60° a 70°C, enquanto a temperatura ambiente fica entre 35° e 40°C, aproximadamente. À noite, a temperatura ambiente, em muitos casos, pode cair até próximo de zero, com a produção de uma pequena geada.

Essas variações de temperatura, repetidas seguidamente por muito tempo, afetam as rochas, que têm seus minerais ora em estado de expansão, ora em estado de contração. Esses fenômenos causam, nas rochas, pequenas fraturas que vão se alargando com o tempo e que acabam por desintegrá-las.

Nas regiões do Nordeste brasileiro, as rochas aquecidas durante o dia se expandem e ficam, às vezes, sujeitas às chuvas ocasionais que causam o abaixamento rápido da temperatura e, consequentemente, a contração e desagregação física das rochas. Pode-se, nessas ocasiões, observar os estalos produzidos pela contração. A ação da temperatura é um fenômeno superficial, pois as suas variações são gradativamente menores à medida que se aprofunda no subsolo.

b) *Congelamento da água*

A água, ao se congelar, aumenta seu volume em 10%, exercendo certa pressão. Assim, se as fendas e aberturas de uma rocha estiverem preenchidas por água, esta, ao se congelar, forçará suas paredes.

Tensões internas poderão ser causadas por esse processo, que será mais eficiente quanto maior o número de vezes que for repetido.

A ação do congelamento tem maior importância em regiões de climas moderados, onde a água se congela e se descongela muitas vezes, em um tempo relativamente curto. Na Europa, na América do Norte e na Ásia, isso chega a constituir grave problema na construção de edifícios. No Brasil, porém, esse tipo de problema não ocorre.

c) *Cristalização de sais*

Consideremos uma cuba com uma solução saturada de um sal qualquer (p. ex., um sulfato). Colocando nela um gérmen cristalino e, sobre este, uma lâmina pequena com um peso em cima, o cristal lentamente cresce por todos os lados e acaba levantando a lâmina com o peso, que, em alguns casos, chega a 1 ou 2 kg. A força que levanta esse peso é chamada *força de cristalização*.

Certas águas circulantes que contêm, em solução, sais dissolvidos podem infiltrar-se nas rochas. Com a evaporação, os sais se precipitam, cristalizando-se e exercendo certa pressão, que pode desagregar as rochas. Tal ação é comum nas regiões costeiras, onde as aberturas das rochas são preenchidas pela água do mar, rica em sais, durante as ressacas marinhas.

d] *Ação física dos vegetais*
Muitas rochas podem desintegrar-se pelo crescimento de raízes ao longo de suas fraturas.

ii] *Intemperismo químico*
A água pura é relativamente inerte em relação à maioria dos minerais; porém, sempre carrega da atmosfera substâncias dissolvidas, como, por exemplo, O_2 e CO_2, e, às vezes, nitratos e nitritos, produzidos por descargas elétricas.

Essa água, ao penetrar no subsolo, pode impregnar-se de ácidos, sais e produtos orgânicos. Todas essas substâncias têm a capacidade de iniciar um ataque às rochas por meio de processos como hidrólise, hidratação, oxidação etc., descritos a seguir.

a] *Hidrólise*
Em geral, o mais importante agente químico é a hidrólise, em que os íons da água se combinam com os compostos, ocorrendo a formação de novas substâncias.

Os minerais são dotados de finíssimos capilares. A água penetra nesses capilares e, combinada com os íons do mineral, forma novas substâncias. Os feldspatos são relativamente pouco estáveis e sofrem com facilidade a ação desse ataque. No caso do feldspato, temos que:

$$KAlSi_3O_8 + H_2O \rightarrow HAlSi_3O_8 + KOH$$
(feldspato)   (ortoclásio)

b] *Hidratação*
Certos minerais podem adicionar moléculas de água à sua composição, formando novos compostos, como é o caso da anidrita ($CaSO_4$) e da hematita (Fe_2O_3), que, hidratando-se, formam, respectivamente, o gipso ($CaSO_4 \cdot 2H_2O$) e a limonita ($Fe_2O_3 \cdot nH_2O$).

Como consequência da hidratação, os minerais têm os seus volumes aumentados, tensionando-se mutuamente, o que lhes diminui a coesão, causando a desintegração das rochas. Tal ação é mais intensa nos vértices do que nas arestas, e mais nestas do que nas faces, produzindo, em consequência, um arredondamento das rochas, com a separação de blocos concêntricos hidratados das partes pouco ou ainda não afetadas, à maneira de uma cebola. Esse fenômeno é conhecido como decomposição esferoidal.

c] *Oxidação*
Um processo muito comum de decomposição é o da oxidação, pelo qual os minerais se decompõem facilmente pela ação oxidante do O_2 e do CO_2 dissolvidos na água, resultando em hidratos, óxidos, carbonatos etc.

Minerais que possuem íons como o Fe^{++} na sua composição, como, por exemplo, pirita (FeS_2), micas, olivinas etc., são mais suscetíveis à oxidação, pelo fato de o Fe^{++} ter grande afinidade com o oxigênio.

Quando a pirita é oxidada, o Fe^{++} passa a Fe^{+++}, que se hidrata com relativa facilidade, formando a limonita e libertando enxofre, que se combina com a água para produzir uma solução fraca de ácido sulfúrico. Esse ácido dissolve os sais de Ca, Mg, K e Na, que são transportados pelos rios até os mares sob a forma de sulfatos.

d] *Carbonatação (decomposição por CO_2)*

Outro processo de decomposição é a carbonatação, na qual o CO_2 contido na água forma uma pequena quantidade de ácido carbônico.

Um calcário é mais facilmente lixiviado se o CO_2 estiver presente na água. Juntos, H_2O e CO_2 formam o H_2CO_3, que é um poderoso agente químico em minerais como calcita ($CaCO_3$).

$$CaCO_3 + H_2CO_3 \rightarrow Ca(HCO_3)_2$$

(calcita + ác. carb. → bicarbonato de cálcio)

O bicarbonato de cálcio é solúvel e é transportado em solução. Calcários, dolomitos e gipto são particularmente suscetíveis de lixiviação.

Quando as condições do meio variarem de tal forma que o CO_2 dissolvido na água escape, o bicarbonato de cálcio tornará a precipitar, formando as estalactites, as estalagmites e as rochas calcárias em geral.

O ácido carbônico decompõe também os feldspatos, micas etc.

e] *Decomposição químico-biológica*

A ação química dos organismos é muito variada. Os ouriços-do-mar, por exemplo, por secreção química, fazem buracos nas rochas dos litorais; algas, líquens e musgos, ao se fixarem nas superfícies das rochas, provocam a formação de uma fina camada de solo, que, com o tempo, irá aumentando até permitir a fixação de certas plantas.

O produto da decomposição microbiana e química dos detritos orgânicos é o húmus, que se transforma, gerando o ácido húmico, que, como outros ácidos, acelera grandemente a decomposição das rochas e dos solos.

O ácido húmico torna os solos ácidos. A água das chuvas, ao atravessar esses solos, carrega esse ácido, que, reagindo semelhantemente à hidrólise, provoca a decomposição das rochas.

3.4.4 Decomposição das rochas

Examinemos um corte longitudinal num terreno. No exemplo da Fig. 3.10, o corte foi além de 7 m. Esse corte mostra um solo proveniente da decomposição de uma rocha granítica encontrada inalterada a uma profundidade de 7 m (D).

No campo, seria observado que, em (C), a rocha torna-se de cor cada vez mais branca, pois começa a haver alteração dos feldspatos, que vão se tornando pulverulentos, formando caulim. Em (B), já encontramos solo onde progressiva-

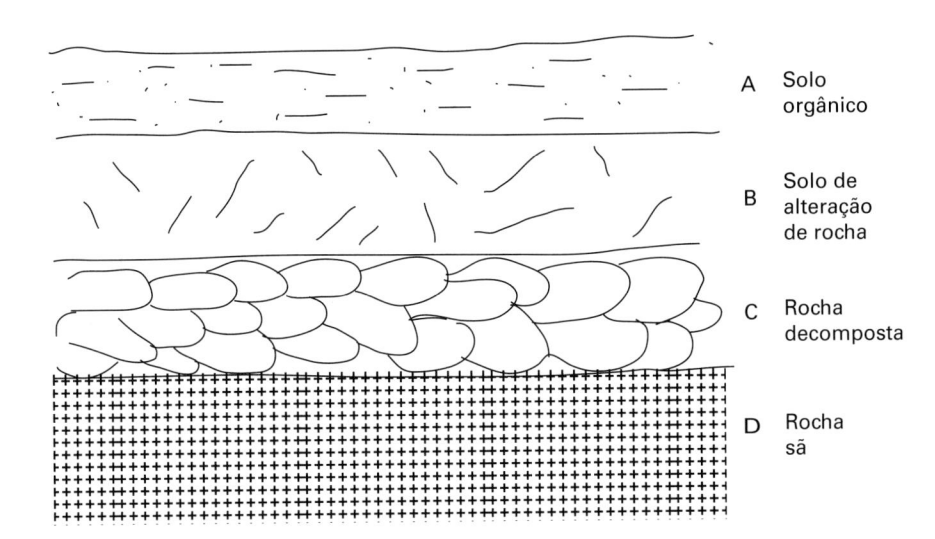

FIG. 3.10 Perfil do solo em região de granitos

- A Solo orgânico
- B Solo de alteração de rocha
- C Rocha decomposta
- D Rocha sã

mente a rocha atinge o máximo de decomposição. Finalmente, em (A), temos o solo residual, com matéria orgânica.

Como exemplo mais concreto ainda, o Quadro 3.4 descreve a decomposição de um granito, rocha composta de quartzo, feldspatos e micas (biotita e moscovita), e tendo como minerais acessórios o zircão e a apatita.

Quadro 3.4 Decomposição de um granito

Mineral	Composição	Alteração	Produto
quartzo	SiO_2	não se decompõe	grãos de areia
feldspato	silicato de Al e K	é solúvel	argila e material solúvel
moscovita (mica)	silicato de Al + K + H_2O	não se decompõe	placas de mica
biotita (mica)	silicato de Al, Fe, K, Mg + H_2O	é solúvel	argila e material solúvel
silicato de Zr	zircão	não se decompõe nem se altera	cristais de zircão

Do que foi exposto no Quadro 3.4, verifica-se que, da decomposição de um granito, resultam substâncias diversas, que podem ser agrupadas em:
a] *minerais inalteráveis*: quartzo, zircão e moscovita;
b] *resíduos insolúveis*: argilas, substâncias corantes;
c] *substâncias solúveis*: sais de potássio, sódio, cálcio, ferro, magnésio e sílica.

No Brasil, a importância da decomposição das rochas é colossal. Em São Paulo, por exemplo, foram observados os valores mostrados na Tab. 3.2.

Em várias regiões do Brasil, como no Rio de Janeiro, a decomposição atinge grandes profundidades. Na demolição dos morros do Castelo e de Santo Antônio, a profundidade de decomposição era de mais ou menos 100 m.

Tab. 3.2 Profundidade de decomposição

Tipo de rocha	Intemperizada até uma profundidade máxima de
arenito	15 m
basalto	25 m
granito	40 m
gnaisse	60 m

3.4.5 Classificação das rochas sedimentares

A origem das rochas sedimentares difere fundamentalmente da das rochas magmáticas, pois enquanto estas são de gênese interna, ou seja, formadas por material originário do interior da Terra, as sedimentares, ao contrário, são de origem externa, sendo formadas ou nas bacias sedimentares (lagos e mares), ou sobre a superfície terrestre.

Em virtude de sua própria origem, a sua composição mineralógica é muito variada, pois rochas sedimentares formadas nas mesmas condições genéticas podem apresentar composição mineralógica diferente, dependendo da rocha matriz que forneceu os sedimentos. Essas circunstâncias tornam a classificação dessas rochas muito complexa. Na maioria dos autores, prevalece o critério genético.

A classificação a seguir está baseada principalmente no tipo de agente que transportou os sedimentos para a bacia de deposição. Nesse aspecto, as rochas sedimentares podem ser classificadas em três tipos:

i) *Rochas de origem mecânica*:
  1) *grosseiras*: conglomerados e brechas;
  2) *arenosas*: arenitos e siltitos;
  3) *argilosas*: argilas, argilitos e folhelhos.

ii) *Rochas de origem química*:
  1) *calcárias*: estalactites e estalagmites, mármores travertinos;
  2) *ferruginosas*: minérios de ferro;
  3) *salinas*: cloretos, nitratos e sulfatos;
  4) *silicosas*: sílex.

iii) *Rochas de origem orgânica*:
  1) *calcárias*: calcários e dolomitos;
  2) *silicosas*: sílex;
  3) *ferruginosas*: depósitos ferruginosos;
  4) *carbonosas*: turfas e carvões.

Rochas de origem mecânica

São também denominadas rochas *clásticas* ou *detríticas*. Essas rochas são originadas do transporte por meio da ação separada ou conjunta da gravidade, vento, água e gelo, com subsequente deposição. O caráter predominante do material é, inicialmente, o estado inconsolidado. O tamanho das partículas varia de dimensões ultramicroscópicas ou coloidais a grãos centimétricos e blocos maiores. Esses materiais ainda não cimentados constituem o sedimento. Depois da compactação pelo próprio peso das camadas superiores sobre as inferiores e/ou cimentação, os sedimentos passarão a constituir a rocha sedimentar ou a rocha estratificada.

As substâncias mais comuns que atuam como material cimentante são a sílica, o carbonato de cálcio, a limonita, o gipso, a barita etc. A cimentação, feita por substâncias minerais ou orgânicas existentes em solução, ocorre durante e/ou após a fase de deposição.

As rochas de origem mecânica podem ser subdivididas em três grupos, de acordo com o diâmetro médio das suas partículas predominantes: 1) *rochas grosseiras*; 2) *rochas arenosas*; 3) *rochas argilosas*.

1] *Rochas grosseiras*
Essas rochas são formadas, na sua maioria, por partículas com diâmetro superior a 2 mm. Depósitos coluviais de tálus e os de aluvião dão origem a essa categoria de rochas, nas quais podemos distinguir dois tipos característicos: *conglomerados* e *brechas*.

- *Conglomerados*: rochas sedimentares formadas de fragmentos arredondados, com diâmetro superior a 2 mm, originados de rochas preexistentes e posterior transporte e deposição. O tamanho dos fragmentos varia de seixos até matacões (blocos maiores).
- *Brechas*: rochas sedimentares de origem mecânica formadas por fragmentos de diâmetro superior a 2 mm, *mas não arredondados* como os componentes dos conglomerados, e sim angulosos e cimentados por sílica, carbonato de cálcio etc. A angulosidade dos grãos demonstra que o transporte do material não foi muito grande.

2] *Rochas arenosas*
As rochas arenosas são as mais representativas e comuns entre as rochas sedimentares, e os fragmentos predominantes possuem diâmetro situado entre 0,01 e 2 mm. Alguns autores admitem que o limite inferior esteja ao redor de 0,1 mm.

Nessas rochas, distinguimos dois tipos principais: *arenitos* e *siltitos*.

- *Arenito*: rocha constituída substancialmente por partículas ou grânulos de quartzo detrítico, subangulares ou arredondados, com diâmetro entre 0,01 (ou 0,1) e 2 mm. O cimento pode ser sílica, carbonato de cálcio, substâncias ferruginosas etc.
- *Siltito*: rocha arenosa de granulação finíssima (grânulos ao redor de 0,01 mm), formada principalmente por produtos de erosão fluvial, lacustre ou glacial. Alguns siltitos apresentam camadas muito finas, identificadas por diferentes faixas coloridas, formadas principalmente por películas de óxidos de ferro. A espessura de tais películas depende do grau de impregnação desenvolvido em cada plano.

3] *Rochas argilosas*
Esta divisão compreende todos os mais finos sedimentos mecanicamente formados, representados essencialmente pelas argilas. As partículas constituintes variam de dimensões ultramicroscópicas (inferiores a 0,01 mm) a dimensões de partículas coloidais. Esses sedimentos são os mais difíceis de analisar do ponto de vista petrográfico, tanto pelo aspecto finamente granular das partículas como pela dificuldade de reconhecimento dos seus constituintes por meio dos métodos usuais.

Os minerais das argilas podem ser subdivididos em três grupos:
a) grupo do caulim;
b) grupo da montmorillonita;
c) grupo das illitas (hidrômicas).

As rochas sedimentares argilosas mais comuns são o *argilito* e o *folhelho*. A diferença entre elas é que o folhelho apresenta camadas horizontais bem destacadas em planos e que variam em cor. No argilito, esses planos horizontais são menos comuns.

Rochas de origem química

Este grupo compreende todas as rochas sedimentares inorgânicas, que se formaram por meio da precipitação de soluções químicas em bacias sedimentares.

Muitas rochas de origem química sofrem certas influências de agentes orgânicos. Assim, depósitos ferruginosos, enquadrados entre os de origem química, formaram-se sob a influência de organismos e bactérias.

Existem quatro grupos principais de rochas de origem química:

1] *Rochas calcárias*

Esta divisão compreende os depósitos calcários, tais como *mármore travertino, crescimentos de estalactites e estalagmites, dolomitos* etc., precipitados em bacias por mudanças físico-químicas do meio.

2] *Rochas ferruginosas*

Até pouco tempo, acreditava-se que os depósitos ferruginosos eram formados exclusivamente pela atividade de bactérias e algas. Entretanto, após os estudos de A. F. Hallimond, que investigou os minérios de ferro estratificados na Inglaterra, pôde-se afirmar que esses depósitos são de origem inorgânica e química.

3] *Rochas salinas*

As rochas salinas compreendem os cloretos, os sulfatos, os boratos, os nitratos etc., ocorrendo na forma de produtos de precipitação química em bacias. Comumente exibem camadas de estratificação.

4] *Rochas silicosas*

Estão incluídas nesta categoria as rochas formadas a partir da precipitação de soluções, nas quais a sílica é o constituinte dominante. Inclui-se aqui o *sílex de origem química*.

Rochas de origem orgânica

Nesta categoria, enquadram-se todas as rochas que devem sua origem ao acúmulo de matéria orgânica de natureza diversa. Usualmente a matéria orgânica está misturada a materiais de origem mecânica. Os tipos mais comuns são:

1] *Rochas calcárias*

Formadas pelo acúmulo de conchas ou carapaças de composição carbonatada.

2] *Rochas carbonosas*

Este grupo compreende as turfas (acúmulo de matéria vegetal em pântanos ou lagoas, com a matéria vegetal parcialmente carbonizada) e o carvão (termo que indica depósitos carbonosos formados por acumulação de matéria vegetal subsequentemente carbonizada e consolidada) (Fig. 3.11). De acordo com a diminuição da porcentagem de matéria volátil e o aumento do conteúdo de carbono, os carvões classificam-se em lignito, betuminoso e antracito.

(A) Mangue, baixada, com vegetação

(C) Matéria vegetal é coberta por sedimentos e protegida da oxidação

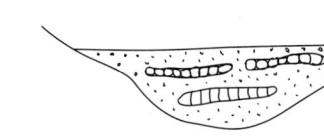

(B) Parte da vegetação morre

(D) Matéria vegetal se enriquece de carbono: turfa-carvão

FIG. 3.11 Esquema de formação de turfa e carvão

3.5 Rochas metamórficas

3.5.1 Conceito de metamorfismo

Metamorfismo diz respeito às transformações sofridas pelas rochas sem que sofram fusão. Quando as transformações são puramente mecânicas, o resultado se traduz pela deformação dos minerais constituintes das rochas e a consequente mudança da sua estrutura e textura.

Muitas vezes, ao formar-se, a rocha sofre outros fenômenos, como a recristalização dos minerais, por exemplo. Estes são da mesma natureza química dos minerais primários da rocha que sofreu os efeitos metamórficos. Quando as transformações se fizeram, como no caso anterior, sem qualquer adição ou perda de novo material à rocha, a composição química inicial continua a mesma, embora a rocha seja outra. Esse tipo de transformação das rochas denomina-se *metamorfismo normal* (Fig. 3.12). Assim, por exemplo, arenitos transformam-se em quartzitos, calcários são convertidos em mármores, e folhelhos em micaxistos, sem que a composição química original seja substancialmente modificada. O que ocorre é apenas uma mudança estrutural da rocha, manifestada principalmente por meio de sua dureza e da orientação de seus minerais. Nos exemplos citados, os arenitos são rochas moles e com camadas horizontais que passam a quartzitos, que são rochas de dureza apreciável e com estrutura ou maciça ou em camadas inclinadas, dobradas, fraturadas etc.

Quando o metamorfismo é acompanhado por mudança de composição química da rocha, evidenciada pela formação de minerais novos não existentes anteriormente, o processo é geralmente conhecido pelo nome de *metamorfismo metassomático* ou simplesmente *metassomatismo*.

Os elementos que caracterizam e identificam uma rocha metamórfica são: (i) *minerais orientados em linhas e normalmente alongados*; (ii) *dobras e fraturas*; (iii) *dureza média a elevada*.

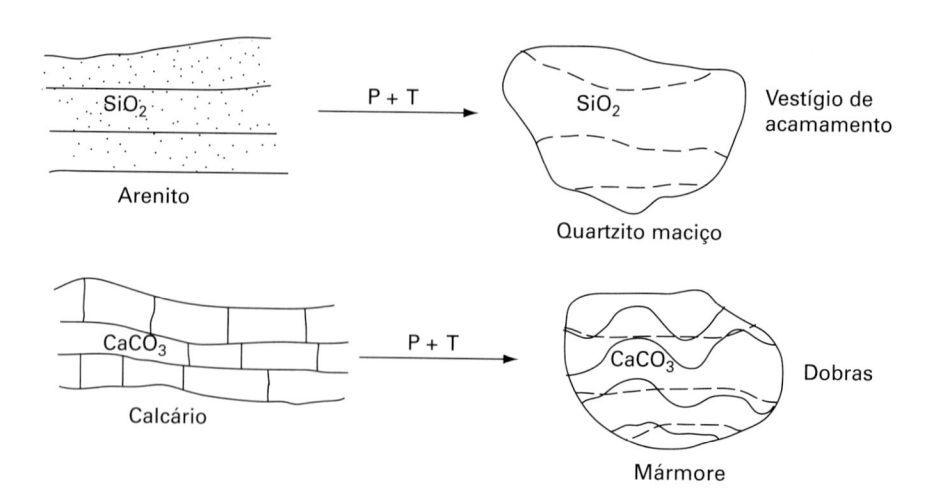

FIG. 3.12 Exemplo de metamorfismo normal

3.5.2 Agentes do metamorfismo

O metamorfismo ocorre quando se verifica:

a) *aumento de temperatura* pela aproximação e contato com uma massa de magma. Esse tipo de metamorfismo denomina-se *metamorfismo termal* ou *metamorfismo de contato*;

b) *aumento de pressão* seguido de deslocamentos. Nesse caso, as rochas são fragmentadas, resultando em formações de zonas, onde os minerais são extremamente divididos e cimentados. Nesse caso, o metamorfismo é denominado *cataclástico*. A rocha metamórfica produzida é chamada de milonito. A exemplo do metamorfismo de contato, o metamorfismo cataclástico também ocorre em áreas restritas e localizadas;

c) *aumento de pressão e temperatura* em regiões extensíssimas. Tal condição só se verifica nas regiões orogênicas, isto é, de geossinclinais, onde ocorrem os dobramentos da crosta, com a formação de montanhas.

São três, portanto, os fatores que provocam o metamorfismo: a *temperatura*, a *pressão* e a *atividade química* das soluções aquosas e gases que circulam nos espaços existentes nas rochas. Entre esses fatores, a temperatura constitui a principal condição responsável pelas associações mineralógicas encontradas nas rochas metamórficas. A pressão é também o fator responsável por certas associações minerais, pois ela pode permitir ou impedir certas reações.

3.5.3 Tipos de metamorfismo

Os tipos mais comuns de metamorfismo são:

Metamorfismo de temperatura predominante

Dá-se o nome de metamorfismo termal a todos os tipos de mudanças por que passam as rochas, sendo o calor o fator dominante. O termo pirometamorfismo, que, à primeira vista, poderia ser confundido com metamorfismo termal, é usado para as mudanças que ocorrem em uma rocha pelo contato imediato de um magma. Um exemplo característico de pirometamorfismo é o que ocorre quando uma lava se esparrama pela superfície, modificando a natureza física e química da superfície das rochas por onde passa (p. ex., derrame de basalto sobre o arenito Botucatu, no Estado de São Paulo; Fig. 3.13).

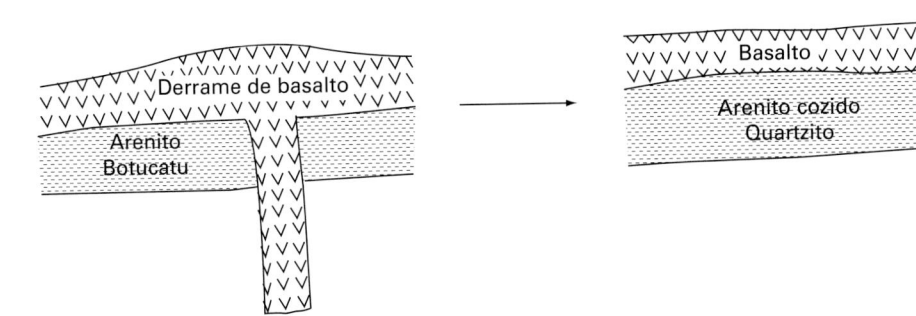

FIG. 3.13 Esquema de pirometamorfismo

O metamorfismo que ocorre ao redor das grandes massas magmáticas internas, porém com a temperatura inferior à que predomina no pirometamorfismo, é conhecido por metamorfismo de contato (Fig. 3.14). O calor cedido pela rocha magmática intrusiva aumenta a mobilidade da rocha encaixante, favorecendo o aparecimento de minerais novos e de fenômenos de recristalização.

Metamorfismo de pressão dirigida e temperaturas predominantes

Pressão não uniforme associada ao aumento de temperatura provoca um tipo de metamorfismo que difere muito dos demais. Rochas que sofrem esforços dirigidos (tais esforços ocorrem nas regiões superiores da crosta) tornam-se fraturadas, adquirindo estruturas e texturas próprias. As novas rochas formadas são chamadas de cataclásticas e, em geral, exibem estruturas paralelas, fitadas, lenticulares e brechoides. O metamorfismo em questão é denominado cataclástico ou dinâmico (Fig. 3.15).

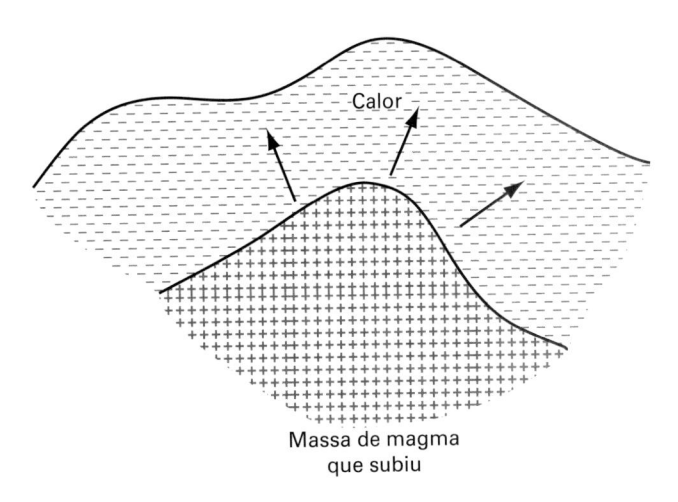

FIG. 3.14 Esquema de metamorfismo de contato

Metamorfismo dinamotermal

A ação conjunta da pressão e da temperatura produz modificações marcantes sobre as rochas colocadas a certa profundidade da crosta. Tal ação não apenas provoca recristalização na rocha, como também favorece o aparecimento de novas estruturas. Esse tipo de metamorfismo é chamado *dinamotermal* e ocorre principalmente nas regiões de dobramentos da crosta terrestre, com a consequente formação de montanhas. O metamorfismo cataclástico pode, muitas vezes, estar associado nessa categoria.

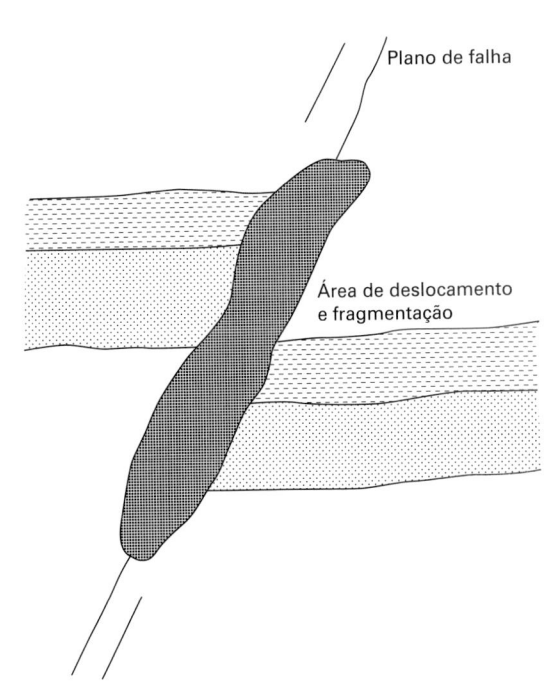

FIG. 3.15 Esquema de metamorfismo cataclástico ou dinâmico

Os fenômenos dinamotermais são responsáveis pelo aparecimento de rochas muito comuns, como, por exemplo, *xistos* e *gnaisses*. Esse tipo de metamorfismo está associado a áreas conhecidas como *geossinclinais*, que estão localizadas junto aos continentes com a forma de uma "bacia", na qual se acumulam milhares de metros de sedimentos. Essas áreas normalmente sofrem subsidência, e muitas delas são envolvidas por processos tectônicos, sofrendo dobramentos e fenômenos de magmatização, podendo formar cadeias de montanhas e, consequentemente, rochas metamórficas e ígneas associadas. Um exemplo típico é o que deu origem às montanhas Apalaches, nos Estados Unidos.

Metamorfismo plutônico em geral

A expressão *metamorfismo plutônico* é usada para designar as mudanças produzidas em rochas por influência de temperatura elevada e em grande pressão uniforme. A pressão dirigida é praticamente inexistente, tornando-se, portanto, fator negligível nesse metamorfismo. A elevada temperatura é mantida pelo aumento de temperatura em função da profundidade e pelo calor magmático. Observações realizadas em regiões profundamente erodidas da crosta evidenciaram que as rochas que estiveram em seus níveis mais baixos sofreram intensa penetração de intrusões magmáticas.

O metamorfismo plutônico, por ocorrer em regiões onde a influência da pressão dirigida é praticamente desprezível, faz com que as rochas originadas não apresentem estruturas paralelas. Ao contrário, elas exibem estruturas granulares e sem direções predominantes. A recristalização é total, e as rochas produzidas são bem características: *granulitos, eclogitos, gnaisses granulíticos* etc.

3.6 Minerais metamórficos

3.6.1 Influência da composição original

As transformações minerais que ocorrem nos processos de metamorfismo dependem, em primeiro lugar, da *composição da rocha original*, e depois, da *natureza* ou do *tipo de metamorfismo* a que foi submetida.

Sob o ponto de vista da composição inicial, as rochas podem ser associadas a quatro séries diferentes:

a) rochas argilosas;
b) rochas arenosas, ígneas ácidas e tufos; xistos ácidos e gnaisses;
c) calcários e outras rochas carbonatadas;
d) rochas ígneas intermediárias, básicas e seus tufos.

Nas *rochas argilosas*, os constituintes minerais são os produtos mais finos do intemperismo. Eles estão em equilíbrio sob as condições superficiais ordinárias, ou seja, baixa temperatura e baixa pressão. Quando sujeitas ao metamorfismo, essas rochas sofrem reações e mudanças bem caracterizadas, de acordo com a elevação da temperatura e da pressão. São as rochas que mais se prestam para o estabelecimento dos sucessivos graus de metamorfismo.

As rochas do segundo tipo, como as *arenosas, ígneas ácidas* e *tufos, xistos ácidos* e *gnaisses*, são constituídas principalmente de quartzo e feldspatos, que são minerais estáveis em condições mais acentuadas de temperatura e pressão e, portanto, menos sensíveis a mudanças pela ação da pressão e da temperatura. Essas rochas sofrem mudanças difíceis de acompanhar, principalmente no campo.

Rochas constituídas de carbonato de cálcio puro são relativamente estáveis sob condições metamórficas e sofrem pequenas mudanças, exceto recristalização. Calcários e dolomitos impuros, em condições de equilíbrio instável, ao variar a temperatura e a pressão, convertem-se em grupo de novos minerais. O dióxido de carbono libertado dessas rochas durante o processo metamórfico facilita as mudanças mineralógicas.

As rochas da quarta série são do tipo magmático básico. Tomemos como exemplo o basalto. Os principais minerais das rochas magmáticas basálticas – que são os feldspatos do tipo plagioclásios sódico-cálcicos; os piroxênios e as olivinas (que são minerais de ferro) etc. – são facilmente suscetíveis a mudanças metamórficas.

3.7 Propriedades das rochas

As propriedades das rochas que mais interessam para a sua caracterização são:
i] *químicas*: composição química, reatividade, durabilidade;
ii] *físicas*: cor, densidade, porosidade, permeabilidade, absorção, dureza, módulo de elasticidade, coeficiente de Poisson;
iii] *geológicas* (serão estudadas ao longo de outros capítulos): composição mineralógica, textura, estrutura, estado de alteração, fraturas, gênese;
iv] *mecânicas*: resistência à compressão, ao choque, ao desgaste, ao corte, à britagem;
v] *geotécnicas*: grau de alteração, de resistência à compressão simples, de consistência, de fraturamento.

Dessas propriedades, algumas terão valor como classificação, enquanto outras determinarão a possibilidade de emprego da rocha.

Para determinado fim a que se destina a rocha, nem todas as propriedades necessitarão ser conhecidas. Caberá a um técnico indicar as necessárias, as desejáveis e as não necessárias.

3.7.1 Propriedades químicas

Composição química
A determinação da composição química de uma rocha, por si só, não constitui elemento suficiente para definir uma rocha. Uma determinação rigorosa dos componentes químicos de uma rocha não é exigida, pois a composição química de uma mesma rocha pode variar muito de amostra para amostra.

Reatividade
Os componentes de uma rocha devem ser quimicamente inertes. Uma determinada rocha contém elementos reativos ou não inertes quando esses elementos químicos são capazes de reagir ao entrar em contato com outros compostos.

O silicato e a sílica mineral reagem com álcalis do cimento Portland. É insignificante, na maioria dos casos, a extensão dessas reações (p. ex., feldspatos, piroxênios, anfibólios, micas, quartzo e outros minerais causam pequena expansão nas argamassas altamente alcalinas). Tais reações recebem o nome de *reações cimento/agregado* e são bastante estudadas atualmente nos meios técnicos especializados, para o seu controle. Minerais e rochas, que contribuem para a deteriorização do concreto e da argamassa por meio de reações com álcalis do cimento, podem ser identificados por intermédio de exames petrográficos.

Outro tipo de reatividade é encontrado nos casos de construção de túneis: as águas percolam por meio de formações contendo anidritos (sulfato de cálcio anidro) e transformam gradualmente o anidrito em gesso, surgindo, em consequência, grandes pressões de expansão. A água, fluindo para dentro do túnel e contendo sulfato de cálcio, pode atacar o concreto do revestimento.

A dissolução de carbonatos e a lixiviação de rochas em obras hidráulicas são, entre muitos fenômenos, citadas como exemplos de reatividade de rochas.

Durabilidade

A durabilidade de uma rocha interessa no que diz respeito ao seu emprego como material de construção, pois durabilidade é entendida como sendo a resistência da rocha à ação do intemperismo.

O julgamento da durabilidade é feito, na prática, pela preservação de monumentos antigos e por meio de ensaios.

3.7.2 Propriedades físicas

Cor

Em vista de sua grande variabilidade, a cor é um fator de classificação bastante fraco. Os granitos, calcários e muitas outras rochas apresentam, muitas vezes, cores diversas em um mesmo afloramento. Nas rochas compactas, especialmente nas sedimentares, a coloração é decorrente de pigmentações ou da difusão de grãos diminutos de minerais coloridos.

As cores amarelas, alaranjadas e vermelhas derivam de pigmentações de hidróxidos de ferro. As colorações cinzentas e pretas, típicas de calcários e dolomitos, são produzidas por pigmentos carbonosos ou betuminosos dispersos na rocha. A coloração verde depende de compostos de ferro (sulfetos) e de níquel, ou, mais frequentemente, de pequenos grânulos de minerais verdes dispersos, como clorita, epídoto e glauconita.

Peso específico

O peso específico de uma rocha depende principalmente do peso específico de seus elementos constituintes e de sua porosidade. Rochas com metais pesados possuem densidade de até 4,5; gabros, cerca de 3,0; granitos, 2,65; e arenitos, em torno de 2,0.

Os fatores que influenciam a densidade das rochas são:

a] *Estado de alteração*

O estado de alteração influi na densidade das rochas:

i] pela transformação dos minerais densos em minerais menos densos, por reações químicas;

ii] pelo aumento de volume desses mesmos minerais.

b] *Porosidade e compacidade*

O volume de vazios em uma rocha influi sempre em sua densidade aparente e pode ou não influir em sua densidade real, dependendo de esses vazios serem isolados entre si ou interligados. Assim, uma rocha porosa de vazios isolados terá uma baixa densidade real, enquanto a mesma rocha, com vazios interligados, terá densidade real maior.

Para uma determinada rocha – por exemplo, arenito –, poderemos constatar regiões onde a compactação foi mais intensa do que em outras. Nesses casos, apesar da igualdade de composição mineralógica e homogeneidade, teremos uma variação de densidade de ponto para ponto.

Muitos autores correlacionam a densidade com as demais propriedades físicas e mecânicas das rochas. Afirmamos que:

i] rochas muito porosas são de baixa densidade;

ii] a resistência à compressão cresce com a densidade;

iii] a resistência ao desgaste cresce com a densidade;

iv] a dificuldade de corte cresce com a densidade.

Porosidade

Porosidade é a propriedade das rochas em conter espaços vazios. Ela é medida porcentualmente, com a relação entre o volume dos vazios e o volume total da rocha.

As causas que determinam maior ou menor porosidade da rocha são:

a] *Tipo de rocha*: entre os três tipos de rocha, as sedimentares são as que possuem maior porosidade. Formadas por deposições de camadas de materiais transportados, elas não estão sujeitas a grandes pressões, o que faz com que possuam grande volume de vazios. Entretanto, a porosidade diminui quando essas rochas são cimentadas. As fracamente cimentadas possuem maior porosidade.

Entre as magmáticas ou ígneas, notamos que as intrusivas, devido às grandes pressões sofridas, possuem baixa porosidade. As extrusivas, por sua vez, apresentam porosidade maior que as intrusivas, pois as pressões de formação são mais baixas.

Quanto às metamórficas, apresentam baixa porosidade. A porosidade varia de acordo com o grau de metamorfismo, sendo de baixa porosidade as rochas altamente metamorfizadas.

b] *Estado de alteração*: a influência do estado de alteração na porosidade da rocha ocorre por meio do fenômeno de lixiviação e dissolução. Assim, um basalto vesicular inalterado pode apresentar todos os seus vazios ocupados por materiais diversos. Ao sofrer alteração, esses materiais podem ser removidos por lixiviação, aumentando bastante a sua porosidade. Os cimentos de um arenito compacto também podem, por exemplo, sofrer dissolução lenta pela água, abandonando o espaço antes ocupado e tornando o arenito poroso.

A porosidade tem certa relação com a permeabilidade. Podemos dizer que uma rocha de alta porosidade também possui alta permeabilidade se esses pontos forem interligados entre si e se forem, ainda, de dimensões suficientes para causar pequenas perdas de carga. Podemos também dizer que a resistência à compressão diminui com a porosidade.

Uma rocha pode ser classificada, quanto à porosidade, da seguinte maneira:
- extremamente porosa   50%
- muito porosa   10% a 30%
- bastante porosa   5% a 10%
- medianamente porosa   2,5% a 5%
- pouco porosa   1% a 2,5%
- muito compacta   1%

A Tab. 3.3 mostra diferentes rochas com seus respectivos valores de porosidade.

Tab. 3.3 Valores de porosidade em diferentes rochas

Rocha	Porosidade (%)
granito	0,5 a 1,5
arenito	10 a 20
calcário	5 a 12
argila	45 a 50

Permeabilidade

É a propriedade da rocha relacionada com a maior ou menor resistência à percolação da água. A permeabilidade de uma rocha pode ser primária ou secundária.

Permeabilidade primária existe na rocha desde a sua formação. É a permeabilidade da rocha inalterada.

Permeabilidade secundária é a que a rocha possui por causa da lixiviação, da dissolução de componentes mineralógicos etc.

As rochas metamórficas e magmáticas apresentam baixa permeabilidade, enquanto as sedimentares são as que possuem maior valor nessa propriedade.

Absorção

Trata-se da propriedade pela qual certa quantidade de líquido é capaz de ocupar os vazios de uma rocha, ou parte deles. Intervêm nesse fenômeno somente ações físicas, e não físico-químicas.

A absorção é medida em porcentagem e expressa pelo coeficiente de absorção.

Dureza

A dureza de um mineral vem expressa numericamente, por meio da escala de Mohs (ver Tab. 2.1).

Como as rochas são formadas por vários minerais, a dureza de uma rocha é de difícil determinação. Consideremos um granito: ao tentarmos riscá-lo com uma ponta de aço, notamos que os cristais de mica são riscados, o que não ocorre com os de quartzo.

Na prática, consideram-se três estágios de dureza: a) *riscável pela unha ou exageradamente fácil pelo canivete*; b) *riscável pelo canivete*; c) *não riscável, ou dificilmente, pelo canivete*. Esses estágios correspondem, respectivamente, às rochas moles, médias e duras.

Módulo de elasticidade

Um corpo é dito elástico quando, submetido a um carregamento, deforma-se; uma vez descarregado, volta à posição original. Em se tratando de rochas, raramente um corpo de prova retorna às suas dimensões e forma iniciais, guardando sempre uma deformação dita plástica.

Considerando a Fig. 3.16, notamos que determinada carga P, menor que a de ruptura, faz diminuir a altura L da amostra prismática de seção quadrada, no sentido vertical, de certo comprimento ∆L, e, em contraposição, faz aumentar sua largura, que passa de B para B + ∆B.

Se, depois da remoção da carga, a amostra tende a recuperar sua forma e tamanho originais, diz-se que a rocha possui *propriedades elásticas*. Tal recuperação total ocorre raramente, pois parte da deformação permanece. Esse tipo de deformação é designada de *plástica* ou *irreversível*.

Ao submetermos esse mesmo corpo de prova a carregamentos e descarregamentos sucessivos e contínuos, essa deformação plástica vai gradativamente diminuindo, e a rocha adquire propriedades elásticas.

Se as deformações resultarem proporcionais a cada carga colocada, diz-se que o material obedece à lei de Hooke, de proporcionalidade entre esforço e deformação (elasticidade perfeita).

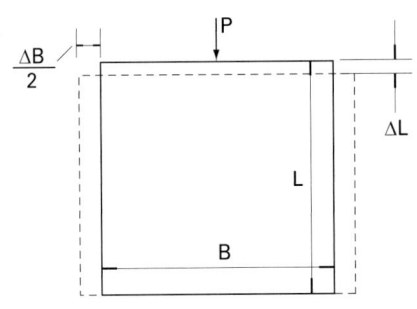

FIG. 3.16 Determinação do módulo de elasticidade

O módulo de elasticidade (ou módulo de Young), dado em kg/cm², é expresso pelo símbolo E:

$$E = \frac{\text{força unitária}}{\text{deformação unitária}} \qquad (3.1)$$

Em sentido estrito, tal relação aplica-se a rochas isotrópicas, que possuem as mesmas propriedades elásticas em todas as direções. Nas rochas, tais propriedades são geralmente variáveis para cada direção, variando, assim, o módulo de elasticidade com a direção considerada.

Em rochas xistosas ou estratificadas, o menor valor do módulo de elasticidade é medido perpendicularmente à estratificação. Isso significa que as deformações máximas se dão quando a pressão é perpendicular aos planos de estratificação.

Em geral, as propriedades elásticas de um maciço rochoso são afetadas pela anisotropia. A anisotropia dos maciços rochosos é fixada predominantemente por fatores petrográficos (constituição mineralógica, textura, estrutura, xistosidade, acamamento e microfissuras) e geológicos (diáclases, juntas, dobras e falhas), de cuja interação resulta um corpo complexo e heterogêneo.

A posição do nível freático exerce influência no "conteúdo de umidade" das rochas. Assim, grandes conteúdos de umidade diminuem o valor do módulo de elasticidade da rocha. Desse modo, o valor de E obtido em ensaios "a seco" pode induzir a erro, devendo esse fato ser levado em conta nos projetos de túneis e barragens (especialmente nas de arco).

O grau de integridade da amostra submetida a ensaio exerce influência sobre os resultados. Se existem fraturas incipientes, os valores de E em laboratório podem resultar consideravelmente mais baixos em relação a um ensaio praticado *in situ*. A sobrecarga da rocha *in situ* obriga tais fraturas incipientes a permanecerem fechadas, de modo que têm escassa influência sobre o E, ao contrário do que se verifica em laboratório. Neste, os corpos de prova são constituídos por testemunhos de sondagem rotativa, cilíndricos, de diâmetros e comprimentos diversos; ou são corpos de prova prismáticos, de seção aproximadamente quadrada.

Há diversos tipos de aparelhos para a medida de deformações, que podem ser mecânicos, elétricos etc.

Coeficiente de Poisson

É a relação existente entre as deformações transversais e as deformações longitudinais de um corpo de prova submetido a carregamento. Na Eq. 3.2, $\Delta B/B$ é a deformação transversal e $\Delta L/L$ é a deformação longitudinal (direção de carregamento):

$$\mu = \frac{\Delta B/B}{\Delta L/L} \tag{3.2}$$

O módulo de elasticidade e o coeficiente de Poisson têm importância em problemas relacionados com a construção de túneis e galerias.

3.7.3 Propriedades mecânicas

Resistência à compressão

Como todas as demais propriedades, a resistência à compressão de rochas apresenta uma grande variabilidade de resultados. Dada a sua complexidade de constituintes minerais, fissuramentos, diáclases, leitos de estratificação e xistosidade, umidade e outros fatores, devem-se tomar cuidados especiais para determinar a resistência à compressão de rochas, a fim de que os resultados exprimam uma média da propriedade da rocha.

Assim, deverão ser testados corpos de prova que contenham, cada um, as várias situações que uma rocha pode apresentar. Laboratórios estrangeiros especializados aconselham que os testes sejam feitos considerando cada caso.

Em rochas acamadas, por exemplo, é preciso ter três corpos de prova com *compressão paralela* ao leito de estratificação, secos; três com *compressão perpendicular* ao leito de estratificação, secos; e três, para ambos os casos, saturados. Os resultados deverão ser sempre apresentados isoladamente e em termos de média.

Verifica-se que:

a) rochas de grãos finos da mesma espécie que rochas de grãos grossos possuem maior resistência à compressão;
b) quanto mais forte o ligamento entre os cristais, maior a resistência à compressão;
c) as rochas silicificadas têm maior resistência;
d) os corpos de prova com compressão perpendicular aos planos de estratificação apresentam maior resistência à compressão.

Os corpos de prova são de forma cúbica, com 7 cm de aresta, ou cilíndrica, e a relação entre a sua altura e o seu diâmetro vai de duas a quatro vezes. A tensão de ruptura (Tr) à compressão axial simples é calculada pelo quociente da carga aplicada pela área média da seção transversal:

$$Tr = \frac{P}{Sm} \qquad (3.3)$$

Resistência ao choque

É a resistência que uma rocha oferece ao impacto de um peso que cai de certa altura. É medida pelo produto do peso que cai pela altura da queda, que causa a ruptura do corpo de prova.

A resistência ao choque tem importância quando a rocha é usada para pavimentação de estradas e aeroportos.

O ensaio é conhecido como *resistência ao impacto Treton*. Consiste em submeter 20 fragmentos de rocha com dimensões entre 3/4 e 5/8 de polegadas, lavados e secos, a 10 impactos de um peso de 15.883 kg, caindo em queda livre de uma altura de 384 mm. O material é lavado para a retirada do pó, secado e pesado. A resistência ao impacto Treton será:

$$R_c = \frac{\text{peso inicial} - \text{peso final}}{\text{peso inicial}} \times 100 \qquad (3.4)$$

Resistência ao desgaste

Costuma-se diferenciar dois tipos de resistência ao desgaste:

a] *Resistência ao desgaste por atrito mútuo*

Geralmente determinada pela pedra britada, é a resistência que a rocha, sob a forma de agregado, apresenta quando submetida a atrito mútuo de seus fragmentos. Alguns métodos de ensaio mandam acrescentar aos fragmentos de rocha uma carga abrasiva, constituída de esferas de ferro fundido ou aço, de dimensões e composição química especificadas.

A resistência ao desgaste é denominada conforme o tipo de máquina empregada para a sua determinação. Assim, têm-se: resistência ao desgaste Los Angeles, Deval etc.

b] *Resistência ao desgaste por abrasão*

É a resistência que uma rocha apresenta quando submetida à abrasão de abrasivos especificados, tendo importância especial quando a rocha é empregada sob a forma de pavimento (paralelepípedos), para uso tanto de pedestres como de veículos. Se a rocha a ser empregada apresentar baixa resistência à abrasão, em pouco tempo suas superfícies ficarão lisas, o que a tornará inconveniente por ficar escorregadia e, portanto, perigosa para o tráfego.

O método usado é conhecido como resistência à abrasão Los Angeles, e consiste em submeter certa quantidade de agregado de rocha de granulometria determinada, junto com uma carga abrasiva a 500 revoluções, à velocidade de 30 a 33 rpm, num cilindro de aço. A carga abrasiva é constituída de esferas de aço de diâmetro e peso conhecidos. O material é lavado, secado e pesado. A resistência à abrasão é dada por:

$$R_a = \frac{\text{peso inicial} - \text{peso final}}{\text{peso inicial}} \times 100 \qquad (3.5)$$

Resistência ao corte

É a resistência apresentada por uma rocha para se deixar cortar em superfícies lisas. Dependendo da disposição dos minerais em uma determinada rocha, ela pode apresentar planos de corte fácil e planos de corte mais difícil.

De uma maneira geral, podemos dizer que a resistência ao corte cresce com a dureza da rocha.

Resistência à britagem

É a propriedade da rocha em apresentar maior ou menor dificuldade de fragmentar-se quando submetida a britagem, dada pela porcentagem de material fragmentado abaixo de certa dimensão quando a rocha é submetida a compressão em máquinas padronizadas.

São muitos os fatores que influem na resistência à britagem, como fissuramentos, leitos de estratificação, planos de xistosidade, estados de alteração etc. A rocha empregada como pedra britada para pavimentação deve possuir um mínimo de fragmentos lamelares e alongados. Certas rochas têm a tendência de formar esses fragmentos quando submetidas a britagem (p. ex., xistos). A tolerância permissível desses fragmentos será determinada por projeto de cálculo de concreto. Caberá ao técnico controlar os fatores que reduzem a presença desses fragmentos, tais como tipo de britador a ser usado; fator de redução e número de estágios de redução; e tipo de alimentação.

A Tab. 3.4 mostra alguns dados sobre as rochas do Estado de São Paulo, obtidos no Instituto de Pesquisas Tecnológicas (IPT).

Tab. 3.4 Dados sobre as rochas do Estado de São Paulo, segundo o IPT

Tipo de ensaio	Diabásio (Campinas)	Calcário (Sorocaba)	Quartzito (Jaraguá)
resistência ao desgaste	1,9%	4,4	2,7
resistência ao impacto	12,3%	17,5	11,6
resistência à abrasão	12,7%	27,2	21,2
resistência à compressão	1.614,5 kg/cm²	750	2,620
módulo de elasticidade	929.450 kg/cm²	758.300	558.660
coeficiente de Poisson	0,24	0,28	0,08

3.7.4 Propriedades geotécnicas

O conteúdo exposto nesta seção foi preparado e publicado pela Associação Brasileira de Geologia de Engenharia e Ambiental (ABGE). Os parâmetros para a caracterização geotécnica das rochas são: 1) grau de alteração; 2) grau de resistência à compressão simples; 3) grau de consistência; 4) grau de fraturamento.

Os três primeiros parâmetros aplicam-se tanto à amostra de rochas como a maciços rochosos, ao passo que o grau de fraturamento só se aplica a maciços rochosos. As medidas são efetuadas em furos de sondagem ou em levantamento de paredes e cortes, ao longo de uma determinada direção.

Grau de alteração

Podemos considerar três graus de alteração: *rocha praticamente sã*, *rocha alterada* e *rocha muito alterada*. Esse número reduzido de graus justifica-se pelo fato de o estabelecimento de limites ser muito subjetivo. Portanto, o emprego de um número maior de graus é pouco prático.

Vale lembrar que, nos três graus citados, não se inclui rocha extremamente alterada, que deve ser considerada material de transição ou solo de alteração de rocha. Evidentemente, haverá casos em que a caracterização de graus de alteração não será viável, em vista de ser difícil estabelecer as características petrográficas da rocha sã. É o caso de alguns arenitos de baixa cimentação e de algumas rochas metassedimentares.

Grau de resistência à compressão simples

Trata-se de um parâmetro que tem tido grande aceitação no meio geotécnico. É relativamente fácil de obter com reduzido número de corpos de prova.

A Tab. 3.5 apresenta os cinco níveis de resistência à compressão simples em que as rochas são subdivididas.

Grau de consistência

Esse parâmetro baseia-se em características físicas facilmente determináveis: resistência ao impacto (tenacidade), resistência ao risco (dureza) e friabilidade.

As rochas são divididas em quatro níveis de consistência, conforme mostra o Quadro 3.5.

Embora o termo "consistência" já seja empregado em mecânica dos solos, a ABGE não acha inconveniente utilizá-lo também para rochas.

Tab. 3.5 Grau de resistência à compressão simples

Rocha	Resistência (kg/cm²)
muito resistente	> 1.200
resistente	1.200-600
pouco resistente	600-300
branda	300-100
muito branda	< 100

Quadro 3.5 Grau de consistência das rochas

Rocha	Características
muito consistente	- quebra com dificuldade ao golpe do martelo; - o fragmento possui bordas cortantes que resistem ao corte por lâmina de aço; - superfície dificilmente riscada por lâmina de aço
consistente	- quebra com relativa facilidade ao golpe do martelo; - o fragmento possui bordas cortantes que podem ser abatidas pelo corte com lâmina de aço; - superfície riscável por lâmina de aço
quebradiça	- quebra facilmente ao golpe do martelo; - as bordas do fragmento podem ser quebradas pela pressão dos dedos; - a lâmina de aço provoca um sulco acentuado na superfície do fragmento
friável	- esfarela ao golpe do martelo; - desagrega sob pressão dos dedos

Cada um dos parâmetros tem expressão limitada e só adquire real valor quando associado aos outros.

Tab. 3.6 Grau de fraturamento

Rocha	Número de fraturas por metro
ocasionalmente fraturada	< 1
pouco fraturada	1-5
medianamente fraturada	6-10
muito fraturada	11-20
extremamente fraturada	> 20
em fragmentos	torrões ou pedaços de diversos tamanhos, caoticamente dispostos

Grau de fraturamento

Em geral, o grau de fraturamento é apresentado em número de fraturas por metro linear, em sondagens ou em paredes de escavação, ao longo de uma dada direção.

Naturalmente, consideram-se apenas as fraturas originais, e não as provocadas pela própria perfuração ou escavação (Tab. 3.6). Não são, por outro lado, consideradas as fraturas soldadas por materiais altamente coesivos.

Apesar de ser apresentado pelo número de fraturas por metro, o grau de fraturamento é aplicado a trechos de qualquer extensão, desde que neles o fraturamento seja razoavelmente uniforme.

3.7.5 Caracterização geotécnica da rocha

A reunião dos parâmetros anteriormente apresentados (grau de alteração; grau de resistência à compressão simples; grau de consistência; e grau de fraturamento) expressa a *caracterização geotécnica da rocha*.

O Quadro 3.6 exemplifica o emprego de tais parâmetros. Para efeito da exemplificação, atribuímos determinados valores ao grau de alteração das rochas.

Quadro 3.6 Caracterização geotécnica da rocha

Classificação petrográfica	Grau de alteração	Grau de resistência	Grau de consistência	Grau de fraturamento
granito	muito alterado	brando	quebradiço	medianamente fraturado
xisto	praticamente são	resistente	consistente	muito fraturado
arenito	alterado	pouco resistente	consistente	ocasionalmente fraturado

3.8 Quadros resumidos para a identificação macroscópica dos principais tipos de rochas

Os Quadros 3.7 a 3.10, elaborados pelo Professor J. Moacyr V. Coutinho em 1963, incluem a maioria dos tipos de rochas e estão divididos segundo a estrutura apresentada pela rocha. Os Quadros 3.7 e 3.8 referem-se às rochas com estrutura maciça; o Quadro 3.9, às rochas que apresentam orientação ou alinhamento de minerais; e o Quadro 3.10, às rochas que apresentam camadas. São descritos 31 tipos de rochas.

Cada quadro é subdividido também segundo o tipo de granulação (finíssima, média a grossa) e o grau de dureza (riscável pela unha; riscável pelo aço/canivete; e não riscável, ou dificilmente, pelo aço).

Quadro 3.7 Grupo I (7 tipos de rochas): rochas com estrutura maciça; granulação finíssima; não se observam minerais; sem orientação preferencial

1. Dureza: riscável pela unha

Descrição	Composição	Rocha	Origem
odor característico quando molhada (moringa); macia no tato; não efervesce com HCl	argila	argilito	sedimentar

2. Dureza: riscável pelo aço

Descrição	Composição	Rocha	Origem
cheiro de moringa quando molhada; não efervesce com HCl	mica (sericita) e quartzo	ardósia	metamórfica
odor de argila ausente ou fraco; forte efervescência com HCl	calcita	calcário	sedimentar
odor de argila ausente ou fraco; efervesce somente a quente	dolomita	dolomito	sedimentar

3. Dureza: não riscável, ou dificilmente, pelo aço

Descrição	Composição	Rocha	Origem
muito dura; sem odor característico de argila; cores diversas	calcedônia	sílex	–
densa; não efervesce; cores: preta, verde-escura, marrom	feldspato e piroxênio	basalto	magmática
clara: rósea, creme, branca; maciça; dura; risca o vidro	quartzo	quartzito	metamórfica

Com o objetivo de facilitar ainda mais a identificação de uma rocha, o autor da presente obra elaborou um roteiro ainda mais prático, em que estão contemplados apenas os 15 tipos mais comuns de rochas, agrupados também em quatro grupos.

De modo geral, a identificação de uma rocha sempre foi quase um martírio para os não geólogos, e as queixas mais comuns eram os nomes difíceis dos minerais e rochas, de difícil memorização.

O referido roteiro foi estabelecido para permitir que estudantes e profissionais de Engenharia possam reconhecer determinada amostra de rocha com razoável aproximação. Nele, as rochas foram divididas em quatro grupos, indicados no Quadro 3.11, de acordo com a *estrutura* e a *granulação* presentes na amostra/afloramento. Posteriormente foi incluído o grau de dureza como elemento conclusivo no processo de identificação (Quadro 3.12).

Essa primeira análise/observação da amostra (Quadro 3.11) *indica o tipo de rocha segundo sua origem*: magmática, metamórfica ou sedimentar.

O próximo passo é utilizar uma propriedade determinante no processo de identificação: a *dureza*. São admitidos três graus de dureza: riscável pela unha; riscável pelo aço; e não riscável, ou dificilmente, pelo aço.

Ao somar-se as informações da *estrutura* e *granulação* com a *dureza*, a possibilidade de identificar a rocha é muito grande. Assim, com base nos quatro grupos mostrados no Quadro 3.11, tem-se a identificação apresentada no Quadro 3.12.

Quadro 3.8 Grupo II (12 tipos de rochas): rochas com estrutura maciça; granulação média a grossa; observam-se cristais; sem orientação preferencial

1. Dureza: facilmente riscável pelo aço

Descrição	Composição	Rocha	Origem
efervesce com HCl; granulação fina a grossa; cores diversas; efervesce a quente	calcita	calcário	sedimentar (metamórfica)
efervesce com HCl; granulação fina a grossa; cores diversas; efervesce a quente	dolomita	dolomito	sedimentar (metamórfica)

2. Dureza: não riscável, ou dificilmente, pelo aço

a) textura equigranular (minerais com tamanho semelhante)

Descrição	Composição	Rocha	Origem
cores claras, em tons róseo e cinza; quartzo comum; granulação milimétrica	quartzo, feldspato e micas	granito	magmática
cores claras, em tons róseo e cinza; quartzo comum; granulação finíssima	quartzo, feldspato e micas	aplito	magmática
cores escuras; granulação milimétrica	feldspato e piroxênio	gabro	magmática
cores escuras; granulação ligeiramente menor	feldspato e piroxênio	diabásio	magmática
cor clara; granulação milimétrica e superior	nefelina e feldspato (fêmicos)	nefelinassienito	magmática
cores diversas, claras; risca o vidro; formada de fragmentos	quartzo	quartzito arenito silicificado	magmática
cores escuras; cor verde e preta	anfibólios	anfibolito	metamórfica

b) textura inequigranular (minerais de diferentes tamanhos)

Descrição	Composição	Rocha	Origem
cores claras	feldspato, quartzo (mica)	granitos (ácidas)	magmática
cores escuras	feldspato, piroxênio	basaltos (básicas)	magmática
cores médias a escuras	feldspatos, fêmicos (s/ quartzo)	nefelinassienitos (alcalina)	magmática

Quadro 3.9 Grupo III (5 tipos de rochas): rochas orientadas em planos ou linhas, causadas por estrutura gnáissica ou xistosa

Descrição	Composição	Rocha	Origem
cores claras; granulação grossa a média; grandes cristais de feldspato	quartzo, feldspatos (fêmicos), micas	gnaisse	metamórfica
cores claras a médias; cor cinza-esverdeado; tato macio laminado; riscada pelo aço; odor de moringa quando molhada	quartzo e sericita	filito (xistos)	metamórfica
cores claras: branca ou creme; granulação média a finíssima; divisibilidade em placas, às vezes boas; risca o vidro; às vezes, com micas	quartzo (mica)	quartzito (micáceo)	metamórfica
cor cinza, médio a escuro; divisibilidade em placas	micas	ardósia	metamórfica
cores diversas; granulação fina	calcita e dolomita	calcário e dolomito	metamórfica

Quadro 3.10 Grupo IV (7 tipos de rochas): rochas em camadas próximas da horizontal; estratificadas; clásticas; granulação variável; friáveis

Descrição	Composição	Rocha	Origem
fragmentos ou seixos de tamanho maior que 2 mm (grão de ervilha), semiarredondados, cimentados por limonita, argila etc.	cascalho e material cimentante	conglomerado	sedimentar
fragmentos ou seixos de tamanho maior que 2 mm (grão de ervilha), em fragmentos angulares, ligados por material cimentante	fragmentos e material cimentante	brecha	sedimentar
grãos semiarredondados, por vezes angulosos, com tamanho entre 2 e 0,1 mm (visíveis a olho nu); cores variadas; às vezes estratificada; áspera ao tato	areias grossa e média	arenito	sedimentar
grãos semiarredondados, por vezes angulosos, com tamanho entre 0,1 e 0,01 mm; friáveis; ásperos ao tato; dificilmente distinguíveis a olho nu; transição entre arenito e argilito	silte	siltito	sedimentar
odor característico quando molhada (moringa); macia ao tato; não efervesce com HCl; cores diversas	argila	folhelho	sedimentar
odor de argila ausente ou fraco; forte efervescência com HCl; cores diversas	calcita	calcário	sedimentar
odor de argila ausente ou fraco; efervesce somente a quente	dolomita	dolomito	sedimentar

Quadro 3.11 Tipos de estrutura das rochas

Grupo I	Grupo II	Grupo III		Grupo IV
Estrutura maciça	Estrutura maciça	Estrutura orientada		Estrutura em camadas
Granulação fina	Granulação média a grossa	Granulação grossa	Granulação fina	Granulação variável

Quadro 3.12 A dureza como elemento de identificação

Grupo I			Grupo II		Grupo III		Grupo IV
Estrutura maciça e granulação fina			Estrutura maciça e granul. média a grossa		Estrutura orientada e granul. fina a grossa		Estrutura em camadas e granul. fina a grossa
Dureza							
Riscável pela unha	Riscável pelo aço	Dificilm. risc. pelo aço	Facilm. risc. pelo aço	Dificilm. risc. pelo aço	Não riscável, ou dificilmente, pelo aço		Facilmente riscável pelo aço
⬇	⬇	⬇	⬇	⬇	⬇	⬇	⬇
Argilito	Calcário*	Qzito, bas.	Calcário*	Granito diabásio gabro	Gnaisse, qzito	Xisto, filito	Folhelho, arenito, calcário*, conglomerado, brecha

Qzito – quartzito; bas. – basalto maciço

Observações:
1] As rochas calcárias efervescem quando raspadas se forem adicionadas gotas de ácido, ou mesmo de limão.
2] Não se esquecer de verificar a cor.

Se houver dificuldade para a identificação completa da rocha ou afloramento, podem-se usar expressões auxiliares como: parece um granito, lembra um xisto etc., sem precisar se desesperar com nomes como sienito, tinguaíto etc. Tudo sem maiores mistérios, lembrando que, no caso de uma dificuldade maior, o detalhamento da identificação poderá ser feito por um geólogo envolvido no projeto.

Teste rápido (1 minuto para cada questão)

1) As rochas magmáticas são classificadas, segundo o seu modo de ocorrência, em:
   a) Intrusivas e maciças
   b) Intrusivas e extrusivas
   c) Graníticas e compactas

2) Como você separaria um basalto maciço de um granito?
   a) Pela cor
   b) Pela dureza
   c) Pelas camadas

3) A rocha sedimentar é caracterizada:
   a) Pela cor
   b) Pelas camadas
   c) Pela granulação

4) O calcário ferve com ácido porque é rocha:
   a) Ácida
   b) Básica
   c) Carbonatada

5) Qual rocha reage com ácido/limão?
   a) Granito
   b) Calcário
   c) Arenito

6) Os agentes típicos do metamorfismo são:
   a) Pressão e atividade química
   b) Pressão e temperatura
   c) Sedimentação e atividade química

7) Qual dessas rochas apresenta maior dureza?
   a) Calcário preto
   b) Basalto preto
   c) Folhelhos

8) São exemplos de rochas metamórficas:
   a) Granito e gnaisse
   b) Granito e basalto
   c) Gnaisse e xisto

9) O mármore é originário do metamorfismo de:
   a) Argilas
   b) Areias
   c) Calcários

10) As rochas sedimentares se classificam, segundo a origem, em:
    a) Arenosas, químicas e físicas
    b) Mecânicas, químicas e orgânicas
    c) Grosseiras, arenosas e químicas

Respostas

1	2	3	4	5	6	7	8	9	10
b	a	b	c	b	b	b	c	c	b

4
Uso das rochas e dos solos como material de construção e material industrial

Britagem em pedreira de basalto

A importância e a utilização das rochas e dos depósitos naturais de sedimentos como materiais de construção em obras de engenharia e na indústria são intensas. Eles servem, por exemplo, para: agregado para a confecção de concreto; blocos para revestimento de fachadas de edifícios; proteção de taludes de barragens; pedra britada para leitos de ferrovias; aeroportos e rodovias; blocos para calçamento de ruas e avenidas; em indústria cerâmica, de vidro etc.

A exploração de uma pedreira ou de um depósito de argila, areia ou cascalho depende de três fatores básicos:
a) qualidade do material;
b) volume de material útil;
c) localização geográfica da jazida.

No tocante à *qualidade do material*, inclui-se a sua finalidade. Sabe-se que as pedreiras de basalto e diabásio se prestam para a extração de paralelepípedos para calçamento e pedra britada; as de calcário e arenito cozido são utilizadas para revestimento de fachadas; as de granito róseo ou "granito verde", quando polidas, são empregadas em revestimento de fachadas ou interiores; e as de mármore servem para o revestimento de interiores etc. Em todos esses casos, o material não deve estar alterado pelo intemperismo nem exibir demasiadas fraturas.

O *volume do material* estudado é calculado pelos métodos usualmente empregados em Geologia. A investigação de toda jazida é feita por meio de um reconhecimento geológico superficial, complementado por prospecção por meio de sondagens mecânicas, poços, furos a trado, e até mesmo por métodos geofísicos.

De fundamental importância é a *localização do depósito*, uma vez que, se as distâncias do depósito à obra ou aos centros consumidores forem consideráveis, o material pode tornar-se antieconômico.

4.1 Obtenção dos materiais industriais e de construção

Esses materiais podem ser obtidos de diferentes formas. Quando se trata de uma rocha, a forma mais comum é a pedreira.

4.1.1 Pedreira

Em geral, as pedreiras abertas para a obtenção de pedra britada (para a confecção de concreto, pavimentação ou mesmo a obtenção de blocos para revestimento de fachadas de edifícios) estão localizadas em rochas ígneas ou metamórficas. No caso de revestimento, podemos destacar o granito de Itu e o gabro ou "granito verde" de Ubatuba, ambos em São Paulo, bem como os mármores da Bahia e do Espírito Santo, usados com polimento.

Uma pedreira deve ter algumas *especificações mínimas* para a sua exploração:
a) *a rocha deve ser durável e estar inalterada*;
b) *apresentar pequena cobertura de solo no local*;
c) *possuir topografia favorável*, isto é, encostas ou faces íngremes que facilitem o desmonte;
d) *não possuir nível freático a pequena profundidade*.

Quando utilizamos rocha para o revestimento de casas, edifícios etc., devemos lembrar que determinadas rochas metamórficas são bastante favoráveis. Uma vez possuindo planos de orientação, são mais facilmente exploradas, pois podem ser retiradas em placas. São exemplos desses tipos de rochas: o *itacolomito* ou *pedra-mineira* (arenito micáceo) e o *quartzito micáceo verde*, ambos de Minas Gerais; os *calcários listrados* de Piracicaba e os *arenitos róseos* e *creme* de São Carlos, ambos em São Paulo etc.

Como pedra de revestimento, deve-se dar um destaque especial ao *mármore*, que é encontrado nas mais variadas cores na Bahia, Minas Gerais, Ceará, Espírito Santo etc.

4.1.2 Jazidas de aluviões ou de solos residuais

Quando o material não é rocha, a exploração se dá por meio dos depósitos de aluvião ou de solos residuais.

As aluviões são fontes dos seguintes materiais:

a] *cascalho*: para a confecção de concreto, revestimento de leitos de estradas de terra etc. (Fig. 4.1);
b] *areia*: para a confecção de concreto, fundação, filtro de barragem etc.;
c] *argila*: para cerâmica em geral, núcleos impermeáveis de barragem etc.

FIG. 4.1 Depósito natural de cascalho na confluência dos rios Paraná e Ivaí, no Estado do Paraná

Os solos residuais podem ser explorados para a obtenção dos seguintes materiais:
a] *terra*: áreas de empréstimo para aterros, estradas, barragens etc.;
b] *areia*: para fundição ou indústria de vidro (p. ex., solo residual do arenito Botucatu, no interior do Estado de São Paulo);
c] *argila*: para cerâmica em geral (p. ex., certos solos de filitos são usados na indústria de adubos etc.).

4.2 Métodos de investigação

4.2.1 Pedreiras

A pesquisa de áreas para pedreiras exige a observação de mapas topográficos e geológicos, bem como de fotografias aéreas. Esses elementos permitem a seleção preliminar dessas áreas. Posteriormente, com visitas ao local, utilizam-se os métodos usuais de investigação, por meio da abertura de poços e trincheiras, da execução de sondagens e até da aplicação de métodos geofísicos (sísmicos e elétricos).

4.2.2 Depósitos naturais – aluvião e solos residuais

Trata-se de concentrações constituídas principalmente pela ação da água ou do vento, e os materiais mais comuns nesses depósitos são: *areia, argila, cascalho* etc. Esses depósitos são comuns ao longo de rios, principalmente nas suas confluências ou em suas planícies de inundação.

As investigações geológicas para essas ocorrências devem ser feitas levando-se em conta os seguintes itens:
a] *aspectos topográficos do local do depósito* (vale, terraço etc.): tais informações se fazem acompanhar por mapa planoaltimétrico, em escala conveniente. Acrescentam-se fotos da ocorrência;

b] *geologia do depósito*: considerar as características do depósito, observando as rochas que o originaram, a natureza das rochas adjacentes, a ocorrência ou não de capa de solo de recobrimento, a sua composição mineralógica aproximada, as variações locais em granulação, qualidade etc.;

c] *condições hidrogeológicas*: observação da cota do nível d'água nas diferentes estações do ano, bem como da sua qualidade. É necessário conhecer a *posição do nível d'água* para determinar o tipo de equipamento que vai ser utilizado na extração do material. A presença de água poderá exigir o uso de bombas para a sua retirada durante a exploração do depósito;

d] *cubagem e propriedades físicas do depósito*: dá-se particular atenção à granulometria. Na cubagem, estimam-se separadamente as partes situadas abaixo e acima do nível d'água (Fig. 4.2).

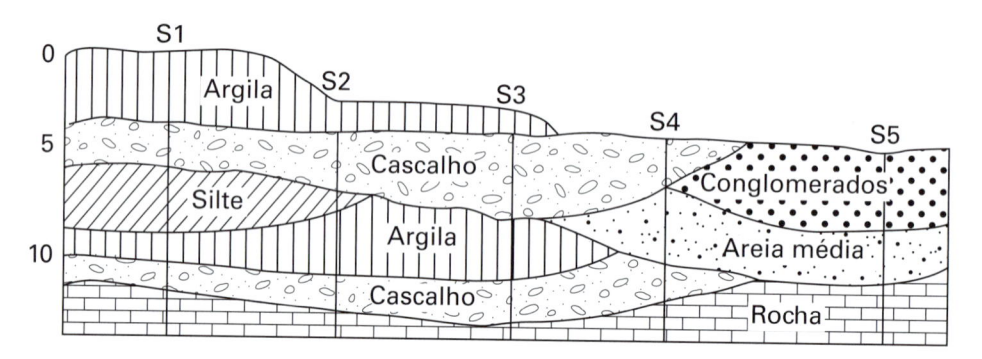

FIG. 4.2 Exemplo esquemático de um depósito de aluvião com materiais diversos

4.3 Rochas e solos mais comuns e sua aplicação

Pedra britada/brita

Em construção civil, as rochas mais utilizadas são: granito, gabro e diabásio, ou seja, rochas magmáticas. Eventualmente se usam também algumas rochas metamórficas (p. ex., gnaisses e quartzitos), que são, porém, menos favoráveis, pois tendem a formar fragmentos em placas, em vez de equidimensionais. Usam-se também depósitos naturais de cascalho em aluviões, após a lavagem e a seleção por tamanho (Fig. 4.3).

Revestimento de fachadas e pisos

Para tal finalidade, as rochas mais comuns são as magmáticas e as metamórficas, usadas com e sem polimento, como, por exemplo, granito, gabro, diabásio, quartzito, itacolomito (pedra-mineira), mármore, ardósia e gnaisses (Figs. 4.4 a 4.6). Utilizam-se até rochas sedimentares, como o calcário e o siltito.

FIG. 4.3 Um avançado sistema de britadores primários, secundários e terciários constituiu as instalações de britagem do canteiro
Fonte: Revista Engenharia (1973).

FIG. 4.4 Piso residencial revestido com dois tipos de granito: cinza e rosa

FIG. 4.5 Gnaisse (Santos, SP). Notar o paralelismo dos minerais em faixas

Construção de calçadas

Em quase todas as cidades brasileiras são utilizados fragmentos de rochas para a construção de calçadas (Fig. 4.7).

Decoração

É intenso o uso de rochas, com peças dos mais variados tamanhos, na decoração da fachada de edifícios, em praças e jardins (Fig. 4.8).

FIG. 4.6 Amostras de mármore branco e gabro polidos

FIG. 4.7 Basalto e quartzito usados nas calçadas de Santos (SP)

FIG. 4.8 Pequenos blocos de gnaisses usados como decoração (Santos, SP)

Paralelepípedos

As rochas mais utilizadas são: granito, basalto, diabásio e gnaisse.

Solos residuais

Esses solos são usados normalmente como áreas de empréstimo para aterros, barragens etc.

Solos de aluvião

Esses solos podem fornecer areia (para concreto, filtro ou fundições), cascalho (para leitos de estradas e concreto) e argila (para cerâmica).

Na indústria

a) *quartzito*: quando moído, na fabricação de vidros e materiais abrasivos;
b) *calcário*: na fabricação de cimento, de cal, como fundente em metalurgia, como corretivo do solo, em indústria química, fabricação de vidro etc.;
c) *argila refratária*: na fabricação de tijolos e materiais refratários para fornos com altas temperaturas (-1.600°C), principalmente em siderúrgicas;
d) *solos residuais arenosos*: na indústria de vidro, em fundições para confecção de moldes;
e) *argila em geral*: a principal aplicação é em *cerâmica*, mas é usada também na *indústria de cimento*, na ordem de 20% do peso das matérias-primas empregadas. Nas *sondagens de petróleo*, utiliza-se a argila do tipo bentonita na preparação da lama que deve resfriar a broca de perfuração; na indústria de *refinação de óleos*, como desodorante e descorante; na *indústria de papel*, com a variedade chamada caulim, até 5%; na *indústria da borracha*, chega a atingir, em certos casos, até 20% de argila na composição; em *inseticidas* etc.

O uso de minerais foi resumido e descrito no Cap. 2.

4.4 Métodos de exploração de jazidas

4.4.1 Pedreiras

A exploração de uma pedreira (Fig. 4.9) requer uma série de equipamentos e trabalhos:

a) limpeza do material estéril que recobre a rocha sã, por meio de tratores;
b) marteletes para perfuração da rocha;
c) explosivos a serem colocados nos furos a marteletes;
d) carregadeiras para transportar até os britadores o material fragmentado pelas explosões;
e) britadores e rebritadores para fragmentar os blocos de rocha em vários tamanhos menores;
f) peneiras para seleção dos fragmentos;
g) correias transportadoras para levar cada tipo de brita ou fragmento para o seu silo;
h) lavadores para retirar o pó que se associa aos fragmentos.

Para a obtenção de placas para revestimento, o material é extraído em grandes blocos (nas rochas magmáticas) e depois é serrado em placas. Nas rochas metamórficas já se obtêm essas placas graças à divisibilidade dessas rochas em função da orientação dos seus minerais.

FIG. 4.9 Pedreira de basalto próxima de área urbana (Ribeirão Preto, SP)

4.4.2 Aluviões

A exploração de um depósito de aluvião para a extração de areia, cascalho ou argila é mais simples. Utilizam-se:

a] *areia*: dragas para retirar o material e silos para separar a água da areia;
b] *argila*: escavadeiras pequenas;
c] *cascalho*: escavadeiras ou dragas. No caso, precisa-se de um lavador e de peneiras para separar o cascalho dos materiais mais finos.

4.5 Aplicação de cascalho de aluvião e pedra britada como agregados para concreto

Os agregados utilizados na confecção de concreto são física e quimicamente ativos, governando, em muitos aspectos, as propriedades e o comportamento da massa a que foram incorporados. Por outro lado, as propriedades mecânicas dos fragmentos de rochas dependem de sua forma, tamanho, textura superficial e películas de revestimento das partículas, e dos componentes reativos.

A *forma dos fragmentos* obtidos de uma pedreira depende, em grande parte, da presença e distribuição de superfície de fácil separação, tais como planos de fraturas, camadas, xistosidade etc. Se tais elementos faltarem, as possibilidades de fratura são as mesmas em todas as direções, produzindo fragmentos equidimensionais. *Rochas como granito, mármore e quartzito dão fragmentos equidimensionais*. A estratificação muito evidente de uma rocha origina fragmentos achatados e alongados, o mesmo acontecendo a rochas com alta porcentagem de micas (p. ex., gnaisses, xistos e quartzitos micáceos).

Agregados constituídos por partículas planas ou alongadas fornecem alta porcentagem de poros, sendo necessária uma porcentagem maior de cimento, água e areia.

A *granulometria dos agregados* é regulada por especificações rígidas, que estabelecem as suas dimensões máximas e mínimas.

No caso dos produtos naturais, se a sua graduação não for a especificada, devem ser separados, às vezes, por simples lavagem; outras vezes, por trituração.

A granulometria dos agregados tem grande importância na qualidade do concreto. Convém lembrar, por exemplo, que uma mistura em que predominem grãos de um determinado tamanho de areia ou pedregulho terá numerosos vazios, obrigando a uma maior utilização de cimento e água, o que aumenta o custo de produção e diminui a resistência do concreto.

A *textura superficial dos agregados* deve ser observada. A existência de alteração superficial nos agregados pode prejudicar consideravelmente as propriedades do concreto. Caso típico ocorre com a brita do granito, em decorrência da caulinização dos grãos de feldspato, o que diminui a capacidade de ligação dos grãos. Da mesma maneira, os *revestimentos dos grãos minerais* são particularmente prejudiciais ao concreto, especialmente em se tratando de películas de gesso, argila, opala, calcedônia, óxido de ferro etc.

A *quantidade de poros* de uma partícula do agregado tem influência direta sobre fatores como durabilidade, resistência à abrasão, peso específico, alteração química, elasticidade etc. A escassez de poros, por outro lado, contribui para a compacidade da rocha, aumentando sua resistência à abrasão.

O peso específico da rocha é importante se as especificações exigirem um concreto de certo peso máximo ou mínimo. É muito importante que as partículas constituintes de um concreto resistam à alteração química e física, sendo muito prejudiciais, sob esse aspecto, agregados porosos (p. ex., basalto vesicular). Rochas micáceas, arenosas friáveis ou argilosas são exemplos de agregados fisicamente pouco consistentes.

Outro aspecto são as *reações entre o cimento e os agregados* durante a formação do concreto, por meio da hidratação do cimento, que liberta os álcalis (óxidos de Na e K). Esses álcalis atacam os silicatos e os minerais silicosos, e o resultado desse ataque pode ser sério se, entre os agregados, houver algum dos chamados *componentes reativos*, a saber:

a] rochas silicosas: opala e calcedônia;
b] rochas vulcânicas: vidro vulcânico, riólito e andesito;
c] rochas metamórficas: hidromicas (illitas) e filitos.

O mecanismo de deterioração do concreto é assim explicado: durante a mistura de cimento, agregado e água, e nas horas seguintes, a água vai se enriquecendo em álcalis, por causa da sua solubilidade. Como parte da água está se consumindo no processo de hidratação, a concentração dos álcalis vai aumentando gradativamente. O líquido cáustico resultante ataca as partículas suscetíveis dos agregados, formando compostos de *sílica-gel alcalina*.

A reação é muito rápida com rochas muito reativas, como a opala, e mais lenta com as menos reativas, como as rochas vulcânicas vítreas.

O United States Bureau of Reclamation (USBR) descobriu que os agregados que possuem mais de 0,25% de opala em peso, mais de 5% em calcedônia ou mais de 3% de rochas vulcânicas vítreas ou criptocristalinas podem produzir reações prejudiciais. Tal reatividade pode ser combatida com o emprego de cimentos com baixo teor em álcalis, que contenham menos de 0,6% de Na e K.

Outros elementos que prejudicam o concreto são os sulfetos e as substâncias orgânicas. A inclusão de sulfetos nos agregados, tais como pirita e marcassita, provoca a deterioração do concreto. Os sulfetos, quando se incorporam ao concreto, oxidam-se e, em seguida, hidratam-se, com um aumento considerável em volume. O processo é particularmente prejudicial em zonas quentes e úmidas. O resultado final desse processo evidencia-se como manchas na superfície do concreto.

Os sulfetos podem produzir dilatação e desintegração do concreto pelas suas reações com o cimento, sendo possível evitar tais efeitos com a utilização de cimentos especiais.

As substâncias orgânicas são particularmente prejudiciais pela presença, nelas, de ácidos orgânicos, os quais impedem a hidratação do cimento, com a consequente diminuição da resistência e durabilidade do concreto.

4.6 Aplicação das argilas e areias

4.6.1 Argilas

As argilas são constituídas por partículas finíssimas de silicatos hidratados de alumínio. São substâncias que apresentam *plasticidade* quando molhadas e *rigidez* depois de submetidas a aquecimento adequado, uma vez que perdem a água de sua constituição, tornando-se coesas.

Elas são formadas a partir da alteração de silicatos de alumínio e ocorrem nas rochas magmáticas, metamórficas e sedimentares. O principal silicato de alumínio é o feldspato e, a seguir, as micas.

Os principais tipos de depósitos de argila no Estado de São Paulo são:

a] como alteração de granitos e gnaisses da Serra do Mar (SP), com cor avermelhada ou amarela;
b] como alteração de xistos e filito (p. ex., Pirapora, Perus (SP) etc.), com cores variadas;
c] como jazidas de caulim em pegmatitos;
d] como jazidas que recobrem as áreas sedimentares constituídas de folhelhos, calcários etc. (Rio Claro, SP);
e] como depósito de várzeas e baixadas, onde ocorrem praticamente em todo o Estado de São Paulo (Fig. 4.10).

Devemos destacar, ainda, dois tipos muito comuns de argila: o *taguá*, que ocorre no Vale do Paraíba, e as *tabatingas*, argilas quaternárias das baixadas litorâneas e várzeas de rios.

O uso das argilas, entre muitos outros, ocorre em cerâmica, para a confecção de tijolos, telhas e ladrilhos; como núcleos impermeáveis em barragens; para inseticidas; borracha; papel; lama para perfuração de petróleo etc.

FIG. 4.10 Jazida de argila com mais de 5 m de espessura (Laranjal Paulista, SP)

4.6.2 Areias

Em obras civis, as areias têm aplicação na confecção do concreto, como material filtrante na construção de drenos de estradas e de barragens. Na indústria, as areias têm grande aplicação na fabricação do vidro e no preparo de moldes para fundição. Para a construção civil, são extraídas dos rios e normalmente possuem impurezas. Para a indústria do vidro, são retiradas principalmente das praias.

Solos 5

Sedimentos argiloarenosos de cores variadas da bacia sedimentar de São Paulo (SP)

As obras de engenharia que tendem a atingir maiores profundidades são os túneis. Enquanto na Europa, em regiões muito acidentadas, como os Alpes, certos túneis chegam a estar 1.500 m abaixo da superfície do terreno, no Brasil raramente um engenheiro de obras públicas ou construções trabalha ou trabalhou na execução de túneis a profundidades maiores que 150 m. A prática habitual geralmente se limita a profundidades em torno de 20 a 30 m. Dessa maneira, uma grande parte das construções de engenharia está localizada sobre solos, incluídas as barragens, as pistas de aeroportos, de rodovias, as escavações para canais etc. Muitas vezes, foge ao caso a construção de túneis, barragens ou grandes pontes que exijam fundações em rocha firme.

O conceito de solo para os engenheiros difere um pouco do conceito geológico, uma vez que, para eles, o termo inclui todo tipo de material orgânico ou inorgânico inconsolidado ou parcialmente cimentado encontrado na superfície da Terra, materiais estes classificados em Geologia como rochas sedimentares ou sedimentos.

5.1 Tipos de solos

Definimos como *solo* o material resultante da decomposição e desintegração da rocha pela ação de agentes atmosféricos. Com base na origem dos seus constituintes, os solos podem ser divididos em dois grandes grupos: *solos residuais*, se os produtos da rocha intemperizada ainda permanecem no local onde se deu a transformação, e *solos transportados*, quando os produtos de alteração foram transportados por um agente qualquer para um local diferente ao da transformação.

5.1.1 Solos residuais

Os solos residuais são bastante comuns no Brasil, principalmente na região centro-sul, em função do próprio clima.

Praticamente todos os tipos de rocha formam solo residual. A sua composição vai depender do tipo e da composição mineralógica da rocha original que lhe deu origem. Por exemplo, a decomposição de basaltos forma um solo típico, conhecido como "terra roxa", de cor marrom-chocolate, composição argiloarenosa e elevada plasticidade. De outro lado, a desintegração e a decomposição de arenitos ou quartzitos irão formar um solo 100% arenoso, constituído de quartzo. Rochas metamórficas do tipo filito (constituído de micas) darão origem a um solo de composição argilosa e bastante plástico.

O Quadro 5.1 apresenta um resumo dos tipos de constituição das rochas.

Quadro 5.1 Constituição das rochas

Tipo de rocha	Composição mineral	Tipo de solo	Composição
basalto	plagioclásio piroxênios	argiloso (pouca areia)	argila
quartzito	quartzo	arenoso	quartzo
filitos	micas (sericita)	argiloso	argila
granito	quartzo feldspato mica	arenoargiloso (micáceo)	quartzo e argila (micáceo)
calcário	calcita	argiloso	argila

Não existe um contato ou limite direto e brusco entre o solo e a rocha que o originou. A passagem entre eles é gradativa e permite a separação de, pelo menos, duas faixas distintas: aquela logo abaixo do solo propriamente dito, que é chamada de *solo de alteração de rocha*, e outra acima da rocha, chamada de *rocha alterada* ou *rocha decomposta* (Fig. 5.1).

O *solo residual* é subdividido em *maduro* e *jovem*, segundo o grau de decomposição dos minerais. Trata-se de um material que não mostra nenhuma relação com a rocha que lhe deu origem. Não se consegue observar nele restos da estrutura da rocha

A Solo residual
B Solo de alteração de rocha
C Rocha alterada
D Rocha sã

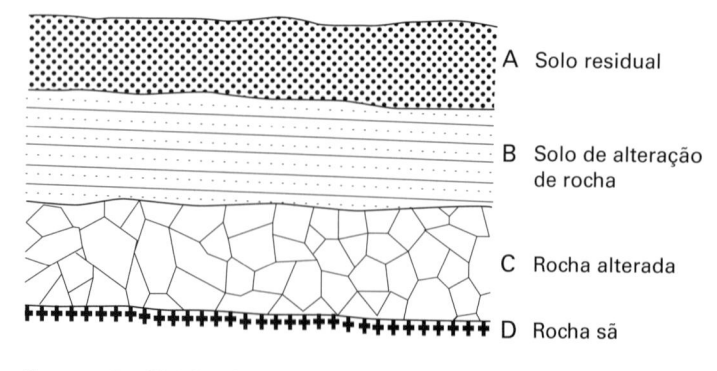

FIG. 5.1 Perfil típico de um solo residual

nem de seus minerais. Por sua vez, o *solo de alteração de rocha* ainda mostra alguns elementos da rocha matriz, como linhas incipientes de estruturas ou minerais não decompostos.

A *rocha alterada* é um material que "lembra" a rocha no seu aspecto, preservando parte da sua estrutura e de seus minerais, porém com um estágio de dureza ou resistência inferior ao da rocha. Por fim, a *rocha sã* representa a rocha inalterada.

As espessuras das quatro faixas descritas são variáveis e dependem das condições climáticas e do tipo de rocha. Por exemplo, no Estado de São Paulo, em granitos, o conjunto solo + solo de alteração de rocha + rocha alterada atingiu 80 m numa barragem no rio Pardo; em arenitos da Formação Bauru, esse conjunto atingiu apenas 14 m na barragem de Promissão, no rio Tietê (Fig. 5.2).

A ação intensa do intemperismo químico nas áreas de climas quentes e úmidos provoca a decomposição profunda das rochas, com a formação de solos residuais, cujas propriedades dependem fundamentalmente da composição e do tipo de rocha existente na área. Basicamente, em uma região de granito e gnaisse, distinguem-se três zonas de material decomposto: próximo à superfície, ocorre um horizonte argiloso plástico, resultante de profundo intemperismo; segue-se um horizonte de características siltoarenosas e, finalmente, uma faixa de rocha parcialmente decomposta (também chamada de solo de alteração de rocha), na qual ainda se pode distinguir a textura e a estrutura da rocha original. Esse horizonte corresponde a um estágio intermediário entre solo e rocha. Abaixo dessa faixa, a rocha aparece ligeiramente decomposta ou fraturada, com transições para rocha sã.

A Fig. 5.3 exemplifica um solo residual formado em área de gnaisses. A Fig. 5.4 mostra um corte impressionante na Rodovia Castelo Branco, em São Paulo, onde se comprovam os horizontes mostrados na Fig. 5.3, com a espessura na parte superior de solo residual, passando por solo de alteração de rocha, rocha alterada e rocha sã.

Não se deve imaginar que ocorra sempre uma decomposição contínua, homogênea e total na faixa de solo chamada de regolito ou solo residual, uma vez que, em certas áreas das rochas, pode haver minerais mais resistentes à decomposição, fazendo com que essas áreas permaneçam como blocos isolados, englobados no solo. Esses blocos, às vezes de grandes dimensões, são conhecidos como *matacões*, e são muito comuns nas áreas de granitos, gnaisses e basaltos, bem como no Nordeste brasileiro (Figs. 5.5 e 5.6).

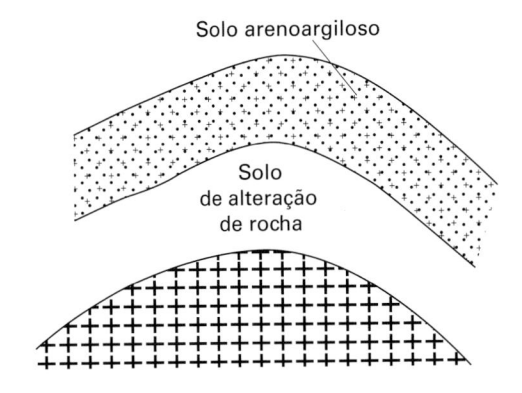

FIG. 5.2 Esquema de uma decomposição de granito gerando um horizonte de solo de alteração de rocha coberto por solo residual

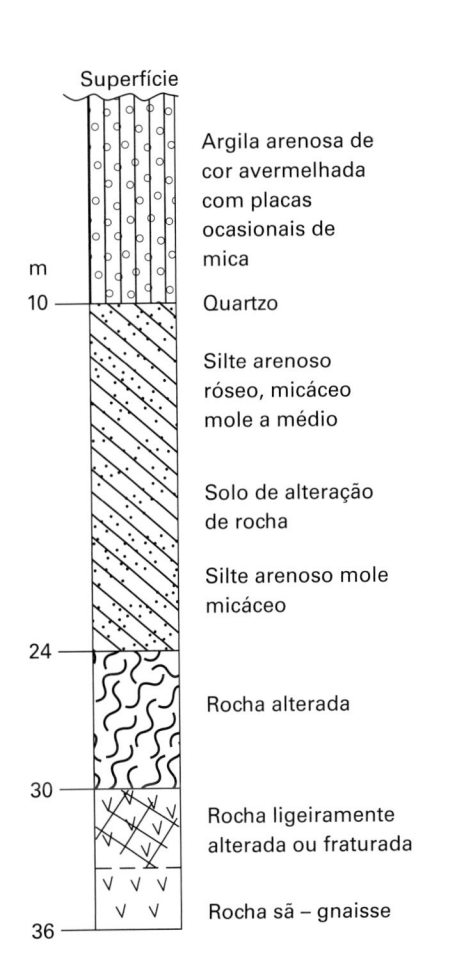

FIG. 5.3 Esquema detalhado do perfil de um solo derivado de rocha gnáissica, mostrando cinco horizontes distintos

FIG. 5.4 Perfil com diferentes horizontes de solo na Rodovia Castelo Branco (SP)

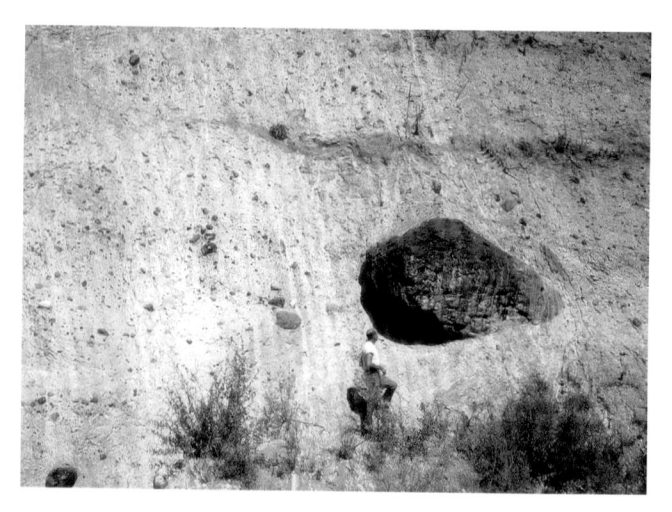

FIG. 5.5 Matacão (bloco de rocha) em solo

FIG. 5.6 Afloramentos de matacões no Ceará, em área de rochas graníticas

5.1.2 Solos transportados

Os *solos transportados* geralmente formam depósitos mais inconsolidados e fofos que os residuais, e com profundidade variável. Neles, devemos distinguir uma variedade especial, que é o *solo orgânico*, no qual o material transportado está misturado com quantidades variáveis de matéria orgânica decomposta, que, em quantidades apreciáveis, forma as turfeiras. Um exemplo é o leito da Via Dutra, próximo a Jacareí (SP), que sempre apresentou danos no pavimento.

De modo geral, o solo residual é mais homogêneo que o transportado, principalmente se a rocha matriz for homogênea. Por exemplo, uma área de granito dará origem a um solo de composição arenossiltosa, ao passo que uma área de gnaisses e xistos poderá exibir solos arenossiltosos e argilossiltosos, respectivamente. O solo transportado, de acordo com a capacidade do agente transportador, pode exibir grandes variações laterais e verticais na sua composição. Um riacho que carregue areia fina e argila para uma bacia, por exemplo, poderá, em períodos de enxurrada, transportar também cascalho, provocando a presença desses materiais intercalados no depósito. No caso da Fig. 5.7, uma investigação e uma sondagem no ponto A dariam resultados completamente diferentes caso fossem realizadas no ponto B.

Entre os solos transportados, destacam-se, de acordo com o agente transportador, os seguintes tipos: *coluviais, de aluvião* e *eólicos* (dunas costeiras). Não consideraremos os *glaciais*, tão comuns na Europa e na América do Norte, nem a *variação eólica* (*loess*), uma vez que ambos não ocorrem no Brasil.

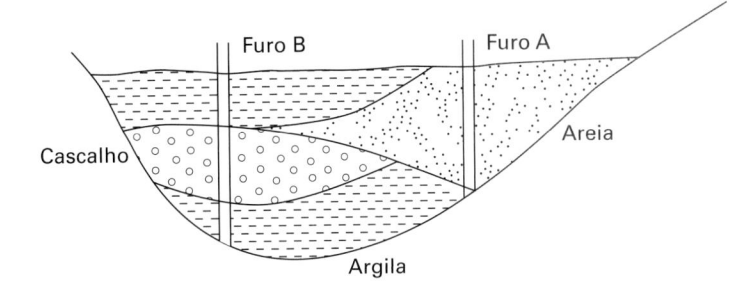

FIG. 5.7 Local de solos transportados

O solo residual é mais comum e de ocorrência generalizada, enquanto o transportado ocorre somente em áreas mais restritas.

Tipos de solos transportados

a] *Solos de aluvião*

Os materiais sólidos que são transportados e arrastados pelas águas e depositados nos momentos em que a corrente sofre uma diminuição na sua velocidade constituem os *solos aluvionares* ou *aluviões*. É claro que ocorre, ao longo de um curso d'água qualquer, uma seleção natural do material, segundo a sua granulometria. Assim, deve-se encontrar, próximo às cabeceiras de um curso d'água, material grosseiro na forma de blocos e fragmentos, sendo que o material mais fino, como as argilas, é levado a grandes distâncias, mesmo após a diminuição da capacidade de transporte do curso d'água. Porém, de acordo com a variação do regime do rio, há a possibilidade de os depósitos de aluvião aparecerem bastante heterogêneos no que diz respeito à granulometria do material.

Os depósitos de aluvião podem aparecer de duas formas distintas: em *terraços*, ao longo do próprio vale do rio, ou na forma de depósitos mais extensos, constituindo as *planícies de inundação*. Estas são bastante frequentes ao longo dos rios. São os conhecidos banhados, várzeas e baixadas de inundação.

Como exemplos de depósitos de aluvião, citam-se os depósitos de argila cerâmica nos banhados da área de Avanhandava, no rio Tietê, em São Paulo (Fig. 5.8), e os de cascalho, encontrados na desembocadura do rio Sucuriú com

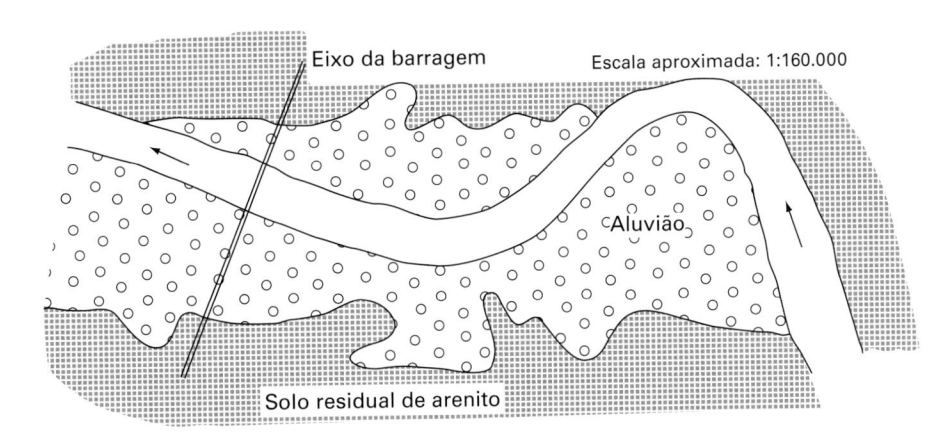

FIG. 5.8 Esquema do local da barragem de Promissão, no rio Tietê (SP)

o Paraná, que foram intensamente utilizados como agregado para concreto na barragem de Jupiá.

A melhor fonte de indicação de áreas de aluvião, de várzeas e planícies de inundação é a fotografia aérea. Embora os solos que constituem os aluviões sejam, geralmente, fonte de materiais de construção, eles são, por outro lado, péssimos materiais de fundações. Um exemplo é o local da barragem de Promissão (SP), onde, na margem esquerda, os extensos depósitos de argila existentes foram escavados, pois não suportariam o peso da barragem.

b] *Solos orgânicos*

Os locais de ocorrência de solos orgânicos estão em áreas topográfica e geograficamente bem-caracterizadas: bacias e depressões continentais, baixadas marginais dos rios e baixadas litorâneas.

Como exemplo dessas ocorrências, temos a faixa ao longo dos rios Tietê e Pinheiros, dentro da cidade de São Paulo. Nesse caso, a urbanização da cidade mascarou parte da extensa faixa de solo de aluvião orgânico. Outros exemplos de solos de origem orgânica em baixadas litorâneas são encontrados nas cidades de Santos (SP) e do Rio de Janeiro. Uma sondagem na Av. Presidente Vargas, no Rio de Janeiro, mostra, a partir da superfície, 10 m de areia média a fina, compacta, seguida de 8 m de argila orgânica marinha mole, seguida, por sua vez, de 5 m de argila muito arenosa dura e rija. Essa descrição simboliza genericamente a situação de ambas as cidades.

A Fig. 5.9 mostra uma sondagem típica, o teste de resistência à penetração e as fases de construção na Rodovia Piaçaguera-Guarujá (SP).

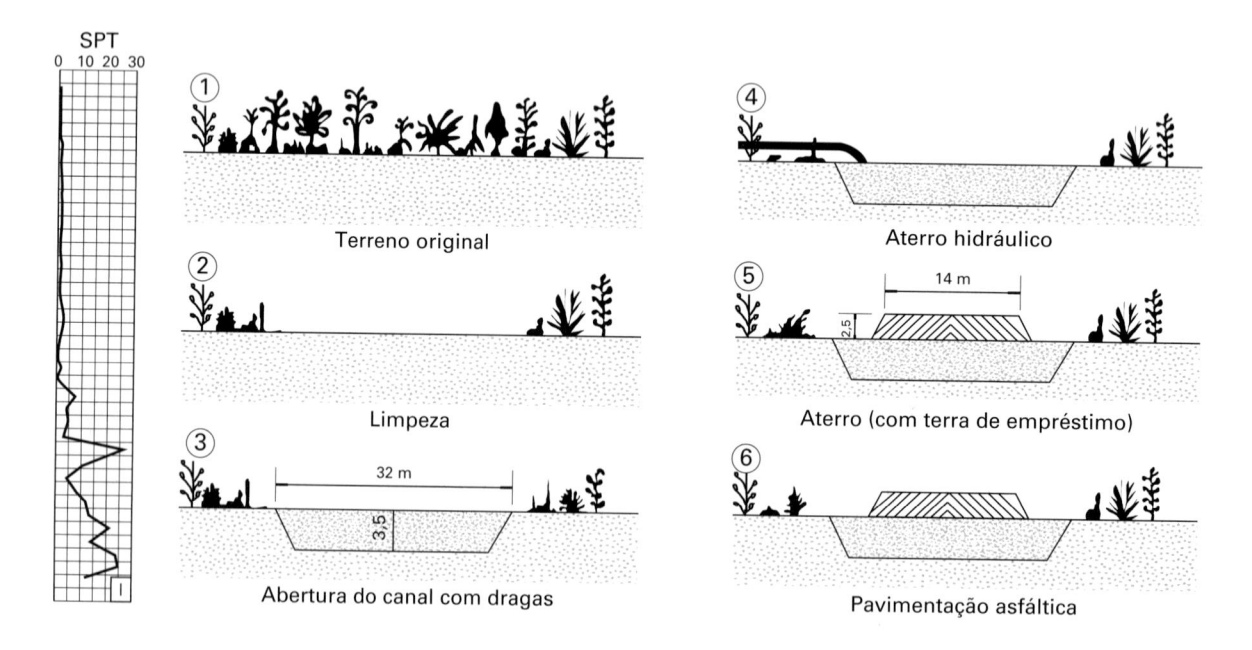

FIG. 5.9 Sondagens geológicas mostrando a baixa capacidade de suporte do terreno

Na construção da Usina Siderúrgica de Piaçaguera, pertencente à Companhia Siderúrgica Paulista (Cosipa), bem como da Rodovia Piaçaguera-Guarujá, as fundações foram desenvolvidas em solo orgânico, por tratar-se de uma área de mangue. Exemplo de uma sondagem para a referida rodovia mostrou 28,2 m de argila orgânica mole pouco arenosa, seguida de 3 m de areia média a fina, compacta, e de alteração de rocha (micaxisto). O número de golpes (SPT) até 28,2 m foi de zero a cinco.

Da área total do Estado de São Paulo, 10% correspondem às baixadas litorâneas.

c] *Solos coluviais*

Os depósitos de coluvião, também conhecidos por depósitos de tálus, são aqueles solos cujo transporte decorre exclusivamente da ação da gravidade. Eles são comuns e de ocorrência localizada, situando-se, em geral, ao pé de elevações e encostas. A composição desses depósitos depende do tipo de rocha existente nas partes mais elevadas (Fig. 5.10).

A existência de solos coluviais normalmente é desvantajosa para projetos de engenharia, pois são materiais inconsolidados, permeáveis, sujeitos a escorregamentos etc.

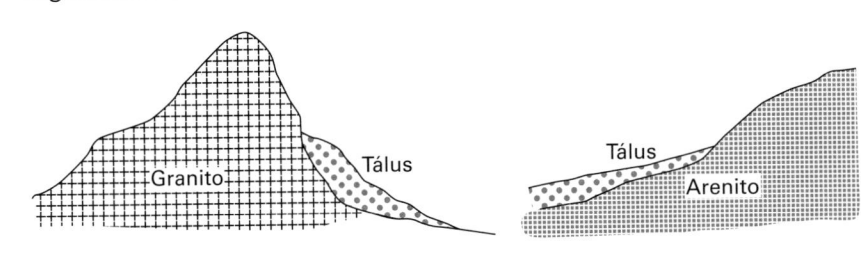

FIG. 5.10 Exemplo da composição de solos coluviais

d] *Solos eólicos*

São de destaque apenas os depósitos ao longo do litoral, onde tais solos formam as dunas, não sendo tão comuns no Brasil como o são nos países europeus e nos Estados Unidos, por exemplo. O problema desses depósitos reside na sua movimentação. Como exemplo, temos os de Fortaleza, no Ceará, e os de Cabo Frio, no Rio de Janeiro.

Propriedades gerais dos solos 5.2

Essas propriedades, tanto as mais simples como as mais complexas, e os respectivos ensaios deverão ser consultados em livros ou na disciplina de Mecânica dos Solos. Nesta seção, as propriedades gerais dos solos serão apenas citadas.

Índices físicos 5.2.1

Uma massa de solo é considerada como um conjunto de partículas sólidas, encerrando vazios ou interstícios de tamanho variado. Os vazios poderão estar preenchidos com ar ou com água, ou parcialmente com ar e parcialmente com água (Fig. 5.11).

Existem algumas relações de peso e volume entre os componentes de uma massa de solo. As relações de volume utilizadas mais frequentemente são apresentadas a seguir.

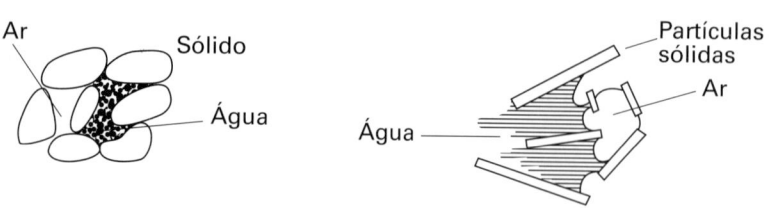

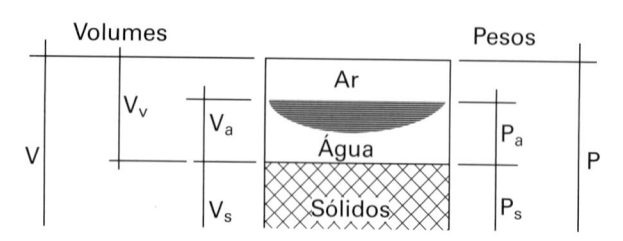

FIG. 5.11 Solo = sólidos + água + ar; vazios = água + ar

a] *Porosidade (n) de uma massa de solo é definida como a relação do volume de vazios pelo volume total da massa:*

$$n = \frac{V_v}{V} \ (\%) \quad (5.1)$$

b] *Índice de vazios (e) de uma massa de solo é definido como a relação do volume de vazios pelo volume de sólidos:*

$$e = \frac{V_v}{V_s} \quad (5.2)$$

c] *Grau de saturação (G) é definido como a relação do volume de água pelo volume de vazios:*

$$G = \frac{V_a}{V_v} \ (\%) \quad (5.3)$$

d] *Umidade natural (h) é definida como a relação do peso de água pelo peso de material sólido:*

$$h = \frac{P_a}{P_s} \ (\%) \quad (5.4)$$

e] *Peso específico de um material é definido como a relação do peso de um determinado fragmento pelo seu volume. Uma vez que um agregado de solo é constituído de três diferentes fases, o peso específico desse agregado deverá considerar essas três fases:*

$$\gamma = \frac{P}{V} = \frac{P_s + P_a}{V_s + V_v} \ (V_v = V_{ar} + V_{água}) \quad (5.5)$$

- Peso específico natural do solo:

$$\gamma_n = \frac{P}{V} \ (t/m^3 \ ou \ g/cm^3) \quad (5.6)$$

- Peso específico dos grãos sólidos:

$$\delta = \frac{P_s}{V_s} \ (t/m^3 \ ou \ g/cm^3) \quad (5.7)$$

- Peso específico da água:

$$\gamma_a = \frac{P_a}{V_a} \ (t/m^3 \ ou \ g/cm^3) \quad (5.8)$$

5.2.2 Forma das partículas

A parte sólida de um solo é constituída por partículas e grãos que têm as seguintes formas:

a) *esferoidais*;
b) *lamelares* ou *placoides*;
c) *fibrosas*.

As partículas *esferoidais* possuem dimensões aproximadas em todas as direções e podem, de acordo com a intensidade de transporte, ser *angulosas* ou *esféricas* (p. ex., solos arenosos ou pedregulhos).

Nos solos de constituição granulométrica mais fina, em que as partículas são microscópicas, elas apresentam-se *lamelares* ou *placoides*, ou seja, há predomínio de duas das dimensões sobre a terceira.

As partículas com forma *fibrosa* ocorrem nos solos de origem orgânica (turfosos), em que uma das dimensões predomina sobre as outras duas.

A forma das partículas influi em certas características dos solos. Assim, por exemplo, as partículas placoides e fibrosas podem dispor-se em estrutura dispersa e oca, ocasionando porosidade elevada.

5.3 Classificação granulométrica de solos

5.3.1 Tamanho das partículas

Sabe-se que o comportamento dos solos está, de certo modo, ligado ao tamanho das partículas que os compõem. De acordo com a *granulometria*, os solos são classificados nos seguintes tipos (em ordem decrescente de tamanho dos grãos):
a) pedregulhos ou cascalho;
b) areias: grossas, médias e finas;
c) siltes;
d) argilas.

Na natureza, raramente um solo é do tipo "puro", isto é, constituído, na sua totalidade, de uma única granulometria. Dessa maneira, o comum é o solo apresentar certa porcentagem de areia, de silte, de argila, de cascalho etc. Como exemplo, citamos um solo originário de arenito que apresentou as seguintes características: 52% de areia fina, 36% de silte e 12% de argila. Esses números não são absolutos e definitivos para esse solo arenoso, uma vez que a rocha matriz pode variar de arenito para argilito ou siltito etc. Dessa maneira, os solos são classificados de acordo com a seguinte nomenclatura: o elemento predominante é expresso por um substantivo e os demais, por um adjetivo. Por exemplo: *areia argilosa* é um solo predominantemente arenoso com certa porcentagem de argila.

Existem várias classificações granulométricas, com ligeiras diferenças entre si. As mais usuais são:

Escala Granulométrica Internacional

Pedregulho	Areia grossa	Areia fina	Silte	Argila
2 mm	0,2 mm	0,02 mm	0,002 mm	

Escala da Associação Brasileira de Normas Técnicas (ABNT)

Pedregulho	Areia grossa	Areia média	Areia fina	Silte	Argila
5 mm	2 mm	0,4 mm	0,05 mm	0,005 mm	

Escala do Massachusetts Institute of Technology (MIT) (EUA)

pedregulho	areia	silte	argila
2,0 mm	0,06 mm	0,002 mm	

5.3.2 Análise granulométrica

O objetivo da análise granulométrica é determinar a dimensão dos grãos que constituem um solo e a porcentagem do peso total representada pelos grãos em vários intervalos de tamanho. O método mais direto para separar um solo em frações é o uso de peneiras, mas como a abertura da malha mais fina de peneira disponível, na prática, é 0,07 mm (abertura da peneira 200), seu uso restringe-se à análise de areia (finas, grossas e médias).

O ensaio de peneiramento é feito tomando-se um peso P (cerca de 200 g) do solo e fazendo-o passar, com o auxílio de vibrações, através de uma série de peneiras, das quais se conhecem as aberturas das malhas. As peneiras frequentemente utilizadas estão indicadas na Tab. 5.1.

Após o peneiramento, pesam-se as quantidades retiradas em cada peneira, peso P_1, e calcula-se a porcentagem retida em uma peneira pela relação:

$$\frac{P_i}{P} \times 100 \qquad (5.9)$$

Tab. 5.1 Peneiras frequentemente empregadas nos ensaios de peneiramento

Número da peneira	Abertura (mm)
4	4,76
10	2,00
16	1,19
30	0,590
50	0,297
100	0,149
200	0,074

5.4 Representação granulométrica dos solos

A representação gráfica dos dados obtidos nas medidas das partículas é um dos primeiros passos em uma análise dos resultados de um estudo granulométrico. Um gráfico não serve apenas para representar os resultados de um modo visível, mas também tem grande utilidade na comparação de dados de um sedimento ou solo. Na Fig. 5.12 estão representadas algumas curvas granulométricas de solos de São Paulo e do Rio de Janeiro.

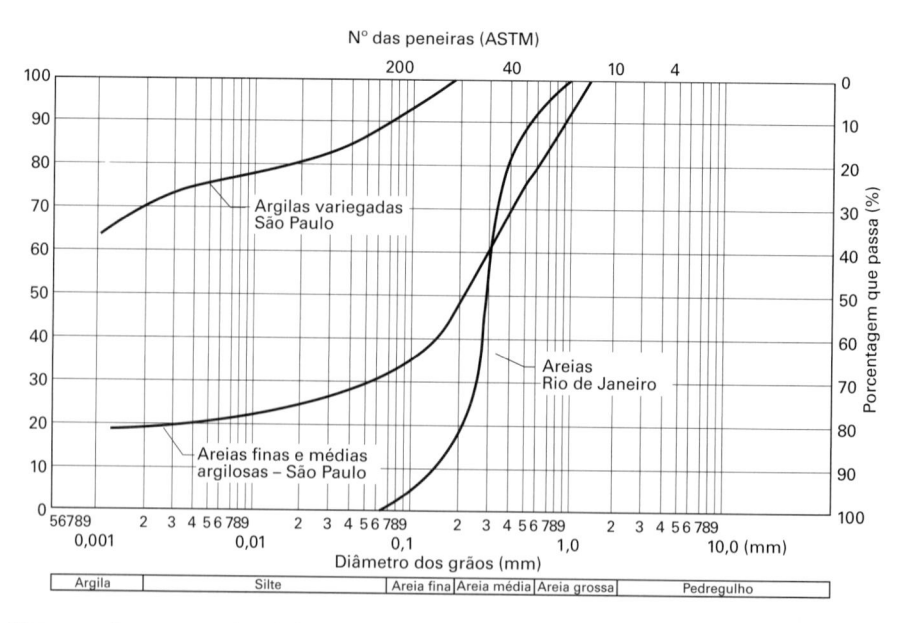

FIG. 5.12 Curvas granulométricas de solos de São Paulo e do Rio de Janeiro

5.5 Ensaios de simples caracterização

Os ensaios mais simples para caracterização preliminar de certas propriedades do solo consistem na determinação, em laboratório, da umidade natural, dos limites de Atterberg e da granulometria.

a] *Umidade natural*

Coleta-se certa quantidade de solo (cerca de 50 g) num recipiente e pesa-se o conjunto (peso P_1). Em seguida, leva-se o conjunto a uma estufa à temperatura de 105°C, fazendo-o permanecer ali por um período suficiente para permitir a evaporação da água contida na amostra (cerca de seis horas, embora o tempo varie com o tipo de solo). Em seguida, o conjunto é retirado da estufa e pesado novamente (peso P_2). Sendo o peso do recipiente P_3, o valor da umidade será:

$$h = \frac{P_1 - P_2}{P_2 - P_3} \times 100 \qquad (5.10)$$

b] *Granulometria* (exemplificada anteriormente)

c] *Plasticidade*

Os solos de composição arenosa podem ser identificados pelas suas curvas granulométricas, uma vez que, quando elas são semelhantes, o comportamento, na prática, também o é. O mesmo não acontece com as argilas, pois, além da dimensão das partículas, intervém também a sua forma.

As formas dos minerais argilosos variam de acordo com o tipo de mineral presente, e os mais comuns são as caulinitas, as illitas e as montmorillonitas. De acordo com o tipo de mineral, a argila terá um tipo de plasticidade.

Vale lembrar que plasticidade é a capacidade que possuem as argilas de se deixarem moldar em formas diferentes, sem variação do seu volume. A plasticidade depende do teor de umidade do solo. Assim, uma massa de argila seca torna-se dura e não moldável, e se receber gradativamente pequenas quantidades de água, ela se tornará plástica, possibilitando sua moldagem. Contudo, toda vez que o teor de umidade ultrapassar um determinado valor, a massa argilosa passará a comportar-se como um líquido viscoso.

Por meio de um esquema, poderemos representar linearmente essa experiência, em que se definem dois limites de umidade, entre os quais o solo é plástico. Eles são conhecidos como limites de Atterberg:

Estados				h (%)
Sólido	Semissólido	Plástico	Líquido	
		LP	LL	

$$IP = LL - LP \qquad (5.11)$$

onde LP = limite de plasticidade; LL = limite de liquidez; IP = índice de plasticidade.

A determinação do limite de liquidez pode ser feita por meio de um pequeno aparelho provido de um recipiente de cobre ligado a um suporte a manivela, que fará com que o recipiente se eleve a uma altura constante de 1 cm, caindo, em seguida, contra a base. Coloca-se o solo no recipiente, abre-se uma ranhura, e o giro da manivela faz com que a ranhura se feche gradativamente.

Convencionou-se que a umidade correspondente a 25 golpes necessários para fechar a ranhura é o limite de liquidez. O limite de plasticidade é determinado pelo cálculo da porcentagem de umidade em que o solo começa a fraturar quando se tenta moldar um cilindro de 3 mm de diâmetro por 10 cm de comprimento. Nesse instante, determina-se a umidade do solo, obtendo-se o seu LP.

5.6 Quadro resumido para identificação de solos no campo

Propriedades	Tipos de solos			
	arenosos	siltosos	argilosos	turfosos
Granulação	grossa (olho nu)	fina (tato)	muito fina	fibrosa
Plasticidade	nenhuma	pouca	grande	pouca a média
Compressibilidade (carga estática)	pouca	média	grande	muito grande
Coesão	nenhuma	média	grande	pouca
Resistência do solo seco	nenhuma	média	grande	pouca a média
Resumo para caracterização	tato e visual	1. tato 2. secos, esfarelam 3. secos, desagregam quando submersos	1. tato 2. plásticos, se molhados 3. secos, não desagregam	1. cor preta 2. plásticos, se molhados; fibrosos

Teste rápido (1 minuto para cada questão)

1) As argilas são produtos da decomposição de:
   a) Quartzo
   b) Feldspatos
   c) Areia

2) Solo residual é aquele:
   a) Formado de resíduos
   b) Que permanece no local de sua formação
   c) Que não sofre erosão

3) A granulometria aumenta na sequência:
   a) Argila, areia fina e silte

b) Argila, silte e areia

c) Silte, argila e areia grossa

4) No Nordeste predomina o intemperismo:
   a) Químico
   b) Físico
   c) Orgânico

5) O caulim provém da decomposição do:
   a) Quartzo
   b) Feldspato
   c) Mica

6) Intemperismo é:
   a) A transformação de uma rocha sob ação da pressão e temperatura
   b) A decomposição e desintegração das rochas por agentes atmosféricos
   c) A erosão que o solo sofre

7) A granulometria de um sedimento decresce na sequência:
   a) Areia grossa, cascalho e areia fina
   b) Areia fina, silte e cascalho
   c) Areia, silte e argila

Respostas

1	2	3	4	5	6	7
b	b	b	b	b	b	c

Elementos estruturais das rochas

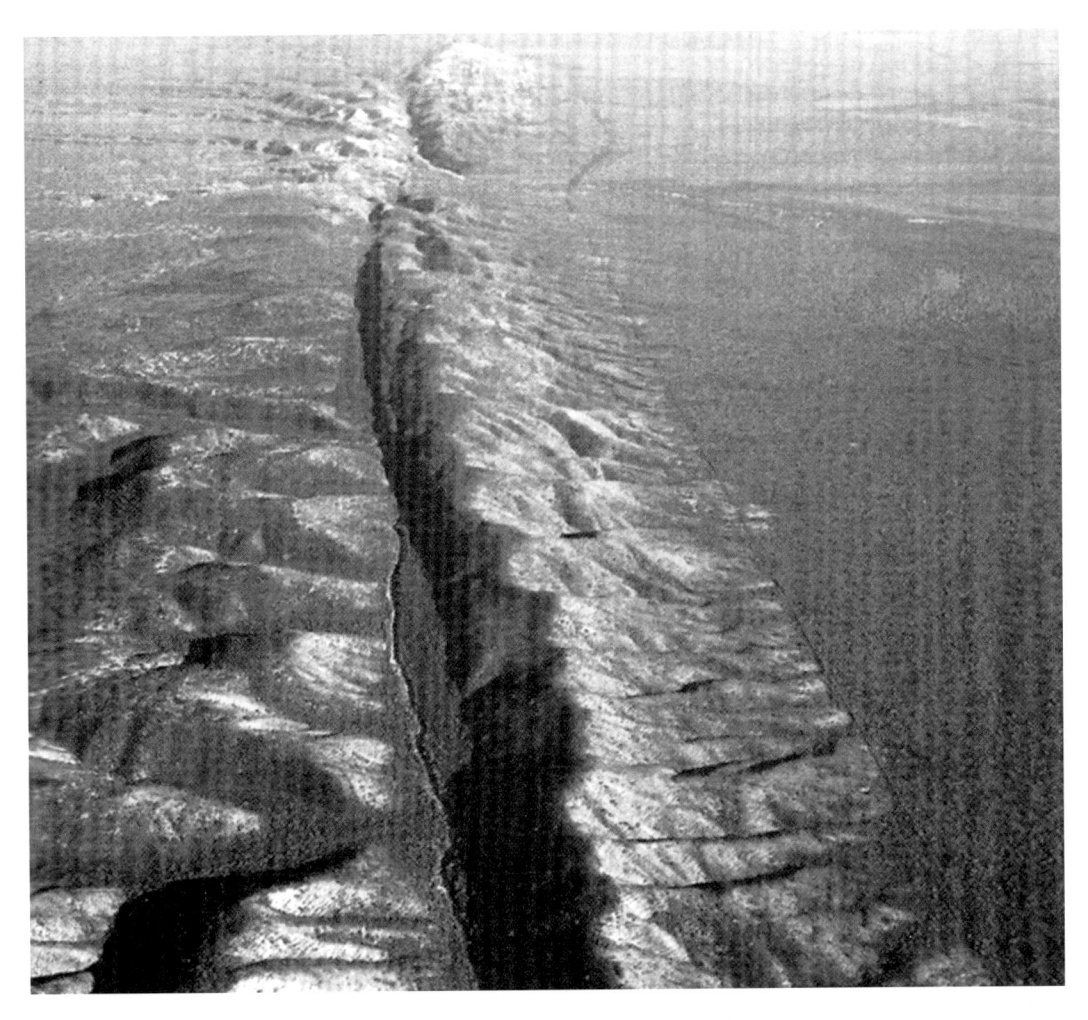

6

Impressionante visão da famosa falha de San Andreas, na Califórnia (EUA). Com 1.300 km de extensão, está situada no contato entre as placas tectônicas Norte-Americana e do Pacífico
(Foto: Nasa)

O presente capítulo fornece noções sobre os elementos estruturais existentes nas rochas, representados pelas dobras, falhas e fraturas. Outros elementos, como acamamento das rochas sedimentares ou xistosidade das rochas metamórficas, já foram considerados em capítulo anterior. Nunca é demais insistir na importância dos elementos estruturais numa obra de engenharia, pois túneis, barragens ou cortes rodoviários podem encontrar zonas de fraqueza ou ruptura causadas por falhas, dobras ou fraturas, dificultando e encarecendo as obras.

Os esquemas a seguir (Figs. 6.1 a 6.3) ilustram alguns efeitos dessas estruturas geológicas em obras de engenharia.

Acamamento ou xistosidade mergulhando para jusante: maior possibilidade de cisalhamento

Acamamento ou xistosidade mergulhando para montante: menor possibilidade de cisalhamento

Rio Paraíba – Gnaisses com camadas verticais favorecem a percolação e o cisalhamento

Rio Sapucaí – Paulista
Camadas horizontais

Basalto

Arenito – maior problema: a superfície de contato entre as camadas

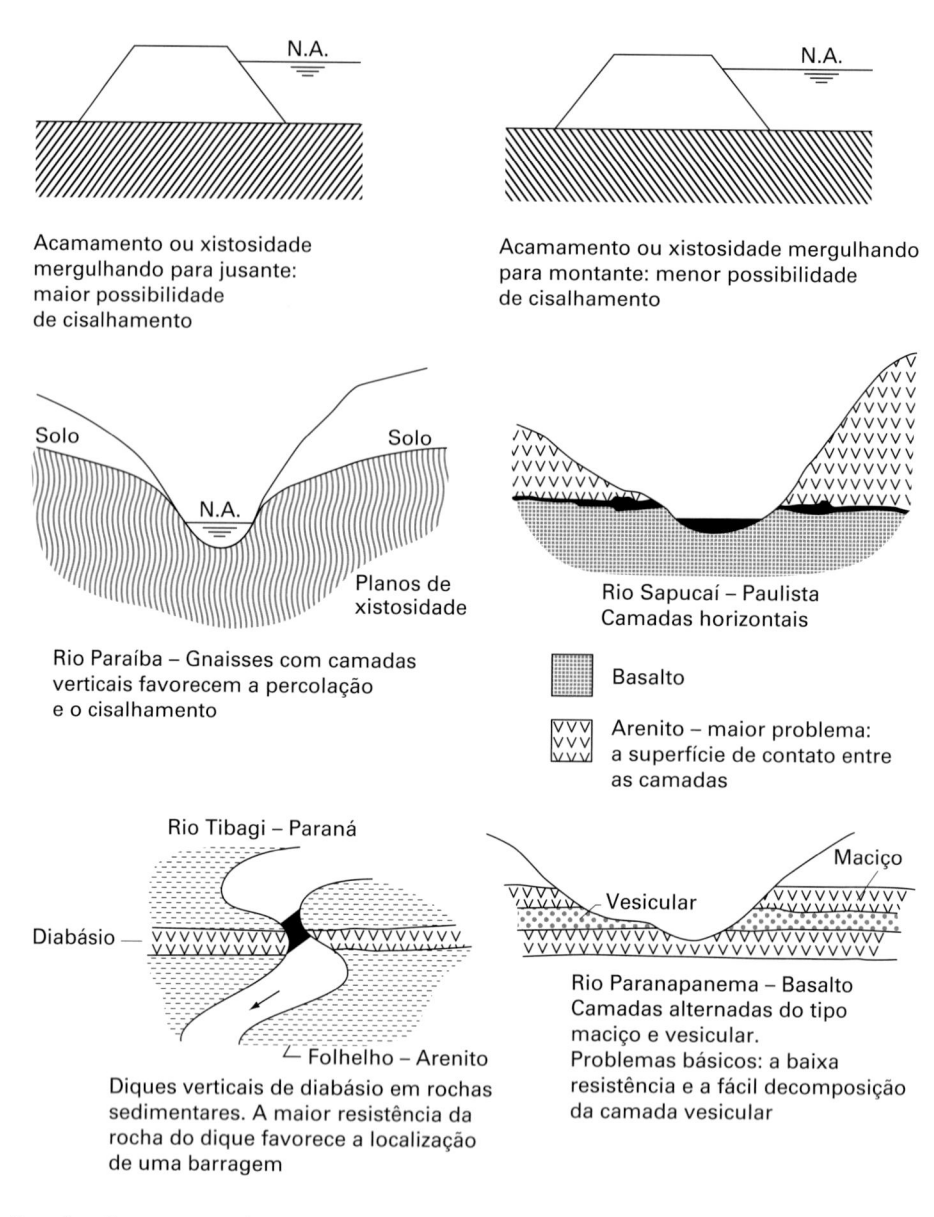

Diques verticais de diabásio em rochas sedimentares. A maior resistência da rocha do dique favorece a localização de uma barragem

Rio Paranapanema – Basalto
Camadas alternadas do tipo maciço e vesicular.
Problemas básicos: a baixa resistência e a fácil decomposição da camada vesicular

FIG. 6.1 Estruturas geológicas em locais de barragens

Taludes em camadas inclinadas facilitam o escorregamento

Taludes em camadas horizontais são mais favoráveis que as inclinadas

Taludes com rocha maciça (granito, por exemplo) admitem cortes verticais. São os casos mais favoráveis

FIG. 6.2 Estruturas geológicas em rodovias

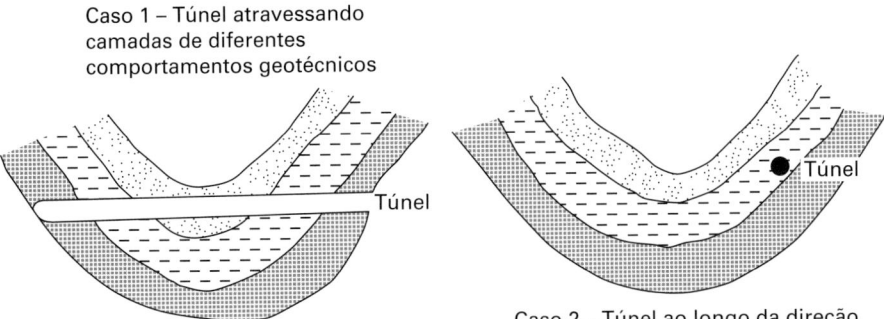

Caso 1 – Túnel atravessando camadas de diferentes comportamentos geotécnicos

Caso 2 – Túnel ao longo da direção das camadas, desenvolvido em um único tipo de camada

FIG. 6.3 Estruturas geológicas em túneis

6.1 Deformações das rochas

As rochas estão constantemente sob a ação de forças que se originaram no interior da crosta. Essas forças causam vários tipos de deformações. Entende-se por deformação qualquer variação de forma ou volume, ou de ambos, que um corpo experimenta quando sujeito à ação de pressões, tensões, variações de temperatura etc.

A deformação pode ser elástica, plástica e por ruptura. Será *deformação elástica* quando, uma vez cessada a causa que o deforma, o corpo retorna à forma e ao volume primitivos. Uma vez ultrapassado o limite de elasticidade de um corpo e se este não voltar mais à forma e ao volume primitivos, dizemos que o corpo sofreu uma *deformação plástica*. Se o esforço for tal que é ultrapassado o limite de plasticidade do corpo, este se rompe, sofrendo *ruptura* ou *fratura*.

A variação de temperatura nas rochas poderá causar deformações elásticas, que, contudo, não podem ser facilmente observadas. A formação de dobras, falhas, fraturas e diáclases são exemplos de deformações plásticas e de rupturas.

6.1.1 Zona de plasticidade e de fratura

Entende-se por plasticidade uma mudança gradual na estrutura interna de uma rocha, efetuada por reajuste químico e por fraturas microscópicas, enquanto a rocha permanece essencialmente rígida. Durante esse processo, não se produz a fusão. A rocha não chega a fundir-se.

Sob enormes pressões e temperaturas que existem nas grandes profundidades da crosta, todas as rochas experimentam uma tendência maior à plasticidade do que à fratura. Temperatura e pressão elevadas, presença de umidade e a natureza da própria rocha são fatores que influem nessa plasticidade. Próximo da superfície, as rochas são mais propensas à ruptura.

Dessa forma, podemos distinguir na crosta duas zonas distintas de deformações: uma *zona de plasticidade* a grande profundidade e uma *zona de fratura* próxima da superfície. A máxima profundidade da zona de fratura é calculada em cerca de 18 km. Abaixo dessa profundidade, todas as rochas se manifestam como plásticas ante uma deformação. Quando falamos, em termos gerais, de todas as rochas, a zona exterior de 18 km de espessura da crosta pode ser considerada quase que inteiramente como uma zona de plasticidade e *fraturas combinadas*.

As estruturas produzidas na zona de fraturas são as fraturas, as falhas e as fendas. Na zona de plasticidade, originam-se dobras, estruturas gnáissicas, xistosas etc.

6.1.2 Rochas competentes e incompetentes

Certas rochas possuem mais facilidade para se dobrarem e transmitirem os esforços recebidos, enquanto outras possuem maior tendência a se fraturarem. As primeiras são rochas *competentes* e as segundas, *incompetentes*.

Rochas competentes são os folhelhos e os calcários, ao passo que as rochas arenosas, como o quartzito, têm tendência a se fraturarem e são incompetentes.

6.2 Dobras

As dobras são ondulações existentes em certos tipos de rochas (p. ex., nas formações estratificadas, como é o caso das rochas vulcânicas e sedimentares e seus equivalentes metamórficos). Entretanto, qualquer rocha acamada ou com alguma orientação pode mostrar-se dobrada, como acontece com filitos, quartzitos ou gnaisses (Fig. 6.4). O tamanho das dobras é o mais variado, uma vez que, enquanto algumas não passam de centímetros, outras atingem grandes proporções, com centenas de quilômetros de amplitude.

FIG. 6.4 Dobras em gnaisses retorcidos no Ceará

6.2.1 Causas dos dobramentos

As dobras, assim como as falhas, são frequentemente classificadas em *tectônicas* (Fig. 6.5A) e *atectônicas* (Fig. 6.5B), segundo sua origem. As de origem tectônica resultam mais ou menos diretamente de forças que operam dentro da crosta terrestre; as de origem atectônica são o resultado de movimentos localizados (deslizamentos, acomodações, escorregamentos, avanço do gelo sobre sedimentos inconsolidados etc.) que ocorrem sob a influência de gravidade e na superfície terrestre. As dobras de origem atectônica são inexpressivas, de âmbito local.

Deve-se observar ainda que, com um dobramento, ocorrem também falhamentos de pequena amplitude, que são de grande valia na interpretação da estrutura resultante.

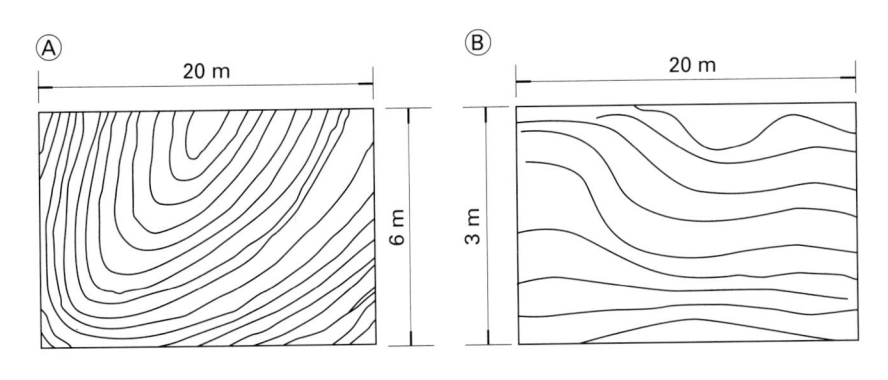

FIG. 6.5 (A) Sinclinal: dobra tectônica - xistos - km 86 da Rodovia Raposo Tavares (Sorocaba, SP); (B) dobra atectônica - siltitos - entre Itu e Tietê (SP)

6.2.2 Partes de uma dobra

Plano axial ou *superfície axial* de uma dobra é o plano ou superfície que divide a dobra tão simetricamente quanto possível. O plano axial pode ser vertical, inclinado ou horizontal. Embora seja uma superfície plana, pode apresentar-se curvo. A atitude do plano axial é definida por uma direção e um ângulo de mergulho, tal como a atitude de uma camada.

Eixo é a intersecção da superfície axial com qualquer camada. Tal intersecção é uma linha, tal qual na Fig. 6.6 (linha aa'). Há um eixo para cada camada, e toda dobra apresenta incontáveis eixos. Um só eixo, porém, é suficiente para definir a atitude da dobra. Como notamos na Fig. 6.6, os eixos podem ser classificados, quanto à sua posição relativa, do mesmo modo que os planos axiais.

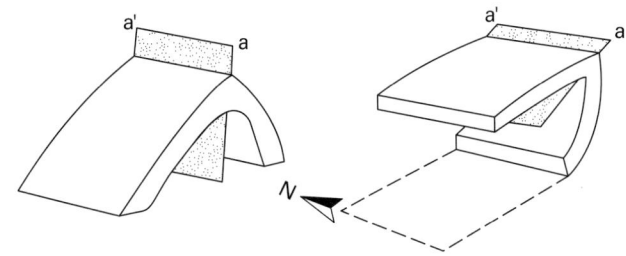

FIG. 6.6 Eixos de uma dobra

Flancos ou *limbos* são os lados ou as porções da dobra que se unem no seu eixo (Fig. 6.7). Um flanco estende-se do plano axial em uma dobra ao plano axial da dobra seguinte.

Crista é uma linha ao longo da parte mais alta da dobra, ou, mais precisamente, a linha que liga os pontos altos de uma mesma camada em um número infinito de seções transversais. Há uma crista separada para cada camada, e o plano ou superfície formada por todas as cristas é o *plano de crista*.

Os elementos de uma dobra estão indicados na Fig. 6.8.

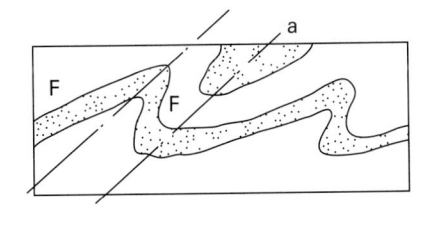

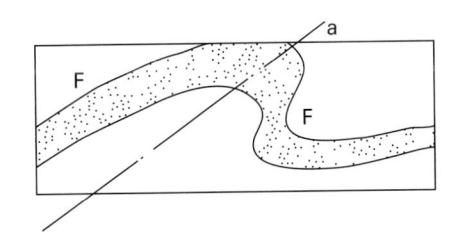

FIG. 6.7 Flancos de uma dobra

6.2.3 Nomenclatura das dobras

A terminologia para descrever o aspecto geométrico de dobras é a seguinte:

i] *Anticlinal*: é uma dobra convexa para cima. Significa, em grego, "inclinado opostamente". Refere-se ao fato de, em anticlinais simples, os dois flancos

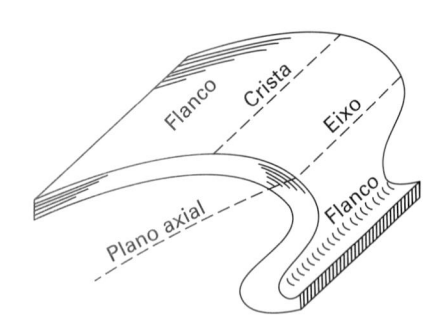

FIG. 6.8 Elementos de uma dobra

mergulharem em direções opostas. Algumas vezes, entretanto, os flancos mergulham na mesma direção ou são horizontais. Nesses casos, o anticlinal pode ser definido como uma dobra com rochas mais velhas no centro da curvatura. As Figs. 6.9 a 6.11 mostram exemplos de anticlinais.

ii] *Sinclinal*: é uma dobra côncava para cima. O significado, em grego, é "inclinado junto", por se referir ao fato de, nos mais simples sinclinais, os dois flancos mergulharem um em direção ao outro. Entretanto, em sinclinais mais complexos, os flancos podem mergulhar na mesma direção ou, ainda, ser horizontais. Um sinclinal é definido como uma dobra com rochas mais novas no centro da curvatura. As Figs. 6.12 e 6.13 mostram exemplos de sinclinais.

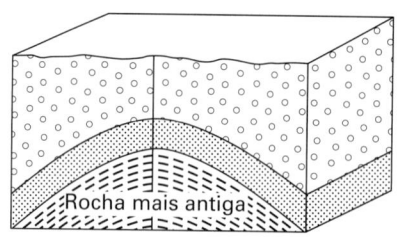

FIG. 6.9 Exemplo de anticlinal simétrico e assimétrico

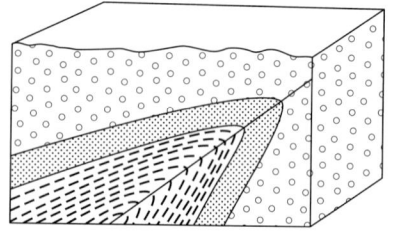

FIG. 6.10 Anticlinais em calcários (Ituaçu, BA)

FIG. 6.11 Forma geométrica impressionante de um anticlinal (dobra) ocorrido em rochas metamórficas (xistos dobrados) nos EUA
Fonte: Geotimes.

iii] *Simétrica*: dobra em que os dois flancos têm o mesmo ângulo de mergulho (Fig. 6.14).

iv] *Assimétrica*: dobra em que os dois flancos mergulham com diferentes ângulos (Fig. 6.14).

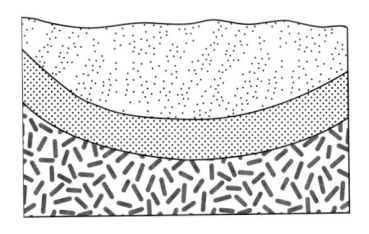

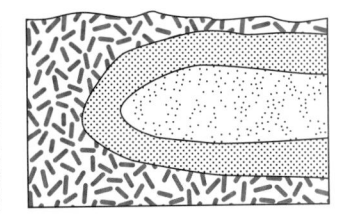

FIG. 6.12 Exemplos de sinclinais

v] *Deitada*: dobra em que o plano axial é essencialmente horizontal (Fig. 6.14). Dobras desse tipo são comuns nos Alpes.

vi] *Isoclinal*: significa, em grego, "igualmente inclinado". Refere-se à dobra em que os dois flancos mergulham com ângulos iguais na mesma direção. *Isoclinal simétrico* ou *vertical* é aquele cujo plano axial é vertical; *isoclinal inclinado* é aquele cujo plano axial é inclinado; e *isoclinal recumbente* é aquele cujo plano axial é horizontal.

vii] *Em leque*: é a que representa os dois flancos revirados (Fig. 6.15). Tais dobras, contudo, não são comuns.

FIG. 6.13 Dobra em sinclinal em filitos/xistos próximos ao Morro do Chapéu (BA)

viii] *Monoclinal*: dobra em forma de degraus que afeta camadas paralelas, originalmente horizontais ou levemente inclinadas. A Fig. 6.16 apresenta um exemplo desse tipo de dobra, ocorrido em xistos no Canadá.

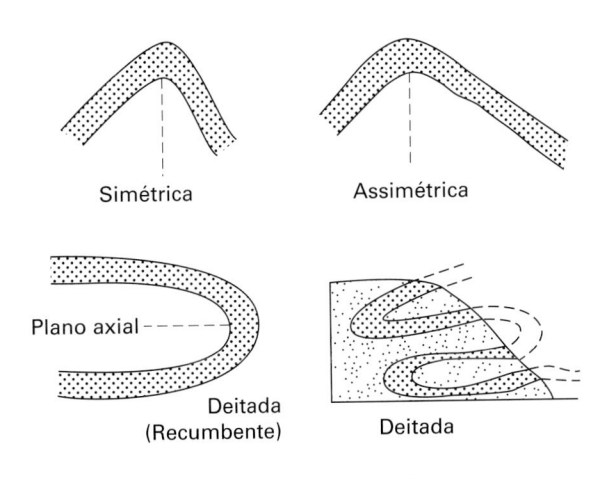

FIG. 6.14 Exemplos de outros tipos de dobras

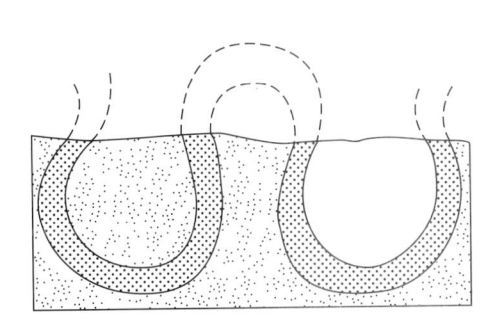

FIG. 6.15 Dobra em leque

6.2.4 Reconhecimento de dobras

Em virtude da ação contínua da erosão, não é fácil observar dobras no campo, principalmente quando são de tamanho considerável. Deve-se levar em conta vários pontos de observação, numa tentativa de recompor a geometria da antiga dobra. Na Via Anhanguera, por exemplo, entre Perus e São Paulo, os cortes da estrada exibem as camadas de filitos nas mais variadas posições: aproximadamente no km 35, as camadas aparecem na posição vertical. Antes e depois desse ponto, as inclinações das camadas são mais suaves. Num caso como esse, pode-se recompor a superfície dobrada, conforme indicado na Fig. 6.17.

FIG. 6.16 Monoclinal no rio Colúmbia (Canadá)

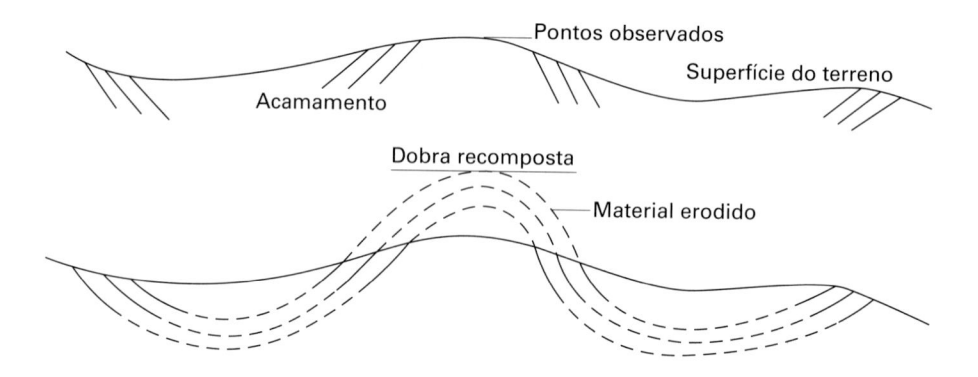

FIG. 6.17 Dobras recompostas de camadas de filitos na Via Anhanguera (SP)

O mesmo raciocínio pode ser aplicado para amostras de sondagens colhidas no subsolo. O processo é idêntico. Imaginemos uma região com dobramentos moderados e onde foram executadas várias sondagens. Por meio da observação das amostras retiradas do subsolo, podemos determinar a posição das camadas. Suponhamos que foram encontradas as seguintes posições (Fig. 6.18):

S_1 – inclinada 45° para o norte;
S_2 – 40° para o sul;
S_3 – 70° para o norte;
S_4 – 60° para o sul.

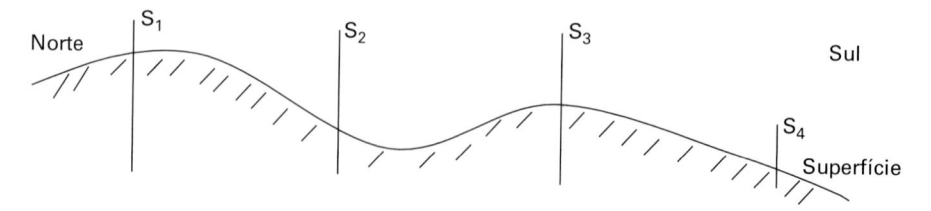

FIG. 6.18 Linha de sondagens

Ao colocar-se esses valores no perfil, pode-se recompor a dobra (Fig. 6.19). É óbvio que, quanto mais simples for a dobra e maior o número de sondagens, mais fácil será a reconstrução da dobra.

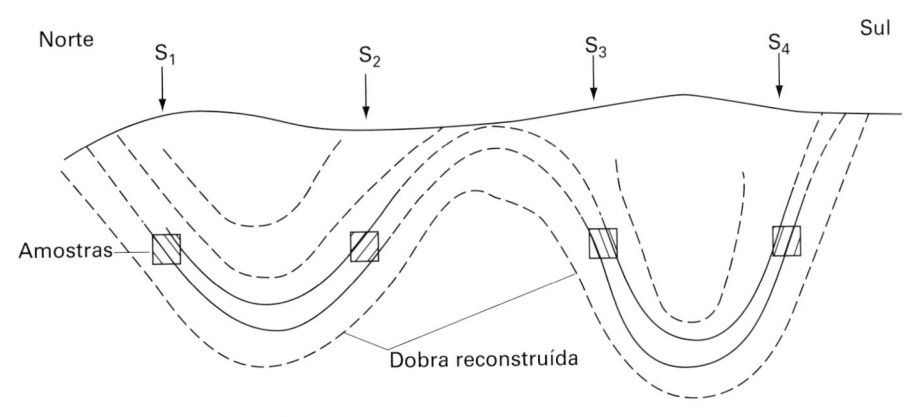

FIG. 6.19 Dobra reconstruída

6.3 Falhas

6.3.1 Definição

Falhas são rupturas e deslocamentos que ocorrem numa rocha ao longo de um plano, pelos quais as paredes opostas se movem uma em relação à outra. A característica essencial é o movimento diferencial de dois blocos ou camadas ao longo de uma superfície de fratura ou fraqueza.

Os deslocamentos das falhas podem variar de poucos centímetros até dezenas de quilômetros. A atitude ou posição de uma falha é dada pela medida de sua direção e de seu mergulho.

O bloco acima do plano de falha é chamado de *capa* e o abaixo, de *lapa*. É óbvio que falhas verticais não terão lapa nem capa. A extensão das falhas pode variar de quilômetros até apenas alguns centímetros, conforme mostra a Fig. 6.20.

6.3.2 Elementos de uma falha

Plano de falha: superfície ao longo da qual se deu o deslocamento.

Linha de falha: intersecção do plano de falha com a superfície topográfica.

Espelho de falha: superfície polida de uma rocha, originada no plano de falha pela fricção dos blocos opostos ao se deslocarem. Formam-se frequentemente estrias e caneluras no sentido do movimento. Essa feição permite também deduzir o sentido do deslocamento.

Brechas de falhas: quando o movimento é forte, as rochas no plano de falha podem fraturar-se e ser, posteriormente, cimentadas. As brechas tectônicas distinguem-se das rochas sedimentares por apresentarem composição mineralógica idêntica à das rochas encaixantes e homogeneidade quanto aos fragmentos.

Quando o movimento é muito forte, a rocha, no plano de falha, fica moída, transformando-se em pó de rocha. A consolidação desse pó constitui a rocha metamórfica chamada de *milonito*. Temos, então, ao lado do plano de falha, uma zona de metamorfismo.

FIG. 6.20 Microfalhas presentes em rocha gnáissica (Bahia)

Rejeito: deslocamento relativo de pontos originalmente contíguos, medido com referência ao plano de falha. São cinco os tipos de rejeito:

i] *Rejeito de mergulho*: deslocamento numa falha, paralelo à direção do mergulho do plano de falha. Indicado na Fig. 6.21 por "cb".

ii] *Rejeito direcional*: deslocamento sobre o plano de falha, paralelo à sua direção. Indicado na Fig. 6.21 por "ac".

iii] *Rejeito horizontal*: deslocamento horizontal numa falha, medido sobre um plano perpendicular à direção da falha. Indicado na Fig. 6.21 por "ed".

iv] *Rejeito total*: deslocamento resultante entre o rejeito direcional e o rejeito de mergulho numa falha. Pode, em certos casos, coincidir com a direção do rejeito direcional ou do rejeito de mergulho. Indicado na Fig. 6.21 por "ab".

v] *Rejeito vertical*: deslocamento vertical numa falha, medido sobre um plano perpendicular ao da falha. Indicado na Fig. 6.21 por "ae".

cb – rejeito de mergulho
ac – rejeito direcional
ed – rejeito horizontal
ab – rejeito total
ae – rejeito vertical

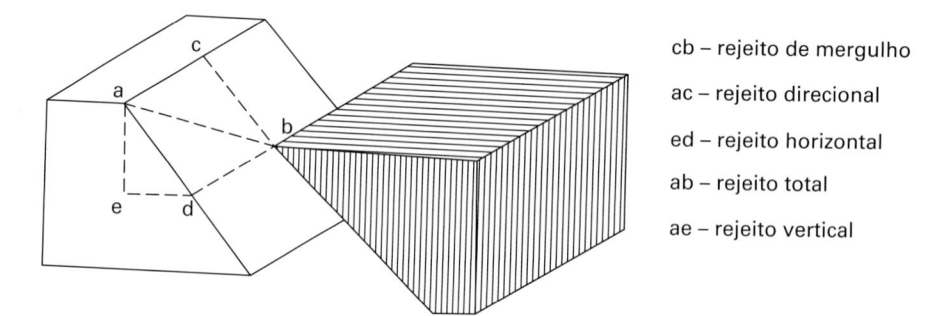

FIG. 6.21 Tipos de rejeito

6.3.3 Tipos de falhas

Os tipos de falhas são:

i] *Falha normal*: falha em que a capa (ou teto) se movimenta aparentemente para baixo em relação à lapa (ou muro). O plano de falha mergulha para o lado que aparentemente se abateu. Trata-se de uma falha de tensão (Fig. 6.22).

ii] *Falha inversa* ou *empurrão*: falha em que a capa aparentemente se desloca para o alto em relação à lapa. O plano de falha mergulha aparentemente para o bloco que se elevou. Trata-se de uma falha de compressão (Fig. 6.23).

iii] *Horst* e *graben*: um bloco rochoso afundado entre duas falhas constitui um *graben*, e um bloco que se ergueu entre duas falhas é um *horst* (Fig. 6.24). Ambos ocorrem em quase toda área falhada. Como exemplo brasileiro, podemos citar a fossa próxima de Salvador (BA), e a do Vale do Paraíba, nos Estados de São Paulo e Rio de Janeiro.

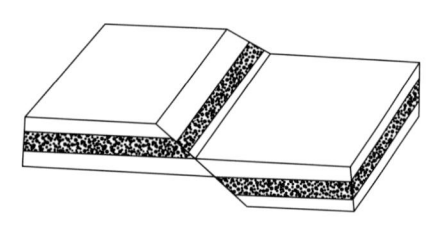

FIG. 6.22 Falha normal

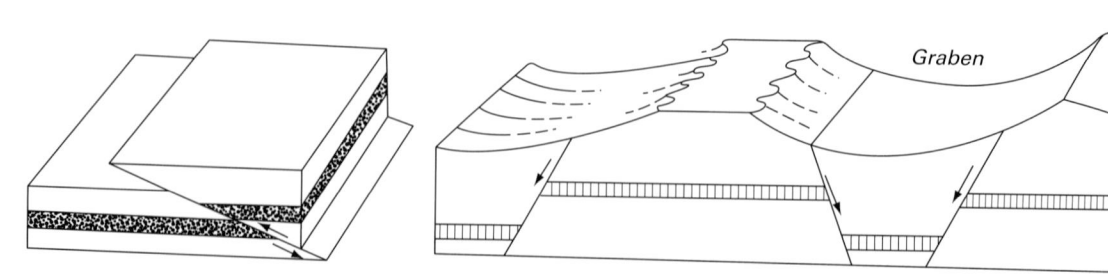

FIG. 6.23 Falha inversa ou empurrão

FIG. 6.24 Numa falha, a elevação chama-se *horst* e a depressão (vale), *graben*

6.3.4 Reconhecimento de falhas

As falhas podem produzir escarpas na topografia. Entretanto, vale lembrar que nem toda escarpa se originou por falhamento. Há também aquelas produzidas por erosão diferencial. Escarpas de falhamento são raras no local onde se deu a falha, pois não demora para a erosão agir, recuando o escarpamento, formando então escarpas ao longo de linhas de falhas paralelas à direção de falhamento, mas não coincidentes nestas. Com o tempo, a erosão destrói toda a evidência de falhas, e estas só podem ser reconhecidas por meios indiretos: falta ou repetição de camadas, contato brusco de dois tipos litológicos, fontes ou nascentes alinhadas (acompanhando a direção de falhamento).

É muito útil, também, a observação de espelhos de falhas, brechas e milonitos. Em fotografias aéreas, a mudança brusca da cor do terreno, o desvio do curso de um rio, da linha de vegetação etc. são indícios de falhas. As falhas também podem ser observadas por meio de amostras de sondagens ou por meio de sua correlação (Fig. 6.25).

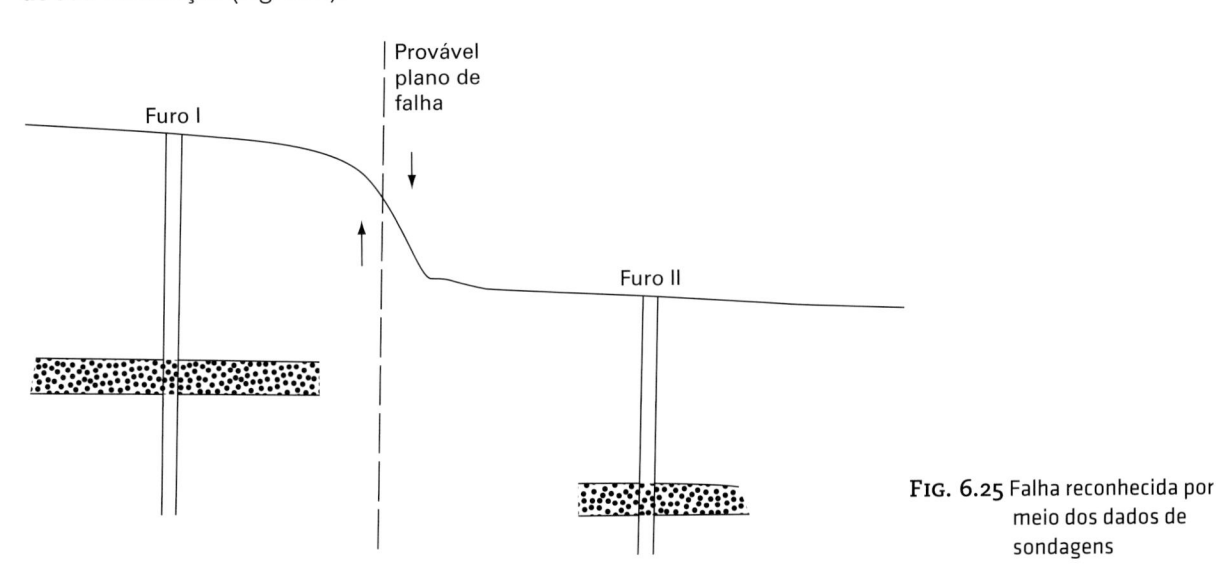

FIG. 6.25 Falha reconhecida por meio dos dados de sondagens

6.3.5 Mapeamento geológico com indicação de falhas

O mapa apresentado na Fig. 6.26 é um exemplo de mapeamento geológico com indicação da tectônica, elaborado por F. F. M. Almeida em 1953 na Serra da Cantareira, em São Paulo. O mapa mostra a posição de falhas observadas e presumidas.

Outro mapa geológico com indicação de falhas é mostrado na Fig. 6.27, e um exemplo significativo da presença de falhas, sistemas de fraturas e estrutura tectônica é o trecho do rio Iguaçu (PR) cujos elementos controlam o traçado do rio (Fig. 6.28).

6.4 Fraturas

6.4.1 Definição

Fratura é uma deformação por ruptura. Trata-se de um plano que separa em duas partes um bloco de rocha ou de uma camada, ao longo do qual não ocorreu deslocamento.

Geologia de engenharia

TECTÔNICA DA SERRA DA CANTAREIRA
F.F.M. de Almeida – 1953

- Granitos
- Série São Roque
- Camadas de São Paulo
- Quaternário da várzea do Tietê
- Falhas observadas
- Falhas presumidas
- Cataclasitos e milonitos
- Fontes de água radioativa
- Posição das camadas metamórficas
- Escarpas de linha de falha
- Limites do granito com a série São Roque
- Crista da Serra da Cantareira

FIG. 6.26 Limites geológicos de acordo com Moraes Rego e Souza Santos (1938), com pequenas modificações do autor. Não são indicadas as pequenas inclusões de xistos em granitos e vice-versa

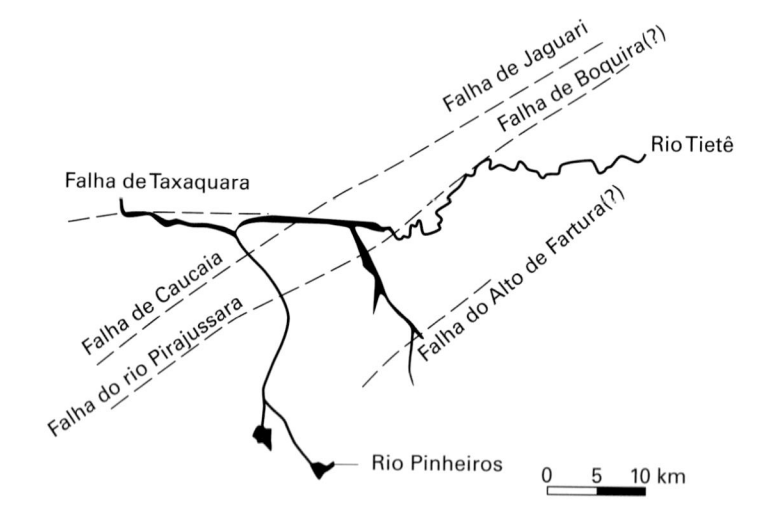

FIG. 6.27 Principais falhas do embasamento da Bacia de São Paulo, Município de São Paulo. Abrange a região da Serra da Cantareira
Fonte: Takiya et al. (1989).

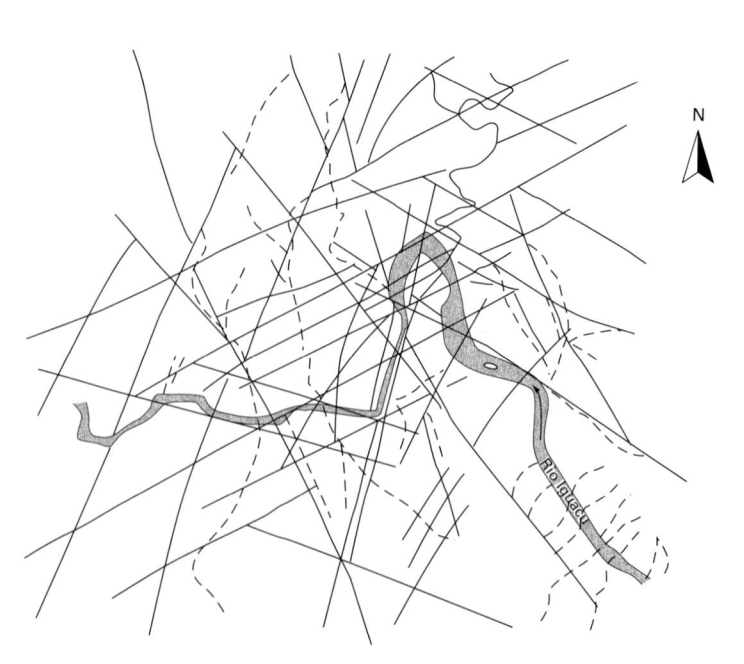

FIG. 6.28 Mapa da estrutura tectônica regional de um trecho do rio Iguaçu (PR)
Fonte: Marques Filho (1982).

Com relação à nomenclatura, o termo *diáclase* é reservado a fraturas ou rupturas de causas tectônicas, enquanto o termo *junta* se restringe a fraturas cuja origem é a contração por resfriamento. O espaçamento entre as diáclases de um bloco rochoso pode variar de metros até poucos centímetros. Em geral, as diáclases são fraturas fechadas, mas podem ser alargadas pelo intemperismo químico.

6.4.2 Tipos

i] As *diáclases originadas por esforços de compressão* são as mais frequentes e são provocadas principalmente por esforços tectônicos. Caracterizam-se por superfícies planas e ocorrem na forma de sistemas, cortando-se em ângulo (Fig. 6.29). São comuns nas partes côncavas dos anticlinais e nas convexas dos sinclinais. Quando a estrutura da rocha (metamórfica ou sedimentar) for inclinada, podem desenvolver-se diáclases paralelas à estrutura ou, ainda, oblíquas a ela (p. ex., gnaisses, xistos, folhelhos).

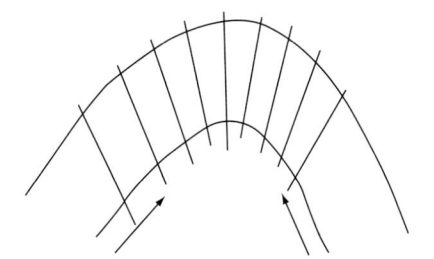

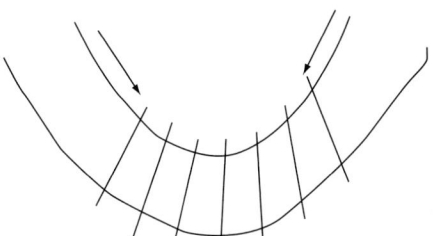

FIG. 6.29 Diáclases por esforços de compressão

ii] As *diáclases de tensão* formam-se perpendicularmente às forças que tendem a puxar opostamente um bloco rochoso. Caracterizam-se, em geral, por superfícies não muito planas. Duas origens são invocadas para diáclases de tensão:
- *origem tectônica*: são frequentes nos anticlinais e sinclinais;
- *contração*: ocorrem tanto em rochas ígneas como em rochas sedimentares, caracterizando-se por vários sistemas entrecruzados. Um exemplo são as diáclases de contração do basalto que formam colunas prismáticas (Figs. 6.30 e 6.31). Tais diáclases são chamadas, preferencialmente, de juntas.

Fraturas são elementos estruturais de grande importância em Geologia, como, por exemplo:
i] em Geologia de Engenharia: na construção de túneis, barragens, estradas etc., a existência de fraturas nas rochas deve ser observada cuidadosamente;
ii] nos cursos dos rios: os cursos d'água aproveitam essas zonas de fraqueza para impor a sua direção;
iii] em Geologia Econômica: aproveitam-se as fraturas das rochas para a obtenção de

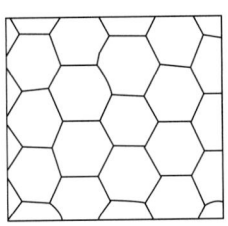

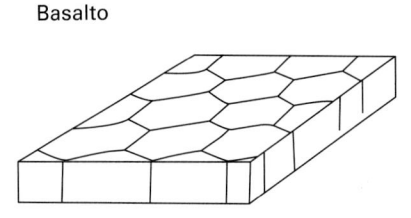

FIG. 6.30 Sistemas de fraturas hexagonais formados por resfriamento do magma (basalto) ou por ressecamento de lamas (argilas)

Fig. 6.31 Basalto maciço com sistema de fraturas hexagonais (barragem de Água Vermelha, no rio Grande, SP/MG)

Fig. 6.32 Magnífico afloramento de basalto maciço intensamente fraturado na vertical e na horizontal

lajes, blocos retangulares etc., usados como materiais de construção.

Na construção de barragens, o exemplo da importância das fraturas é bastante significativo. A barragem de Jaguara, no rio Grande (SP/MG), situada em quartzitos, exigiu intenso uso de injeções de cimento nas fundações, uma vez que a rocha apresentava uma série de fraturas, muitas das quais ao longo de suas camadas.

Outro exemplo típico é o das barragens localizadas em derrames de basalto, como o que é mostrado na Fig. 6.32. Em geral, essa rocha exibe um fraturamento semi-horizontal associado a uma série de fraturas tanto horizontais como verticais e inclinadas. Como exemplos, podem ser citadas as barragens de Urubupungá, Ibitinga e Promissão, no Estado de São Paulo, e de Salto Osório, no Paraná. Via de regra, os basaltos necessitam de injeções de cimento para vedar as fraturas.

6.4.3 Representação

As fraturas das rochas devem ser mapeadas, com suas direções e inclinações medidas e colocadas em diagramas (Fig. 6.33). Em diagramas circulares, determinam-se posteriormente as direções (ou direção) predominantes dessas fraturas.

Outro tipo de representação é por meio da projeção estereográfica, com o uso de diagramas de Wulff e Schmidt.

Perto da superfície do terreno, as fraturas e juntas podem estar fechadas ou abertas. As abertas podem ser preenchidas por meio da precipitação de soluções químicas ou alargadas por dissolução química. Essas fraturas cimentadas são zonas fracas, que podem romper-se a qualquer movimento da crosta. As fraturas podem também ser preenchidas por material magmático, possibilitando a formação de veios, diques e outros corpos intrusivos.

6.5 Orogênese

O termo *orogênese* abrange, em sentido amplo, o conjunto de fenômenos vulcânicos, erosivos e diastróficos que levam à formação de montanhas. Define-se montanha como uma elevação que atinge mais de 300 m sobre o terreno circundante.

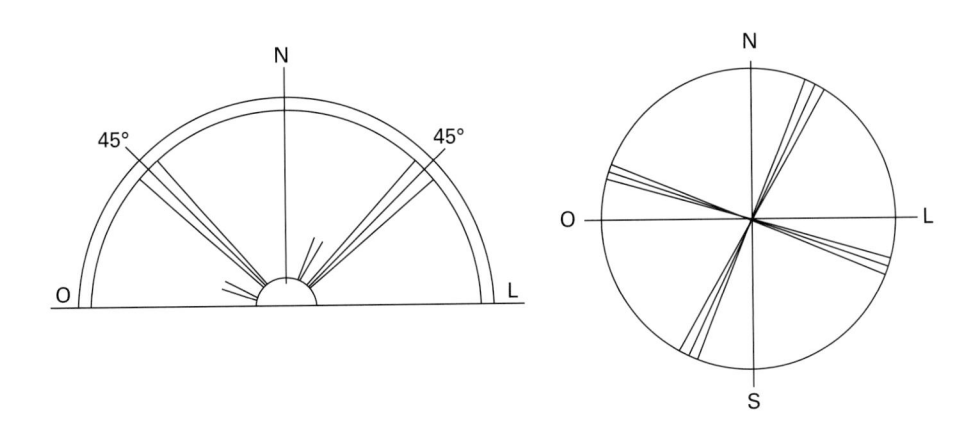

FIG. 6.33 Diagrama representando fraturas

6.5.1 Montanhas vulcânicas

São formadas pelo acúmulo de materiais lançados pelos vulcões. Quase todas as montanhas vulcânicas se iniciam com a saída de lavas e de outros produtos vulcânicos por uma abertura situada em terrenos planos. Gradualmente os materiais expulsos se acumulam ao redor da abertura, terminando por formar uma elevação. Quando esses materiais constituem uma lava fluida, esta estende-se a grandes distâncias sobre as terras circundantes e dá lugar a uma montanha de pendentes suaves de grande extensão. O vulcão Mauna Loa, no Havaí, possui um dos cones de lava com encosta suave mais conhecidos. Esse vulcão cobre uma área de 500 km² e se inclina em todas as direções tão suavemente que um automóvel pode chegar com facilidade até o seu topo.

As montanhas vulcânicas são, na realidade, formadas por uma série de mantos de lava com espessura variável. Os cones de lava distinguem-se por sua simetria, embora nenhum deles a possua perfeita. Os que possuem maior simetria são os formados por cinzas vulcânicas.

No Brasil, não existem montanhas vulcânicas, porque todos os vulcões brasileiros são muito antigos e sofreram a ação da erosão. São exemplos de montanhas vulcânicas o Vesúvio, na Itália; o Fujiyama, no Japão; o Kilimanjaro, na África; e o Mount Rainier, nos Estados Unidos.

6.5.2 Montanhas de origem erosiva

Podemos distinguir três casos de montanhas de origem erosiva:

i] *Isoladas pela erosão*: muitas montanhas baixas são os restos de camadas horizontais que ficaram isoladas pelos efeitos da erosão. Essas montanhas, quando ainda têm o topo plano, são chamadas de mesas. O topo é formado por camadas mais resistentes, que protegeram as inferiores (Fig. 6.34). As regiões de Botucatu e Itirapina, no Estado de São Paulo, são exemplos desse tipo.

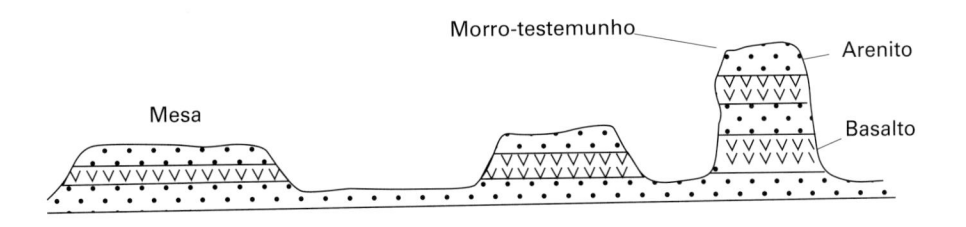

FIG. 6.34 Montes/elevações de origem erosiva

ii] *Nos divisores de água*: outras montanhas se formam em decorrência da erosão fluvial. São exemplos os divisores de água, áreas mais elevadas, localizadas entre rios ou bacias hidrográficas.

iii] Finalmente, muitas montanhas são consequência de *erosões diferenciais*, pelas quais as rochas mais fracas são facilmente destruídas, restando as rochas duras que se sobressaem no relevo, constituindo tais elevações. O pico do Jaraguá, em São Paulo, é um exemplo típico da influência da erosão diferencial. Uma lente de quartzitos resistentes, envolvida por filitos menos resistentes, possibilitou a formação do pico (Fig. 6.35).

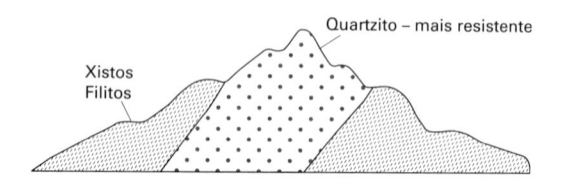

FIG. 6.35 Elevação/pico causada por erosão diferencial

6.5.3 Montanhas de origem tectônica

As montanhas de origem tectônica formam as grandes cadeias e originam-se por dobramentos ou falhas, ou por ambos. As montanhas formadas por dobramentos são as mais características e constituem as maiores cordilheiras. Formaram-se em uma época geológica relativamente moderna. As cadeias de montanhas formadas em épocas geológicas mais antigas sofreram profunda erosão e, muitas vezes, suas regiões foram completamente peneplanizadas.

Todas as grandes cadeias de montanhas formadas por dobramentos possuem certas características em comum:

i] presença de grandes espessuras de sedimentos, atingindo às vezes 12.000 m;
ii] esses sendimentos são, em grande parte, marinhos, formados em águas rasas, e podem conter fósseis característicos;
iii] esses sedimentos estão atualmente dobrados, fraturados e elevados acima do nível do mar;
iv] com esses dobramentos, há o aparecimento de intrusões ígneas, produzindo vários graus de metamorfismo nos sedimentos;
v] esses sedimentos dobrados apareceram em uma faixa relativamente estrita e alongada.

Os sedimentos podem atingir milhares de metros de espessura, apresentando, porém, características de águas rasas. Portanto, isso indica que, à medida que existia sedimentação, havia um abaixamento concomitante da região. Essas áreas estreitas e alongadas, de grandes subsidências, foram chamadas de *geossinclinal* por Dana, em 1877.

O fato de que em um geossinclinal podem acumular-se, por exemplo, até 12.000 m de sedimentação não significa que o mar na região tivesse a profundidade de 12.000 m. Nesse caso, os sedimentos mostrariam evidências de águas profundas.

A velocidade de afundamento de um geossinclinal é muito lenta. Tomando como exemplo o geossinclinal dos Apalaches, temos 12.000 m de sedimentos depositados em 300 milhões de anos (do Cambriano ao Permiano Inferior), o que dá a média de 1 m em 25.000 anos.

O último período de tectonismo é conhecido como "Alpino", o qual dobrou, fraturou, falhou e metamorfizou enormes espessuras de sedimentos, que ocupam geossinclinais cuja posição geográfica era a das atuais grandes cordilheiras dos Alpes, Himalaia, Andes e Montanhas Rochosas.

Teste rápido (1 minuto para cada questão)

1] Os elementos estruturais das rochas são:
   a] Falhas, dobras, intemperismo
   b] Falhas, dobras, fraturas
   c] Falhas, dobras, metamorfismo

2] Sinclinal é uma dobra:
   a] Côncava para cima
   b] Côncava para baixo
   c] Em forma de degrau

3] Os tipos de dobras mais comuns são:
   a] Anticlinais e sinclinais
   b] Paralelas e em leque
   c] Invertidas e paralelas

4] Dobras são mais comuns em:
   a] Granitos
   b] Basaltos
   c] Xistos

5] O deslocamento relativo de pontos contíguos num afloramento de rocha onde ocorreu uma falha é chamado de:
   a] Rejeito
   b] Escarpa
   c] Fratura

6] Sistemas de falhas no subsolo do Nordeste brasileiro têm causado:
   a] Pequenos vulcões
   b] Pequenos terremotos
   c] Aparecimento de fontes d'água na superfície

7] Nas rochas do embasamento cristalino da Região Metropolitana de São Paulo:
   a] Existem sistemas de falhas
   b] Não existem sistemas de falhas

8] As fraturas são mais comuns e importantes em:
   a] Rochas magmáticas
   b] Rochas sedimentares
   c] Solos

9) Milonitos são rochas associadas a:
   a) Derrames de basalto
   b) Massas de granito
   c) Zonas de falha

10) O basalto maciço:
    a) Não apresenta fraturas
    b) Apresenta fraturas
    c) Apresenta fraturas somente quando aflora na superfície

Respostas

1	2	3	4	5	6	7	8	9	10
b	b	a	c	a	b	b	a	c	b

7 Investigação do subsolo

Trabalho de investigação do subsolo
Fonte: fôlder da IBVP Engenharia (2010).

Os trabalhos de investigação subterrânea são destinados a esclarecer as condições geológicas de subsuperfície, ou seja, quais os tipos de rochas existentes e quais os seus elementos estruturais (linhas de contato, fraturas, falhas, dobras etc.). A investigação subterrânea também é importante na definição de jazidas minerais.

A investigação das condições geológicas da subsuperfície pode ser realizada por meio de dois métodos principais:
a) *indiretos* ou *geofísicos*: baseados na interpretação de certas medidas físicas;
b) *diretos* ou *mecânicos*: execução de perfurações ou sondagens do subsolo.

7.1 Descrição dos métodos geofísicos (ou indiretos)

Os métodos geofísicos constituem a Geofísica Aplicada, ciência que tem por objetivo procurar as estruturas geológicas que são ou podem ser favoráveis para a acumulação de petróleo, água subterrânea e depósitos de minérios, bem como definir os tipos de rochas e as estruturas geológicas presentes no subsolo, para fins de projetos de engenharia civil.

A pesquisa geofísica é feita observando-se na superfície do terreno ou mesmo no ar, por meio de instrumentos, *certos campos de força, que podem ser tanto naturais como produzidos artificialmente*. A existência de determinadas anomalias no campo de força sob investigação indica irregularidades relativas a certas propriedades físicas do material. Vale lembrar, porém, que não é possível identificar rochas e formações litológicas com base apenas em propriedades físicas. Juntam-se, aos dados geofísicos, informações geológicas.

7.1.1 Aplicação dos métodos geofísicos

Os campos de atividade que mais se utilizam da Geofísica Aplicada, em ordem de importância, são:

i) *exploração de petróleo*: principalmente por meio dos métodos gravimétricos e sísmicos;
ii) *prospecção de minérios*: por meio dos métodos elétricos, magnéticos e radioativos;
iii) *estudos para prospecção de água subterrânea e investigações em projeto de engenharia civil*: terceiro campo de aplicação, continuamente crescente, em que os métodos mais usados são os de resistividade (elétrica) e o sísmico.

7.1.2 Procedimento

A aplicabilidade dos métodos geofísicos depende de um certo número de requisitos, considerados fundamentais:

i) O objetivo da investigação geofísica é o estudo das diferentes propriedades físicas das rochas.
ii) Essas propriedades afetam, em diferentes graus, os campos de força naturais ou criados artificialmente (elétricos e magnéticos).
iii) O quanto esses campos de força são afetados depende do tamanho, da massa e do arranjo dos materiais do subsolo.
iv) Os dados obtidos nas leituras geofísicas são interpretados, e suas variações são referidas como anomalias, interpretadas em termos de prováveis estruturas geológicas.

Em resumo, o procedimento é o seguinte:

a) medir, na superfície do terreno, campos de força, de acordo com o método utilizado, com o objetivo de detectar anomalias nesses campos;
b) predizer a configuração dos materiais e das estruturas geológicas subterrâneas causadores das anomalias.

7.1.3 Fatores que afetam a precisão dos resultados dos métodos geofísicos

No Quadro 7.1 estão resumidos alguns fatores que interferem na precisão dos resultados dos métodos geofísicos. Uns aumentam e outros diminuem a precisão.

7.2 Descrição resumida dos métodos geofísicos

O Quadro 7.2 apresenta uma classificação dos métodos geofísicos de acordo com os campos de força e as propriedades físicas utilizados, bem como relaciona o campo de aplicação de cada método.

Quadro 7.1 Fatores favoráveis e desfavoráveis para a precisão dos resultados dos métodos geofísicos

Fatores favoráveis (tendem a aumentar a precisão)	Fatores desfavoráveis (tendem a diminuir a precisão)
1. Contrastes marcantes nas propriedades físicas das rochas e solos presentes. Ex.: aluvião recobrindo granitos. A velocidade da onda sísmica nos granitos é de 12.000 pés/s, ao passo que, nas aluviões, é de 2.500 pés/s	1. Pequena diferença entre as propriedades físicas das diferentes camadas do subsolo. Ex.: a resistividade em certos tálus (colúvios) é em torno de 60 ohm a 75 ohm, ao passo que, em folhelhos, é de 30 ohm a 50 ohm
2. Uniformidade e isotropia das formações geológicas. Ex.: arenitos e folhelhos. A interpretação é baseada supondo-se condições uniformes	2. Heterogeneidade vertical e lateral das camadas. Ex.: aluviões lenticulares. Condições não uniformes podem invalidar os resultados
3. Topografia da superfície relativamente uniforme, com encostas suaves	3. Topografia acidentada. Escarpas e vales profundos
4. Superfície horizontal do topo da camada	4. Superfície irregular do topo da camada

Quadro 7.2 Classificação dos métodos geofísicos

Métodos	Campos de força	Propriedades físicas	Campos principais de aplicação
gravimétricos	campo gravitacional terrestre	densidade	pesquisa de petróleo
magnéticos	campo magnético terrestre	suscetibilidade magnética	mineração
elétricos	a) campo elétrico natural b) campo elétrico artificial	a) condutividade elétrica b) condutividade ou resistividade elétrica	água subterrânea e engenharia civil
sísmicos	campo de vibração elástica	velocidade de propagação de ondas elásticas	petróleo e engenharia civil

7.2.1 Métodos gravimétricos

Dá-se o nome de prospecção gravimétrica ou gravimetria ao método de investigação das estruturas geológicas por meio do conhecimento dos pormenores do campo gravitacional de uma dada região ou local. Quando as estruturas geológicas apresentam irregularidades na distribuição lateral das densidades, criam-se distorções na forma da gravidade.

Em todos os levantamentos gravimétricos, é necessário conhecer as densidades dos corpos naturais. A densidade é uma propriedade característica da matéria e indica a quantidade de massa contida na unidade de volume. Nas rochas ígneas, a densidade depende essencialmente de sua composição mineralógica; quanto mais ricas em sílica, menos densas elas serão.

Na prática, a densidade das rochas ígneas varia de 2,30 a 3,40. Nas rochas metamórficas, a densidade varia entre 2,40 e 3,55, sendo os valores mais elevados os das rochas básicas, e os mais baixos, os das rochas mais silicosas e xistosas. Em relação às rochas sedimentares, vale assinalar que as de origem química apresentam densidades que variam pouco; no caso dos calcários e dolomitos, de 2,70 a 2,90. Nas rochas sedimentares clásticas, a variação é muito maior, pois a porosidade, o grau de cimentação e a compactação alteram profundamente o valor da densidade.

Campo gravitacional da Terra

O campo gravitacional da Terra varia de lugar para lugar. Seu valor depende dos seguintes fatores: *latitude, elevação, efeitos das marés* (efeitos lunissolares), *topografia ao redor* e *distribuição das densidades na crosta*. O interesse da prospecção gravimétrica reside justamente nesse último item.

Instrumentos de medição

As medidas de gravidade em prospecção geofísica são obtidas por meio de três tipos de instrumentos:

i] *Balança de torção*: utilizada pela primeira vez nos Estados Unidos em 1922, para a pesquisa do petróleo. Seu uso é muito reduzido hoje em dia.
ii] *Pêndulo*: utilizado mais intensamente após 1930, pela companhia Gulf Oil Corporation.
iii] *Gravímetro*: trata-se do mais moderno tipo de instrumento para medir a aceleração da gravidade, tendo sido utilizado pela primeira vez nos Estados Unidos em 1932, em investigação para petróleo.

Os gravímetros substituíram rapidamente a balança de torção e o pêndulo. Desde que foram inventados, sofreram aperfeiçoamentos que os tornaram mais precisos e mais portáteis. Neles, a aceleração da gravidade é determinada ao medir-se a força necessária para equilibrar uma massa suspensa.

Sempre que ocorrer uma variação na aceleração da gravidade, ocorrerá também uma aceleração no peso da massa suspensa. Essa alteração provoca um alongamento ou uma rotação do sistema, geralmente uma mola.

Os gravímetros são instrumentos de alta precisão. Como, muitas vezes, a anomalia procurada é tão somente de 1 a 2 mgal, é necessário que esses instrumentos tenham a precisão dessa ordem, isto é, uma parte em quase 1.000.000 da gravidade total da Terra.

Os modernos gravímetros podem alcançar a precisão de 0,1 mgal ou até mesmo de alguns centésimos de miligals.

Procedimento de campo

Antes de se empreender um levantamento gravimétrico, é necessário examinar vários problemas, tais como o espaçamento entre as estações, os meios de transporte, a precisão desejada dos resultados e o levantamento topográfico, além de muitos outros.

Exemplos de aplicação do método gravimétrico

i] *Domos salinos*

Os domos salinos geralmente fornecem anomalias negativas. Eles foram muito pesquisados no Golfo do México pelo método gravimétrico. A *rocha-capa*, por ser mais densa, às vezes produz um efeito gravitacional inverso na parte central da anomalia (Fig. 7.1).

ii] *Anticlinais*

Sobre os anticlinais, a anomalia gravimétrica é positiva. Como, em geral, as densidades das camadas sedimentares aumentam gradualmente com a profundidade, pelo mecanismo da compactação, nos anticlinais as camadas mais densas são levadas mais próximo à superfície (Fig. 7.2). Nos sinclinais ocorre o inverso.

iii] *Configuração do embasamento cristalino de bacias sedimentares*

Um levantamento gravimétrico levado a efeito no Jaguaré, na cidade de São Paulo, permitiu demonstrar a semelhança entre o perfil gravimétrico e a configuração topográfica do topo do embasamento cristalino naquela área.

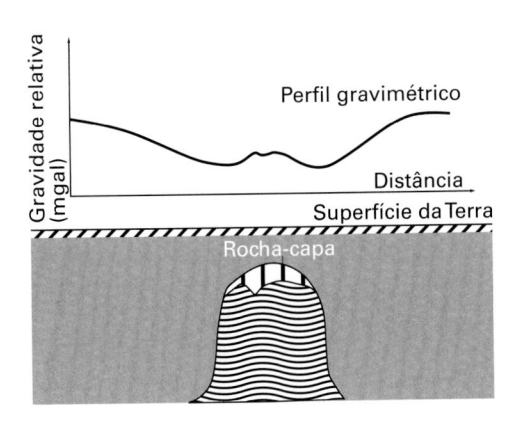

FIG. 7.1 Perfil gravimétrico transversal a um domo salino esquemático

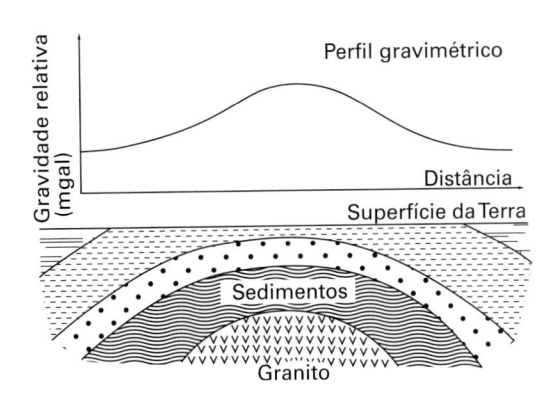

FIG. 7.2 Perfil gravimétrico perpendicular ao plano axial de um anticlinal

7.2.2 Métodos magnéticos

Os métodos magnéticos consistem basicamente na medição de anomalias do campo magnético terrestre e na sua interpretação em termos de estruturas geológicas prováveis.

O método magnetométrico apresenta muitos pontos de semelhança com o método gravimétrico. Ambos relacionam-se com mapas de forças naturais, regidos por leis fundamentalmente similares; dependem igualmente de propriedades intrínsecas das rochas: a *densidade*, na gravimetria, e a *suscetibilidade magnética*, na magnetometria. A principal diferença reside na ordem de grandeza das anomalias medidas: em gravimetria, a anomalia pode atingir 10^{-4} vezes o valor da gravidade normal; em magnetometria, o valor do campo anômalo pode superar o valor do campo normal. O método magnético é também mais complexo que o gravimétrico, por causa da natureza bipolar do campo magnético.

A unidade de campo magnético é o oersted, mas, em Geofísica, é frequente o uso do gauss, unidade numericamente equivalente ao oersted: 1 gama corresponde a 10^{-5} gauss.

A suscetibilidade magnética do vácuo é zero; consequentemente, $\mu = 1$.

Denominam-se paramagnéticos os materiais que apresentam K positivo, ou $\mu > 1$, e diamagnéticos os materiais que possuem K negativo, ou seja, $\mu < 1$.

Quando se considera o método magnetométrico, a suscetibilidade magnética é a propriedade física de maior importância dos minerais e das rochas. Ela expressa a facilidade com que os materiais se tornam magnetizados quando se encontram em um campo magnético. Rochas com valores de K mais elevados produzirão anomalias mais intensas no campo magnético terrestre. Não se está considerando aqui a contribuição, por vezes grande, do magnetismo residual das rochas, adquirido à época de sua formação (*paleomagnetismo*).

Os valores de suscetibilidades magnéticas para um mesmo grupo de rochas variam muito. As rochas respeitam a seguinte sequência de suscetibilidade magnética, em ordem decrescente:

- sedimentos;
- gnaisses, xistos, ardósias;
- granitos;
- básicas intrusivas;
- básicas extrusivas.

A Tab. 7.1 fornece os valores das suscetibilidades magnéticas das rochas e minerais mais comuns.

Tab. 7.1 Valores de suscetibilidades magnéticas

Material	K x 10^6 (unidades CGS)	Campo H (oersteds)
magnetita	300.000 - 800.000	0,6
pirrotita	125.000	0,5
ilmenita	135.000	1
dolomito	14	0,5
arenito	16,8	1
granito	28 - 2.700	1
gabro	68,1 - 2.370	1
basalto	680	1

Fonte: Dobrin (1952).

O magnetismo de muitas rochas pode ser atribuído ao seu teor de magnetita. Por exemplo, um granito contendo 1% de magnetita terá uma suscetibilidade igual a:

$K_{(granito)} = 0{,}01 \times 300.000 \times 10^{-6} = 3.000 \times 10^{-6}\,\mu\,CGS$

Magnetismo terrestre

A partir de 1600, a existência do campo magnético terrestre foi reconhecida por diversos observadores. Um trabalho exaustivo sobre esse campo de força foi feito por William Gilbert, que publicou os resultados de suas observações no livro *De magnete*, em 1600. Ele afirmava que o globo terrestre é um ímã gigante.

Para estudar as anomalias magnéticas causadas por estruturas pouco profundas, é necessário conhecer e subtrair as largas variações no campo magnético terrestre.

Descrição do campo magnético da Terra

De um modo muito generalizado, o campo magnético da Terra distribui-se como se fosse o campo de uma esfera magnetizada. Os polos norte e sul magnéticos da Terra localizam-se aproximadamente a 18° de latitude dos polos geográficos; não são diametralmente opostos, mas a linha que os une passa a cerca de 1.200 km do centro da Terra. As linhas de força dispõem-se como ao redor de uma esfera magnetizada.

O campo magnético terrestre apresenta variações complexas e irregulares em latitude, em longitude e também no tempo.

Mapas magnéticos

As irregularidades no campo magnético da Terra são bem evidenciadas nos mapas magnéticos, dos quais há três tipos: mapas isogônicos (mapa de contorno de igual declinação magnética), mapas de isóclinas (linhas de igual inclinação magnética) e mapas de isodinâmicas (linhas de igual componente vertical ou horizontal).

A variação do campo magnético terrestre com o tempo é muito pronunciada. Distinguem-se variações seculares, diurnas e tempestades magnéticas.

Exemplo de aplicação do método magnético

A elaboração de perfis magnetométricos em área, por exemplo, com minério de ferro ou presença de rocha magmática básica demonstra claramente a presença tanto do minério de ferro como da rocha básica (Fig. 7.3).

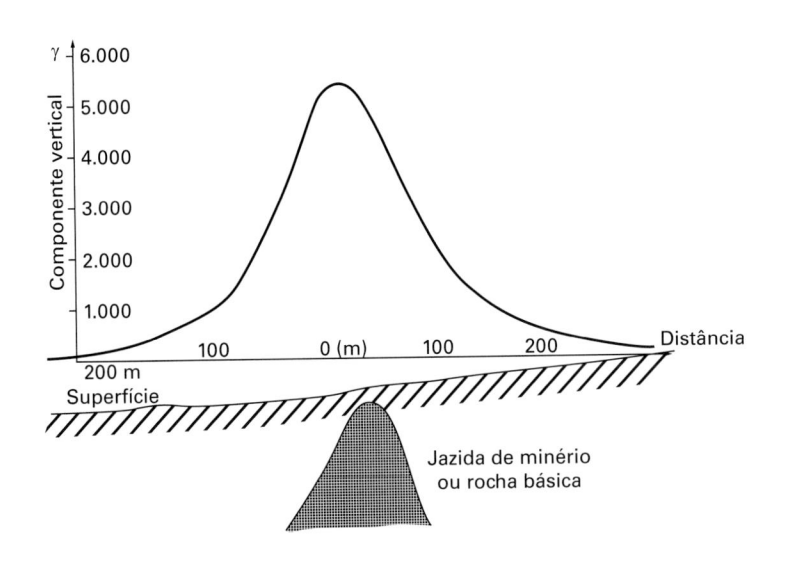

FIG. 7.3 Determinação de uma jazida/rocha básica por levantamento magnetométrico

7.2.3 Métodos elétricos

A maioria dos métodos elétricos de exploração enquadra-se nas diferenças em resistividade ou condutividade elétrica dos materiais do subsolo.

Os métodos elétricos baseiam-se no fato de as rochas e os minerais possuírem diferentes condutividades elétricas. Alguns métodos se utilizam de *campos elétricos naturais* como fonte de energia; outros, de *campos elétricos artificiais* aplicados à terra. Nesse caso, os campos podem ser produzidos por correntes contínuas ou alternadas.

Os métodos elétricos baseiam-se, portanto, nas condições elétricas encontradas no subsolo. Sabemos que o grau de resistência oferecido por um determinado material à passagem da corrente elétrica é conhecido como resistividade desse material, e a facilidade relativa de um fluxo elétrico atravessar um condutor é denominada *condutividade relativa*. No subsolo, inexiste a condição de condutividade ou resistividade elétrica uniforme, uma vez que as rochas diferem muito em relação a essa propriedade.

De modo geral, a *condutividade* de uma rocha depende do seu conteúdo de água intersticial e da quantidade de sais solúveis. Assim, as rochas secas, a água doce etc. são más condutoras.

A Tab. 7.2 apresenta valores usuais da resistividade das rochas.

Tab. 7.2 Valores usuais da resistividade das rochas

Tipo de rocha/água	Resistividade (ohm · m)
rochas magmáticas não alteradas	300 - 2.000
arenitos, quartzitos	300 - 1.500
xistos	50 - 500
calcários	80 - 300
arenito argiloso	15 - 120
argilas	0,5 - 30
água de rio	20 - 60
água de mar	0,18 - 0,24
areias e cascalhos não argilosos e aquíferos	4 a 12 vezes a resistividade da água

O parâmetro *resistividade* varia entre largos limites. As argilas possuem algumas dezenas de ohm · m; as rochas compactas, alguns milhares; as rochas alteradas, algumas centenas; os calcários, uma centena; e os aluviões, de 80 a 800 ohm · m.

As rochas, na maioria dos casos, são más condutoras. As argilas, por exemplo, que são relativamente condutoras, são 1.000 vezes menos condutoras que a pirita maciça e 100.000 vezes menos condutoras que os metais usuais.

A condutibilidade das rochas depende de diversos fatores, como, por exemplo:

a) porosidade: $p = \dfrac{\text{volume de vazios (poros e fissuras)}}{\text{volume da rocha}}$

b) teor em água: $\dfrac{\text{volume das cavidades preenchidas de água}}{\text{volume da rocha}}$

c) salinidade da água contida nos poros da rocha.

Esses fatores chegam a ser mais importantes que a própria composição mineralógica.

Tipos de métodos elétricos

Os métodos elétricos têm larga aplicação na investigação geológica de subsuperfície, estudando a distribuição interna das correntes elétricas por meio de medidas efetuadas na superfície do terreno.

As correntes circulantes podem ser *naturais* ou *artificiais*, dos tipos contínuos, alternados, alta, média e baixa frequência, audível e de rádio. O estudo da distribuição dessas correntes só pode ser feito indiretamente, por meio da medição dos campos de força por elas criados. A variedade de campos e o grande número de procedimentos empregados para medi-los tornam os métodos elétricos os mais diversificados dos métodos geofísicos (Quadro 7.3).

Quadro 7.3 Classificação dos métodos elétricos

Modo de aplicação da energia	Método
correntes naturais (C.C.)	- da polarização espontânea
correntes artificiais (C.A. ou C.C.)	- das linhas equipotenciais - do perfil de potencial (QQP) - da resistividade
campo eletromagnético (somente C.A.)	- galvânico - indutivo

O método de eletrorresistividade

i) *Conceitos fundamentais*

O método da eletrorresistividade consiste, essencialmente, em determinar a diferença de potencial elétrico entre dois eletrodos centrais chamados *eletrodos de potencial*, conhecendo-se a intensidade de corrente aplicada ao terreno por dois eletrodos laterais denominados *eletrodos de corrente*. O produto da resistência elétrica do terreno, calculada pela Lei de Ohm, por uma constante geométrica que depende apenas da posição dos eletrodos permite obter uma grandeza denominada *resistividade aparente*.

Conforme esquematizado na Fig. 7.4, a corrente elétrica I emitida por G passa a circular entre os eletrodos de corrente A e B, sendo medida sua intensidade pelo miliamperímetro mA. Ao redor de A e B formam-se campos elétricos, cujos equipotenciais são normais às linhas de corrente. A diferença de potencial $V_M - V_N$ é medida pelo milivoltímetro mV, ligado aos eletrodos de potencial M e N.

O conceito de resistividade aparente é o mais importante no método de eletrorresistividade. Para camadas estratificadas que possuem comportamento elétrico anisotrópico, fala-se em resistividade longitudinal ρ_l e resistividade transversal ρ_t, conforme se considere a propagação elétrica ao longo dos planos de estratificação ou na direção normal à estratificação.

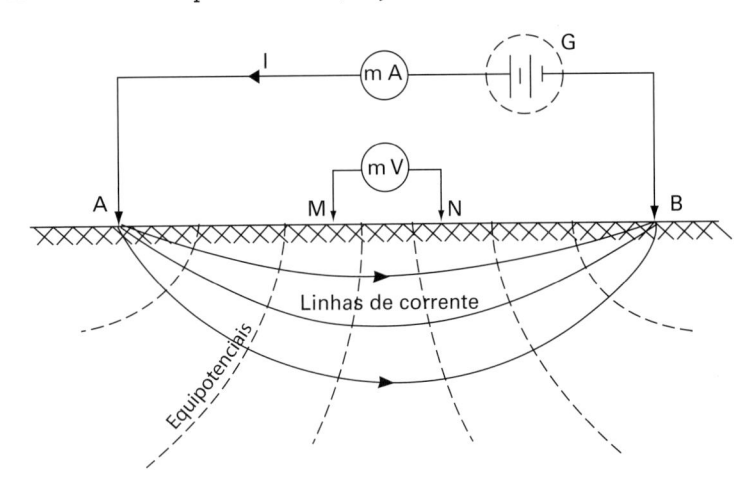

FIG. 7.4 Princípio do método de eletrorresistividade

Para cada direção considerada, existirá um valor ρ_a, compreendido entre o valor máximo ρ_t e o valor mínimo ρ_l.

Para camadas isotrópicas e homogêneas, só haverá um valor:

$$\rho = \rho_a = \rho_t = \rho_l$$

A resistividade aparente ρ_a é geralmente expressa em ohm • cm, ohm • m ou ohm • m²/m, e em cada formação varia por influência de diversos fatores:

- composição mineralógica da rocha ou solo;
- estruturas e heterogeneidade da rocha;
- porcentagem de água;
- porcentagem de sais dissolvidos;
- grau de alteração da rocha;
- grau de compactação do solo;
- porosidade e permeabilidade.

ii] *Principais procedimentos e arranjos do método*

A Fig. 7.5 resume os resultados de um programa de sondagens geoelétricas realizado para a construção do pátio de estacionamento dos trens do Metrô em Itaquera, extremo leste da cidade de São Paulo. O objetivo era determinar a profundidade da rocha sã para definir se a escavação ocorreria também em rocha.

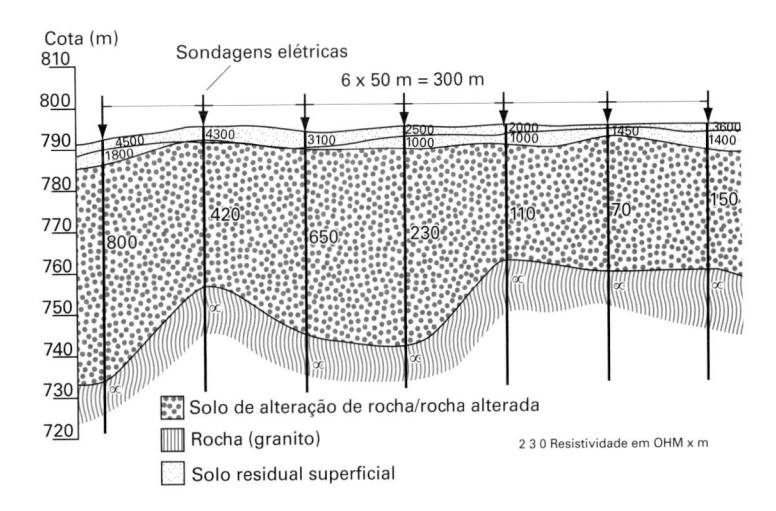

FIG. 7.5 Perfil geoelétrico
Fonte: Metrô/IPT.

Os procedimentos mais utilizados são a "sondagem elétrica" e o "perfil de resistividade".

Na sondagem elétrica, procede-se às medições no centro do arranjo, que é a estação de observação, à medida que se aumenta o espaçamento entre os eletrodos. A profundidade investigada é função desse espaçamento.

No perfil de resistividade, conserva-se o espaçamento entre os eletrodos, sendo o arranjo movido de estação a estação. Em cada estação ou local de leitura, mede-se a resistividade para uma profundidade praticamente constante.

Conforme representado na Fig. 7.6, existem os arranjos Wenner e Schlumberger, que utilizam quatro eletrodos em linha, dispostos simetricamente em relação a um ponto que é o centro de observação elétrica. Em ambos os casos, ao aumentar-se a distância entre os eletrodos, aumenta-se a profundidade de investigação. No arranjo Wenner, os quatro eletrodos mantêm-se equidistantes; no arranjo Schlumberger, os eletrodos laterais se deslocam e os centrais permanecem muito próximos do centro.

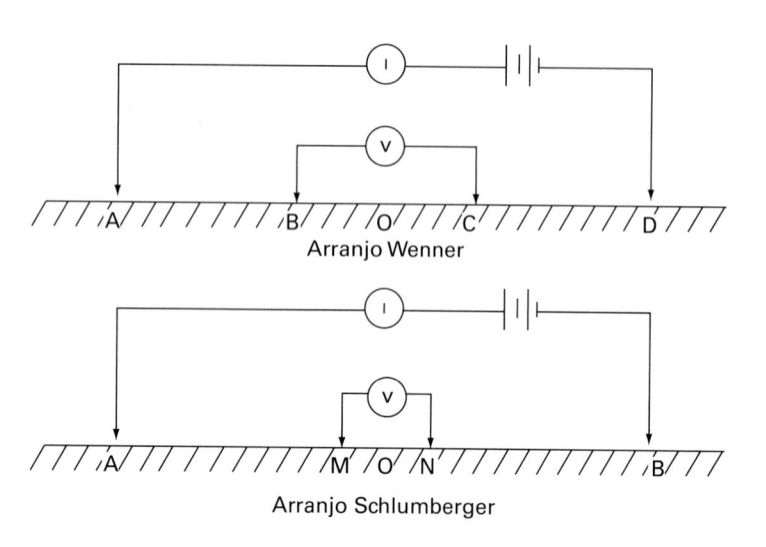

FIG. 7.6 Arranjos usados em eletrorresistividade

iii] *Utilização e limitações do método da eletrorresistividade*

O método tem larga aplicabilidade nos campos de Engenharia Civil, Hidrologia e Mineração. Suas aplicações mais importantes são:
- estudo geológico de traçados rodoviários e ferroviários;
- resolução de problemas estratigráficos e estruturais;
- determinação da espessura e profundidade de aluviões aquíferas;
- pesquisas de áreas de material de empréstimo;
- determinação da espessura de solo em pedreiras;
- prospecção de corpos de minérios;
- problemas de fundações em geral;
- determinação do contato água doce-água salgada em zonas de praia.

A condição essencial para que uma camada seja detectada pelo método da eletrorresistividade é que ela possua espessura considerável e bom contraste de resistividade em relação às camadas vizinhas.

Para serem detectadas, as camadas devem possuir espessuras crescendo em progressão geométrica com o aumento da profundidade, em razão das características próprias dos gráficos bilogaritmos onde são plotados os dados de campo e construídas as curvas de resistividade aparente. Assim, as camadas delgadas superficiais podem ser detalhadas, enquanto camadas profundas relativamente mais espessas podem não ser detectadas.

Sucessões de camadas de resistividade sempre crescentes ou sempre decrescentes não são favoráveis à aplicação do método.

Camadas finas, eletricamente resistentes, colocadas entre camadas condutoras, mesmo apresentando bom contraste de resistividade, podem não ser detectadas, dependendo da sua profundidade. O mesmo ocorre para uma camada condutora delgada entre camadas eletricamente resistentes.

Em regiões estratificadas horizontalmente, em que a anisotropia elétrica das camadas aumenta progressivamente, um estrato espesso e resistente abaixo dessas camadas, se ocorrer, bloqueará a passagem da corrente elétrica. Nesse caso, o método determinará apenas o topo desse estrato, não penetrando até a sua base.

A precisão dos resultados de um levantamento elétrico dependerá da qualidade dos dados geológicos de superfície e subsuperfície de que se disponha para correlacionar às medições efetuadas.

O método de eletrorresistividade, como qualquer método geofísico, não prescinde do apoio da geologia nem elimina a necessidade de sondagens dos tipos percussão e rotativa. Deve-se tê-lo como um auxiliar eficaz e econômico na resolução de problemas específicos, permitindo reduzir bastante o número de sondagens diretas, mais caras e demoradas.

7.2.4 Métodos sísmicos

O desenvolvimento desses métodos começou em 1761 com Mitchell, que achava que as ondas sísmicas caminham através da Terra como ondas elásticas. Ele tentou determinar, por meio de gráfico tempo x distância, o local de origem de terremotos. Na guerra de 1914-1918, os ingleses desenvolveram métodos baseados na propagação de ondas elásticas no ar, e os alemães, métodos baseados na propagação na terra, na tentativa de localizar os grandes canhões. Em 1923, o método foi aprimorado por Mintrop, e teve início a pesquisa de petróleo no Texas (EUA).

Os métodos sísmicos são amplamente empregados na investigação de estruturas subterrâneas (dobras-falhas), nos projetos de barragens, estradas etc., e utilizam duas características importantes das formações rochosas:

i) a velocidade de propagação de ondas elásticas varia de acordo com o tipo de rocha e depende das propriedades elásticas do material (Tab. 7.3);
ii) os limites (contatos) que separam tipos diferentes de rochas refletem e refratam parte da energia das ondas elásticas. A velocidade de propagação das ondas elásticas é afetada por certos fatores, de acordo com a litologia estudada, ou seja, com a origem da rocha. Por exemplo:

Tab. 7.3 Velocidade de propagação das ondas elásticas em algumas rochas

aluvião	300 a 700 m/s
arenitos	2.300 a 3.500 m/s
granito	3.500 a 4.500 m/s

a) *em rocha magmática*: a velocidade decresce com o aumento em sílica na rocha, razão pela qual a velocidade em granitos é menor do que em basaltos;
b) *em rocha sedimentar*: a porosidade e o grau de decomposição diminuem a velocidade; a compactação e a cimentação aumentam a velocidade; sedimentos elásticos (arenitos, conglomerados) têm velocidade menor do que sedimentos químicos (calcário);

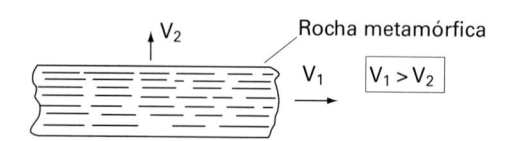

FIG. 7.7 Variação da velocidade em rochas metamórficas

c] *em rocha metamórfica*: apresenta o fenômeno da anisotropia elástica, em que a velocidade de propagação não é a mesma em todas as direções; a velocidade é maior na direção da xistosidade (Fig. 7.7).

Instrumentação utilizada

O método sísmico tem o seguinte desenvolvimento: criação de uma fonte de ondas elásticas por meio de explosões ou choques mecânicos. Essas ondas se propagam através das rochas até sofrerem reflexão e refração num horizonte que separa dois tipos de rocha. As ondas voltam em sentido contrário até a superfície do solo. As ondas sísmicas podem ser comparadas, em muitos aspectos, às ondas luminosas, pois sofrem propagação, reflexão e refração.

Os instrumentos empregados no método sísmico são, resumidamente (Fig. 7.8):

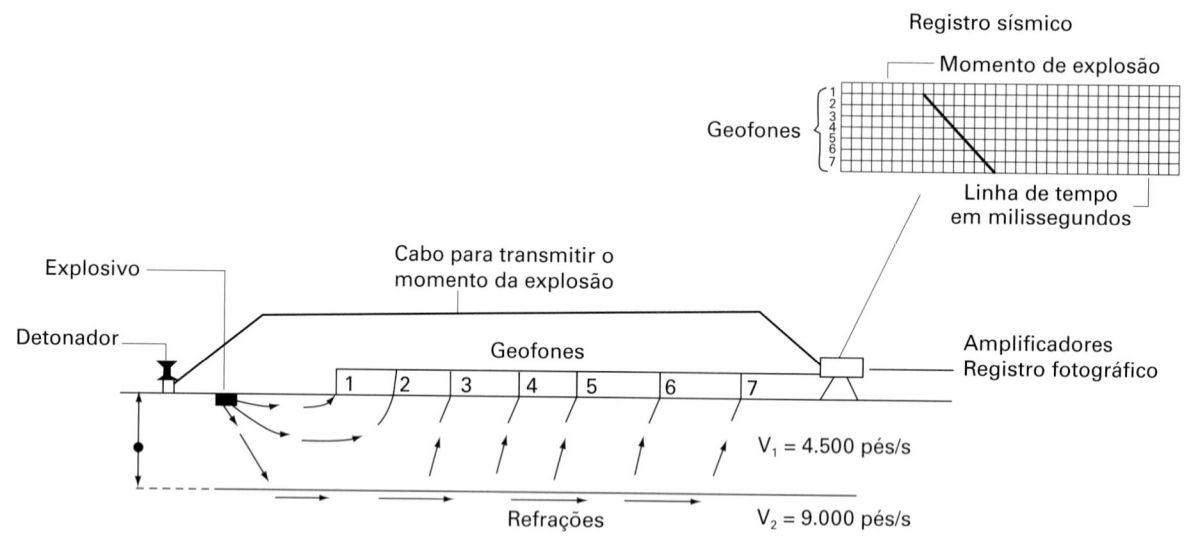

FIG. 7.8 Princípio do método sísmico

a] *geofone*: é um pequeno dispositivo de 10 cm de comprimento e 5 cm de diâmetro, destinado a transformar a energia mecânica refletida no subsolo em energia elétrica;

b] *amplificador eletrônico*: é destinado a ampliar as fracas correntes elétricas geradas pelos geofones;

c] *câmara com papel fotográfico*: tem o objetivo de registrar as correntes elétricas amplificadas. Uma faixa de papel supersensível desfila diante de um raio luminoso, e as ondas são registradas.

Os métodos sísmicos são de dois tipos e variam ligeiramente segundo o princípio utilizado, ou seja, de reflexão ou de refração das ondas elásticas. As diferenças fundamentais entre os dois princípios estão resumidas na Tab. 7.4.

A Fig. 7.9 registra a investigação sísmica pelo método de reflexão no momento das explosões que vão gerar as ondas de propagação no subsolo.

Tab. 7.4 Diferenças entre reflexão e refração das ondas elásticas

	Reflexão	Refração
número de furos	7	1
profundidade de carga	18 m	18 m
carga de dinamite	6 kg/furo	60 kg/furo
objetivo	determinar as diferentes camadas presentes	determinar a posição do embasamento cristalino
distância da explosão ao geofone	50 m - 360 m	1.000 m - 2.000 m

FIG. 7.9 Investigação sísmica: momento da explosão das cargas. Notar o caminhão com todos os equipamentos de registro (Bahia)

7.3 Descrição dos métodos diretos

Os métodos diretos de investigação são aqueles que se utilizam da extração de amostras dos materiais existentes no subsolo.

7.3.1 Objetivos

Os objetivos dos métodos diretos de investigação do subsolo são vários:

i] *Mapeamento geológico do subsolo*

A coleta de amostras de rochas permite a classificação dos diferentes tipos de rochas situados abaixo da superfície, possibilitando a *definição da litologia* (tipos de rochas) e dos *elementos estruturais* (posição das camadas: horizontais, inclinadas, verticais, dobradas etc.; linhas de fraturas e falhas etc.).

ii] *Extração de matérias-primas*

Determinadas substâncias minerais de importância vital para o homem são retiradas por meio de furos de sondagens. Os exemplos mais comuns são a obtenção de água subterrânea para a indústria e a agricultura; a extração de petróleo e gás natural, enxofre (Golfo do México), sais solúveis de magnésio, potássio etc.

iii] *Outros fins*

Em rebaixamento do nível freático, ventilação de minas etc., são usadas sondagens, que fazem parte dos métodos diretos de investigação.

7.3.2 Tipos de métodos diretos

Os principais tipos de métodos diretos são:

i] *Manuais*
  a) poços;
  b) trincheiras;
  c) trado manual simples;
  d) sonda *empire*.

ii] *Mecânicos*
  a) sondagens a percussão;
  b) sondagem a jato d'água;
  c) sondagem rotativa com extração de testemunho;
  d) sondagem rotativa sem extração de testemunho.

Métodos manuais

i] *Abertura de poços e trincheiras*

Esses elementos permitem o exame das condições de fundações, dos locais prováveis para áreas de empréstimo ou pedreiras, nos casos em que as condições do manto de decomposição (solo) e da água subterrânea permitirem sua escavação.

Os *poços*, além de permitirem, por meio do exame ao longo de suas paredes, uma descrição detalhada das diversas camadas do subsolo, também permitem a coleta de amostras deformadas e indeformadas para a execução de ensaios de laboratório. A profundidade do poço é, muitas vezes, limitada pela presença do nível freático. No Brasil, esses poços são abertos manualmente, com o auxílio de pá, picareta, balde e sarrilho (Fig. 7.10). Deve-se fazer a descrição minuciosa das paredes do poço, bem como a coleta de amostras, toda vez que ocorrer mudanças nas características do material.

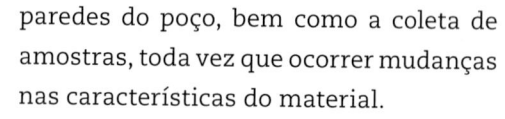

As *trincheiras* são usadas para se ter uma exposição contínua do subsolo, ao longo, por exemplo, da seção de uma barragem, de áreas de empréstimo, de locais para pedreiras etc. São relativamente rasas e se prestam melhor para topografia semiacidentada.

Usualmente as trincheiras são abertas por meio de escavadeiras. Os dados coletados e observados nas trincheiras são colocados em escala vertical, de modo a fornecerem o perfil geológico do local (Fig. 7.11).

FIG. 7.10 Início de escavação de um poço

ii] *Trados*

Representam o meio mais simples, rápido e econômico para as investigações preliminares das condições geológicas superficiais. Constam, essencialmente, de uma broca de 2½, 4 ou 6 polegadas de diâmetro, ligada a uma série de canos de 3/8 de polegadas de diâmetro e 2 m de comprimento, e terminando em forma de T (Fig. 7.12).

FIG. 7.11 Perfil geológico preliminar obtido

Esse método não funciona em zonas de materiais compactados ou endurecidos, ou quando o nível freático é atingido. Nesse caso, em camadas arenosas, ocorrem desabamentos das paredes do furo, e a broca pode ficar presa.

As amostras de sondagem a trado são coletadas a cada metro, à medida que o furo avança, anotando-se as profundidades em que ocorrem mudanças do material. O operador também deve reconhecer as diferentes camadas de solo.

As amostras são colocadas em sacos de lona com etiquetas indicativas do nome da obra, local, número do furo e profundidade de coleta. Quando for necessário determinar a umidade natural do solo, deverão ser coletadas amostras em vidro ou recipientes de plástico com tampas herméticas e seladas com parafina.

A descrição geológica das sondagens a trado deve ser feita logo após a sua conclusão, no próprio local, ao fim de cada dia, para evitar o ressecamento do material.

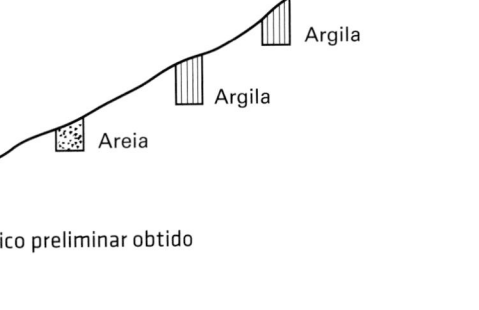

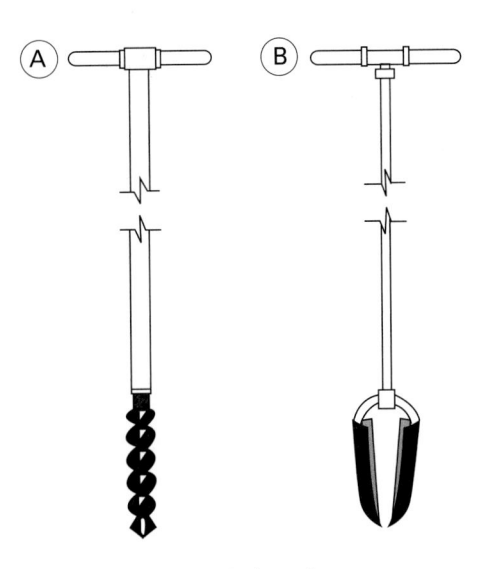

FIG. 7.12 Tipos usuais de trados: (A) helicoidal e (B) cavadeira

Os resultados de cada furo podem ser apresentados na forma de perfis individuais ou de tabelas, sendo o procedimento normalmente adotado para áreas de empréstimo. Em geral, nesse caso, indicam-se também os resultados dos ensaios de caracterização, executados em laboratório sobre as amostras coletadas.

As sondagens a trado também podem ser executadas mecanicamente. Os trados manuais atingem com facilidade 10 m de profundidade, podendo alcançar até 30 m. Para furos com mais de 5 m, a utilização de uma vara como suporte para apoio das hastes, quando retiradas do furo, facilita o trabalho.

A velocidade de avanço reduz-se consideravelmente com o aumento da profundidade. Furos de até 5 m podem ser feitos em menos de duas horas, ao passo que são necessários dois dias de trabalho para a perfuração de um furo com 25 m. A perfuração manual é feita com dois homens, que giram a barra horizontal de um T ligada a hastes verticais, em cuja extremidade encontra-se a broca (Fig. 7.13). A cada cinco ou seis rotações executadas, forçando-se o trado para baixo, é necessário retirar a broca para remover o material acumulado. Normalmente não se empregam tubos para revestimento de furos a trado.

FIG. 7.13 Sondagem a trado nas margens do rio Paraná (SP)

Os equipamentos necessários aos trados manuais são: hastes de ferro ou meio aço, de 1/2" ou 3/4", com roscas e luvas nas extremidades e extensões de 1, 2 e 3 m; brocas; barra para rotação e luva em T; duas chaves de grifo de 24"; sacos e vidros de amostra etc.

Existem vários tipos de brocas. Os mais comuns são: trado cavadeira e em espiral. Uma variante do trado cavadeira com pequena ponta em espiral é a de uso mais frequente e de maior rendimento. Os diâmetros variam de 1" a 20", usando-se normalmente 4".

A broca tipo cavadeira fornece grande quantidade de amostras, mas não recupera materiais inconsolidados. Nesse caso, podem ser adaptados amostradores com abertura lateral ou outros, utilizados em sondagens a percussão.

As sondagens a trado estão sujeitas a limitações que restringem bastante o seu uso. O trado não consegue atravessar as camadas de seixos, mesmo com espessura pequena, da ordem de 5 cm. Um matacão com diâmetro de 10 cm é suficiente para paralisar a sondagem. Esse tipo de sondagem não permite, ainda, a escavação abaixo do nível d'água, exceto tratando-se de material bem consolidado. No caso de areias inconsolidadas, mesmo acima do nível d'água, a progressão pode tornar-se difícil ou impossível, pela não recuperação do material escavado. Essas limitações, porém, não impedem o seu uso intenso em pesquisas de áreas de empréstimo de solos.

Métodos mecânicos

i] *Sondagem a percussão*

Para a execução de uma sondagem a percussão, é necessário apenas um tripé de metal ou madeira, um pequeno tanque para água (geralmente um tambor de 200 litros), tubos galvanizados de avanço e aço para o revestimento (Fig. 7.14).

O início dessa sondagem é feito através de um simples trado, até se encontrar o nível d'água. A partir desse ponto, surge a possibilidade de desmoronamento das paredes do furo, principalmente em solos arenosos. Dessa maneira, é cravado, por meio de batidas, através de um peso, um tubo de revestimento de aço com Ø interno de 2" ou 2 1/2".

É claro que o trado avança somente até certo ponto, ou seja, até onde a resistência do terreno permite. A partir desse ponto, a sondagem pode prosseguir pelo *método de lavagem*, que consiste em se colocar, dentro do tubo guia, um tubo de ⌀ menor (quando o guia é de 2", esse tubo tem 1") e fazer circular água por esse tubo. Assim, a água chega até o fim do furo através de orifícios existentes numa ferramenta cortante. O objetivo é diminuir a resistência do solo e fazer com que essa água, retornando entre o espaço dos dois tubos, carregue para cima as partículas de fragmentos cortados do solo.

Para o avanço da sondagem, os tubos internos são forçados manual e verticalmente pelos operários. Desse avanço não se obtém amostra do material atravessado. A amostragem do material atravessado é feita da seguinte maneira: troca-se a ferramenta de fundo por um amostrador cilíndrico, cravado no solo. A Fig. 7.15 esquematiza esse tipo de sondagem.

Em solos, sedimentos ou rochas poucos resistentes, o tipo de sondagem mais usual é a percussão, tanto na construção de edifícios como de barragens, pontes etc. A amostragem desses materiais é feita cravando-se um amostrador padrão, constituído por um tubo de diâmetro externo e interno de $1\frac{5}{8}$" e 1", respectivamente. A cravação é feita por meio de golpes de um peso de 65 kg caindo em queda livre de 75 cm (ver Fig. 7.15). Anota-se o número de golpes necessários para a penetração de cada 15 cm de amostrador, até a penetração total de 45 cm.

FIG. 7.14 Sondagem a percussão de barragem de Ilha Solteira, no rio Paraná (SP/MG)

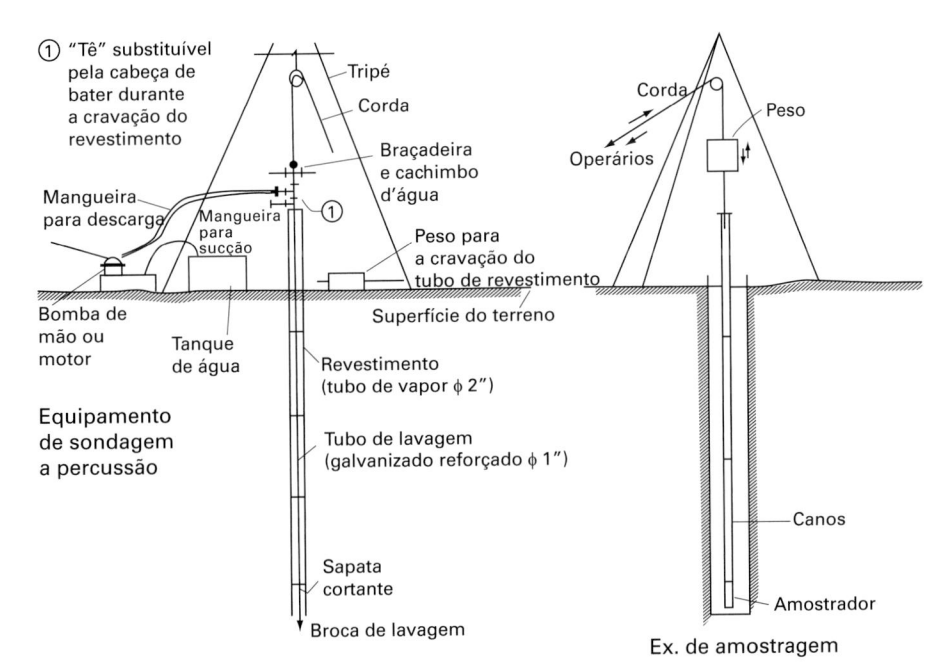

FIG. 7.15 Sondagem a percussão

As amostras são retiradas dos amostradores e submetidas a ensaios de laboratório. É norma a leitura do número de golpes para a cravação do amostrador, a fim de se obter o *índice de resistência à penetração*, que representa o número de golpes de um peso de 65 kg caindo a 75 cm de altura, necessários para aprofundar 45 cm no material perfurado.

Quando se anota a penetração apenas dos últimos 30 cm (após a penetração dos 15 cm iniciais), obtém-se o SPT (*Standard Penetration Test*). A Tab. 7.5 apresenta uma estimativa do estado do material e do número de golpes executados (SPT).

Os números relacionados na Tab. 7.5 não são absolutos, razão pela qual sempre é conveniente o exame e a correlação da amostra com o número de golpes assinalados.

Com base nos valores de resistência à penetração, podem-se estimar as pressões admissíveis do terreno para fins de fundações. A Tab. 7.6 mostra uma dessas correlações. Vale lembrar, porém, que ela está sujeita a discrepâncias, sendo dada apenas como exemplo orientativo.

Tab. 7.5 Sondagem a percussão com medição do SPT

Argila	SPT	Areia	SPT
muito mole	1	fofa	0-2
mole	2-3	pouco compacta	3-5
média	4-6	medianamente compacta	6-11
rija	7-11	compacta	12-24
dura	>11	muito compacta	>24

Tab. 7.6 Valores do SPT em diferentes situações de solos

Solo	Consistência	Comportamento qualitativo	SPT	Pressão admissível (kg/cm²)
Argilas	muito mole	escorre entre os dedos facilmente	–	–
Argilas	mole	deforma com pressão pequena dos dedos	< 4	< 1,0
Argilas	média	deforma com pressão média dos dedos	4 a 8	1,0 a 2,0
Argilas	rija	deforma com pressão considerável dos dedos	8 a 15	2,0 a 3,5
Argilas	dura	a pressão máxima dos dedos deixa apenas uma ligeira marca	> 15	> 3,5
Areias e siltes	**Compacidade**	a compacidade é de verificação qualitativa. Mais difícil do que a consistência das argilas		
Areias e siltes	fofa		< 5	1,0 a 1,5*
Areias e siltes	pouco compacta		5 a 10	1,0 a 3,0*
Areias e siltes	compacta		10 a 25	2,5 a 5,0*
Areias e siltes	muito compacta		> 25	> 5,0*

* varia com a granulometria

7.4 Métodos diretos para investigação de rochas

7.4.1 Sondagens rotativas

Constituem um dos mais importantes e eficazes meios para a exploração de subsuperfície. Essas sondagens permitem a extração de amostras das rochas de grandes profundidades.

A sonda rotativa (Fig. 7.16) consta de:

a] *motor*: elétrico, a gasolina ou a óleo, ligado a uma caixa de câmbio por um sistema de embreagem para mudanças de velocidade;

b] *cabeçote*: possui uma parte interna que recebe o movimento rotatório e, por um sistema de engrenagem, possui também um movimento de avanço longitudinal. O cabeçote faz um movimento completo de 180°, para imprimir o ângulo de perfuração;

c] *hastes*: tubos ocos de aço, presos acima do cabeçote em pedaços de 3 a 4 m, atarracháveis entre si; transmitem o movimento ao fundo do furo;

d] *barrilete*: tubo oco que se destina a receber o testemunho de sondagem (cilindro compacto da rocha perfurada). O barrilete é preso dentro da primeira haste a penetrar o solo e possui molas em bisel de vários tipos, para poder prender o testemunho quando de sua retirada;

e] *coroa alargadora*: peça cilíndrica, oca, cravada de diamantes, rosqueada na extremidade da primeira haste, e que serve para alargar o furo produzido pela coroa;

f] *coroa*: peça cilíndrica, oca ou não, cravada de diamantes, rosqueada à coroa alargadora que corta a rocha, permitindo o avanço;

g] *mangueiras de água*: são ligadas no sistema para a circulação da água que provém de uma bomba d'água;

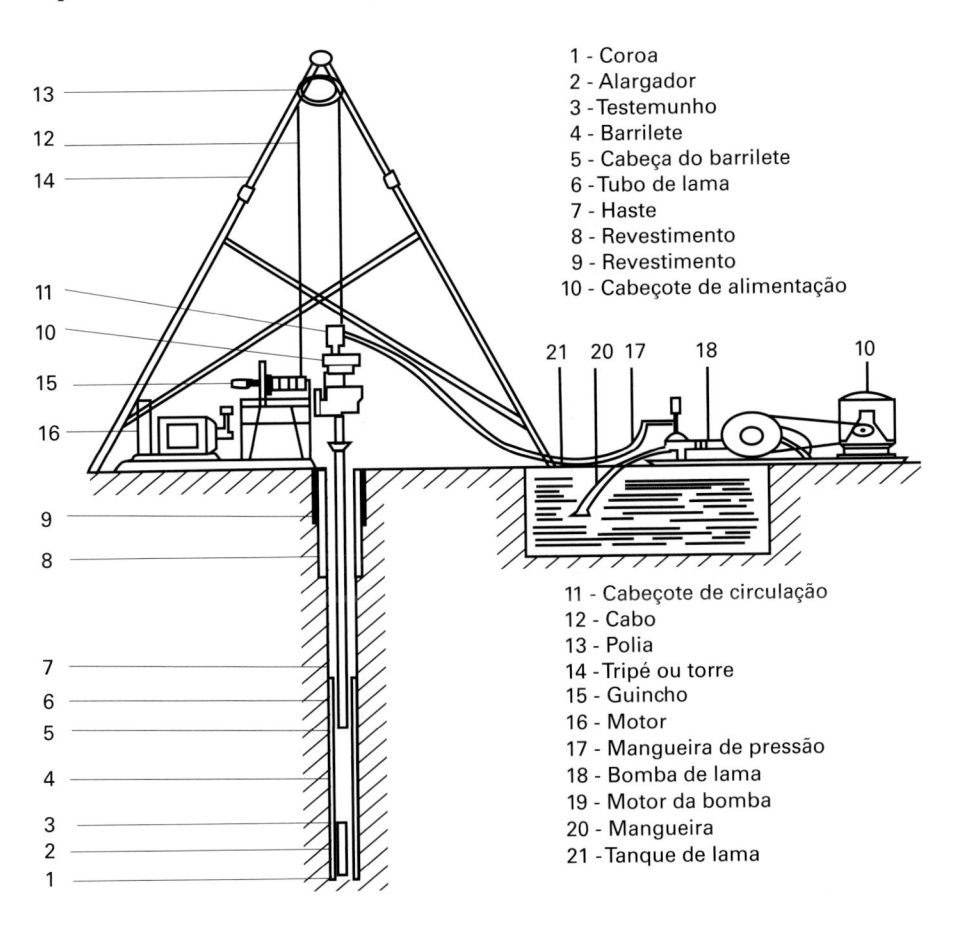

1 - Coroa
2 - Alargador
3 - Testemunho
4 - Barrilete
5 - Cabeça do barrilete
6 - Tubo de lama
7 - Haste
8 - Revestimento
9 - Revestimento
10 - Cabeçote de alimentação
11 - Cabeçote de circulação
12 - Cabo
13 - Polia
14 - Tripé ou torre
15 - Guincho
16 - Motor
17 - Mangueira de pressão
18 - Bomba de lama
19 - Motor da bomba
20 - Mangueira
21 - Tanque de lama

FIG. 7.16 Esquema de uma sonda rotativa

h) *bomba d'água*: consta de um motor para injetar, sob pressão, a água ou lama para dentro das hastes;
i) *tanques de água ou lama*: podem ser construídos num buraco escavado perto das instalações da sondagem, ou ligados a uma série de tambores de 200 litros de capacidade, periodicamente enchidos por um caminhão d'água.

A água sob pressão penetra por dentro das hastes, reflui em forma de lama entre as hastes e as paredes da rocha perfurada e é recolhida em uma calha destinada a recuperar a parte sólida, que normalmente consta de fragmentos da rocha cortada.

Completando o esquema geral de uma sonda, ainda existe uma torre metálica com um sistema de guinchos, para poder levantar o sistema de hastes quando se retira o barrilete para recolher o testemunho.

Há um certo tipo de sondagem rotativa chamado de sondagem *rotary*, que não permite a extração de testemunho. As hastes são giradas e comprimidas contra o fundo do furo sem o barrilete. As brocas não são em forma de anel, mas podem ter formas variadas e são dotadas de um furo para a passagem de água. A função da água é remover os detritos, esfriar a coroa e evitar o desmoronamento das paredes etc.

Grau de fraturamento e de decomposição das rochas

Nas sondagens rotativas, além da determinação dos tipos de rochas e de seus contatos e dos elementos estruturais presentes (xistosidades, falhas, fraturas, dobras etc.), é importante a determinação do estado da rocha, isto é, do seu grau de fraturamento e de alteração da decomposição.

O grau de fraturamento de uma rocha é representado pelo número de fraturas por metro linear em sondagens ou mesmo em paredes de escavação ao longo de uma dada direção.

Entende-se por *fratura* qualquer descontinuidade que, num maciço rochoso, separe blocos, com distribuição espacial caótica. As superfícies formadas pela fratura apresentam-se, via de regra, rugosas e irregulares. Por sua vez, entende-se por *diáclase* uma descontinuidade com distribuição espacial regular. As superfícies formadas por diáclase são, via de regra, relativamente planas, e tendem a formar sistemas, por exemplo, ortogonais etc.

Consideram-se logicamente apenas as fraturas originais, que não são provocadas pela própria perfuração ou escavação. Não são, por outro lado, consideradas as fraturas soldadas por materiais altamente coesivos.

A Tab. 7.7, sugerida pela ABGE, mostra os diferentes graus de fraturamento.

O grau de fraturamento também é dado de forma subjetiva e empírica, segundo a relação apresentada no Quadro 7.4.

Tab. 7.7 Graus de fraturamento

Estado da rocha	Número de fraturas por metro
ocasionalmente fraturada	1
pouco fraturada	1-5
medianamente fraturada	6-10
muito fraturada	11-20
extremamente fraturada	20
em fragmentos	torrões ou pedaços de diversos tamanhos

Quadro 7.4 Graus de alteração

Grau de alteração	Estado da rocha
são	não são percebidos sequer sinais de alteração
ligeiramente alterado	o material mostra "manchas" de alteração (p. ex., os feldspatos dos granitos)
medianamente alterado	as "faixas" de alteração igualam-se às de material são
muito alterado	o material toma aspecto pulverulento ou friável, fragmentando-se entre os dedos, podendo ser confundido com o "solo de alteração de rocha"

A Fig. 7.17 apresenta um exemplo de sondagem rotativa em balsa, realizada no rio Paraíba (SP), e as Figs. 7.18 e 7.19 mostram testemunhos/amostras de sondagens rotativas para o projeto e construção do Metrô de São Paulo.

A Fig. 7.18 mostra um exemplo de rocha maciça, sem fraturas, e a Fig. 7.19 exemplifica uma perfuração rotativa em rocha intensamente fraturada, que quase não permitiu a recuperação de amostras.

FIG. 7.17 Sondagem rotativa em balsa no rio Paraíba (SP)

FIG. 7.18 Caixa de testemunhos/amostras de sondagem rotativa. Notar a recuperação total indicando rocha maciça, sem fraturas

Equipamentos mais comuns para sondagem rotativa

Tipos de coroas

O "corpo" das coroas é sempre de aço, porém a parte cortante pode ser de diamante, aços especiais, carbeto de tungstênio, mista etc.

Quanto à forma, as coroas podem ser:
a] *ocas*, em forma de anel para permitir a entrada do testemunho no barrilete (Fig. 7.20A);
b] *compactas*, somente com a função de triturar, sem produzir o testemunho (Fig. 7.20B).

FIG. 7.19 Caixa de testemunhos/amostras de sondagem rotativa. Notar o alto estado de fragmentação

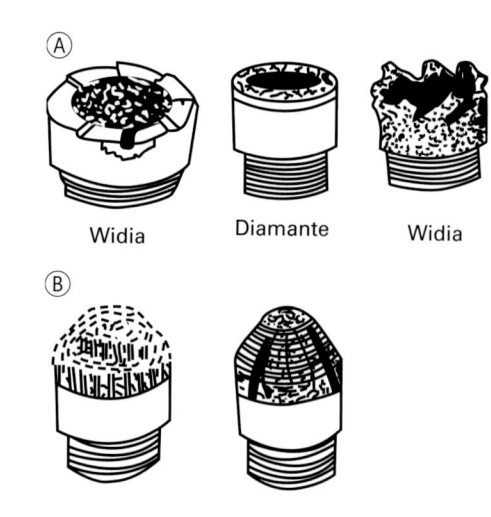

FIG. 7.20 Tipos de coroas: (A) com obtenção de testemunhos; (B) sem obtenção de testemunhos

Entre as coroas compactas, pode-se citar a coroa-piloto, comumente usada em rochas fraturadas ou de consistência muito variada, que possui um degrau na ponta e cuja perfuração faz um ângulo pequeno com o acamamento das rochas. Sua função é dirigir a perfuração, evitando desvios.

A coroa em forma de cauda de peixe tripla possui facas de carbeto de tungstênio e só tritura. A coroa tricone, utilizada para petróleo, possui três cones denteados com diâmetros diferentes, voltados para o centro da coroa.

As coroas a diamante classificam-se pelo seu diâmetro e pelo número de pedras por quilate. Diamantes grandes podem fraturar-se, dão maior desgaste e possuem menor número de arestas em relação a muitas pedras de tamanho pequeno.

Em rochas pouco abrasivas, usam-se coroas com pedras grandes. Para rochas resistentes com minério de ferro, usa-se um grande número de pedras pequenas (de 4 a 40 pedras por quilate).

Os diamantes podem ser restaurados pela adição de novas pedras aos lugares vazios ou pela mudança da posição de todas as pedras.

Quando um diamante se desprende da coroa no fundo do furo, há o perigo de desgastar as outras pedras. Para evitar esse problema, existem coroas impregnadas, que são fabricadas misturando-se pó de diamante e pó de ferro com ligas especiais, de modo que, no aquecimento, o ferro chegue a difundir-se parcialmente, fixando o pó de diamante.

Barriletes

Os barriletes classificam-se em simples, duplos e duplos livres. Os simples constam de um tubo cilíndrico oco, no qual o testemunho penetra e fica preso por molas em bisel. A água passa através do testemunho e sai por fora da coroa, e o barrilete gira juntamente com a haste. Há desgaste mecânico pelo giro do barrilete e desgaste mecânico e de dissolução pela água que passa através do testemunho.

Os duplos possuem dois tubos concêntricos, o que evita o desgaste pela água, mas mantém o desgaste mecânico, porque os dois tubos giram com a haste. Por sua vez, os barriletes duplos livres possuem dois tubos concêntricos com rolamentos de mancais que deixam parado o tubo interno que guarda o testemunho. Eles evitam todos os tipos de desgaste.

A Tab. 7.8 apresenta o diâmetro de coroas e hastes utilizadas nas sondagens rotativas.

Precauções nas operações de sondagem

Do contrato

O empreiteiro ganha por metro perfurado e, consequentemente, quer avançar o mais rápido

Tab. 7.8 Diâmetro de coroas e hastes

Coroas	interno	externo	Hastes	interno	externo
Ex	21,4 mm	37,7 mm	E	11,1 mm	33,3 mm
Ax	30,1 mm	48,0 mm	A	14,3 mm	41,3 mm
Bx	42,0 mm	60,0 mm	B	15,9 mm	48,4 mm
Nx	54,7 mm	75,7 mm	N	25,4 mm	60,3 mm

possível, sem se preocupar com o testemunho e a lama. Ao geólogo ou engenheiro não interessam as análises dos testemunhos e lamas e sua máxima recuperação. No entanto, deve-se estipular um mínimo de recuperação considerado aceitável.

Pressão e rotação das hastes

A grande pressão nas hastes pode provocar desgastes mais rápidos da coroa e desvio dos furos. Pressão pequena dará vida mais longa à coroa e menor desvio dos furos. O excesso de rotação provoca irregularidades do diâmetro, fazendo a coroa e o barrilete oscilarem, destruindo parcialmente o testemunho.

Pressão da lama

Excesso de pressão significa circulação muito rápida da lama, desgaste do testemunho, erosão das paredes e, consequentemente, seu desmoronamento. Falta de pressão significa má lubrificação e desgaste da coroa, e as partículas não são levadas para cima em trechos correspondentes. Alguns minutos de não funcionamento de água ou lama produzem muito aquecimento na coroa, o que pode levar ao desprendimento das pedras e ao desgaste de uma coroa nova que fosse introduzida.

Desvios dos furos

Todos os furos são planejados como linhas retas. Os furos verticais geralmente se aproximam das linhas retas. Furos inclinados e furos verticais que atravessam contatos geológicos sofrem desvios.

7.5 Registro dos dados de sondagem e apresentação

7.5.1 Tipos de registro

Pelo menos três tipos diferentes de registros para as sondagens rotativas devem ser efetuados em folhas especialmente confeccionadas para isso, a saber:

Folha de campo da sondagem a percussão e rotativa

É uma folha que registra o resultado, objeto da investigação. Tecnicamente é a mais importante. A folha de sondagem e os testemunhos devem definir o que seria o perfil individual do furo. Nessa folha indicam-se, pelo menos, o tipo de equipamento, os comprimentos das manobras e o tempo gasto; a recuperação (%) de testemunho correspondente a cada manobra; o número de fragmentos que compõem cada manobra (grau de fraturamento); a natureza do terreno atravessado (litologia, fraturas, zonas alteradas etc.); o nível d'água no início de cada dia de trabalho; o diâmetro da sondagem etc.

Folha de controle de brocas para sondagem rotativa

Cada coroa é acompanhada de uma folha de controle, na qual se registra o número de metros perfurados desde a coroa nova até o estado em que se torna necessária a recravação, especificando-se a natureza do material perfurado.

Os dados registrados devem revelar: incidência do material de corte no custo unitário de perfuração para cada tipo de rocha; anomalias na qualidade da broca, equipamento ou mesmo do operador; tipos adequados de brocas para cada formação.

Relatório diário da sondagem

É uma folha na qual se registram a produção e o tempo gasto pela equipe nas diversas operações e atividades de cada dia, bem como o gasto de materiais e combustíveis.

A folha de campo da sondagem é de interesse puramente técnico, ao passo que a folha de brocas e o relatório diário são de interesse econômico-administrativo da obra.

7.5.2 Apresentação final dos dados obtidos na investigação

Perfis individuais

Todos os dados colhidos na sondagem e no ensaio de perda d'água de um determinado furo podem ser resumidos em forma de perfil individual do furo. Além do perfil geológico, o desenho deve indicar o estado mecânico em que se encontram as rochas atravessadas, evidenciando as zonas críticas do maciço, recuperações baixas, zonas muito fraturadas e com altas perdas d'água etc.

Seções geológico-geotécnicas

Com base nos perfis individuais, traçam-se perfis geológico-geotécnicos. Esse tipo de apresentação permite uma visão de conjunto da região pesquisada.

Conclusões

No que se refere às aplicações da sondagem rotativa e a percussão para fins de Geologia de Engenharia, deve-se salientar a necessidade de desenvolver equipamentos mais eficientes, bem como mão de obra especializada. Outra carência que se observa no Brasil é a falta de padronização dos equipamentos e das especificações para a execução das sondagens, fatores muito importantes para trabalhos de correlação entre duas sondagens, principalmente quando executadas por empresas diferentes.

A Fig. 7.21 mostra um exemplo de perfil geológico completo de uma sondagem a percussão, com as cotas de cada camada, a posição do nível d'água, a resistência à penetração e os ensaios de granulometria, em termos percentuais.

Devemos destacar no perfil a importância do gráfico de resistência à penetração (SPT), principalmente para fins de escavação e fundação.

O perfil apresentado na Fig. 7.22 mostra a representação usual de uma sondagem rotativa. A descrição do material, as cotas dos limites entre as sondagens, a posição do nível d'água etc. são indicados como no perfil da sondagem a percussão. O gráfico indica a porcentagem de recuperação dos testemunhos (amostras) e é muito importante, pois revela o grau de alteração da rocha. Estão assinalados também os eventuais ensaios de perda d'água executados.

Quando se observa um perfil de sondagem rotativa, a porcentagem de recuperação pode fornecer a interpretação do estado de fraturamento da rocha mostrado no Quadro 7.5.

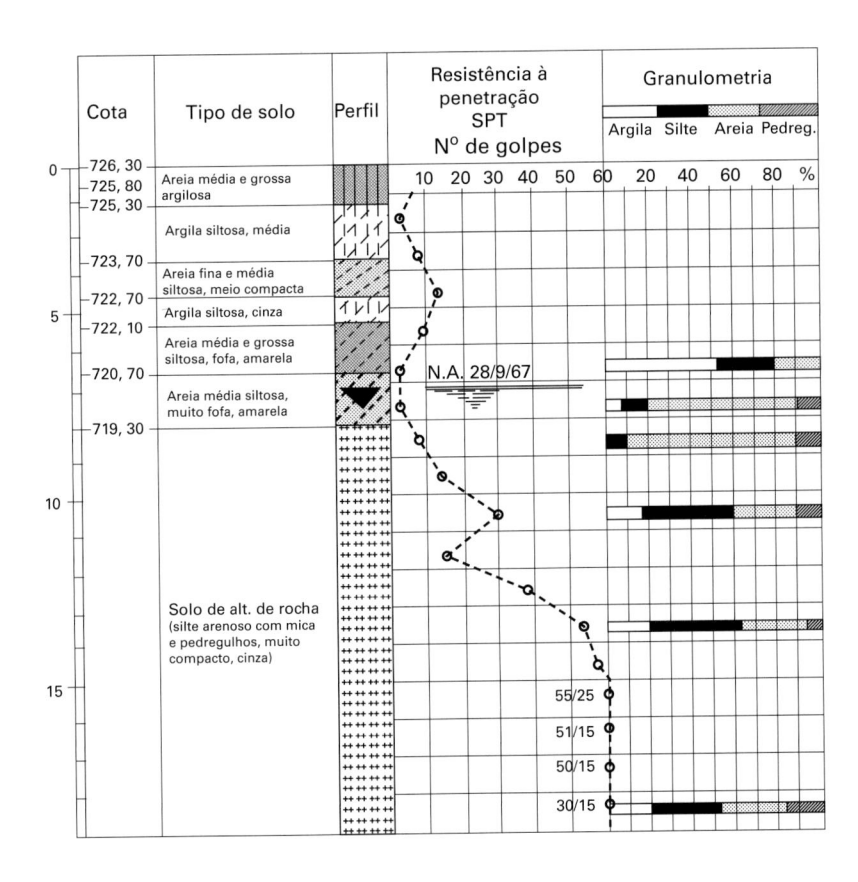

FIG. 7.21 Exemplo típico de perfil de sondagem a percussão (Metrô de São Paulo)

Entende-se por porcentagem de recuperação dos testemunhos ou amostras de uma sondagem rotativa a relação entre o número de metros perfurados numa determinada rocha e o número de metros de testemunhos recuperados ou amostrados. Assim, por exemplo, se ao se perfurar uma profundidade de 3 m foi possível a obtenção de apenas 2,5 m de amostras (testemunhos), dizemos que a porcentagem de recuperação foi de 83,3%. Sua determinação é por meio de uma simples regra de três.

Quadro 7.5 Recuperação de amostra x grau de fraturamento

Recuperação	Rocha
acima de 90%	sã a ligeiramente fraturada
75% - 90%	pouco ou ligeiramente fraturada
50% - 75%	medianamente fraturada
25% - 50%	bastante fraturada
abaixo de 25%	excessivamente fraturada (amostras fragmentadas)

7.6 Número e profundidade das sondagens

Uma das grandes preocupações nos trabalhos de investigação do subsolo por meio de sondagens é o seu número. Atualmente, graças à participação direta do geólogo, o "conceito de distribuição geométrica" adotado pelos engenheiros está sendo superado. Por esse conceito, distribuíam-se as sondagens ao longo de uma estrada, de um eixo de barragem ou túnel etc., espaçando-as geometricamente (p. ex., a cada 50 m, 100 m etc.).

Antes de programar o número de sondagens, é necessário estabelecer duas condições mínimas:
i] se a investigação é de caráter preliminar ou definitivo;
ii] reconhecer, antes da execução das sondagens, as condições geológicas da área, por meio de observações de superfície ou mapas geológicos existen-

tes. Em função desse comportamento, economizam-se grandes parcelas de tempo e dinheiro.

Um exemplo característico é o das investigações preliminares na barragem de Água Vermelha, localizada no rio Grande (Cachoeira dos Índios), na divisa de

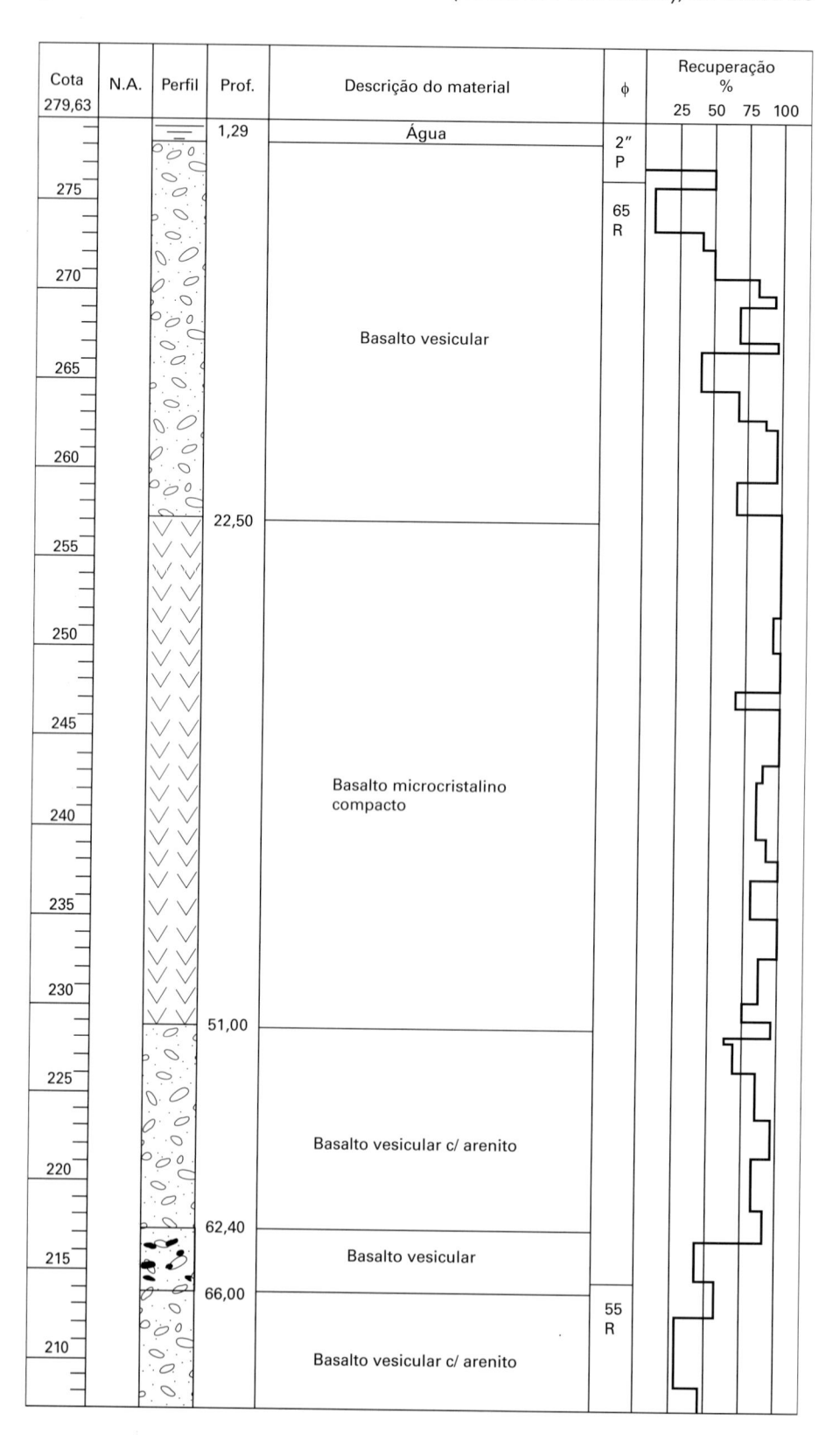

FIG. 7.22 Exemplo de sondagem rotativa (barragem de Ilha Solteira, rio Paraná, SP)

São Paulo e Minas Gerais. O projeto preliminar previu um eixo de barragem com cerca de 5.000 m de comprimento e altura máxima de 50 m. O reconhecimento superficial da área mostrou a ocorrência de basalto maciço no leito do rio. Logo acima, na margem esquerda, apareciam blocos de basalto vesicular. Um pouco a montante do eixo, uma elevação na margem esquerda mostrava basalto vesicular no seu topo e, um pouco mais embaixo, basalto maciço.

No perfil esquemático mostrado na Fig. 7.23 estão representados os dados do reconhecimento de superfície, o que seria a Fase I dos estudos. Para a Fase II (Fig. 7.24), foram previstas sete sondagens preliminares, com profundidade estimada para alcançar os limites entre as camadas, principalmente entre os tipos de basaltos.

Na Fase II, o exemplo da barragem de Água Vermelha mostra como o reconhecimento preliminar do local auxilia na locação das sondagens e na sua profundidade. Nesse caso, cada sondagem foi feita de modo que uma recobrisse a outra em profundidade, sem se perder, assim, nenhum dos contatos entre as camadas.

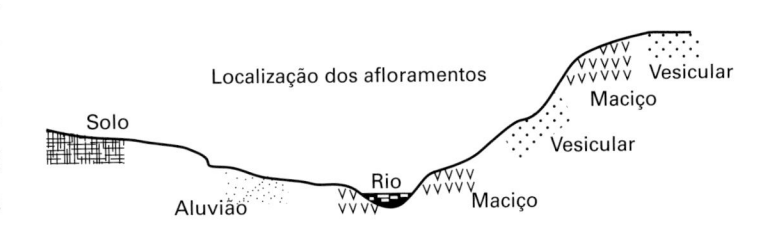

FIG. 7.23 Fase I – Reconhecimento geológico de superfície

No esquema da Fig. 7.24, estão assinaladas as sondagens preliminares, em número de sete. É claro que uma investigação de detalhe concentrou, posteriormente, mais sondagens no leito do rio, cujo número dependeu principalmente do grau de alteração e de fraturamento da rocha existente. Essa fase chega a exigir dezenas e até centenas de sondagens.

Quando o subsolo na área do projeto é de constituição relativamente uniforme, sondagens poderão ter um espaçamento relativamente constante entre si. Um exemplo típico é a grande área arenosa existente na região norte e noroeste do Estado de São Paulo, onde o solo residual e a rocha, representados pelo arenito Bauru, são relativamente uniformes. Um projeto de uma estrada nessa região poderia adotar, inicialmente, uma série de sondagens distanciadas, por exemplo, de 50 m. O mesmo não pode ser aplicado na região da Serra do Mar (p. ex., no projeto da Rodovia dos Imigrantes), onde, além da grande variação litológica (granitos, gnaisses, xistos, quartzitos), existe a variação estrutural (dobras, falhas, fraturas, xistosidade). Nesse caso, é imprescindível, antes da execução da son-

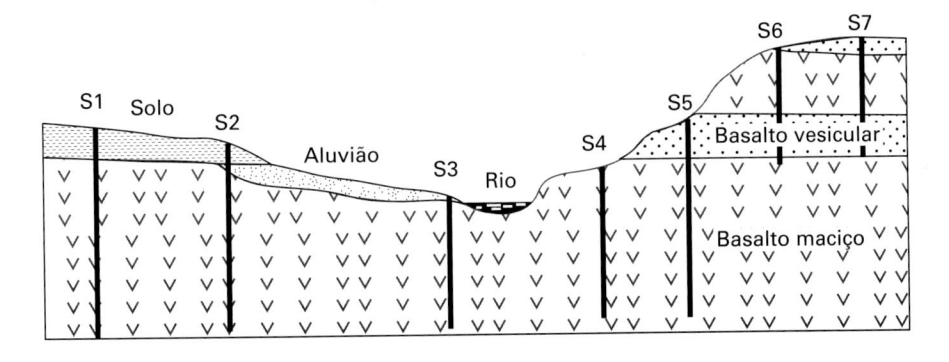

FIG. 7.24 Fase II – Execução de sondagens preliminares

dagem, o reconhecimento geológico detalhado de superfície, e é em função dos seus resultados que serão localizadas as sondagens.

Com relação à profundidade das sondagens, é evidente que, inicialmente, deve-se considerar o porte da estrutura ou da obra a ser construída. De modo geral, para escavações, fundações, eixos de barragens, túneis e pontes, a profundidade das sondagens poderá ser de apenas 5 m a 10 m abaixo das cotas de fundação ou escavação, em áreas geologicamente homogêneas. Mesmo nesse caso, recomenda-se a intercalação de algumas sondagens com maior profundidade.

Em terrenos inclinados, deve-se usar o critério de uma sondagem a recobrir a outra, em profundidade (como na barragem de Água Vermelha).

Como exemplo de programa de investigação geotécnica para barragens, resumiremos aqui o caso de Três Marias, localizada no rio São Francisco. Trata-se de uma barragem de terra, com altura máxima de 65 m e extensão de 2.700 m. A investigação teve três fases, indicadas na Tab. 7.9.

Tab. 7.9 Investigação geotécnica para a barragem de Três Marias

Fase	Sondagens		Poços	
	N°	Metros perfurados	N°	Metros escavados
Preliminar - 1954	32	1.072	–	–
Detalhe - 1955	16	448	19	119
Detalhe - 1957	79	2.277	43	848
	8	78		
	20	125		
Total	155	4.000	62	967

- A geologia local é constituída por rochas da série Bambuí. O local da barragem é de topografia assimétrica.
- A rocha predominante é o siltito, ocorrendo também arenito siltoso. Ambas sofreram metamorfismo.
- A posição estrutural das rochas é próxima da horizontal, e foram definidos três grupos de fraturas verticais.
- Na margem esquerda ocorrem depósitos fluviais de idade terciária e quaternária, constituídos de areias, cascalhos e argilas.
- Os problemas geotécnicos básicos dessa barragem foram a decomposição intensa da rocha em certos pontos (até 45 m de profundidade) e o grau de fraturamento.
- Os problemas de fundação relacionavam-se com a estanqueidade na margem direita e o fraturamento no leito do rio. Para a estanqueidade, optou-se por uma trincheira de vedação, e, para o leito do rio, injeções. A Fig. 7.25 mostra o perfil geológico da barragem, segundo O. M. Areas.

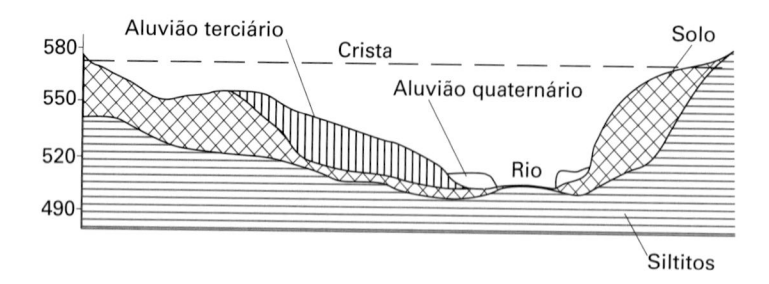

FIG. 7.25 Perfil geológico da barragem de Três Marias segundo O. M. Areas

Para edifícios, o número de sondagens deve ser de, no mínimo, três, e a sua disposição em planta não deverá ser segundo uma reta, pois assim se pode determinar um plano e averiguar a existência ou não de camadas inclinadas. Uma exceção é feita para terrenos estreitos e pequenas estruturas, onde são executadas duas sondagens diagonalmente.

A distância entre as sondagens é variável e depende das condições geológicas locais. As normas brasileiras recomendam, para edifícios (Fig. 7.26):

- área de 200 m² a 1.200 m²: uma sondagem/200 m²;
- área de 1.200 m² a 2.400 m²: uma sondagem/400m²;
- área acima de 2.400 m²: critérios particulares.

Elas indicam também que o número mínimo de furos será de dois para um terreno de 200 m² a 400 m².

Tomemos como exemplo de número, espaçamento e profundidade de sondagens as investigações utilizadas para o projeto e construção da primeira linha do Metrô de São Paulo:

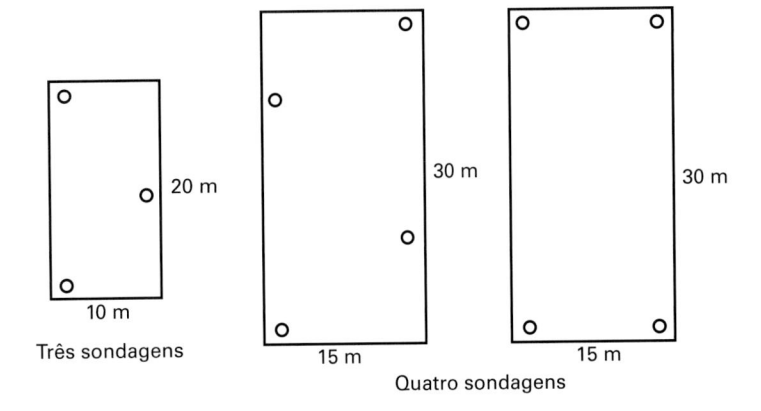

FIG. 7.26 Exemplo de número de sondagens para áreas residenciais

- extensão da linha: 17,3 km;
- tipos de solos: sedimentos arenosos e argilosos em camadas alternadas;
- tipo de sondagens: percussão de 2½" e 6" de diâmetro;
- profundidade média: 10 m abaixo da base da escavação;
- espaçamento médio na fase preliminar: 350 m;
- espaçamento médio na fase de detalhe: 65 m;
- número para área de pequenas estações (p ex., Saúde): quatro sondagens;
- número para grandes estações (p. ex., Sé): 30 sondagens;
- para trechos elevados, as sondagens foram executadas nos locais dos pilares.

7.7 Aplicação das sondagens para interpretação estrutural

As amostras dos diversos tipos de sondagens são colocadas numa seção vertical, a fim de serem correlacionadas e, assim, permitirem a definição dos tipos de rochas e estruturas atravessadas. Essa correlação permite a confecção do mapa geológico do subsolo.

7.8 Aplicação das sondagens para determinação do nível freático

Dois problemas devem ser considerados com relação à sondagem no subsolo: o primeiro é a determinação da cota do nível freático no subsolo e suas condições de pressão, e o segundo relaciona-se à permeabilidade e drenabilidade das diferentes camadas. Da mesma forma, a água deve ser analisada quimicamente, pois poderá conter elementos reativos com o concreto das fundações.

A posição do nível freático não é, necessariamente, aquela profundidade na qual a sondagem atinja água, sendo necessário pelo menos uma hora de observação para a estabilização do nível freático. Dessa maneira, é possível estabelecer um gráfico tempo x profundidade (ou elevação) do N.A.

A Fig. 7.27 resume os métodos usuais de investigação do subsolo/extração de amostras.

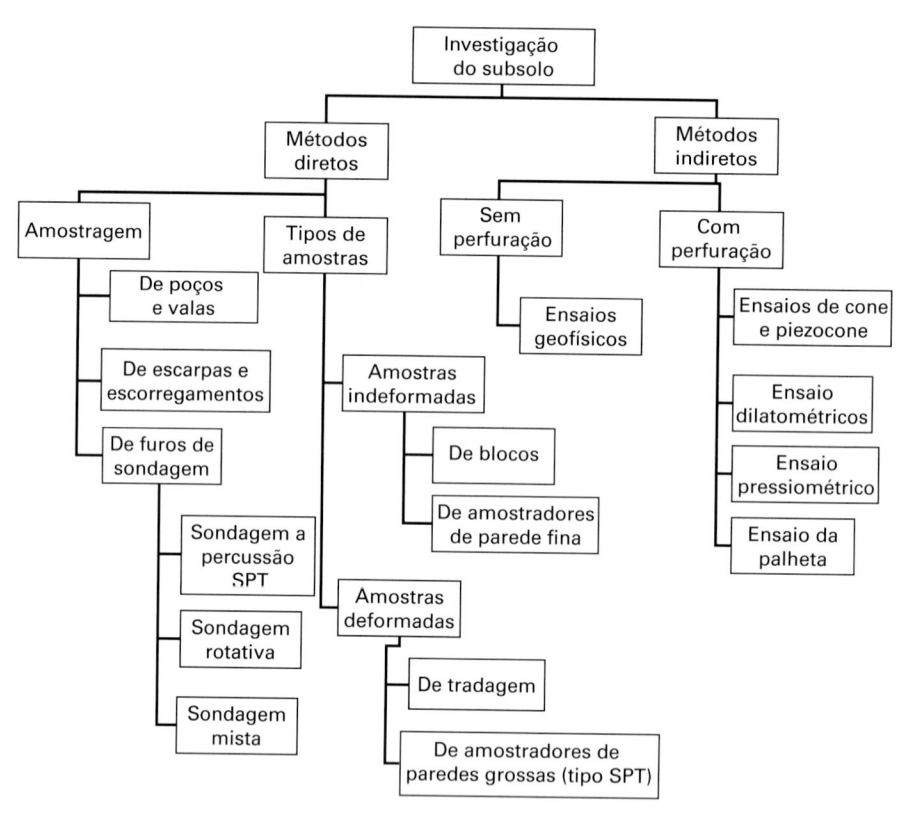

FIG. 7.27 Métodos de investigação do subsolo
Fonte: Bueno e Costa (2012).

8 Mapas geológicos e geotécnicos

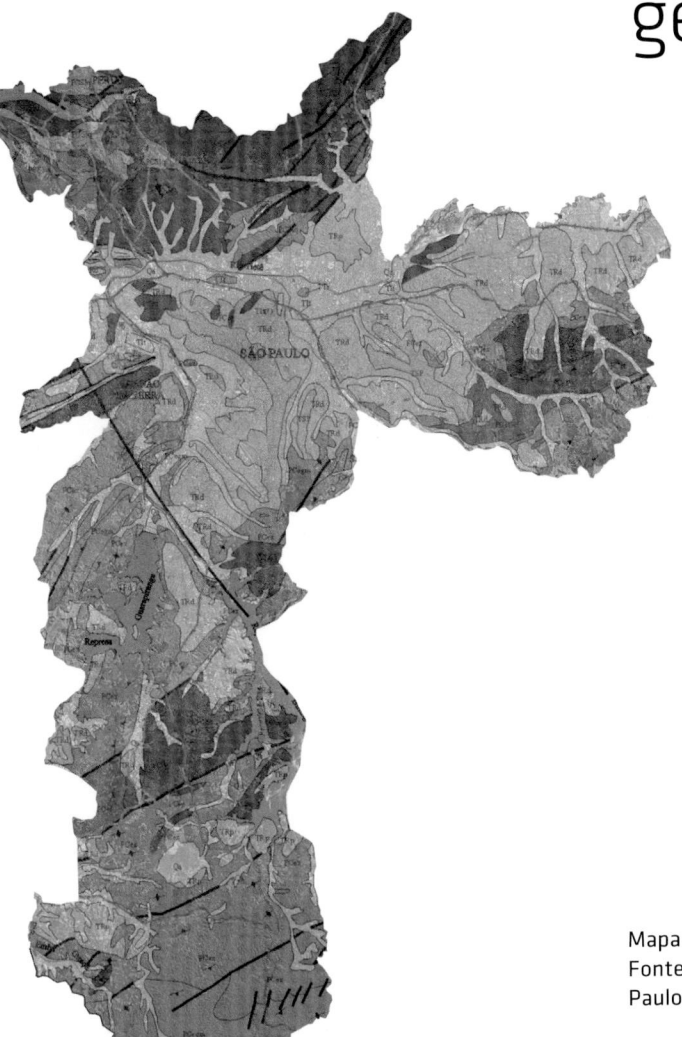

Mapa geológico reduzido do Município de São Paulo
Fonte: Diagnóstico Ambiental do Município de São Paulo (Secretaria do Verde e do Meio Ambiente).

8.1 Definição

Mapa geológico é aquele que mostra a distribuição dos tipos de rochas e de estruturas geológicas como fraturas, falhas, dobras, posição das camadas etc. Cada tipo de rocha ou grupo de tipos de rocha existente numa determinada área é separado de outro por linhas cheias, as quais são chamadas de linhas de contato.

8.2 Construção/elaboração

Um mapa geológico pode ser construído ou a partir de um mapa topográfico, no qual são colocados os dados geológicos, ou a partir de fotografias aéreas. No Brasil, até o momento, existe uma grande deficiência de mapas geológicos, o que obriga certos projetos prioritários a elaborarem, a curto prazo, um mapa geológico precário que permita a sua execução, a exemplo das barragens construídas no país, do projeto do Metrô de São Paulo (Fig. 8.1) etc., para os quais não havia mapas geológicos adequados.

A existência de um mapa geológico facilita demasiadamente um projeto de engenharia, uma vez que, por exemplo, para um traçado de uma rodovia, de um túnel ou de uma barragem, será possível antecipar certos problemas por meio de uma simples consulta ao mapa, antes mesmo da ida dos geólogos e engenheiros ao campo.

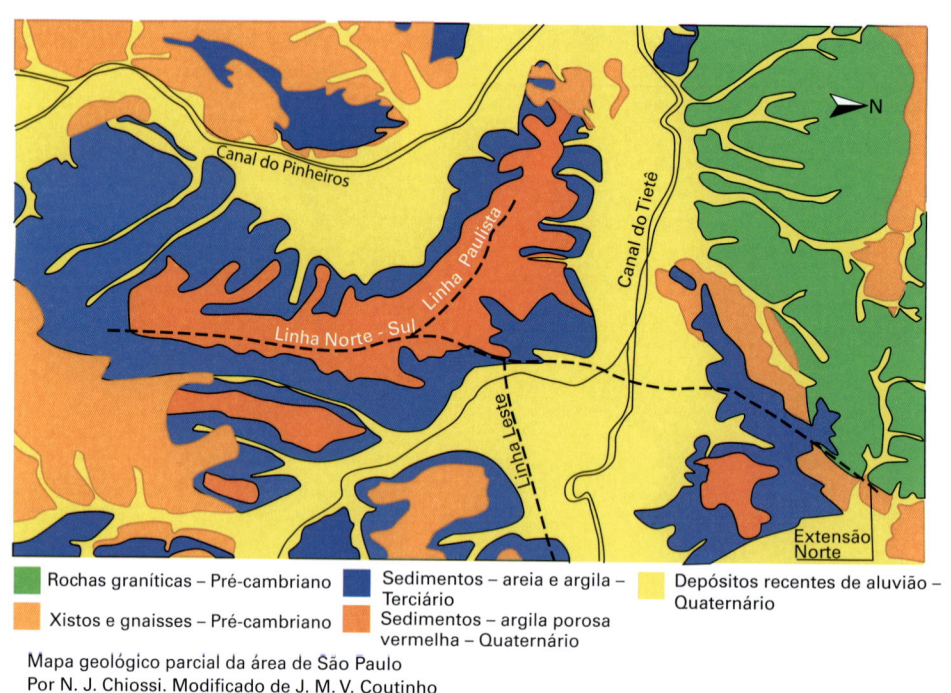

FIG. 8.1 Mapa utilizado nos estudos e projetos do Metrô de São Paulo, mostrando, de forma parcial, as unidades geológicas

8.3 Representação

A representação dos tipos de rochas num mapa geológico pode ser feita por meio de símbolos adequados ou cores apropriadas. A separação entre cada tipo de rocha é feita por meio de linhas cheias. Quando a separação é duvidosa, usa-se linha tracejada.

Dois elementos geológicos estruturais bastante importantes nos mapas geológicos estruturais são a direção e o mergulho das camadas (Fig. 8.2).

Direção de uma camada é a linha resultante da intersecção do plano da camada com um plano horizontal; *mergulho de uma camada* é o ângulo formado pelo plano da camada com o plano horizontal.

A determinação da direção de uma camada no campo é feita por meio de bússola, e a do ângulo de mergulho, por meio de um clinômetro.

Uma rocha que ocorre em determinada região de tal maneira que essa ocorrência passa a ser típica dessa localidade pode passar a ser chamada de *formação geológica* ou *grupo geológico* e receber o nome geográfico do próprio local, ou outro nome típico. Por exemplo, no interior do Estado de São Paulo, a rocha mais comum é um arenito típico da região da cidade de Bauru.

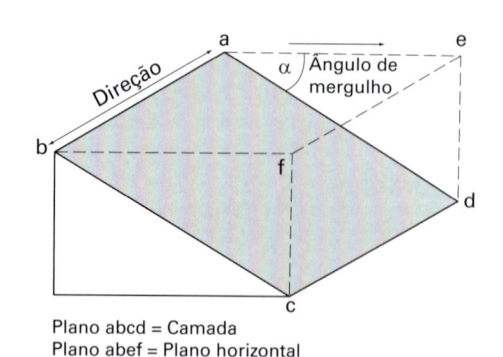

FIG. 8.2 Elementos estruturais importantes, como a direção e o ângulo de mergulho de uma camada

Dessa maneira, é comum referir-se a essa rocha arenosa e suas variáveis como *Formação Bauru*. Outro exemplo é dado pelas rochas da região de Araxá, no Estado de Minas Gerais, representadas por quartzitos e micaxistos, constituindo o seu conjunto o chamado *Grupo Araxá*.

As diversas formações geológicas podem ser reunidas em *grupos* e *séries geológicas*. Assim, num *grupo geológico*, temos uma ou mais *formações*. Um exemplo típico é o *Grupo São Bento*, que ocorre praticamente em todo o sul do Brasil.

Quando dizemos que o *Grupo São Bento* ocorre na área central do Estado de São Paulo, estamos dizendo o seguinte: o *Grupo São Bento* é constituído da *Formação Serra Geral*, composta de derrames de basaltos, e da *Formação Botucatu*, formada do *arenito Botucatu*. Esse grupo engloba, pois, toda a área de ocorrência das duas formações.

Fornecemos esse esclarecimento para que o leitor não estranhe ao encontrar, em relatórios geológicos, os termos *série*, *grupo* e *formação*.

8.4 Legendas geológicas

Os símbolos mais usuais para a representação da litologia, ou seja, das camadas geológicas, estão indicados na Fig. 8.3.

Um exemplo sintético está representado no mapa mostrado na Fig. 8.4, que, sem detalhamento, sumariza as principais unidades geológicas do Município de São Paulo, onde se localiza a capital do Estado. O município abrange uma área de 1.522.986 km², estando situado no chamado planalto Atlântico, no topo das escarpas da Serra do Mar. No referido mapa, as unidades geológicas são representadas por cores distintas:

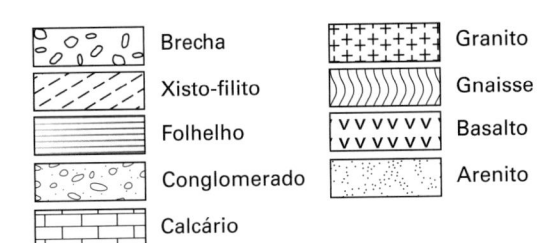

FIG. 8.3 Símbolos representativos das camadas geológicas

i) depósitos quaternários de aluviões e coluviões (verde);
ii) sedimentos terciários da Bacia Sedimentar de São Paulo (marrom);
iii) rochas do embasamento cristalino, de origem metamórfica e magmática, representadas por filitos, quartzitos, dolomitos, xistos, além de granitos, granodioritos e anfibólios (roxo).

Estão indicados também, sem detalhe, falhamentos e zonas de falhas.

Exercício resolvido
Determinação da posição de uma camada no subsolo a partir de três pontos de sondagem

Para determinar a posição de uma camada de quartzito no subsolo, foram feitos três furos de sondagem, com as características indicadas na Tab. 8.1.

Pedem-se:
a) direção da camada;
b) sentido do mergulho da camada;
c) ângulo de mergulho da camada.

Tab. 8.1 Características dos furos de sondagens

Furo	Costa do terreno	Profundidade dos furos	Direção entre os furos	Distância entre os furos
a	780 m	65 m	ab = N 45° W	ab
b	790 m	75 m	ac = N 45° E	ac
c	800 m	75 m	–	–

A solução gráfica proposta é mostrada na Fig. 8.5 (escala indicada, 1:2.000).

Respostas:

a) direção da camada = N 45° W;
b) sentido do mergulho = sudoeste;
c) ângulo de mergulho = 7°.

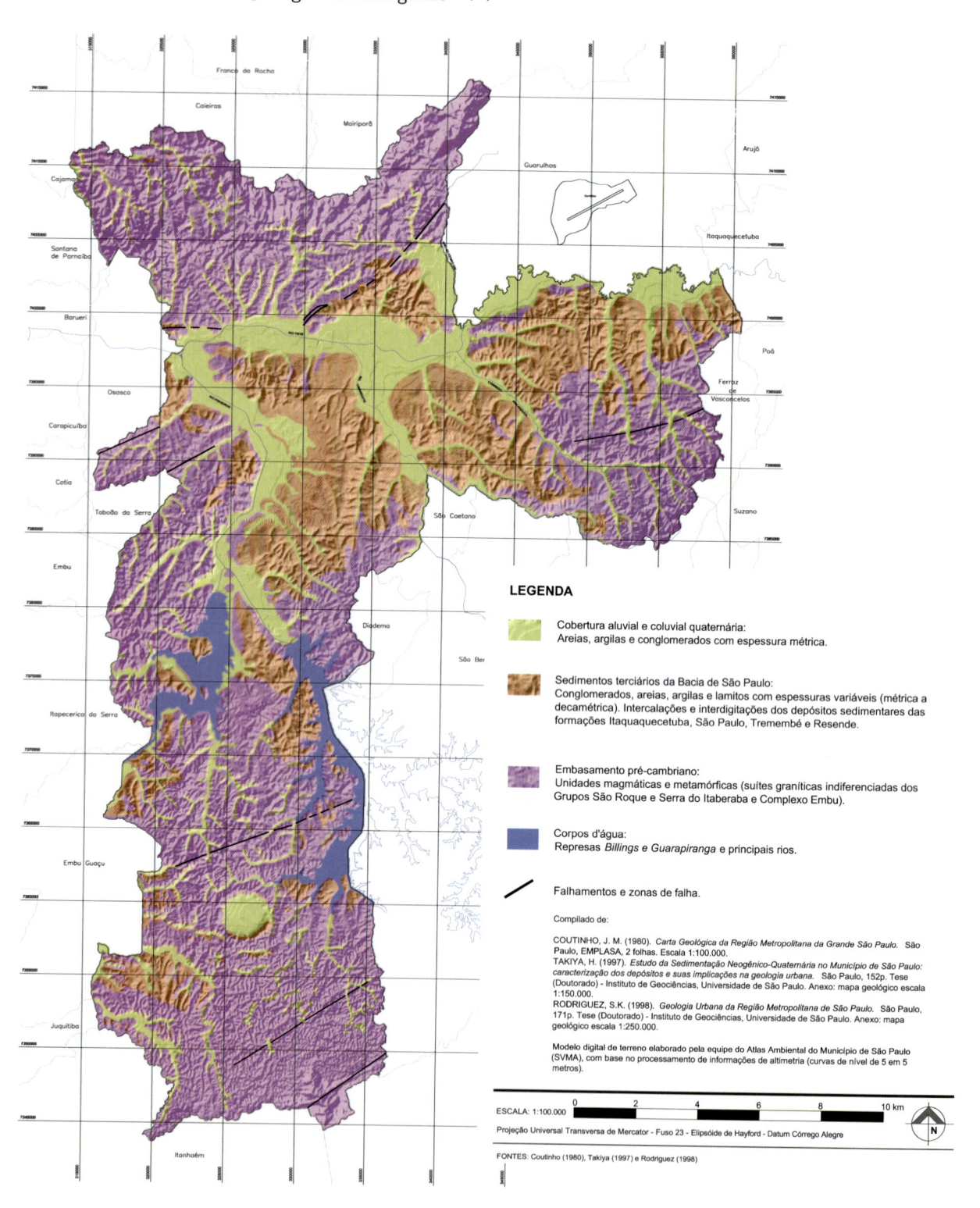

FIG. 8.4 Mapa geológico do Município de São Paulo
Fonte: Secretaria Municipal do Verde e do Meio Ambiente.

Para melhor visualização do problema foi elaborado um perfil ligando os pontos *a* e *c* (Fig. 8.6). Ao tomarmos os dados do exercício, isto é, as cotas dos dois pontos, *a* e *c*, e a profundidade das sondagens neles executadas, poderemos determinar a posição da camada de arenito existente no subsolo.

Dessa maneira, pela construção do perfil, o aluno comprovará que a camada está realmente inclinada e que a sua inclinação é de ~70. O perfil deverá ser construído na escala 1:1, isto é, EH = EV. No exemplo, a escala escolhida foi de 1:1.000.

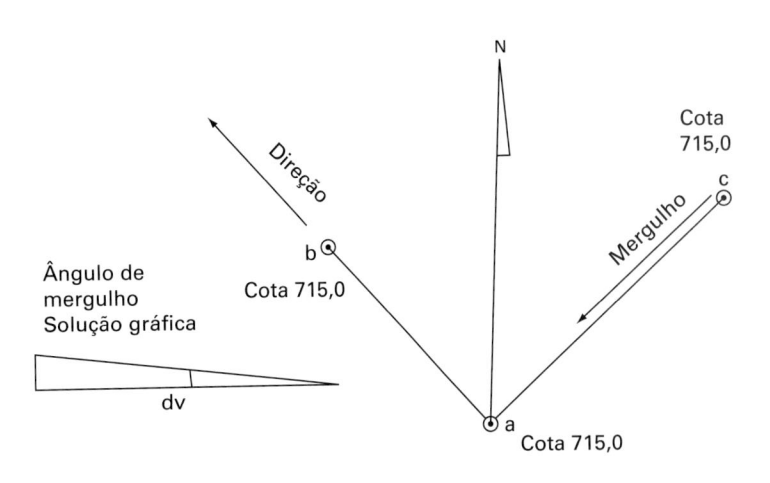

FIG. 8.5 Solução gráfica

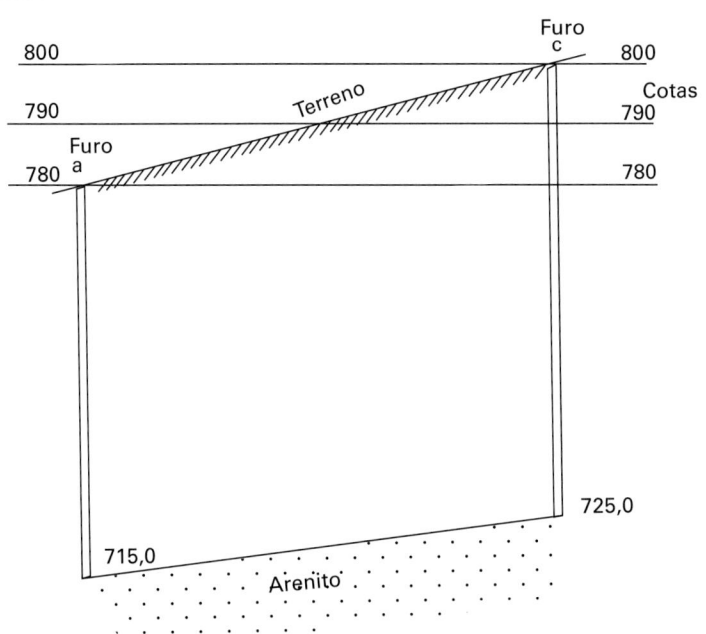

FIG. 8.6 Perfil a – c

8.5 Tipos de mapas geológicos

8.5.1 Mapas geológicos com camadas horizontais

Nesse caso, os limites ou contatos entre as diversas camadas possuem contorno paralelo ou coincidente com as curvas de nível (Fig. 8.7).

8.5.2 Mapas geológicos com camadas verticais

Nesse caso, essas camadas são delimitadas no mapa geológico por duas retas paralelas, que interceptam as curvas de nível (Fig. 8.8).

8.5.3 Mapa geológico com camadas inclinadas

Esse caso não é tão elementar como os dois anteriores. Os contatos ou limites entre as camadas interceptam as curvas de nível segundo linhas irregulares (seu contorno nunca é representado por retas paralelas) (Fig. 8.9).

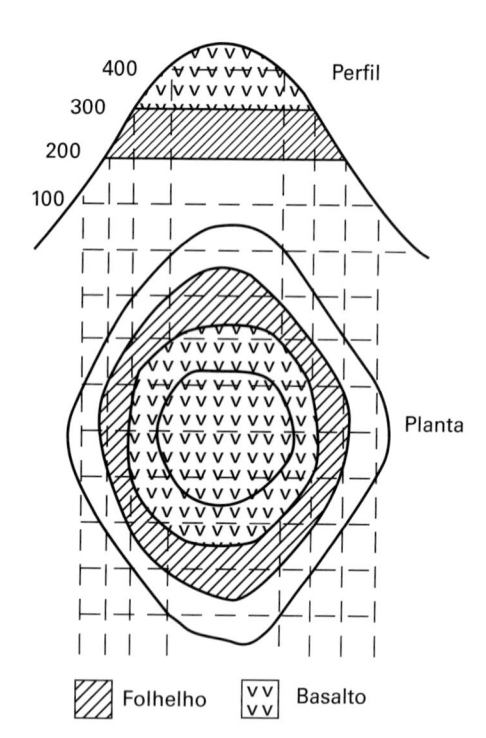

FIG. 8.7 Mapa geológico com camadas horizontais

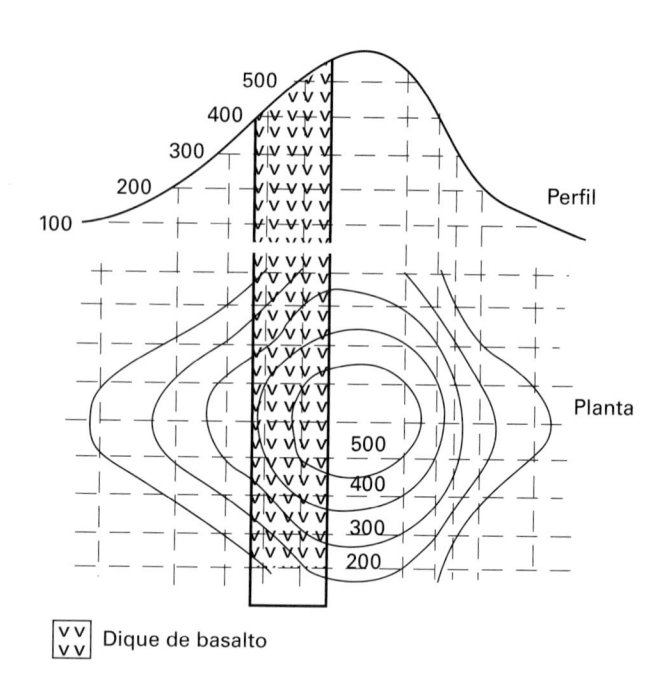

Legenda: Folhelho, Basalto

FIG. 8.8 Mapa geológico com camadas verticais

Legenda: Dique de basalto

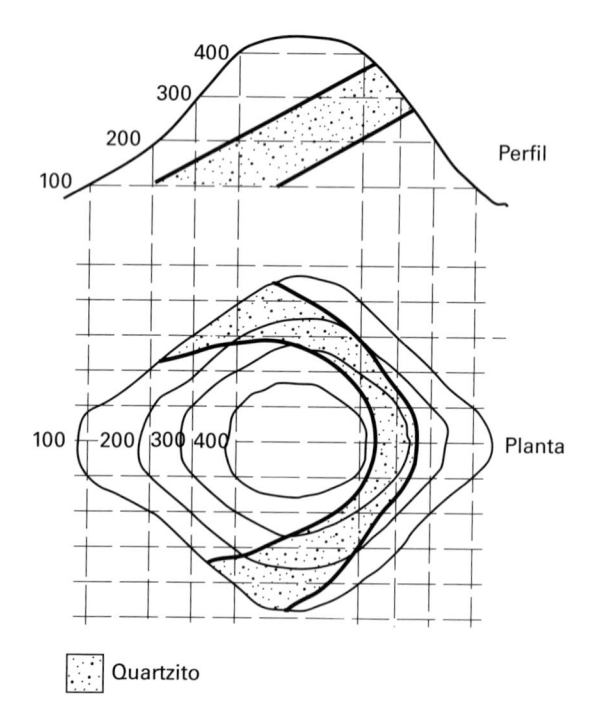

FIG. 8.9 Mapa geológico com camadas inclinadas

Legenda: Quartzito

Exercício resolvido

Mapas geológicos com camadas horizontais e verticais, com confecção de perfis geológicos

O mapa topográfico mostrado na Fig. 8.10 representa um vale onde afloram cinco tipos de rochas, quatro em posição horizontal e uma em posição vertical (EH = 1:40.000):

1) os pontos A, B, C, cota 400 m = contato entre aluvião e calcário;
2) D, E, F = pontos de afloramento de calcário;
3) G, H, I, J, cota 580 m = contato entre calcário e arenito;
4) K, L, M = pontos de afloramento de arenito;
5) O, P, Q, cota 770 m = contato entre arenito e basalto vesicular;
6) R, S = pontos de afloramento de basalto vesicular;
7) U, X = contato entre basalto maciço e basalto vesicular, com direção N 40° W e mergulho vertical;
8) Y, Z = contato entre basalto maciço e basalto vesicular, com direção N 40° W e mergulho vertical.

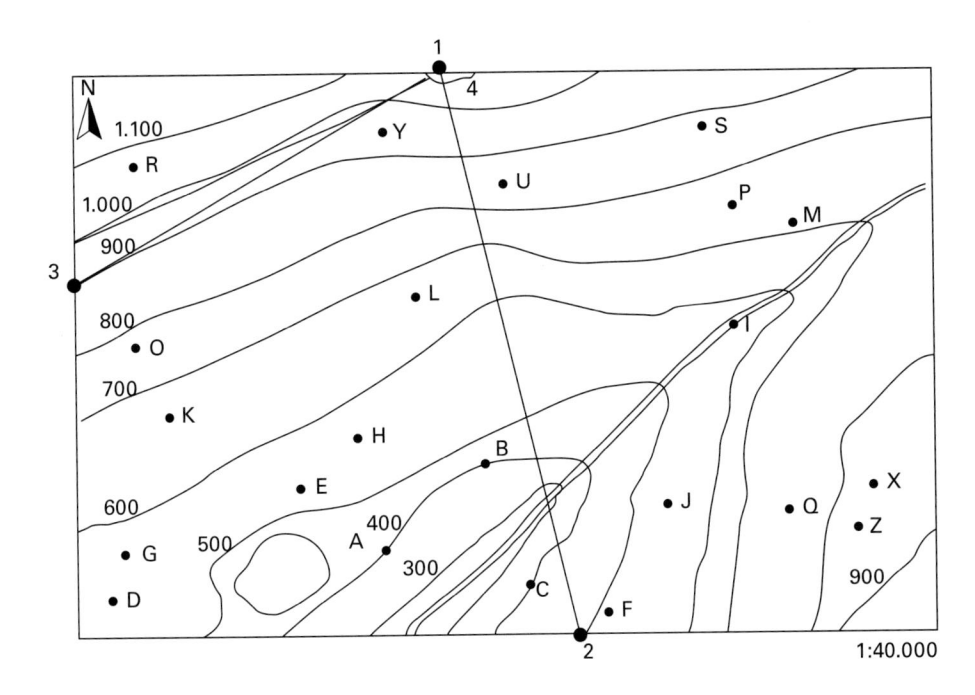

FIG. 8.10 Mapa topográfico

Pedem-se:

a] traçar o contato das camadas;
b] colocar símbolo ou colorir as diversas litologias de acordo com as normas usuais;
c] traçar o perfil 1-2 com sobrelevação 2;
d] traçar um perfil que mostre a espessura real do dique de basalto maciço;
e] determinar as espessuras das camadas;
f] determinar a espessura do dique de basalto maciço somente pelo mapa.

Solução:

a] *Traçar o contato das camadas*

Os pontos A, B, C representam o contato entre aluvião e calcário, e não apresentam direção nem mergulho. Esses dados levam à conclusão de que são contatos de camadas horizontais e, portanto, A, B, C podem ser unidos por uma linha coincidente com as curvas de nível.

O mesmo raciocínio pode ser aplicado aos outros pontos que não apresentam direção nem mergulho, ou seja, G, H, I, J, O, P, Q.

Os pontos U, X são contatos entre basalto maciço e vesicular, mas possuem direção e mergulho. Neles é traçada a direção de N 40° W, obedecendo à direção norte do mapa, e o mergulho vertical não é representado. Traçada a direção, verifica-se que a direção em U é prolongamento da direção em X, e, como ambos os pontos são de contato, pode-se uni-los por uma linha de contato que atinja os limites do mapa. Idêntico raciocínio aplica-se a Y e Z, e verifica-se que esses pontos estão alinhados, podendo também ser unidos por uma linha de contato até os limites do mapa.

Os pontos D, E, F são afloramentos de calcário. Como não são contato, por eles não passará linha de contato; simplesmente servem de controle para a verificação do tipo de rocha da área onde estão localizados. O mesmo acontece com os pontos K, L, M, R, S.

b] *Símbolo das camadas de acordo com as normas usuais*

Se os pontos A, B, C são contato aluvião-calcário e os pontos G, H, I, J são contato calcário-arenito, conclui-se que a área A, B, C, G, H, J é constituída de calcário. Os pontos D, E, F servem de controle, pois são afloramentos de calcário e estão dentro da área citada (Fig. 8.11).

Pelos dados, sabemos que a área G, H, I, J, O, P, Q é constituída de arenito; a área delimitada pela linha O, P, Q e pelos limites superiores do mapa é constituída de basalto vesicular. Resta, finalmente, a área delimitada pelos pontos A, B, C, que é constituída de aluvião.

Sempre que possível, a legenda deve ser colocada na mesma folha do mapa, devendo-se obedecer à cronologia das camadas. Ao verificarmos o traçado das camadas, notamos que a camada de aluvião vai da cota 200 m até a cota 400 m; de 400 a 580 m, existe calcário; de 580 a 770 m, arenito; acima de 770 m, basalto vesicular. Em camadas horizontais onde não houve movimentos tectônicos, a camada inferior é a mais velha e a superior, a mais nova. O dique de basalto maciço corta o basalto vesicular, o arenito e o calcário; portanto, é posterior à deposição dessas camadas.

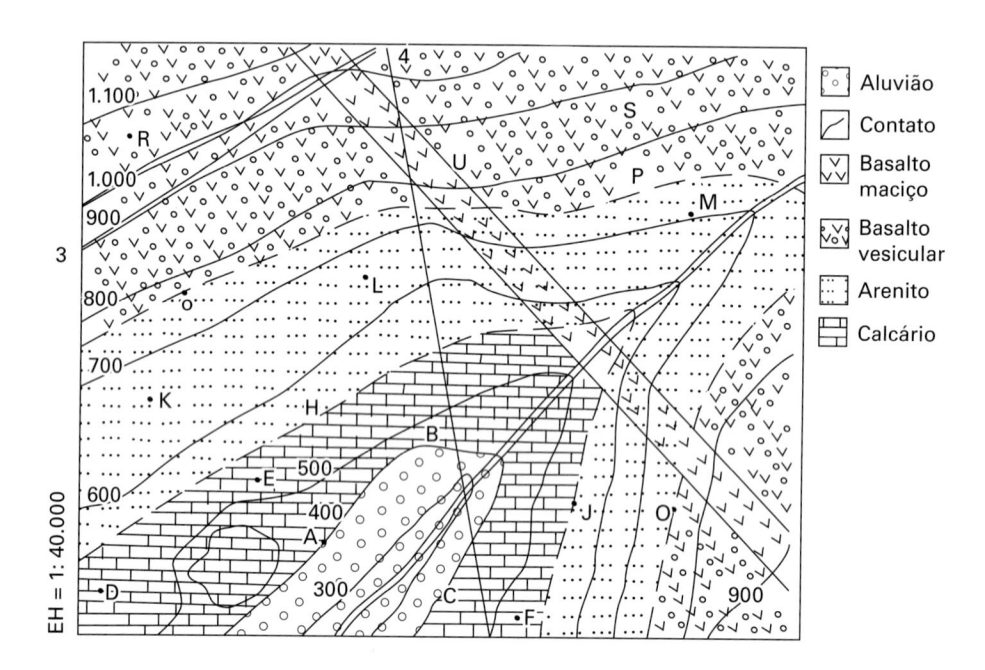

FIG. 8.11 Mapa geológico construído

c] *Perfil 1-2 com sobrelevação 2 (Fig. 8.12)*

$$\text{sobrelevação} = \frac{EH}{EV} = 2 = \frac{1:40.000}{EV} \therefore EV = 1:20.000$$

d] *Perfil mostrando a espessura real do dique de basalto maciço*

Para obtermos, num perfil, a espessura real de uma camada vertical, é necessário que a direção do perfil seja perpendicular à direção dessa camada. A escala horizontal será a mesma do mapa (1:40.000), e a escala vertical poderá ser tomada arbitrariamente. Seja, portanto, 1:10.000, e seja 3-4 a direção desse perfil no mapa (Fig. 8.13).

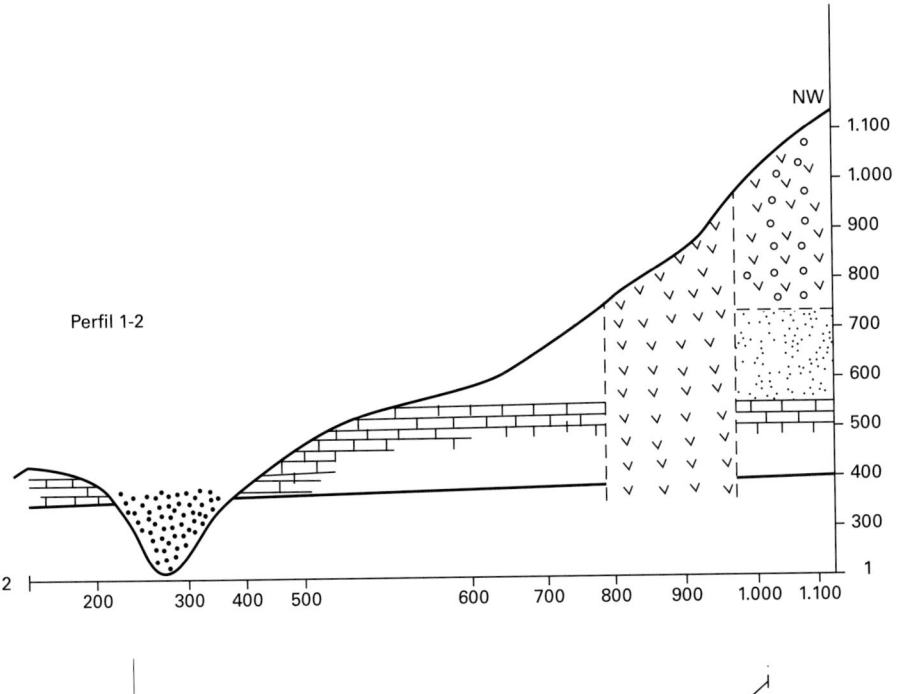

FIG. 8.12 Perfil geológico com sobrelevação 2

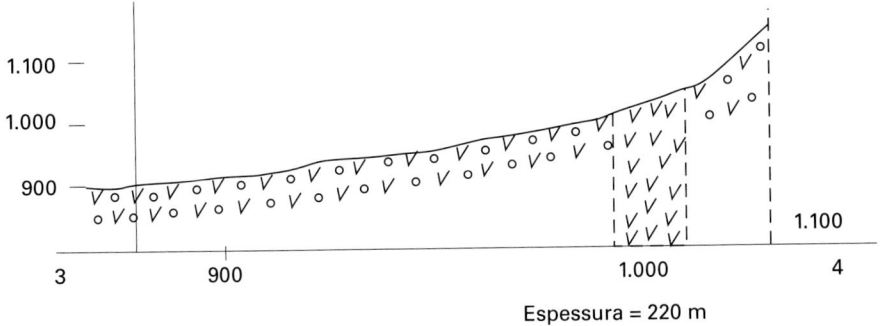

FIG. 8.13 Perfil geológico real

e] *Espessuras das camadas*

Nas camadas horizontais, podemos determinar a espessura tanto na planta como nos perfis. Considerando o mapa, a espessura é dada pelos limites dos contatos. A camada de aluvião está abaixo da curva de 400 m e pouco abaixo da curva de 200 m; terá, assim, no mínimo, 200 m de espessura. A camada de calcário começa na cota 400 m e vai até a cota 580 m; terá, portanto, 580 – 400 = 180 m. A camada de basalto vesicular começa a 770 m e ultrapassa 1.200 m, cota que se localiza a SSE do mapa; terá, portanto, no mínimo, 1.200 – 770 = 430 m.

f] *Espessura do dique somente pelo mapa*

Basta medir a largura entre as linhas de contato do dique, que é de 0,6 cm, ou seja, 240 m na escala 1:40.000 (Fig. 8.14), ou mede-se diretamente pela escala triangular.

8.5.4 Perfis geológicos

Construção de um perfil geológico a partir de um levantamento topográfico e de sondagens (perfil topográfico-geológico)

Num levantamento entre dois pontos, A (Santana) e N (Paraíso), na cidade de São Paulo, foram anotadas as distâncias horizontais e as cotas, conforme descrito na Tab. 8.2.

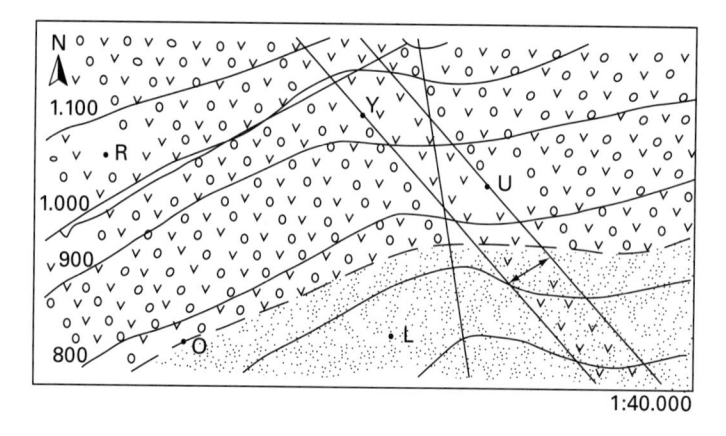

FIG. 8.14 Medida da espessura do dique

Tab. 8.2 Dados para a construção de um perfil topográfico-geológico

Ponto	Distância	Cota	Ponto	Distância	Cota
A	–	760	IJ	300	735
AB	200	730	JK	500	740
BC	400	725	KL	200	745
CD	400	720	LM	500	710
DE	500	725	MN	200	750
EF	100	715	NO	400	755
FG	100	715	OP	300	760
GH	200	725	PQ	600	790
HI	400	730	–	–	–

Quadro 8.1 Tipos de sondagens

A	50 m de rocha	I	1 m de argila orgânica 19 m de argila rija 1 m de areia grossa
B	1 m de argila rija 30 m de rocha	J	15 m de argila rija 10 m de areia grossa
C	1 m de argila orgânica 10 m de argila rija 15 m de rocha	K	1 m de argila rija 20 m de areia grossa
D	5 m de argila orgânica 15 m de argila rija 5 m de rocha	M	20 m de areia grossa
E	15 m de argila orgânica 30 m de argila rija	N	10 m de argila siltosa 15 m de areia grossa
F e G	10 m de argila orgânica 30 m de argila rija	P	1 m de argila porosa 15 m de argila siltosa
H	10 m de argila orgânica 20 m de argila rija	Q	22 m de argila porosa 16 m de argila siltosa

No trecho citado, foram executadas as sondagens relacionadas no Quadro 8.1, nos pontos assinalados, com os respectivos dados.

Pede-se para construir o perfil geológico do referido trecho usando escala vertical 1:1.000 e sobrelevação igual a 20 (na Fig. 8.15, usou-se EV = 1:2.000 e EH = 1:40.000).

Construção de perfis geológicos para interpretação de elementos estruturais

Esse tipo de interpretação baseia-se na utilização de dados de perfis individuais de sondagens. Os perfis individuais são reunidos em várias seções geológicas, de acordo com o seu número. Nessas seções geológicas, procura-se interpretar a geologia estrutural, visando principalmente observar as linhas de contato entre as diferentes camadas. Esse raciocínio permite determinar a posição dessas camadas, ou seja, horizontal, vertical ou inclinada, e se ocorrem estruturas maiores como falhas, dobras etc.

Quatro problemas de Geologia Estrutural

Nos três primeiros exemplos a seguir, utilizaram-se apenas duas sondagens, ao passo que, no quarto, foi utilizado um número maior.

1] Duas sondagens distantes 100 m mostram os seguintes dados: a primeira, feita na cota 790 m, encontrou uma certa faixa de rocha a 30 m de profundidade; a segunda, feita na cota 820 m, encontrou a mesma faixa de rocha a 60 m de profundidade. Qual a posição estrutural dessa rocha? Represente na escala 1:2.000.

2] Duas sondagens distantes 150 m em terreno plano e na direção E-W mostraram os seguintes dados a 40 m de profundidade: S_1 (localizada a leste), camadas inclinadas 45° para W, e S_2 (localizada a oeste), camadas mergulhando 45° para E. Qual a estrutura geológica local? Represente na escala 1:2.000.

A solução para os problemas 1 e 2 é extremamente simples (Fig. 8.16). No problema 1, deve-se ter cuidado com as cotas do terreno onde se localizaram as sondagens; no problema 2, cuidado com o sentido da inclinação das camadas (leste ou oeste).

3] Duas sondagens distantes 160 m em local plano mostraram: $S_1 = 40$ m de arenito, 60 m de folhelho e 80 m de basalto; $S_2 = 50$ m de folhelho e 80 m de basalto. Qual a estrutura geológica local? Represente na escala 1:300.

A solução é mostrada na Fig. 8.17. A observação dos perfis das sondagens evidencia, de início, uma descontinuidade da camada de folhelho, justificada por falhamento. O observador, contudo, poderá ser levado a unir a camada de folhelho, como indicado na Fig. 8.17, e concluir pela presença de camadas inclinadas. Essa conclusão, porém, poderá ser eliminada se lembrarmos que, em geral, os folhelhos aparecem na posição horizontal.

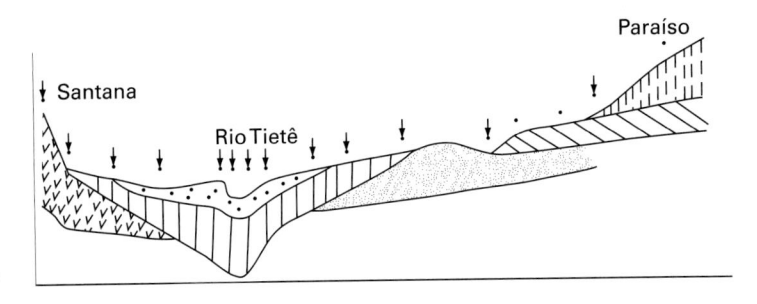

FIG. 8.15 Construção do perfil geológico (o exemplo é da Linha Azul do Metrô de São Paulo, entre as estações Santana e Paraíso)

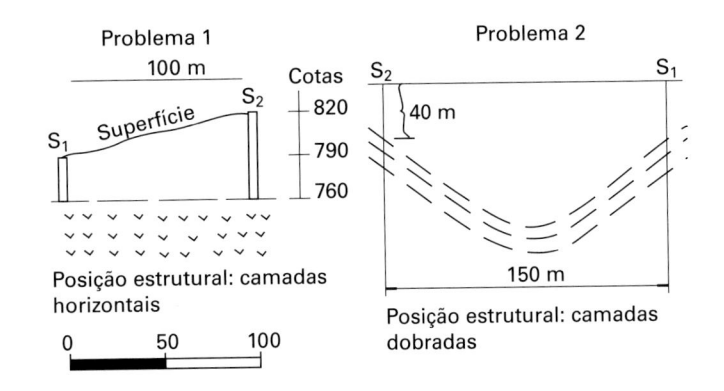

FIG. 8.16 Resolução dos problemas 1 e 2 (desenhos com escalas reduzidas)

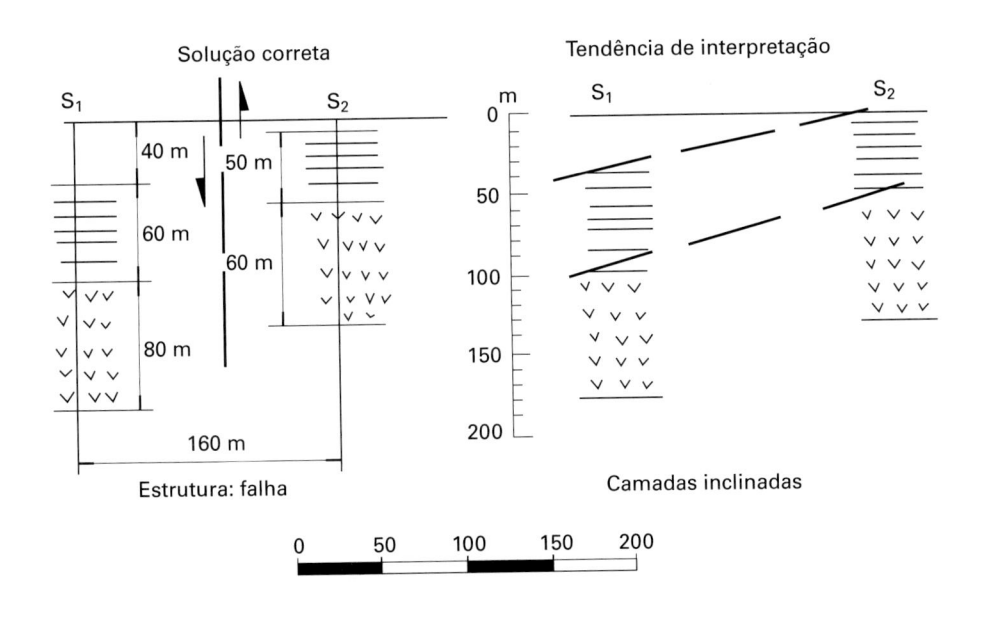

FIG. 8.17 Resolução do problema 3 (desenho com escala reduzida)

4] Construir o perfil topográfico-geológico A-J utilizando EH = 1:10.000 e sobrelevação 20 para um eixo de barragem. Os dados necessários são indicados na Tab. 8.3 e no Quadro 8.2.

Tab. 8.3 Dados para o perfil topográfico

Ponto	Distância	Cota
A	–	350
AB	650	333
BC	500	334
CD	150	320
DE	350	319
EF	100	313
FG	450	313
GH	100	337
HI	300	340
IJ	200	354

Quadro 8.2 Dados das sondagens a partir da superfície para o perfil geológico

A	18 m solo 13 m folhelho 15 m basalto 5 m folhelho	C	2 m solo 14 m folhelho 15 m basalto 5 m folhelho
E	15 m basalto 5 m folhelho	D	1 m folhelho 15 m basalto 5 m folhelho
G	9 m basalto 5 m folhelho	H	13 m folhelho 15 m basalto 5 m folhelho
J	14 m solo 15 m folhelho 15 m basalto 5 m folhelho		

Explicar e justificar

a) Existe alguma estrutura geológica importante no perfil anterior?
b) Quais as vantagens e desvantagens das rochas presentes para a fundação da barragem?

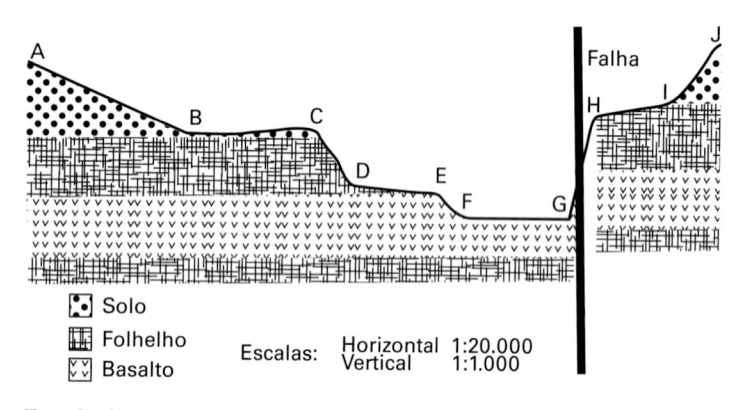

FIG. 8.18 Região de rocha sedimentar e derrame de basalto onde ocorreu um falhamento entre os pontos G e H do perfil

Escalas: Horizontal 1:20.000 Vertical 1:1.000

Legenda: Solo, Folhelho, Basalto

Resolução

a) O perfil apresentado na Fig. 8.18 mostra que, entre os pontos G e H, as camadas indicaram claramente um desnível na vertical. Esse fato evidencia a presença de uma possível falha, que, obviamente, deverá ser definida por meio de sondagens adicionais, que deverão ser verticais e também inclinadas, para melhor interceptar o plano provável de falha. Essa falha é a estrutura geológica importante do perfil.

b) As vantagens e desvantagens básicas das rochas de fundação são indicadas no Quadro 8.3.

Quadro 8.3 Vantagens e desvantagens das rochas de fundação

Rocha	Vantagens	Desvantagens
folhelho	impermeável	pequena resistência ao cisalhamento; decompõe-se quando exposto ao ar
basalto	capacidade elevada de carga	elevado grau de fraturas

Tipos básicos de mapas geológicos com a construção do perfil geológico para interpretação estrutural

Exemplo de mapa e perfil geológico com camadas horizontais e verticais

O mapa geológico mostrado na Fig. 8.19 representa uma região do Estado do Paraná ligeiramente modificada. O respectivo perfil geológico é mostrado na Fig. 8.20.

8 Mapas geológicos e geotécnicos | 155

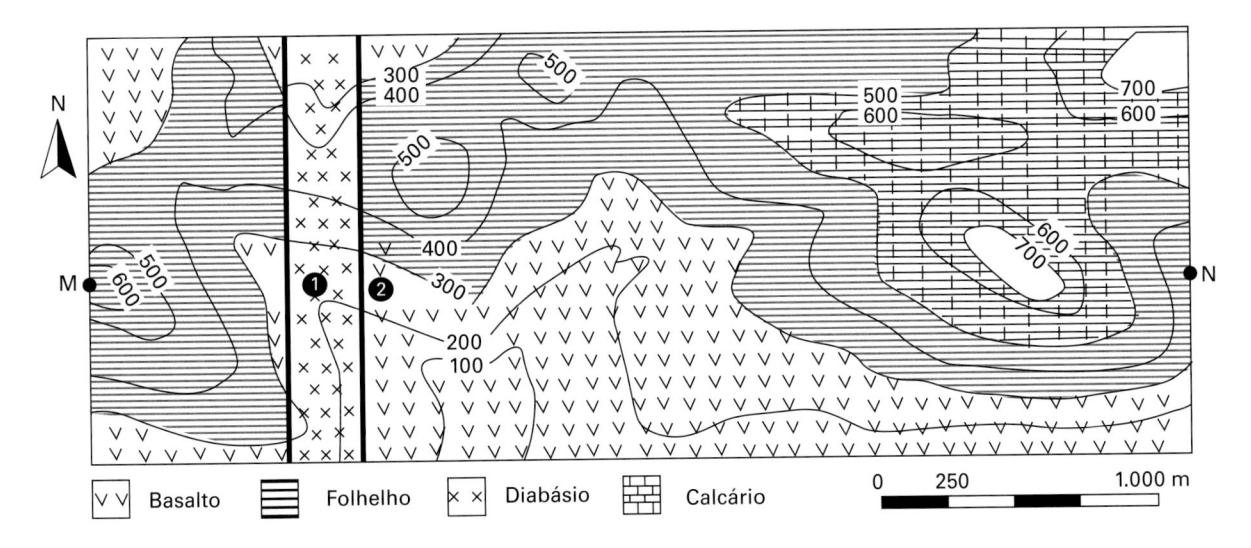

FIG. 8.19 Mapa geológico de uma região do Paraná

Deve-se observar:

a) No mapa geológico: os contatos (limites) entre as camadas acompanham o traçado das curvas de nível (limite entre o basalto, folhelho e calcário).

b) No mapa geológico: os contatos do dique de diabásio (camada vertical) aparecem segundo duas retas paralelas que cortam as curvas de nível.

c) No perfil geológico MN: aparecem os quatro tipos de rochas. Notar as cotas verticais de contato: abaixo da cota 300 m, basalto; entre as cotas 300 m e 500 m, folhelho; acima de 500 m, calcário. O dique é delimitado no perfil pelos pontos 1 e 2, onde a reta MN corta o dique no mapa.

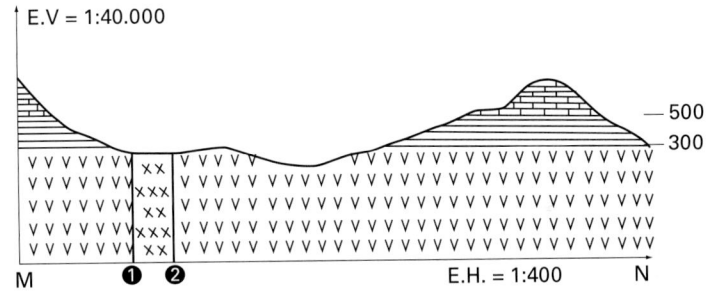

FIG. 8.20 Perfil geológico de uma região do Paraná

Exemplo de mapa e perfil geológico com camadas inclinadas

A Fig. 8.21 mostra um mapa geológico com camada inclinada. Notar como os limites da camada cortam irregularmente as curvas de nível. Nesse mapa foram elaborados dois perfis geológicos: um com direção XY e sobrelevação 2 (Fig. 8.22), e outro com direção MN e sem sobrelevação, ou seja, na escala real (Fig. 8.23). O exercício serve para mostrar a diferença entre os dois perfis e a importância de calcular corretamente o ângulo de inclinação aparente no perfil XY.

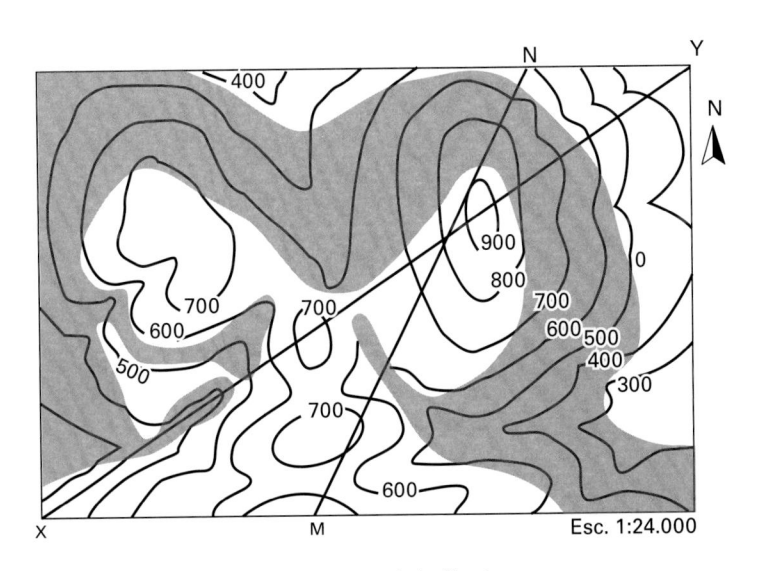

FIG. 8.21 Mapa geológico com camada inclinada

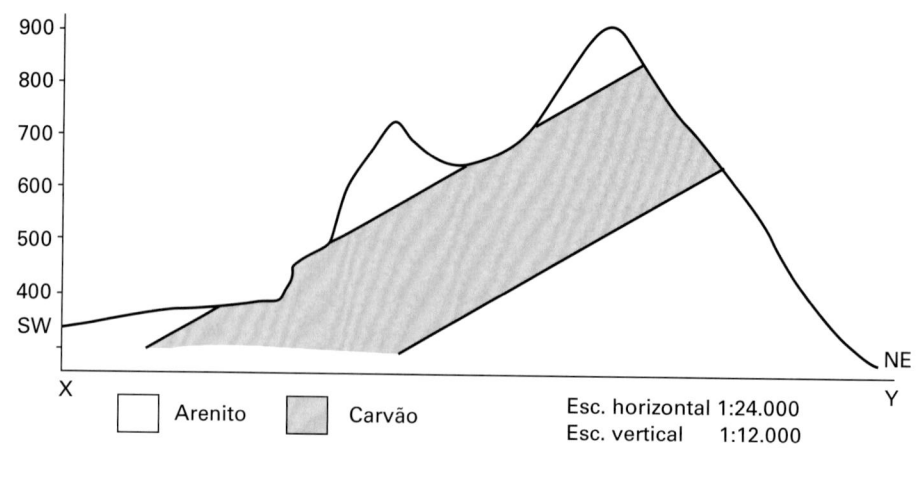

FIG. 8.22 Perfil XY do mapa com sobrelevação 2

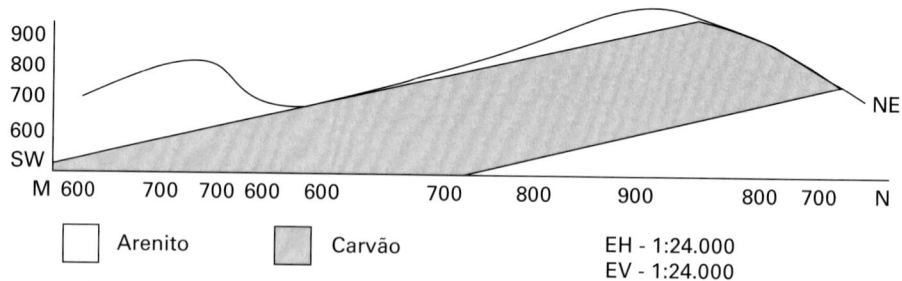

Arenito — Carvão
Esc. horizontal 1:24.000
Esc. vertical 1:12.000

FIG. 8.23 Perfil MN do mapa com ângulo real de mergulho

Arenito — Carvão
EH - 1:24.000
EV - 1:24.000

8.6 Cartografia geotécnica

Os mapas geotécnicos têm sido utilizados como base importante de definição usual da ocupação do solo. Eles são adequados para o planejamento da ocupação urbana, em planos diretores ou em loteamentos, e mesmo da ocupação rural. Usam-se, nesses casos, escalas 1:25.000 a 1:100.000.

Um mapa geotécnico é uma representação geral de todos os componentes de um ambiente geológico de interesse para o planejamento do uso e ocupação do solo e para a construção de obras de engenharia.

Como exemplo de carta geotécnica, consultamos a do Estado de São Paulo, elaborada na escala 1:500.000, cujos indicadores básicos estão resumidos no Quadro 8.4 e tornam-se extremamente importantes para as diretrizes de uso e ocupação do solo.

Um exemplo significativo de carta geotécnica é a que foi elaborada em 1965 para uma melhor compreensão do comportamento dos morros de Santos e São Vicente (Fig. 8.24).

Quadro 8.4 Resumo de indicadores em mapas de ocupação do solo

A - boçorocas	B - sulcos e ravinas
C - escorregamentos de encostas	D - afundamentos
E - recalques por colapso do solo	F - instabilização de fundações e taludes de corte por solos expansivos
G - recalques por adensamento de solos moles	H - erosão/sedimentação costeira intensa

Fonte: Carta Geotécnica do Estado de São Paulo.

FIG. 8.24 Carta geotécnica parcial dos morros de Santos e São Vicente (SP)

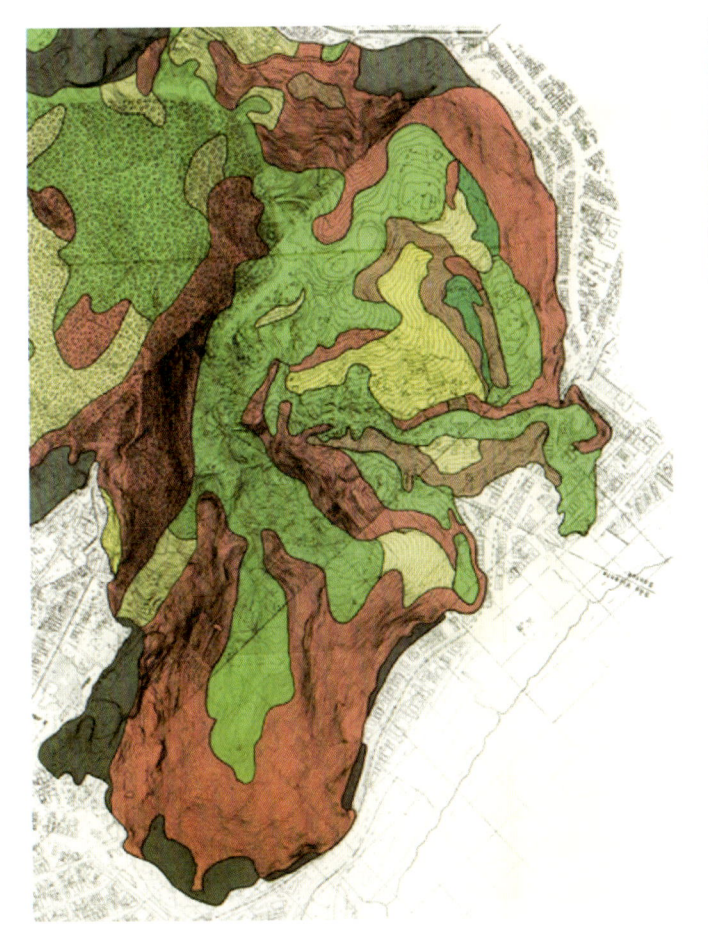

Áreas			Características do meio físico	
Grupos	Tipo		Geomorfologia	Geotecnia
Áreas possíveis de ocupação urbana desde que obedecidas as recomendações e especificações indicadas	I		Planície aluvionar encaixada no alto dos morros	Depósito de várzea com espessura de até 5 m. Nível de água próximo à superfície. Depósitos predominantemente argilosos, com lentes mais grosseiras
	II	a	Topos de morros e segmentos de encosta retilíneos ou convexos, pouco inclinados (<20°)	Áreas de solos mais espessos (até 10 m), com perfis de alteração variáveis de acordo com a litologia
		b	Segmentos de encostas retilíneos ou côncavos, pouco inclinados (<20°), geralmente associados às zonas de acumulação	Depósitos detríticos com granulometria e espessuras variáveis, podendo sobrepor-se aos perfis de solo anteriores
	III	a	Segmentos de encosta predominantemente retilíneos, com inclinação entre 20° e 30°	Áreas com espessura de solo geralmente pequena (< 2 m)
		b		
Áreas impróprias à ocupação urbana	IV	a	Segmentos de encosta predominantemente retilíneos, com inclinação entre 30° e 40°	Áreas com espessuras de solo pequenas (1,5 m), podendo setorialmente atingir maiores espessuras, ou apresentar exposições rochosas
		b	Segmentos de encosta retilíneos, com inclinação superior a 40°	Áreas caracterizadas predominantemente por exposições rochosas, ou por pequena espessura de solo (1 m) e fortes evidências
	V	a	Zona de deposição (tálus) aparentemente estável, podendo ocorrer grandes blocos em superfícies	Depósitos de meia encosta e de base, espessos e de granulometria variável (blocos envolvidos por matriz média e grossa)
		b	Corpos de tálus com fortes evidências da movimentação	
	VI	a	Áreas exploradas ou em exploração para retirada de material (área de empréstimo ou pedreiras)	
		b	Faixas situadas imediatamente abaixo de zonas instáveis e imediatamente anteriores às áreas liberadas para ocupação, podendo se situar a meia encosta ou no sopé dos morros (faixa de segurança)	
		c	Área de topo de morro, encostas com inclinações variáveis e pequenos depósitos	

8.6.1 Cartas de recomendações de uso e ocupação do solo

Os principais trabalhos brasileiros (Coulon, 1974; Maciel Filho, 1977) são interpretações da Geologia quanto a propriedades geotécnicas ou problemas relacionados.

Em Pedroto e Barroso (1984), os afloramentos rochosos, a natureza e as propriedades dos solos, a água subterrânea e os processos geodinâmicos, incluindo a carta de declividades, foram considerados elementos básicos. O mapa para planejamento do uso do solo separa as áreas em adequadas, adequadas com restrições e inadequadas (inundáveis, com declividades superiores a 30%, de solos instáveis e de afloramentos rochosos).

Carvalho (1987) apresenta a carta geotécnica de Ouro Preto. A área possui intensa influência humana em decorrência da mineração e da urbanização, o que a distingue, de certo modo, de outros locais. O problema geotécnico enfocado é, basicamente, o de estabilidade das encostas.

A carta de risco permite a divisão em áreas com as seguintes recomendações:

i] adotar procedimentos rotineiros para a construção de tipo e de porte similares aos das construções vizinhas;

ii) consultar especialista;
iii) não construir.

Maciel Filho (1990), no mapeamento geotécnico de Santa Maria, apresenta duas cartas em escala 1:25.000: uma, das unidades geotécnicas e do comportamento hidrogeológico, e outra, dos condicionantes à ocupação. Esta divide as áreas em: sem restrições, de proteção, desfavoráveis, não adequadas, que exigem recuperação. A caracterização de cada unidade é descrita no texto.

A Fig. 8.25 mostra o mapa simplificado do Estado de São Paulo, elaborado pelo IPT-SP, em termos do uso e ocupação do solo.

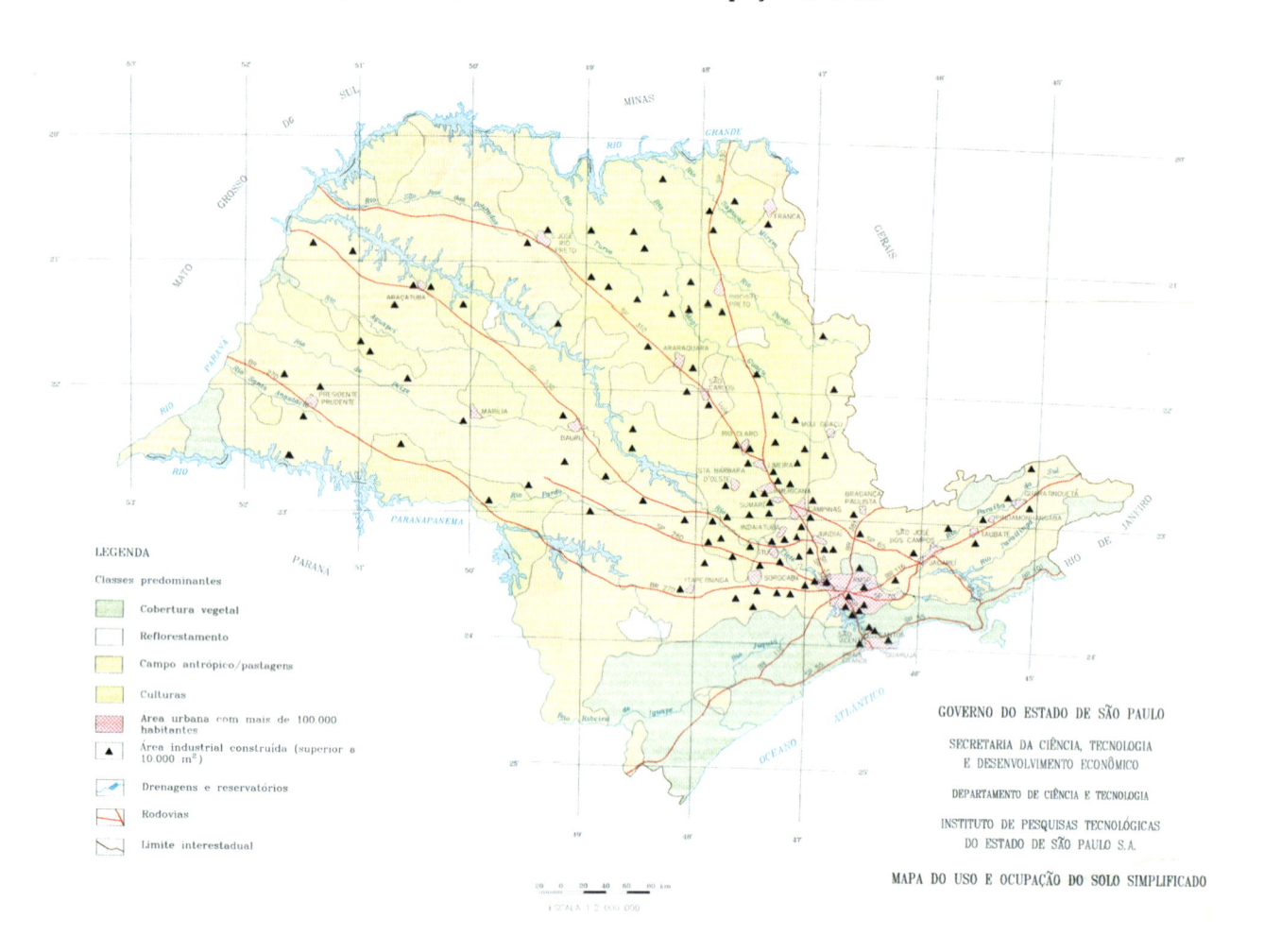

FIG. 8.25 Mapa simplificado do Estado de São Paulo: uso e ocupação do solo
Fonte: IPT.

8.6.2 Mapas de áreas de risco

Carvalho e Galvão (2006 apud Maciel Filho e Nummer, 2011) relacionam o nível de risco em três fatores:

1) probabilidade de ocorrer um fenômeno físico em local e tempo determinados;
2) vulnerabilidade dos elementos expostos, como pessoas e bens materiais;
3) grau de gestão.

O ordenamento do território e a planificação ambiental requerem o conhecimento detalhado de todos os aspectos e pormenores da superfície terrestre que influenciem as atividades humanas ou que possam ser afetados ou alterados por estas; devem, portanto, conter a *definição espacial*, ou seja, onde ocorrem ou poderão ocorrer os problemas, identificando, assim, as áreas de risco. A definição temporal determina, tanto quanto possível, quando ocorrem os eventos, suas condições e circunstâncias.

Fotografias aéreas e sensoriamento remoto 9

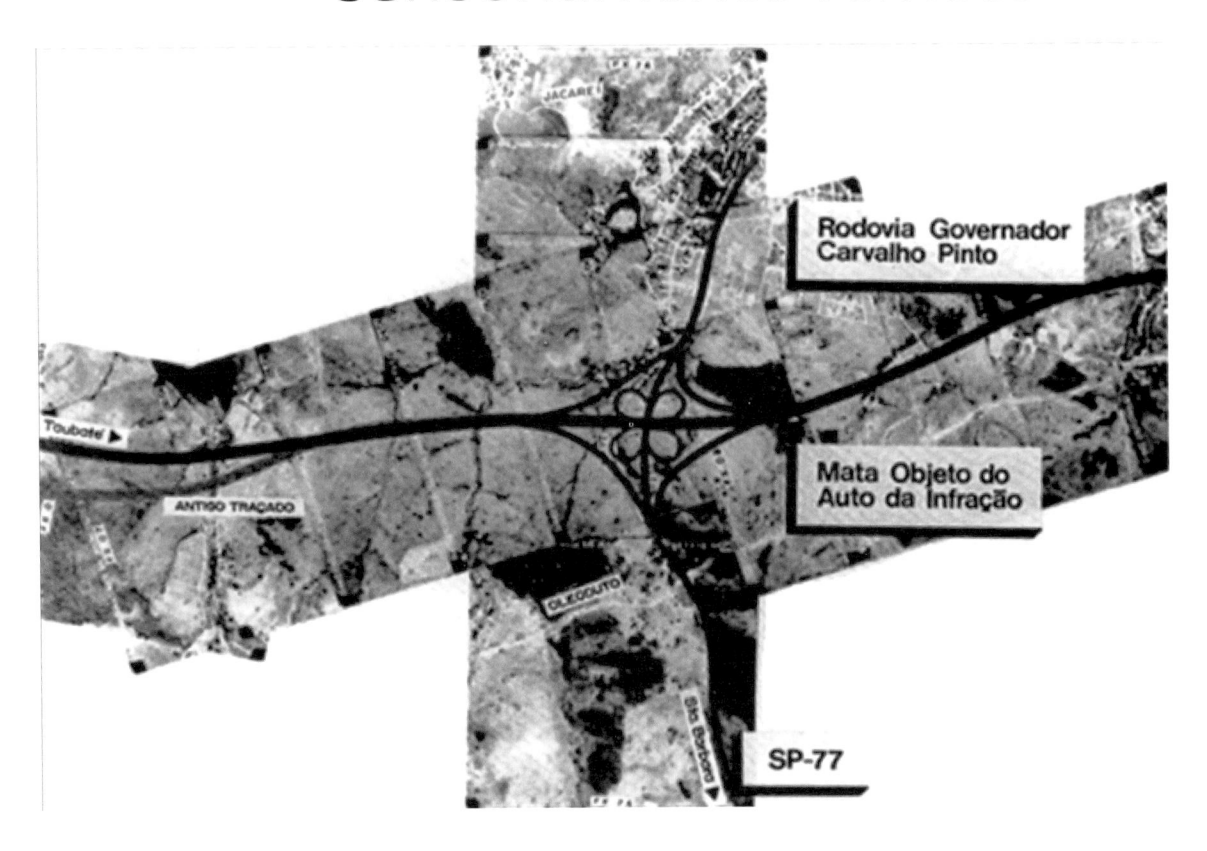

Mosaico fotográfico montado por ocasião do projeto e construção da Rodovia Carvalho Pinto - SP, 1992
Fonte: DERSA.

9.1 Fotografias aéreas

As aplicações da fotografia aérea são inumeráveis. Tanto as próprias fotografias como os mapas obtidos a partir delas têm valiosas aplicações, seja na Engenharia Civil, nos setores de urbanismo, construção de rodovias e ferrovias, implantação de barragens, trabalhos portuários, cadastros fiscais etc., seja na agricultura, na extração de minérios, na geologia etc.

A primeira sugestão de utilizar fotografias aéreas ocorreu na França. Em 1858, a partir de um balão nas proximidades de Paris, foram tiradas as primeiras fotografias aéreas, nas quais podiam ser reconhecidas as casas. De modo correlato, desenvolveram-se pesquisas na Rússia, Inglaterra e Estados Unidos. O maior desenvolvimento, porém, aconteceu durante a Primeira Guerra Mundial, quando a Royal Air Force (RAF), da Inglaterra, obteve fotografias aéreas do território alemão.

A introdução da fotografia aérea mudou completamente as táticas de guerra. Hoje em dia, o desenvolvimento é tão grande que aviões supersônicos tiram fotos a mais de 20.000 m de altitude, e os satélites e naves espaciais têm se utilizado intensamente da fotografia. O exemplo mais recente são as imagens da Lua, por meio das quais foi possível tirar conclusões acerca do tipo de solo, de rocha, da ausência de água e ar, da topografia etc.

No Brasil, diversas companhias executavam voos fotográficos, e grande parte do território nacional já foi fotografada. Para algumas áreas consideradas de segurança nacional pelas Forças Armadas, deve-se obter autorização prévia para sua utilização.

9.1.1 Procedimento do voo

Ao planejar o recobrimento aerofotogramétrico de uma determinada área, um avião, devidamente provido com uma câmara montada no seu "chão", deverá executar uma série de linhas de voo dispostas de acordo com a forma da área a ser estudada. A existência de três parafusos calantes permite o nivelamento da câmara em pleno voo. O funcionamento da câmara é totalmente automático: um motor elétrico comanda a passagem do filme e outro, o disparo do obturador da câmara.

Cada fotografia é devidamente numerada, de tal maneira que a série numérica indique o número da obra (p. ex., obra 209 corresponderia ao voo fotográfico sobre o rio Paraná) e o número individual de cada foto (p. ex., 33, 34 etc.).

Em virtude da influência das condições climáticas na obtenção de boas fotografias, torna-se conveniente que o avião tome por base de trabalho o aeroporto mais próximo do local a ser fotografado, pois uma ligeira melhoria nas condições climáticas poderá permitir um acesso mais rápido do avião ao local a ser fotografado.

A presença excessiva de nuvens, névoa seca, chuva ou vento constitui um dos grandes problemas para a realização de um bom voo, que permita obter fotografias nítidas. As nuvens impedem a visão e aparecem na forma de manchas brancas nas fotografias, e o vento pode ocasionar o deslocamento do avião para fora de sua linha de voo e, assim, provocar o fenômeno conhecido como deriva.

A posição do Sol também influi, uma vez que pode ocasionar sombras excessivas nas fotografias e prejudicar sua nitidez. O melhor período para o trabalho vai das 9h30 às 15h, ao passo que, ao meio-dia, há a desvantagem de obter pouca sombra e, consequentemente, pouco contraste entre os diferentes tons dos objetos.

Para o levantamento de uma zona, o avião deve voar a uma altura a mais constante possível, ao longo das linhas de voo paralelas e equidistantes, de tal maneira que as fotografias se superponham lateral e longitudinalmente. Esse procedimento de superpor uma fotografia à outra é conhecido pelo nome de *recobrimento*, que é a presença de pontos comuns em duas fotografias consecutivas.

Se o voo for feito a uma altura média de 5.000 m, para que ocorra 30% de recobrimento lateral entre uma foto e outra (Fig. 9.1B) é necessário que as linhas de voo estejam separadas entre si em 3 km. No recobrimento longitudinal, fotografias são tomadas automaticamente ao longo de cada linha de voo, a intervalos tais que o recobrimento entre uma foto e outra seja de 60% (Fig. 9.1A; ver também Fig. 9.2). Para se obter esse valor num voo à altura de 5.000 m, cada fotografia deve ser batida a uma distância de 1.500 a 1.600 m da fotografia anterior.

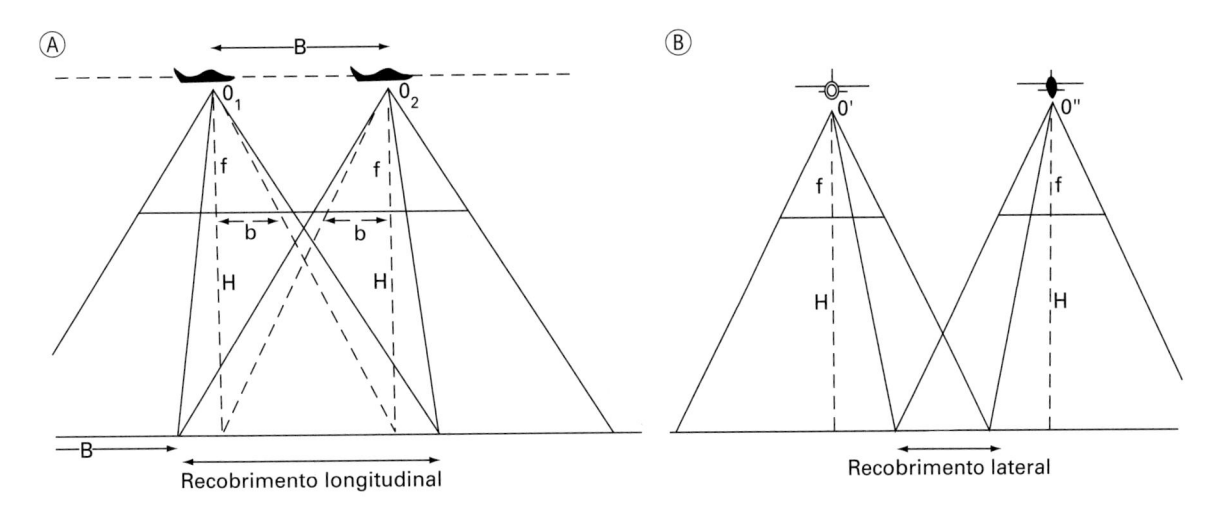

FIG. 9.1 (A) Recobrimento longitudinal de 60%; (B) recobrimento lateral de 30%
Fonte: Eng. MSC Fátima Alves Tostes.

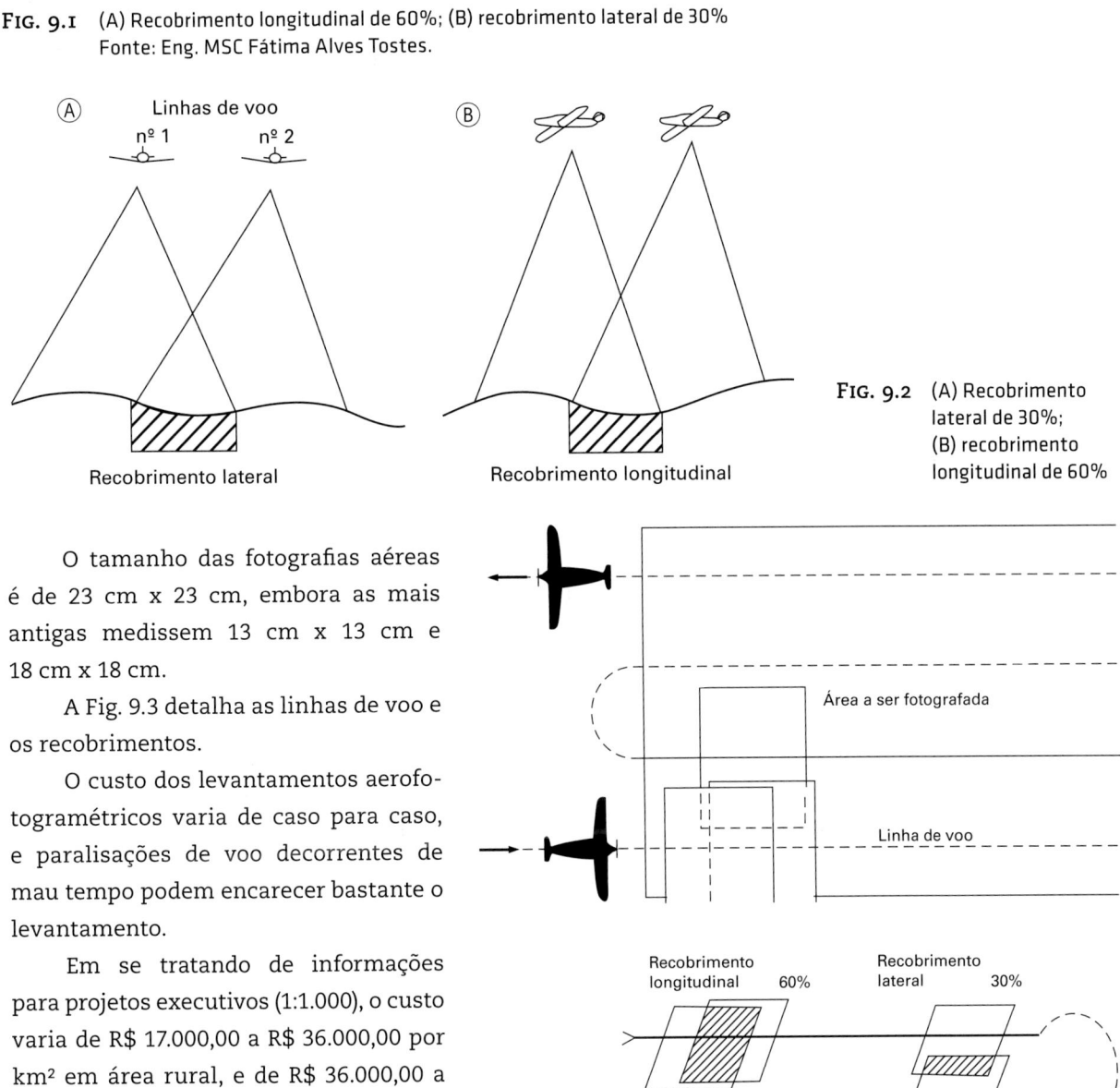

FIG. 9.2 (A) Recobrimento lateral de 30%; (B) recobrimento longitudinal de 60%

O tamanho das fotografias aéreas é de 23 cm x 23 cm, embora as mais antigas medissem 13 cm x 13 cm e 18 cm x 18 cm.

A Fig. 9.3 detalha as linhas de voo e os recobrimentos.

O custo dos levantamentos aerofotogramétricos varia de caso para caso, e paralisações de voo decorrentes de mau tempo podem encarecer bastante o levantamento.

Em se tratando de informações para projetos executivos (1:1.000), o custo varia de R$ 17.000,00 a R$ 36.000,00 por km² em área rural, e de R$ 36.000,00 a R$ 57.000,00 por km² em área urbana. No caso de levantamento planialtimétrico em escala 1:1.000, com curvas de metro

FIG. 9.3 Linhas de voo e recobrimentos

em metro, o custo varia de R$ 90.000,00 a R$ 160.000,00 por km². Para projetos rodoviários, o custo gira em torno de R$ 15.000,00 por km linear.

9.1.2 Escala

A escala de uma fotografia aérea pode ser determinada por meio das seguintes fórmulas:

$$E = \frac{f}{H} \qquad (9.1)$$

onde f é a distância focal da câmara e H, a altura de voo; ou:

$$E = \frac{DF}{DT} \qquad (9.2)$$

onde DF é a distância entre dois pontos na foto e DT, a distância entre os mesmos dois pontos na Terra.

A distância focal das câmaras pode variar, sendo as mais comuns as de 156 mm, 210 mm e 300 mm, existindo ainda as de 70 mm a 88 mm, 115 mm, 125 mm e 500 mm. As diferenças básicas entre elas são: as de distância focal curta acentuam o relevo, permitem voo com menor altura e implicam dificuldades para a confecção de mosaicos, ao passo que as de distância focal longa apresentam deformações atenuadas e exigem voo com maior altura.

Como exemplo de cálculo de escala, propõe-se ao leitor o seguinte exercício: calcular a escala de uma fotografia tomada com câmara de distância focal de 153 mm, a uma altitude de 3.800 m. O cálculo deve ser feito com os valores de 300 mm e 6.000 m, respectivamente.

O tipo de trabalho determina a escala da fotografia. Nos casos de reconhecimento geológico ou construção de estradas, usam-se as escalas de 1:45.000 ou 1:25.000, ao passo que, para a construção de barragens ou pesquisa de materiais de construção, a escala deve ser de 1:10.000 ou 1:5.000. Para cadastros fiscais, a escala de 1:1.000 é a mais indicada.

A escala das fotografias aéreas nem sempre é uniforme e exata como a dos bons mapas topográficos terrestres. A variação de escala entre as fotografias decorre da variação na altura do voo, de diferenças de elevação do terreno e da inclinação da câmara ou do avião, longitudinal ou transversalmente.

9.1.3 Classificação das fotografias aéreas

As fotografias aéreas são agrupadas em dois tipos: verticais e oblíquas (Fig. 9.4). Nas verticais, o eixo da câmara coincide com o plano vertical, e nas oblíquas, há a formação de um ângulo de valor variável entre o plano vertical e o eixo da câmara.

Nosso interesse aqui ficará restrito às fotografias aéreas verticais. Elas têm uma aparência plana, isto é, tornam difícil ao observador não experimentado distinguir, por exemplo, as colinas dos vales. Porém, essa distinção e a ideia de relevo são possibilitadas pela *estereoscopia*.

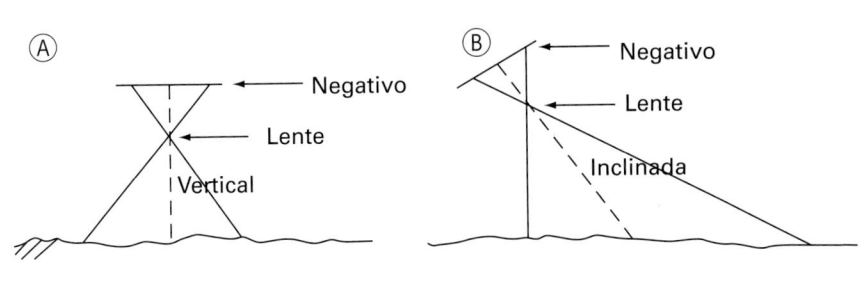

FIG. 9.4 Fotografia aérea: (A) vertical; (B) inclinada (oblíqua)

9.1.4 Erros e distorções

Mesmo quando obtidas em condições favoráveis, as fotografias aéreas estão sujeitas a certos pequenos erros, que decorrem dos seguintes fatores:

i] *Dificuldade de voar em linha reta, tanto vertical como horizontalmente.*
ii] *Dificuldade de evitar a inclinação do avião e, portanto, da câmara durante o voo.*

Provido de um mapa aeronáutico, um piloto experimentado, voando entre 3.000 m e 4.500 m de altura, poderá manter sua trajetória a menos de 1 grau da direção desejada, e as variações de altitude não serão maiores do que 30 m quando a região for aplainada. Em alturas mais baixas, porém, as condições atmosféricas são mais variáveis e os voos, mais instáveis.

Um exemplo elementar de distorção nas medidas e distâncias de uma fotografia é este: se executarmos um voo de altitude de 4.000 m com máquina fotográfica de distância focal de 200 mm, o topo de um morro de 100 m de altura, situado na fotografia a 5 cm do seu ponto central, sofrerá um deslocamento de 1,25 mm. Se a altura do morro for de 400 m em vez de 100 m, o deslocamento será da ordem de 5 mm. Dessa forma, a melhor maneira de obter fotografias razoáveis para a confecção de mosaicos será o aproveitamento somente da parte central da foto.

iii] *Distorções por deslocamento ou inclinação do avião.*

Nesse caso, a inclinação do eixo ótico é causada pelas oscilações do avião. Essas inclinações podem ser laterais ou longitudinais, isto é, o avião inclina suas asas ou sua cabina, respectivamente. Normalmente o avião não deve inclinar mais do que 4° e, no caso de valores maiores que esse, as fotografias não serão utilizadas.

iv] *Distorções em decorrência do relevo.*

Na fotografia vertical, somente seu ponto central é projetado verticalmente num plano horizontal. Os pontos restantes são projetados conicamente e, por essa razão, deslocados da sua verdadeira posição. As Figs. 9.5 e 9.6 ilustram um perfil topográfico com vale e colina. Pode-se notar que o ponto A é registrado como *a* e o ponto B, como *b*. Dessa maneira, o ponto *a* estará fotografado numa escala ligeiramente diferente da escala do ponto *b*.

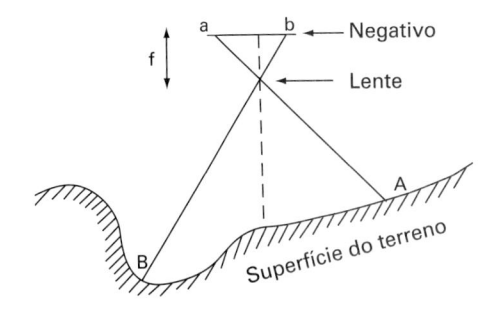

FIG. 9.5 Distorções decorrentes do relevo (exemplo 1)

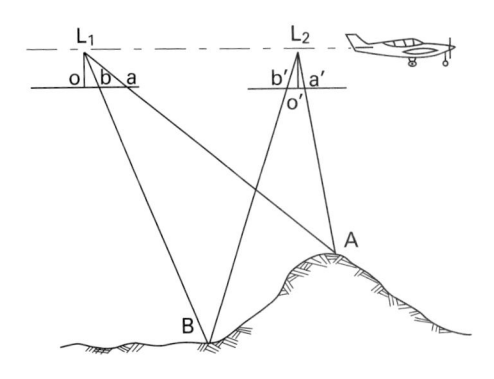

FIG. 9.6 Distorções decorrentes do relevo (exemplo 2)
Fonte: Eng. MSC Fátima Alves Tostes.

9.1.5 Determinação da escala

Algumas companhias de aerofotogrametria costumam colocar, no verso da fotografia, a escala aproximada, mas ela precisa ser determinada.

A Tab. 9.1 apresenta exemplos de escalas usuais.

Tab. 9.1 Escalas comumente utilizadas

Escala	Detalhe planimétrico mínimo	Detalhe altimétrico mínimo	Exemplo
1:50.000	5 m	1 m	automóvel
1:20.000	2 m	0,5 m	cultura
1:5.000	0,5 m	0,2 m	homem

9.1.6 Estereoscopia

Dá-se o nome de estereoscopia à observação, em três dimensões, de duas fotos aéreas consecutivas e que se recobrem parcialmente, por meio de um aparelho especial chamado estereoscópio. Cada fotografia de um par fotográfico para observação ao estereoscópio é uma imagem ligeiramente diferente das imagens recebidas por meio de cada um dos olhos.

Sabe-se que a sensação de profundidade ou volume que sentimos decorre do fato de olharmos os objetos com dois olhos. Cada olho registra uma imagem ligeiramente diferente. Se um pequeno objeto é segurado a uma distância equivalente à de um braço, o olho direito vê a frente e a parte do lado direito, enquanto o esquerdo vê a frente e a parte do lado esquerdo. Essas duas imagens são combinadas pelo cérebro para formar uma visão do objeto em três dimensões.

À medida que o objeto se afasta de nós, as imagens vão se tornando mais e mais parecidas, diminuindo, dessa maneira, a sensação de relevo.

Para facilitar a sensação de relevo e melhorá-lo por ampliação, utilizamos o estereoscópio. Ele consta de duas lentes de aumento, cujos centros distam entre si aproximadamente 6 cm (distância interpupilar) e cuja base é colocada paralelamente à linha de voo das fotografias já orientadas. O observador olha as fotos através das lentes, obtendo uma visão ampliada.

Nesses estereoscópios, as fotos ficam parcialmente sobrepostas, o que exige dobramento de uma delas na observação de alguns pontos. Esse inconveniente é removido nos estereoscópios de espelho (Fig. 9.7). O modelo de bolso é usado em trabalhos de campo e o de espelho, apenas em escritório, em razão do seu grande tamanho.

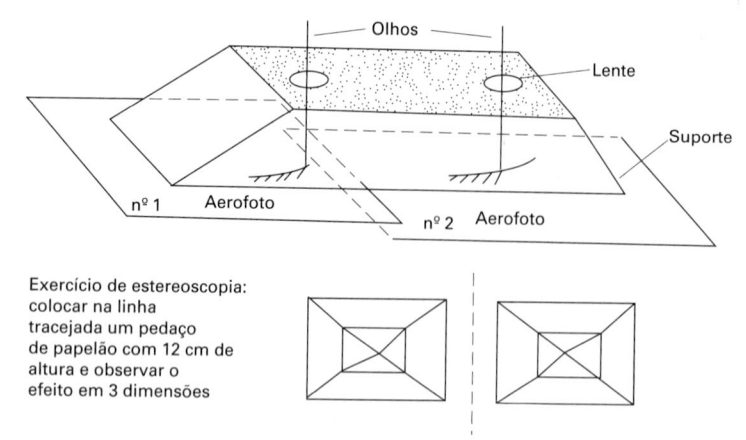

Exercício de estereoscopia: colocar na linha tracejada um pedaço de papelão com 12 cm de altura e observar o efeito em 3 dimensões

FIG. 9.7 Estereoscópio de espelho

9.1.7 Mosaicos aerofotográficos

Um mosaico fotográfico é formado pela reunião de duas ou mais fotografias que apresentem recobrimento, isto é, possam ser sobrepostas por meio de pontos comuns, tais como caminhos, rios, casa, culturas etc. A parte comum é recostada numa das fotos e as fotografias são, então, coladas. O objetivo é formar uma vista composta e de conjunto de área coberta pelas fotografias (Fig. 9.8).

FIG. 9.8 Parte de mosaico na região de Rio Claro (SP), mostrando a Rodovia Washington Luís quase no centro, a ferrovia da Fepasa à esquerda e o trevo de acesso para Rio Claro e bairros

Num mosaico, as folhas estão articuladas de tal forma que permitem identificar regiões, como indicado na Fig. 9.9, que mostra as folhas na região de Rio Claro, São Carlos, Brotas, Jaú etc., no Estado de São Paulo.

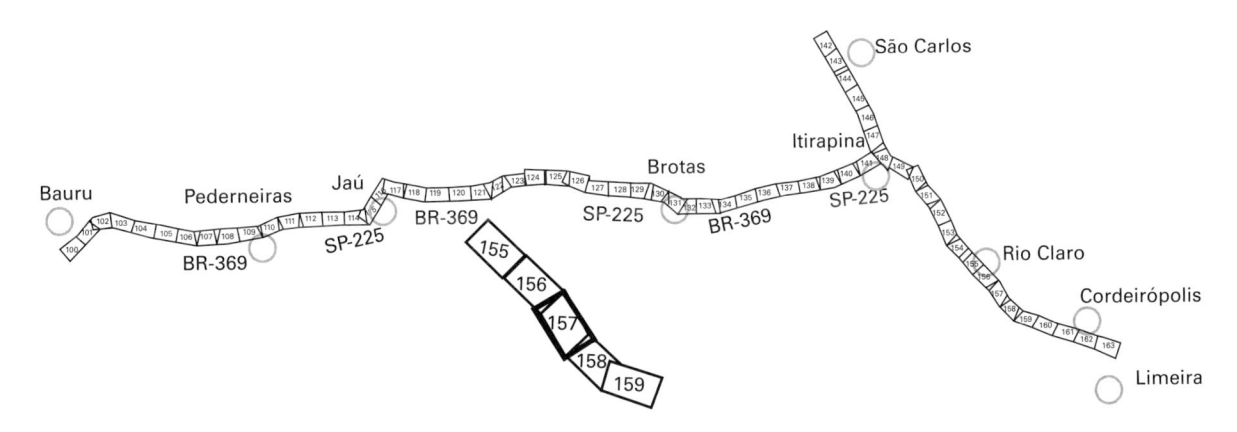

FIG. 9.9 Articulações de folhas para a montagem do mosaico

Mosaico controlado

Nesse tipo de mosaico, corrigem-se as distorções causadas pelo relevo e pelo deslocamento do avião, e as fotografias são coordenadas por um controle terrestre, por meio de pontos determinados. Para a compilação de mosaicos controlados numa escala determinada, é necessário que cada par fotográfico tenha cerca de nove pontos de controle terrestre.

Dá-se o nome geral de controle a um sistema de pontos no terreno, cujas determinações planimétrica e altimétrica tenham sido feitas por meio de medições cuidadosas. A determinação de altitude pode ser feita por meio de um nivelamento barométrico ou trigonométrico.

O controle terrestre para as fotos aéreas requer a escolha de acidentes topográficos, facilmente identificáveis por pontos astronômicos. O topógrafo encarregado do serviço astronômico vai ao campo com fotografias de determinadas zonas para a marcação, nas fotos, das estações astronômicas escolhidas no escritório.

Mosaico não controlado

Nesse tipo de mosaico, não se corrigem as distorções, não existindo qualquer controle terrestre. As fotografias são colocadas juntas, o melhor possível. Sua principal utilidade está na feitura de mapas planimétricos, uma vez que não há possibilidade de visão estereoscópica em três dimensões nos mosaicos. Isso se deve ao fato de que as partes fotográficas onde ocorrem faixas de recobrimento necessitam ser recortadas, para a colagem de duas fotografias consecutivas. Essas faixas seriam responsáveis pela visão em três dimensões. Todavia, a sombra dos objetos existentes numa fotografia pode fornecer uma ideia aproximada de alturas relativas.

9.1.8 Aplicação das técnicas aerofotogramétricas na Engenharia

A Engenharia Civil, nos seus estágios de planejamento, reconhecimento preliminar e construção, oferece um campo extremamente grande para a aplicação das técnicas aerográficas. As vantagens desse método são muitas, tais como:

i) independe do clima, isto é, pode ser usado em regiões tropicais, desérticas ou mesmo árticas, locais onde normalmente as condições climáticas restringem o tempo e a velocidade das operações dos trabalhos terrestres;
ii) permite o trabalho em regiões de difícil acesso, como áreas excessivamente montanhosas, pantanosas ou florestadas, ou áreas em que não há rodovias ou ferrovias;
iii) possibilita a visão de grandes áreas em terceira dimensão, o que é impossível obter em serviços terrestres;
iv) observação de grandes áreas em tempo relativamente curto.

As aplicações das fotografias aéreas podem ser verificadas na engenharia de estradas, barragens, solos, aeroportos, na pesquisa de materiais de construção, de água subterrânea etc.

Locação de estradas

O problema geral é o da locação da rota, isto é, determinar e investigar a melhor rota entre os dois extremos da estrada.

Em geral, o estudo clássico de uma rodovia compreendia operações como reconhecimento, exploração e locação. No reconhecimento, o engenheiro, a cavalo ou de automóvel, procurava descobrir, entre os dois pontos extremos, os pontos obrigatórios do traçado, os quais seriam indicados em plantas de escalas reduzidas, como 1:200.000, ou por meio de desenhos grosseiros e sem escala. Durante a exploração, uma turma de campo traçava uma linha que seria nivelada e contranivelada por meio de um poligonal. Ao longo da faixa estudada, seria confeccionada uma planta topográfica com curvas de nível equidistantes 1 m, nas escalas de 1:1.000. Por fim, com a locação, retornar-se-ia ao campo, de posse de um projeto.

Com o advento da fotografia aérea, facilitaram-se a obtenção de mapas topográficos e a escolha de uma ou mais faixas para o provável traçado da rodovia, tudo feito no escritório, com visão em três dimensões e em conjunto (Figs. 9.10A e 9.10B).

Entre vários fatores, é necessário destacar a possibilidade de grandes retas e das condições de construção. Estas incluem o estudo do tipo de rocha e seu grau de alteração; da composição, porosidade e espessura do solo; do tipo de drenagem, incluindo a profundidade do lençol d'água e as condições de escoamento superficial; do tipo de vegetação e sua densidade; dos materiais de construção, tais como areia, argila, agregado; e de condições especiais, como grau de erosão da área, deslizamento de solo/rocha etc.

A fotointerpretação permite a elaboração de mapas geológicos na área onde se pretende implantar uma rodovia, conforme exemplificado nas Figs. 9.11A e 9.11B.

Geologia de barragens

As informações fornecidas por fotointerpretação em estudos geológicos de barragens poderão ser resumidas nos seguintes casos específicos:

i] *no local da barragem*:
   a] seleção da seção topográfica mais favorável;
   b] definição das construções geológicas das ombreiras e das fundações;
   c] materiais de construção disponíveis;
   d] detalhes para as vias de acesso ao local da barragem.

ii] *na área do reservatório*:
   a] extensão e natureza topográfica da área de inundação;
   b] mapeamento geológico para fins de estanqueidade;
   c] natureza econômica e quantitativa da área a ser inundada.

Um dos aspectos em que a fotointerpretação se mostra muito importante, tanto no local da barragem como na área do reservatório, é o mapeamento estrutural da região. A Fig. 9.11B mostra o controle estrutural por fraturas em rochas do tipo arenito, no rio Tibagi, no Estado do Paraná.

Nesse mapa estão assinaladas as principais direções dos sistemas de fraturas mostrados na Fig. 9.11A. Estão claramente indicados pelo menos três sistemas principais de fraturas. Essa característica é de extrema importância no caso da construção de uma barragem nesse trecho do rio.

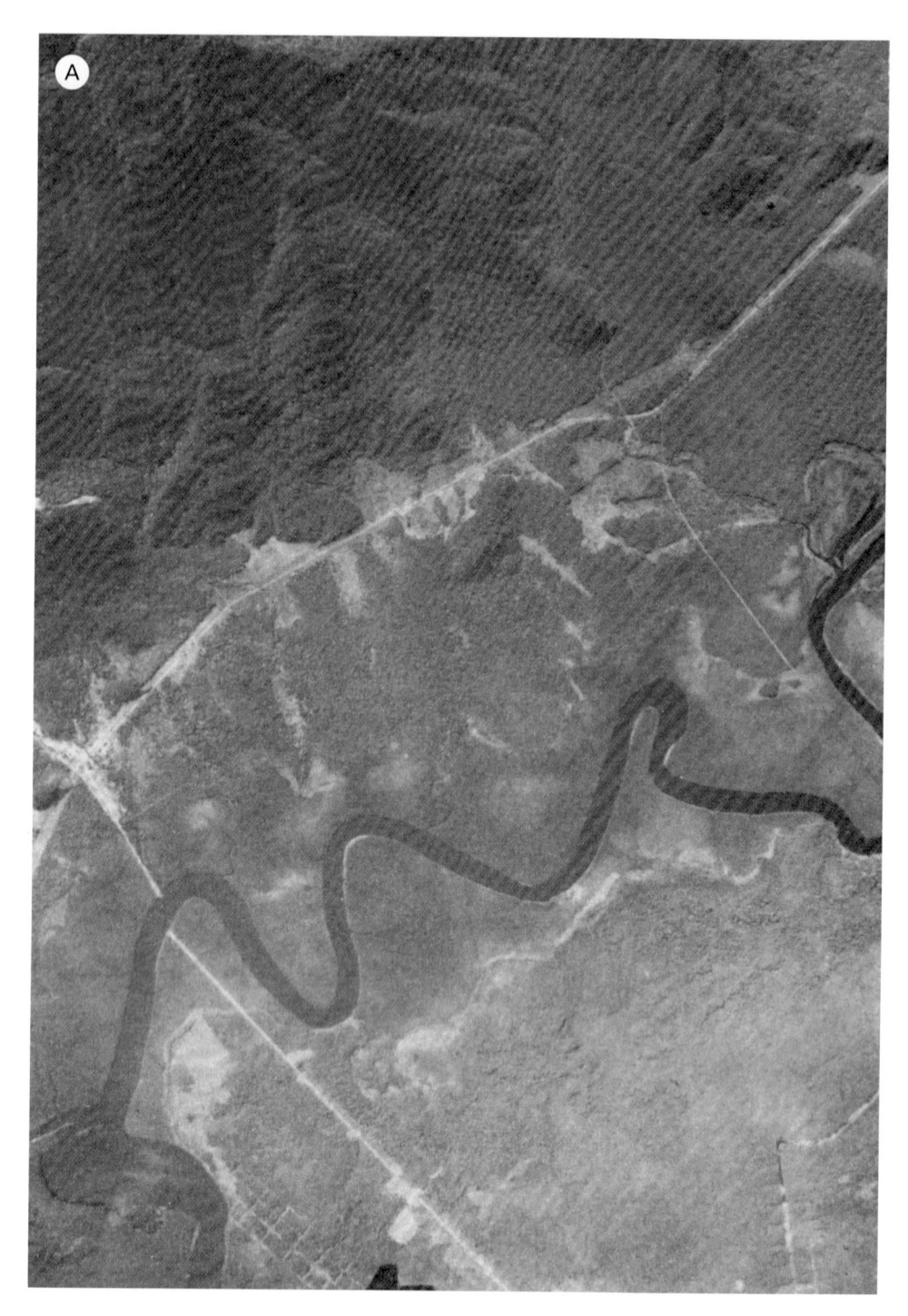

FIG. 9.10 (A) Foto de uma região de rochas magmáticas-graníticas em contato com sedimentos litorâneos. Serra do Mar e Baixada Santista (SP). Notar a diferença na topografia e na cor das formações. Escala 1:25.000

A foto aérea mostrada na Fig. 9.12A foi obtida na região sedimentar do Estado de São Paulo representada pelo arenito Bauru. A foto fornece detalhes da faixa de aluvião e da presença de meandros antigos e abandonados, além de indicar, nas suas margens, elementos de ocupação do solo, como estrada de ferro, rodovia, áreas de culturas etc.

A fotointerpretação dessa região (Fig. 9.12B) mostra o limite da área de aluvião com as rochas sedimentares arenosas, o que é importante para a construção

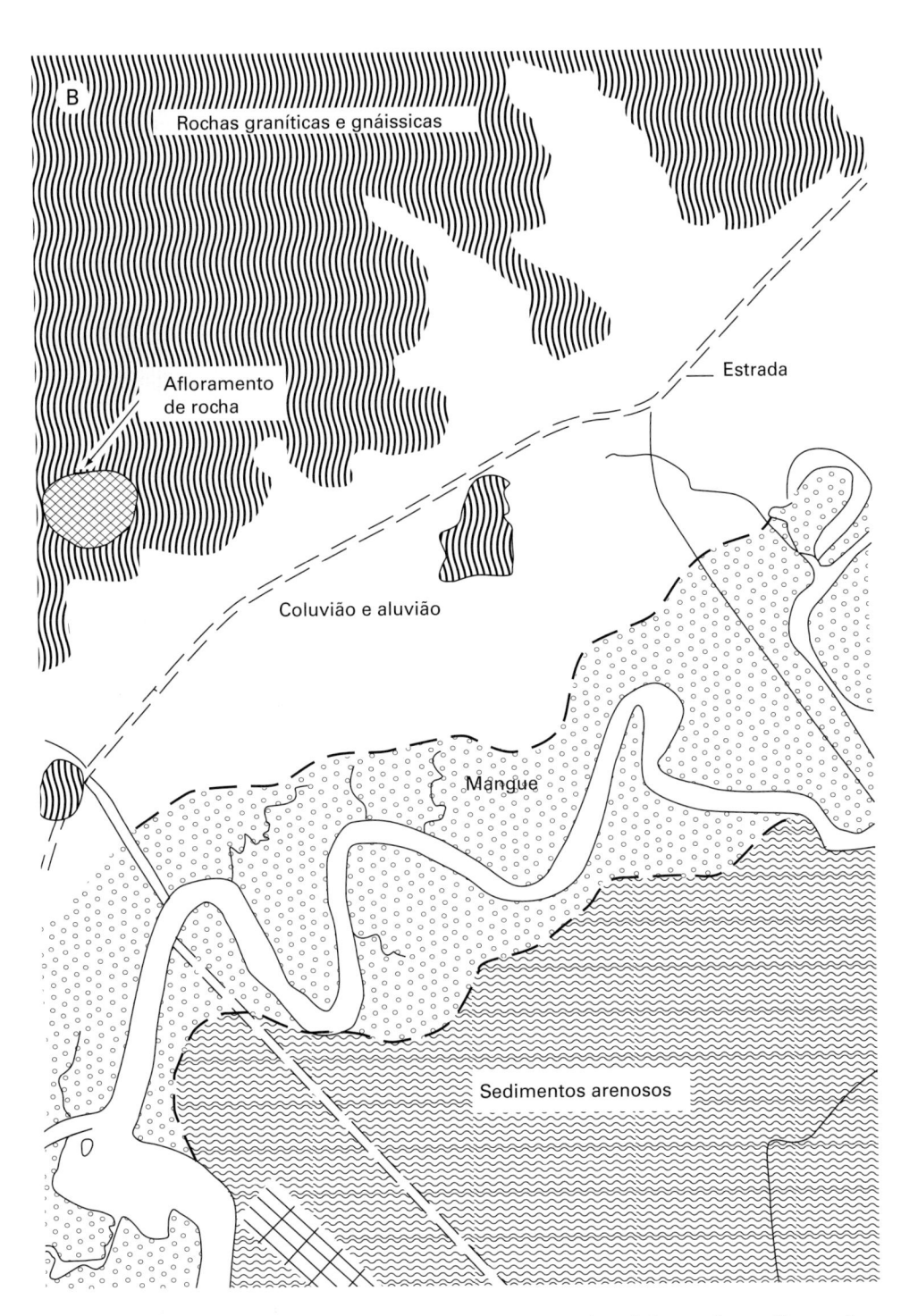

FIG. 9.10 (Continuação) (B) Mapa obtido por meio das fotos aéreas

de barragens e pontes. Deve-se lembrar que a aluvião é fonte de argila, areia e cascalho.

Planejamento para uso e ocupação do solo

Com relação ao planejamento urbano e rural, o uso das fotos aéreas tem sido de fundamental importância. No caso de planejamento urbano, permite a identificação de elementos básicos, como topografia, sistema de drenagem e áreas verdes de culturas, entre outros (Fig. 9.13). No caso de planejamento rural, é importante para definir as áreas de culturas, preservação ambiental, drenagem etc. (Fig. 9.14).

FIG. 9.11 (A) Rio controlado estruturalmente (rio Tibagi, PR). Escala 1:25.000. Notar o aspecto semigeométrico do traçado do rio

9.1.9 Noções de fotointerpretação

A técnica fotointerpretativa reside na observação dos pares fotográficos através dos estereoscópios de espelho e de bolso, onde são marcadas as diferentes feições geológicas, como fraturas, tipos de drenagens, prováveis tipos de rochas, possíveis locais para fornecimento de materiais de construção etc. Essas linhas e feições são transferidas para os mosaicos e fotoíndices, que fornecerão os mapas preliminares e darão uma ideia daquelas linhas e feições num conjunto maior e de caráter regional. Assim, estarão delineados os tipos prováveis de rochas e

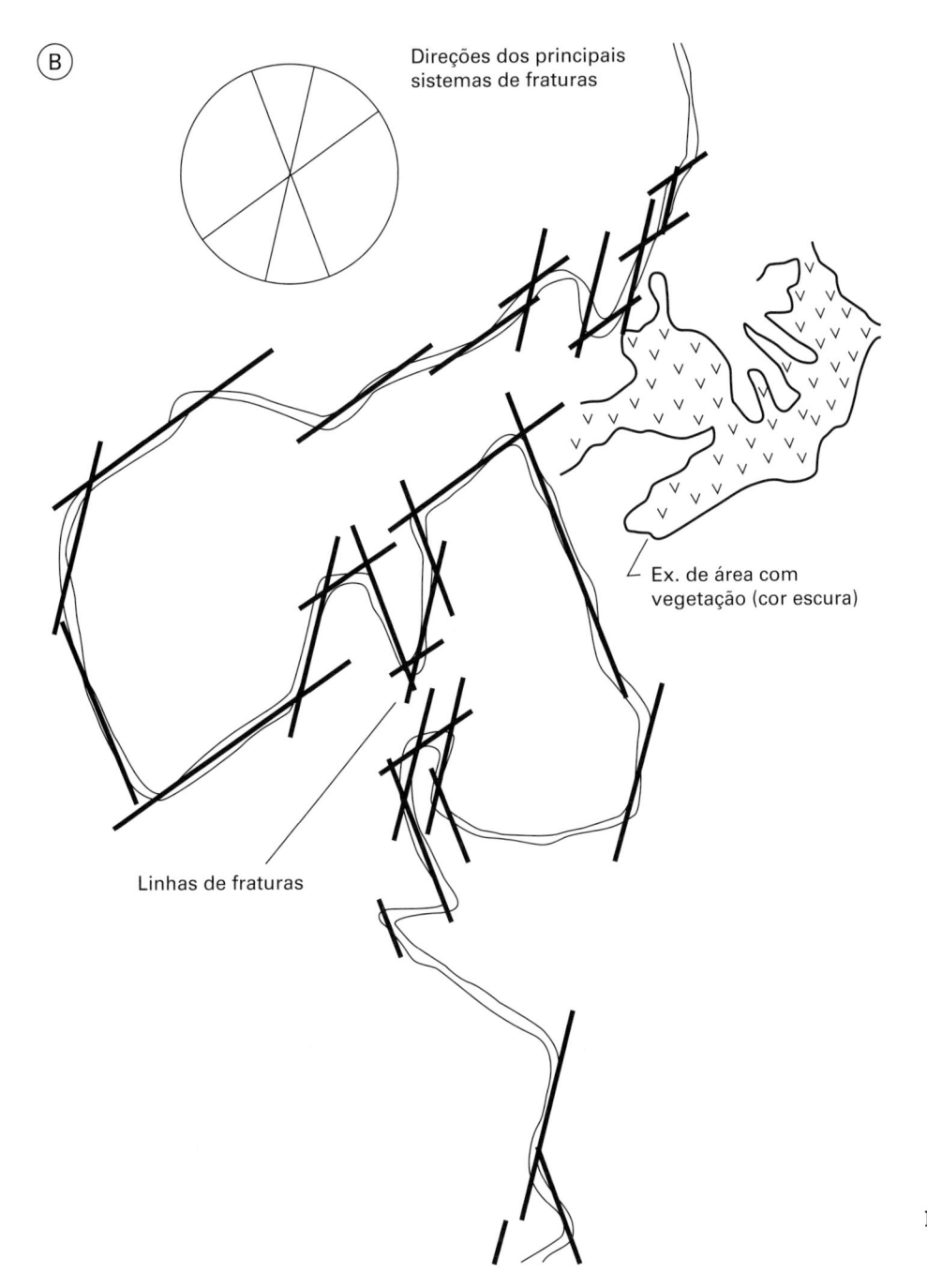

FIG. 9.11 (Continuação)
(B) Fotointerpretação realizada pelo autor

de solos, os sistemas de fraturas, os traços geomorfológicos, as áreas mais adequadas para fornecimento de materiais de construção etc.

De qualquer maneira, deve-se frisar que a aplicação da técnica da fotointerpretação não eliminará nunca os trabalhos de campo, mas tão somente reduzirá a sua extensão, bem como aumentará sua precisão e eficácia. Por outro lado, não se deve supervalorizar o método fotointerpretativo e, assim, dispensar os trabalhos de campo, nem se deve subestimar suas possibilidades e, dessa forma, não utilizar a fotointerpretação tanto nos estágios preliminares como no mapeamento geológico. Superestimar ou subestimar esse método poderá ser uma atitude desastrosa para quem se utilizar dele.

FIG. 9.12 (A) Foto aérea da região sedimentar do Estado de São Paulo representada pelo arenito Bauru. Escala: 1:25.000

As fotografias aéreas são de grande valor para os trabalhos geológicos, uma vez que permitem o estudo do aspecto da superfície da Terra, ou seja, da distribuição das formas do terreno. A definição dos diferentes tipos de rochas e solos permite o estabelecimento das estruturas das rochas e dos solos, isto é, se se trata de sedimentos horizontais, rochas metamórficas dobradas e falhas etc., assim como mostra as relações das obras de engenharia com os fenômenos geológicos

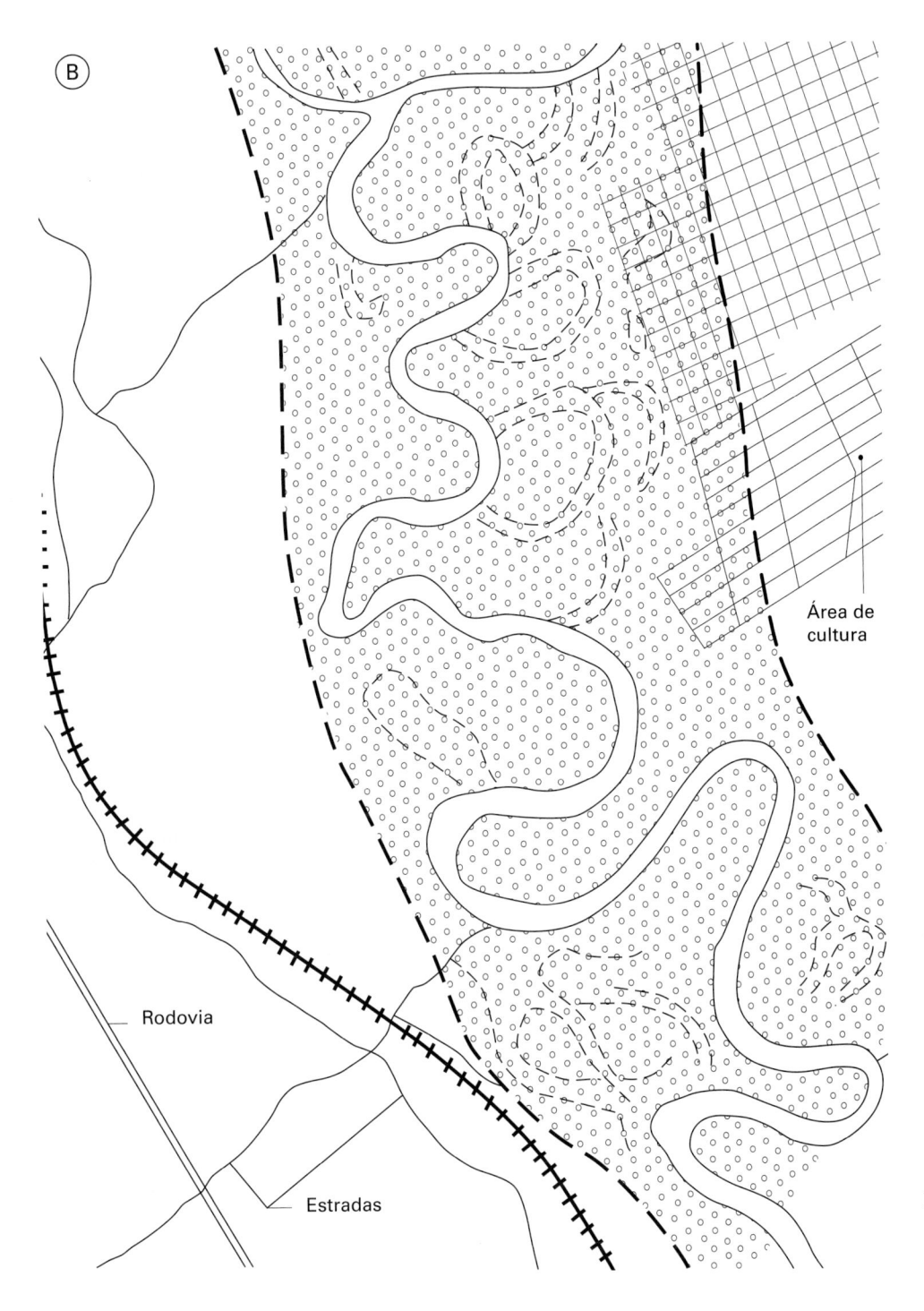

FIG. 9.12 (Continuação) (B) Fotointerpretação realizada pelo autor

citados anteriormente. Em resumo, a fotografia fornece uma quantidade tal de detalhes que supera os métodos terrestres de prospecção do terreno.

O estudo das fotografias aéreas e dos mapas geológicos construídos a partir delas é chamado de *fotogeologia*. Para uma perfeita interpretação das fotografias, o especialista deverá estar apto a perceber certos detalhes, reconhecendo e distinguindo rodovias, ferrovias, casas, lagos, tipos de vegetação, de rios, rochas, solos etc. A maioria das rodovias oferece traçados muito irregulares e pode exibir curvas muito bruscas, ao passo que as ferrovias geralmente descrevem curvas mais suaves.

FIG. 9.13 Foto aérea de uma cidade de Minas Gerais. Escala 1:3.000. Notar a nitidez de certos detalhes, como carros, postes etc. Foto utilizada para cadastro municipal

Outro exemplo são as águas de um lago ou represa que, quando calmas, apresentam coloração que pode ser preta ou cinza-escuro, mas, quando em movimento, são de cor cinza-claro ou mesmo branca. Já a vegetação, pela grande variabilidade de espécies e condições, apresenta nas fotografias inúmeros tons, com matizes e texturas que conduzem a várias interpretações. Por exemplo, pode-se dizer que, em duas áreas de vegetação, uma cinza-claro e outra cinza-escuro, esta última decorre do fato de o solo estar saturado d'água.

FIG. 9.14 Foto de uma fazenda. Escala 1:5.000. Notar a sede, parte do campo de pouso, pequena barragem, vegetação de campo, topografia plana. Geologia: região do arenito Bauru

Deve-se frisar que a tonalidade indica a quantidade de luz refletida pelo objeto. Por exemplo, um determinado tipo de solo que tenha um tom cinza muito escuro induz a conclusões de que o material seja saturado, impermeável ou com o nível freático próximo da superfície. Ao contrário, os solos ou materiais em tons claros podem indicar aridez e nível freático profundo.

De modo geral, a vegetação aparecerá na fotografia com tonalidade cinza-escuro, que será tanto mais forte quanto mais verde-escura for a sua cor no terreno.

É impossível explicar todos os princípios e normas de interpretação, pois, para adquiri-los e, principalmente, aplicá-los convenientemente, não basta um curso, nem mesmo especializado. A perfeita técnica requer uma sensibilidade ou sexto sentido, somente adquirido em muitos anos de prática efetiva.

Ao se iniciar na técnica interpretativa, o estudante deve observar, com a maior atenção, qualquer detalhe que julgue destacável ou correlacionável.

No início da fase interpretativa, o estudante sentirá a necessidade de ir ao campo numerosas vezes, seja para tirar dúvida de um determinado elemento, seja para correlacioná-lo com os outros. A anotação dos fatos descobertos ou determinados no campo segue a seguinte técnica: o estudante, munido de um alfinete, fura o local da foto e, no verso, assinala com um número ou letra o local observado (Fig. 9.15), que será descrito na sua caderneta de anotações da seguinte forma, por exemplo: "Ponto n° 37 - cachoeira com afloramento de um dique de diabásio. A rocha aparece ligeiramente alterada. O dique corre na posição vertical e sua espessura é de aproximadamente 40 m etc."

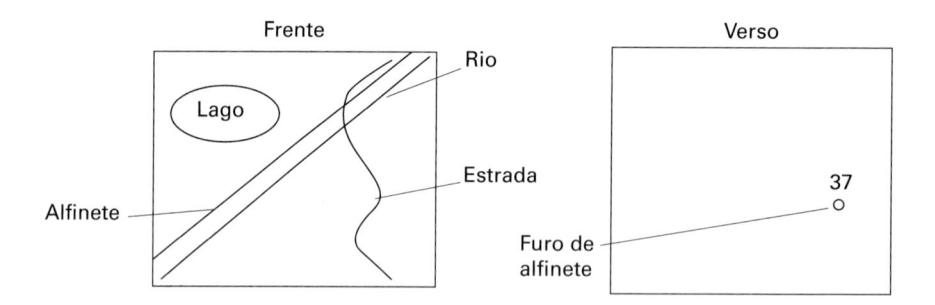

FIG. 9.15 Anotação dos fatos descobertos ou determinados no campo

Gradativamente, o estudante que, no primeiro dia, não distingue uma rodovia de uma ferrovia, uma cerca divisória, as diferentes áreas de culturas etc., com treinamento adequado, terá adquirido, após um mês, experiência suficiente para futuras interpretações. O melhor e maior fato que possibilita a interpretação é o exercício constante, uma vez que as impressões de uma observação fotográfica não são facilmente transferidas de uma pessoa para outra.

9.1.10 Interpretação litológica e estrutural

Os elementos que auxiliam na determinação do tipo de rocha presente em determinada fotografia são os seguintes: topografia, tipo de vegetação, coloração (tonalidade) da foto, existência ou não de elementos estruturais como falhas, fraturas, camadas inclinadas etc., tipo de drenagem e feições especiais como, por exemplo, a existência de depressões e cavernas, que indicarão, de imediato, a existência da rocha calcária. A seguir, descreve-se a influência de alguns dos elementos relacionados.

Vegetação

Como exemplo, temos:
- áreas de campo: solo arenoso – região de arenitos;
- áreas de cultura: solo terra roxa – região de basalto.

Coloração

As rochas básicas aparecem mais escuras nas fotos, bem como aquelas mais saturadas de água. Porém, a cor de uma mesma rocha pode variar em duas fotos consecutivas, em razão da incidência dos raios solares.

Estruturas geológicas

Em geral, afloramentos de rochas como quartzito, basalto e mesmo arenito oferecem sistemas de fraturas facilmente distinguíveis. Falhas constituem elementos maiores e de mais difícil interpretação, e as dobras são igual e facilmente determinadas quando o mergulho das camadas é assinalado (Fig. 9.16).

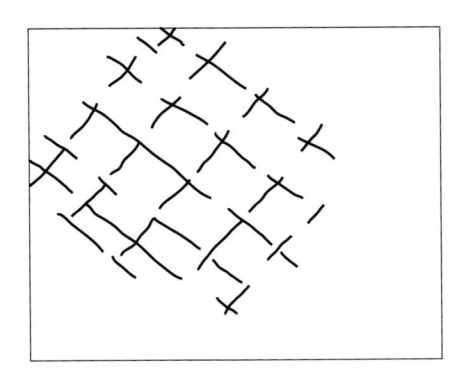

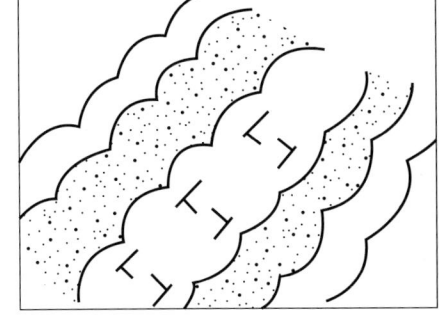

Quartzito
Fraturas ortogonais

Rochas metamórficas
Dobras

FIG. 9.16 Estruturas em fotos aéreas

Em resumo, se associarmos a observação de todos os fatores citados a uma certa experiência do interpretador, podemos concluir que algumas litologias apresentam as seguintes características:

i] *Sedimentos*: os sedimentos recentes possuem características marcantes em relação à sua ocorrência. Assim, são encontrados em planícies de inundação ou várzeas dos rios, em depósitos de praia ou como depósitos de encostas (Fig. 9.17). A tonalidade da foto será clara quando o sedimento não estiver saturado de água; caso contrário, será escura.

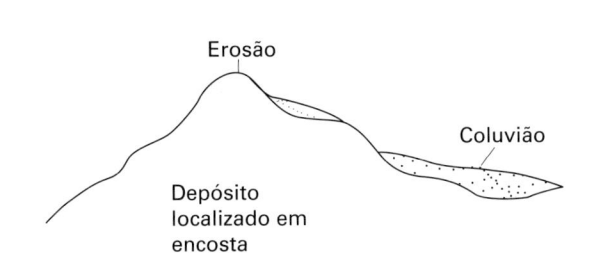

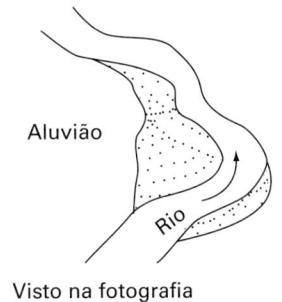

Erosão

Coluvião

Depósito localizado em encosta

Aluvião

Rio

Visto na fotografia

FIG. 9.17 Características marcantes dos sedimentos em fotos

ii] *Arenitos*: por serem rochas constituídas praticamente apenas de quartzito, aparecem nas fotos em tonalidades mais claras. A drenagem é típica e bem distribuída, e são frequentes nos sistemas de fraturas quando a rocha for cimentada. Naturalmente, a vegetação não é densa.

iii] *Folhelhos*: aparecem em tonalidades fotográficas relativamente mais escuras. A drenagem é dendrítica e, nas encostas, a erosão forma essas figuras típicas. É comum a presença de fraturas.

iv] *Calcários*: estão entre as rochas mais facilmente identificáveis, uma vez que neles aparecem depressões, cavernas, colinas, rios que desaparecem e surgem adiante etc. A coloração é bastante irregular e a foto possui, na maioria das vezes, um aspecto "manchado" ou "descolorado".

v] *Derrames de basalto*: formam escarpas terraceadas, em decorrência da ação da erosão, ou exibem sistemas de fraturas, que normalmente exercem o controle da drenagem. São de coloração mais escura e suas áreas são intensamente cultivadas, por causa do solo de terra roxa delas derivado.

vi] *Rochas graníticas*: são caracterizadas nas fotos aéreas por apresentarem aspecto maciço (não se observam camadas), e as formas topográficas mais comuns são morrotes suavemente arredondados, lembrando uma meia laranja. Em razão dos sistemas de fraturas, normalmente cúbicos, aparecem blocos isolados ou uma série deles. A cor é mais clara que a dos basaltos.

vii] *Gnaisse-xistos*: topograficamente acidentados, os gnaisses lembram os granitos. Com relação à drenagem, os xistos pouco dobrados lembram os folhelhos. Porém, as dobras existentes distinguem essas duas rochas das demais, e os gnaisses, por serem mais resistentes que os xistos, são deles separados por meio da topografia mais acidentada.

Enumeramos, na próxima seção, alguns dos aspectos nos quais a fotointerpretação apareceu como elemento de grande valia e possibilitou a execução de mapas básicos preliminares no escritório, bem como orientou os trabalhos de campo e esclareceu problemas julgados, à primeira vista, quase insolúveis.

9.1.11 Exemplos de fotointerpretação
Geologia geral

Ao observar-se as fotos aéreas, os mosaicos ou os fotoíndices da zona do rio Tibagi, no Estado do Paraná, torna-se evidente, até ao observador mais desavisado, a presença das inúmeras faixas de estruturas paralelas. Essas faixas, ao cortarem o rio, provocam o aparecimento de corredeiras ou de estrangulamentos locais do curso.

Essas faixas paralelas, ao serem observadas ao estereoscópio, apresentam-se constituindo cristas na topografia, o que nos permite deduzir a existência de faixas de rocha mais resistente englobada na rocha regional. Esta, exibindo camadas horizontais, drenagem orientada, topografia suave e vegetação rasteira, sugere tratar-se de rocha sedimentar. Uma simples consulta bibliográfica assinalou, para a região, a presença de arenitos da formação Furnas e de diques, o que nos permitiu a execução, em escritório, do mapeamento completo dessas rochas e, assim, a confecção de um mapa geológico preliminar da área, confirmado posteriormente por alguns dias de trabalho de campo. A direção predominante dos diques é N 45° W, com mergulhos gerais próximos da vertical. Essas leituras foram confirmadas pelos trabalhos de campo.

Dessa maneira, delimitados os diques, bem como suas extensões, foi possível, por meio da fotointerpretação, num mínimo de tempo, concluirmos:
a] o mapa geológico da área;
b] a seleção dos locais de barragens ao longo dos diques de diabásio, que, sendo mais resistentes, apresentam melhores condições de formações;

c] a seleção de locais de pedreiras nesses diques, uma vez que as rochas regionais, sendo sedimentares, geralmente são inadequadas para o fornecimento de agregado;

d] a locação de depósitos marginais de aluviões para fornecimento de areia para concreto e filtro.

Drenagem

Ao se estudar qualquer conjunto fotográfico das regiões do curso superior do mesmo rio Tibagi, é igualmente evidente o controle estrutural exercido pela rocha local no traçado do rio. A presença e a definição de sistemas de fraturas responsáveis pelo traçado controlado do rio podem ser observadas diretamente nas fotografias aéreas, tanto em afloramentos próximos ao curso d'água como pela rede de drenagem da região. Essas mesmas fraturas permitem também a formação de canais mais permeáveis, que poderão, inclusive, comprometer a estanqueidade de uma barragem nessa área. A existência desses canais é evidenciada pela presença de linhas mais claras nas fotografias aéreas.

Geologia local

No local proposto para a barragem de Promissão, no rio Tietê, Estado de São Paulo, em apenas dois dias de trabalho de campo levantou-se um mapa geológico da área, no qual foram destacadas as características litológicas e estruturais, bem como as áreas adequadas para o fornecimento de materiais de construção.

A rocha local está representada pelo arenito Bauru, no qual diversos sistemas de fraturas puderam ser determinados por fotointerpretação e comprovados por posterior trabalho de campo. Os limites das planícies de inundação foram adequados para a sua utilização como material de empréstimo em barragens de terra. No caso específico, o problema fundamental estaria restrito à escolha dos locais mais favoráveis. Essa escolha foi igualmente facilitada pela fotointerpretação.

Um grande problema se resumia à locação de pedreiras para agregado, uma vez que inexistem indícios de concentrações naturais de cascalho. Porém, o exame fotointerpretativo do Ribeirão dos Patos, situado na margem esquerda do rio, levou à conclusão de que o tratado semigeométrico em região sabidamente de arenito só poderia decorrer da existência de uma rocha mais resistente no leito do rio, a qual controlaria estruturalmente o curso.

Nossas hipóteses foram confirmadas, havendo, de fato, afloramentos de basalto maciço nesse ribeirão, que sugeriram a pesquisa de locais para pedreiras nessa área.

Nível freático

Nos trabalhos de reconhecimento executados no rio Paraná, as cidades de Porto Castilho e Paranaiara, do lado sul-mato-grossense, caracterizam-se por exibir, ao contrário dos lados paulista e paranaense, extensas planícies de inundação. Um ligeiro exame nas fotos aéreas permitiu a separação, nas margens sul-mato-grossenses, de áreas de aluvião alagadiças, áreas de aluvião secas e áreas de solos residuais derivados de arenitos Caiuá.

Nas fotos, os locais alagadiços normalmente exibem tonalidades mais escuras de cinza. Dessa maneira, torna-se possível determinar a posição aproximada do nível freático e o estado de saturação dos materiais.

Fundações

O local conhecido como Santa Bárbara, no rio Sapucaí Paulista, localizado próximo da ponte da antiga Rodovia Batatais-Franca, no Estado de São Paulo, já foi citado na literatura como zona essencialmente de basalto. A observação das fotos aéreas de trecho do rio a alguns quilômetros tanto a jusante como a montante desse local, principalmente a montante, na confluência do seu afluente Santa Bárbara, mostrou que ambos os cursos caracterizam-se por exibir uma série de meandros e apreciáveis terraços fluviais. Essas características nos levam a concluir pela existência, nas proximidades dos locais de Santa Bárbara, de uma faixa de rocha menos resistente, ao contrário dos locais mais distantes de jusante, onde se localizam as usinas de São Joaquim e Dourados, em cujo trecho a ocorrência de rochas basálticas impôs ao rio um traçado semigeométrico e isento de meandros. Nossas previsões foram confirmadas no campo, e foi possível, em rápida visita, comprovar o mapeamento da referida camada menos resistente, representada por arenitos. Dessa maneira, por certo trecho do rio, verificou-se que as fundações de um anteprojeto de barragem seriam desenvolvidas em rocha menos resistente e do tipo arenítico, e não basáltico, de acordo com as citações de trabalho anterior. Essa alternativa mudou completamente os planos de projeto para as barragens nessa área.

Geologia estrutural

Em trabalhos de reconhecimento preliminar realizados em cinco locais selecionados como favoráveis para a implantação de barragens localizadas nos trechos médios e baixos do rio Paraíba, no Estado do Rio de Janeiro, uma vez mais a fotointerpretação foi de importância decisiva, pois esclareceu e definiu as linhas gerais da estrutura geológica das rochas gnáissicas regionais. No primeiro exame das fotos aéreas daquela região ao estereoscópio, dois elementos se destacaram sobremaneira: a xistosidade dos gnaisses, com direção perfeitamente definível, e dois sistemas nítidos e importantes de fraturas, um dos quais de caráter direcional, ou seja, ao longo da xistosidade, e o outro perpendicular a ela.

O traçado do rio Paraíba obedece a dois elementos principais: a xistosidade da rocha e o sistema de fraturas perpendicular àquele elemento. Dessa maneira, a maior parte da direção do rio coincide com a direção da xistosidade, apesar de em pequenos trechos locais a direção passar a ser perpendicular à xistosidade, em virtude dos sistemas de fraturas. Por longos trechos, a rocha aflora no leito do rio, e a xistosidade aparece quase sempre com um mergulho vertical ou próximo dela.

À medida que se observam as fotos que gradativamente cobrem áreas mais afastadas do rio, pode-se perfeitamente notar e marcar a variação do mergulho da xistosidade.

A análise por fotointerpretação permitiu a definição estrutural das áreas descritas, ou seja, dos tipos, das extensões e das variações dos dobramentos nelas existentes.

Outro exemplo bastante significativo e ilustrativo está representado pelos cânions, quedas e canais existentes em Guaíra, ou Sete Quedas, no rio Paraná. Apesar da evidência e fácil visualização desses sistemas de fraturas nesse local, a rápida observação estereoscópica das fotos aéreas permitiu a definição daqueles sistemas, os quais aparecem segundo as direções médias de N 45° W, N 50° E e próximo de NS e EW, sendo o mergulho próximo da vertical. Esses valores foram igualmente conferidos no campo. Secundariamente, foram definidos, nas fotos aéreas, terraços fluviais e depósitos aluvionais.

Materiais de construção

Em geral, as pesquisas de materiais como cascalho, areias e argila são orientadas para as áreas de depósitos aluvionais. A delimitação dessas áreas de aluvião é possível apenas pelos contatos topográficos, geralmente nivelados em terraços, e também pela nítida diferença de coloração exibida por esses depósitos e pelas rochas que os englobam. As cores das aluviões, por causa da presença de água, são mais escuras.

Esses tipos de raciocínio podem ser igualmente estendidos para a definição de meandros abandonados, na pesquisa dos mesmos materiais.

Sensoriamento remoto 9.2

Sensoriamento remoto é a técnica que permite obter imagens da superfície terrestre por meio da captação e do registro da energia refletida ou emitida por ela. Refere-se à obtenção de dados por meio de sensores instalados em plataformas terrestres, aéreas (balões e aeronaves) e orbitais (satélites artificiais). O termo "remoto", que significa distante, é utilizado porque a obtenção é feita a distância, como ilustrado na Fig. 9.18.

O sensoriamento remoto vincula-se ao surgimento da fotografia aérea, e sua evolução pode ser dividida em dois períodos: de 1860 a 1960, em que era baseado no uso de fotografias aéreas, e de 1960 aos dias de hoje, caracterizado também por

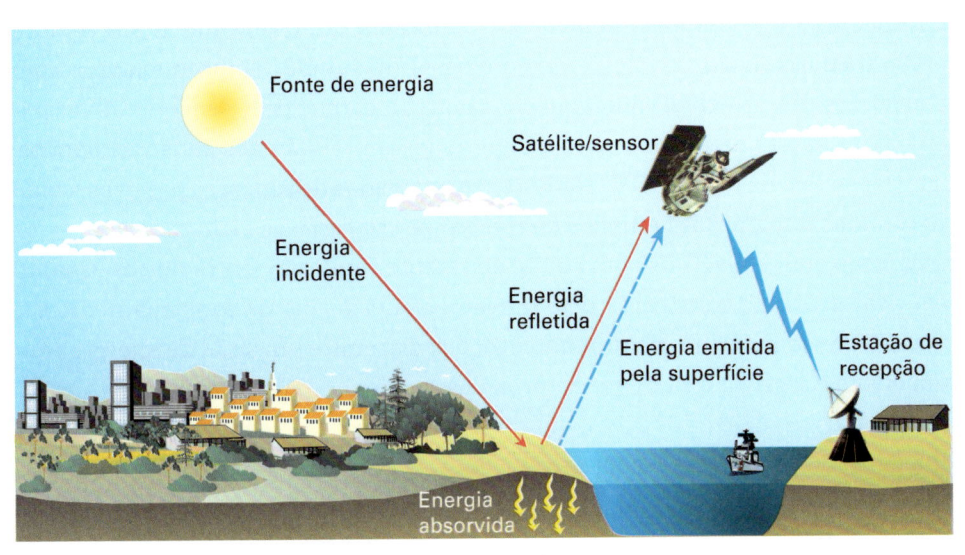

FIG. 9.18 Princípio da obtenção de imagem por sensoriamento remoto
Fonte: Florenzano (2011).

uma variedade de tipos de imagens de satélite. O sensoriamento remoto envolve Matemática, Física, Química, Biologia, Ciências da Terra e da Computação.

9.2.1 A evolução

Durante a Segunda Guerra Mundial, houve um grande desenvolvimento do sensoriamento remoto: foi desenvolvido o filme infravermelho, com o objetivo de detectar camuflagens; introduziram-se novos sensores, como o radar; houve avanços nos sistemas de comunicação etc.

Na década de 1960, as primeiras fotografias orbitais (tiradas de satélites) da superfície da Terra foram obtidas dos satélites tripulados Mercury, Gemini e Apolo. Com o lançamento do primeiro satélite meteorológico da série Tiros, em abril de 1960, começaram os primeiros registros sistemáticos de imagens da Terra. Em julho de 1972, foi lançado o primeiro satélite de recursos terrestres, o ERTS-1, mais tarde denominado Landsat-1. Atualmente existem vários outros, como os da série Spot, desenvolvidos pela França. No Brasil, as primeiras imagens do Landsat foram recebidas em 1973. Hoje, o Brasil recebe, entre outras, as imagens dos satélites Landsat, IRS-P6 (indiano) e CBERS (programa de cooperação entre o Brasil e a China).

No Brasil, o sensoriamento remoto iniciou-se praticamente em 1972, com o lançamento dos satélites da série Landsat.

9.2.2 Sensores remotos

Há sensores que captam dados de diferentes regiões do espectro eletromagnético. Dependendo do tipo, o sensor capta dados de uma ou mais regiões do espectro (sensor multiespectral).

O olho humano é um sensor natural que enxerga somente a luz ou energia visível. Sensores artificiais permitem obter dados de regiões de energia invisível ao olho humano. As câmaras fotográficas e de vídeo captam energia da região do visível e do infravermelho próximo.

Os sensores do tipo radar, por produzirem uma fonte de energia própria na região de micro-ondas, podem obter imagens tanto durante o dia como à noite, e em qualquer condição meteorológica (incluindo tempo nublado e com chuva). Essa é a principal vantagem dos radares (chamados de sensores ativos por enviarem pulsos de energia para a superfície) em relação aos sensores ópticos, que dependem da luz do Sol e, por isso, são chamados de sensores passivos, como as câmaras fotográficas (a menos que se utilize um *flash*), as câmaras de vídeo, os escâneres multiespectrais como o TM do satélite Landsat-5, entre outros. Quanto ao radar artificial, construído pelo homem, seu princípio de funcionamento é o mesmo do radar natural de um morcego, ou seja, emite um sinal de energia para um objeto e registra o sinal que retorna desse objeto.

9.2.3 Imagens em 3D e estereoscopia

Uma imagem tridimensional (3D) é aquela que permite perceber que cada objeto tem altura, comprimento e largura. Ela proporciona a sensação de volume e profundidade. Toda pessoa que possui visão binocular normal enxerga a realidade como ela é, ou seja, em 3D. Imagens ou fotografias aéreas da mesma área, porém obtidas de uma posição diferente, permitem uma visão tridimensional da paisagem.

A estereoscopia refere-se ao uso da visão binocular na observação de um par de fotografias ou imagens desse tipo. Ela é um recurso que proporciona, mantendo a perspectiva vertical, uma visão de imagens ou fotografias em 3D. O estereoscópio (Fig. 9.19) é o equipamento utilizado para observarmos pares estereoscópicos de fotos e imagens em 3D. Hoje existem novos recursos tecnológicos (hardware, software e óculos especiais) que permitem visualizar imagens digitais (pares estereoscópicos) em 3D na tela do computador.

Antigamente o recurso da estereoscopia era disponível somente com pares de fotografias aéreas (tomadas com uma superposição lateral de 60%). A partir do HRV (Spot) e, posteriormente, de vários outros sensores ópticos, como, por exemplo, o Aster (Terra), dispõe-se desse recurso também com as imagens de satélites. Em fotografias ou imagens sem o recurso da estereoscopia, assim como nos mapas, a realidade tridimensional é representada de forma bidimensional, ou seja, apenas em duas dimensões (comprimento e largura).

Os novos sensores permitem obter dados digitais de altitude (Modelos Digitais de Elevação - MDE). A partir desses modelos, podemos, utilizando um SIG, gerar outras variáveis: declividade, orientação de vertentes etc.

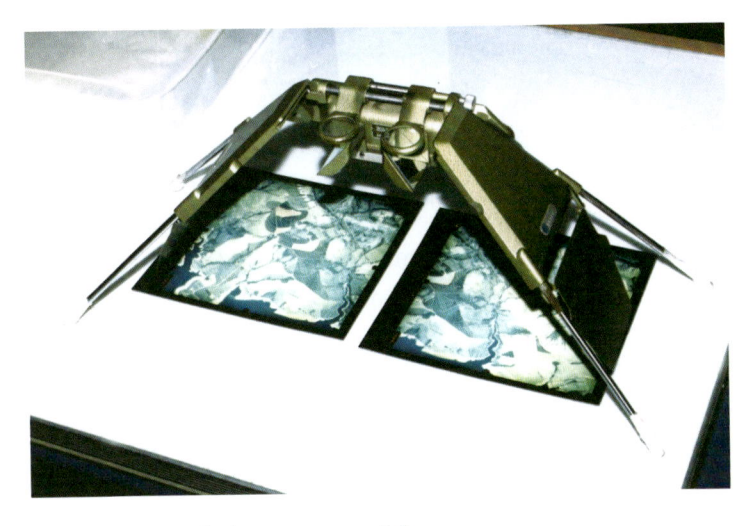

FIG. 9.19 Exemplo de um estereoscópio
Fonte: Florenzano (2011).

9.2.4 Interpretação de imagens

Interpretar fotografias ou imagens é identificar objetos nelas representados. Assim, quando, a partir da análise de uma imagem ou fotografia, identificamos e traçamos rios e estradas, ou delimitamos uma represa, a área ou mancha urbana correspondente a uma cidade, uma área de cultivo etc., estamos fazendo a sua interpretação. Quanto maior a resolução e mais adequada a escala, mais direta e fácil é a identificação dos objetos em uma imagem.

Quanto maior a experiência do intérprete e o seu conhecimento, tanto temático como de sensoriamento remoto, acerca da área geográfica representada em uma imagem, maior é o potencial de informação que ele pode extrair da imagem.

Com relação ao sensoriamento remoto, é importante conhecer seus principais fundamentos e conceitos: tipo de satélite (órbita, altitude, horário etc.), características do sensor (resolução, faixa espectral em que funciona, ângulo de visada etc.), interação da energia eletromagnética com os objetos e fatores que interferem nessa interação (época do ano, horário, atmosfera, umidade etc.).

O conhecimento prévio da área geográfica facilita o processo de interpretação e aumenta o potencial de leitura de uma imagem. Um exemplo que mostra a importância do conhecimento da área de estudo na interpretação de dados de sensoriamento remoto são os mapas elaborados por populações tradicionais, com imagens de satélites, como os dos seringueiros do Estado do Acre. Isso é possível porque, embora geralmente tenham pouca ou nenhuma escolaridade, essas populações têm um grande conhecimento de campo. Em outras palavras, conhecem a área em que vivem como "a palma da mão". Assim, a partir de um ponto de referência, que é um lugar conhecido e identificado com facilidade na imagem, os demais elementos do ambiente também são identificados ou reconhecidos.

Dessa maneira, para os inexperientes em interpretação de imagens, recomendamos iniciar por uma imagem de área conhecida. Levantar em livros, mapas e no campo informações sobre a área de estudo também facilita a interpretação de imagens. O trabalho de campo é praticamente indispensável no estudo e mapeamento de ambientes com o uso de imagens de sensores remotos. Ele faz parte do processo de interpretação de imagens. Por meio dele, o resultado da interpretação torna-se mais confiável.

Existem objetos mais facilmente visíveis em uma imagem – em geral, relevo, drenagem, água, cobertura vegetal e uso da terra. No processo de interpretação de imagens é estabelecida uma relação entre o que é visível e o que não é diretamente visível em uma imagem. Com base na análise da drenagem, de feições e formas de relevo destacadas nas imagens, pode-se interpretar a geologia, os solos e os processos relacionados.

Na maioria das vezes, o resultado da interpretação de uma imagem obtida por sensor remoto é apresentado em forma de um mapa. Muitas vezes, a própria imagem é utilizada como um mapa (uma base), na qual assinalamos limites, estradas, drenagem e o nome dos objetos identificados. Esse procedimento é muito comum quando os dados são utilizados em formato digital e analisados diretamente na tela de um computador, com o uso de um *software* de processamento de imagens e de um SIG (Fig. 9.20A). Dessa maneira, a informação obtida pode ser armazenada no formato digital e o mapa, gerado automaticamente, como mostra a Fig. 9.20B.

Existem programas computacionais de segmentação e classificação de imagens digitais, por meio dos quais os mapas são gerados automaticamente desde a fase de interpretação da imagem. Mesmo nesses casos, sempre existe uma interação do homem com a máquina. Por isso, é preciso saber interpretar uma imagem, até mesmo para poder avaliar o resultado de uma classificação ou "interpretação automática".

9.2.5 Elementos utilizados para interpretação das imagens

Estes elementos são praticamente fundamentais para a interpretação:

i) *Tonalidade/cor*: a tonalidade refere-se aos tons de cinza das imagens em preto e branco. A cor é utilizada nas imagens coloridas, que são mais fáceis de interpretar do que as imagens em preto e branco.

ii) *Textura*: diz respeito ao aspecto liso ou rugoso de uma imagem. Por exemplo, na Fig. 9.21, a textura lisa corresponde a áreas planas e a rugosa, a áreas acidentadas.

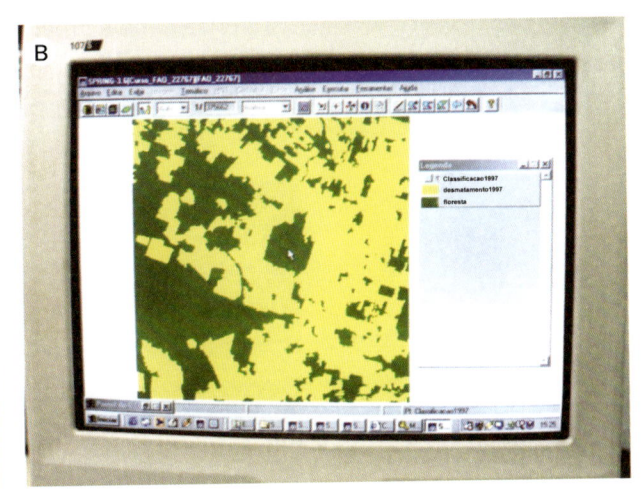

FIG. 9.20 (A) Exemplo de interpretação de uma imagem digital TM-Landsat-5 na tela do computador e (B) o resultado dessa interpretação. Em (A), com a ajuda de um cursor, podemos observar as classes delimitadas em polígonos amarelos. Em (B), o resultado da interpretação, com as classes de vegetação em verde e o desmatamento em amarelo, como indica a legenda
Fonte: Florenzano (2011).

iii] *Tamanho*: o tamanho dos objetos de uma imagem depende da escala dessa imagem, que irá permitir a identificação de objetos de diferentes tamanhos.

iv] *Forma*: a forma dos objetos é facilmente identificável nas imagens. As formas regulares normalmente dizem respeito a obras/áreas construídas e as irregulares, a feições naturais.

v] *Sombra*: pode ajudar na interpretação, mas também dificultar, por encobrir certas áreas e torná-las mais escuras.

vi] *Padrão*: é o elemento que caracteriza uma área ou objetos que serão padronizados, facilitando a interpretação de áreas maiores.

FIG. 9.21 Linha que separa a floresta do cerrado; mosaico em Mato Grosso (1980)
Fonte: INPE.

vii] *Localização*: diz respeito à situação geográfica, e mesmo antes do início da interpretação das imagens já é conhecido se a região é urbana, agrícola, de reflorestamento ou pecuária etc. A Fig. 9.22 apresenta exemplos distintos de interpretação, exemplificados pelas fotos mostradas na Fig. 9.23.

Principais diferenças entre aerofotogrametria e imagens de satélite 9.2.6

A finalidade da aerofotogrametria e das imagens de satélite é a mesma, ou seja, gerar cartografia, gerar mapas. A diferença está no nível de precisão ou acurácia que o mapa cartográfico terá. As imagens de satélite QuickBird, por exemplo, têm 0,6 m x 0,6 m, ou seja, 0,36 m^2, ao passo que as fotografias aéreas podem gerar produtos com resoluções muito superiores, de até 0,1 m, bastando para isso reduzir a altura de voo. Em palavras mais simples, a aerofotogrametria é indicada para projetos mais precisos, nas escalas 1:20.000 a 1:500, e as imagens de satélite são indicadas para projetos que exijam menos precisão, nas escalas 1:250.000 a 1:25.000.

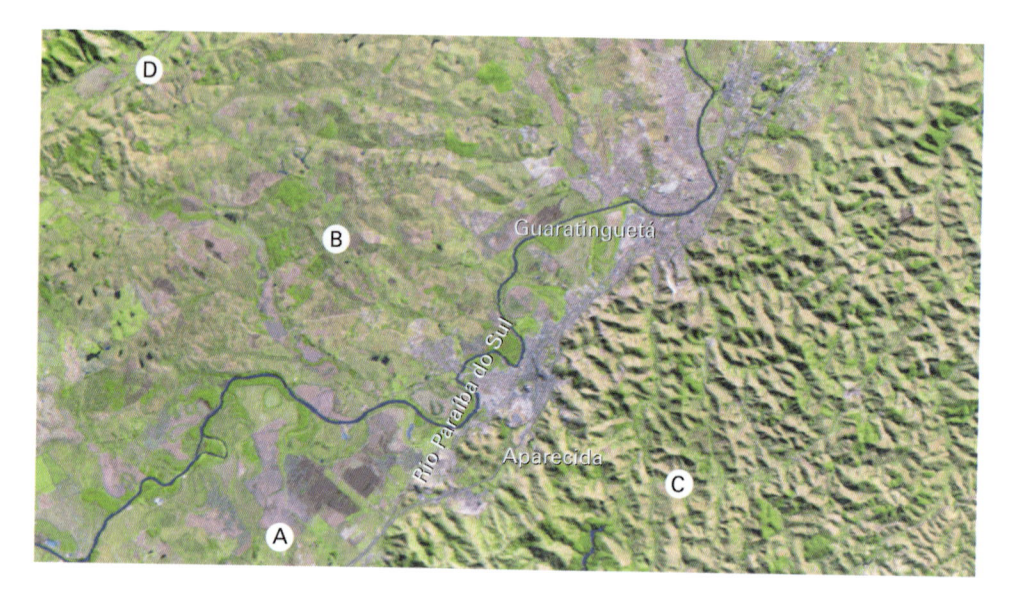

FIG. 9.22 Imagem TM-Landsat-5, 26/6/1997, região de Aparecida/Guaratinguetá (SP). Foto: Claudio J. S. Souza.

FIG. 9.23 (A) A textura lisa identifica uma área plana, correspondente à planície do rio Paraíba do Sul; (B) a textura média, uma área de relevo ondulado, correspondente a colinas terciárias; (C) a textura rugosa, uma área de relevo ondulado, correspondente aos morros cristalinos, ou mares de morros; (D) relevo montanhoso

9.2.7 Mosaicos

O fator importante associado à resolução espacial é a área total coberta sobre a superfície. De forma geral, quanto maior a resolução espacial da imagem, menor o tamanho total da imagem. Esse fenômeno decorre das características ópticas dos sensores, e é semelhante ao efeito que se produz quando as pessoas se aproximam de um objeto para observar seus detalhes de cima, perdendo a possibilidade de observá-lo por inteiro e as coisas ao redor dele. Em outras palavras, o campo de visada do observador diminuiu.

Dessa forma – e embora, para o usuário, quanto maior a resolução da imagem, maior a quantidade de informações obtidas –, é recomendável para o usuário escolher imagens com resoluções que se ajustem às suas necessidades. Contudo, muitas vezes acontece de a área de interesse do usuário não estar contida totalmente numa única imagem ou foto. Nesses casos, é aconselhável realizar um mosaico de duas ou mais imagens adjacentes até cobrir a totalidade da área de interesse.

Um mosaico é uma composição de imagens que tem como resultado a representação de uma área maior da superfície terrestre, que possui as mesmas características de resolução espacial que as imagens que a compõem.

9.2.8 Uso de imagens de satélite em Geologia de Engenharia

Geologia:
- identificação de falhas e lineamentos geológicos;
- identificação de afloramentos rochosos;
- identificação de estruturas geológicas;
- monitoramento de vulcões;
- diferenciação entre tipos de solos e rochas;
- discriminação de produtos de alteração hidrotermal.

Engenharia Civil:
- identificação de áreas naturais favoráveis a deslizamentos;
- caracterização da topografia;
- planificação de rodovias, ferrovias e pontes;
- identificação e planificação de infraestrutura por causa de desastres naturais;
- monitoramento e modificação de canais.

Outros usos:
- meio ambiente;
- hidrologia;
- geomorfologia.

# Águas subterrâneas 10

Poço artesiano

Ciclo hidrológico 10.1

A água constitui um dos mais valiosos recursos minerais, sem o qual inexiste qualquer forma de vida. É utilizada como meio de transporte e comunicação por meio da navegação de rios, lagos e mares. É também fonte de energia, que é obtida por meio de barragens e usinas hidrelétricas, e tem inúmeras outras aplicações úteis. Em certas ocasiões, porém, pode-se transformar, temporariamente, na causa das maiores destruições, por meio de tempestades e inundações.

No estudo da água continental, tanto na forma superficial como na subterrânea, deve-se destacar, em primeiro lugar, o ciclo realizado pelas moléculas de água, conhecido como *ciclo hidrológico*. Esse ciclo relaciona-se com o destino da água resultante da chuva e da neve precipitadas sobre os continentes. Ao atingir a superfície do terreno, essa água fica sujeita a três possibilidades diferentes, que normalmente ocorrem em conjunto: o *escoamento*, a *infiltração* e a *evaporação*.

Dá-se o nome de ciclo hidrológico ao processo através do qual as moléculas de água evaporadas das superfícies líquidas, como rios, lagos e mares, e das

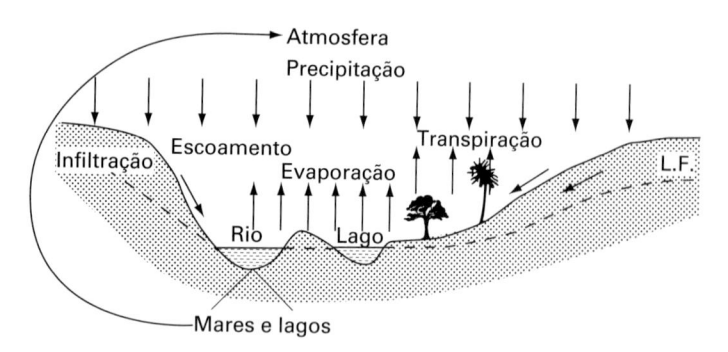

FIG. 10.1   Ciclo hidrológico

camadas mais externas dos terrenos voltam na forma de vapor para a atmosfera, a fim de, por meio da condensação, serem novamente precipitadas sobre os oceanos e os continentes sob a forma de chuva ou neve. A água precipitada, que fica sujeita a três variantes – escoamento, infiltração e evaporação total –, provoca novamente o retorno dessas moléculas de água para a atmosfera, em forma de vapor (Fig. 10.1).

10.1.1   Escoamento

O escoamento da água pela superfície terrestre é exercido pela ação da gravidade, por meio das inclinações e ondulações da topografia. Atingindo os cursos d'água, a água precipitada pela chuva e proveniente do degelo, quando atingir os mares ou lagos, será novamente evaporada para a atmosfera.

10.1.2   Infiltração

Representa o movimento da água da superfície da Terra para o seu interior. Esse processo permite o acúmulo de água subterrânea, que abastece os poços e dá origem às nascentes ou fontes, e que contribui para a alimentação da maioria dos cursos d'água. Em menor escala, a infiltração permite reduzir a ação da erosão no solo e das inundações.

10.1.3   Evaporação total

Evaporação total corresponde à soma das águas perdidas ou evaporadas de uma determinada área durante um tempo específico, pela *transpiração* dos vegetais e pela *evaporação* das superfícies líquidas. Dá-se o nome de *evaporação* ao conjunto de fenômenos físicos que transformam em vapor a água precipitada sobre a superfície da Terra e dos reservatórios de acumulação, mares, lagos e rios.

O processo de evaporação decorrente de ações fisiológicas dos vegetais, que, através de suas raízes, retiram do solo a água necessária às suas atividades vitais, restituindo parte dela à atmosfera em forma de vapor formado na superfície das folhas, é chamado de *transpiração*.

10.1.4   Relação escoamento/infiltração/evaporação

Deve-se ressaltar que a relação escoamento/infiltração/evaporação não é constante ou equitativa, mas extremamente variável, uma vez que depende de vários fatores (Quadro 10.1), os quais deverão ser considerados em conjunto. Esses fatores são:

Permeabilidade

De acordo com a existência de poros interligados, canais e fraturas em certas rochas, poderá haver maior facilidade para o predomínio da infiltração, em virtude da maior permeabilidade. As zonas arenosas, por exemplo, favorecem a infiltração, em virtude da permeabilidade elevada desses solos.

Topografia

De acordo com o caráter topográfico do terreno, o destino da água pode ser diverso. Assim, os terrenos acidentados facilitarão o predomínio do escoamento, ao contrário dos aplainados, que poderão facilitar a infiltração ou a evaporação (Fig. 10.2).

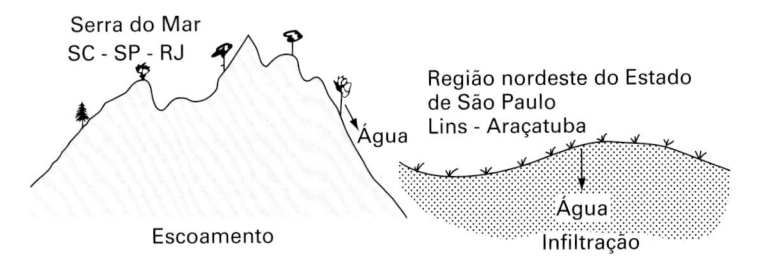

FIG. 10.2 Topografia acidentada (esq.); topografia plana (dir.)

Vegetação

Nas áreas de vegetação densa, do tipo mata ou floresta, ocorre um favorecimento da infiltração, em virtude da retenção da água pelas folhas e ramos das árvores, impedindo, assim, o escoamento imediato, e permitindo uma infiltração lenta e eficiente.

Quadro 10.1 Fatores determinantes para a relação escoamento/infiltração/evaporação

Fatores	Rocha		
	granito	folhelho	arenito
permeabilidade	baixa	baixa	alta
topografia	acidentada	suave	suavemente ondulada
vegetação	mata densa	mata baixa	rasteira
predominância	escoamento	evaporação	infiltração

10.2 Definições e conceitos fundamentais

A crosta terrestre, composta de diferentes rochas, funciona como um vasto reservatório subterrâneo para a acumulação e circulação das águas que nela se infiltram. As rochas que formam o subsolo da Terra raras vezes são totalmente sólidas e maciças. Elas contêm numerosos vazios, chamados também de interstícios, que variam dentro de uma larga faixa de dimensões e formas. Apesar de esses interstícios poderem atingir dimensões muito pequenas, geralmente são interligados, permitindo o deslocamento das águas infiltradas. Entretanto, em algumas rochas, os interstícios são isolados, o que impede a circulação das águas por eles. Em consequência, o modo de ocorrência da água do solo nas rochas de uma determinada área é basicamente influenciado pelas condições geológicas locais.

Uma vez que a água subterrânea ocorre em formações que contêm estruturas que permitem o armazenamento e o movimento da água através delas, comumente são utilizados também os termos *camada*, *estrato* e *lençol aquífero* para essas formações.

Para uma melhor compreensão dos fatores que controlam a ocorrência da água subterrânea, são expostos a seguir alguns conceitos fundamentais.

10.2.1 Vazios

Entende-se por vazios de uma rocha ou solo os espaços não ocupados por matéria mineral sólida, nos quais se armazena a água subterrânea. Esses espaços são conhecidos como *poros* ou *interstícios*, e são de importância extrema no estudo da água subterrânea, uma vez que atuam como *reservatórios* ou *condutores* da água do subsolo.

Em qualquer tipo de formação geológica (magmática, sedimentar ou metamórfica), os interstícios ou poros são caracterizados por uma determinada forma, tamanho e distribuição, e dependem do tipo de formação geológica.

Esses vazios são classificados em:

a] *primários*: podem formar-se simultaneamente à formação da rocha, como as vesículas do basalto, as fraturas resultantes do resfriamento das rochas magmáticas e o espaço que fica entre os grãos de areia dos arenitos ou dos seixos dos conglomerados, por ocasião da deposição dos sedimentos (Fig. 10.3);

b] *secundários*: vazios que aparecem na rocha posteriormente à sua formação, como as cavidades de dissolução dos calcários e mármores e as fraturas das rochas metamórficas e ígneas causadas por falhas ou dobras (Fig. 10.4).

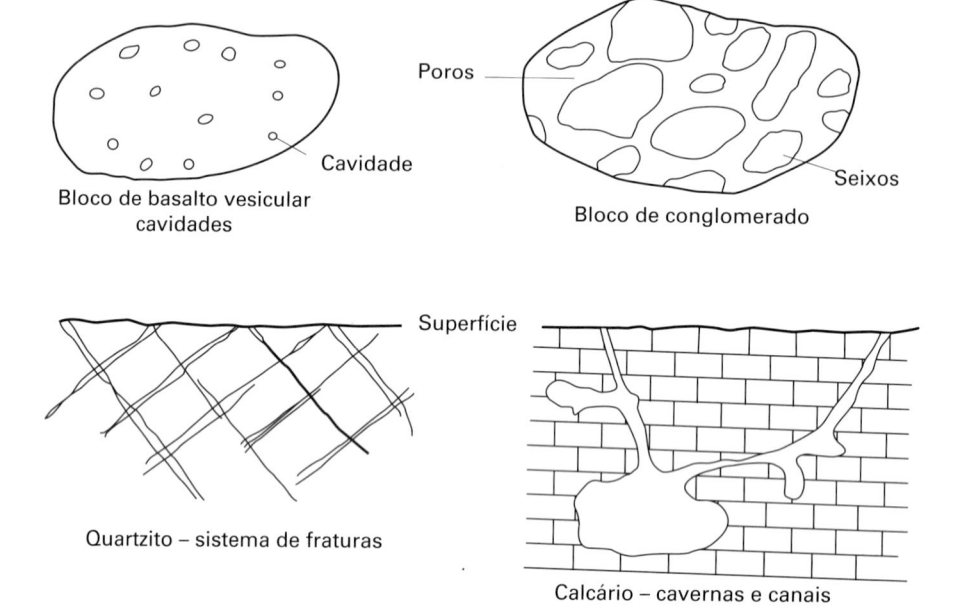

FIG. 10.3 Vazios primários

FIG. 10.4 Vazios secundários

10.2.2 Porosidade

A propriedade física de uma rocha que define em que grau essa rocha possui interstícios é denominada *porosidade*, ou seja, a porosidade de uma rocha ou solo é a medida dos interstícios, poros ou vazios que ela contém. Trata-se de uma relação de volumes: a porosidade é expressa quantitativamente pela porcentagem do volume de interstícios em relação ao volume total da rocha:

$$\text{porosidade} = \frac{100\,W}{V} \qquad (10.1)$$

onde W é o volume de água requerida para saturar os vazios e V, o volume total da amostra.

A porosidade varia de rocha para rocha e, de modo geral, é maior nas rochas sedimentares. A Tab. 10.1 relaciona alguns materiais e seus respectivos valores de porosidade.

Em geral, pode-se considerar uma porosidade superior a 20% como grande, entre 5% e 20% como média, e menor que 5% como pequena.

10.2.3 Permeabilidade

É a propriedade que têm as rochas e os solos de permitirem a passagem de fluidos através deles, com uma certa velocidade e num determinado espaço de tempo. Os solos e as rochas que possuem essa propriedade são chamados de *permeáveis*.

O valor da permeabilidade depende da interligação dos poros, vazios e fraturas das rochas. Dessa maneira, pode-se verificar que os cascalhos puros, as areias grossas e as areias puras apresentam permeabilidade elevada, ao contrário das argilas, dotadas de elevada porosidade mas de pequena permeabilidade, que não permite a passagem da água que está retida nos interstícios microscópicos, por forças de atração capilar e de absorção.

Tab. 10.1 Valores de porosidade de alguns materiais

Material	Porosidade (%)
solo	50 a 60
argila	45 a 55
areia	30 a 40
cascalho	30 a 40
arenito	10 a 20
folhelho	1 a 10
calcário	1 a 5
granito	0,5 a 2

A permeabilidade de materiais granulares varia com o diâmetro e a granulometria das partículas. Um cascalho bem graduado tem permeabilidade muito mais elevada que uma areia grossa bem graduada. Entretanto, um cascalho com porcentagem moderada de material com granulação média e fina pode ser consideravelmente menos permeável que uma areia grossa de granulação uniforme. Em certos materiais, as partículas de dimensões médias preenchem os espaços entre as partículas maiores e, por sua vez, os poros resultantes são preenchidos pelos materiais mais finos, o que resulta na formação de uma massa compactamente ligada e impermeável, como a de um bom concreto.

Expressa-se a permeabilidade como o volume de fluxo por unidade de área de uma seção, por unidade de tempo (p. ex., litros/m^2/dias). Embora possa parecer estranho, muitas vezes uma porosidade elevada não corresponde a um valor elevado de permeabilidade. O exemplo mais característico é o das argilas, que podem atingir porosidade com valor acima de 50% e que, quando saturadas de água, tornam-se, porém, impermeáveis, uma vez que a água contida permanece firmemente presa, por causa da atração molecular das partículas argilosas.

O valor do coeficiente de permeabilidade depende não somente da porosidade, como também da distribuição granulométrica e da forma e arranjo interno das partículas granulares do solo. Argilas com 50% de porosidade são bastante impermeáveis; ao contrário, arenitos com apenas 15% ou menos de porosidade podem ser bastante permeáveis.

O coeficiente de permeabilidade é representado por K e medido em *cm/s*. Ele depende das características do fluido e varia inversamente ao coeficiente de viscosidade. Por isso, geralmente se refere a uma temperatura padrão da água. Todavia, nos problemas usuais de água subterrânea, a temperatura não varia muito, permitindo que se considere o valor de K como uma constante nas equações. A Tab. 10.2 mostra os coeficientes de permeabilidade de solos típicos.

Tab. 10.2 Coeficientes de permeabilidade de solos típicos

Coef. permeab. (K)	Vazão		Material	Características de escoamento
	cm/s	m/dia		
10^{-2}	1 a 100	864 a 86.400	pedregulho limpo	aquíferos bons
10^{-3}	0,001 a 1	0,86 a 864	areias limpas; misturas de areias limpas e pedregulho	
10^{-7}	10^{-7} a 10^{-3}	$8,64 \times 10^{-5}$ a 0,86	areias muito finas; siltes; mistura de areia, silte e argila; argilas estratificadas	aquíferos pobres
10^{-9}	10^{-9} a 10^{-7}	$8,64 \times 10^{-7}$ a $8,64 \times 10^{-5}$	argilas não alteradas	impermeáveis

Determinação do coeficiente de permeabilidade

A permeabilidade nos solos pode ser determinada em laboratório, por meio de parâmetros, ou *in situ*. No segundo caso, existem diferentes métodos e fórmulas, muitos deles empíricos, sendo os mais comuns o ensaio de bombeamento de um poço profundo e a realização de furos de sondagem, infiltrando-se água nesses furos, normalmente dotados de tubos de revestimento.

Basicamente esses ensaios são conhecidos como:

a] *de nível constante*, onde se coloca água no furo até a obtenção de um regime estacionário, caracterizado por um nível constante de água, medindo-se o volume de água adicionado por unidade de tempo;

b] *de abaixamento*, no qual o furo é preenchido com água até a sua boca, medindo-se o abaixamento do nível da água em função do tempo.

O primeiro método é mais preciso para os solos mais permeáveis (10 cm/s); o segundo fornece bons resultados e é de execução mais simples.

10.2.4 Suprimento específico

O suprimento específico de um aquífero é também denominado produção específica, porosidade efetiva ou cessão específica. Ele caracteriza a quantidade percentual de água que pode ser liberada de uma formação pela ação da gravidade. Em razão de fenômenos diversos, não é possível drenar toda a água contida nos interstícios, fato que deve ser levado em conta no cálculo dos volumes de depósitos subterrâneos de água.

Em termos numéricos, tem-se:

$$\text{suprimento específico} = \frac{\text{volume drenado}}{\text{volume total}} \times 100 \quad (10.2)$$

A Tab. 10.3 apresenta o valor do suprimento específico de alguns materiais.

A argila possui elevada porosidade, em virtude da sua grande porcentagem de vazios, mas

Tab. 10.3 Suprimento específico de alguns materiais

Material	Suprimento específico (%)
pedregulho	25
areia com pedregulho misturado	20
areia fina, arenito	10
argila com misturas	5
argila, silte e outros depósitos	3

Fonte: Poland et al. (apud Todd, 1980).

possui um reduzido suprimento específico; não é capaz, portanto, de ceder muita água para poços ou drenos. A areia grossa, por sua vez, também possui uma elevada porosidade e, ao mesmo tempo, um elevado suprimento específico, sendo, portanto, capaz de fornecer bastante água.

10.3 Origem e comportamento da água subterrânea

Embora a água subterrânea seja decorrente, principalmente, da infiltração da água precipitada pelas chuvas e do degelo da neve – caso em que sua origem é chamada de *meteórica* –, deve-se lembrar que ela pode, ainda, originar-se de outras duas maneiras: (i) ser proveniente da parte aquosa dos magmas, caso em que é chamada de *juvenil* ou *magmática*; (ii) tratar-se de água que se depositou conjuntamente com os sedimentos de uma bacia, permanecendo aprisionada à rocha, sendo, pois, uma água fóssil; nesse caso, é chamada de *congênita*.

Em consequência da infiltração, a água precipitada sobre a superfície da Terra penetra no subsolo e, pela ação da gravidade, sofre um movimento descendente até atingir uma zona onde os vazios, poros e fraturas se encontram totalmente preenchidos de água. Essa zona é chamada de *zona saturada*. A zona mais superficial, onde a maioria dos poros se encontra vazia ou preenchida de ar, é chamada de *insaturada*. Essas zonas são separadas por uma linha conhecida como *nível freático*.

A posição do nível freático no subsolo não é, porém, estável, mas bastante variável. Isso significa dizer que, em determinada região, a profundidade do nível freático varia segundo as estações do ano. Essa variação depende do clima da região e, dessa maneira, nos períodos de estiagem a posição do nível freático normalmente sofre um abaixamento, ao contrário do período das cheias, quando essa posição se eleva.

É frequente também a ocorrência de nível freático ou nível d'água suspenso (Fig. 10.5), que não corresponde ao nível d'água principal. A ocorrência de leitos impermeáveis (p. ex., argila) ocasiona aprisionamento localizado de certas porções de água, formando um lençol suspenso (p. ex., na Rua Boa Vista, na cidade de São Paulo, conforme dados da linha NS do Metrô).

A profundidade do nível freático varia também de região para região. De modo geral, é de aproximadamente 15 m no Estado de São Paulo, e em torno de até 80 m para os Estados do Nordeste.

Deve-se ressaltar, porém, que a zona insaturada mais superficial é capaz de reter certa quantidade de água dentro dos vazios, em razão da existência de forças que contrariam o efeito da força da gravidade, conhecidas como forças capilares. Essa água retida no solo, acima do nível freático, constitui a umidade natural do solo. O movimento capilar ascendente da água começa a partir da superfície do nível freático.

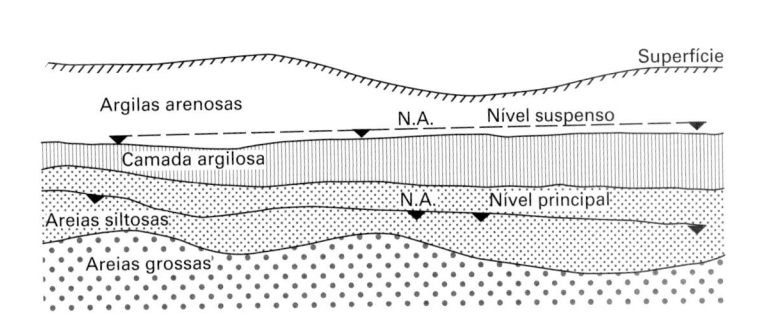

FIG. 10.5 Nível d'água suspenso

Se o poço tiver que ser bombeado por meio de uma simples bomba de pistão ou bomba centrífuga, sua profundidade não haverá de exceder 7,5 m.

A formação aquífera deverá ter permeabilidade razoavelmente elevada, para possibilitar a obtenção de quantidades adequadas de água com poços de pequeno diâmetro.

O esquema apresentado na Fig. 10.6 mostra que a posição do nível freático varia com a topografia e, de modo geral, com a seguinte relação: maior profundidade nos pontos elevados e menor profundidade nos vales e depressões.

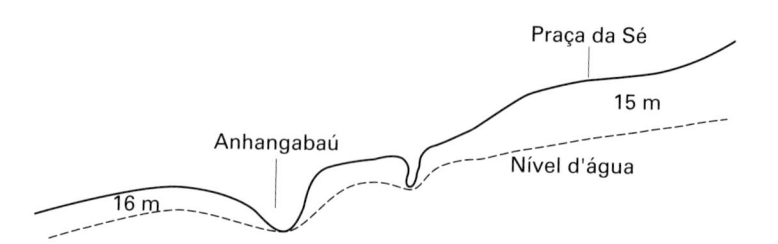

FIG. 10.6 Posição do nível d'água no centro da cidade de São Paulo

10.4 Obtenção da água subterrânea

A utilização da água existente no subsolo é feita por meio de poços caseiros e de poços profundos (tubulares), conforme a profundidade alcançada.

10.4.1 Poços caseiros

São aqueles abertos manualmente. O diâmetro médio da boca do poço é de 1,2 m, e a profundidade depende da localização topográfica. Devem-se tomar determinadas precauções quando existir fossa negra nas proximidades do poço, porque, se o nível do poço for abaixado consideravelmente, haverá a formação de um funil de sucção, que poderá causar a poluição das águas do poço.

Nos bairros periféricos das grandes cidades ou em vilas, é comum, num mesmo lote de terreno, a abertura de poços caseiros nos fundos e de fossas negras na frente (Fig. 10.7A). Dessa forma, guarda-se um certo espaçamento entre o poço e a fossa. Quando isso não é observado, ocorrem duas hipóteses: (i) se o solo for argiloso (impermeável) e o nível freático, muito baixo (cerca de 25 m, p. ex.), existe a possibilidade de não contaminação, pois, sendo a profundidade das fossas pequena (cerca de 10 m), seu fundo ficará muito acima do nível freático, e, até que a água caia da fossa e o atinja, será percorrido um trajeto razoável através de material de granulação fina que filtraria aquela água (Fig. 10.7B); (ii) porém, quando a posição do nível freático é rasa (Fig. 10.7C) e existe uma camada permeável a pequena profundidade, a contaminação é inevitável.

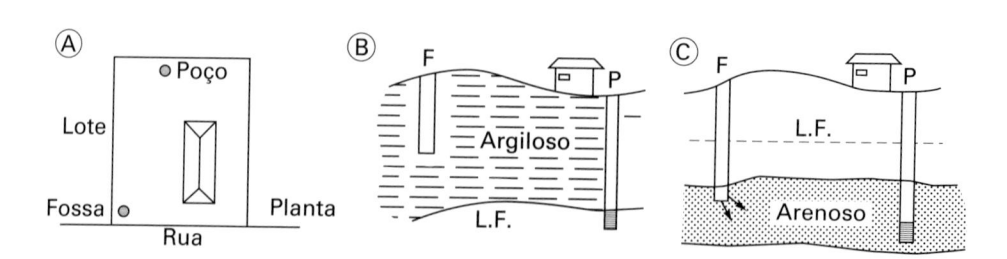

FIG. 10.7 Exemplos de poços caseiros

10.4.2 Poços tubulares

Os poços tubulares são obtidos por meio de sondagens rotativas, com o diâmetro do furo variando de 300 a 600 mm. A profundidade desses poços geralmente é superior a uma centena de metros. Eles são, por vezes, chamados erroneamente de artesianos, acerca dos quais trataremos mais adiante.

A quantidade de água subterrânea fornecida por um poço depende do tipo de rocha existente na região. Assim, no Estado de São Paulo, sabe-se que, nos poços localizados nas rochas magmáticas que compõem a Serra do Mar, a vazão média é de 9.000 L/h; nas rochas sedimentares da bacia do Paraná, o arenito Botucatu é o melhor armazenador de água, e suas vazões são, em média, de 20.000 L/h, ficando o basalto em nível intermediário, com vazão média de 9.000 L/h.

No Nordeste do Brasil, os poços perfurados têm vazão média de 2.500 L/h. Em Lins (SP), um poço perfurado pela Petrobras fornece 300.000 L/h, e é de características artesianas.

Para a construção de um poço profundo, executa-se uma perfuração cujo diâmetro pode ser de 10,8" ou 6". Dentro dessa perfuração, são colocados tubos de aço constituídos de trechos lisos e trechos perfurados, estes nos horizontes permeáveis e abaixo do nível d'água (Fig. 10.8). O diâmetro desses tubos pode variar, e cada segmento é unido ao outro por solda. Os tubos devem ser colocados em perfeita verticalidade, e o trecho perfurado deverá ser envolvido por uma tela de náilon de 0,6 mm de diâmetro, para impedir a entrada de partículas dentro do poço.

Dentro dos tubos será colocada, a 1 m de seu fundo, uma bomba do tipo submersa centrífuga, com capacidade de acordo com as condições hidrogeológicas locais e a altura de recalque (p. ex., bombas com vazão de 2 a 5 L/s, de 5 a 10 L/s ou de 10 a 15 L/s). A ligação e a parada das bombas devem ser automáticas e controladas por um par de eletrodos.

Após a colocação dos tubos, o espaço entre a parede da perfuração e a dos tubos deverá ser preenchido por material filtrante de granulometria adequada (p. ex., areia grossa lavada).

Em rochas resistentes, dispensa-se a colocação dos tubos, e a própria parede da rocha funciona como um tubo, não havendo perigo de desabamentos das paredes.

Nas regiões litorâneas, o lençol de água salgada pode infiltrar-se abaixo do lençol continental de água doce e, em consequência, ocorrer a contaminação do poço (Fig. 10.9).

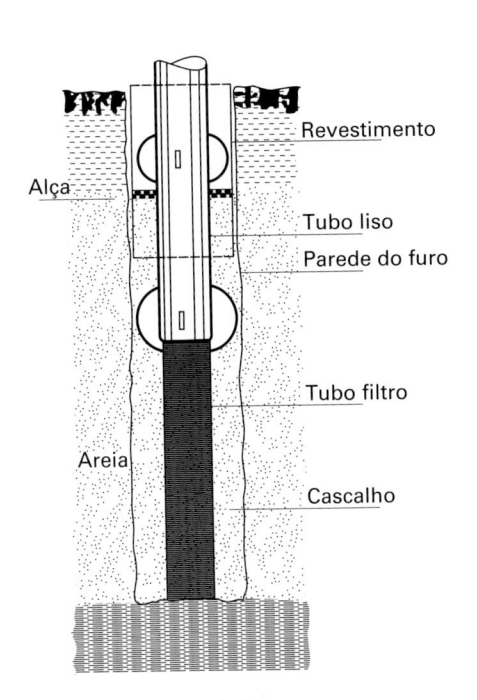

FIG. 10.8 Poço tubular

10.4.3 Poços cravados

Os poços cravados, de pequeno diâmetro, são construídos mediante a cravação de uma ponteira no solo, ligada à extremidade inferior de um conjunto de segmentos de tubos firmemente conectados entre si (Fig. 10.10). A ponteira consiste de um tubo perfurado com uma ponta de aço na extremidade inferior, destinada a romper pequenos seixos ou camadas finas de material duro. A ponteira deverá ser cravada até a profundidade de uma formação aquífera situada abaixo do nível

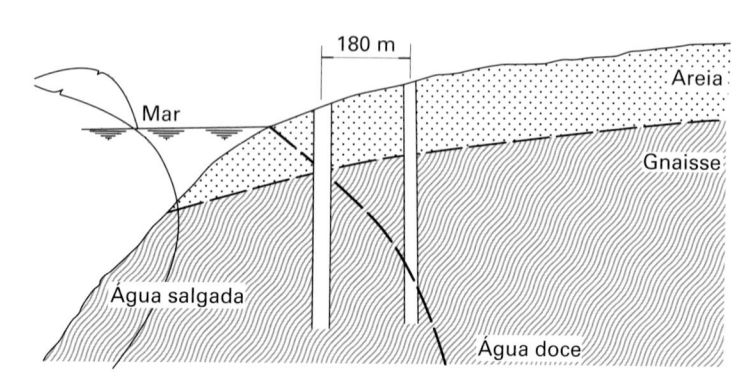

FIG. 10.9 Limite de água doce/salgada em São Vicente (SP). Poços contaminados

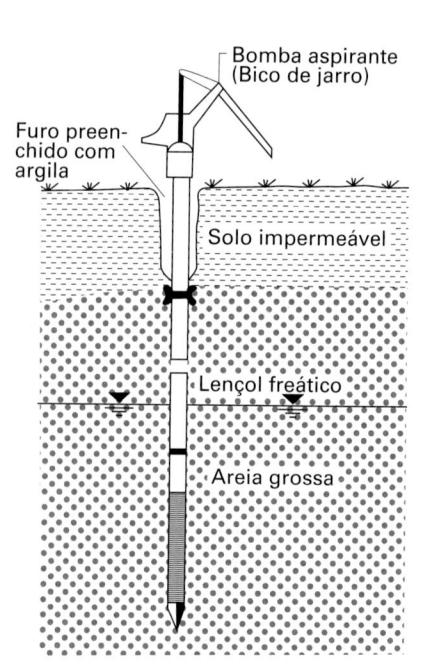

FIG. 10.10 Poço cravado

freático, mas que não ultrapasse 7,5 m. Geralmente são utilizados segmentos de 1,0 a 1,5 m de comprimento para formar a tubulação, que também servirá como revestimento do poço acabado. Os poços cravados geralmente têm diâmetros de 32 mm (1¼") a 50 mm (2"). Constroem-se também poços de até 100 mm de diâmetro, cujos tubos de revestimento, embora mais pesados e mais difíceis de cravar, têm a vantagem de permitir a instalação de bombas próprias para poços profundos, até uma certa profundidade abaixo do nível do terreno.

Desvantagens dos poços cravados

As principais desvantagens dos poços cravados são:

a) a construção é trabalhosa e lenta quando se encontram solos altamente compactos;

b) a cravação por meio de pancadas é prejudicial ao equipamento do poço; as telas das ponteiras frequentemente se rasgam e os tubos se curvam ou se rompem;

c) as luvas se alargam frequentemente em decorrência das batidas; tais juntas deixam sempre passar o ar, de modo que o poço se torna imprestável, ou a sua produção fica bastante reduzida;

d) a produção de um único poço é sempre baixa.

10.4.4 Poços artesianos

São aqueles cuja água jorra naturalmente na superfície, por pressão natural. A condição fundamental para a existência de tais poços é a presença de lentes ou camadas de material permeável, envolvidas de material impermeável. Se as camadas possuírem uma pequena inclinação, o fenômeno será mais característico. A camada permeável deve ter uma zona de alimentação por onde a infiltração da água compensará a quantidade extraída. A saída da água por pressão natural é consequência da pressão hidrostática (Fig. 10.11).

10.4.5 Nomenclatura de poços

As definições a seguir fazem parte da nomenclatura usual de poços:

a] *Nível estático do poço*: nível de equilíbrio da água no poço quando este não está sendo bombeado.

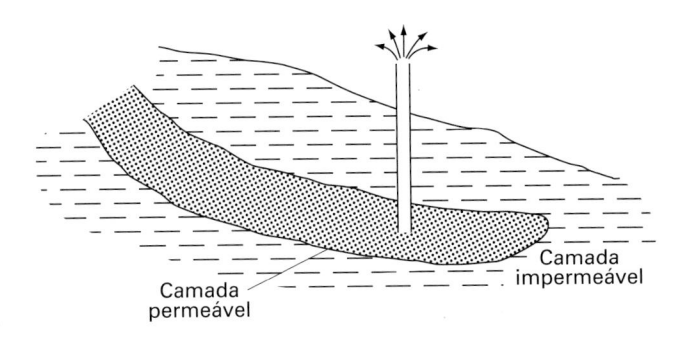

FIG. 10.11 Poço artesiano

b] *Nível dinâmico do poço*: nível de água no poço sob efeito de bombeamento. Tal nível está relacionado com a vazão de água retirada e com o tempo decorrido desde o início do bombeamento. Na posição em que, para uma dada vazão, o nível se estabiliza, ele é denominado *nível dinâmico de equilíbrio*, relativo à vazão em causa. Nesse caso, portanto, estabelece-se um regime permanente.

c] *Abaixamento* ou *pressão*: distância vertical compreendida entre os níveis estático e dinâmico no interior do poço.

d] *Superfície piezométrica de depressão* ou *cone de depressão*: em poços freáticos, é a superfície real formada pelos níveis de água em volta do poço, quando em bombeamento. Em poços artesianos, é a superfície imaginária formada pelos níveis piezométricos. Em ambos os casos, ela tem a forma de um funil, com o vértice no próprio poço (Fig. 10.12).

e] *Curva de abaixamento ou de depressão*: curva formada pela intersecção da superfície piezométrica por um plano vertical que passa pelo poço. Os dois ramos da curva nem sempre são simétricos. A assimetria é mais acentuada no nível freático no plano coincidente com a direção de escoamento da água subterrânea. Pode-se conhecer a curva de abaixamento abrindo poços de observação num plano diametral em relação ao poço em bombeamento, e medindo os respectivos níveis.

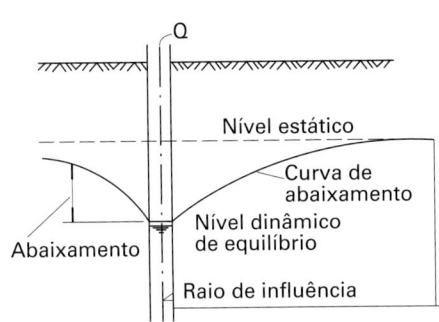

FIG. 10.12 Corte esquemático na área de um poço

f] *Zona de influência do poço*: é constituída por toda a área atingida pelo cone de depressão de um poço. Outro poço qualquer perfurado dentro dessa zona terá uma redução em seus níveis estático e dinâmico, sendo, portanto, prejudicado pelo bombeamento do primeiro poço. Não é possível prever a extensão da zona de influência sem conhecer as características do aquífero e a vazão de bombeamento de um poço.

g] *Regime de equilíbrio*: condição que se verifica em um poço quando o nível dinâmico no seu interior, para uma vazão de bombeamento constante, mantém-se inalterável no decorrer do tempo. Essa condição ocorre quando a vazão de escoamento da água subterrânea na faixa abrangida pela zona de influência do poço equilibra a vazão retirada. Portanto, atingido o regime de equilíbrio, a superfície piezométrica de depressão, a curva em abaixamento e a zona de influência do poço não mais variam com o tempo. O tempo necessário para obter o equilíbrio do nível dinâmico varia amplamente, em conformidade com a vazão de bombeamento e as características do aquífero.

h] *Coeficiente de transmissividade* T: é o produto do coeficiente de permeabilidade K pela espessura da camada m:

$$T = K \cdot m \qquad (10.3)$$

Equivale à vazão de água que escoa numa faixa de espessura m e largura igual à unidade, com perda de carga unitária igual à unidade. Como unidade prática para o coeficiente de transmissividade, emprega-se m^2/hora ou m^2/dia.

i] *Coeficiente de armazenamento* S: fração adimensional que representa o volume de água liberado por um prisma vertical do aquífero, de base unitária. Esse coeficiente exprime a capacidade de armazenamento útil de um reservatório subterrâneo de água, por unidade de área horizontal. Nos aquíferos freáticos, o valor do coeficiente de armazenamento equivale, aproximadamente, ao do suprimento específico. São valores correntes de S, verificados na prática:

- aquífero freático: S = 0,01 a 0,35;
- aquífero artesiano: S = 7 x 10^{-5} a 5 x 10^{-3}.

10.5 Qualidade da água subterrânea

Deve-se reconhecer que a quantidade da água subterrânea tem a mesma importância que a sua qualidade. As qualidades requeridas para a água subterrânea dependem do seu objetivo, isto é, se ela será utilizada para consumo da população, para uso industrial, irrigação etc.

Em geral, todas as águas subterrâneas carregam sais em solução, e as qualidades e a concentração dos sais dependem do movimento, do ambiente e da fonte da água subterrânea. Os sais solúveis encontrados nas águas subterrâneas são originários da dissolução dos minerais das rochas. As rochas sedimentares geralmente são mais solúveis que as ígneas, e os minerais destas geralmente são mais insolúveis que os das rochas sedimentares.

10.5.1 Características químicas

Sabe-se que a água, ao atravessar as rochas e o solo, se enriquece gradativamente de sais minerais. A quantidade e a qualidade desses sais vão depender do tipo de rochas atravessadas. Se calcárias, a água se enriquecerá de carbonatos; se ferruginosas, de óxidos e sais de ferro etc.

Os sais mais comuns, como já foi assinalado, são os sulfatos, os carbonatos e os cloretos. Quando o teor de sais é elevado, a água é chamada de *dura*; caso contrário, é chamada de *mole*. Água com até 50 g de $CaCO_3$ por 1.000 litros de água é considerada dura e salobra, forma crosta em encanamentos e não faz espuma com sabão.

10.5.2 Características térmicas

Sob certas condições, a água subterrânea pode apresentar uma temperatura média superior à temperatura ambiente. O aumento de temperatura é função do grau geotérmico e também aparece associado a regiões vulcânicas, onde há a subida de águas de origem magmática.

10.5.3 Características minerais

Água mineral é definida como sendo toda água natural que tenha, no mínimo, 1 g de sal dissolvido por litro, desde que esse sal não seja $CaCO_3$ nem $MgCO_3$.

10.6 Reservas subterrâneas no Brasil

Ao longo do extenso território brasileiro, há dezenas de aquíferos subterrâneos de caráter regional, que ocorrem nas formações geológicas típicas de cada região do Brasil.

Suas características dependem, obviamente, do tipo de formação geológica presente. Essa formação irá caracterizar a espessura média do aquífero, sua vazão média, sua porosidade e sua permeabilidade.

Entre os aquíferos regionais, destaca-se aquele conhecido como aquífero Guarani.

10.6.1 O aquífero Guarani

O aquífero Guarani é a principal reserva subterrânea de água doce da América do Sul, estendendo-se por uma área de 1,2 milhão de km^2. Desse reservatório, 840.000 km^2 estendem-se pelo Brasil; 58.500 km^2, pelo Paraguai; 58.500 km^2, pelo Uruguai; e 255.000 km^2, pela Argentina. A maior ocorrência do aquífero Guarani, portanto, se dá em território brasileiro (2/3 da área total), abrangendo os Estados de Goiás, Mato Grosso, Mato Grosso do Sul, Minas Gerais, São Paulo, Paraná, Santa Catarina e Rio Grande do Sul (Fig. 10.13).

Para se ter uma ideia do tamanho da reserva, ela tem capacidade para abastecer, de forma sustentável, cerca de 400 milhões de habitantes, com 43 trilhões de metros cúbicos de água doce por ano. Sua profundidade é de aproximadamente 1.500 m.

A área de recarga do aquífero Guarani é de 150.000 km^2, sendo este constituído pelos sedimentos arenosos da formação Piramboia na base (formação Buena Vista, na Argentina e no Uruguai) e pelo arenito Botucatu no topo (Misiones, no Paraguai; Tacuarembó, no Uruguai e na Argentina).

O aquífero Guarani constitui-se em uma importante reserva estratégica para abastecimento das populações, para o desenvolvimento das atividades econômicas e do lazer. Sua recarga natural anual (principalmente pelas chuvas) é de 160 km^3/ano.

No Estado de São Paulo, o aquífero Guarani já é explorado por mais de mil poços. Sua área de recarga ocupa cerca de 17.000 km^2, onde se encontra a maior parte dos poços, e deve ser objeto

FIG. 10.13 Área de ocorrência do aquífero Guarani

de programas de planejamento e gestão ambiental permanentes para evitar a contaminação da água subterrânea.

10.7 Fontes

Toda vez que o nível freático é cortado pela topografia do terreno, aparece na superfície um local onde a água brota. *Fonte* é, pois, o afloramento da água subterrânea.

10.7.1 Tipos de fontes

Fontes de encosta

Localizam-se em regiões de topografia acidentada. Por exemplo, na Serra do Mar (SP), a água infiltra-se nas partes mais elevadas do terreno e desce por ação da gravidade ao longo de uma linha solo-rocha. Nos pontos mais baixos, onde a rocha aflora, a água brotará naturalmente. Essa fonte é consequência da presença de material impermeável (rocha) abaixo de uma zona permeável (Fig. 10.14).

Fontes de camada

Formadas pela alternância de leitos permeáveis. Por exemplo, quando uma camada de basalto ocorre abaixo de um leito de arenito ou conglomerado, a água infiltra-se no sedimento e, ao atingir a superfície impermeável do basalto, corre e brota por um flanco (Fig. 10.15).

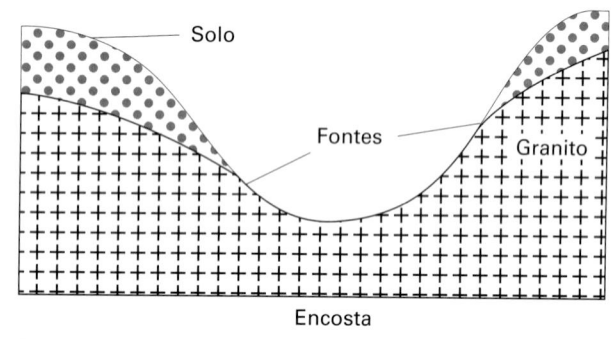

FIG. 10.14 Fonte de encosta

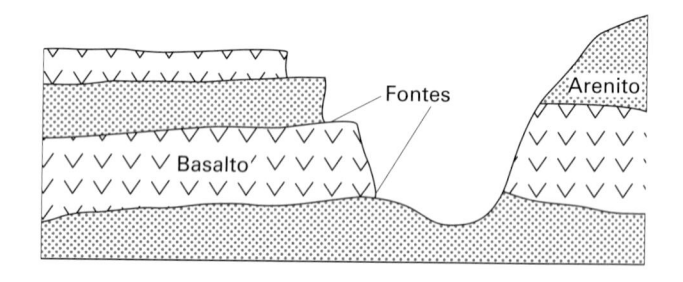

FIG. 10.15 Fonte de camada

Fontes de falha

Quando uma falha (deslocamento relativo de blocos ou camadas) coloca em contato rochas permeáveis e impermeáveis, pode surgir uma fonte (Fig. 10.16).

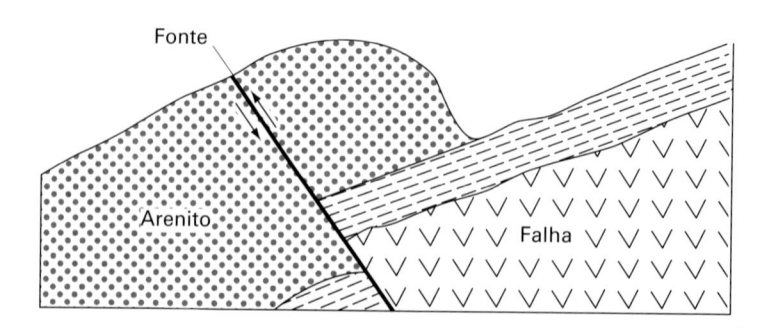

FIG. 10.16 Fonte de falha

10.7.2 Uso de fontes

Ao utilizarmos a água de uma fonte, devemos examinar se existe alguma contaminação. Quando a vazão de uma fonte aumenta consideravelmente após os períodos de chuva, esse fato é consequência de uma péssima filtragem da água no subsolo. Se, ao compararmos, por meio de um gráfico, os valores de precipitação de chuva de uma área e a vazão de uma fonte nessa área, os maiores valores de vazão coincidirem com as épocas mais chuvosas, existe a possibilidade de má filtragem nessa área, tornando a fonte imprópria para uso.

10.8 Drenagem e rebaixamento do nível freático em obras de engenharia

Um grande número das obras de engenharia encontra problemas relativos às águas subterrâneas. A ação e a influência dessas águas têm causado numerosos imprevistos e acidentes. Os casos mais comuns desse tipo de problema são verificados em cortes de estradas, escavações de valas e canais, fundações para barragens, pontes, edifícios etc. De acordo com o tipo de obra, executa-se um tipo de drenagem ou rebaixamento do nível freático. Os principais tipos de drenagem são:

10.8.1 Drenagem superficial e subsuperficial para estradas

As drenagens superficial e subsuperficial são comuns em construção de estradas. Muitos cortes interceptam o nível freático, e, nos casos em que a presença de água é excessiva, os taludes desses cortes estão sujeitos a escorregamentos. Frequentemente é necessária a redução do teor de água nesses locais, por meio de processos de drenagem, que podem ser superficiais ou subsuperficiais.

Drenagens superficiais tendem a evitar a penetração das águas superficiais no solo (p. ex., trechos da estrada onde os taludes são revestidos por camada de betume). Drenagens subsuperficiais são destinadas a eliminar a água já existente no subsolo ou impedir que águas subterrâneas vizinhas o atinjam (Fig. 10.17).

Para evitar escorregamentos, procura-se reduzir o teor de água do trecho por meio de uma valeta, que receberá no seu fundo um tubo perfurado e será envolvida por agregado (pedregulho, brita). Sua função é interceptar a água que provém das partes mais altas. Conjuntamente, nos taludes poderão ser executadas perfurações com 4" de diâmetro, nas quais serão colocados tubos de aço

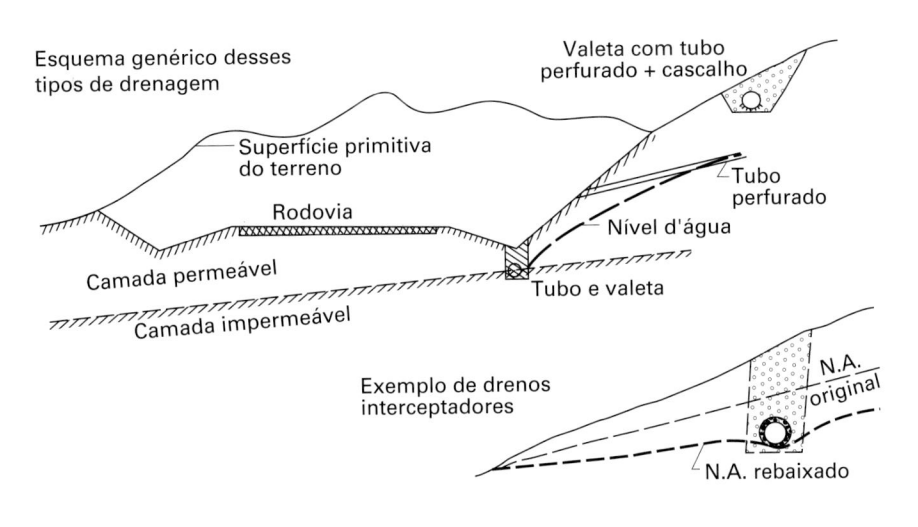

FIG. 10.17 Esquema de drenagem superficial e subsuperficial

perfurado, com 3" de diâmetro, destinados a coletar a água existente no trecho, que será despejada em canaletas escavadas junto à estrada.

Detalhes a respeito são abordados em livros-texto sobre "estradas".

10.8.2 Drenagem a céu aberto

Esse tipo de drenagem é aplicado em escavações para eliminar as águas de infiltração provenientes do subsolo, bem como as águas pluviais e outras, como, por exemplo, da ruptura de tubulações etc. Basicamente a drenagem é executada por meio de canaletas, que podem ou não encerrar tubos de concreto perfurados, envolvidos por uma camada drenante (Fig. 10.18). A disposição de sistemas de drenos nos sentidos longitudinal e transversal da escavação depende das condições do subsolo, da quantidade de infiltração e do grau de drenagem necessário para a escavação. Eventualmente todo o fundo da escavação é recoberto com uma camada drenante de pedregulho e areia.

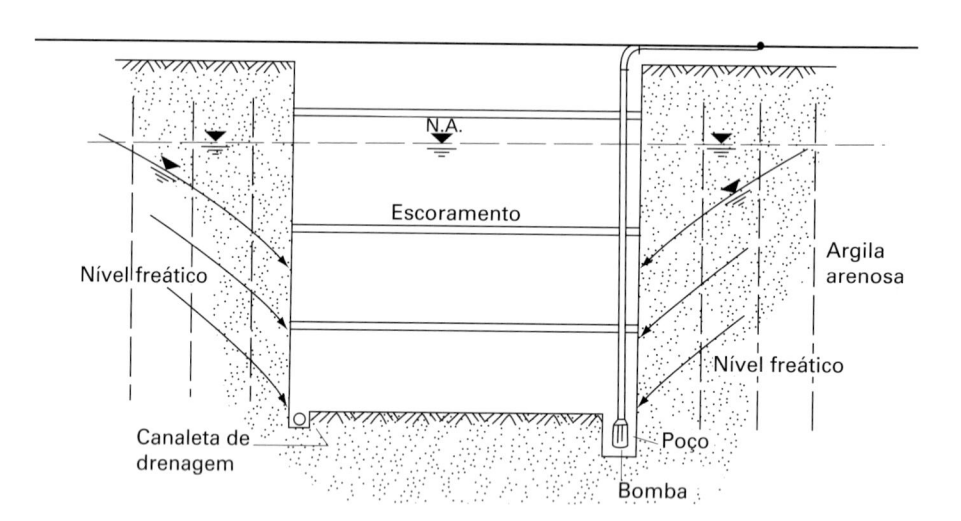

FIG. 10.18 Drenagem a céu aberto

Nesse caso, a água penetra na escavação pelos taludes ou através das paredes e do fundo da escavação, sendo conduzida por meio das canaletas ou dos tubos a um poço de drenagem, de onde é bombeada e lançada para fora da escavação por meio de tubulações.

Quando o fundo da escavação é constituído de areia ou areia argilosa, é necessário verificar quais as condições de subpressão no fundo. Nesses casos, recomenda-se verificar a estabilidade contra ruptura hidráulica, adotando um coeficiente de segurança adequado, como, por exemplo, F = 2,0.

Quando o subsolo é constituído de várias camadas alternadas, de permeabilidades diferentes, a água poderá estar nas camadas permeáveis sob pressão, apresentando o fenômeno de *artesianismo*. Nesse caso, recorre-se à implantação de *poços de alívio* (Fig. 10.19), que provocam uma dissipação das pressões existentes, impedindo a ruptura hidráulica, ou seja, o levantamento do fundo da escavação.

10.9 Rebaixamento do nível freático

A construção de edifícios, barragens, túneis etc. normalmente pode requerer escavações abaixo do nível freático, e tais escavações podem exigir tanto drenagem como rebaixamento do nível freático.

São vários os métodos para eliminar a água existente no subsolo. Somente após a realização de ensaios preliminares de rebaixamento do nível freático será possível definir os métodos mais adequados para eliminar a água existente no subsolo.

Devem ser observados os diversos níveis de água do subsolo, as quantidades de água que se infiltram e que serão bombeadas e os recalques que porventura possam aparecer nas vizinhanças das escavações. Para proteção de edificações adjacentes às zonas de recalque, considere-se a possibilidade de injeções de água no solo.

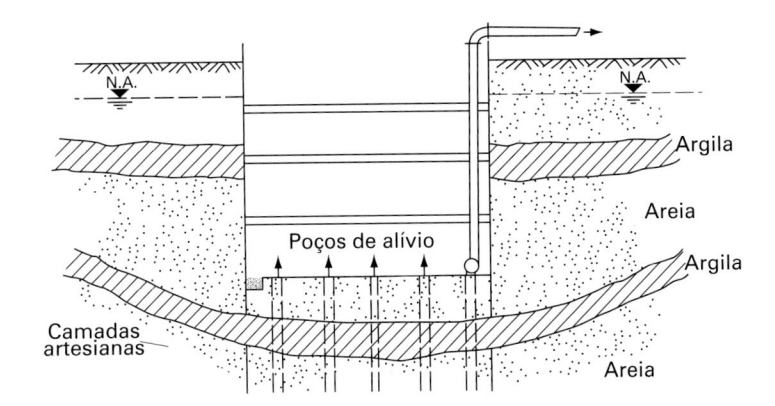

FIG. 10.19 Poços de alívio

Deve-se ter em mente que, ao se realizar um rebaixamento do nível freático, introduzem-se certas alterações nas condições naturais do subsolo. Assim, quando o rebaixamento é realizado incorretamente, podem surgir danos no interior ou fora da escavação.

É preciso observar também se existe o perigo de ruptura hidráulica, por causa da presença de águas artesianas confinadas entre certos horizontes no subsolo.

10.9.1 Campo de aplicação de vários métodos de rebaixamento

A Fig. 10.20 mostra, esquematicamente, os métodos de rebaixamento usados em função das curvas granulométricas dos materiais. Os limites de eficiência desses métodos de drenagem são definidos de forma aproximada, porque existem casos em que há duas alternativas a considerar: optar pela mais econômica ou pela mais facilmente executável, em razão do equipamento disponível.

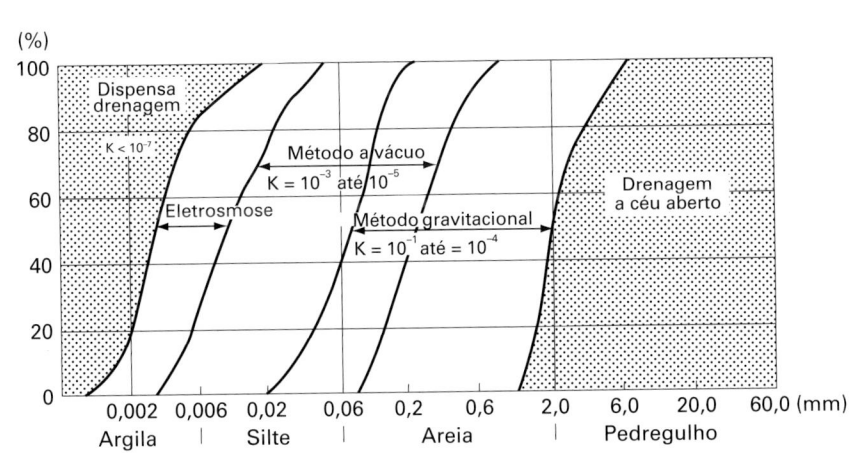

FIG. 10.20 Métodos de rebaixamento usados em função das curvas granulométricas dos materiais

As faixas de aplicação dos diferentes métodos em função do coeficiente de permeabilidade (K) são apresentadas na Tab. 10.4.

10.9.2 Tipos de rebaixamento do nível freático

São três os processos principais de rebaixamento do nível freático: ponteiras filtrantes, poços profundos e poços gravitacionais.

Tab. 10.4 Faixas de aplicação dos diferentes métodos em função do coeficiente de permeabilidade (K)

Coeficiente de permeabilidade	Método
$K = 1$ a 10^{+2} cm/s	drenagem a céu aberto
$K = 10^{-1}$ a 10^{-4} cm/s	poços profundos gravitacionais – ponteiras filtrantes
$K = 10^{-3}$ a 10^{-5} cm/s	poços profundos a vácuo
$K = 10^{-5}$ a 10^{-6} cm/s	método eletrosmótico
$K = 10^{-5}$ a 10^{-7} cm/s	esgotamento intermitente, empregado para pequenas infiltrações
$K = 10^{-7}$ cm/s	de modo geral, dispensa a drenagem

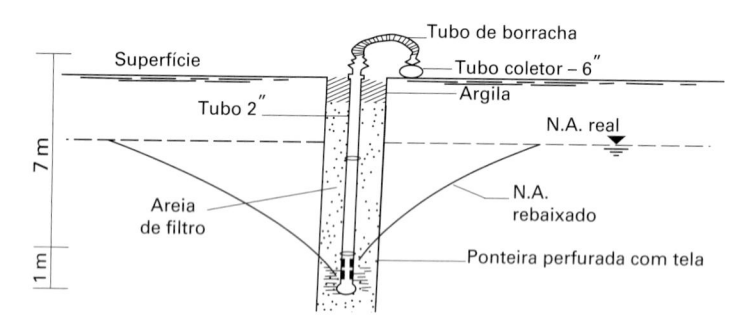

Fig. 10.21 Esquema de uma ponteira filtrante

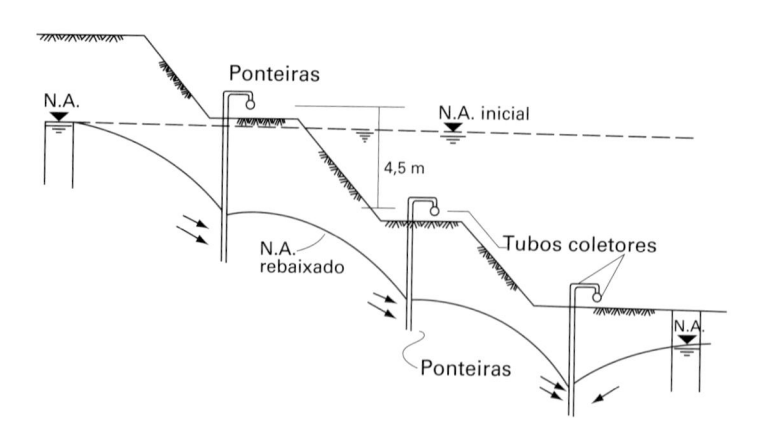

Fig. 10.22 Ponteira filtrante em talude

Ponteiras filtrantes (well-points)

Empregam-se ponteiras filtrantes de 1½" a 2½" de diâmetro, com 30 a 100 cm de comprimento, para drenagem por gravidade ou a vácuo. Essas ponteiras filtrantes constituem-se de um tubo de aço perfurado e, a seguir, um tubo metálico fechado, com 8 a 9 m de comprimento (Fig. 10.21).

Em geral, a instalação das ponteiras no solo é feita por meio de jatos de água através da própria ponteira. Na impossibilidade de se dispor de água em abundância para esse tipo de instalação ou em solos poucos permeáveis, executa-se a abertura de um furo com 150 mm de diâmetro, colocando-se no seu interior a ponteira, envolvida por material filtrante adequado.

As ponteiras filtrantes são colocadas ao longo de uma linha, com espaçamento de 1 a 3 m, ligando-se todas as pontas a um cano coletor comum. No final deste, acha-se instalado um conjunto motor-bomba, que subtrai do coletor a água e, eventualmente, o ar que penetra nas ponteiras filtrantes. No caso de necessidade do emprego do vácuo, liga-se ao sistema, em série, uma bomba de vácuo.

A desvantagem desse esquema, em virtude de leis físicas, consiste na limitação do rebaixamento do nível freático a cerca de 5 m de profundidade. A drenagem de escavações mais profundas deverá ser realizada por meio de vários estágios de ponteiras (Fig. 10.22).

Poços profundos

O abaixamento do nível d'água por meio de poços profundos é executado mediante uma série de perfurações equidistantes (p. ex., 8 m, 10 m, 15 m ou 20 m), com diâmetro de 300 a 600 mm. Dentro dessa perfuração, são colocados, nos horizontes permeáveis e abaixo do nível d'água, tubos de aço constituídos de trechos lisos e perfurados. O diâmetro desses tubos pode variar de 150 a 300 mm, e cada segmento é unido ao outro por solda. Os tubos devem ser colocados em perfeita verticalidade, e o trecho perfurado deve ser envolvido por uma tela de náilon de 0,6 mm de diâmetro, para impedir a entrada de partículas dentro do poço (Fig. 10.23).

Dentro dos tubos, a 1 m de seu fundo, será colocada uma bomba do tipo submersa centrífuga, com capacidade de acordo com as condições hidrogeológicas locais e a altura de recalque (p. ex., bombas com vazão de 2 a 5 L/s, de 5 a 10 L/s ou de 10 a 15 L/s). A ligação e a parada das bombas devem ser automáticas e controladas por um par de eletrodos.

No caso de haver necessidade do emprego do vácuo, a exaustão de ar é feita nas partes superiores dos poços, por meio de um tubo coletor acoplado a uma bomba de vácuo.

Após a colocação dos tubos, o espaço entre a parede da perfuração e a dos tubos (p. ex., entre 600 e 300 mm) deverá ser enchido por material filtrante de granulometria adequada (p. ex., areia grossa lavada).

Em alguns poços, ao longo da camada filtrante, deverá ser colocado um tubo de PVC ou ferro galvanizado de 1½" de diâmetro, que permitirá a observação do nível d'água. A extremidade inferior desse tubo deverá ter cerca de 1 m de trecho envolvido, também, por tela de náilon.

Uma série de piezômetros e indicadores de nível d'água deverá ser colocada a distâncias adequadas de cada poço, com a finalidade de permitir a observação da variação do nível d'água; de traçar, posteriormente, a curva de depressão de cada poço; e de controlar o valor da subpressão, quando esta existir (Fig. 10.24).

Antes de qualquer trabalho de rebaixamento, recomenda-se a execução de ensaios preliminares, para a definição do método mais adequado a ser aplicado.

Quando o poço termina numa camada impermeável, trata-se de um poço "perfeito" (Fig. 10.25A); caso o poço termine numa camada impermeável, ele é denominado "imperfeito" (Fig. 10.25B).

Poços gravitacionais

O uso de poços profundos gravitacionais é indicado para solos bastante permeáveis, tais como pedregulhos e areias, isto é, onde a água se infiltra livremente nos poços pela ação da gravidade e deles é retirada por meio de bombas submersas.

A disposição dos poços é diferente em cada caso, segundo a posição da cava. Basicamente, em relação à escavação, distin-

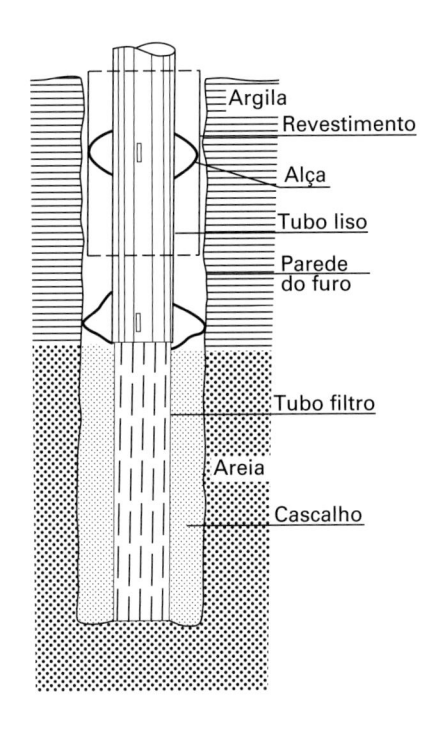

FIG. 10.23 Esquema de um poço profundo

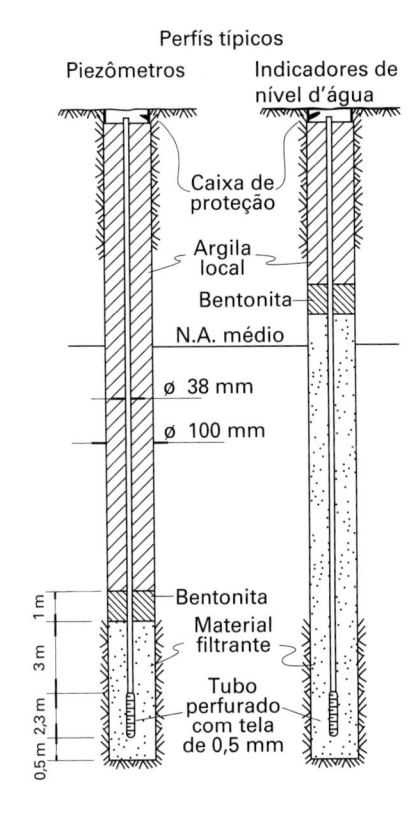

FIG. 10.24 Esquema de piezômetros e indicadores de nível d'água

guem-se poços internos e externos. Ao colocar-se os poços no interior da escavação, eles não deverão prejudicar os espaços reservados para os trabalhos.

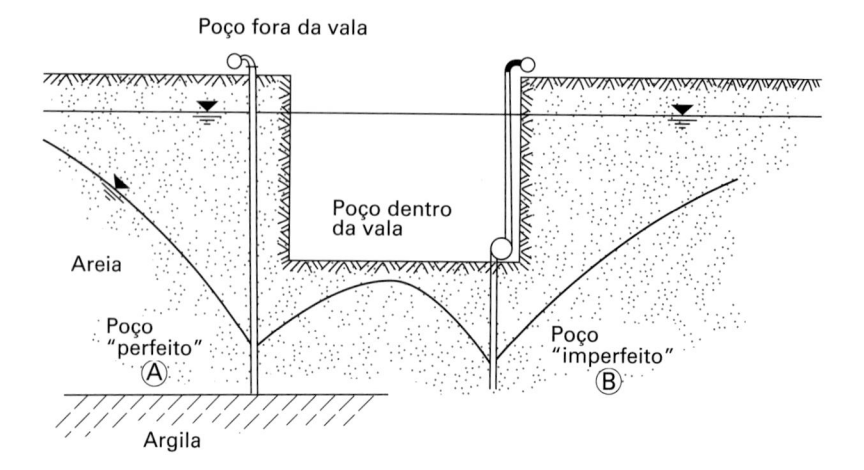

FIG. 10.25 Poço fora da vala

10.9.3 Processos a vácuo

Nos solos pouco permeáveis, tais como areia fina, areia siltosa ou silte ($K = 10^{-3}$ a 10^{-5} cm/s), o rebaixamento do nível freático por gravidade pode não mais conduzir a resultados satisfatórios, tornando-se a curva de depressão muito íngreme e limitada. As forças de adesão e de capacidade existentes nos poros extremamente pequenos desses solos tornam-se tão grandes que a ação da gravidade não é mais suficiente para deslocar a água em direção aos poços.

O sucesso de poços profundos por gravidade nesses solos é muito pequeno. Dessa maneira, pode-se aplicar vácuo tanto nos *well-points* como nos poços profundos.

A Fig. 10.26 explica a eficiência maior do rebaixamento com aplicação de vácuo em solos pouco permeáveis.

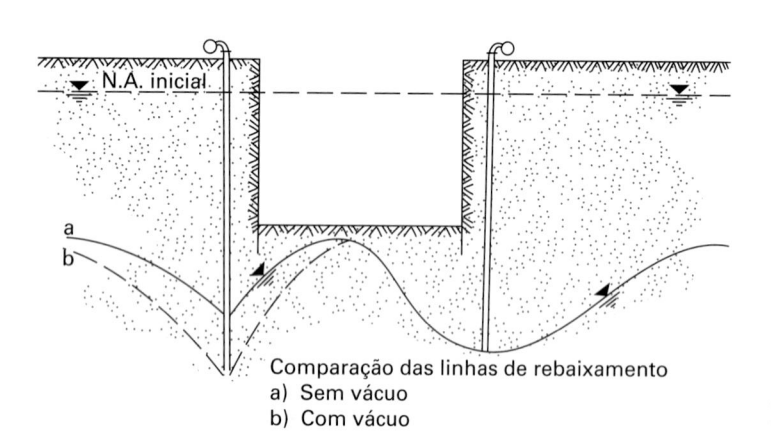

FIG. 10.26 Poço a vácuo

10.9.4 Outros fatores a considerar em um sistema de rebaixamento

Fornecimento de energia elétrica

Para qualquer sistema de rebaixamento, é indispensável prever, além da rede elétrica normal, uma fonte de energia de emergência, a fim de impedir a ocorrência de acidentes na hipótese de uma interrupção no fornecimento de energia pela rede pública. A transferência de uma fonte de alimentação para outra deverá ser possível a qualquer hora.

Medidas e observações dos resultados obtidos

Ao se executar um processo de rebaixamento, é absolutamente necessário observar e registrar os seguintes resultados:

- determinações das vazões dos poços, por meio de hidrômetros;
- determinações das curvas de depressão, por meio dos piezômetros e indicadores de nível d'água;
- medidas de recalques de edifícios e da superfície do terreno, por meio de pinos e marcos.

10.9.5 Aplicação do rebaixamento do nível d'água

O rebaixamento do nível d'água tem se tornado uma prática constante em obras de engenharia civil. Assim, por exemplo, os grandes edifícios em Santos (SP) e no Rio de Janeiro (RJ) normalmente exigem rebaixamento do nível d'água. O método de ponteiras filtrantes é o mais usual.

No setor de barragens, a de Ponte Nova, no rio Tietê, próximo a Mogi das Cruzes (SP), exigiu um rebaixamento por meio de poços profundos gravitacionais.

Dos 17 km da primeira linha do Metrô de São Paulo, cerca de 12 km exigiram trabalhos de rebaixamento do nível d'água, por meio de poços profundos gravitacionais e a vácuo, ponteiras filtrantes e drenos de areia de alívio.

A Companhia de Saneamento Básico do Estado de São Paulo (Sabesp), que constrói várias linhas de interceptores de esgotos ao longo dos rios Tietê e Pinheiros, em São Paulo, utilizou ponteiras filtrantes para o rebaixamento do nível d'água das valas e poços profundos gravitacionais para a estação elevatória do bairro de Pinheiros.

A Usina Nuclear de Angra dos Reis, situada em depósitos de areia e junto ao mar, exigiu grandes trabalhos de rebaixamento, em função da grande área de escavação, da presença de areias e do nível d'água elevado. Empregou-se o método de poços profundos gravitacionais.

Também no Metrô do Rio de Janeiro, durante a construção do interceptor oceânico em Copacabana, utilizaram-se conjuntamente poços rasos e ponteiras filtrantes para a construção do túnel de concreto nas areias daquela praia.

A barragem de Curuá-Una, no Pará, localizada em arenitos, exigiu grandes trabalhos de rebaixamento por ponteiras filtrantes, com a cravação de mais de 1.250 ponteiras.

Rebaixamento do nível d'água no Metrô de São Paulo

Todos os métodos usuais de rebaixamento foram empregados na construção do Metrô de São Paulo. Os fatores básicos que influíram na escolha de um ou mais métodos de rebaixamento foram basicamente os seguintes:

- para os solos arenoargilosos, normalmente intercalados com camadas argilosas, empregaram-se poços profundos a vácuo, em virtude da permeabilidade pequena desses solos;
- para as camadas arenosas quase puras de granulação grossa, usaram-se poços profundos gravitacionais, em razão de a permeabilidade dessas areias variar de 10^{-2} a 10^{-3} cm/s;
- para as camadas arenosas de espessura limitada e para os trechos de escavação pouco profunda, isto é, para pequenas alturas de rebaixamento, utilizaram-se ponteiras filtrantes;

- em vários locais onde apareciam camadas ou lentes de areia com pressão artesiana (subpressão), foram executadas redes de dreno verticais de areia (poços de alívio), com distância entre 5 e 10 m para cada poço.

Contudo, em algumas estações e em certos trechos de túnel, várias soluções foram empregadas, como, por exemplo, túnel pelo método da couraça (*shield*). Em virtude de uma camada argilosa na base do túnel e da existência de areias argilosas acima dela e areias puras abaixo, foram executados poços rasos a vácuo, para drenar as camadas superiores, e poços profundos gravitacionais, para aliviar a subpressão das areias inferiores. A Fig. 10.27 esquematiza essa solução.

Na estação Paraíso, situada no bairro de mesmo nome, foram utilizadas três soluções, em função das condições geológicas e do método construtivo:
- poços de alívio: em toda a estação, para alívio da subpressão de uma camada arenosa;
- ponteiras: em pontos onde a escavação possuía patamares ou taludes;
- poços profundos: nos locais onde não havia patamares ou taludes para as ponteiras.

A Fig. 10.28 esquematiza as três soluções adotadas (notar o piezômetro mostrando a subpressão da camada arenosa).

Na Fig. 10.29 estão assinaladas as curvas de rebaixamento do nível d'água na estação Conceição. Notar que cada curva corresponde a um período de bombeamento dos poços profundos existentes e que a curva final de rebaixamento ficou estabelecida abaixo do nível da escavação.

No caso da estação Conceição, o nível d'água situava-se a cerca de 5,5 m de profundidade e o nível da escavação, a 15,5 m. O gráfico apresentado na Fig. 10.29 ilustra esse rebaixamento por meio de dois indicadores de nível d'água, após um certo tempo de bombeamento de dois poços profundos. Mostra também a recuperação do nível d'água à sua posição inicial após o desligamento das bombas. O gráfico foi obtido com base nos dados do Metrô de São Paulo.

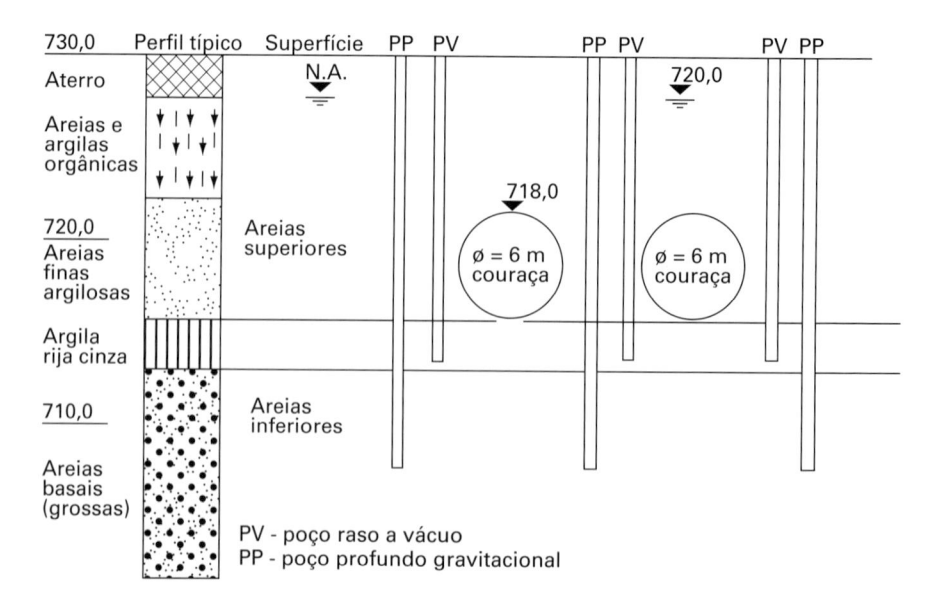

FIG. 10.27 Rebaixamento na Linha Azul (N-S) do Metrô de São Paulo

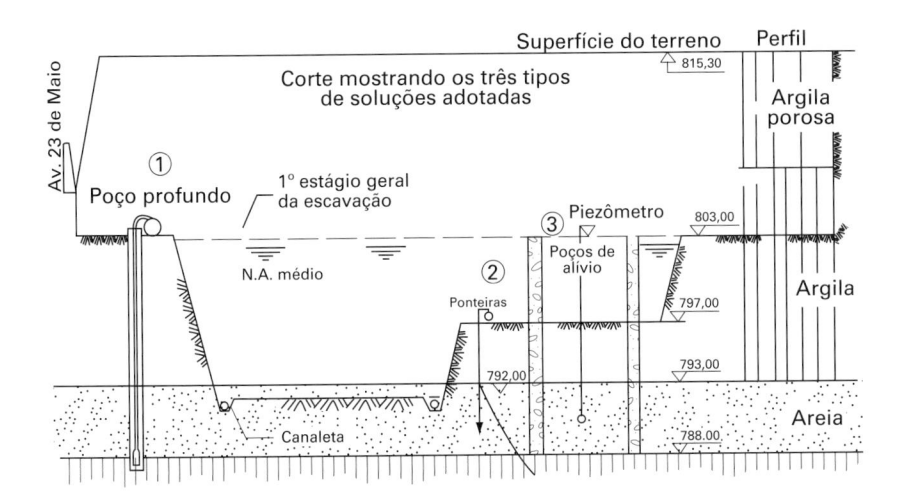

FIG. 10.28 Soluções adotadas na estação Paraíso do Metrô de São Paulo

Rebaixamento do nível d'água na Usina Nuclear de Angra dos Reis

A Central Nuclear Almirante Álvaro Alberto, situada ao longo da praia de Itaorna, no município de Angra dos Reis (RJ), será constituída de três unidades (Angras 1, 2 e 3) (Fig. 10.30). Sua área apresenta topografia praticamente plana e é circundada por elevações da Serra do Mar. O nível da superfície do terreno situa-se entre as cotas +1 m, nas proximidades da linha da praia, e +3 m no local mais afastado, próximo à base das elevações. A distância desse trecho plano, entre o mar e as montanhas, é da ordem de 400 m.

Usina de Angra 1

A primeira usina nuclear brasileira está situada na praia de Itaorna, em Angra dos Reis (RJ). Atualmente o programa nuclear brasileiro conta também com Angra 2, em operação, e Angra 3, em construção. Mais duas novas usinas, a serem construídas na região Nordeste, conforme o planejamento da Empresa de Pesquisa Energética (EPE), completariam o programa nuclear brasileiro.

Com potência de 657 MW, Angra 1 teve sua construção iniciada em 1972, tendo recebido licença para operação comercial da Comissão Nacional de Energia Nuclear (CNEN) em dezembro de 1984. Trata-se de uma usina tipo PWR (*pressu-*

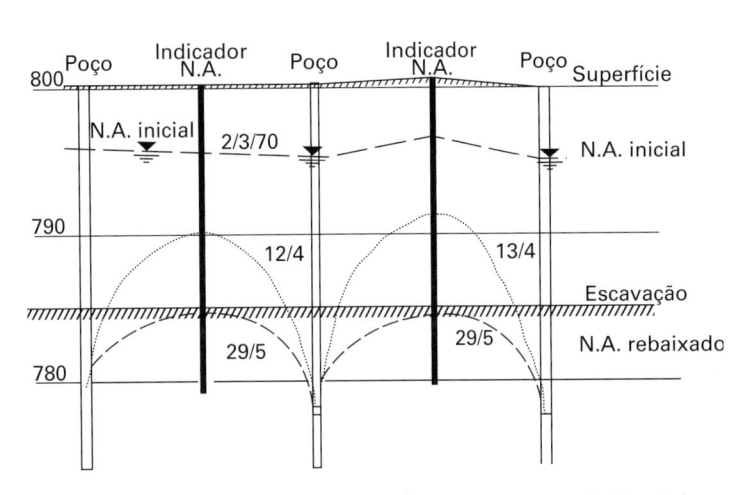

FIG. 10.29 Eficiência do rebaixamento (estação Conceição do Metrô de São Paulo)

FIG. 10.30 Localização das usinas de Angra 1, 2 e 3

rized water reactor), ou reator de água pressurizada, onde o núcleo é refrigerado por água leve desmineralizada. Foi fornecida pela Westinghouse e é operada pela Eletronuclear.

A litologia local do embasamento é constituída de granito, rochas gnáissicas e diorito intrusivo na forma de dique. Observa-se também que a superfície da rocha, nos limites da obra, atinge a cota –7 m no lado oeste da planta, no entorno da qual há ausência de solo residual, e mergulha no sentido leste, atingindo a cota aproximada de 35 m na borda leste, onde o manto de solo residual apresenta-se mais espesso.

Quanto ao nível freático na área, verifica-se que ele apresenta uma pequena declividade em direção ao mar, variando da cota média +2,3 m, no local mais afastado do mar, até o nível médio do mar (cota 0,0), na linha da praia.

No interior do sedimento arenoso ocorrem camadas de areia siltoargilosa, com conchas e matéria orgânica fofa e de coloração cinza, e deposições de argila siltoarenosa, orgânica, com consistência que varia de muito mole a média, e com coloração cinza predominante. Essas deposições argilosas ocorrem na forma de camadas não muito espessas e descontínuas, em geral situadas a grande profundidade, capeando o solo residual. Subjacente às camadas sedimentares, há a ocorrência de solo residual, constituído predominantemente de silte arenoso, micáceo, com compacidade que varia de compacto a muito compacto, e coloração variada.

A análise das investigações geológicas mostrou a necessidade de rebaixamento do nível d'água. Para a elaboração de anteprojetos/projetos dessa natureza, é fundamental a análise dos seguintes dados:

a) perfil geológico da área;
b) perfil individual das sondagens;
c) granulometria dos sedimentos atravessados;
d) grau de fraturamento e estudos de alteração das rochas;
e) ensaios de permeabilidade dos sedimentos *in situ*;
f) ensaios de perda d'água nos maciços das rochas.

No caso de Angra 1, a análise preliminar desses dados sugeriu a consideração de dois sistemas, conforme mostra a Fig. 10.31.

Um dos sistemas analisados foi o de múltiplos estágios de rebaixamento a vácuo, por meio de ponteiras (*well-points*). Esse sistema apresentava, porém, o inconveniente de exigir paralisações periódicas da escavação por períodos de tempo inadequados, necessários à instalação de cada estágio. Outro sistema estudado foi o da execução de poços profundos de grande diâmetro, com bombas submersas circundando a área. A análise desses dois sistemas mostrou que o segundo seria mais econômico.

Tendo em vista as grandes dimensões da área a rebaixar (200 m × 200 m), o projeto foi desenvolvido considerando-se que o abastecimento do aquífero podia ser conceituado como proveniente de fonte linear, constituída pelo mar, no lado oeste e imediações, e pela metade do raio da influência do aquífero, no lado terrestre, oposto ao mar. Dessa forma, elaborou-se o projeto básico com base no coeficiente de permeabilidade inicialmente estabelecido, da ordem de 3×10^{-3} cm/s, capaz de bombear cerca do triplo da vazão total calculada para abaixar o nível freático até a cota máxima de –18 m. Essa recomendação teve em vista acelerar o rebaixamento inicial do lençol, de modo que o mesmo fosse obtido no período de três meses disponível.

O projeto básico resultou em uma distribuição periférica de poços com espaçamento variável, isto é, da ordem de 4 m ao lado oeste (lado do mar) e de 10 m no restante dos lados norte e sul e em todo o lado leste da escavação.

Logo após a instalação dos oito primeiros poços no lado leste da escavação, foi realizado um ensaio de bombeamento do aquífero, que mostrou um coeficiente de permeabilidade médio da ordem de 8×10^{-3} cm/s. Esse valor corresponde a aproximadamente o triplo do valor estabelecido inicialmente. Dessa forma, tornou-se necessário reforçar a capacidade de bombeamento do sistema, bem como reduzir o espaçamento entre poços, no lado leste (oposto ao mar), de 10 m para 5 m, mantendo-se, porém, os espaçamentos nos outros lados. O acréscimo foi de 30 poços e 12 bombas.

As escavações abaixo do aquífero, isto é, no interior do solo residual, foram realizadas a seco, mediante uma drenagem subsuperficial constituída de uma malha de drenos franceses interligados aos drenos de pé de talude. Por medida de segurança adicional, instalou-se também, no solo residual, em zona mais profunda da escavação (no entorno da cota –18 m), um sistema de reforço de rebaixamento a vácuo, com ponteiras instaladas em poços de pequeno diâmetro.

Cabe também observar que foi necessária a instalação de um sistema auxiliar de rebaixamento a vácuo, com ponteiras no lado norte da escavação, por volta da cota –4 m (ver Fig. 10.31). Essa instalação se fez necessária para retirar água empoleirada no subsolo sobre veio de solo menos permeável existente no interior do aquífero, nesse lado norte, e que tendia a erodir a face do talude.

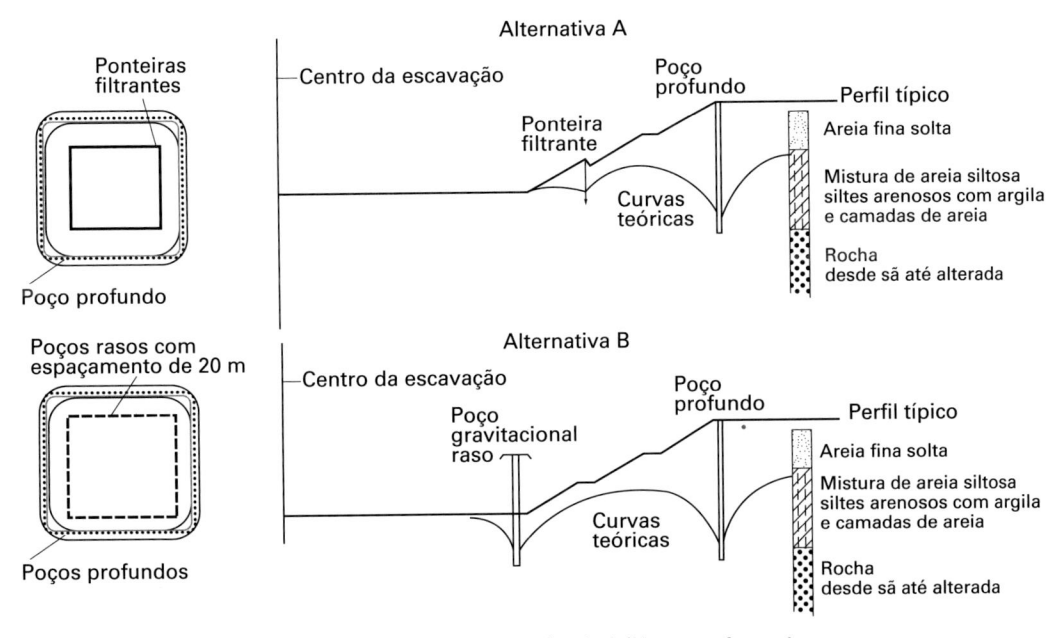

FIG. 10.31 Propostas para o sistema de rebaixamento do nível d'água em Angra 1

Usina de Angra 2

Angra 2 é a segunda das usinas nucleares que formam a Central Nuclear Almirante Álvaro Alberto, tendo entrado em operação no ano de 2000. A exemplo de Angra 1, é uma usina do tipo PWR. Com potência nominal de 1.300 MW, foi fornecida pela Siemens–KWU, da Alemanha, no âmbito do Acordo Nuclear Brasil-Alemanha, e é operada pela Eletronuclear.

Trata-se da primeira usina construída a partir do Acordo Nuclear Brasil-Alemanha, firmado em 1975. As obras civis da usina foram iniciadas em 1976, com o estaqueamento. O início da construção propriamente dita deu-se em setembro de 1981, com a concretagem da laje do prédio do reator. Entretanto, a partir de 1983, o empreendimento teve o seu ritmo progressivamente desacelerado, em decorrência da redução dos recursos financeiros disponíveis. Em 1991, o governo decidiu retomar as obras de Angra 2, sendo realizada em 1995 a concorrência para a contratação da montagem eletromecânica da usina. Em janeiro de 1996, foram iniciados os trabalhos, e a operação comercial começou em fevereiro de 2001.

Usina de Angra 3

Angra 3 é a terceira das usinas nucleares que compõem a Central Nuclear Almirante Álvaro Alberto e está em fase de instalação. Como Angra 2, terá um reator de água pressurizada (*pressurized water reactor*), com potência de 1.350 MW. Após ter sua construção paralisada nos anos 1980, em setembro de 2008 foi anunciada a retomada das obras, pelo Ministério de Minas e Energia.

Aproximadamente 60% a 70% dos materiais para a construção dessa usina nuclear foram adquiridos juntamente com a compra dos materiais de Angra 2. O equipamento é mantido no local, tendo sido gastos R$ 600 milhões na fase inicial (US$ 750 milhões em valores de 1999), e projetados mais R$ 8,4 bilhões (US$ 4,5 bilhões), sendo 70% desses materiais comprados nacionalmente. Foram gastos na estocagem e manutenção dos materiais aproximadamente R$ 20 milhões/ano.

Paralisadas em 1986, as obras de conclusão de Angra 3 foram incluídas no Programa de Aceleração do Crescimento (PAC). As obras receberam a Licença de Instalação do Instituto Brasileiro do Meio Ambiente e dos Recursos Naturais Renováveis (Ibama) e a Licença de Construção Preliminar da Comissão Nacional de Energia Nuclear (CNEN).

O início oficial das obras foi em 1º de junho de 2010. A usina deveria entrar em operação em 2015, de acordo com o Governo Brasileiro. Em 2011, porém, de acordo com o Plano Decenal de Expansão de Energia 2020, a previsão de início das operações foi adiada para 2016.

Geologicamente falando, a praia onde se localiza a usina, Itaorna (Angra dos Reis, RJ), que, em guarani, significa "pedra podre", tem sofrido constantes deslizamentos de terra, o que gerou diversas críticas sobre a escolha do local. A Eletronuclear justificou-se dizendo que diversos estudos foram feitos, e que o principal fator de escolha foi a localização equidistante de centros urbanos como Rio de Janeiro, São Paulo e Belo Horizonte, além da proximidade litorânea, pois a água é necessária como agente refrigerante do processo.

A implantação da obra foi fixada em local que satisfizesse condições mais favoráveis no sentido de assentar o edifício do reator diretamente sobre rocha sã. Essa condição ocorre a profundidades menores em uma área próxima à linha da praia. Dessa forma, todas as estruturas foram deslocadas em direção ao mar. Tal fato deu origem à necessidade de construir um dique ao longo da linha da praia (dentro do mar) para proteger a escavação. Esse dique estendeu-se também ao redor da área a escavar, para protegê-la, juntamente com um sistema de drenagem superficial interno, das águas de escoamento superficial externas.

A escavação abrangeu uma área aproximada de 200 m × 200 m e atingiu o nível da superfície da rocha e, em alguns locais, o solo residual, de boa qualidade. Com exceção do edifício de segurança, todos os demais foram fundados diretamente sobre reaterro compactado.

Cabe observar que o córrego que atravessava a área teve seu curso deslocado para fora da área e seu leito, revestido, para reduzir infiltrações no terreno.

Nota: os dados acerca do rebaixamento do nível d'água na usina nuclear de Angra 1 foram extraídos da Separata dos Anais do VI Congresso Brasileiro de Mecânica dos Solos e Engenharia de Fundações, realizado em 1978. O projeto de rebaixamento foi elaborado pela Geotécnica.

11
Águas superficiais: rios e bacias hidrográficas

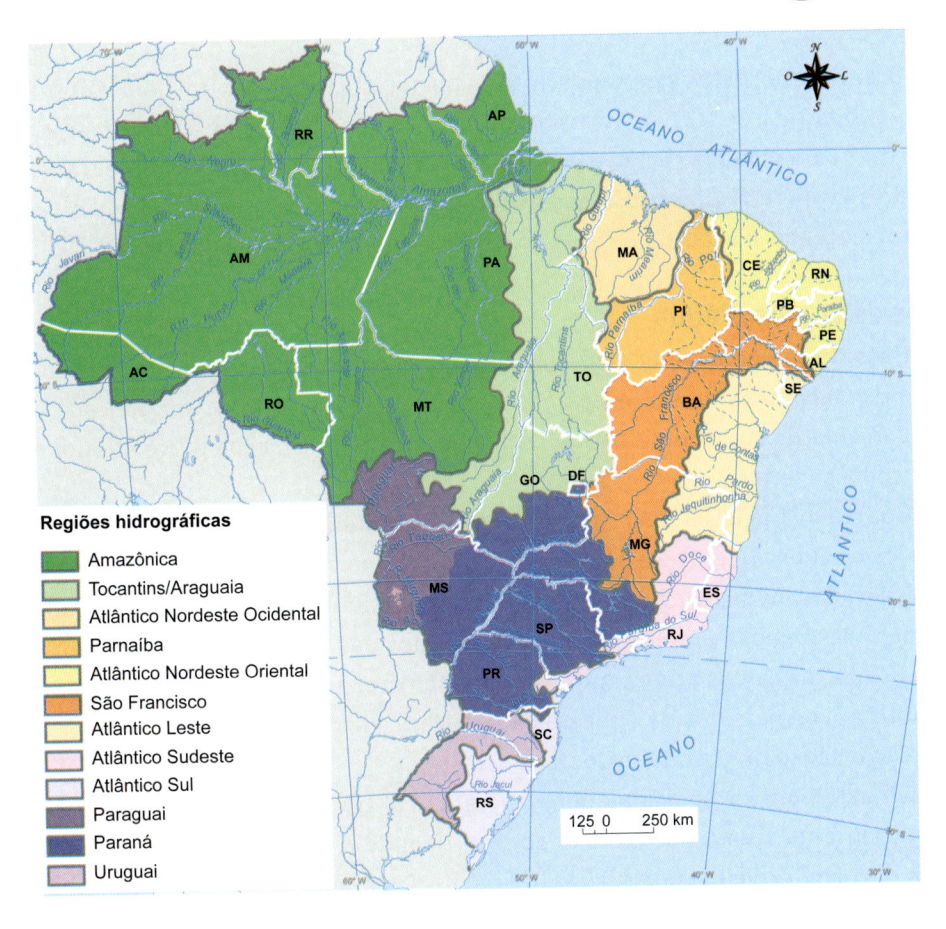

Bacias hidrográficas no Brasil

No estudo das águas superficiais, é importante compreender o problema da precipitação pluviométrica.

A quantidade de água precipitada sobre a superfície da Terra é influenciada, essencialmente, por condições climatológicas, uma vez que os ventos podem carregar o vapor d'água dos locais de evaporação para regiões onde a temperatura favoreça sua condensação e precipitação. Dessa maneira, a quantidade de chuvas é distribuída desigualmente pela superfície da Terra. No deserto do Saara, por exemplo, a precipitação é menor que 240 mm/ano, enquanto em certas partes da Índia é de cerca de 12 m/ano. No Brasil, os índices máximos estão localizados na Serra do Mar, com 4 m/ano, ao passo que, no Nordeste, os índices são inferiores a 500 mm/ano.

Vale lembrar que a quantidade de chuva necessária para a existência de uma rede hidrográfica com escoamento contínuo varia com o clima. Assim, na Rússia, com o clima frio, são necessárias precipitações anuais de apenas 300 mm, enquanto em climas tropicais, com valores menores que 600 a 700 mm/ano, não é possível a existência de rede fluvial perene.

Em geral, as águas que escoam pela superfície da Terra em consequência das chuvas, geadas ou fontes constituem filetes e enxurradas, os quais, por associação sucessiva com outros, formam os córregos, riachos, ribeirões e rios.

Quando se pretende estudar a hidrologia ou geologia da área de um determinado curso d'água, é comum esses estudos se referirem à bacia de drenagem desse curso.

Uma bacia de drenagem representa a área total drenada por um curso d'água e seus tributários, de tal maneira que toda a água que atinge a área de drenagem na forma de precipitação e não é devolvida à atmosfera pelos processos de transpiração e evaporação, ou não escapa subterraneamente para as bacias vizinhas ou para o oceano, é escoada através do curso d'água principal da bacia.

11.1 Tipos de cursos d'água

Os cursos d'água podem ser *efêmeros/temporários* ou *perenes/permanentes*, dependendo da constância de seu escoamento. Essa classificação pode ser aplicada a certos trechos do curso, uma vez que este pode ser perene na sua parte inferior e efêmero na superior.

Um curso d'água efêmero contém água durante e imediatamente após os períodos de chuva (Fig. 11.1 e 11.2A). O nível d'água encontra-se em nível inferior ao lado do leito fluvial, não havendo, portanto, a possibilidade de escoamento subterrâneo. Nas regiões úmidas, somente os riachos das cabeceiras são efêmeros, ao passo que, nas áreas áridas, muitas bacias são drenadas por cursos d'água que se infiltram nos períodos de chuva e não chegam a ser suficientes para elevar o nível d'água até o nível do leito do rio.

Em geral, um curso d'água perene (Fig. 11.2B) transporta todos os tipos de deflúvio durante a estação chuvosa do ano, quando o nível d'água se encontra acima do nível do leito do rio, cessando seu escoamento após um período de estiagem de duração suficiente para esgotar o armazenamento subterrâneo adquirido durante a época chuvosa.

Em anos muito secos, o nível d'água pode não atingir o nível necessário para haver uma descarga de água subterrânea no leito do rio. No caso oposto, de anos

FIG. 11.1 Rio temporário (rio São João, em Brumado, BA). Notar o leito seco

muito úmidos, o armazenamento de água na zona de saturação acima do nível do leito do rio pode ser suficiente para manter um escoamento fluvial durante um ou mais períodos de estiagem.

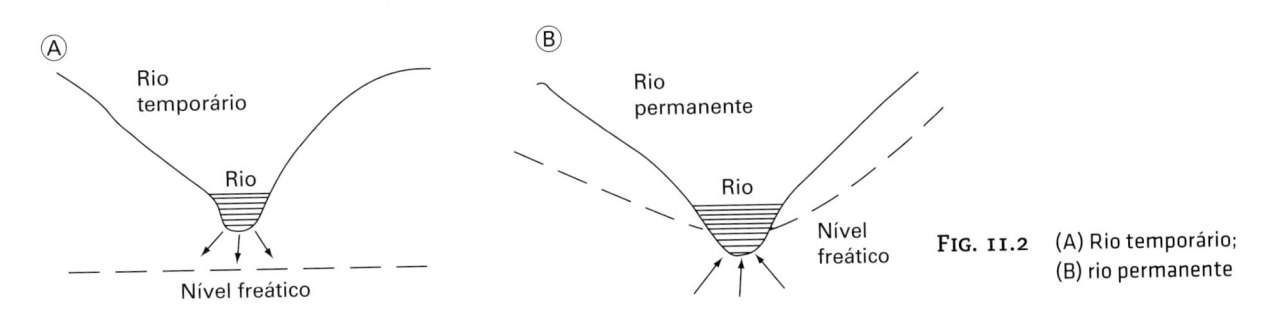

FIG. 11.2 (A) Rio temporário; (B) rio permanente

Função dos cursos d'água 11.2

Os cursos d'água são verdadeiros drenos naturais. Eles transportam, para os oceanos ou lagos interiores, a parte da precipitação atmosférica que não permanece subterraneamente armazenada e que não é devolvida à atmosfera pelos processos de evaporação e transpiração. Ao transportar suas águas para os oceanos, os cursos d'água escavam seu vale e seu leito, o qual nunca estará abaixo do nível do mar, em razão da necessidade de existir um declive do rio para o mar.

Assim, todo rio deve ter um declive-limite, abaixo do qual a erosão não é mais possível. Quando o curso d'água alcança seu declive crítico, diz-se que ele atingiu seu perfil de equilíbrio, e o nível do mar é chamado nível de base. Provavelmente nenhum rio chega a alcançar esse perfil. Durante certo tempo, um lago ou uma camada de rocha resistente poderá servir de nível de base local para o curso d'água.

Fases de um rio 11.3

Um rio pode apresentar três fases distintas de atividade (Fig. 11.3):
i] *fase juvenil*: caracterizada por um excesso de energia, o qual possibilita uma intensa escavação em profundidade do leito do rio, bem como o transporte do material escavado. O vale do rio adquire forma semelhante a um V. Essa fase é típica nas cabeceiras dos rios onde a topografia é, de modo geral, acidentada (Fig. 11.4);
ii] *fase madura*: caracterizada por uma diminuição da velocidade das águas, em virtude da diminuição da declividade do rio, o que ocasiona uma redução do poder erosivo e do poder transportador. A diminuição da velocidade das águas ocasiona deposição somente dos fragmentos maiores, que protegerão o leito do rio contra a ação erosiva. Nessa

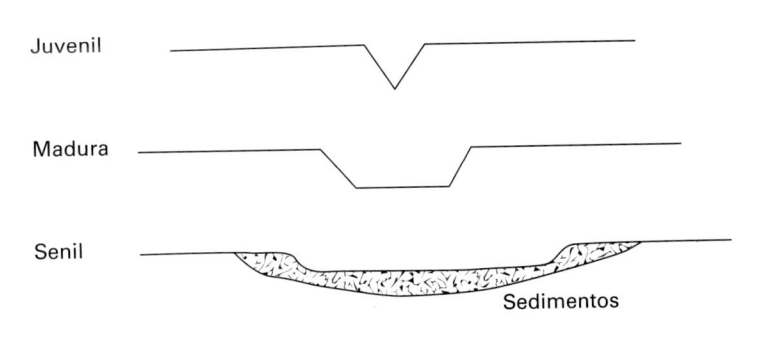

FIG. 11.3 As três fases de um rio: juvenil, madura e senil

fase predomina o transporte. A configuração do vale do rio passa a lembrar a forma de um U aberto, de base muitas vezes maior que os lados;

iii] *fase senil*: representada por uma intensa deposição do material transportado, que dá origem a uma extensa planície de sedimentos, formando um vale exageradamente largo e raso.

11.4 Controle estrutural dos rios

A direção seguida por um curso d'água está relacionada, de modo geral, ao tipo de rocha atravessada e às suas estruturas, segundo duas possibilidades principais:

i] Quando a rocha atravessada é caracterizada pela presença de sistemas de fraturas, juntas ou falhas, esses elementos imporão ao rio uma direção no seu traçado. Em geral, essa direção seguirá a disposição daqueles elementos e, nesse caso, a rocha poderá ser tanto do tipo magmática, apresentando-se dura e resistente, como os basaltos, quanto do tipo sedimentar, sob a forma de arenitos fortemente cimentados. Exemplos bastante característicos são os encontrados nos rios Paraná e Tibagi (PR). Em Sete Quedas (Guaíra, PR), as linhas de fraturas do basalto possibilitam a formação do conhecido cânion (Fig. 11.5), logo abaixo da cachoeira. Nesse local, a largura do rio passa de cerca de 3.500 m acima das quedas para cerca de 200 m abaixo delas.

Outro exemplo marcante é o arenito conhecido como Furnas, encontrado ao longo do trecho superior do rio Tibagi (PR), onde a direção do rio segue rigidamente os sistemas de fraturas apresentados por essa rocha (Fig. 11.6).

FIG. 11.4 Rio Jataizinho (RS) em vale encaixado

Outro exemplo característico é fornecido pelo rio Paraíba do Sul, no Estado do Rio de Janeiro, que difere dos anteriores, uma vez que seu curso não está implantado em rochas magmáticas ou sedimentares. As rochas são principalmente gnaisses, cuja direção de xistosidade controla a direção do rio (Fig. 11.7).

Em determinados trechos, a direção do rio passa a ser perpendicular à direção da xistosidade, surgindo, em decorrência, cachoeiras e corredeiras (Fig. 11.8). Por longos trechos, a xistosidade apresenta-se com mergulhos próximos da posição vertical.

ii] No caso de ausência de elementos estruturais na rocha, o curso d'água, dependendo da resistência da rocha, poderá traçar à vontade a sua direção, sendo comuns, nesses casos, os meandros e as planícies de inundação (banhados, várzeas) (Fig. 11.9).

11.5 Cachoeiras

As cachoeiras e corredeiras existentes nos rios são importantes, em primeiro plano, pela possibilidade do desenvolvimento de potenciais energéticos. Sabe-se, em termos gerais, que a potência de um aproveitamento hidrelétrico é função

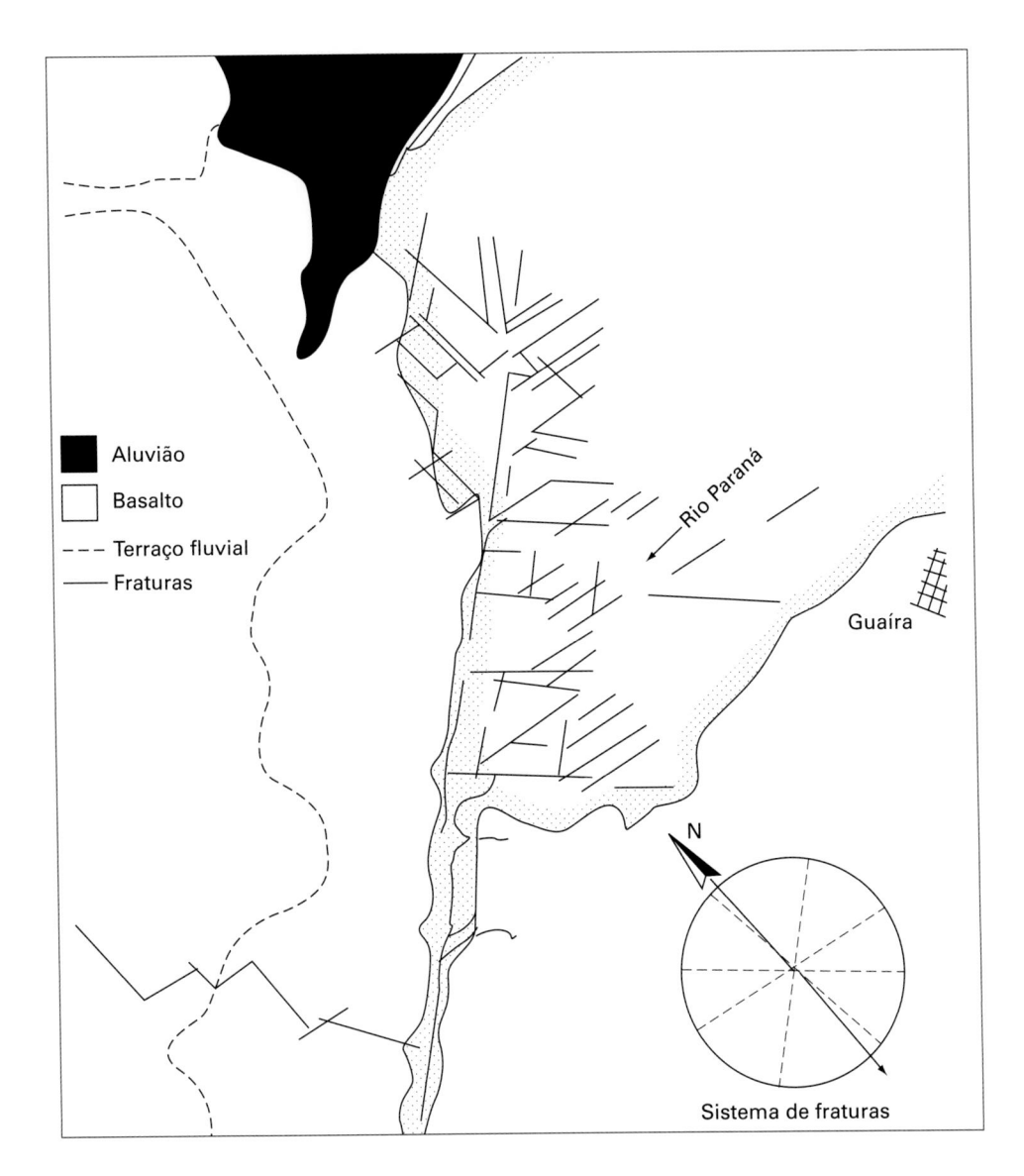

FIG. 11.5 Rio Paraná (Guaíra, PR): sistema de fraturas dando origem às quedas e ao cânion

da vazão do rio e da queda utilizada. Em segundo plano, aparece o fator turismo.

A origem da maioria das cachoeiras está relacionada a um dos seguintes fatores: heterogeneidade litológica, homogeneidade litológica ou falhas.

11.5.1 Heterogeneidade litológica

Diz-se que a origem das cachoeiras está relacionada à heterogeneidade litológica quando as rochas atravessadas pelos rios apresentam constituições diferentes. Haverá, em consequência, uma diferença com relação à resistência e à erosão. Um exemplo típico é a cachoeira de Piracicaba, no Estado de São Paulo, onde ocorrem intrusões de diabásio em sedimentos arenosos e argilosos (Fig. 11.10). No local

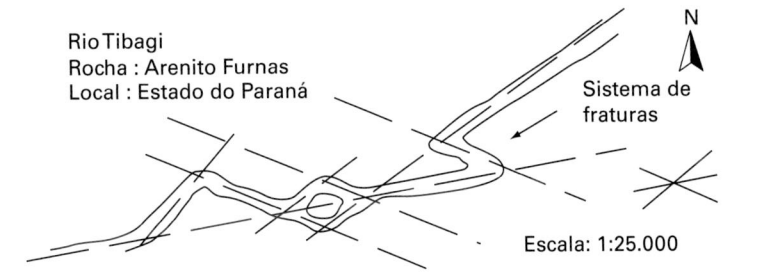

FIG. 11.6 Rio Tibagi (PR): sistema de fraturas em arenito, traçado geométrico

FIG. 11.7 Rio Paraíba do Sul (SP-RJ)

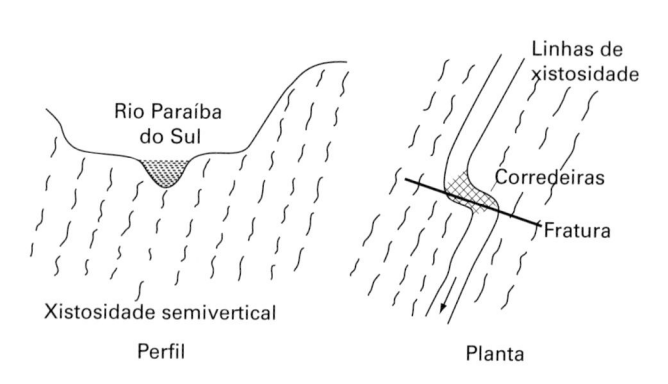

FIG. 11.8 Rio Paraíba do Sul: controle do traçado pela estrutura da rocha

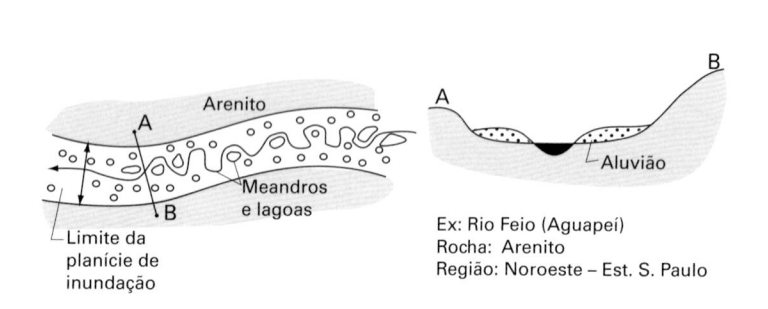

FIG. 11.9 Meandros e planícies de inundação

FIG. 11.10 Cachoeira de Piracicaba (SP), formada por heterogeneidade litológica. Na parte alta, diabásio, e na baixa, siltitos

do salto, aparece o diabásio, e abaixo dele, os sedimentos. O poder erosivo das águas desgastou mais fácil e intensamente a rocha sedimentar, menos resistente que a magmática.

Outro exemplo é o rio Tibagi (PR), onde são frequentes as corredeiras e pequenas quedas, causadas pela presença de diques de diabásio em arenitos e folhelhos. A posição estrutural desses diques é próxima da vertical (Fig. 11.11).

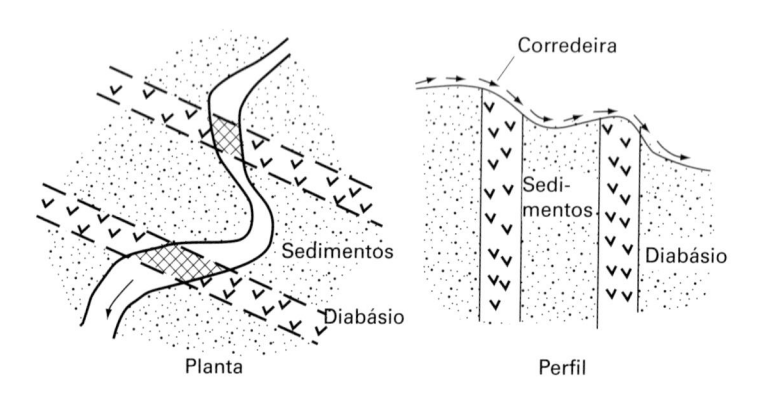

FIG. 11.11 Rio Tibagi (PR) cortando diques de diabásio

11.5.2 Homogeneidade litológica

Diz-se que a origem das cachoeiras está relacionada à homogeneidade litológica quando as rochas cortadas pelos cursos d'água apresentam constituição e propriedades semelhantes. Nesse caso, o aparecimento de quedas e corredeiras ao longo do curso é provocado pela presença de irregularidades na superfície original das rochas. São exemplos as cachoeiras Urubupungá, no rio Paraná (Fig. 11.12), e Itapura, no rio Tietê (SP).

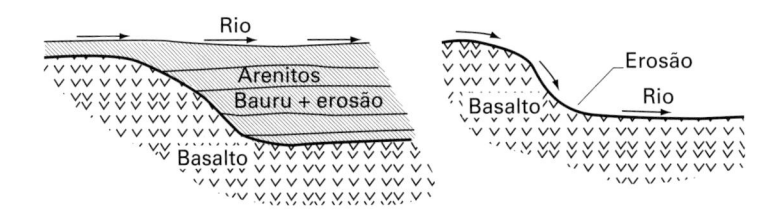

FIG. 11.12 Cachoeira Urubupungá (rio Paraná): após a erosão dos arenitos, o rio corre sobre uma superfície irregular da rocha subjacente (basalto)

11.5.3 Falhas

A presença de falhas nas rochas poderá provocar o aparecimento de cachoeiras, como ilustra a Fig. 11.13.

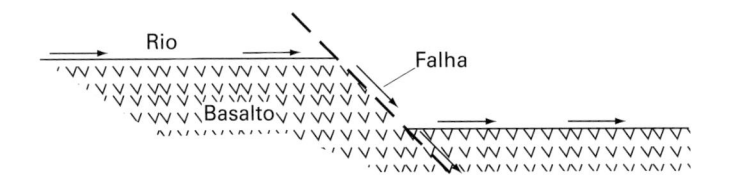

FIG. 11.13 Cachoeira formada em área de falha. As falhas poderão localizar-se em blocos semelhantes ou diferentes

11.6 Erosão fluvial

O trabalho de desgaste das rochas pelos rios e a consequente formação dos vales na topografia constituem a erosão fluvial. A escavação erosiva do vale do rio existe em função da energia que a água possui.

Durante o desenvolvimento da erosão fluvial, é comum surgir um elemento característico no vale do rio, os terraços fluviais, que constituem superfícies mais ou menos horizontais compreendidas entre taludes, com declive variado. Esses terraços poderão ser formados, genericamente, de duas maneiras:

i] encaixe sucessivo do vale do rio em rocha de elevada resistência, como é o caso de basalto nos rios Grande (Fig. 11.14) e Paraná;

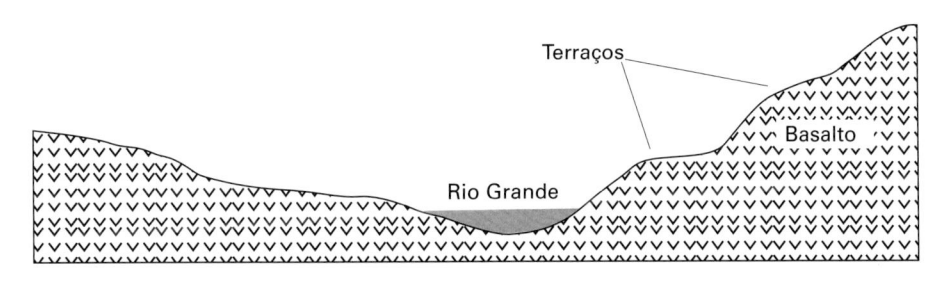

FIG. 11.14 Terraços escavados em basalto

ii] encaixe do vale do rio em extensas planícies de aluvião, nas quais o rio reescavou seu novo leito (Fig. 11.15).

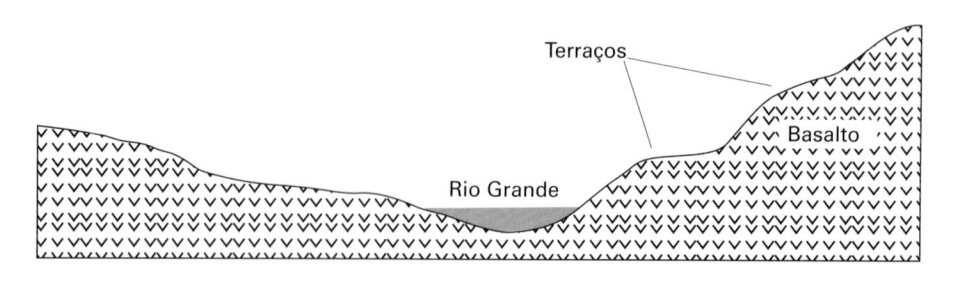

FIG. 11.15 Terraços escavados em aluvião

11.7 Redes de drenagem

O estudo de determinada rede de drenagem pode referir-se a uma ou mais bacias fluviais. O tipo de rede de drenagem depende sempre do tipo ou tipos de rochas atravessadas pelos cursos d'água e de certos elementos estruturais, como linhas de fraturas, falhas, juntas, dobras, inclinação das camadas rochosas etc. Dessa maneira, resumidamente, os tipos de drenagem mais comuns são:

i) *retangular e ortogonal*: quando os rios e riachos de determinada área exibem um certo paralelismo como resultado da existência de fraturas, juntas ou falhas na rocha (Fig. 11.16);

ii) *paralela*: quando os rios e riachos quase que se alinham (Fig. 11.17);

iii) *radial*: quando, a partir de uma determinada região, normalmente elevada, os cursos d'água irradiam-se em todas as direções (Fig. 11.18);

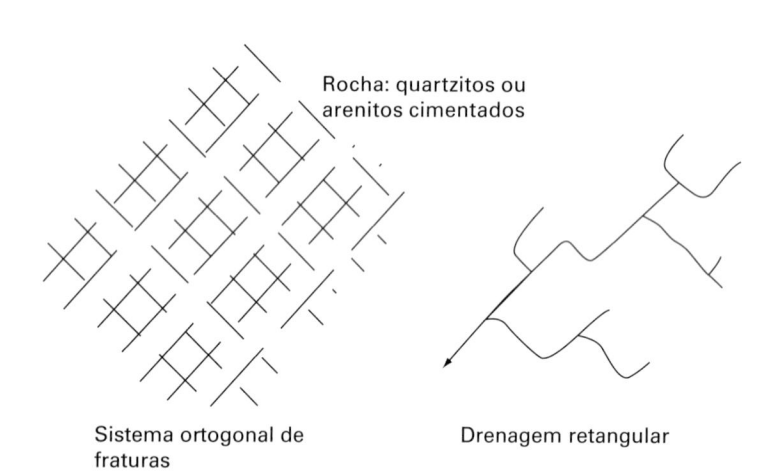

iv) *dendrítica*: esse tipo de drenagem é resultante de regiões onde não existe um predomínio estrutural acentuado. Dessa maneira, os rios e seus afluentes traçam mais ou menos livremente a direção de seu curso, em virtude da ausência de estruturas de controle na rocha atravessada. A drenagem apresenta uma disposição semelhante à estrutura encontrada numa folha de vegetal (Fig. 11.19). É comum em região de xistos e folhelhos.

FIG. 11.16 Sistema ortogonal de fraturas ocasiona drenagem retangular

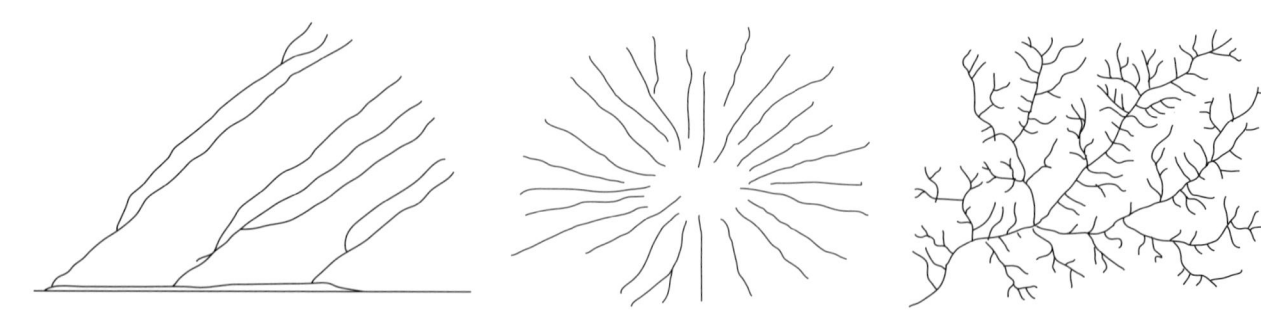

FIG. 11.17 Drenagem paralela

FIG. 11.18 Drenagem radial

FIG. 11.19 Drenagem dendrítica

12 Ação das águas subterrâneas e superficiais na paisagem e nas áreas construídas

Caverna da Casa da Pedra, que possui a maior entrada entre as cavernas do mundo, com 175 m de altura. Localizada no Parque Estadual do Alto do Ribeira (Petar), que possui mais de 170 cavernas. Na figura, o salão chamado Galeria do Nirvana

Fonte: Consema - Conselho Estadual do Meio Ambiente (1985).

O movimento da água no subsolo pode ocasionar a formação de determinados fenômenos e estruturas de interesse à Engenharia. Os mais comuns são: escorregamentos; boçorocas; agressividade ao concreto de fundações; dolinas; cavernas; subsidência e colapsos em áreas calcárias; erosão marinha.

12.1 Escorregamentos

Esses fenômenos, que incluem tanto solos como rochas, estão ligados à intensa infiltração de água no subsolo, em regiões onde a precipitação de chuva é elevada. Exemplos típicos são as regiões de serra do mar nos Estados de São Paulo, Rio de Janeiro, Espírito Santo, Paraná e Santa Catarina.

Há, contudo, casos de deslizamentos lentos, e um exemplo é o trecho de serra do km 51 da Via Anchieta (SP): velocidade de 1 cm/30 anos. Porém, nessa mesma zona, em 1956, houve vários deslizamentos catastróficos, tanto na própria Via Anchieta como nos morros de Santos. A altura dos morros na região da Baixada Santista é de 200 m, em média, e a inclinação nos taludes das encostas é elevada, em torno de 40°. Os deslizamentos provocaram a morte de inúmeras pessoas, feriram centenas e destruíram residências. A causa dos deslizamentos, além do fator geológico, inclui também a ação do homem, que provoca cortes sem controle nas encostas, ausência de drenagem, de impermeabilização etc.

12.1.1 Aspectos geológicos dos escorregamentos

"O Brasil não é Bangladesh e não tem nenhuma desculpa para permitir, no século 21, que pessoas morram em deslizamentos de terras causados por chuva." O alerta, publicado no jornal O Estado de S. Paulo, edição de 14/1/2011, foi feito pela consultora externa da Organização das Nações Unidas (ONU) e diretora do Centro de Pesquisa de Epidemiologia de Desastres, Debarati Guha-Sapir, conhecida como uma das maiores especialistas no mundo em desastres naturais.

São frequentes, no mundo, os acidentes fatais causados por escorregamentos de solos e/ou rochas. No Brasil, quedas de barreiras ao longo de rodovias e ferrovias são fenômenos bastante comuns.

A barragem de Euclides da Cunha, no rio Pardo (SP), sofreu alguns escorregamentos na área dos vertedouros, e as cidades de Santos e do Rio de Janeiro exemplificam vários casos de escorregamentos, como o de 1967, no Rio, que ocasionou a morte de mais de 200 pessoas. Outros exemplos são os escorregamentos ocorridos na Via Dutra (Serra das Araras) e em Caraguatatuba (SP), também em 1967.

A ruptura de uma massa de solo situada ao lado de um talude é chamada de escorregamento, quando diz respeito a um movimento rápido, e de rastejo, quando esse deslocamento é lento ou imperceptível. Em geral, ambas as situações são tratadas por escorregamento.

Os escorregamentos podem ocorrer de quase todas as maneiras possíveis: lenta ou bruscamente, com ou sem qualquer provocação aparente. Geralmente são decorrentes de escavações ou cortes na base do talude preexistente, ou do aumento excessivo da pressão da água intersticial em camadas de material de permeabilidade bastante baixa. A força ativa que mais comumente tende a destruir um talude é a gravidade, isto é, o peso do material da encosta e das cargas superimpostas.

A força de resistência do material ao cisalhamento diminui quando a umidade é excessiva. O excesso de água livre no material pode transformar o material numa suspensão desprovida de resistência ao cisalhamento, e, dessa maneira, é comum ocorrerem deslizamentos durante ou logo após as estações chuvosas.

Durante o período chuvoso, o peso da encosta aumenta em decorrência da saturação do material, devendo ser somados, ainda, os casos em que a extremidade superior da encosta está sujeita a cargas pesadas (como em rodovias) ou quando escavações são executadas no pé da encosta (para a passagem de uma rodovia, a construção de edifícios etc.), onde o suporte ou equilíbrio lateral é retirado.

12.1.2 Tipos de escorregamentos

A Fig. 12.1 ilustra um deslizamento aproximadamente paralelo à superfície do terreno e outro conhecido como rotacional, em que a superfície de deslizamento é aproximadamente circular.

A ruptura de um talude pode ser classificada como ruptura de talude propriamente dita ou como ruptura de base, esta quando a ruptura atinge um limite rígido subjacente, que pode ser rochoso ou de material mais duro que o superior (tensão de cisalhamento maior) (Fig. 12.2).

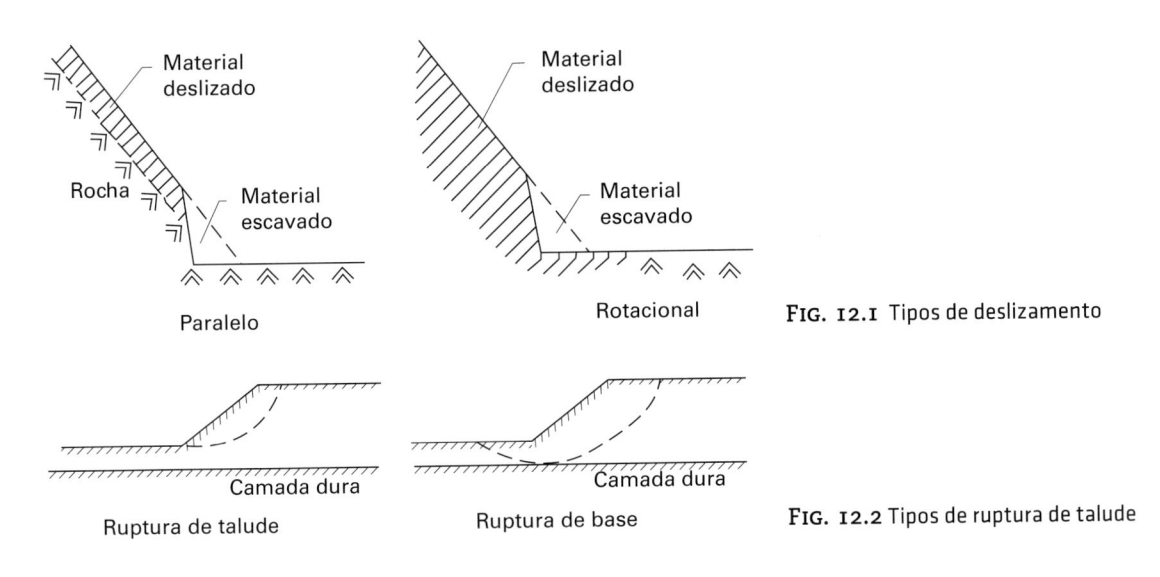

FIG. 12.1 Tipos de deslizamento — Paralelo, Rotacional (Material deslizado, Material escavado, Rocha)

FIG. 12.2 Tipos de ruptura de talude — Ruptura de talude, Ruptura de base (Camada dura)

A maioria dos problemas envolvendo a estabilidade dos taludes está associada ao projeto e construção de cortes, principalmente sem escorregamento, para rodovias, ferrovias e canais. A experiência tem demonstrado que não são comumente estáveis os taludes de 1,5 (horizontal) para 1 (vertical). Aliás, a maioria dos cortes de estrada de ferro e rodagem, que tem menos de 6 m de altura, apresenta essa inclinação, que se tem mostrado estável para muitos casos. Para os casos de abertura de canais, onde o material permanece inundado, isto é, saturado de água, as inclinações variam de 2:1 a 3:1 (Fig. 12.3).

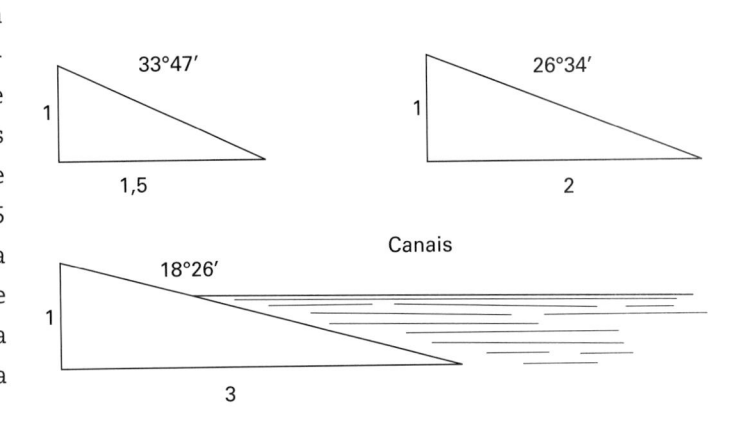

FIG. 12.3 Exemplos de cortes — 33°47' (1:1,5), 26°34' (1:2), 18°26' (1:3) Canais

12.1.3 Tipos e comportamentos de materiais

O Departamento de Estradas de Rodagem (DER) de São Paulo recomendava as seguintes inclinações máximas dos taludes de cortes:

- terreno com possibilidade de escorregamento: 1:1;
- terreno sem possibilidade de escorregamento: 3:2;
- rocha sã: vertical.

Todavia, a experiência tem demonstrado que taludes-padrão como esses apenas são estáveis quando os cortes são executados em terrenos favoráveis. Nos terrenos classificados como desfavoráveis, como é o caso de argilas moles, a escavação de cortes, mesmo rasos, segundo o talude-padrão pode ocasionar o movimento do solo na direção dos cortes. Solos argilosos com bolsas de areia saturada podem reagir semelhantemente.

Da mesma maneira, os solos derivados de folhelhos, xistos, argilitos, areias e arenitos saturados são considerados terrenos perigosos. A seguir, há alguns exemplos em diferentes materiais.

12.1.4 Escorregamento em superfícies preferenciais

Em geral, as teorias adicionais de estabilidade de taludes desenvolvidas para solos homogêneos admitem o escorregamento dos taludes comuns (Fig. 12.4A) ao longo de superfícies curvas. No caso de taludes homogêneos e de grande altura, porém, o deslizamento pode se dar ao longo de superfícies planas, paralelas à superfície do talude. Esse último tipo é muito comum em encostas íngremes, de solos residuais, em que a capa de solo desliza sobre o leito de rocha (Fig. 12.4B) por efeito, principalmente, da infiltração de água nas grandes chuvas.

Outros casos ocorrem em superfícies preferenciais de escorregamento – não curvas – em solos residuais, acarretadas pela existência de:

i) planos de xistosidade, em alteração de rochas metamórficas;
ii) falhas e/ou diáclases da rocha de origem;
iii) estratificação etc.

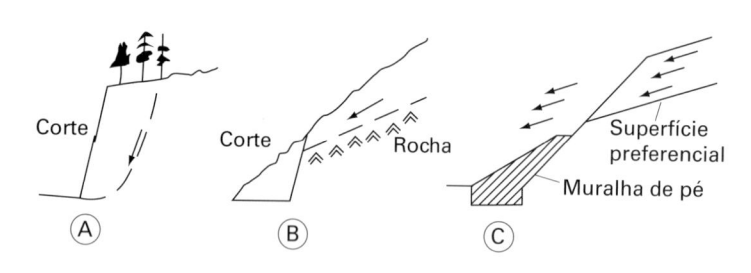

FIG. 12.4 (A) Escorregamento típico em superfície plana; (B) escorregamento em superfície inclinada paralela ou quase à superfície do terreno; (C) escorregamento em superfície preferencial (camada, xistosidade) acima do muro de arrimo

Casos como esses podem ser previstos por levantamentos geológicos ou às custas de experiência anterior. Existem regiões propensas a tais tipos de escorregamento. Nota-se que a aplicação de métodos tradicionais de arrimo a tais casos pode ser ineficiente (Fig. 12.4C).

12.1.5 Estabilidade de cortes em areia

Areia de qualquer espécie, quando situada permanentemente acima do nível freático, pode ser considerada como terreno estável para cortes com taludes-padrão, o mesmo ocorrendo com areias compactas situadas abaixo do nível freático. Porém, as areias fofas e saturadas causam deslizamentos, por meio de um fenômeno conhecido como liquefação espontânea, pelo qual sua capacidade de carga é próxima de zero.

Isso pode ser demonstrado enchendo-se um vaso com areia muito fofa e saturada de água, com um peso na sua superfície. A colocação rápida de uma barra de vidro de areia – ou uma leve batida ao lado do vaso – provoca a submersão do peso, como se a areia fosse um líquido. Isso é causado por um colapso da estrutura da areia associado a um acréscimo rápido, porém temporário, da pressão intersticial (areia movediça).

Na prática, a perturbação necessária para provocar uma corrida de areia tanto pode ser produzida por um choque como por uma variação brusca do nível freático.

12.1.6 Cortes em solos residuais brasileiros

Os solos residuais apresentam certas características próprias que merecem um tratamento à parte. Na Fig. 12.5, é esboçado um perfil típico do caso mais geral de um solo residual de granito ou gnaisse, segundo o professor Fernando Barata.

Caso 1 – o corte ABCD está todo executado na camada de solo residual maduro. Tal fato possibilita a execução de taludes íngremes, de grande altura, resistentes à erosão superficial pelas águas da chuva. Não é imprescindível, nesse corte, a instalação de drenos de pé de talude: seriam ineficientes e, quase sempre, dispensáveis.

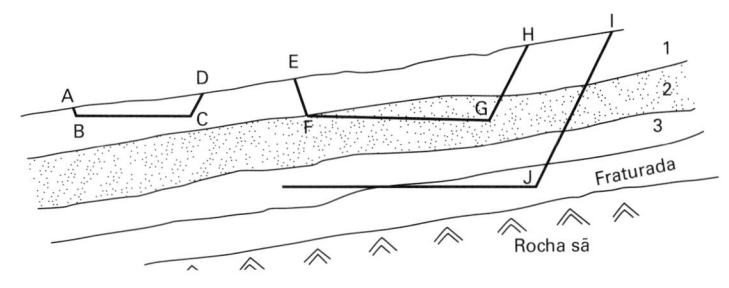

FIG. 12.5 Cortes em solo residual de granito

Caso 2 – o corte EFGH tem seu talude EF em residual maduro, e o talude GH, parte em residual maduro e parte (zona inferior) em residual jovem. Devem-se tomar cuidados especiais com o pé desse talude; se o trecho de residual jovem interceptado for muito alto, haverá, mesmo sem lençol d'água, perigo de escorregamento.

Caso 3 – o talude IJ do corte intercepta diversas camadas de diferentes naturezas, cada qual com seu problema específico. Nas camadas inferiores, de rocha muito alterada ou rocha fissurada, os taludes podem apresentar-se com blocos de rocha instáveis, com perigo de desprendimento (haverá necessidade de revestimentos especiais, escoramentos ou mesmo ancoragem).

12.1.7 Esquema de programa detalhado para prospecção e estudo dos cortes

Um esquema de programa detalhado de prospecção deve consistir das seguintes etapas:

i] Furos de reconhecimento a percussão, com 2" de diâmetro, para a determinação das camadas de solo, sua espessura e resistência à penetração (consistência ou compacidade).

ii] Furos pelo método rotativo, de pequeno diâmetro, para penetrar o solo residual mais resistente e a rocha, de modo a verificar seu estado.

iii] Determinação cuidadosa do nível freático, o que poderá ser feito durante a própria execução dos furos de sondagem. Se houver tempo suficiente, deverão ser feitas observações durante um período suficientemente longo, abrangendo a época das chuvas e da estiagem, por meio de indicadores de nível d'água e piezômetros.

iv] Eventualmente e de acordo com o problema, furos de sondagens de 6" para extração de amostras indeformadas, que serão ensaiadas no laboratório. Em certos casos, podem ser escavados poços com o mesmo objetivo, além da inspeção visual direta de terreno.

v] Eventualmente, ensaios de permeabilidade *in situ* e ensaios de perda d'água nas sondagens rotativas.

vi] Levantamento topográfico detalhado de toda a área de interesse.

12.1.8 Medidas preventivas para evitar escorregamentos

Ao se executar um corte em determinada área, devem-se considerar os seguintes aspectos:

i] Caracterização geotécnica dos materiais por meio de cuidadosa investigação.

ii] Considerar os índices pluviométricos da região.

iii] Calcular os taludes mais adequados para o caso.

iv] Conforme o caso, adotar soluções como: execução de bermas com canaletas de drenagem; impermeabilização das superfícies por material betuminoso; colocação, no terreno, de tubos perfurados para drenagem; cobertura da área por vegetação para fixação do solo; execução de cortinas atirantadas etc.

v] A área de investigação e estudo não se deve limitar essencialmente à área do corte.

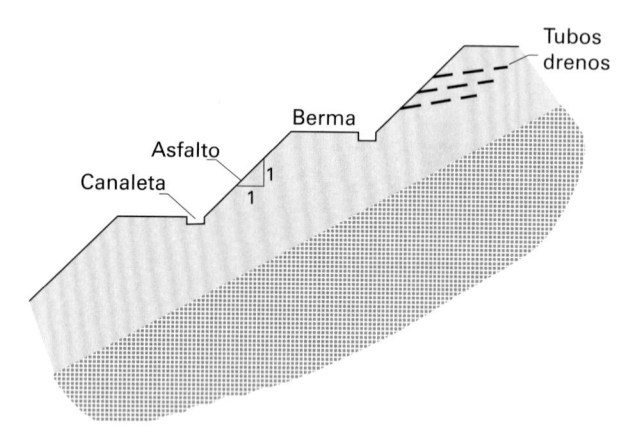

FIG. 12.6 Medidas preventivas contra escorregamentos

Na construção da usina de Piaçaguera, da Cosipa, na Baixada Santista (SP), o morro da Tapera precisou ter três de suas faces cortadas e estabilizadas. Do cálculo resultou que taludes de 1:1 de inclinação, com bermas de 3 m de largura e intervalos de aproximadamente 15 m, eram perfeitamente estáveis até a altura total de um sistema de drenagem superficial, constituído de valeta coletora de água ao longo do pé dos taludes e em cada berma. Foram também instaladas canaletas descendentes, espaçadas de 50 m. Todo o talude e as bermas foram revestidos de pintura asfáltica, e as canaletas foram cimentadas (Fig. 12.6).

12.1.9 Exemplos de escorregamentos (Santos, SP)

Em 1° de março de 1956, na cidade de Santos (SP), durante uma forte chuva que durou cerca de quatro horas, registrando-se uma precipitação de 120 mm, uma série de escorregamentos ocorreu no local chamado "Santa Terezinha". O escorregamento que causou maior destruição foi próximo a uma pedreira, resultando na morte de 21 pessoas, em mais de 40 feridos e na destruição de cerca de 50 casas.

Durante a noite do dia 24 de março de 1956, houve uma chuva de grande intensidade, registrando-se, para um período de dez horas, uma precipitação de 250 mm. Uma série de escorregamentos aconteceu em quase todas as encostas dos morros de Santos e cidades vizinhas. Na ocasião, 43 pessoas faleceram, houve muitos feridos e mais de cem casas, total ou parcialmente, foram destruídas. Registraram-se ao todo, somente nos morros de Santos, nesse período, 65 escorregamentos.

As causas dos escorregamentos de Santos foram separadas em básicas e efetivas. No primeiro grupo, podem-se citar as condições geológicas e a ação do homem. Muitas casas haviam sido construídas ao longo da encosta dos morros durante os vinte anos que antecederam a tragédia, e a estabilidade dos taludes foi objeto de pouca consideração nessas construções, com condições pobres de drenagem. Com o aumento do número de cortes, ocorreu um enfraquecimento do manto residual.

Os morros de Santos alcançaram uma elevação máxima de 210 m. Os taludes das encostas são bastante inclinados. Para ângulo de talude de até 45°, essas encostas estão cobertas por camada de solo, mas, quando esses ângulos são superiores a 45°, geralmente há afloramento de rocha.

A capa de solo residual alcança, nos topos dos morros, uma profundidade de mais de 20 m, ao passo que, nas encostas, a espessura dessa camada é reduzida a poucos metros. Em algumas áreas, como a do Monte Serrat, a capa é constituída integralmente de solo residual até a superfície da rocha sã. Em outros lugares observa-se uma transição do solo residual à rocha sã, através de uma zona de rocha muito fraturada e parcialmente decomposta. Nesse caso, a superfície da rocha apresenta-se irregular, e não lisa, como no primeiro caso.

A Fig. 12.7 busca mostrar, esquematicamente, as condições geológicas que conduziram aos escorregamentos. Ao lado esquerdo da figura é apresentada uma condição na qual a rocha sã é coberta por manto de solo residual de espessura apreciável. Escorregamentos de solo (A) que ocorrem nessa área são de grande perigo, visto que implicam o movimento de um grande volume de detritos. O grande escorregamento do Monte Serrat, em 1928, pertence a esse tipo.

Onde aflora a rocha, é possível observar sistemas de juntas que tendem a separar grandes blocos de rocha do maciço principal. Ao longo dessas juntas, a água pode circular mais ou menos livremente, resultando daí uma decomposição mais pronunciada dos minerais. Ainda podem contribuir para isso as vibrações que seguem as explosões nas pedreiras próximas, de modo que, quando sobrevém uma chuva intensa e prolongada, as fraturas já enfraquecidas poderão sofrer uma ruptura, o que poderá resultar em escorregamento de rocha (*rock-slide*) (B). O escorregamento que teve lugar em Santa Terezinha, em 25 de março de 1956, é classificado nesse grupo.

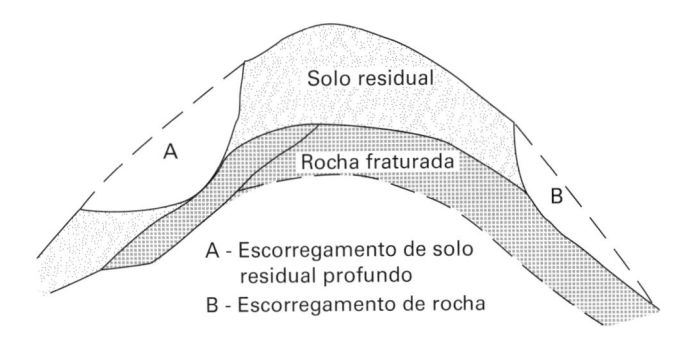

FIG. 12.7 Tipos de escorregamentos
Fonte: Pichler (1957).

12.1.10 Áreas de risco

Hoje, em razão da cartografia geotécnica, os escorregamentos podem ser mais bem estudados e controlados, e a prevenção de eventuais tragédias tem sido mais eficiente. Um fator preponderante é a não ocupação de áreas de risco, bem como de sua vizinhança.

A Fig. 12.8 mostra um exemplo de ocupação desordenada e perigosa nas encostas da Serra do Mar, acima da Rodovia Anchieta, que liga São Paulo a Santos. Trata-se dos bairros chamados "cotas", pela sua localização aproximada nas cotas 100, 200 e 400.

Porém, deve-se destacar, à semelhança do ocorrido em Caraguatatuba (SP), em 1947, que certas regiões da Serra do Mar apresentam escorregamentos mesmo sem a presença humana. As Figs. 12.9 e 12.10 mostram essa serra rasgada por sistemas

FIG. 12.8 Ocupação desordenada e descontrolada nas encostas da Serra do Mar, acima da Rodovia Anchieta. São os chamados bairros-cota

FIG. 12.9 Série de escorregamentos na Serra do Mar (SP). Notar as rodovias que ligam São Paulo a Santos

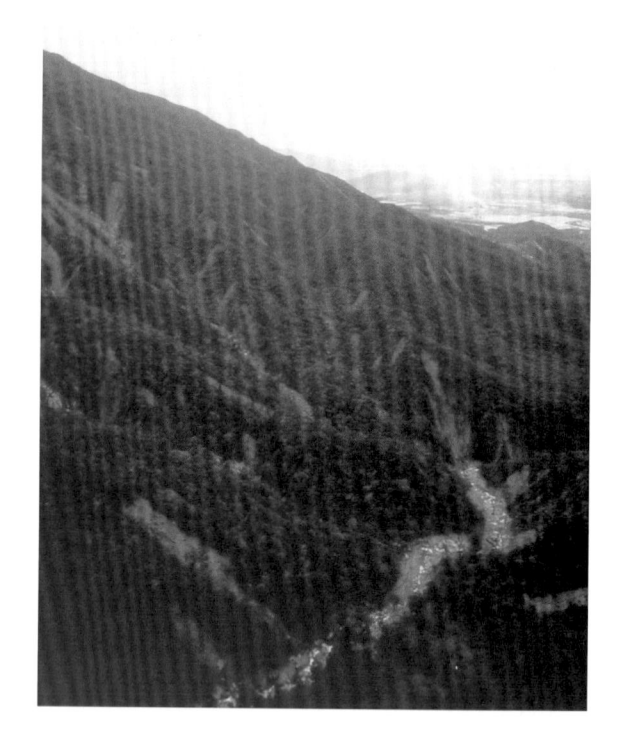

FIG. 12.10 Encostas da Serra do Mar (SP) rasgadas por sistemas de escorregamentos. Embaixo, o rio Cubatão

de escorregamentos cujas causas principais foram: topografia muito íngreme, superfícies que facilitam os escorregamentos e pluviosidade excessiva.

A prevenção contra os acidentes causados tanto por deslizamentos como por escorregamentos é perfeitamente possível por meio da aplicação dos conhecimentos geotécnicos.

12.2 Boçorocas

São vales ou depressões enormes em terrenos de topografia suave. Nas regiões arenosas de São Paulo e do Paraná, o desenvolvimento dessas depressões (mais de 30 m de altura, centenas de metros de comprimento e largura) coloca em perigo estradas e até cidades, conforme ilustra a Fig. 12.11.

No Estado de São Paulo, esse fenômeno é comum nas cidades próximas a Assis, Casa Branca e Piracicaba. A causa do fenômeno é a ação conjunta das águas superficiais e subterrâneas. O meio de defesa contra o avanço erosivo contínuo é plantar vegetação de raízes profundas para a retenção do solo e a absorção da água de infiltração, bem como colocar sistemas de drenagem.

A Fig. 12.12 mostra uma boçoroca em fase de ravinamento, semelhante a uma mão rasgando o solo, e a Fig. 12.13 mostra uma boçoroca em área urbana, rasgando o solo como uma fenda, provavelmente ocasionada pelo despejo inadequado das águas pluviais.

FIG. 12.11 Boçoroca em Maringá (PR). Notar as dimensões desenvolvidas em solos arenosos

FIG. 12.12 Boçoroca na região noroeste do Estado de São Paulo
Fonte: Revista Construção SP.

FIG. 12.13 Erosão urbana em região de arenitos (noroeste do Estado de São Paulo)
Foto: Fernando Luís Prandini (IPT-SP).

12.3 Agressividade ao concreto das fundações

Uma das razões para determinar a composição química da água subterrânea é a possibilidade de essa água conter elementos "agressivos" ao concreto e, em razão disso, atacar o concreto das fundações quando estas estiverem situadas abaixo do nível d'água.

Os elementos químicos normalmente agressivos ao concreto são o CO_2 agressivo, os cloretos, o magnésio, os sulfatos e a amônia. Deve-se considerar o valor do pH, que pode provocar corrosão ou destruição do concreto. Outros fatores a considerar, além da composição da água subterrânea, são:

i] tipo de cimento usado;
ii] tipo de agregado usado no concreto;
iii] proporção água/cimento no concreto;
iv] condições da superfície exposta do concreto.

O grau de ação dos sulfatos ao concreto é descrito na Tab. 12.1.

A ação do CO_2 agressivo pode ser estimada pela Tab. 12.2, de I. Bonzel (complemento da Din 4030 - Alemanha), que relaciona o valor do CO_2 e a agressividade em termos de CO_2.

No caso da existência de água agressiva ao concreto, podem-se usar certos aditivos químicos para melhorá-la, ou promover a impermeabilização da estrutura, por exemplo, com papelão asfáltico. Caso

Tab. 12.1 Grau de ataque de sulfatos ao concreto

Grau de ataque	Sulfato de amostra de água (mg/L)
negligível	0 - 150
positivo	150 - 1.000
considerável	1.000 - 2.000
severo	> 2.000

Fonte: U.S. Department of the Interior (1963).

contrário, o concreto deverá ser bastante denso e sua qualidade, altamente controlada.

A Tab. 12.3 mostra exemplos de análises químicas de águas subterrâneas coletadas na cidade de São Paulo para a construção da Linha Azul do Metrô.

Tab. 12.2 Agressividade do CO_2

Grau de agressividade	pH	CO_2 agressivo (mg/L)
neutro	> 6,5	< 15
fraco	6,5 - 5,5	15 - 30
forte	5,5 - 4,5	30 - 60
muito forte	< 4,5	> 60

Tab. 12.3 Valores da água subterrânea obtidos durante a construção da Linha Azul do Metrô de São Paulo

Local	pH	CO_2 agressivo (mg/L)	Sulfato (mg/L)
Santana	5,6	56,5	4,92
Paraíso	4,7	38,4	0,0
Sé	5,4	20,3	7,2

A Fig. 12.14 indica áreas estudadas para a verificação de eventuais problemas de corrosão/agressividade da água subterrânea em estruturas de concreto, com vistas às obras do Metrô de São Paulo.

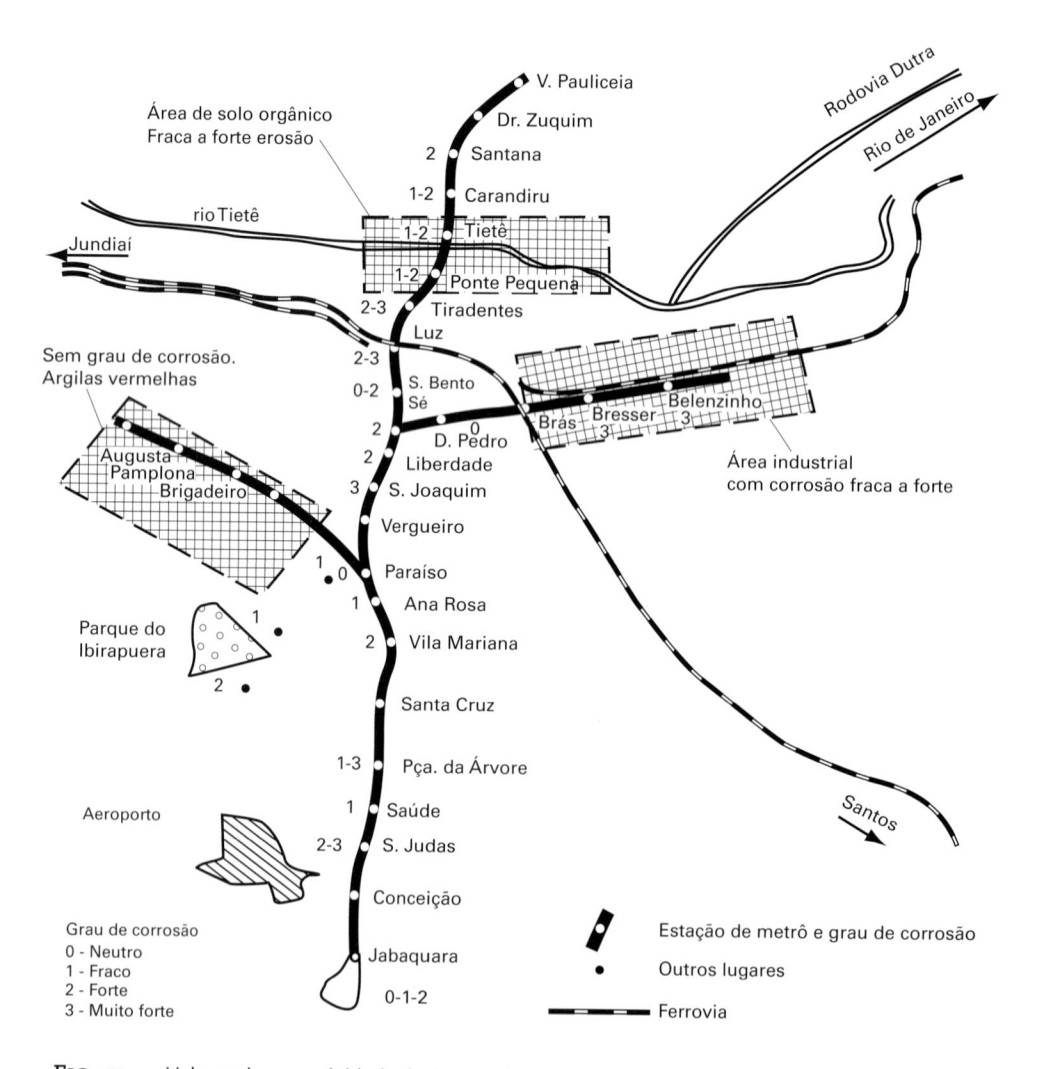

FIG. 12.14 Valores de agressividade da água subterrânea na cidade de São Paulo

12.4 Dolinas

São estruturas na superfície dos terrenos, muitas vezes de forma circular, que se estendem pelo subsolo, nas regiões com ocorrência de rochas e relevos calcários. Muitas vezes, a rocha e o solo são arenosos, mas podem também apresentar essas estruturas (Fig. 12.15).

Em tese, as dolinas são formadas pela dissolução das rochas calcárias por ação da água superficial e subterrânea, e podem ocorrer muitas delas numa mesma região. Contudo, nas áreas arenosas, sua formação está ligada à infiltração de água por canais e fraturas, que vão removendo mecanicamente os grãos arenosos.

As dolinas presentes em solos arenosos têm ocorrência em Estados como Paraná e Mato Grosso do Sul.

As Figs. 12.16 e 12.17 ilustram dolinas que formaram lagos e foram incorporadas no paisagismo das cidades de, respectivamente, Lagoa Santa (MG) e João Pessoa (PB).

FIG. 12.15 Dolina no Estado do Paraná

FIG. 12.16 Antiga dolina (Lagoa Santa, MG)

FIG. 12.17 Antiga dolina (Parque Sólon de Lucena, João Pessoa, PB)

12.5 Cavernas, subsidências e colapsos em áreas calcárias

Quando a rocha atravessada pelas águas for de composição calcária e, portanto, sujeita a dissolução, poderá haver a presença de cavernas ou grandes cavidades no subsolo, que são comuns no Brasil, entre as quais podemos citar as grutas de Iporanga, em São Paulo; de Maquiné, em Minas Gerais; e de Ituaçu, na Bahia, esta com extensão de 4 km.

A dissolução da rocha calcária provoca a formação de verdadeiros caminhos subterrâneos, e é comum até o desaparecimento dos rios superficiais.

O principal agente causador das cavernas é a água carregada de CO_2, que transforma o $CaCO_3$ em $Ca(HCO_3)$, que é levado em solução pelas águas. O trabalho da água deve ser contínuo.

Nas cavidades e grutas, são comuns as estruturas conhecidas como estalactites, presas ao teto, e estalagmites, presas ao chão. A forma dessas estruturas é colunar e são constituídas de $CaCO_3$.

Menos comuns são as cavernas e grutas em rochas não calcárias. Elas são encontradas, por exemplo, no arenito Botucatu, no sul do Brasil, causadas pela ação da queda de blocos, e não por dissolução.

As cavernas são estruturas geológicas comuns nas áreas de rochas calcárias, e, dada a relativa grande ocorrência dessas rochas no Brasil, as cavernas podem ser encontradas em muitos pontos do país, como é o caso das conhecidas cavernas da região da Lagoa Santa, em Minas Gerais, como as de Lapinha, Maquiné, Lapa Nova etc.

Outra região conhecida por suas cavernas é o Vale do Ribeira, em São Paulo, onde ocorre uma série delas, com destaque para a famosa Caverna do Diabo. Destaque também são as cavernas que abrigam o Santuário do Bom Jesus da Lapa, na Bahia, bem como a caverna do rio Jacaré, nesse mesmo Estado. No Ceará, o destaque são as cavernas do vale do rio Salitre.

As cavernas também são caracterizadas internamente por belíssimas estruturas formadas pela dissolução do calcário, que, levado em solução pela água, forma, no teto das cavernas, as famosas estalactites, e, no seu chão, as estalagmites. Muitas delas possuem câmaras na forma de grandes salões, de rara beleza. Existem muitas cavernas que, por sua beleza, já são protegidas por lei e só podem receber visitas monitoradas.

12.5.1 O caso Cajamar (SP): uma caverna urbana

A cidade de Cajamar, na Região Metropolitana de São Paulo, cresceu numa área de rochas calcárias. Com o passar dos anos, as rochas foram sendo dissolvidas pela ação das águas subterrâneas, ocasionando a formação de cavidades, que passaram a ser depósito de água e de solos carregados através de trincas na rocha, próximas à superfície, deixando vazios no solo (Fig. 12.18).

São mil famílias instaladas em área de risco: suas casas têm grandes rachaduras e todos dormem ouvindo estrondos provocados pelo deslocamento da camada de rochas calcárias. E as previsões dos técnicos do IPT justificam uma preocupação: pode surgir mais de uma dezena de crateras na região.

"Esta cidade está parecendo um grande queijo suíço", definiu o ex-prefeito Aristides O. R. de Andrade, na esperança de que o governo liberasse verbas para a construção da "Nova Cajamar".

12.6 Erosão marinha

A erosão marinha ocorre de diversas formas e tem afetado litorais, praias e cidades costeiras em todo o mundo (Fig. 12.19).

12.6.1 Variações do nível dos mares ao longo do tempo geológico

É importante registrarmos as ocorrências de variações do nível do mar ao longo do tempo geológico. Essas variações foram tanto de elevação como de rebaixamento do nível do mar.

Fig. 12.18 Buraco de Cajamar (SP)

Fig. 12.19 Exemplo de erosão marinha: praia de Atafona, no litoral norte-fluminense

Quando ocorre a elevação do nível do mar e as águas avançam sobre os continentes ou ilhas, o fenômeno é chamado de *transgressão marinha*, e quando ocorre o recuo ou abaixamento desse nível, é chamado de *regressão marinha* (Fig. 12.20).

Regressão marinha

Transgressão marinha

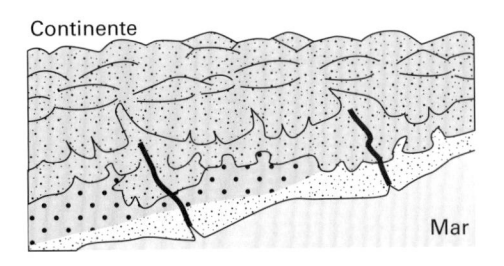

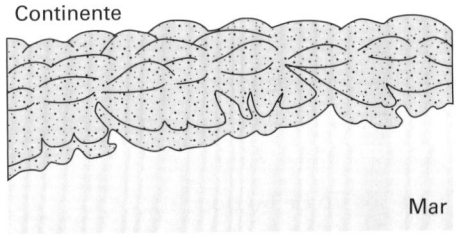

Fig. 12.20 Regressão e transgressão marinha

12.6.2 Glaciações e degelo

O planeta Terra já esteve sujeito a diversos períodos de glaciação. Um exemplo é o que cobriu a Escandinávia. Quando ocorreu o degelo das espessas camadas de gelo do Canadá e da Escandinávia, há cerca de seis mil anos, o continente iniciou um movimento de subida, decorrente do alívio do peso das camadas de gelo. Ainda hoje ocorrem esses deslocamentos verticais e, como consequência, o nível relativo do mar está abaixando, uma vez que o continente está se elevando (Fig. 12.21).

Outro exemplo representativo desse mecanismo ocorreu no norte da Inglaterra e da Escócia, que foi coberto pelo gelo na última glaciação e, hoje, mostra uma elevação do continente de 2 mm/ano, decorrente do degelo.

Deve-se considerar, ainda, a teoria atual do aquecimento global, que, de acordo com um grupo de cientistas, demonstra que a elevação da temperatura no planeta tem diminuído a presença de gelo e neve nas altas cadeias de montanhas, elevando assim o nível dos mares. A esse respeito, vale lembrar que o grupo de cientistas do Intergovernmental Panel on Climate Change (IPCC) acredita em uma elevação do nível dos mares, ao passo que um grupo menor, de céticos, não acredita nos dados e hipóteses levantados.

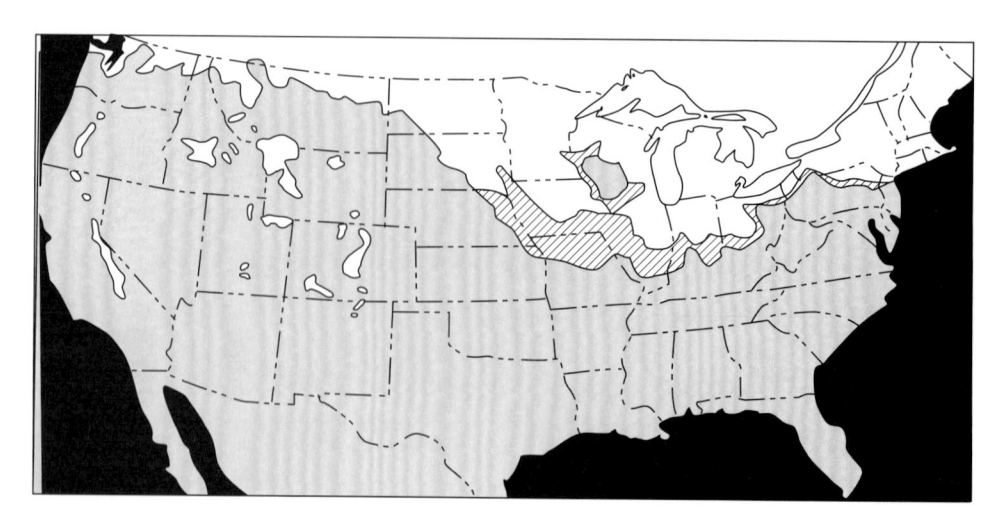

FIG. 12.21 Extensão coberta pela glaciação. A faixa branca representa a área que foi coberta por gelo
Fonte: The Geological Society of America (1945).

12.6.3 Exemplos de casos do litoral brasileiro

A determinação ou avaliação do nível dos mares em outras épocas é realizada por geólogos e paleontólogos mediante o estudo de marcas e sinais deixados na faixa litorânea pela variação do nível dos mares.

O litoral brasileiro tem trechos com características diferentes, de praias em topografia suave que se estendem para o continente até paredões de dezenas de metros de altura, conhecidos como falésias, presentes na Bahia e em outros Estados nordestinos.

Como possíveis registros de ocorrências da variação do nível do mar na costa brasileira, citam-se:

i] a região de Búzios (RJ);
ii] a região de Cananeia (SP);
iii] a praia de Caiobá (PR).

12.6.4 Gestão integrada da zona costeira no Brasil

A zona costeira brasileira compreende uma faixa de 8.698 km de extensão e largura variável, contemplando um conjunto de ecossistemas contíguos sobre uma área de aproximadamente 324.000 km^2. Ela inclui 17 Estados da Federação (Fig. 12.22) e cerca de 400 municípios, onde vivem 25% da população brasileira. Treze capitais desses Estados situam-se à beira-mar.

Na faixa costeira, encontram-se 12 regiões metropolitanas, que, no período de 1996 a 2000, apresentaram elevadas taxas de crescimento populacional, variando de 1,68% ao ano, no Rio de Janeiro (RJ), a 4,85% ao ano, em Belém (PA). As atividades econômicas na faixa costeira são responsáveis por cerca de 70% do PIB nacional, sendo as mais importantes associadas aos setores portuário, turístico e petroquímico.

12.6.5 Consequências das erosões costeiras

A erosão costeira pode trazer várias consequências não somente à praia, mas também a vários ambientes naturais e aos próprios usos e atividades antrópicas na faixa costeira, destacando-se (Souza et al., 2005; Souza, 2009):

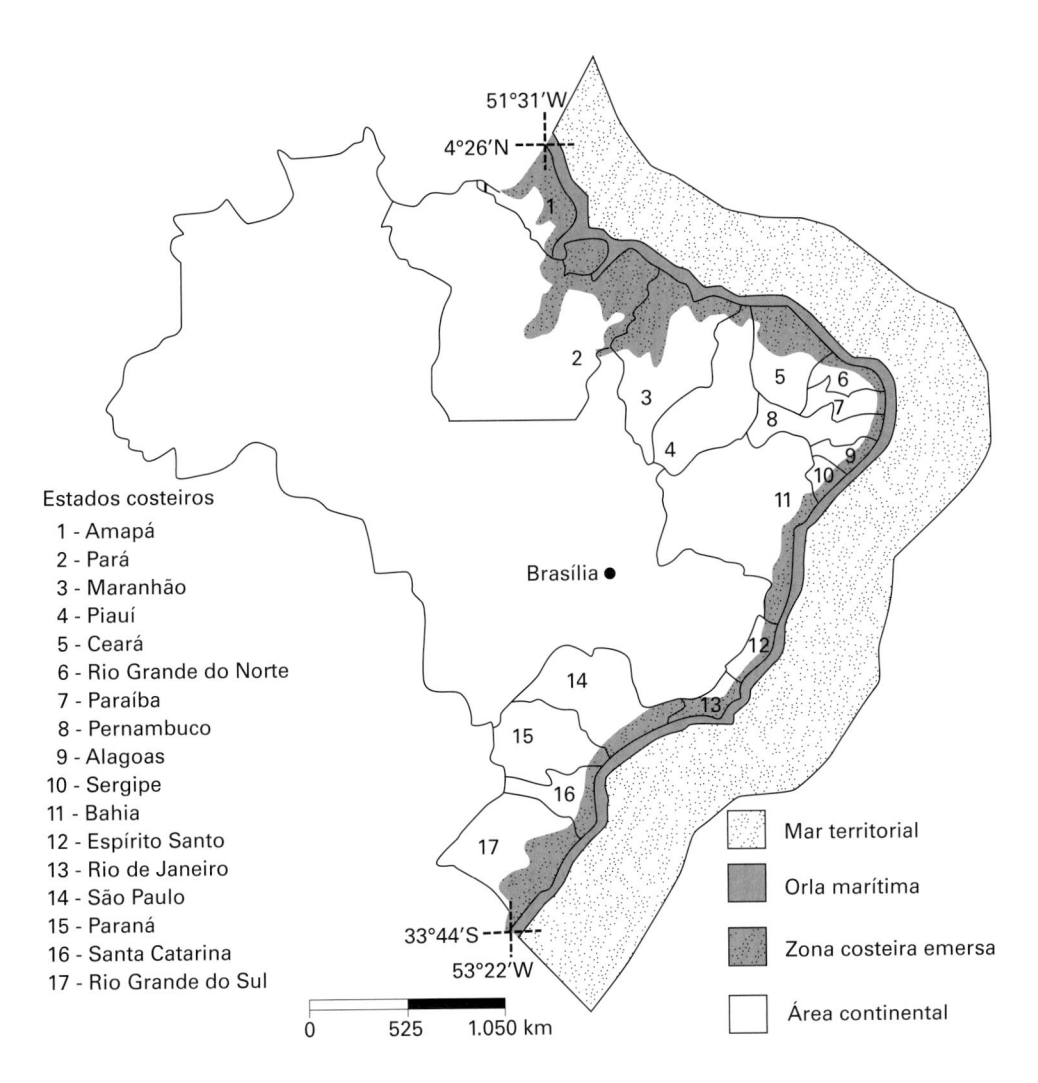

12 Ação das águas subterrâneas e superficiais na paisagem e nas áreas construídas

Estados costeiros
1 - Amapá
2 - Pará
3 - Maranhão
4 - Piauí
5 - Ceará
6 - Rio Grande do Norte
7 - Paraíba
8 - Pernambuco
9 - Alagoas
10 - Sergipe
11 - Bahia
12 - Espírito Santo
13 - Rio de Janeiro
14 - São Paulo
15 - Paraná
16 - Santa Catarina
17 - Rio Grande do Sul

FIG. 12.22 Zona costeira do Brasil
Fonte: Souza (2009).

i] redução na largura da praia ou recuo da linha de costa;
ii] aumento na frequência e na magnitude de inundações costeiras causadas por ressacas;
iii] perda do valor imobiliário de habitações costeiras;
iv] perda do valor paisagístico da praia e/ou da região costeira;
v] comprometimento do potencial turístico da região costeira;
vi] gastos astronômicos com a recuperação de praias e a reconstrução da orla marítima (incluindo propriedades públicas e privadas, equipamentos urbanos diversos e estruturas de apoio náutico, lazer e saneamento).

A Fig. 12.23 apresenta um exemplo de praia urbana atacada pela erosão marinha.

FIG. 12.23 Ponta Negra, Natal (RN), onde o mar está avançando sobre a praia e destruindo áreas construídas

12.6.6 Erosão costeira no Brasil

No Brasil, os estudos sobre erosão costeira são relativamente recentes, tendo ganhado grande expressão a partir da década de 1990. Também são dessa década os principais trabalhos sobre cálculos das variações seculares do nível do mar por meio da análise de séries históricas de registros mareográficos.

As causas da erosão costeira no Brasil são atribuídas a uma variedade de fatores naturais e intervenções antrópicas na zona costeira, como mostra o Quadro 12.1.

Estudo de caso: recuperação e proteção da praia Mansa (Balneário de Caiobá, PR) contra a erosão marinha

A praia Mansa, com aproximadamente 1.000 m de comprimento, é uma das principais praias do Paraná, em razão de suas águas calmas. A altura máxima de maré é de 2,20 m e, em dias de ressaca, chegava a ser atingida por ondas de 2,80 m.

Em 1958, a praia contava com mais de 120 m de largura. A partir de 1960, com a intensificação das construções, começaram a surgir os primeiros sinais de erosão, resultando na diminuição da largura da praia em mais de 60 m.

O processo erosivo acelerou-se e, no início de 1977, o mar já ameaçava a Av. Atlântica. Nesse ano, a Empresa de Obras Públicas do Paraná (Emopar) contratou serviços para a execução de projeto de proteção e recuperação da praia. Procedidas a coleta de dados e a análise, foi apresentado o projeto, que previa quatro fases:

1) construção de um perfil de enrocamento paralelo à praia, para proteção dos prédios situados na Av. Atlântica;
2) construção de um enrocamento do tipo molhe, com 180 m de comprimento, para evitar o deslocamento de areia paralelamente à praia;
3) enchimento artificial da praia com quase um milhão de m³ de areia;
4) implantação do projeto de drenagem de águas pluviais.

Sugeriu-se, posteriormente, a utilização de gabiões. Com isso, um novo projeto foi desenvolvido pela EPI, dessa vez em colaboração com a River & Sea Gabions, da Inglaterra:

1) execução de um muro longitudinal em gabiões de 660 m;
2) execução de dois pequenos esporões em gabião a 200 m do molhe, distanciados 50 m um do outro;
3) execução de uma pequena praia artificial com 220 m, utilizando-se jazidas de areia terrestre, num total de 20.000 m³;
4) reparos no molhe;
5) execução do projeto de drenagem pluvial, arruamento e paisagismo da área, junto ao muro longitudinal.

Um fator muito importante contribuiu para que houvesse uma aceleração no processo: a erosão pluvial. Em observações recentes realizadas em outras praias, e pelo acompanhamento do processo erosivo em Caiobá desde 1950, a Emopar

Quadro 12.1 Causas naturais e antrópicas da erosão costeira no Brasil

Causas naturais da erosão costeira		Causas antrópicas da erosão costeira
1. Dinâmica de circulação costeira: presença de zonas de barlamar ou centros de divergências de células de deriva litorânea em determinados locais mais ou menos fixos da linha de costa (efeito "foco estável")	7. Inversões na deriva litorânea resultante causada por fenômenos climáticos meteorológicos intensos, sistemas frontais, ciclones extratropicais e a atuação intensa do "El Niño/ENSO"	14. Urbanização da orla, com destruição de dunas e/ou impermeabilização de terraços marinhos holocênicos e eventual ocupação da pós-praia
2. Morfodinâmica praial: praias intermediárias têm maior mobilidade e suscetibilidade à erosão costeira, seguidas das reflexivas de alta energia, dissipativas de alta energia, reflexivas de baixa energia, dissipativas de baixa energia e ultradissipativas	8. Elevações do nível relativo do mar de curto período devido a efeitos combinados da atuação de sistemas frontais e ciclones extratropicais, marés astronômicas de sizígia e elevações sazonais do NM, resultando nos mesmos processos da elevação de NM de longo período	15. Implantação de estruturas rígidas ou flexíveis, paralelas ou transversais à linha de costa: espigões, molhes de pedra, enrocamentos, píers, quebra-mares, muros etc., para "proteção costeira" ou contenção/mitigação de processos erosivos costeiros ou outros fins; canais de drenagem artificiais
3. Aporte sedimentar atual naturalmente ineficiente ou ausência de fontes de areias	9. Efeitos atuais da elevação do nível relativo do mar durante o último século, em taxas de até 30 cm: forte erosão com retrogradação da linha de costa	16. Armadilhas de sedimentos associadas à implantação de estruturas artificiais, devido à interrupção de células de deriva litorânea e formação de pequenas células
4. Fisiografia costeira: irregularidades na linha de costa (mudanças bruscas na orientação, promontórios rochosos e cabos inconsolidados) dispersando as correntes e sedimentos para o largo; praias que recebem maior impacto de ondas de maior energia	10. Fisiografia costeira: irregularidades na linha de costa (mudanças bruscas na orientação, promontórios rochosos e cabos inconsolidados) dispersando as correntes e sedimentos para o largo; praias que recebem maior impacto de ondas de maior energia	17. Retirada de areia de praia por: mineração e/ou limpeza pública, resultando em déficit sedimentar na praia e/ou praias vizinhas
5. Presença de amplas zonas de transporte ou trânsito de sedimentos (*by-pass*), contribuindo para a não permanência dos sedimentos em certos segmentos de praia	11. Evolução quaternária das planícies costeiras: balanço sedimentar de longo prazo negativo e dinâmica e circulação costeira atuante na época	18. Mineração de areias fluviais e desassoreamento de desembocaduras; dragagens em canais de maré e na plataforma continental: diminuição/perda das fontes de sedimentos para as praias
6. Armadilhas de sedimentos e migração lateral: desembocaduras fluviais ou canais de maré; efeito "molhe hidráulico"; depósitos de sobrelavagem; obstáculos fora da praia (barras arenosas, ilhas, parcéis, arenitos de praia e recifes)	12. Balanço sedimentar atual negativo originado por processos naturais individuais ou combinados	19. Conversão de terrenos naturais da planície costeira em áreas urbanas (manguezais, planícies fluviais/lagunares, pântanos e áreas inundadas) provocando impermeabilização dos terrenos e mudanças no padrão de drenagem costeira (perda de fontes de sedimentos)
	13. Fatores tectônicos: subsidências e soerguimentos da planície costeira	20. Balanço sedimentar atual negativo decorrente de intervenções antrópicas

Fonte: Souza et al. (2005).

constatou que esse processo tem origem, em grande parte, no inadequado sistema de descarga de águas pluviais na praia.

No caso do Balneário de Caiobá, o processo erosivo teve início por volta de 1960. Foi aproximadamente nesse ano que se intensificaram as construções nessa praia e as ruas foram pavimentadas, reduzindo, portanto, a capacidade de absorção de água pelo solo. Construíram-se galerias de águas pluviais com descarga na praia, nas extremidades das ruas.

Em épocas de grande precipitação pluvial, como verão e outono, uma grande quantidade de água, com grande velocidade, era despejada na praia, em pontos concentrados, provocando o rebaixamento do seu nível e permitindo que o mar avançasse na direção das ruas. Uma vez provocado o desnível, o processo erosivo passou a ser do mar. Hoje as águas pluviais estão sendo jogadas num riacho.

A Geologia de Engenharia em barragens

13

Barragem de Glen Canyon, rio Colorado (EUA). Construída em cânion, em arenitos. Altura: 191,4 m; largura da base: 112,2 m; largura da crista: 8,25 m

"Those who refuse to learn from the mistakes of the past are forever condemned to repeat them."
(George Santayana)

13.1 Definição e objetivos

Barragem pode ser definida como sendo um elemento estrutural construído transversalmente à direção de escoamento de um curso d'água, destinado à criação de um reservatório artificial de acumulação de água.

Os objetivos que regem a construção de uma barragem são vários, e os principais se resumem em:

i) aproveitamento hidrelétrico;
ii) regularização das vazões do curso d'água para fins de navegação;
iii) abastecimento doméstico e industrial de água;
iv) controle de inundações;
v) irrigação.

Esses objetivos poderão ser explorados individualmente ou em conjunto. Se, por exemplo, uma barragem é implantada com a finalidade imediata de obtenção de energia elétrica, outras atividades ditas secundárias poderão ser também desenvolvidas correlatamente. Assim é que aspectos como recreação, piscicultura, saneamento etc. são comumente desenvolvidos.

Um exemplo característico é a barragem de Barra Bonita, no rio Tietê (Estado de São Paulo), cujos objetivos principais foram a obtenção de energia elétrica (potência de 122.000 kW) e a regularização do rio para fins de navegação (eclusas). O projeto sugeria também uma reserva de vazão média diária de 4 m^3/s, para fins de irrigação de áreas circunvizinhas. Posteriormente, o turismo também se desenvolveu, por meio da recreação em certas áreas do reservatório, resumindo-se à prática dos esportes aquáticos, com a implantação de clubes de campo e hotéis nesses locais.

O desenvolvimento da piscicultura também foi estudado, sob o aspecto tanto alimentar como esportivo. Deve ser destacado, no caso específico de Barra Bonita, o aspecto do saneamento, uma vez que os esgotos das cidades de Piracicaba, Botucatu, São Pedro, Conchas etc. são lançados nos rios que afluem a essa represa. A autopurificação das águas poluídas, que ocorre por causa da pequena velocidade e do aumento da massa hídrica diluída, processa-se de forma mais completa. À saída da barragem, a água, sob o aspecto sanitário, apresentará melhores características físicas e biológicas.

13.2 A importância da Geologia de Engenharia

Se fosse feita uma análise das causas dos insucessos de muitas barragens e reservatórios registrados na literatura, seria verificado que, enquanto alguns possam ser atribuídos a erros de projetos ou de construção, a maior parte desses insucessos seria por problemas na fundação da barragem, na base e flancos do reservatório ou ainda à fuga de água pelo eixo da barragem ou pelo reservatório. Esses insucessos são, em outras palavras, provocados mais por causas geológicas do que por erros de engenharia. Os engenheiros têm confiado muitas vezes no seu julgamento pessoal e, como raras vezes possuem os conhecimentos geológicos que seriam desejáveis, não têm capacidade e/ou condição maior para resolverem os problemas de geologia.

No campo da Geologia e da Mecânica dos Solos, as condições dificilmente se repetem. Em um levantamento abrangendo 1.764 barragens de todos os tipos, com mais de 30 m de altura, as causas de ruptura, num total de 1,8%, foram atribuídas em 40% dos casos a problemas geológicos, e em 23%, a problemas hidrológicos. Como a ocorrência de imprevistos é inevitável, o importante é concentrar esforços no sentido de se evitar o acidente catastrófico. Por causa de insucessos e desastres em barragens, alguns Estados dos Estados Unidos fizeram leis que exigem estudos geológicos adequados antes de as construções serem autorizadas.

Um exemplo significativo de desastre em barragens é o ocorrido em Vajont, na Itália, em 9/10/1963, que resultou na morte de três mil pessoas (Fig. 13.1). A barragem era do tipo concreto (abóbada) e localizava-se em uma garganta calcária com taludes da ordem de 45°, possuindo características ímpares: 265 m de altura, 150 m de comprimento no limite superior da obra e bacia de acumulação de 168 milhões de m^3 de água. Em altura, era uma das maiores barragens do mundo.

A causa do desastre foi o escorregamento de camadas de solo/rocha situadas a 1 km a montante da represa. Deslizaram milhões de metros cúbicos de rocha e solo. Não houve ruptura da obra, mas tão somente o extravasamento da água acumulada. A barragem, mesmo depois de solicitada por uma onda tão fantástica, não mostrou sequer ligeiras fissuras, apresentando-se intacta, ainda que inutilizada pela quantidade de terra, que a preencheu em até três quartos da sua altura e reduziu a represa a um pequeno charco. Ficou provada, nesse caso, a enorme capacidade resistente desse tipo de barragem, pois nenhum outro tipo poderia suportar tremenda sobrecarga e impacto.

Nos projetos de aproveitamentos hidrelétricos de um determinado rio, é normal pensar-se em *aproveitamento energético integral*, em que uma série de barragens sucessivas aproveita a queda total existente no rio. A Fig. 13.2 ilustra esse tipo de aproveitamento.

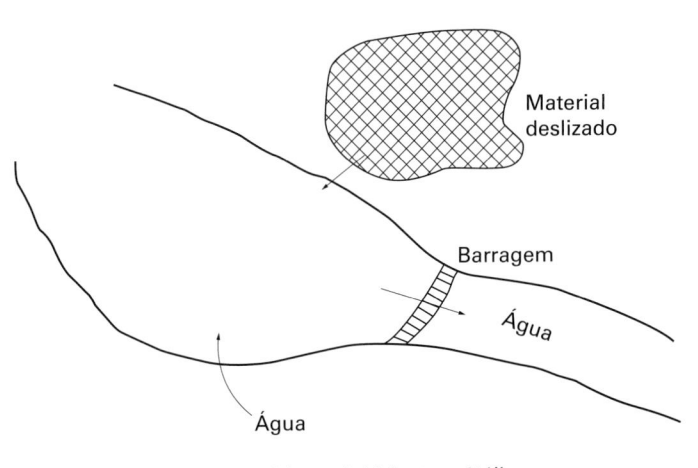

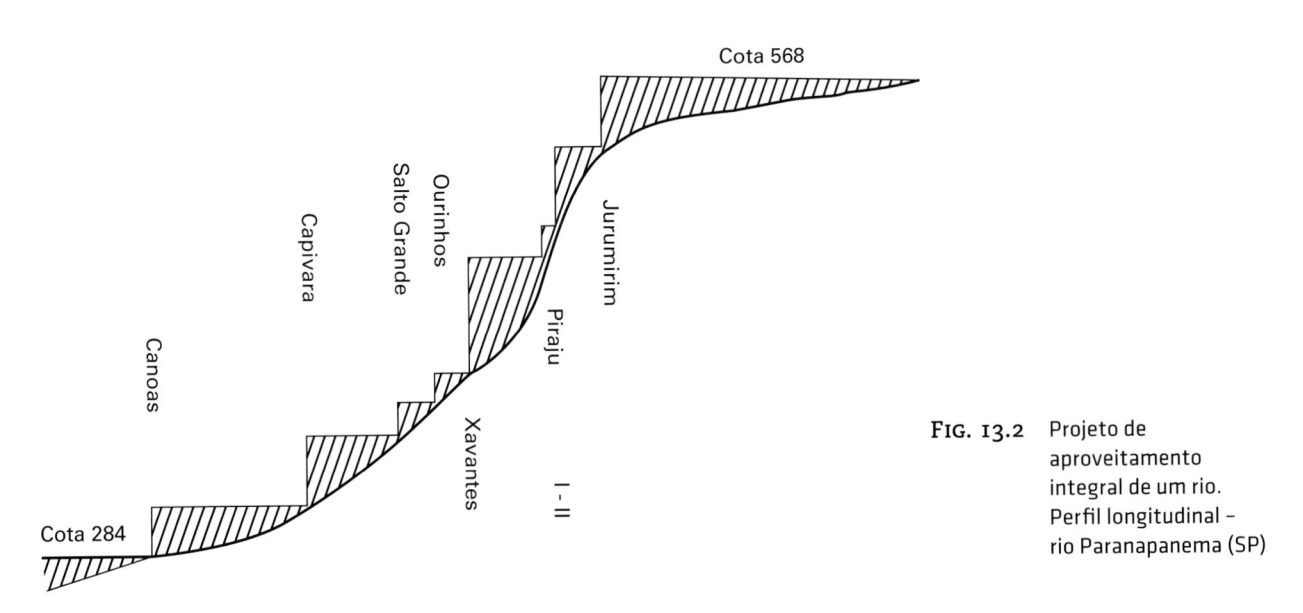

FIG. 13.1 Esquema do acidente de Vajont, na Itália

FIG. 13.2 Projeto de aproveitamento integral de um rio. Perfil longitudinal – rio Paranapanema (SP)

Elementos de uma barragem 13.3

Os elementos básicos de uma barragem estão simplificados na Fig. 13.3. Outros elementos encontrados no conjunto de obras que compõem uma barragem são:

i] *Ensecadeira*: é a estrutura destinada a desviar as águas do leito do rio, total ou parcialmente, com o objetivo de permitir o tratamento das fundações nessas áreas, possibilitando, assim, a construção em seco dos diques de terra ou das estruturas de concreto. As ensecadeiras mais comuns são aquelas construídas com terra e blocos de rocha. Em alguns casos, é necessária a utilização de chapas metálicas ou diafragmas impermeáveis (Figs. 13.4 e 13.5).

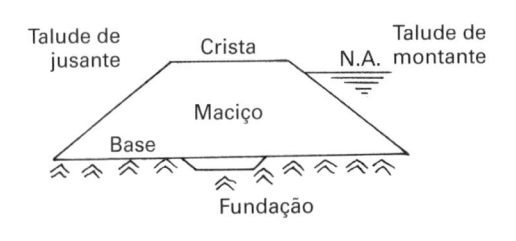

FIG. 13.3 Elementos básicos de uma barragem

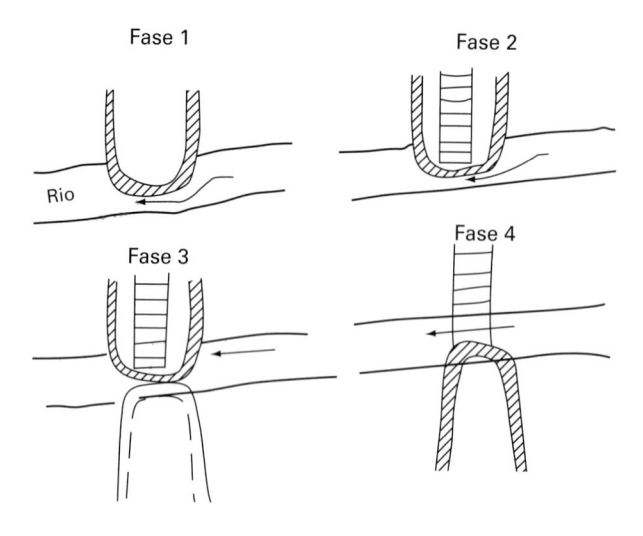

FIG. 13.4 Fase 1 – Construção da ensecadeira e limpeza das fundações; Fase 2 – Construção dos vertedouros de concreto; Fase 3 – Construção da segunda ensecadeira; preparação para desvio do rio pelos vertedouros; Fase 4 – Retirada da primeira ensecadeira e passagem do rio pelos vertedouros

FIG. 13.5 Ensecadeira construída para o desvio das águas do rio Paraná, para a construção da barragem de Ilha Solteira (SP)
Cortesia: Camargo Corrêa.

ii] *Túneis de desvio*: possuem a mesma finalidade das ensecadeiras, sendo, porém, construídos em cursos d'água com vales íngremes e, quando possível, nos locais em que existam curvas (Fig. 13.6). Em muitos casos, o túnel de desvio é usado posteriormente como túnel de adução, para transportar as águas do reservatório para a casa das máquinas (Figs. 13.7 e 13.8).

iii] *Vertedouro*: seu objetivo é funcionar como um dispositivo de segurança, quando a vazão do curso d'água assumir valores que tornem a estabilidade da barragem perigosa, ou impedir que o nível máximo estabelecido para a barragem cause prejuízos às propriedades agrícolas ou industriais a jusante da barragem. A capacidade do vertedouro é calculada para permitir o escoamento máximo (enchente catastrófica), que poderia ocorrer na seção da barragem.

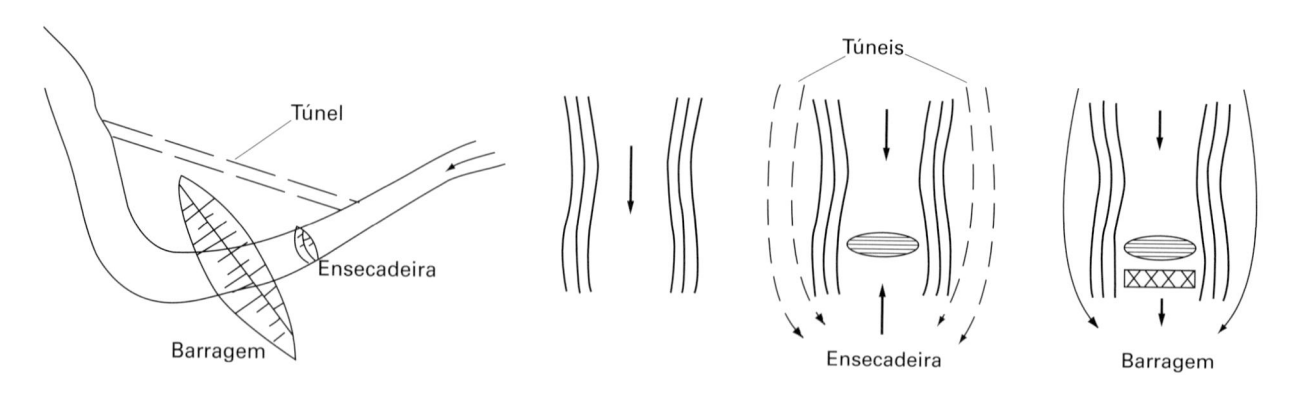

FIG. 13.6 Esquema simples de um túnel de desvio

FIG. 13.7 Um caso histórico ocorreu na barragem de Glen Canyon, no rio Colorado (EUA), onde foram construídos dois túneis de desvio nas profundezas do cânion retilíneo

iv] *Tomada d'água*: representa o conjunto de obras que permite a retirada, do reservatório, da água a ser utilizada, seja para obtenção de energia ou para outros fins. O tipo de tomada d'água varia de acordo com o tipo de barragem: nas barragens de concreto, ela geralmente consiste em um conduto que pode se desenvolver através do maciço da barragem ou em sua proximidade; nas barragens de terra, aparece nas ombreiras do reservatório.

FIG. 13.8 Desvio das águas do rio Colorado (EUA) por dois túneis

13.4 Forças que atuam em uma barragem

A estrutura de uma barragem, estando sujeita à ação de um conjunto de diferentes forças, exige do engenheiro/projetista o máximo de precauções e responsabilidade, uma vez que eventuais desastres na obra podem acarretar graves consequências. A título de ilustração, citaremos algumas dessas forças (Fig. 13.9):

P = peso da barragem
Normalmente, seu valor é de fácil determinação. Depende do volume da barragem e do peso específico dos materiais empregados na sua construção.

E = empuxo hidrostático na face de montante
Nas barragens com a face de montante vertical, será considerado unicamente o empuxo hidrostático na face do montante. Com face inclinada, deve-se determinar também o peso da água nessa face.

S = subpressão da água
Apesar das medidas tomadas durante o projeto e a construção da barragem contra a percolação, parte da água escoará, sob pressão, entre a barragem e as fundações. Por causa disso, o peso da estrutura será parcialmente suportado pela água, com a consequente redução da reação das fundações.

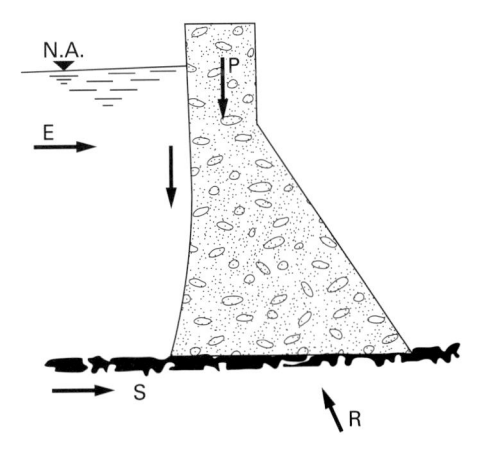

FIG. 13.9 Forças que atuam em uma barragem

R = reação da fundação

Sendo V a resultante de todas as forças verticais e H, a resultante de todas as forças horizontais que atuam em uma barragem, a composição de causas dará o resultado geral R. Para que uma barragem esteja em equilíbrio estático, é necessário que R seja absorvida pela reação da fundação, a qual deve ser igual e oposta a R, composta de uma reação total vertical igual a V e uma resultante de atrito (resistência ao cisalhamento) igual a H.

Outras forças

A ação do vento é raramente considerada, pois as barragens são construídas em locais abrigados. Ela se faz sentir apenas na face de jusante, e tem pequeno valor diante dos empuxos da água na outra face. Em nosso país não consideramos os efeitos de terremoto ou subsidência do subsolo, levados bastante em conta nos Estados Unidos, Japão, Chile etc.

13.5 Tipos de barragens

As barragens podem ser classificadas em diferentes tipos, de acordo com o seu objetivo, seu projeto hidráulico e os tipos de materiais empregados na sua construção. Quanto a este último aspecto, as barragens são classificadas em: *de concreto* (gravidade ou arco), *de terra* e *de enrocamento*.

13.5.1 Barragens de concreto

Uma das mais antigas barragens de concreto foi construída no Egito, em torno do ano 4.000 a.C., sendo a relação largura da base × altura estimada em 4:1. Hoje em dia, tem sido possível a construção de barragens imensas, como a Hoover Dam, nos Estados Unidos, com 221 m de altura e uma relação largura da base × altura considerável, ou seja, menos de 1:1.

Barragens de concreto – Gravidade

É o tipo de barragem mais resistente e de menor custo de manutenção. Esse tipo pode ser adaptado a todos os locais, mas a sua altura é limitada pela resistência das fundações. Quando são constituídas de material de aluvião incoerente, a altura dessas barragens tem sido limitada a 20 m. No caso de a fundação ser de rocha sã, porém situada a considerável profundidade da superfície do terreno, é mais adequado e econômico construir-se uma barragem de terra, uma vez que esta não necessita repousar sobre fundação em rocha. Assim, evita-se uma grande quantidade de escavações.

Comparadas com as barragens de terra ou de enrocamento, as de concreto tipo gravidade são as de maior custo.

Barragens de concreto – Arco

São mais raras, uma vez que o comprimento dessas barragens deve ser pequeno em relação à sua altura, o que exige a presença, nas encostas do vale, de material rochoso adequado e de grande resistência, capaz de suportar os esforços a ele transmitidos. Essas barragens são mais comuns na Europa, onde os vales são profundos e fechados.

No Brasil, temos como exemplo a barragem do Funil, no rio Paraíba do Sul (RJ) (Fig. 13.10), cujas principais características estão resumidas no Quadro 13.1.

FIG. 13.10 Barragem do Funil - rio Paraíba do Sul (RJ)

Quadro 13.1 Dados da barragem do Funil (rio Paraíba do Sul, RJ)

localização	rio Paraíba do Sul - bacia Paraíba do Sul, Município de Resende (RJ)
finalidade	geração de energia elétrica, regularização
volume	concreto: 270.000 m³
barragem principal	tipo: abóbada de concreto com dupla curvatura; comprimento: 385 m
casa de força	tipo estrutural: abrigada; potência unitária: 72 MW; número de unidades: 3
vertedouro	tipo: superfície e de fundo; capacidade: 4.400 m³/s
nível de operação: 4.011 rrn	N.A. máx. normal montante: 466,5 m; N.A. máx. normal jusante: 401 m
reservatório (N.A. máx. normal)	área: 39 km²; volume: 890 km³

13.5.2 Barragens de terra

Nos tempos antigos, barragens de terra foram construídas com a finalidade de armazenar água para irrigação, e algumas dessas estruturas eram de tamanho considerável, como, por exemplo, uma construída no Ceilão, no ano de 504 a.C., que possuía 17 km de comprimento, 21 m de altura e continha cerca de 15 milhões de metros cúbicos de material. Antigamente, todas as barragens de terra eram projetadas por métodos empíricos, e a literatura de engenharia está repleta de registros de ruptura e acidentes nessas barragens. Os primeiros procedimentos racionais para projeto dessas obras começaram a surgir somente em 1907. Atualmente, tais procedimentos permitem a construção de barragens de terra com mais de 150 m de altura. No Estado de São Paulo, a barragem de Xavantes, no rio Paranapanema, atinge 90 m de altura.

As Figs. 13.11 e 13.12 apresentam exemplos de cortes em barragens de terra.

As barragens de terra são as obras mais elementares e, normalmente, prestam-se a qualquer tipo de fundação, desde rocha compacta até um terreno constituído por materiais inconsolidados. Este último, aliás, é seu campo típico de aplicação. Existe certa variabilidade no tipo de barragem de terra, que poderá ser *homogêneo* ou *zonado*.

FIG. 13.11 Barragem de terra zonada (Duncan Dam, rio Colúmbia, EUA/Canadá)

FIG. 13.12 Barragem de terra (Mica Dam, rio Colúmbia, EUA/Canadá)
Fonte: The Columbia Treaty Dams Canada/USA (1994).

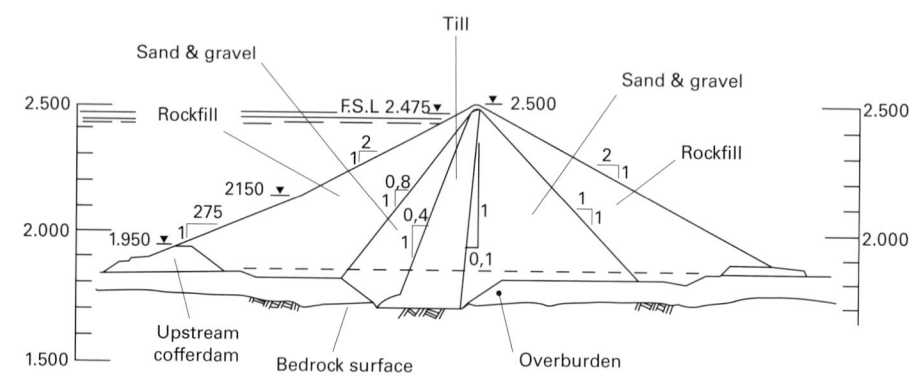

i] *Homogêneo*: é aquele composto por uma única espécie de material, excluindo-se a proteção dos taludes. Nesse caso, o material necessita ser suficientemente impermeável para formar uma barreira adequada contra a água, e os taludes precisam ser relativamente suaves para uma estabilidade adequada (Fig. 13.13A).

ii] *Zonado*: esse tipo de barragem é representado por um núcleo central impermeável, envolvido por zonas de materiais consideravelmente mais permeáveis, que suportam e protegem o núcleo. As zonas permeáveis consistem de areia ou de cascalho, ou, ainda, de uma mistura desses materiais (Fig. 13.13B).

FIG. 13.13 Barragem de terra: (A) núcleo homogêneo; (B) zonado

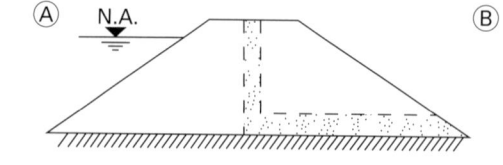

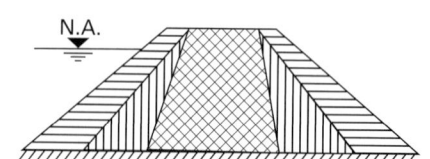

13.5.3 Barragens de enrocamento

Esse tipo de barragem é aquele em que são utilizados blocos de rocha de tamanho variável e uma membrana impermeável na face de montante. O custo para a produção de grandes quantidades de rocha para a construção desse tipo de barragem somente é econômico em áreas em que o custo do concreto seja elevado ou exista escassez de materiais terrosos e, ainda, haja excesso de rocha dura e resistente. É preciso levar em conta que a rocha de fundação adequada para uma barragem de enrocamento pode não ser aceitável para uma de concreto.

A rocha que deve preencher a maior parte da barragem precisa ser inalterada pelo intemperismo, não sendo facilmente desintegrada ou quebrada. Rochas que se fragmentam facilmente em pedaços muito pequenos quando sujeitas à ação de explosivos, com elevada porcentagem de lascas e pó, são igualmente inadequadas. As rochas que são adequadas para essas barragens devem ter resistência ao intemperismo físico e químico e, entre seus melhores tipos, encontram-se o basalto maciço (não vesicular), granito, gnaisse, diabásio etc. Os blocos de rocha são colocados de modo a se obter o maior contato entre suas superfícies e os vazios entre elas, que são preenchidos por material de menor tamanho (Fig. 13.14).

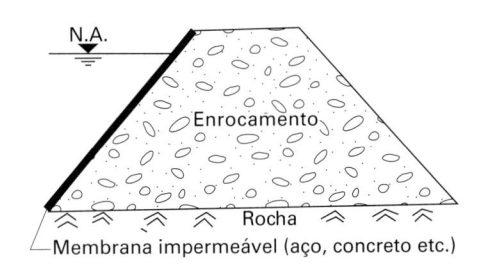

FIG. 13.14 Esquema da barragem de enrocamento

13.6 Seleção do tipo de barragem

A escolha do tipo mais adequado de barragem para um determinado local de um curso d'água depende dos seguintes aspectos:

i) *Segurança da obra*: ligada às características inerentes do próprio local: condições geológicas, configuração do vale e dimensões da obra.
ii) *Custo da obra*: em função do preço e da disponibilidade do material. A ausência, por exemplo, de rocha resistente do tipo granito, gnaisse, basalto ou diabásio, para ser usada como agregado para concreto, *rip-rap* ou enrocamento, ou de cascalho, para os mesmos fins, pode causar alterações profundas no custo da obra.

Além desses critérios, deve ser considerada uma série de fatores físicos que governam a seleção do tipo de barragem.

Na seleção do melhor tipo de barragem para um determinado local devem ser consideradas as características físicas do local, o objetivo da obra, fatores econômicos, de segurança etc. Em geral, o maior fator individual que determina a escolha final é o custo da construção. Fatores físicos, expostos a seguir, também são importantes:

i) *Topografia*: à primeira vista, a topografia determina as primeiras alternativas para o tipo de barragem. É claro que, se o local estudado estiver em um vale estreito com paredes rochosas, a sugestão será de uma *barragem de concreto*. É o caso da barragem do Funil, no rio Paraíba do Sul (SP/RJ). Porém, em áreas de topografia aplainada e vales bastante abertos, indica-se normalmente a *barragem de terra*. É o exemplo das barragens de Jupiá e Ilha Solteira, no rio Paraná, e a barragem de Promissão, no rio Tietê.
ii) *Geologia e condições das fundações*: as condições das fundações dependem da espessura e das características físicas, químicas e mineralógicas da rocha que suportará o peso da barragem. Tais características incluem a permeabi-

lidade e a presença ou não de determinadas estruturas, como acamamento, xistosidade, dobras, fraturas etc.

iii) *Materiais de construção*: são vários e devem estar localizados o mais próximo possível do local da barragem. Esses materiais são os seguintes:
   a) *solos*, para os diques de terra;
   b) *rocha*, para os diques de enrocamento e proteção dos taludes;
   c) *agregado*, para o concreto, que inclui areia, cascalho natural e pedra britada;
   d) *areia*, para filtros e concreto.

13.7 Fases nos estudos de barragens

A implantação de uma barragem em determinado curso d'água envolve sempre uma sequência natural de trabalho. Toda obra de vulto agrupa diferentes turmas especializadas de técnicos, com a finalidade de seguirem, à medida do possível, os seguintes itens:

13.7.1 Levantamento e análise topográfica

Análise das características geográficas e topográficas do curso d'água a ser estudado. A função desse levantamento é a de preparar plantas topográficas que permitam verificar as *seções transversais* mais favoráveis para uma barragem, calcular a *área de inundação* das seções escolhidas e obter o *perfil longitudinal* do curso d'água.

13.7.2 Dados hidrológicos

Um grupo de técnicos especializados se encarrega de definir as características hidrológicas da bacia hidrográfica do curso d'água estudado.

Com a obtenção direta dos valores de vazão por meio de leituras diárias, são calculadas as médias diárias, mensais e anuais de vazão. É bom lembrar que a potência de uma barragem é função da vazão do curso d'água na seção da barragem e, do seu desnível, percebe-se a importância dos cálculos de vazão (Tab. 13.1).

Tab. 13.1 Vazão de água

Local	Bacia (km²)	Vazão (m³/s)
cabeceiras (Rasgão-Pirapora)	5.820	49
parte média (Barra Bonita)	32.900	344
parte baixa (Lussanvira)	69.900	624

13.7.3 Mapeamento geológico

Essa seção será estudada adiante, separadamente.

13.7.4 Planejamento

As informações obtidas nas seções anteriores irão permitir aos projetistas do setor de planejamento escolher o tipo de barragem mais adequado e suas dimensões.

A barragem de Balbina, no rio Uatumã, na Amazônia, é um exemplo de falta de planejamento. Localizada a 180 km de Manaus, em região plana e coberta de notáveis florestas nativas, com um lago de barragem que inundou 2,6 mil km² de florestas, sua potência, hoje, é de 120/130 MW.

Ao compará-la, por exemplo, com a barragem de Itaipu, o espanto aumenta, uma vez que o lago de Itaipu possui uma área de inundação de 1,3 mil km² –

metade de área inundada por Balbina –, porém sua potencialidade instalada é de 14.000 MW! Beira o inacreditável!

Além desses absurdos, por não ter sido desmatada, a área inundada em Balbina, com a decomposição da matéria vegetal orgânica, começou a emitir CO_2 (dióxido de carbono) na atmosfera, na proporção de 3,3 toneladas para cada MW/h gerado pela usina, o que contribuirá para agravar o efeito estufa, segundo o pesquisador Alexandre Kemenes, que estudou o problema por cinco anos.

Outra comparação pode ser feita com a barragem de Tucuruí, também na Amazônia, que possui uma área de inundação semelhante à de Balbina (2,4 mil km^2), mas que gera 4.245 MW, ou seja, 32 vezes mais!

O que reflete o exemplo descrito?
i] A tão comum falta de planejamento no país.
ii] O desperdício do dinheiro público.
iii] Ignorar as consequências/impactos ambientais da obra.

13.7.5 Orçamento

Os projetos propostos pelo grupo de planejamento são posteriormente analisados pelo grupo responsável pelo orçamento, que estima a quantidade e o respectivo preço dos materiais de construção a serem utilizados na obra, as escavações de terra e rocha a serem utilizadas, as indenizações das propriedades e terras a serem inundadas etc. É possível calcular-se o preço do kW a ser obtido e, em função do seu valor, escolher e aprovar, ou não, os projetos sugeridos.

13.8 Estudo geológico básico

Os trabalhos de geologia realizados em uma área em que se pretende implantar uma barragem apoiam-se no desenvolvimento de itens fundamentais: mapeamento geológico da área; hidrogeologia; estudo da rocha de fundação; e pesquisa de materiais de construção.

É normal a separação dos trabalhos geológicos em duas etapas distintas: os trabalhos preliminares e os trabalhos de detalhe. No primeiro caso, os trabalhos são de caráter apenas estimativo, uma vez que a geologia da área, o tipo da rocha da fundação e os materiais de construção disponíveis são determinados apenas com a finalidade de reconhecimento. Se os dados colhidos nos trabalhos preliminares forem favoráveis para a localização de uma barragem, irão servir de base para os trabalhos de detalhe, que irão se desenvolver da seguinte maneira:

13.8.1 Mapeamento geológico

Com base em mapas topográficos, fotografias aéreas e imagens de satélites, são definidos os tipos de rochas e solos existentes na área estudada, que serão adequadamente delimitados pelos contatos (limites) geológicos (p. ex., rio Sapucaí, SP) (Fig. 13.15).

13.8.2 Hidrogeologia

As barragens envolvem o conhecimento profundo entre a água superficial e a água subterrânea, tanto no litoral da barragem como na área do reservatório.

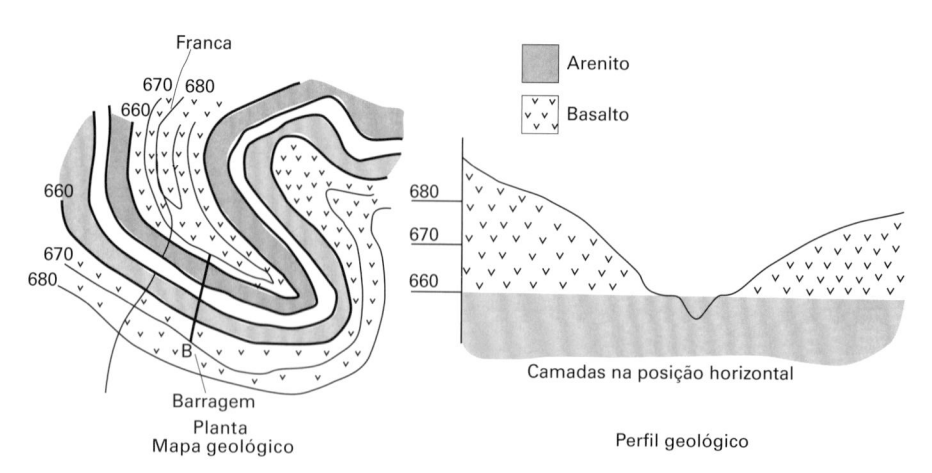

FIG. 13.15 Mapeamento e perfil geológico do rio Sapucaí (SP)

Assim, estão registradas na literatura várias obras que não foram completadas por causa da excessiva fuga d'água.

A permeabilidade das fundações de uma barragem ou reservatório pode ser separada em duas categorias:

Permeabilidade geral: depende das características inerentes da rocha, como arenitos e rocha fraturada.

Permeabilidade localizada: relacionada a zonas de falhas, canais solúveis etc.

Um roteiro para os estudos hidrogeológicos obedece às linhas gerais dos geólogos: fotointerpretação, investigação de superfície e subsuperfície, ensaio de perda d'água etc.

Um exemplo tradicional são os estudos que foram desenvolvidos na barragem de Sobradinho, no rio São Francisco. O reservatório, que ocupa uma área de 4.214 km^2, foi objeto de estudos visando à possibilidade de fuga d'água por causa da presença de rochas calcárias solúveis, tendo em vista, também, a elevada evaporação da região.

Mesmo ao se examinar um caso simples como o anterior, em que as rochas aparecem em camadas horizontais, é necessário delimitarmos sempre cada tipo de rocha, bem como suas estruturas (posição do acamamento, das fraturas, das juntas, das falhas etc.).

O mapeamento geológico é desenvolvido tanto no local do eixo da barragem como na área do reservatório.

13.8.3 Estudo da rocha de fundação (investigação/ensaios/tratamentos)

Esse estudo exige a abertura de poços e trincheiras e a execução de sondagens a trado, a percussão e rotativas, aliadas a outros métodos de reconhecimento geológico de superfície. Tal estudo constitui os métodos exploratórios de *superfície* e *subsuperfície*:

i] *Abertura de poços, trincheiras e furos a trado*: para mais detalhes a respeito, ver Cap. 7.

ii] *Sondagens a percussão*: utilizadas ao longo do eixo, nas áreas em que existe solo e/ou rocha decompostos (ver detalhes no Cap. 7).

iii] *Sondagens rotativas*: constituem um dos mais importantes e eficazes meios para a exploração de subsuperfície. Essas sondagens permitem a extração de amostras das rochas de grandes profundidades. O estudo detalhado desse método também foi objeto do Cap. 7.

Após a perfuração, coleta-se um testemunho da rocha, do qual é feita uma descrição mineralógica. Deve-se anotar a porcentagem de recuperação dos testemunhos e executar os ensaios de perda d'água. Entende-se por recuperação de testemunhos a relação entre o comprimento do trecho perfurado e o comprimento de amostras conseguido. Por exemplo: se em 2,50 m de perfuração foram obtidos apenas 2 m de amostras, dizemos que a recuperação foi de:

$$\begin{array}{l} 2{,}50 - 100 \\ \qquad\qquad x = 80\% \text{ de recuperação} \\ 2{,}00 - x \end{array} \qquad (13.1)$$

Por meio dos ensaios de perda d'água, pode-se determinar se a formação rochosa é permeável ou não, se apresenta fraturas ou canais que permitam fuga d'água etc.

As sondagens rotativas geralmente atingem algumas dezenas de metros de profundidade e fornecem dados como: espessura do solo; tipos e espessuras das rochas do subsolo; existência ou não de fraturas e dobras; dados de porosidade e permeabilidade; grau de alteração (decomposição) das rochas etc. Para mais detalhes, ver Cap. 7.

iv] *Prospecção geofísica*: ver detalhes no Cap. 7.
v] *Ensaios de perda d'água*: por meio desses ensaios, pode-se determinar se a formação rochosa é permeável ou não, se apresenta fraturas ou canais que permitam a fuga d'água etc.
vi] *Estudo das propriedades da rocha de fundação*: apresenta de imediato o problema da determinação da respectiva *capacidade de carga*. A rocha deve resistir à tendência de *cisalhamento* e de *escorregamento,* além de à *erosão* e à *percolação*. Esses elementos são abordados a seguir.

a] *Capacidade de carga*
Sem entrar em detalhes relativos à resistência das rochas, pode-se afirmar que quase todo tipo de rocha compacta, como *gnaisse, granito, basalto maciço* e até *arenitos*, é mecanicamente resistente para suportar o peso de uma barragem. Se uma dessas rochas se rompe, não será por resistência insuficiente à ruptura, mas por causa de certos elementos estruturais, como fissuras e falhas, ou pelo fato de essas rochas estarem intercaladas entre camadas de maior resistência, tornando-se, assim, mais fracas. Os *xistos* podem ou não ter capacidade de carga suficiente para suportar o peso de uma barragem.

Os *folhelhos* têm menor capacidade de carga que os xistos. São argilosos e relativamente moles e não oferecem muita segurança, particularmente quando suscetíveis de amolecimento lento. Outro fator que precisa ser levado em consideração, no caso dos folhelhos, é que não são resistentes quando expostos a agentes de intemperismo ou agentes mecânicos, ou, ainda, aos efeitos dissolventes das águas de percolação.

Materiais inconsolidados, tais como pedregulhos, areias e argilas, têm menor capacidade de carga que materiais consolidados. Nesse caso, a porosidade dos materiais não consolidados é, por regra, tão grande que o tipo de barragem que pode ser erguido com segurança sobre eles deve ser de altura limitada e ter, para reduzir a infiltração, uma base bastante larga, ou ser construído um *cut-off*. Nessas barragens, o perigo de uma ruptura por causa da deformação do material por ação do peso da barragem não é tão grande quanto o de uma ruptura hidráulica.

b] *Cisalhamento*

Uma barragem poderá ser incapaz de resistir às forças de empuxo e sofrer ruptura por cisalhamento. Essas forças são decorrentes da pressão de água acumulada atrás da barragem. Se essas pressões vencerem a resistência por atrito oferecida pelo material de fundação, a barragem será deslocada para jusante. Esse escorregamento ou cisalhamento raras vezes ocorre apenas entre a barragem e a fundação, tendo lugar quase sempre dentro do próprio material de fundação.

O plano de fraqueza ao longo do qual o movimento se realiza pode originar-se de várias maneiras. Às vezes, trata-se de um plano de estratificação; outras vezes, é uma camada de argila intercalada que amoleceu (casos que ocorreram em Austin e em Nashville, nos Estados Unidos). Há casos, ainda, de juntas, falhas, fissuras extensas, planos de clivagem ou de xistosidade, todos suscetíveis de produzir planos de fraqueza nas rochas mais resistentes.

c] *Erosão*

Intimamente ligada às deficiências mecânicas dos materiais sobre os quais as barragens são construídas, está a fraca resistência de muitos materiais ao efeito de erosão causado pela água que sai da barragem. Muitas rochas de boa capacidade de carga e elevada resistência ao cisalhamento não resistem às forças de erosão. Em muitos casos, há necessidade de se fazer, para maior segurança, uma ampla cortina de proteção.

Na barragem do rio Mississippi, em Iowa (EUA), por exemplo, foi erguida uma cortina de concreto para proteger o calcário – com estratificação horizontal e camadas de reduzida espessura situadas abaixo do pé da barragem – que não foi suficiente para evitar a erosão. Em menos de um ano, muitos blocos de calcário haviam sido arrancados e amontoados pouco a jusante, tornando-se necessária uma proteção adicional. Outro exemplo é a barragem de Glen Canyon, no rio Colorado (EUA), cujo túnel de desvio ameaçava as paredes laterais do cânion com sua grande força hidráulica.

Materiais alternadamente duros e moles, como calcários, arenitos, folhelhos e argilas, frequentemente interestratificados, podem formar uma fundação bastante traiçoeira, particularmente nos casos em que os estratos duros são mais espessos e os mais moles aparecem mais delgados, a ponto de serem julgados desprezíveis.

Em casos em que aparecem camadas de folhelhos calcíferos (margas), camadas que ocorrem perfeitamente compactas quando inalteradas podem, com a dissolução do calcário, tornar-se moles e, com o enriquecimento de argila, tornar-se plásticas.

vii] *Tratamento das fundações*: nos trabalhos referentes às fundações, sempre que for economicamente possível, deve-se eliminar todo material que possa causar recalque ou infiltrações excessivas de água. Deve-se, porém, fazer uma distinção de imediato: se o tipo de barragem é ou não de concreto.

Para o caso de barragem de terra, normalmente basta uma remoção simples da camada mais superficial de solo, constituída de matéria orgânica e material terroso solto. A espessura dessa *limpeza do terreno* é, em média, de 2 m. Nos locais em que se localizarão as estruturas de concreto (vertedouros e casa das máquinas), deve-se, além da limpeza superficial, escavar todo material decomposto que recobre a rocha sã. Essa seria a superfície em que as estruturas se apoiariam.

Nas *barragens de concreto*, quando a espessura de solo e rocha decomposta não é muito grande, é conveniente a remoção desses dois horizontes até atingir-se a rocha sã (Fig. 13.16).

FIG. 13.16 Aspecto das escavações em rocha (basalto) – Barragem de Barra Bonita, rio Tietê (SP)
Cortesia: Arquivo do Instituto de Pesquisas Tecnológicas (IPT).

a] *Processos de injeção*
Os processos de injeção aplicados no tratamento das fundações de uma barragem são aqueles utilizados para vedarem os vazios existentes nas rochas, por meio de um líquido injetado sob pressão. Esse líquido de injeção, ou líquido cimentante, irá se consolidar com a passagem do tempo e tornará a zona injetada mais resistente e relativamente mais impermeável.

O tratamento das fundações de barragens de porte médio a grande é um dos principais problemas da construção civil. É essencial que a fundação suporte o máximo de peso nela aplicado. Se a rocha de fundação no seu estado natural é inadequada, pode ser possível prevenir as deficiências existentes fornecendo-se à rocha uma adequada capacidade de carga, por meio de injeção de cimento com água ou outro material que, sob pressão, é forçado a preencher os espaços inacessíveis, consolidando a massa como um todo.

A injeção é usada principalmente para *reduzir a infiltração de água* através dos materiais subjacentes ou em torno da estrutura e para a *redução de subpressão*.

FIG. 13.17 Fraturamento de rocha basáltica na barragem Maia Filho (RS)

Ao mesmo tempo, ela *aumenta a resistência às infiltrações*.

No Brasil, várias de nossas barragens sofreram processos de injeção, como, por exemplo, a de Jupiá, no complexo de Urubupungá, no rio Paraná, com a finalidade de vedar as fraturas existentes no basalto, bem como os contatos dos derrames entre si e com os arenitos (Fig. 13.17).

Na barragem de Jaguara, no rio Grande (MG/SP), localizada em quartzitos altamente fraturados, foi executado também intenso programa de injeção.

b] *Tratamentos das fundações e tipos de injeção*

Acompanhando as injeções aplicadas em determinadas profundidades, muitas vezes é feito um tratamento superficial destinado a vedar as fraturas e rachaduras dos materiais, para evitar que o material cimentante aplicado retorne e se espalhe pela superfície. Esse tratamento é conhecido como *gunite* e é aplicado em toda a área do núcleo da barragem. Por meio de jatos de água pressurizados faz-se a limpeza do terreno, removendo-se fragmentos de rocha, solo etc. Em seguida, também sob pressão, é feita a aplicação do *gunite*, uma mistura de 4,5 partes de areia fina a média com uma parte de cimento (Fig. 13.18).

Outras precauções que devem ser tomadas em rochas muito fragmentadas, além do *gunite*, são os *chumbamentos* pelas barras de ferro de 3 cm de diâmetro e cerca de 2 m, 4 m e 8 m de comprimento.

Rochas argilosas como o folhelho, mesmo que não estejam excessivamente fraturadas, são comumente revestidas com a camada de *gunite* (cuja espessura máxima é de 7,5 cm) para proteção contra o intemperismo, uma vez que ele as desagrega facilmente em pequenas placas, quando expostas na superfície.

Em rochas estratificadas, o *gunite* impede a fuga lateral do material injetado ao longo das camadas (Fig. 13.19).

Finalmente, para completar o tratamento superficial das fundações, existe o tratamento conhecido como *dental*, em que os materiais indesejáveis encontrados ao longo de canais de dissolução, planos de falha etc. são retirados, e o local é preenchido com concreto.

Os *tipos de injeção* mais comuns, de acordo com a profundidade da zona inje-

FIG. 13.18 Limpeza das fundações

tada, são conhecidos como *cortina* ou *diagrama* e *tapete*. Suas características são apresentadas na Tab. 13.2.

O início da injeção se faz do fundo do furo para a superfície. A pressão de injeção deve ser cuidadosamente estudada, de modo a se evitar que ocorra um levantamento das camadas localizadas acima do trecho a ser injetado, principalmente em rochas com acamamento ou estratificação.

Tab. 13.2 Exemplo de um tapete e de uma cortina de injeção

Tipo	Profundidade	Espaçamento entre os furos
tapete	1,5 m montante	4,5 m
cortina	24 m montante 135 m jusante	4,5 m montante 18 m jusante

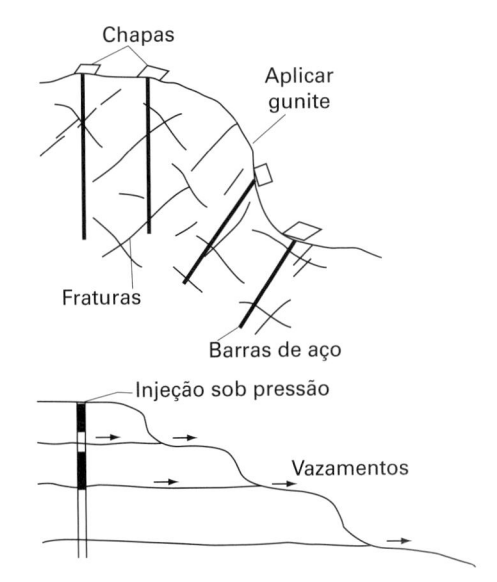

FIG. 13.19 Tratamento das fundações

Os furos de injeção podem estar dispostos em uma linha simples ou múltipla. Em rocha pouco fraturada, para barragens de até 60 m de altura, pode ser usada uma linha única de furos (Fig. 13.20).

Ao se aplicar uma série de injeções, é normal usar-se o *método das tentativas*, isto é, cada injeção de uma nova série será um controle automático das anteriores.

Na Fig. 13.21, inicialmente se injetam os furos A. A seguir são injetados os furos B, que controlarão os resultados da injeção dos furos A. No caso de o furo C exigir ainda muito cimento, pode-se tentar furos segundo a posição D etc. Tudo por tentativa.

A posição dos furos de sondagens nos quais são aplicadas as injeções não deve ser necessariamente vertical, uma vez que ela é função do acamamento e da posição dos sistemas de fraturas (Fig. 13.22).

A profundidade dos furos obedece, em muitos casos, à fórmula:

$$d = 1/3\,h \qquad (13.2)$$

onde *d* é a profundidade do furo e *h*, a altura da barragem.

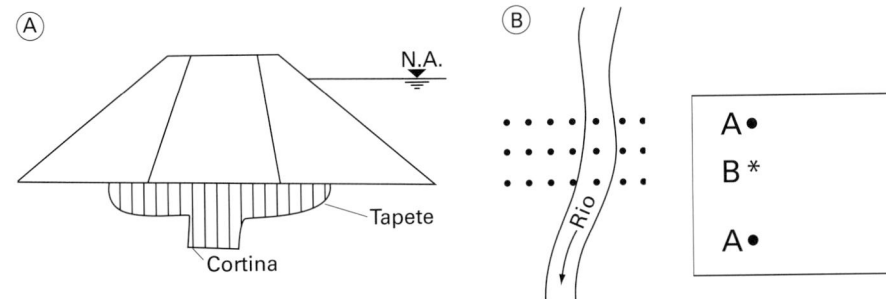

FIG. 13.20 (A) Tipos de injeção; (B) em planta: linhas de injeção

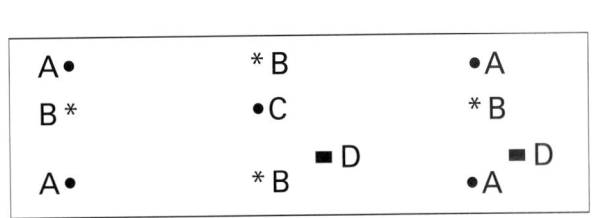

FIG. 13.21 Exemplo de disposição de furos de injeção

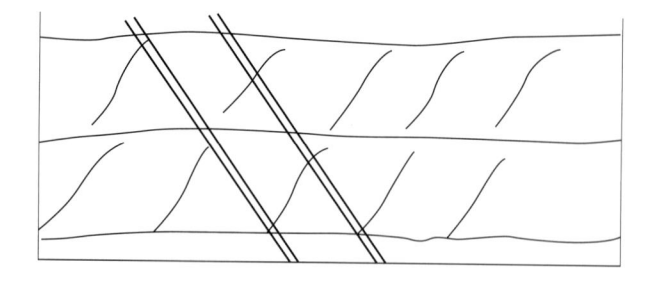

Fig. 13.22 Posição dos furos de sondagens

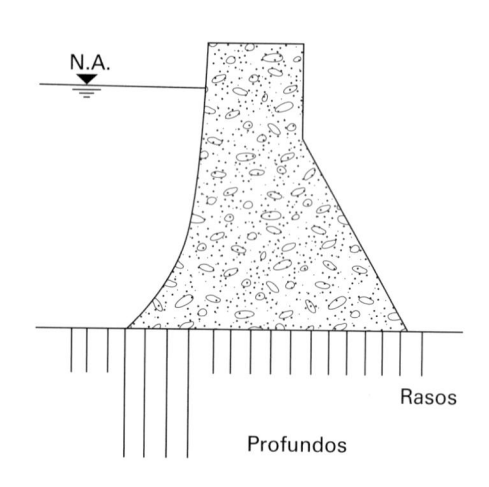

Fig. 13.23 Injeção em barragem de concreto/cortina

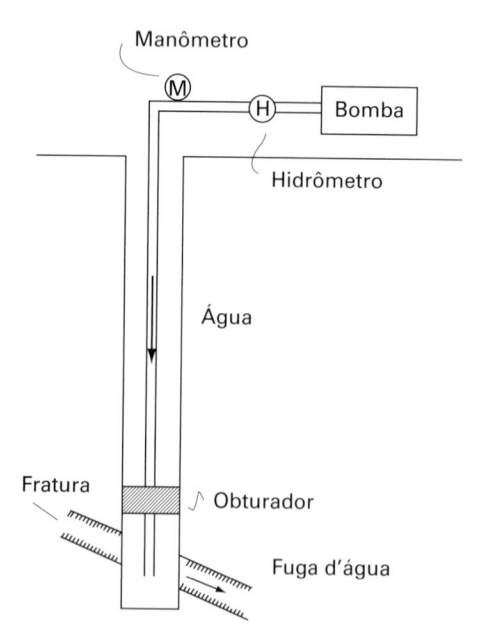

Fig. 13.24 Ensaio de perda d'água
Fonte: perfil do Bureau of Reclamation (1963).

A Fig. 13.23 mostra um exemplo de injeção em barragem de concreto.

c] *A necessidade da injeção*

O problema em se optar pela execução ou não de um programa de injeção pode ser determinado ou pela *observação de testemunhos de sondagens*, caso apresentem a existência de fraturas, de vesículas, de vazios etc., ou por meio de *ensaios de perda d'água sob pressão*, no caso de furos de sondagens. De modo geral, nesse ensaio costuma-se aplicar uma pressão crescente de zero até 10 kg/cm^2, retornando-se gradativamente até o valor zero. Esse ensaio é esquematizado na Fig. 13.24.

A água é injetada por meio de uma bomba, medindo-se a pressão P por meio de um manômetro, enquanto o volume de água V, que se infiltra pelas fendas durante o intervalo de tempo t, é lido em um hidrômetro. Nos casos de vazão exagerada de água, sugere-se a injeção.

Em resumo, tais testes representam a permeabilidade da rocha de fundação. A dificuldade principal é a rocha não ser um meio isotrópico com os solos, mas heterogêneo, descontínuo e anisótropo. Por isso, a existência de uma fratura ou de um sistema delas não permite expressar a permeabilidade da rocha.

A Fig. 13.25 resume um espetacular tratamento das fundações da barragem de San Luis, em Central Valley (Califórnia, EUA).

Geologicamente, no local ocorrem camadas de conglomerados, com presença ocasional de arenitos, com rocha ligeiramente alterada.

Estão presentes zonas de falhas com largura de até 30 cm, cortando os materiais numa inclinação em torno de 45°.

Foram efetuados dezenas de furos verticais para a injeção/cimentação, espaçados em média de 3 m.

Estão destacados no perfil três planos de falhas, perfeitamente caracterizados, e dezenas de furos verticais de injeção.

13.8.4 Materiais de construção

Nos trabalhos de localização e cubagem dos materiais necessários para a construção de uma barragem, devemos considerar se a barragem será de terra ou de concreto. Em virtude da maior quantidade de materiais requeridos por uma *barragem de terra*, é necessário que os materiais sejam retirados de fontes próximas à obra, a fim de não tornar seu preço muito elevado ou proibitivo. Esses materiais se resumem em *cascalho, areia, silte* e *argila*. No caso das *barragens de concreto*, o agregado para a feitura de concreto poderá vir de fontes localizadas a grandes distâncias da obra.

A finalidade do geólogo é encontrar os locais que possam se tornar jazidas, determinar as propriedades físicas, químicas e mecânicas dos materiais existentes e dar a cubagem de cada jazida.

Os tipos de materiais de construção disponíveis na área em estudo muitas vezes obrigam o projetista da obra a fazer certas adaptações no seu projeto. Assim, em um local no qual exista, por exemplo, somente areia como material disponível, o projeto deve ser adaptado de modo a exigir um consumo máximo desse material, evitando o consumo de materiais que devem ser transportados de longas distâncias, como silte, argila ou agregado para concreto, que se destinariam à parte impermeável da obra.

São determinados, para cada obra, os limites econômicos das distâncias para a localização das jazidas, e um exemplo foi estabelecido nos trabalhos preliminares para as jazidas de cascalho necessárias para a feitura do concreto para a barragem de Ilha Solteira, no rio Paraná, cujo limite era de 35 km de distância do eixo da barragem. No caso de não serem encontradas jazidas dentro desse limite, foram estudadas duas possibilidades: transportar cascalho de Jupiá (70 km a jusante) ou britar rocha (basalto) escavada junto ao eixo da barragem de Ilha Solteira. Posteriormente, decidiu-se pelo transporte, por balsas, do cascalho de Jupiá.

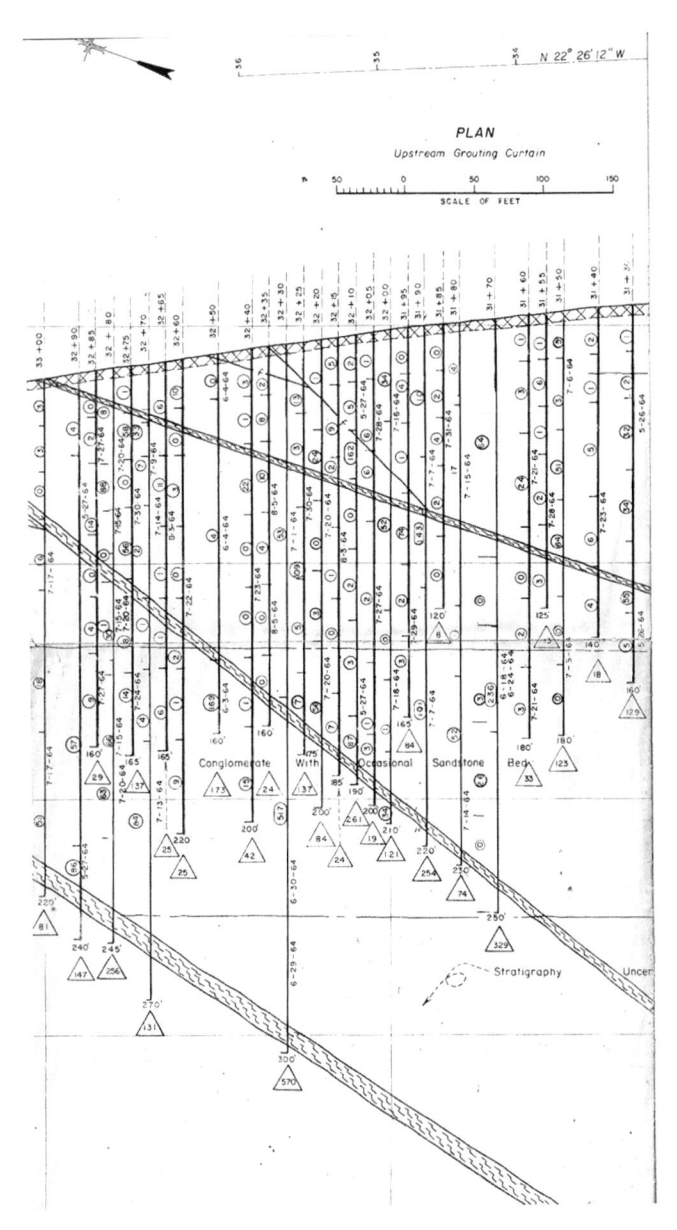

FIG. 13.25 Tratamento de fundações. Notar o elevadíssimo número dos furos verticais de injeção, que parece um verdadeiro paliteiro
Fonte: perfil do Bureau of Reclamation (1963).

Os materiais de construção são utilizados para os seguintes fins:
i] *Argila*: zonas impermeáveis da barragem (núcleo e cortinas de vedação).
ii] *Silte*: maciço da barragem.
iii] *Areia fina*: filtros e drenos.
iv] *Areia grossa*: concreto.
v] *Cascalho*: agregado para concreto.
vi] *Brita*: agregado para concreto.

Quando se localiza uma jazida qualquer de material de construção, é necessária, depois da determinação das propriedades físicas, químicas e mecânicas do material, a determinação da sua quantidade. Esse cálculo é feito por meio da abertura de poços, trincheiras e furos a trado e rotativos (Fig. 13.26).

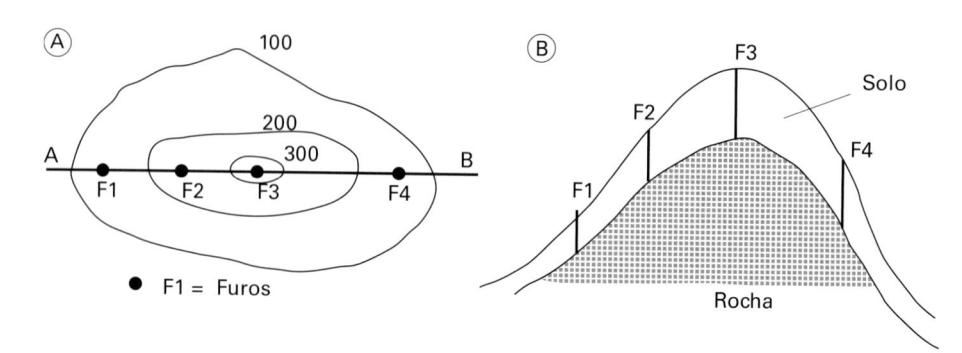

FIG. 13.26 Local para pedreira: (A) planta; (B) perfil

Método semelhante é usado para pesquisa de argila, areia e silte. Quando a espessura do solo é muito grande, é conveniente colocar-se o trado de um poço aberto, uma vez que a profundidade alcançada por um trado é em torno de 15 m.

A cubagem ou tonelagem do material pesquisado é exemplificada na Fig. 13.27.

Uma barragem de aproximadamente 50 m de altura, com comprimento em torno de 5 km, no rio Grande, nas imediações da foz do rio Paraná, exigiria um volume de terra de cerca de 10 milhões de metros cúbicos. A seleção de locais prováveis para as áreas de empréstimo para tal barragem é preliminarmente feita por fotografias aéreas, seguida de rápida inspeção no terreno.

Caso o material seja adequado (composição arenossiltosa, arenoargilosa, siltosa etc.) e for comprovada, por alguns furos a trado, sua razoável espessura (8 m, 10 m, 12 m, por exemplo), será instalada nesses locais uma rede de furos a trado, equidistantes 300 m entre si.

A seguir calculamos a espessura média do material nesses furos, procedendo-se ao cálculo do volume existente.

A quantidade de amostras de solo obtidas para análises posteriores, em pesquisa de áreas de empréstimo, é de cerca de 3 ou 5 kg/m.

A Fig. 13.28, referente à construção da barragem de Portage Mountain, no Canadá, mostra parte de um sistema de correia transportadora com 165 cm de largura e extensão de 5.000 m.

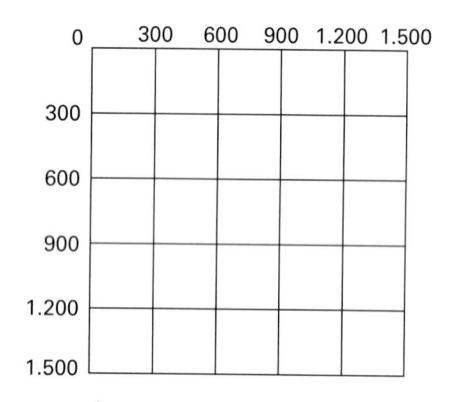

Área pesquisada = 2.250.000 m²
Espessura média do solo = 6 m
Volume = 13.500.000 m³

FIG. 13.27 Rede de furos a trado

13.9 Problemas correlatos ao estudo geológico

13.9.1 Efeito de assoreamento

Deve-se conhecer a intensidade de erosão nos rios afluentes de uma determinada bacia, bem como o volume e o caráter do material transportado pelos rios. O assoreamento de alguns trechos pode ser extremamente rápido. Em alguns casos, o material pode ser escoado pela barragem, como em Assuã, no Egito.

Algumas barragens nas Montanhas Rochosas, nos Estados Unidos, têm sido preenchidas inteiramente por sedimentos, perdendo toda a capacidade de reservatório em duas ou três décadas de vida. Muitas outras estão apenas parcialmente cheias de água.

O reservatório de Austin, no Texas (EUA), teve um assoreamento superior a 95% em pouco mais de dez anos após a sua construção. Calcula-se também que o rio Colorado assoreará a Boulder Dam dentro de 190 anos.

O assoreamento causa grandes problemas também na Índia e em Java. Contudo, em países como o Canadá ou em partes dos Estados Unidos, onde predominam as formações glaciais, os rios carregam pouco ou nenhum sedimento.

13.9.2 Condições do subsolo com relação à fuga d'água dos reservatórios

Qualquer estudo geológico relativo a um reservatório deve sempre se dividir entre o estudo do local da barragem e o da área do próprio reservatório. O primeiro se restringe a uma área limitada, que é destinada a receber as fundações e o engastamento da barragem; o segundo deve estender-se sobre uma área muito maior, isto é, toda aquela que for banhada pelas águas da represa.

FIG. 13.28 Exemplo de correia transportadora de materiais de construção

O *estudo geológico do local da barragem* visa principalmente a conhecer a resistência e a estabilidade da rocha, a sua permeabilidade e o seu comportamento sob a ação da água sob pressão, ao passo que o *estudo geológico da área do reservatório* visa tão somente às suas *condições de estanqueidade* e relaciona-se essencialmente com a água do subsolo, além de envolver a aplicação de princípios e métodos de investigações empregados na pesquisa dos recursos de águas subterrâneas. Um fator primordial a ser considerado é *a permeabilidade das rochas*.

i] *Rochas mais permeáveis*

As rochas mais susceptíveis de permitir fugas sérias são o *calcário* e outras rochas solúveis; o *basalto* e outras rochas vulcânicas; *depósitos de pedregulhos* e *depósitos aluvionares*.

a] *Calcário, gesso e outras rochas solúveis*

A presença de calcário, dolomito ou mármore deve sempre ser encarada como fator de suspeita quando ocorre na área do reservatório. A sua aparência superficial e sã pode ser extremamente enganosa. Geralmente apresenta sistemas de juntas, pelas quais a água escoa com facilidade.

Sabe-se que essa água dissolve e remove gradualmente o calcário, chegando a produzir grandes e extensos canais subterrâneos. Assim, pode-se desenvolver um verdadeiro sistema de águas subterrâneas, comparável com os sistemas de drenagem da superfície.

Em uma região de caráter cárstico pronunciado, a natureza cavernosa do calcário pode ser aparente na superfície, mas, em muitas regiões calcárias, as depressões e cavernas podem não ser visíveis, apresentando-se a rocha, na superfície, com aspecto firme.

O gesso (gipsita) é ainda mais solúvel que os calcários e, por ter menor resistência mecânica, é sujeito a sofrer desagregação mais intensa. Caso contenha cloreto de sódio ou outros sais solúveis, a inconveniência será ainda maior.

b] *Basaltos e outras rochas vulcânicas*
Os basaltos devem ser olhados sempre com cautela quando ocorrem na área do reservatório. A parte central de um derrame de grande espessura pode ser bastante densa e não fraturada, mas, tanto na superfície quanto no contato com a formação subjacente, a rocha será provavelmente muito fraturada e permeável.

Uma formação com numerosos derrames pequenos será, obviamente, mais permeável que uma formação com um ou poucos derrames. Os basaltos apresentam-se sob aspectos diferentes: o *maciço*, com granulação fina, e o *vesicular*, com numerosas vesículas, preenchidas ou não. O basalto vesicular é menos resistente e mais facilmente alterado que o basalto maciço.

ii] *Rochas relativamente impermeáveis*
Entre as rochas que dificultam a fuga das águas do reservatório, podem ser citadas as seguintes:
a] *Rochas cristalinas*: do tipo granítico, diorítico e sienítico.
b] *Rochas metamórficas*: gnaisses, xistos, filitos, ardósias, quartzitos, excetuando-se os mármores.
c] *Rochas sedimentares*: folhelhos, arenitos, com exceção dos calcários.

Essas rochas podem apresentar sérios problemas no local da barragem, mas excepcionalmente apresentam condições tais que facilitam eventuais fugas apreciáveis de água. Até um arenito pode ser considerado satisfatório, porque a percolação da água se processa com muita lentidão, de modo a não causar uma perda elevada desse elemento. Em razão desse movimento lento e da dimensão reduzida dos poros da rocha, o material fino carreado pela água de superfície forma uma espécie de selo de vedação, que, por sua vez, reduz uma eventual fuga de água.

13.10 Condições geológicas de algumas barragens no Brasil
Os perfis apresentados nesta seção mostram a posição da barragem em relação à geologia.

13.10.1 Barragem de Porto Colômbia, no rio Grande (SP/MG)
Com potência de 320 MW, a barragem de Porto Colômbia é uma das 13 projetadas para o rio Grande. Ela é do tipo homogêneo e exigiu 2.320.000 m^3 de terra. Sua altura atinge 40 m, a largura da base é de 240 m e a da crista, de 10 m, com um comprimento de 2.200 m.

13.10.2 Barragem de Barra Bonita, no rio Tietê (SP)
Com potência de 132 MW, a barragem de Barra Bonita é de concreto (Fig. 13.29).

Sua altura máxima é de 24 m, sua extensão, de 483 m, e o volume de concreto usado foi de 200.000 m³. A geologia local é constituída por derrames de basalto, dos tipos maciço e vesicular. Entre eles, apareceram camadas de arenito. O fraturamento dos basaltos exigiu trabalhos intensos de injeção nas fundações.

FIG. 13.29 Barragem de concreto no rio Tietê (Barra Bonita, SP)

13.10.3 Barragem de Capivara, no rio Paranapanema (SP)

A Fig. 13.30 esquematiza a barragem de Capivara e a geologia local.

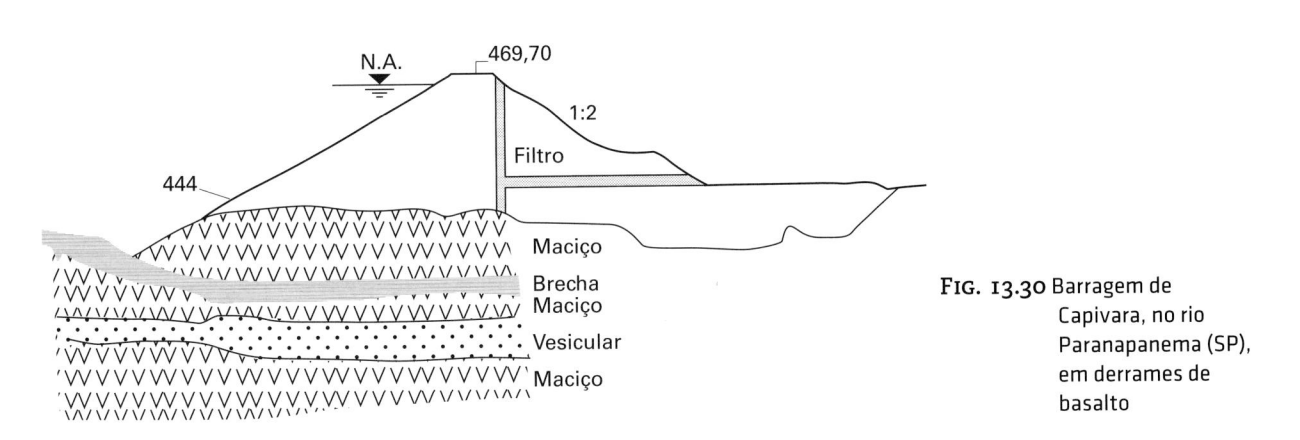

FIG. 13.30 Barragem de Capivara, no rio Paranapanema (SP), em derrames de basalto

13.10.4 Barragem de Jaguara, no rio Grande (SP/MG)

Geologicamente, a barragem de Jaguara está localizada em quartzitos puros silicificados, com camadas de xisto intercaladas. Ela apresentou interessante problema geológico. Por causa da grande vazão do rio, foram executadas somente duas sondagens no seu leito na fase preliminar. Na fase de detalhe, as sondagens confirmaram a presença de uma camada de xisto decomposto de pequena resistência. Esse fato exigiu o deslocamento das estruturas de concreto para 50 m a jusante, a fim de reduzir os custos de escavação da rocha decomposta.

Nas margens do rio, a decomposição da rocha varia de 10 a 15 m. No leito do rio, a rocha está bastante fraturada.

A camada decomposta no local das estruturas citadas mergulhava cerca de 150 m em direção à margem esquerda.

A Fig. 13.31 resume a posição da camada em relação às condições geológicas. A camada de xisto não oferecia condições de fundação para as estruturas de concreto. Porém, a sua remoção total, bem como a do quartzito subjacente, exigiria um volume extra de escavação e concreto. A solução foi deslocar o eixo da barragem em 50 m na área da tomada d'água e da casa de força.

O exemplo da barragem de Jaguara evidencia os seguintes aspectos, importantes para qualquer estudo geológico de barragens:

a] o número insuficiente de sondagens na fase preliminar;
b] a importância do estudo geológico no caso de se encontrar rocha desfavorável no local de fundação;
c] o grau de fraturamento excessivo da rocha exigiu grandes trabalhos de injeções.

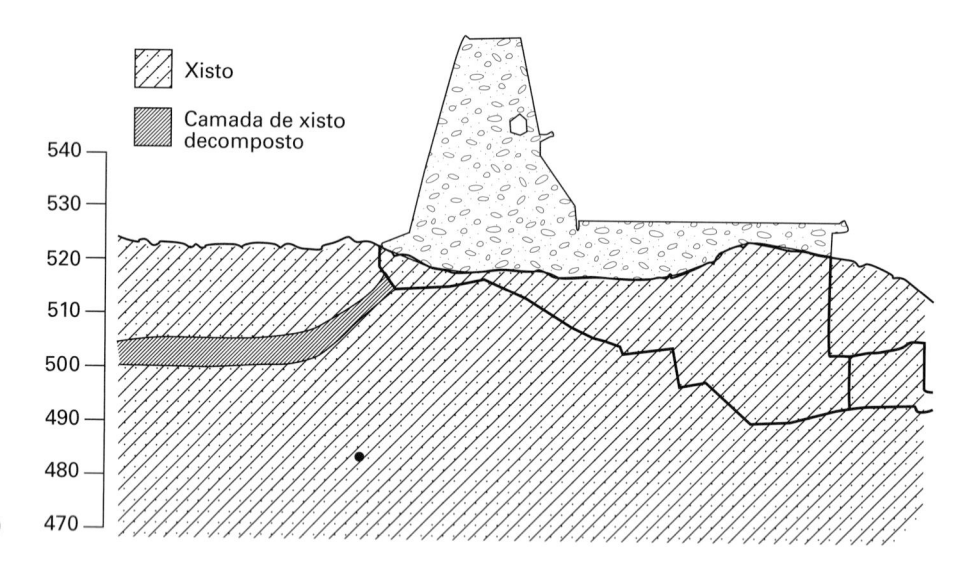

FIG. 13.31 Barragem de Jaguara, rio Grande (SP/MG)

13.11 Dados básicos de algumas barragens brasileiras

O resumo apresentado nesta seção, cujos dados foram extraídos da revista *O empreiteiro*, objetiva dar uma ideia das dimensões das barragens citadas, bem como assinalar a geologia existente, sem, contudo, entrar em detalhes sobre os eventuais problemas surgidos.

13.11.1 Curuá-Una

Localizada na Cachoeira do Paredão, no rio Curuá-Una, afluente do rio Amazonas, no Estado do Pará.

Potência: 20 MW.

Tipo: terra zonada.

Extensão do eixo: 950,0 m.

Altura máxima: 26,0 m.

Largura da crista: 10,0 m.

Rocha local: arenitos.

Escavações: 1.200.000 m³.

Concretagem: 150.000 m³.

Enrocamento: 15.000 m³.

Terra: 400.000 m³.

Aterro compactado: 200.000 m³.

Tapetes de argila: 400.000 m³.

Foi necessário usar rebaixamento do nível freático.

13.11.2 Boa Esperança

Localizada no rio Parnaíba, no Estado do Maranhão.

Potência: 216 MW.

Tipo: terra com núcleo de areia argilosa.

Extensão do eixo: 5.212 m.

Altura máxima: 53 m.

Largura da crista: 10 m.

Largura máxima da base: 200 m.

Rocha local: arenitos e diabásios.

Escavações em rocha: 2.500.000 m³.

Concretagem: 150.000 m³.

Terra: 3.200.000 m³.

13.11.3 Passo Real

Localizada no rio Jacuí, no Estado do Rio Grande do Sul.

Potência: 250 MW.

Tipo: enrocamento com núcleo de argila.

Extensão do eixo: 3.850 m.

Altura máxima: 58 m.

Rocha local: basalto.

Volume do maciço: 3.400.000 m³.

Foram escavados dois túneis de desvio em basalto com 8,60 m de diâmetro e comprimento de 660,50 m.

13.11.4 Cachoeira Dourada

Localizada no rio Paranaíba, no Estado de Goiás.

Potência: 235 MW.

Tipo: terra e enrocamento com núcleo de argila.

Eixo: 1.000 m.

Altura máxima: 26 m.

Barragem de gravidade.

Eixo: 144,34 m.

Altura: 22,0 m.

Rocha local: basalto.

Escavação em rocha: 1.200.000 m³.

Concretagem: 500.000 m³.

Aterro compactado: 1.000.000 m³

13.11.5 Estreito

Localizada no rio Grande, entre os Estados de São Paulo e Minas Gerais.

Potência: 1.050 MW.
Tipo: enrocamento com núcleo de argila.
Eixo: 535 m.
Altura: 92 m.
Volume do maciço: 4.290.000 m^3.
Rocha local: quartzito duro com camadas inclinadas.

13.11.6 Salto Osório

Localizada no rio Iguaçu, no Estado do Paraná.

Potência: 1.050 MW.
Tipo: enrocamento com núcleo de argila.
Rocha local: basalto e brechas arenosas.
Enrocamento: 3.250.000 m^3.
Núcleo impermeável: 425.000 m^3.
Filtros: 215.000 m^3.
Escavação em terra: 840.000 m^3.
Escavação em rocha: 6.000.000 m^3.
Concretagem: 490.000 m^3.

A simples enumeração dos principais problemas dá ideia das dificuldades encontradas:

a) Ocorrência de brechas arenosas na área de escavação tornava o desmonte complicado, anulando ou minimizando o efeito dos explosivos.
b) Inexistência de areia natural em um raio de 300 km do local da obra, o que obrigou a fabricação de areia artificial em grandes quantidades.
c) Grande desgaste do material rodante, em decorrência do trabalho em rocha.
d) Argila de difícil trabalhabilidade, exigindo cuidados especiais.

13.12 As maiores barragens do Brasil

A lista a seguir relaciona as maiores hidrelétricas do Brasil segundo o potencial energético:

1) Itaipu – rio Paraná, 14.000 MW – Paraná.
2) Belo Monte – rio Xingu, 11.233 MW – Pará (Fig. 13.32).
3) São Luiz do Tapajós – rio Tapajós, 8.381 MW – Pará (projetada).
4) Tucuruí – rio Tocantins, 8.370 MW – Pará.
5) Jirau – rio Madeira, 3.450 MW – Rondônia.
6) Ilha Solteira – rio Paraná, 3.444 MW – São Paulo e Mato Grosso do Sul (Fig. 13.33).
7) Xingó – rio São Francisco, 3.162 MW – Alagoas e Sergipe.
8) Santo Antônio – rio Madeira, 3.150 MW – Rondônia.
9) Paulo Afonso IV – rio São Francisco, 2.462 MW – Bahia.
10) Jatobá – rio Tapajós, 2.338 MW – Pará (projetada).

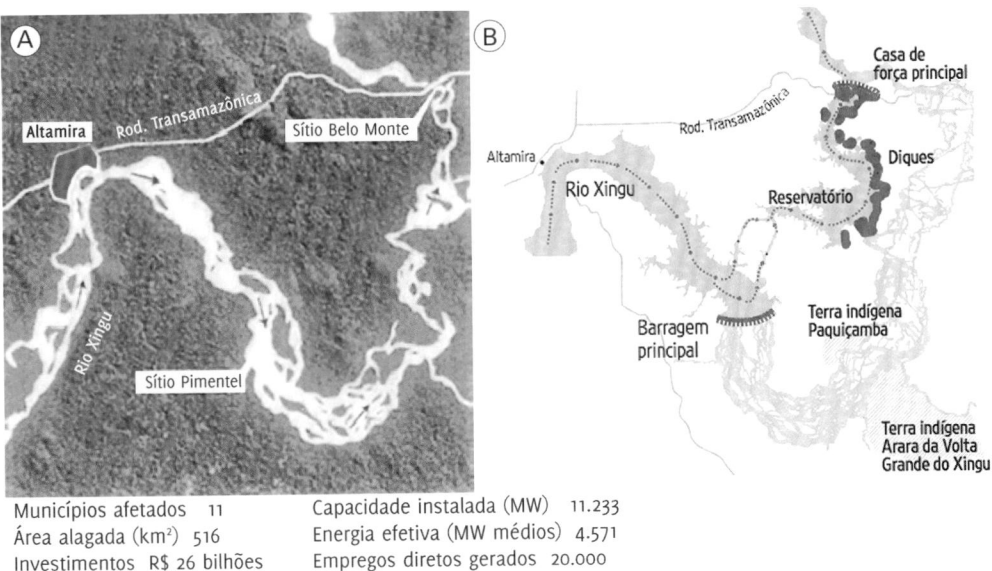

Municípios afetados 11
Área alagada (km²) 516
Investimentos R$ 26 bilhões
Capacidade instalada (MW) 11.233
Energia efetiva (MW médios) 4.571
Empregos diretos gerados 20.000

FIG. 13.32 Barragem de Belo Monte: (A) situação atual e (B) após a construção da barragem

FIG. 13.33 Barragem de Ilha Solteira, no rio Paraná (SP/MS)

13.13 Erros e "acidentes"

13.13.1 Problemas ambientais

Barragem de Balbina, rio Uatumã, Amazônia

Em relação à crença/tese de que usinas hidrelétricas são pouco poluentes, o pesquisador Alexandre Kemenes (Programa Experimento de Grande Escala da Biosfera-Atmosfera da Amazônia – LBA) afirmou que na usina da Balbina, cuja madeira não foi retirada antes do alagamento, foram emitidos 3,77 m³ de CO_2 por dia, o que corresponde a 34 mil toneladas de CO_2 por ano e a 56% de todo o combustível queimado na cidade de São Paulo no período de um ano.

O professor doutor Samuel G. Branco, a respeito de Balbina, declarou que "parte da Amazônia irá morrer", acrescentando que Balbina representa o caso de hidrelétricas construídas em áreas de densa vegetação que leva à morte grande parte da vegetação, na qual a matéria orgânica vegetal sofre um processo de decomposição, com grande consumo de oxigênio. A falta de oxigênio pode determinar a morte da fauna aquática e a produção de gás sulfídrico, e, consequentemente, o ambiente torna-se anaeróbio.

A madeira da área do reservatório de Balbina, lamentavelmente, não foi retirada pelas madeireiras por causa do dispendioso custo, inclusive o de transporte, mesmo sendo identificadas vinte espécies nobres de madeira, de elevados valores comerciais.

13.13.2 "Acidentes"

Existem aspectos particulares em certos desastres chamados de "acidentes" que, na verdade, podem refletir incapacidade e/ou irresponsabilidade técnica profissional. Podem ocorrer pelo rompimento de diques de reservatórios de lagoas de mineração, de indústrias, de lagoas de tratamento de esgotos etc.

> "Apesar de risível, engenheiros não ruborizam ao apontar um excesso de chuva como causa da barragem rompida em uma mineração em Miraí (Minas Gerais), e da cratera aberta na obra da Linha 4 do metrô de São Paulo."
> (Marcelo Leite, *Folha de S.Paulo*, 21 jan. 2007)

Na realidade, essas obras de engenharia têm a obrigação de serem projetadas e construídas para durarem, com segurança, por séculos.

E, para justificar eventuais fracassos, não se pode mais atribuir culpa às *chuvas excessivas*, ao *solo podre*, a *causas esotéricas* etc. Até porque, em projetos que envolvam parâmetros hidráulicos, devem ser consideradas as maiores precipitações históricas e, no caso do solo e subsolo, devem-se executar cuidadosa investigação geológico-geotécnica e ensaios de campo e laboratório dos materiais presentes.

Rompimento da barragem de Miraí (MG)

Em janeiro de 2007, a barragem São Francisco – localizada no rio Fubá, afluente do rio Muriaé, que desemboca no rio Paraíba do Sul – rompeu após chuvas, provocando o vazamento de 2 bilhões de litros de rejeitos da mineração de bauxita ali existente, na forma de lama, que inundou a cidade de Miraí e desalojou mais de duas mil pessoas, atingiu cerca de 1.200 casas e deixou 100 mil pessoas sem água.

É oportuno lembrar que, em março de 2006, essa barragem teve vazamento de 400 milhões de litros desse rejeito de água e argila, que, por sorte, não é tóxico.

É importante registrar que, nesse mesmo rio, uma barragem em uma indústria de papel rompeu em 2003, causando o vazamento de 1,2 bilhão de litros com resíduos tóxicos.

Como justificar tais rupturas?

Rompimento da barragem de Algodões (PI)

Em maio de 2009, outra lastimável ocorrência é acrescentada à longa lista desses "acidentes": o rompimento da barragem de Algodões, no Piauí, deixou sete pessoas mortas, cerca de três mil desabrigadas e quase 500 casas destruídas, além de provocar a morte de animais e inutilizar culturas.

O rompimento ocorreu no vertedouro da barragem, conhecido popularmente como "ladrão", pelo qual se escoa o excesso de água represada. Vazaram milhões de metros cúbicos de água. A área do vertedouro encontrava-se em obras, e, por precaução, parte da população havia sido removida, mas, em seguida, foi liberada para retornar às suas casas. Após esse retorno, a barragem se rompeu (Fig. 13.34).

O engenheiro Manoel Coelho Soares Filho, chefe do departamento de Recursos Hídricos da Universidade Federal do Piauí, declarou que "essa barragem 'avisou' que ia romper". Ainda segundo ele, "não havia uma manutenção adequada da barragem".

Por outro lado, técnicos afirmaram que as chuvas na região alcançaram índices elevadíssimos, provocando a ruptura.

Nessa polêmica fica o resultado do fracasso da obra de engenharia e de impactos ambientais e sociais elevadíssimos. Poderíamos perguntar: os moradores serão indenizados pelas moradias, culturas e animais perdidos? E quanto aos mortos?

FIG. 13.34 Rompimento da barragem de Algodões (PI)

Obras de engenharia exigem sempre sérios e acurados estudos geológico-geotécnicos e hidráulicos e projetos precisos de Engenharia, pois existe quase uma convivência com riscos, os quais exigem gerenciamento e monitoramento constantes e definição de níveis de alerta e de responsabilidades. Com isso, seria eliminado o bordão repetitivo de autoridades, e até de técnicos, de que a culpa de eventual desastre foi pelo excesso de chuva, solo mole, solo próximo a rios etc.

13.14 Evolução da Geologia de Engenharia no projeto e construção de barragens

De acordo com o geólogo e professor Luiz Ferreira Vaz, no fim dos anos 1960, a evolução das investigações geológicas estava cada vez mais adaptada às condições brasileiras. Um fato marcante nessa evolução foram os estudos pioneiros sobre o grau de alteração dos basaltos elaborados na construção da usina hidrelétrica de Ilha Solteira, no rio Paraná, em São Paulo.

Naquele momento, foi aprofundada a necessidade de a Geologia de Engenharia estar presente com mais constância também na fase de construção da barragem.

A construção de grandes barragens – como Itaipu, Tucuruí e Paulo Afonso IV – na década de 1970 permitiu, ainda mais, o aperfeiçoamento da tecnologia até então não usada. E, recentemente, o projeto e a construção de usinas de grande porte na Amazônia (Belo Monte, Santo Antônio e Jirau), nos rios Madeira e Xingu, retomou o uso intensivo da Geologia de Engenharia.

13.14.1 Seleção de eixos de barragens

As alternativas de eixos de barragens são indicadas, inicialmente, em plantas topográficas e mapas geológicos, que serão detalhados por meio da análise de imagens, fotos aéreas, reconhecimento de campo e um programa preliminar de sondagens, resultando na elaboração de um relatório preliminar contendo perfis geológicos básicos.

A escolha final do eixo será feita posteriormente, com a avaliação detalhada dos dados hidrométricos, geológicos, hidrológicos e geotécnicos.

13.14.2 Condições básicas

As características que determinam a escolha do local adequado para um eixo de barragem são muitas. Destaca-se, pela importância, a existência de ombreiras que não favoreçam a fuga d'água e de maciços rochosos que não possuam elementos estruturais significativos que possam comprometer a estabilidade e estanqueidade do futuro reservatório (falhas, fraturas, xistosidade e acamamento). Por isso, as condições geológicas, geotécnicas e hidrogeológicas devem ser cuidadosamente definidas.

13.14.3 Investigações geológicas

Após a coleta e estudo das informações bibliográficas (relatórios/mapas), são programados os trabalhos de reconhecimento geológico e hidrogeológico de campo, apoiados em programas de sondagens (trado, poços, sondagens mecânicas, métodos geofísicos).

Com os dados obtidos, complementam-se as informações bibliográficas sobre as condições geológicas, estruturais e hidrogeológicas, e são feitas as indicações de áreas disponíveis para os materiais de construção, como brita, cascalho e terra/solo.

13.14.4 Evolução dos programas de investigação

O plano de sondagens depende da geologia local, que será a base para o número e a profundidade das sondagens a serem executadas.

A Fig. 13.35 indica os estudos iniciais com três alternativas de eixo para o local da barragem de Água Vermelha, no rio Grande, na divisa entre São Paulo e Minas Gerais.

13.14.5 Definição final da escolha do eixo

Devem ser criteriosa e cuidadosamente analisadas condicionantes como:
1) Ombreiras que não apresentem possibilidade de fuga d'água.
2) Maciços rochosos com definida capacidade de estanqueidade e estabilidade.

13.14.6 Investigações geológicas detalhadas
Roteiro básico

O roteiro básico é semelhante para as grandes obras de Engenharia:
- i) Coleta de dados existentes (mapas/eventuais sondagens/bibliografia).
- ii) Análise de fotos aéreas e imagens de satélites.
- iii) Elaboração de mapas e relatório básico, que serão a base para o planejamento das investigações complementares.
- iv) Programa de investigações com os métodos tradicionais diretos e indiretos mantém procedimentos usuais. Os geofísicos, atualmente, estão aperfeiçoados pela utilização de instrumentação digital (Souza, 2006).
- v) Avaliação preliminar de áreas de empréstimo e pedreiras, indicadas nas análises dos itens i e ii acima.
- vi) De acordo com Vaz, alguns métodos de ensaio de campo, como o cone de penetração contínua (*deep sounding*) e o ensaio de cisalhamento *in situ* (*Vane test*) também foram automatizados, facilitando a interpretação. As informa-

FIG. 13.35 Estudo para a definição do local do eixo da barragem de Água Vermelha, rio Grande, entre São Paulo e Minas Gerais. Estão indicadas três possíveis alternativas. Notar a cachoeira dos Índios

ções hidrogeológicas para maciços fissurados foram aperfeiçoadas com os ensaios 3D, que permitem avaliar a continuidade e a intercomunicação das linhas de permeabilidade e anisotropia da percolação (Tressoldi, 1991).

Nas sondagens diretas foi introduzida a perfuração mecanizada nas sondagens a percussão, com o emprego de trado de tronco oco (*hollow stem auger*) montado sobre caminhão.

Número de sondagens e metros a serem perfurados

Por algum tempo, procurou-se definir esses dois parâmetros em função das condições geológicas constatadas nos mapas preliminares. Em certos casos as sondagens eram espaçadas, por exemplo, de 50 em 50 m, com profundidade de cerca de 40 m. Esse critério ainda pode ser usado para uma avaliação preliminar.

Hoje, o espaçamento e a profundidade dos furos são definidos pela complexidade ou não das condições geológicas das fundações: tipo de rocha, seus elementos estruturais etc.

O plano de sondagem também é definido de acordo com o arranjo da barragem. Assim, para trechos de terra, as sondagens podem ser a percussão, complementadas por rotativas.

Para trechos da barragem com estruturas de concreto (vertedouros, casa das máquinas etc.), as sondagens devem ser mais profundas e rotativas, com ensaios especiais.

Elementos importantes a serem definidos pelo programa de investigações *in situ*

1) Posição do topo de rocha sã na área das estruturas de concreto.
2) Distribuição das unidades geológicas.
3) Distribuição em subsuperfície das unidades geológicas, com suas espessuras e elementos estruturais.
4) Caracterização hidrogeológica das unidades geológicas e das estruturas condicionantes à percolação.
5) Caracterização geomecânica das unidades geológicas.
6) Análise para eventual tratamento de fundação das estruturas da barragem, quando necessário.
7) Disponibilidade e características dos materiais naturais de construção nas áreas vizinhas, com estimativa das cubagens e da qualidade.

Finalmente, a apresentação dos dados dos estudos geológicos deve considerar que sua utilização será feita por diversos profissionais não geólogos, que podem não estar familiarizados com a terminologia empregada.

Recentemente tornaram-se disponíveis equipamentos digitais de televisamento de furos de sondagens em rocha, conhecidos como instrumentos de *perfilagem ótica*. São usados em furos abertos por sondagens rotativas ou por rotopercussão, com perfuração pneumática.

A perfuração com sondagens rotativas destina-se, principalmente, à aferição das imagens por comparação com os testemunhos. Para o televisamento, o furo deve ser previamente lavado para a limpeza das paredes. As imagens são digitalizadas, o que permite sua exibição em computador.

A seguir, as condições geológicas que podem se constituir em riscos geológicos:

a) Variação na posição do topo de rocha dura, alterando os volumes de escavação, principalmente aqueles que requerem explosivos.
b) Sistemas de fraturas capazes de afetar a estabilidade das paredes de escavação, requerendo tratamentos adicionais.
c) Fraturas abertas, requerendo esforço adicional de tratamento com injeções.
d) Canalões e paleocanais preenchidos total ou parcialmente.
e) Elementos geológicos favoráveis ao desenvolvimento de processos de *piping* e investigação geológica incompleta.

Por causa dos últimos 50 anos, nos quais o Brasil projetou e construiu centenas de barragens tanto para fins hidrelétricos como para navegação, pode-se concluir que a Geologia de Engenharia é, hoje, uma atividade consolidada e fundamental para essas obras. Atualmente essa experiência brasileira é também reconhecida no meio técnico internacional.

13.15 Hidrovias

13.15.1 Hidrovias no Brasil

Apesar de muito utilizadas no mundo, por ser o modal mais barato de transporte, as hidrovias não são ainda exploradas apropriadamente no Brasil, apesar do grande número de bacias hidrográficas que possui. Um dos motivos foi a opção do país pelo transporte rodoviário.

É óbvio que muitos rios, para se tornarem navegáveis, necessitam de obras específicas, como eclusas, ou da correção de algumas de suas características naturais, como baixa profundidade, bem como da remoção de eventuais obstáculos.

As principais hidrovias em operação no Brasil são listadas a seguir (Fig. 13.36).

FIG. 13.36 Principais hidrovias do Brasil

Hidrovia Tietê-Paraná

Essa via possui enorme importância econômica, por permitir o transporte de grãos e outras mercadorias de três Estados: Mato Grosso do Sul, Paraná e São Paulo. Ela possui 1.250 km navegáveis, sendo 450 km no rio Tietê, em São Paulo, e 800 km no rio Paraná, na divisa de São Paulo com o Mato Grosso do Sul e na fronteira do Paraná com o Paraguai e a Argentina. Para operacionalizar toda essa extensão, há necessidade de conclusão da eclusa na represa de Jupiá, para que os dois trechos se conectem.

Hidrovia Taquari-Guaíba

Com 686 km de extensão e localizada no Rio Grande do Sul, essa é a principal hidrovia brasileira em termos de carga transportada. É operada por uma frota de 72 embarcações, que pode movimentar um total de 130 mil toneladas. Os principais produtos transportados na hidrovia são grãos e óleos. Uma de suas importantes características é que ela é bem servida de terminais intermodais, o que facilita o transbordo das cargas. Quando se trata de tráfego, outras hidrovias possuem mais importância local, principalmente no transporte de passageiros e no abastecimento de localidades ribeirinhas.

Hidrovia São Francisco

Da Serra da Canastra, onde nasce, em Minas Gerais, até sua foz, na divisa de Sergipe com Alagoas, o "Velho Chico", como é conhecido o maior rio situado inteiramente em território brasileiro, é o grande fornecedor de água da região semiárida do Nordeste. Seu principal trecho navegável situa-se entre as cidades de Pirapora, em Minas Gerais, e Juazeiro, na Bahia, em um trecho de 1.300 km. Nele estão instaladas usinas hidrelétricas como Paulo Afonso e Sobradinho, na Bahia, Moxotó, em Alagoas, e Três Marias, em Minas Gerais. Os principais projetos em execução ao longo do rio visam a melhorar a navegabilidade e permitir a navegação noturna.

Hidrovia Araguaia-Tocantins

A Bacia do Tocantins é a maior bacia localizada inteiramente no Brasil. Durante as cheias, o Tocantins é navegável por uma extensão de 1.900 km, entre as cidades de Belém, no Pará, e Peixes, em Goiás, e seu potencial hidrelétrico é parcialmente aproveitado na usina de Tucuruí, no Pará. O Araguaia cruza o Estado de Tocantins de norte a sul e é navegável por um trecho de 1.100 km. A construção da hidrovia Araguaia-Tocantins visa a criar um corredor de transporte intermodal na região Norte.

Hidrovia do Madeira

O rio Madeira é um dos principais afluentes da margem direita do rio Amazonas. A hidrovia está em operação desde abril de 1997 e visa a baratear o escoamento de grãos no Norte e no Centro-Oeste.

13.15.2 O caso da hidrovia Tietê-Paraná

A hidrovia Tietê-Paraná, com 2.400 km de vias navegáveis, entre primárias e secundárias, também é conhecida como hidrovia do Mercosul. Ela atravessa cinco Estados brasileiros – São Paulo, Goiás, Paraná, Minas Gerais e Mato Grosso do Sul, banhados pelos rios Tietê, Paraná, Grande, Paranaíba e todos os seus afluentes – e integra, além do Brasil, mais três países do Cone Sul – Paraguai, Argentina e Uruguai –, abrangendo centenas de municípios em sua grande área de influência. Ela contém 2.600 MW instalados (Fig. 13.37).

13 A Geologia de Engenharia em barragens

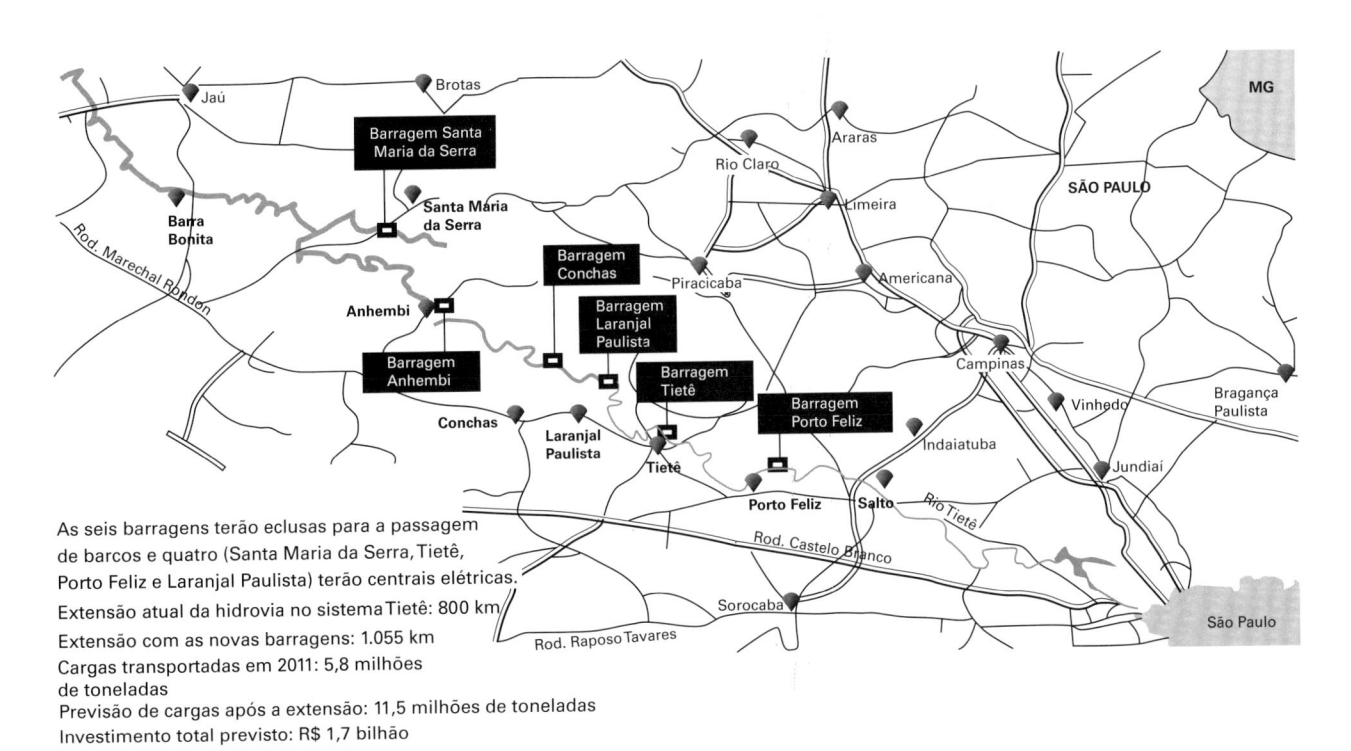

As seis barragens terão eclusas para a passagem de barcos e quatro (Santa Maria da Serra, Tietê, Porto Feliz e Laranjal Paulista) terão centrais elétricas.
Extensão atual da hidrovia no sistema Tietê: 800 km
Extensão com as novas barragens: 1.055 km
Cargas transportadas em 2011: 5,8 milhões de toneladas
Previsão de cargas após a extensão: 11,5 milhões de toneladas
Investimento total previsto: R$ 1,7 bilhão

FIG. 13.37 Mapa da hidrovia Tietê-Paraná

Transporte de cargas

A navegação no rio Tietê tem início na região de Conchas, a 160 km da cidade de São Paulo, e vai até o rio Paraná. Lá, a navegação tem início desde a sua formação, que é o encontro do rio Paranaíba com o rio Grande, e chega à barragem de Itaipu. Em virtude de as barragens do rio Paranaíba não terem eclusas, a navegação tem início na barragem de São Simão, ao sul de Goiás, e vai até a formação do rio Paraná, fazendo, assim, o escoamento de diversos produtos para o mercado externo, com preços mais competitivos.

O transporte de carga é realizado por comboios, os quais possuem várias dimensões e são compostos de barcaças e empurradores (Fig. 13.38). A hidrovia Tietê-Paraná será utilizada pela Transpetro para escoar etanol por meio de barcaças de grande porte, o que implica transportar muito mais carga a um custo bem menor.

Barragens e eclusas da hidrovia

O complexo de barragens do rio Tietê é composto por seis barragens e oito eclusas, e a sequência delas é: Barra Bonita, Bariri, Ibitinga, Promissão, Nova Avanhandava (duas eclusas e desnível total máximo de 34,60 m) e Três Irmãos (duas eclusas e desnível total máximo de 49,8 m). No rio Paraná, há a operação de quatro barragens: Ilha Solteira, Jupiá, Porto Primavera e Itaipu, e somente Jupiá e Porto Primavera possuem eclusas.

FIG. 13.38 Transporte de cargas por comboios

A hidrovia como polo de atração

A excelente localização geográfica da hidrovia Tietê-Paraná faz que ela desponte como o principal fator de industrialização e desenvolvimento do turismo no interior paulista, contribuindo para o reordenamento da matriz de transportes da região Centro-Oeste.

A hidrovia Tietê-Paraná começou sua operação comercial em 1973, com a inauguração da eclusa de Barra Bonita, que desenvolveu o turismo regional, e, em 1981, passou a transportar regionalmente cana-de-açúcar, material de construção e calcário, usando a eclusa de Bariri, ao longo de uma extensão de 300 km. Em 1986, com a inauguração das eclusas de Ibitinga e Promissão, concluiu-se a hidrovia do Álcool.

Com o alagamento da barragem de Três Irmãos e a inauguração das eclusas de Nova Avanhandava e do canal artificial de Pereira Barreto, em 1991, iniciou-se o transporte de longo curso, através de todo o rio Tietê e do tramo norte do rio Paraná, possibilitando à navegação alcançar o sul do Estado de Goiás e o oeste do Estado de Minas Gerais, perfazendo 1.100 km de hidrovias principais.

Na mesma época entra em funcionamento, no rio Paraná, a eclusa provisória de Porto Primavera. São inauguradas as eclusas de Três Irmãos, em 1995, de Jupiá, em 1998, e a eclusa definitiva de Porto Primavera, em 2000, chegando-se, assim, à integração do rio Tietê ao tramo sul do rio Paraná, com a navegação atingindo o lago de Itaipu.

No rio Paraná são mais de 750 km de hidrovias principais e 550 km de secundárias, estas últimas penetrando, principalmente, o Estado de Mato Grosso do Sul. Com isso, a hidrovia Tietê-Paraná atinge um total de 2.400 km navegáveis de vias primárias e secundárias. O calado do rio Paraná foi projetado para 3,5 m, mas os comboios do rio Paraná estão navegando com 2,5 m de calado máximo.

Nesse percurso da hidrovia, existem terminais intermodais que asseguram o deslocamento econômico de mercadorias. Esses terminais concentram, em uma mesma localidade, os modais hidroviário, rodoviário e ferroviário.

Turismo

O turismo, já explorado na região de Barra Bonita, pode, ao longo da hidrovia, gerar grandes oportunidades de desenvolvimento socioeconômico, com o aparecimento de áreas de lazer, esporte, recreações, marinas e portos turísticos.

A hidrovia Tietê-Paraná desponta como nova e exótica oferta turística nacional de lazer cultural, explorando o ecológico, o fluvial e o agroturismo.

O turismo fluvial constitui uma atividade emergente, com tendência de crescimento nas próximas décadas.

Agronegócios

Estudos apontam que a área limítrofe da hidrovia é a mais indicada do interior paulista para implantação de indústrias como: moageiras de grãos; moinhos de trigo; misturadoras de fertilizante; moageiras de calcário; madeireiras de celulose, papel e aglomerados; extratos e condimentos; sucos de frutas; pescados de água doce, criados em confinamento; de açúcar e álcool; melaço; rações;

caldeiraria pesada; estaleiros; equipamentos náuticos de esporte e lazer; e muitos outros.

Do turismo à agricultura, da indústria ao comércio, a hidrovia Tietê-Paraná tornou-se um rio de negócios.

Exercício sobre barragens

Com base na Fig. 13.39, pede-se:
1] Indicar o melhor local para barragem com 55 m de altura.
2] Há possibilidade de fuga d'água pela topografia? Por quê?
3] Construir mapa geológico com os dados abaixo.
4] Elaborar perfil geológico do eixo selecionado, com sobrelevação 10.
5] Localizar possíveis locais para pedreira, área de empréstimo, areia, cascalho etc.

Local: Três Irmãos, rio Tietê, Estado de São Paulo – EH = 1:10.000.

Dados das sondagens executadas:

Cota do leito do rio: 265,0.

Abaixo da cota 265,0: basalto maciço.

Entre as cotas 265,0 e 280,0: aluvião.

Entre as cotas 280,0 e 300,0: basalto vesicular.

Entre as cotas 300,0 e 320,0: basalto maciço.

Acima da cota 320,0: arenito Bauru.

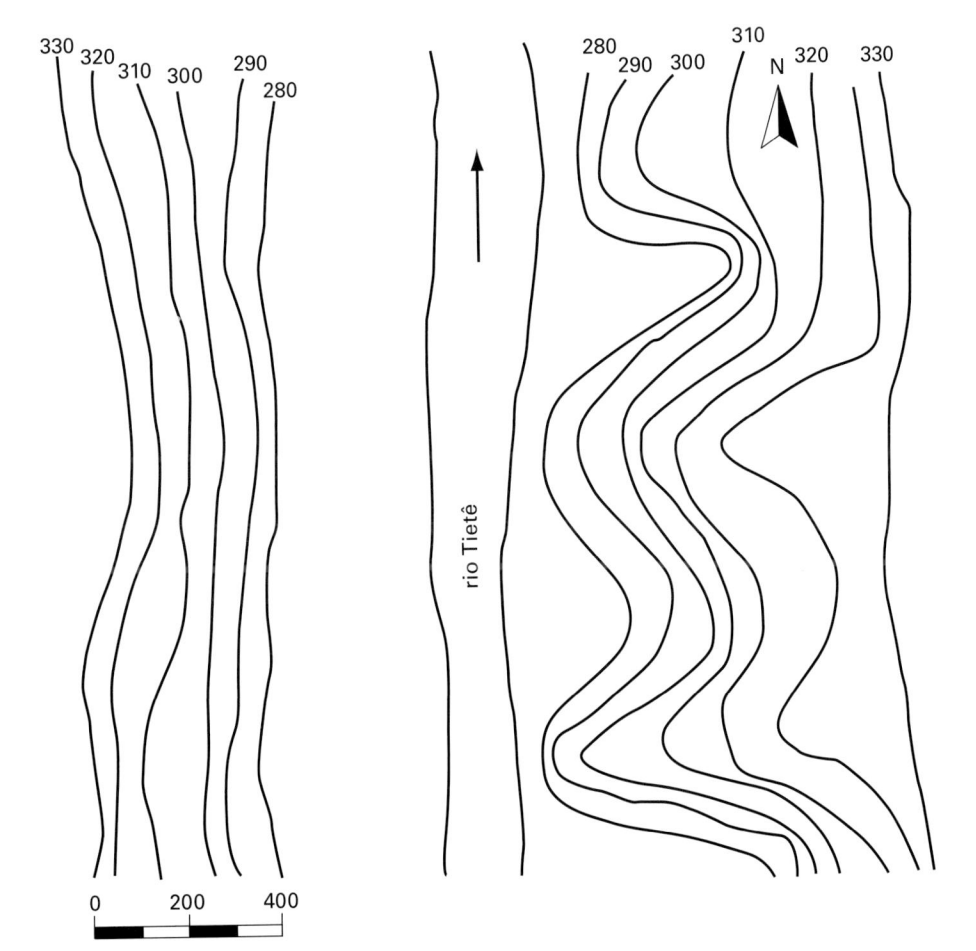

Fig. 13.39

Solução do exercício

Na resolução do exercício, certos pontos poderão levar o aluno a interpretações duvidosas. Assim, por exemplo, estão locadas duas alternativas de eixos (Fig. 13.40), das quais a nº 1 é a mais favorável por ser a mais curta, uma vez que a área possui condições geológicas semelhantes. Os locais assinalados para áreas de empréstimo representam áreas mais favoráveis. Qualquer locação próxima à indicada também deverá ser considerada como certa. O objetivo do exercício é desinibir o estudante, apesar de o assunto parecer extremamente elementar.

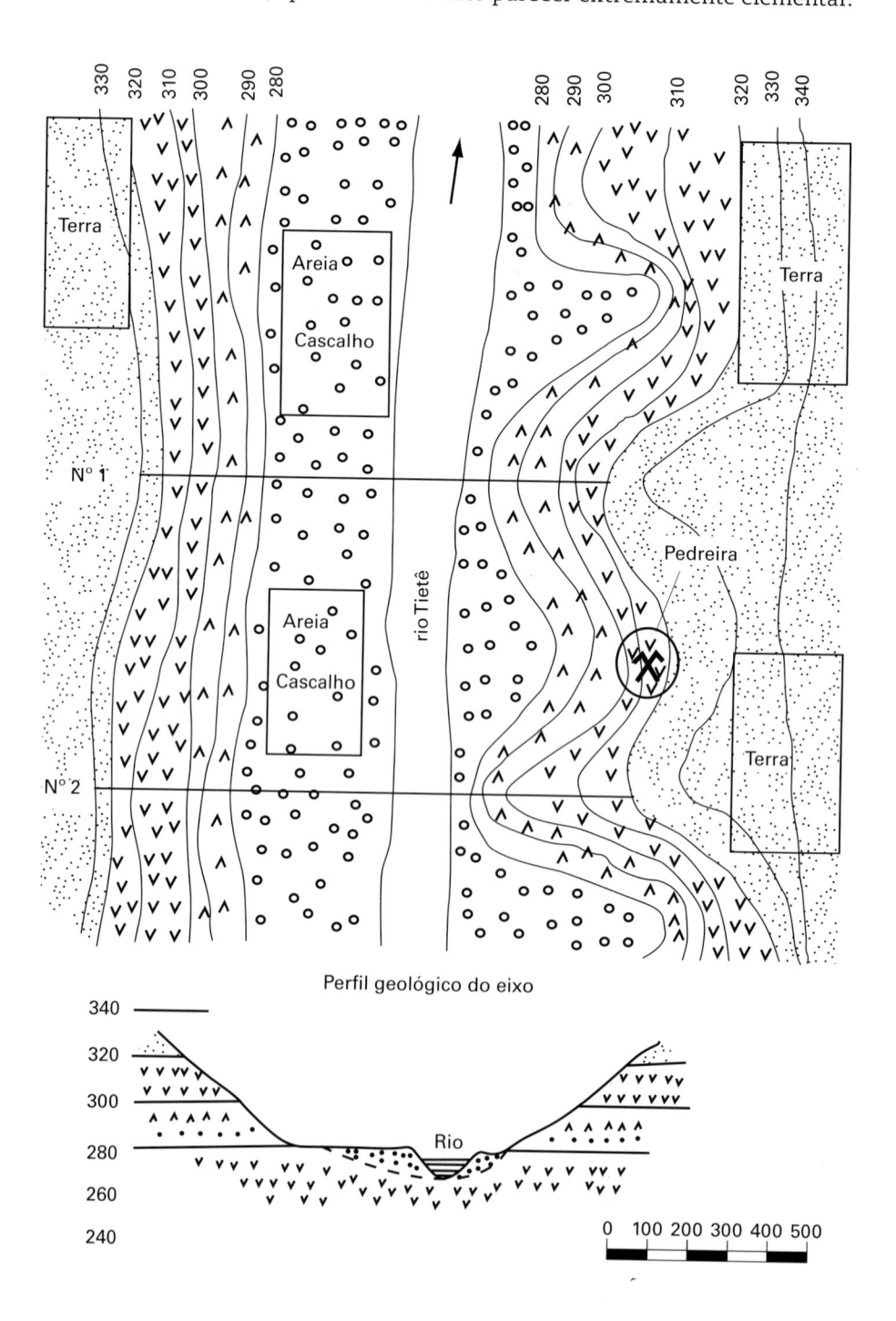

Fig. 13.40

14
A Geologia
de Engenharia no projeto e construção de obras subterrâneas

Vista interior do túnel do reservatório de Santos-São Vicente (SP)

14.1 O uso do espaço subterrâneo

No Brasil, as obras subterrâneas estão presentes nas construções de rodovias, ferrovias, metrôs, hidrelétricas, garagens e sistemas de infraestrutura (telefonia, gás, esgoto), entre outros. Exemplos dessas obras são descritos ao longo deste capítulo e no Cap. 15.

No caso de hidrelétricas, um exemplo significativo é o da usina Parigot de Souza (antiga Capivari-Cachoeira), que possui 23 km de túneis escavados em granitos e magmáticos.

No mundo, a utilização do espaço subterrâneo é feita há dezenas de anos, principalmente nos países mais desenvolvidos.

A Escandinávia tem oferecido muitos exemplos desse uso. Um dos fatores que o incentivam é a relativa falta ou limitação de áreas na superfície.

Por outro lado, predominam afloramentos de rochas sãs, em razão da menor presença de intemperismo químico. Os custos são, por vezes, elevados, mas o uso desse espaço tem solucionado muitas dificuldades.

Além de linhas de metrô e túneis, o espaço subterrâneo tem outras utilidades, como na Suécia, onde é usado para armazenagem de petróleo e derivados, água e alimentos. O mesmo ocorre na Dinamarca, Noruega, Finlândia, França, Japão, Grã-Bretanha, Estados Unidos, Canadá e diversos outros países.

Entre as várias finalidades dos túneis, podemos destacar as que se seguem.

14.1.1 Infraestruturas urbanas

Nesses casos, as obras subterrâneas são bastante comuns nas grandes cidades, onde uma série delas, de dimensões menores, forma uma verdadeira rede, cujo conjunto lembra quase uma teia de aranha. O Quadro 14.1 exemplifica essas características.

Quadro 14.1 Características das principais infraestruturas urbanas

Serviços	Conteúdo	Instalações/Transporte	Complementos
fornecimento de gás	gás natural	tubulação especializada	usinas de produção/distribuição
fornecimento de água	água potável tratada	tubulação especializada	estações de tratamento
coleta de esgoto doméstico	águas servidas domiciliares	tubulação especializada	estações de tratamento
telefonia	pulsos elétricos	tubulação e cabos	antenas
energia elétrica	corrente elétrica	tubulação/Posteamento	estações de distribuição
drenagem urbana	águas pluviais e de aquífero	tubulação especializada	piscinões

Tab. 14.1 Redes subterrâneas da cidade de São Paulo

Serviços	Extensão
água e esgoto	34.000 km
telefone	6.500 km
gás	4.700 km
energia	2.700 km
telecomunicações	1.500 km

A Tab. 14.1 sintetiza as redes subterrâneas existentes na cidade de São Paulo, totalizando dezenas de milhares de quilômetros das mais diversas tubulações e construções, usadas para os mais diversos fins.

Como se sabe, os túneis do metrô se estendem por cerca de 75 km, além dos quilômetros utilizados por 19 túneis urbanos (Fig. 14.1).

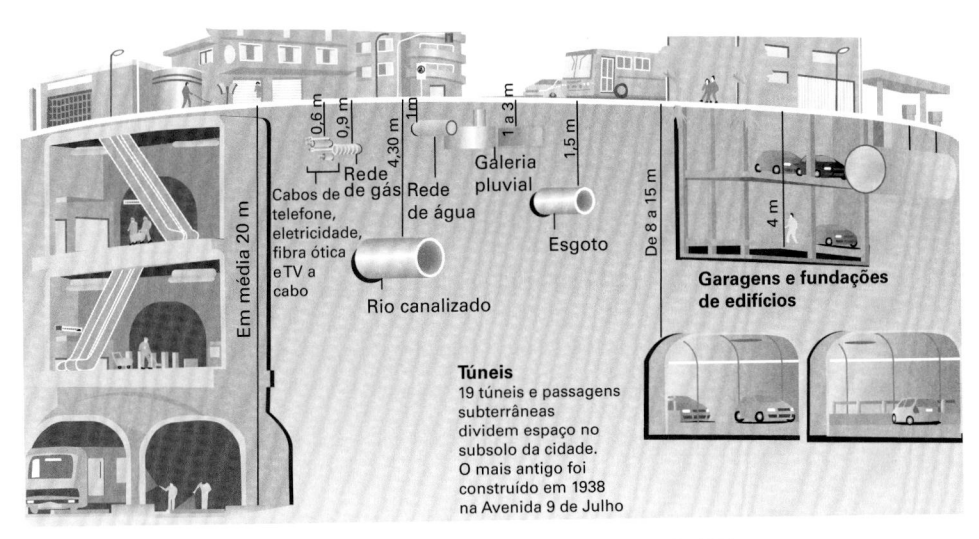

FIG. 14.1 Corte mostrando parte da rede subterrânea em São Paulo (SP)
Fonte: adaptado de *O Estado de S. Paulo*, 16 out. 2011.

14.1.2 Garagens subterrâneas

As garagens subterrâneas são excelente solução para diminuir o problema de estacionamento em grandes cidades e capitais. Assim, em Madri, na Espanha, existem 254 dessas garagens, totalizando cerca de 100 mil vagas para estacionamento.

No Brasil, esse uso ainda é limitado, apesar da grande carência de vagas para estacionamento nas grandes cidades. A primeira dessas garagens foi inaugurada em São Paulo, em 1999, e se localiza junto ao Hospital das Clínicas. Possui uma área de 5.355 m², com 700 vagas distribuídas em quatro pavimentos. Para construí-la, foi preciso escavar e retirar 76 mil m³ de terra/solo. Em seguida, foi inaugurada a garagem do Parque Trianon, também na capital paulista, com 510 vagas e três pavimentos.

Em agosto de 2012, a Prefeitura Municipal de São Paulo anunciou a abertura de licitação para a construção de mais três garagens subterrâneas: uma no Mercado Municipal; outra próximo à rua 25 de Março; e a terceira na praça Roosevelt. São previstas 1.379 vagas para carros, 313 para motos e 162 para bicicletas.

O Rio de Janeiro teve sua primeira garagem subterrânea construída na Cinelândia, no centro da cidade, com 1.036 vagas em dois subsolos.

É certo que, com a demanda crescente de veículos automotores, esse uso irá crescer.

14.2 Túneis

Os túneis são estruturas utilizadas em Engenharia para as mais diversas obras, como metrôs, rodovias, ferrovias, barragens, saneamento básico etc.

14.2.1 Túneis rodoviários no Brasil e no mundo

A Tab. 14.2 apresenta alguns túneis rodoviários em diferentes partes do mundo, enquanto a Tab. 14.3 mostra uma lista com os mais extensos túneis rodoviários e de transporte urbano do Brasil.

Tab. 14.2 Exemplos de túneis rodoviários no mundo

Túnel	País	Comprimento (m)	Inauguração
Laerdal	Noruega	25.510	27/11/2000
Zhongnanshan (em construção)	China	18.040	20/1/2008
San Gottardo	Suíça	16.918	5/9/1980
Arlberg	Áustria	13.972	1º/9/1978
Hsuehshan	Taiwan	12.917	16/9/2006
Fréjus	França/Itália	12.895	12/9/1980
Mont Blanc	França/Itália	11.611	19/7/1965

Tab. 14.3 Túneis rodoviários e de transporte urbano mais extensos do Brasil

Túnel	Estado	Comprimento (m)	Inauguração
Rodovia dos Imigrantes – Pista Descendente – PD (TD1)	SP	3.146	2002
Rodovia dos Imigrantes – Pista Descendente – PD (TD3)	SP	3.005	2002
Antônio Rebouças	RJ	2.800	1965
André Rebouças	RJ	2.800	1965
Eng. R. de Paula Soares	RJ	2.187	1997
Rodovia dos Imigrantes – Pista Descendente – PD (TD2)	SP	2.080	2002
Mário Covas	SP	1.730	2002
Zuzu Angel (Dois Irmãos)	RJ	1.590	1972
Santa Bárbara	RJ	1.357	1966
Grota Funda	RJ	1.100	2005
9 de Julho	SP	1.045	1938

14.2.2 Túneis ferroviários no Brasil e no mundo

Túneis ferroviários mais extensos do mundo

a) *Túnel Seikan*: localizado sob o estreito de Tsugaru, no Japão, é o mais longo do mundo (até o momento), com 53,85 km de extensão. Inaugurado em 13 de março de 1988, possui um trecho de 23,3 km sob o leito marinho. Liga as ilhas japonesas de Honshu e de Hokkaido, como parte da linha Kaikyo do sistema ferroviário japonês.

b) *Eurotúnel ou Túnel da Mancha*: é um túnel ferroviário submarino de 50,5 km que atravessa o Canal da Mancha, ligando França e Inglaterra. Inaugurado em 1994, sua construção foi bastante demorada, e o início das obras (1986) sofreu alguns adiamentos.

c) *Túnel de base de San Gottardo (TBSG)*: está em construção na Suíça, e o fim das obras está previsto para o ano de 2017. Terá um comprimento de 57 km e será o mais longo do mundo, ultrapassando o túnel Seikan.

Exemplos de túneis ferroviários no Brasil

Foi D. Pedro II, em 1864, quem comandou a inauguração do primeiro túnel ferroviário nacional de certa expressão, o chamado Túnel Grande, de 5,2 km de extensão, que fazia parte da Estrada de Ferro D. Pedro II, constituída de treze túneis. Porém, são muitos os túneis ferroviários construídos no Brasil, como o da E. F. Santos-Jundiaí, o da E. F. Curitiba-Paranaguá, com 13 túneis, e o da ferrovia do Trigo.

O túnel mais extenso construído no Brasil, com 8,2 km, foi chamado de Tunelão, e está localizado na Ferrovia do Aço, que liga Belo Horizonte (MG) a Volta Redonda (RJ). Por sinal, nessa ferrovia foram projetados cerca de 100 túneis, com uma extensão total de 75,3 km.

Na ferrovia Norte-Sul estavam previstos 32 túneis. Por esse breve e telegráfico resumo, pode-se avaliar o número e a extensão das obras em túneis nas ferrovias nacionais.

14.2.3 Histórico de túneis

Os túneis são um dos mais antigos tipos de construção exercidos pelo homem. Desde o antigo Egito, são conhecidos túneis com cerca de 150 m de comprimento.

Os romanos tiveram intensa atividade na abertura de túneis, e chegaram até a criar determinadas técnicas de trabalho, como a utilização do calor: perceberam que as rochas, quando aquecidas e resfriadas rapidamente, partem-se em uma extensão considerável, tornando-se mais fáceis de serem escavadas.

Nos casos de rochas calcárias, o agente resfriador utilizado era o vinagre, e não a água, pois assim ocorreria também uma ação química, além da física.

Exemplos de casos históricos

a] *Babilônia, túnel sob o rio Eufrates*: construído há 4.000 anos, com o desvio do rio, ele tem 1 km de comprimento e seções de 3,6 a 4,5 m.
b] *Túneis dos aquedutos romanos*: construídos há 1.800 anos, reconstruídos em 1925 e ainda em uso.
c] *Monte Cenis, entre França e Itália*: iniciado em 1857 e terminado em 1871, com a introdução de perfurações nas rochas e utilização de dinamite. Comprimento de 12,8 km, com escavação de 610.000 m^3 de material.
d] *Londres, 1869*: uso de um *shield* cilíndrico (couraça). O grande desenvolvimento desse processo deu-se durante a construção dos metrôs de Moscou, Londres e Leningrado.

No Brasil, somente em 1948 foram contratados geólogos para o estudo da abertura do túnel de Santa Cecília, escavado pela Light, próximo à Barra do Piraí, no Estado do Rio de Janeiro. Chegou-se a escavar 725 m sem fazer uma adequada investigação geológica preliminar. Naquele ano, o geólogo americano Fox realizou um estudo geológico da faixa, fazendo detalhadas observações superficiais em poços e por meio de sondagens, que resultou em uma modificação no traçado, que corrigiu o anterior, mais complicado e custoso.

Um exemplo histórico de túnel instalado no Brasil é o emissário do Moringuinho, em São Paulo (Telles; Marchetti, 1945) (Fig. 14.2). Com o objetivo de solucionar as enchentes que ocorriam na Praça das Bandeiras, no centro de São Paulo (Vale do Anhangabaú), esse emissário foi projetado pelo governo de São Paulo para captar as águas que ali se concentravam, desviando-as através de galerias, cortando o pequeno espigão da rua da Liberdade, para despejá-las na baixada do rio Tamanduateí. O comprimento do emissário, de 1.320 m, foi dividido num trecho inicial em túnel seguido de escavação a céu aberto.

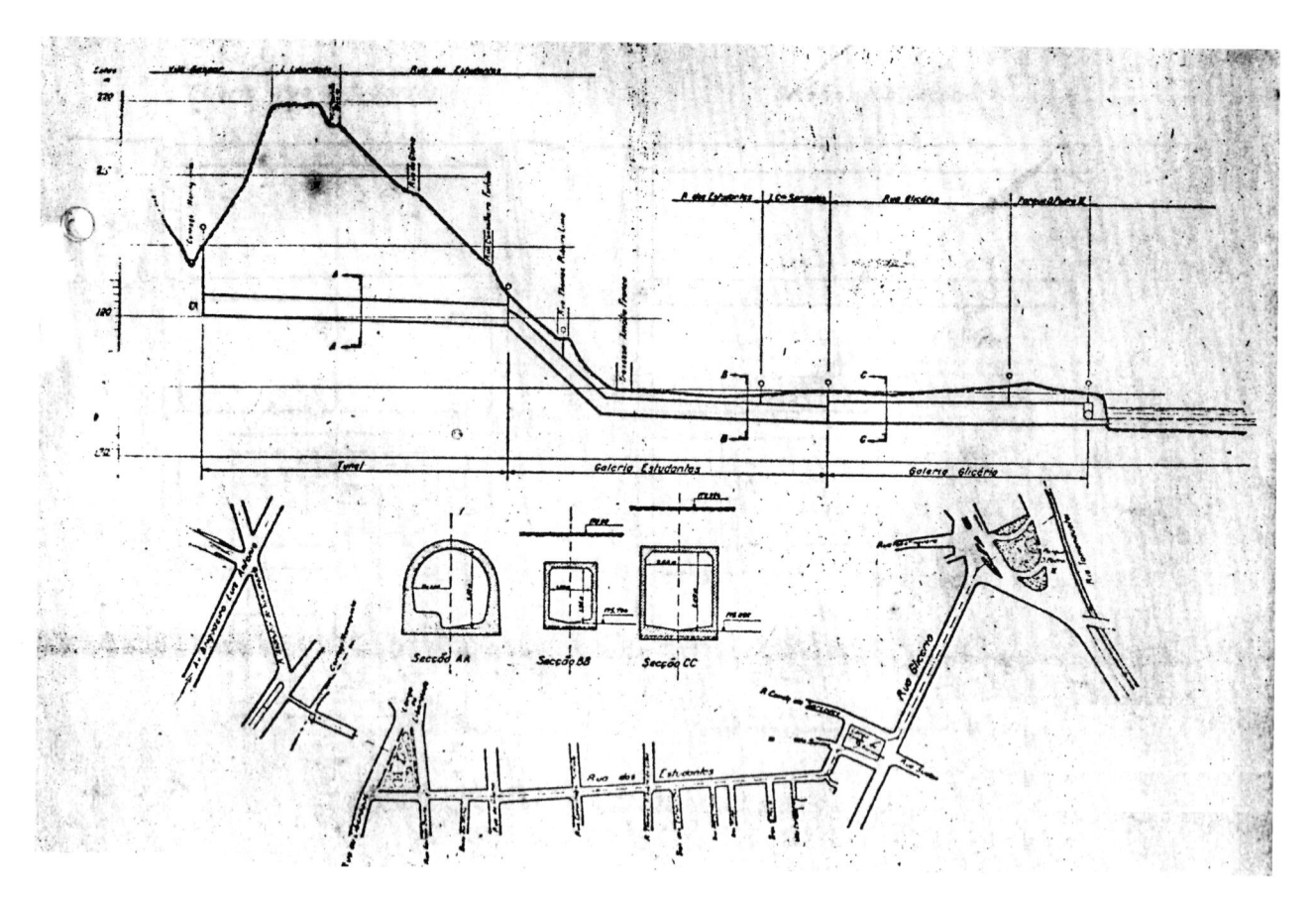

FIG. 14.2 Planta geral, perfil longitudinal e seções transversais
Fonte: Telles e Marchetti (1945).

14.2.4 Conceito de túnel

O conceito de túnel abordado neste capítulo não se limitará àquelas estruturas subterrâneas construídas sem atingir a superfície, uma vez que, por exemplo, as escavações feitas a partir da superfície e posteriormente reaterradas também são consideradas túneis.

O objetivo do túnel é permitir uma passagem direta através de obstáculos, que podem ser elevações, rios, canais, áreas densamente povoadas etc.

É um elemento de transporte, com exceção dos usados em mineração. São exemplos os túneis ferroviários, rodoviários, de metrôs e de transporte de fluidos (água). Ao transportar água, a finalidade pode ser tanto a obtenção de energia como o abastecimento da população.

Túneis são frequentemente usados em barragens como obras auxiliares, pelas quais as águas do rio são desviadas a fim de permitir a construção de estruturas no leito do rio. A barragem de Funil, no rio Paraíba do Sul (RJ), por exemplo, teve suas águas desviadas por meio de um túnel de 430 m de comprimento e 11,5 m de diâmetro, escavado em gnaisses e com capacidade para transportar 1.500 m^3/s.

Outro exemplo é o da barragem de Xavantes, no rio Paranapanema (SP), na qual as águas foram desviadas ao longo de arenitos e basaltos por meio de dois túneis com 572 m de comprimento e 9 m de diâmetro cada um. Esses túneis são geralmente desenvolvidos em vales fechados e profundos.

Esses túneis de desvio são posteriormente aproveitados como túneis de adução, isto é, para transportar água do reservatório para a casa das máquinas.

Da mesma maneira, o primeiro passo na construção da barragem de Furnas, no rio Grande (MG), consistiu em se desviar o leito do rio do local em que seria erguida a barragem, mediante a construção de dois túneis, com cerca de 900 m de comprimento por 15 m de diâmetro, escavados em rocha, na margem esquerda. As rochas das regiões são representadas principalmente por siltitos. Posteriormente, os túneis foram obturados mediante a construção de tampões de concreto com 22 m de comprimento e 15 m de diâmetro.

As Figs. 14.3, 14.4 e 14.5 mostram, respectivamente, exemplos de túnel para abastecimento de água, em barragem e para o metrô de São Paulo.

Outro caso interessante é o túnel sob o rio Hudson, em Nova York, esquematizado na Fig. 14.6.

No Brasil, pode ser citado o túnel subaquático do rio Pinheiros, que liga os bairros do Itaim ao do Morumbi, na cidade de São Paulo. O exemplo mais espetacular de túnel subaquático, porém, é o Eurotúnel, construído no Canal da Mancha, ligando França e Inglaterra.

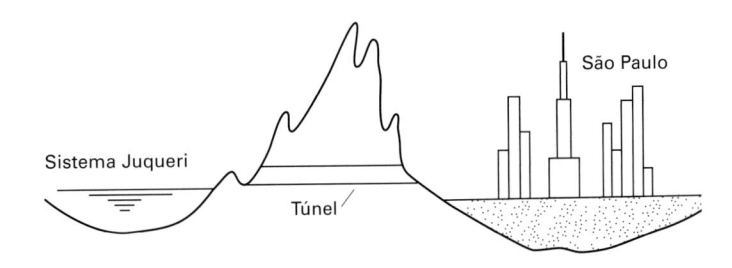

FIG. 14.3 Sistema Juqueri

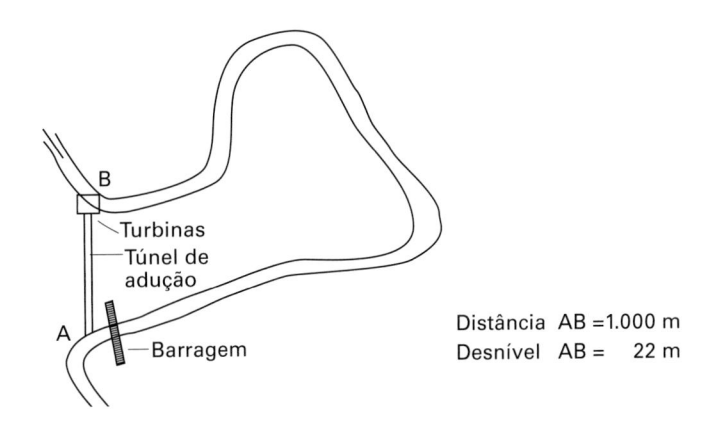

FIG. 14.4 Túnel em barragem - Salto Aparado, rio Tibagi (PR)

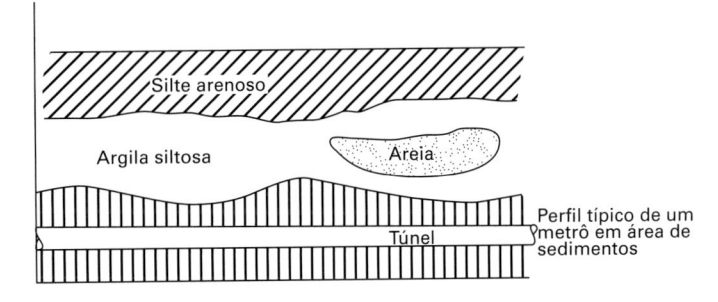

FIG. 14.5 Esquema simplificado do metrô de São Paulo

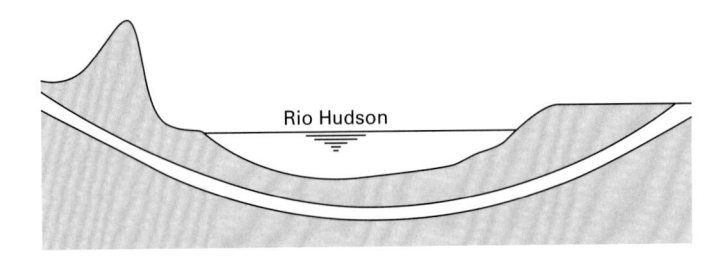

FIG. 14.6 Túnel rodoviário subaquático (Nova York, EUA)

14.2.5 A escolha do traçado

A escolha do traçado básico de um túnel é regida primeiramente pelos dados geológicos e hidrológicos particulares da área. A tendência para a implantação de um alinhamento de túnel é mantê-lo o mais reto possível, não só por seu percurso menor, custos inferiores e melhor visibilidade, mas também pela simplificação da construção e da sua locação topográfica (Fig. 14.7).

A fase mais importante dos trabalhos preliminares para túneis é a exploração cuidadosa das condições geológicas. Somente depois de elas serem conhecidas é que a locação geral de um túnel, mesmo regida por interesses econômicos e de tráfego, é definida.

O reconhecimento geológico é feito por meio de investigações superficiais, complementadas por sondagens espaçadas adequadamente (não aplicar o método geométrico), as quais fornecem as informações para o anteprojeto preliminar.

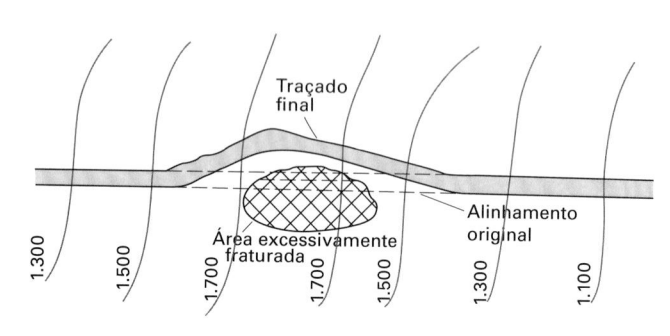

FIG. 14.7 Esquema da alteração do alinhamento de um túnel em razão das condições geológicas desfavoráveis

Um grau maior de exatidão nas informações é dado pela abertura de poços exploratórios, verticais ou inclinados, que, na medida do possível, deverão servir, durante a construção, para o transporte de material ou início das fases intermediárias, bem como para drenagem ou ventilação.

A importância dos poços é óbvia: permitem a inspeção direta do acamamento e das condições de mergulho das camadas, bem como de sua espessura, homogeneidade etc., além das condições mineralógicas e mecânicas da rocha.

Posteriormente, as propriedades físicas e mecânicas dos materiais poderão ser determinadas pelos ensaios de laboratório ou *in situ*, que têm maior precisão do que aqueles executados em testemunhos obtidos por sondagens. A profundidade dos poços sempre é menor que a das sondagens, e seus diâmetros podem variar de 1,5 a 3 m e de 3 a 6 m.

Os objetivos da exploração geológica são os seguintes:

a] Determinação dos tipos de rocha e de suas estruturas.
b] Determinação das propriedades físicas, químicas e mecânicas das rochas.
c] Determinação do tipo de cobertura e sua espessura.
d] Determinação das condições hidrológicas, com informações sobre as condições de gases e o valor da temperatura.

14.2.6 A importância do conhecimento geológico

De acordo com Mangolin e Ojima (ABGE/CBT-SP, março de 1995), o planejamento das investigações do solo e do subsolo devem sempre se concentrar na busca do melhor conhecimento e esclarecimento possível das condições geológicas e hidrogeológicas.

Nas investigações, é sempre fundamental a escolha de métodos e ferramentas apropriados de investigação para cada caso.

O metrô de São Paulo é um dos mais representativos exemplos da importância descomunal da Geologia de Engenharia, uma vez que representou o projeto e a implantação de uma rede inicial de metrô em uma metrópole já demasiadamente ocupada por milhares de edifícios com fundações profundas e importantes redes subterrâneas de água, esgoto, energia, gás, telefonia etc.

As condições geológicas e hidrogeológicas eram conhecidas de forma generalizada, o que exigiu pesquisa e investigação detalhadas.

Ao mesmo tempo, foi necessário o acompanhamento geológico-geotécnico permanente durante toda a obra, até a sua conclusão.

Além da caracterização completa dos solos e rochas, no projeto e construção de túneis outros aspectos devem ser dignos de atenção.

De acordo com Vaz (1994), em maciços terrosos a pressão da água se constitui no principal fator de instabilidade. E caracterizar as condições hidrogeológicas nem sempre é simples, pois existem casos conhecidos como lençóis suspensos etc.

Nos maciços rochosos, uma das principais preocupações é com a presença de elementos estruturais que possam promover a sua ruptura.

Para cada obra e cada região, o planejamento das investigações deverá ter características próprias. *Não se pode nunca generalizar em Geologia de Engenharia.*

A sequência do planejamento das investigações deve obedecer critérios já abordados em alguns exemplos citados neste livro.

Em resumo:
a) pesquisa bibliográfica intensa;
b) definição dos métodos de investigação;
c) elaboração de mapas geomorfológicos, geológicos e hidrogeológicos com base na bibliografia, fotointerpretação, imagens de satélite e trabalhos de campo;
d) a análise dos dados levantados nessas etapas irá definir/subsidiar a programação quantitativa das investigações, como número de sondagens, profundidade estimada, instalação de piezômetro, ensaios geotécnicos *in situ*, número de seções estimadas para os métodos geofísicos por sísmica, eletrorresistividade etc.

Mais especificamente, Stini sugere a definição das seguintes propriedades das rochas durante a investigação geológica:
a) orientação da estratificação (se horizontal, se moderada ou fortemente inclinada, se dobrada etc.);
b) se estratificada, qual a espessura de cada camada e a regularidade da sequência das camadas;
c) composição mineralógica;
d) textura;
e) dureza com relação à perfuração, explosão, corte etc.;
f) o grau de alteração;
g) o grau de fraturamento;
h) o caráter e a magnitude das pressões da rocha;
i) a profundidade e a composição da cobertura acima do túnel proposto;
j) condições hidrológicas: porosidade, permeabilidade, quantidade de água prevista e sua composição química;
k) condições de temperatura e gases.

14.2.7 Fatores geológicos típicos e sua influência na construção de túneis

Posição das camadas de rocha a serem atravessadas

i] *Rochas maciças*

A construção de um túnel é mais simplificada, rápida e barata quando o obstáculo atravessado é constituído de um único tipo de rocha. Nesse caso, as rochas magmáticas são mais favoráveis do que uma área constituída de rochas sedimentares ou metamórficas com diferentes camadas, uma vez que aquelas rochas podem se apresentar maciças.

Quanto mais finas forem as camadas, mais pronunciada será a desvantagem da estratificação. A direção e o mergulho das camadas também são elementos de extrema importância.

No caso de camadas verticais, podem ocorrer duas possibilidades genéricas: das camadas, a escavação do túnel pode-se desenvolver em condições favoráveis de pressão. No caso contrário, quando a direção do túnel é perpendicular à direção das camadas, devem ser esperadas maiores pressões das rochas.

ii] *Camadas inclinadas*

A locação de túneis com relação à direção das camadas é ilustrada na Fig. 14.8.

iii] *Camadas verticais*

No caso de camadas verticais, podem ocorrer duas possibilidades genéricas: o túnel é escavado paralela ou perpendicularmente à direção das camadas (Fig. 14.9).

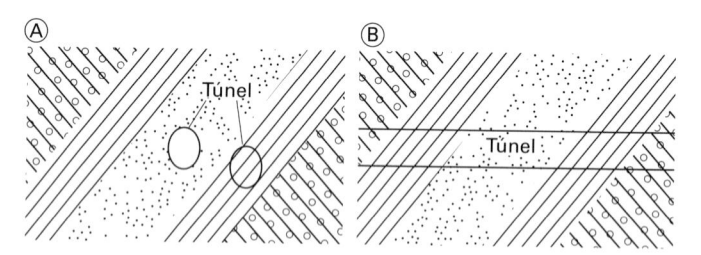

FIG. 14.8 (A) Túneis paralelos à direção das camadas; (B) túneis cortando a direção das camadas

iv] *Camadas horizontais*

A estratificação horizontal, na forma de camadas relativamente espessas, é vantajosa para a escavação de pequenas galerias ou passagens, uma vez que a camada espessa pode recobrir com segurança a pequena escavação, atuando praticamente como uma viga.

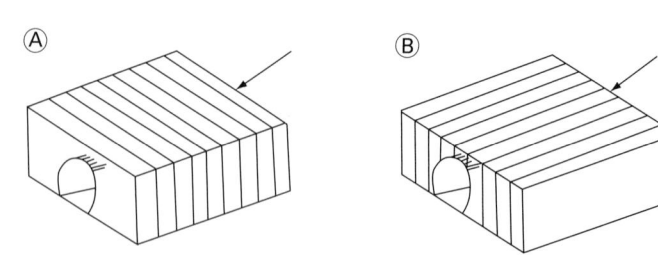

FIG. 14.9 (A) Túnel perpendicular à direção das camadas; (B) túnel paralelo à direção das camadas

Por outro lado, quando as escavações são largas e as camadas são finas, e especialmente quando essas camadas são fissuradas, a tendência é a formação de uma seção irregular do túnel, com difícil sustentação (Fig. 14.10).

v] *Camadas dobradas*

A presença de dobramentos em áreas de túneis desenvolve aumentos de pressões no núcleo e tensão na periferia, de acordo com o tipo de dobra.

A Fig. 14.11 apresenta a variação dos valores de pressão em anticlinais e sinclinais.

Condições hidrogeológicas

A presença de água em trechos de túneis é fator importante no que diz respeito tanto às pressões como às condições de construção. O aparecimento de água em poços e galerias depende do grau de permeabilidade do material (poros, juntas, fissuras, falhas, cavidade de dissolução etc.).

Quando possível, a locação de um túnel deve ser acima do nível d'água. Caso contrário, deve ser esperada entrada de água através do teto ou das paredes laterais. Em certas condições, pode ser necessária a aplicação de métodos especiais de construção, como o da couraça, ou a aplicação de rebaixamento do nível d'água etc. A Fig. 14.12 mostra exemplos de três locações diferentes de túneis em relação à posição do nível d'água. A de número três é a mais desfavorável.

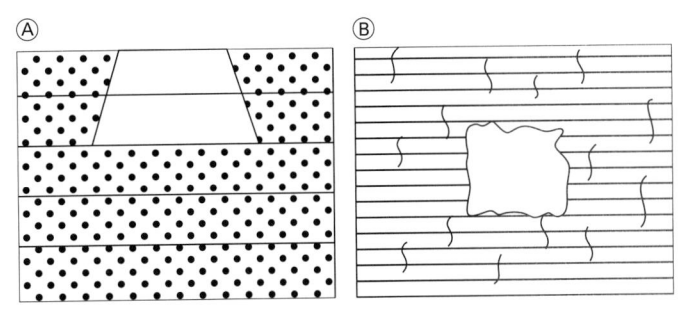

FIG. 14.10 (A) Camadas espessas; (B) camadas finas e fraturadas

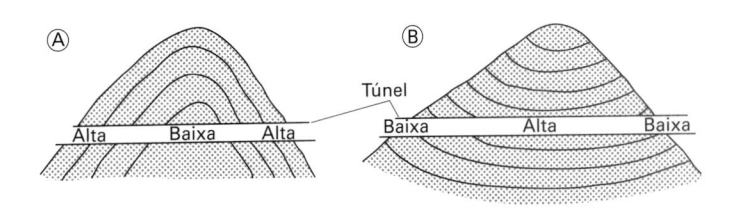

FIG. 14.11 Variação dos valores de pressão: (A) pressão em anticlinal; (B) pressão em sinclinal

Cuidados especiais devem ser tomados em regiões de calcários, nos quais há existência de cavernas e numerosos canais de dissolução.

Mesmo depois de prontos, os túneis podem agir como elemento drenante, sendo necessário o estabelecimento de um sistema de drenos e condutos para a interceptação e remoção das águas de infiltração.

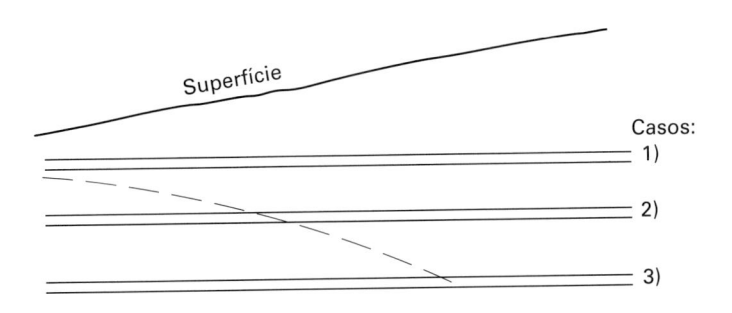

FIG. 14.12 Locações diferentes de túneis

Certa quantidade de água é admitida como infiltração, o que reduz as pressões que atuam sobre o túnel. Se a água possuir elementos agressivos ao concreto, porém, o túnel poderá sofrer deterioração (ver explicação a respeito no Cap. 12).

Gases e temperatura

Os gases e a temperatura são elementos significativos para a saúde e a segurança dos trabalhadores. Os gases mais comuns são o CO_2, encontrado em zonas de depósitos orgânicos de petróleo ou de carvão, o CH_4, que ocorre nas mesmas áreas, e o H_2S e o SO_2, encontrados em regiões de depósitos orgânicos ou vulcânicos.

Há variação na temperatura à medida que se aprofunda no subsolo, em função do grau geotérmico, que expressa o aumento de 1°C na temperatura à medida que a profundidade aumenta (Tab. 14.4). Em linhas gerais, o espaçamento entre as geoisotermas é afetado pela topografia, e é maior sob as elevações do que sob os vales (as geoisotermas se estreitam nos vales) (Fig. 14.13).

Tab. 14.4 Exemplos do valor da temperatura em túneis

Túnel	Comprimento (m)	Profundidade (m)	Temperatura máx. (°C)
Simplon (Alpes)	19.729	2.135	55
Mont Cenis (Alpes)	12.236	1.610	58

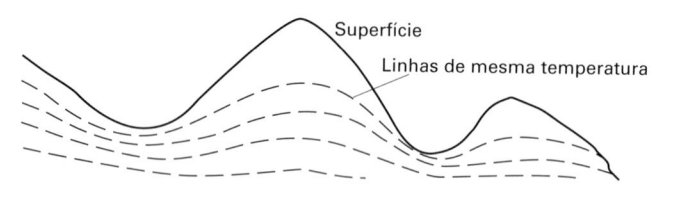

FIG. 14.13 Túneis e linhas de temperatura

14.3 Métodos de escavação de túneis

14.3.1 Escavação em materiais duros

Método tradicional

Para túneis escavados em rocha, a não ser nos casos daqueles extremamente curtos (cerca de 200 m de comprimento), normalmente são estabelecidas, para a construção, duas ou mais frentes de escavação. Genericamente, as seguintes operações são necessárias:

a) perfuração da frente de escavação com marteletes;
b) carregamento dos furos com explosivos;
c) detonação dos explosivos;
d) ventilação e remoção dos detritos e da poeira;
e) remoção da água de infiltração, se necessário;
f) colocação do escoramento para o teto e as paredes laterais, se necessário;
g) colocação do revestimento, se necessário.

i) *Métodos de avanço*

Túneis desenvolvidos em rocha podem apresentar diferentes métodos de avanço, sendo os mais comuns:

a) *Escavação total*: nesse caso, toda a frente é perfurada e dinamitada. Túneis pequenos, com cerca de 3 m de diâmetro, são escavados assim, embora os de maior diâmetro também o possam ser.
b) *Escavação por galeria frontal e bancada*: esse método envolve o avanço da parte superior do túnel, sempre adiante da parte inferior. Se a rocha é suficiente-

mente firme para permitir que o teto permaneça sem escoramento, o avanço da parte superior é de um turno de trabalho com relação à inferior (Fig. 14.14).

ii] *Escavação com galerias*
Em túneis bastante largos, pode ser vantajoso desenvolver um túnel menor, chamado galeria, antes da escavação total da frente. De acordo com sua posição, a galeria é chamada de central, de fundo, de teto ou lateral (Fig. 14.15).

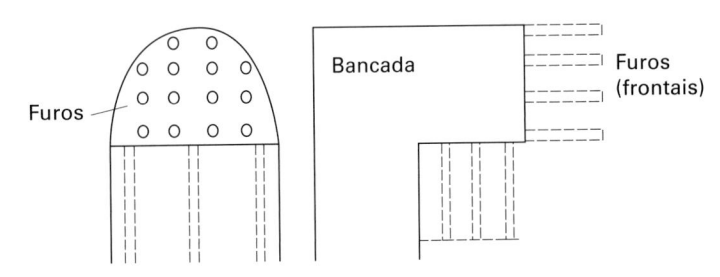

FIG. 14.14 Escavação por bancada

Esse método apresenta vantagens e desvantagens. As vantagens são as seguintes:
a] Toda zona de rocha desfavorável ou com presença excessiva de água será determinada antes da escavação total, permitindo assim certas precauções.
b] A quantidade de explosivos poderá ser reduzida.
c] Os lados da galeria podem facilitar a instalação de suportes de madeira do teto, especialmente em rochas quebradiças.

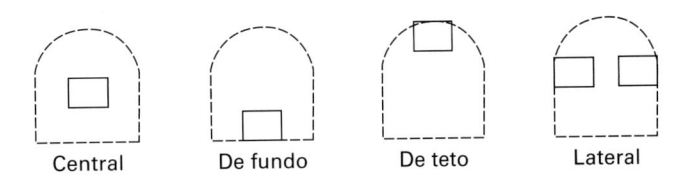

FIG. 14.15 Escavação por galeria

Entre as desvantagens, temos:
a] O avanço do túnel principal pode atrasar até o término da galeria.
b] O custo de pequenas galerias será alto, em virtude de serem desenvolvidas manualmente, em vez de automaticamente.

iii] *Perfuração das rochas*
Existem diversos equipamentos para perfuração, e a seleção do tipo mais adequado depende:
a] da natureza topográfica do terreno;
b] da profundidade necessária dos furos;
c] da dureza da rocha;
d] do grau de fraturamento da rocha;
e] das dimensões da obra;
f] da disponibilidade de água para a perfuração.

O padrão de perfuração, ou seja, a posição dos furos na frente do avanço de um túnel, varia de acordo com o tipo de rocha, o diâmetro do túnel etc. (Figs. 14.16 e 14.17). Quando os explosivos em um furo simples são detonados, é aberta uma cavidade cujos lados formam um ângulo de aproximadamente 45° com a face do túnel (cunha).

O diâmetro das perfurações que recebem as cargas varia de 7/8" a 1 1/4".

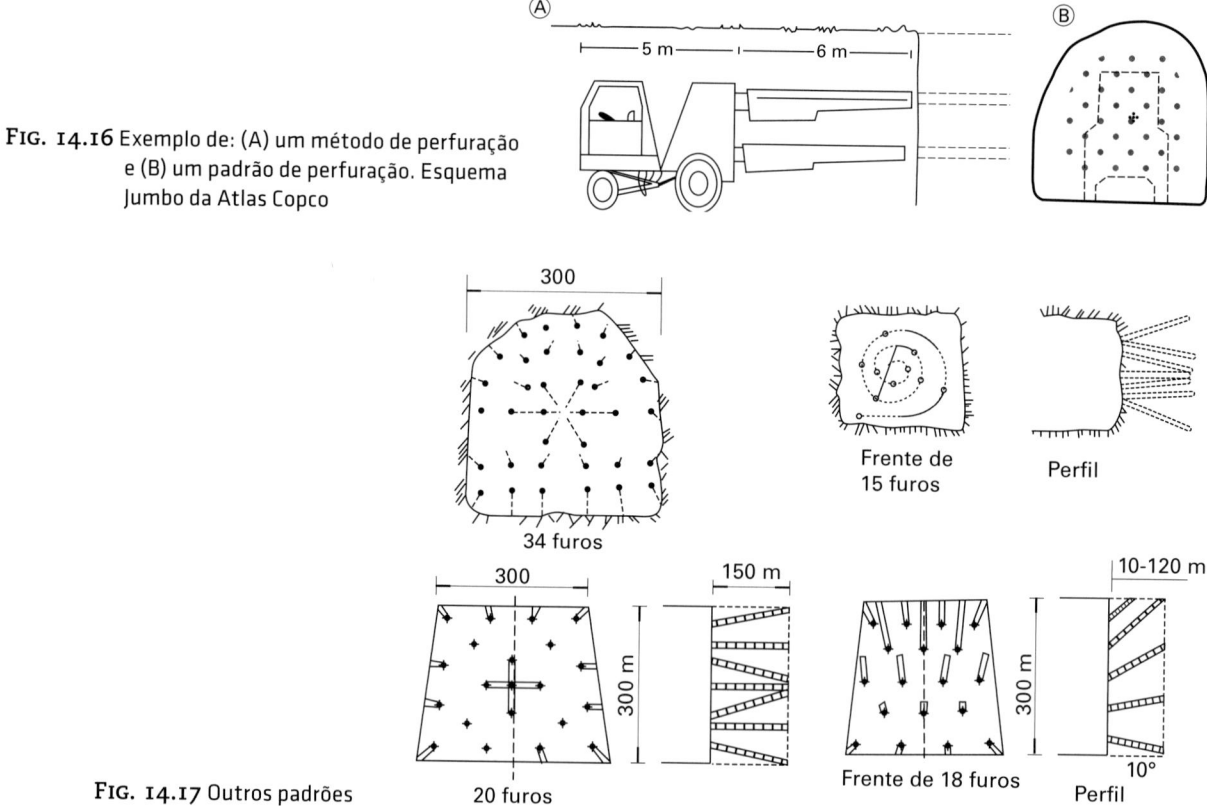

FIG. 14.16 Exemplo de: (A) um método de perfuração e (B) um padrão de perfuração. Esquema Jumbo da Atlas Copco

FIG. 14.17 Outros padrões de perfuração

iv) *Padrões de perfuração*

Quando os explosivos colocados em furos em torno dessa cavidade (cunha) são disparados, o quebramento da rocha por furos será aumentado pela presença dessa cavidade. Em furos executados para um turno de avanço, é prática usual perfurar certo número de furos que se inclinem em direção a um ponto comum ou a uma linha comum, próximo do centro da frente, para produzir um cone inicial ou cunha (Fig. 14.16B).

Os explosivos são detonados nessas cavidades, inicialmente com espoleta instantânea; em seguida, outros furos são disparados a intervalos progressivos, usando-se espoletas de tempo.

v) *Determinação da seção do túnel*

A escolha é influenciada por vários fatores, dependendo do objetivo do túnel (Fig. 14.18):

a) o gabarito dos veículos;
b) tipo, resistência, conteúdo de água e pressões do solo;
c) o método de escavação;
d) o material e a resistência do revestimento do túnel;
e) a necessidade de se usar um ou dois sentidos de circulação.

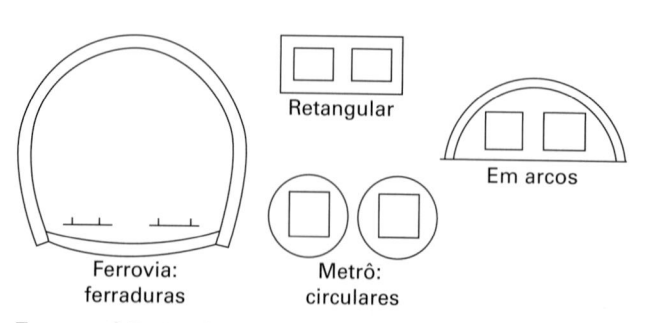

FIG. 14.18 Seções de túneis mais comuns

vi] *Ventilação*

A ventilação dos túneis é necessária por várias razões:

a] fornecimento de ar puro para os trabalhadores;
b] remoção dos gases produzidos pelos explosivos;
c] remoção da poeira causada pela perfuração, explosão e outras operações.

O volume de ar requerido para ventilar um túnel depende do número de operários, da frequência de explosões etc. Cada trabalhador necessita de aproximadamente 200 a 500 ft^3/min (pés cúbicos por minuto).

Quando o conteúdo de oxigênio no ar cai para menos de 20% (o natural é 17%), certo mal-estar acomete os operários. Com menos de 17% de oxigênio, pode ocorrer desmaio.

vii] *Drenagem e impermeabilização*

São obras complementares na construção de túneis. A drenagem é normalmente representada por dois sistemas transversais e galerias longitudinais, com exceção dos túneis escavados através de montanhas e dos túneis subaquáticos. As galerias ou canaletas longitudinais podem ser construídas ao longo do eixo do túnel ou lateralmente.

A impermeabilização de um túnel é requerida quando ele se localiza abaixo do nível d'água, e ela pode ser interna ou externa em relação à parede do túnel. Um dos materiais mais usados é o papelão asfáltico.

Escavação por couraças em rochas mais duras

Desde a década de 1960, as couraças mecânicas têm sido usadas na escavação de túneis em rochas mais duras.

Naquele tempo, foi utilizada no Novo México (EUA) uma couraça que perfurou uma média de 200 pés/60 m por dia em folhelhos.

Outro exemplo foi o uso, no Paquistão, de uma couraça modelo Robbins, que substituiu o projeto inicial, que era executar a escavação com o uso tradicional de explosivos.

As couraças mecanizadas apresentam algumas vantagens, como:

a] segurança;
b] *overbreak* menor;
c] custo menor com equipes;
d] rápido avanço;
e] *improved haulage*;
f] eliminação de danos causados por cargas explosivas.

Na década de 1960, o avanço médio da escavação era de 10 pés/3 m por hora.

O método apresentava também algumas desvantagens, como:

a] algumas limitações para alguns tipos de rochas, por exemplo, magmáticas e algumas metamórficas;
b] custo elevado do capital empregado na couraça;
c] túneis curvos.

A Fig. 14.19 apresenta o disco cortador de uma couraça modelo Robbins. Conforme ilustra a Fig. 14.20, as couraças também são utilizadas na mineração. A Fig. 14.21, por sua vez, mostra uma couraça usada numa escavação nos Estados Unidos, em 1992.

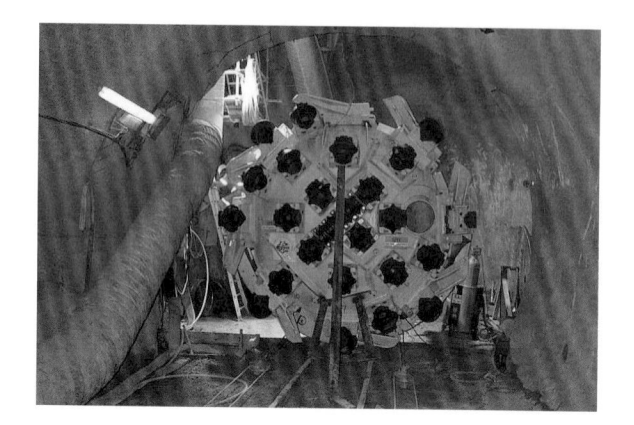

FIG. 14.19 Couraça Robbins

FIG. 14.20 Broca usada em mineração

FIG. 14.21 Couraça usada em escavação de túnel em 1992 (Dallas, EUA)

14.3.2 Escavação em materiais moles

i] *Escavação a céu aberto (cut-and-cover/VAC – vala a céu aberto)*

a] *Generalidades*

No método a céu aberto, o túnel propriamente dito tem uma seção transversal retangular para duas ou mais vias, estando sua base geralmente de 10 a 20 m abaixo da superfície e tendo como consequência um reaterro de 4 a 14 m de altura.

Os diversos métodos de construção a céu aberto se distinguem principalmente pelo tipo de parede de escoramento.

Os principais trabalhos que acompanham esse método, sem levar em conta a desapropriação do terreno, são:

b] *Remoção das interferências*

Sob as ruas das metrópoles, encontra-se grande número de linhas, cabos e sistemas de distribuição de todos os tipos. Nos lugares em que não é possível sustentar essas linhas sem comprometer o bom andamento da obra, elas devem ser realocadas. Canais comuns para todas as linhas de distribuição raramente são feitos, por causa do alto custo e de problemas administrativos e técnicos.

c] *Escoramento de prédios*
Para determinar o traçado da construção a céu aberto, o engenheiro deve seguir o traçado das ruas, o que muitas vezes não corresponde a um traçado ideal.

Ainda assim, não é possível evitar totalmente que prédios sejam atingidos. O escoramento ou a demolição dos prédios não pode ser determinado unicamente por cálculos econômicos.

d] *Medidas para o remanejamento do tráfego*
Um dos principais problemas durante a construção de um túnel é o remanejamento do tráfego de veículos. Às vezes são necessárias medidas bastante complicadas, como mudança de linhas de tráfego, colocação de sinais e semáforos novos etc. Essas medidas devem ser tomadas antes de se iniciar a escavação.

e] *Variações dos métodos de escavação*
- com taludes inclinados;
- com paredes de escoramento de diversos tipos: métodos de Berlim e de Hamburgo;
- com paredes que farão parte da estrutura da obra: método de Milão ou de paredes diafragma;
- métodos especiais.

Construção a céu aberto com taludes inclinados
É o método de construção mais simples, mais rápido e também mais econômico, se a escavação não for muito profunda.

O tipo de solo é fundamental, pois dele depende a inclinação do talude. A escavação livre, sem escoramento, permite a máxima racionalização dos trabalhos, mas só é possível se existir espaço suficiente na superfície para a escavação e para o tráfego. Por isso, esse método só é aplicado no centro das cidades em raros casos. É bem empregado quando os túneis são feitos em áreas que não apresentam construções.

Construção a céu aberto com tipos de escoramento que não fazem parte da estrutura do túnel (métodos de Berlim e de Hamburgo)
Uma característica comum nesse caso é a sequência: escavação, escoramento das paredes, concretagem do túnel e reaterro, sem que as paredes do escoramento venham a fazer parte integrante da estrutura do túnel.

Existem diversos tipos de parede de escoramento, como, por exemplo, paredes de estacas metálicas e pranchões de madeira (Fig. 14.22).

a] A parede de escoramento mais antiga é a *parede de Berlim*, composta por perfis "I" cravados com espaçamentos de 1,5 a 2,5 m, entre os quais são cunhados pranchões de madeira. Os perfis são cravados de 1,5 a 3 m abaixo da base da escavação (Fig. 14.23).

FIG. 14.22 Escavação a céu aberto: Linha Azul (N-S) do metrô de São Paulo, anos 1970

b] As estacas são arrancadas depois do reaterro. Os pranchões de madeira não são aproveitáveis.

c] O emprego desse método só é possível nas seguintes condições: existência de solo adequado à cravação, pois desvios da estaca influem na espessura da parede; o solo deve ser seco ou mantido seco por um rebaixamento adequado do nível freático, pois é necessária uma superfície seca do concreto de proteção para se aplicar a camada betuminosa de impermeabilização.

d]

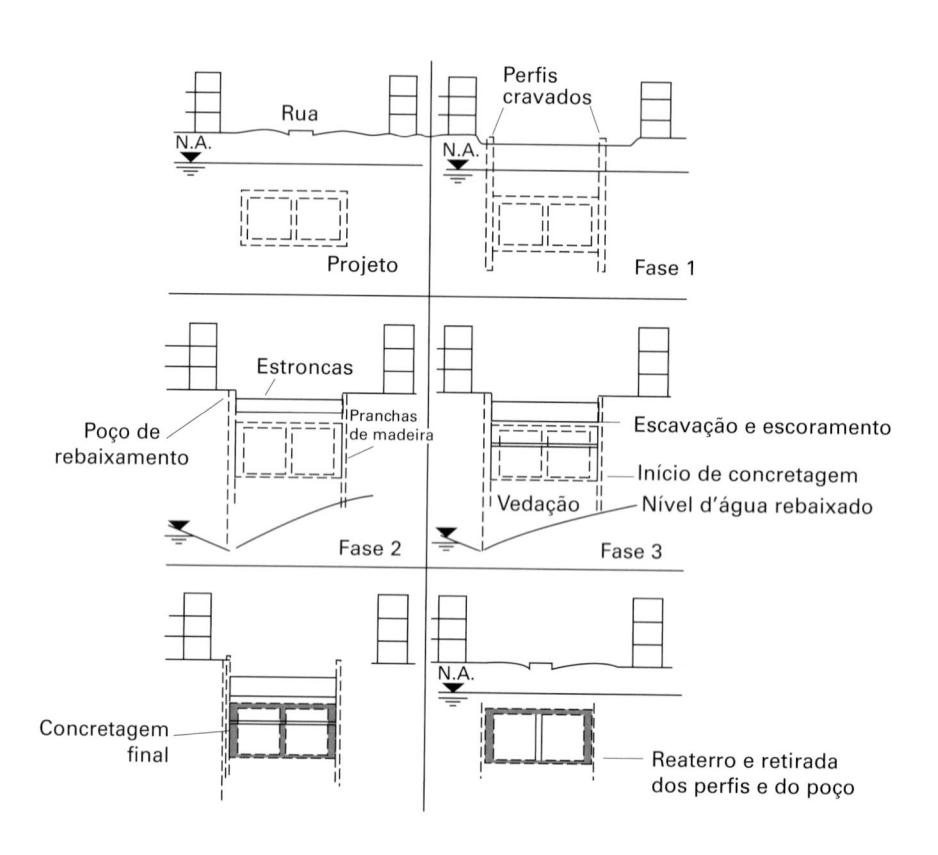

FIG. 14.23 Esquema do método de Berlim

As condições geológicas permitiram o emprego desse método em Hamburgo, Toronto e Tóquio. Em Hamburgo, pelas condições do solo, o método foi modificado para o atualmente conhecido *método de Hamburgo*. A parede da escavação é uma parede de estacas metálicas com pranchões de madeira, como no método antigo. Contudo, são usadas estacas de perfis de aba larga, e entre a parede da escavação e a do túnel fica um vão livre de 0,80 m (câmara de trabalho). A impermeabilização é feita sobre a parede do túnel e é protegida por uma parede de alvenaria.

Os pranchões são recuperados durante o reaterro e, no fim, os perfis são extraídos. Esse método também é aplicável em condições de solo mais adversas, em que não se pode mais usar o método de Berlim. Ele permite: a construção do túnel quando há maiores deformações das estacas metálicas; a recuperação dos perfis sem perigo de dano na impermeabilização; a recuperação dos pranchões de madeira; a drenagem adequada na câmara de trabalho; trabalhos de impermeabilização não influenciados pela água que se infiltra através das paredes de escoramento e pontes provisórias etc.

Além de econômicas, outra vantagem das paredes de estacas metálicas com pranchões de madeira consiste em sua adaptabilidade quase ilimitada. Obstáculos no solo, como linhas de distribuição, trilhos etc., podem ser evitados facilmente, pois o espaçamento entre as estacas é variável. A desvantagem é que cada pranchão de madeira deve ser adaptado e cunhado e o vão atrás dele, provavelmente preenchido manualmente.

Esse preenchimento do vão deve ser muito cuidadoso e devidamente controlado, para que não ocorram recalques. A velocidade de escavação para larguras normais da vala depende quase exclusivamente da velocidade de colocação dos pranchões de madeira.

Para se evitar danos em edificações vizinhas causados por recalques, pode-se diminuir o espaçamento das estacas, usar pranchões mais resistentes, diminuir a distância entre os níveis de estroncas ou comprimir as estroncas com macacos hidráulicos.

Paredes diafragma (método de Milão)

Somente em Frankfurt foram construídos, para o metrô, mais de 16.000 m² de paredes diafragma em condições de solo adversas, às vezes ao lado de fundações sob cargas elevadas. Camadas rochosas no solo, de 1 a 2 m de espessura, foram perfuradas a 24 m, e sofreram desvios inferiores a 1%, ou seja, de no máximo 15 cm, com algumas exceções. No metrô de São Paulo, foram construídos trechos com paredes diafragma.

Para encurtar a interrupção do trânsito nas ruas, primeiro são feitas paredes diafragma e depois executados os trabalhos de escavação do túnel, em que as paredes laterais já servem como suas paredes. Nos últimos anos, esse processo vem sendo de grande significância, desde que as valas para as paredes laterais sejam executadas com líquido tixotrópico. Esses líquidos, na maioria das vezes suspensões de bentonita com uma densidade de 1,1 a 1,5 t/m³, possibilitam a desistência do escoramento na vala. As valas são escavadas em um comprimento de aproximadamente 5 m com escavadeiras especiais ou com *dragline*. Depois de alcançar a profundidade calculada, coloca-se uma armadura e faz-se a concretagem por processos especiais. Com a ascensão do concreto, a lama de bentonita é retirada, a fim de ser reaproveitada na próxima vala.

Na construção do metrô de Milão foi usado esse processo (Fig. 14.24). Executadas as paredes laterais do túnel, procedeu-se à concretagem do teto. Depois disso, foram iniciados os trabalhos de repavimentação. A interrupção do trânsito foi pequena. A escavação do túnel foi feita e removeu-se o material lateralmente.

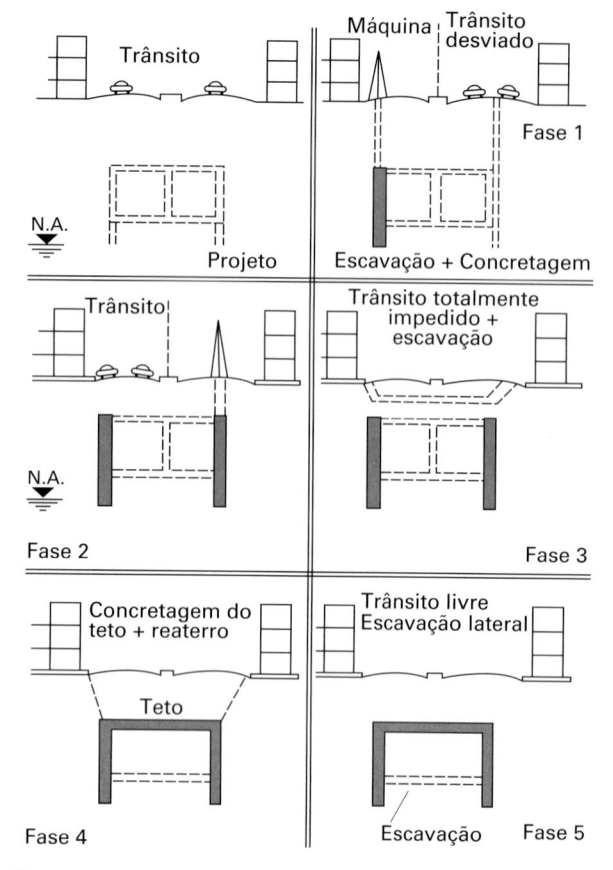

FIG. 14.24 Esquema do método de Milão

Em Milão, as condições foram favoráveis para a utilização desse processo, uma vez que o túnel do metrô, numa profundidade média de 12 m, não alcançou a água subterrânea. Só o teto foi isolado contra águas de chuva. Desigualdades no concreto do lado interno das paredes podem ser igualadas por revestimento especialmente na área das estações.

Esse processo também foi utilizado na construção do metrô de Viena. As profundidades chegaram a 20 m. A água subterrânea surgiu em pouca proporção e em camadas, sem necessidade de impermeabilização.

Comparação do processo milanês com os processos executados a céu aberto

a) *Vantagens*

A interrupção do trânsito, na maioria dos casos, é por tempo menor do que no processo em vala aberta.

Como não são necessários trabalhos de cravação de estacas, são eliminadas danificações e dificuldades causadas pela trepidação ou barulho.

A construção das paredes diafragma e seu escoramento pelos elementos de construção da futura cobertura do túnel condicionam deformações mínimas, e, assim, os prédios vizinhos são mais protegidos contra empuxos e formação de eventuais fendas.

b) *Desvantagens*

As paredes da vala são completamente impermeáveis por causa da sua construção, em seções de cerca de 7 m de comprimento, e das inúmeras juntas.

Pelo modo de construção, nessas paredes aparecem muitas irregularidades, e, assim, é necessária a construção de paredes de revestimento, principalmente na área das estações.

No processo milanês, sem impermeabilização, existe o perigo de penetração de água.

c) *Estacas justapostas*

O mesmo efeito de uma parede rija pode ser obtido com estacas justapostas. Para possibilitar uma posterior colocação de linhas de distribuição de serviços públicos, essas paredes são feitas de 1 a 2 m abaixo do nível da rua. O acabamento da parte superior consiste em uma parede de perfis de aço engastados na parede de concreto com pranchões de madeira, que são removidos no reaterro. As paredes rijas de concreto, em diversos casos, também são usadas como parte estrutural do túnel.

d] *Estacas-pranchas de aço*
Algumas vezes, são usadas paredes de estacas-pranchas de aço para escoramento da escavação. Em condições geológicas especiais, principalmente quando há o perigo de ruptura hidráulica do solo ou outras condições particulares, seu emprego poderá ser aconselhável ou até absolutamente necessário. Em Berlim, por exemplo, todas as passagens do metrô sob o rio foram feitas em valas com paredes de estacas-pranchas. Elas foram usadas também em Tóquio, Hamburgo e Roterdã.

A escolha da parede de escoramento da escavação é uma das decisões mais importantes no método de construção a céu aberto, e deve ser baseada em um estudo cuidadoso. É possível uma combinação de talude livre com algum tipo de parede de escoramento, na parte inferior.

As demais etapas de trabalho são praticamente iguais para os dois métodos, e são as seguintes:

e] *Pontes provisórias*
De início foi dito que a principal desvantagem do método a céu aberto é a interferência no tráfego normal. Para reduzir a um mínimo essa interferência, são construídas pontes provisórias para veículos e pedestres sobre a escavação. Essas pontes normalmente são constituídas por vigas de perfis de aço apoiadas nas paredes de escoramento, espaçadas de aproximadamente 2 m. Quando a escavação é muito larga, elas também são apoiadas em estacas intermediárias, cravadas na vala. O tabuleiro da ponte pode ser de madeira, concreto armado ou aço.

f] *Escavação*
A escavação é feita sob as pontes provisórias e, quando necessário, são colocadas as estroncas. Para um dimensionamento econômico do escoramento, é de grande importância o cálculo do empuxo do solo. Devem ser determinados, por meio de experiências, os valores corretos dos parâmetros do solo, distribuição do empuxo, efeito de cargas adicionais etc.

Procura-se distribuir as estroncas de modo a permitir a livre construção do túnel. Na escavação, a terra é retirada e transportada por pás carregadeiras para locais determinados. Desses locais, a terra é colocada nos caminhões basculantes. Se o material escavado for de qualidade adequada, será utilizado imediatamente para o reaterro de outros trechos. Caso contrário, será levado a bota-foras previamente determinados.

Ultimamente, em escavações mais largas, foi utilizada a ancoragem das paredes. As ancoragens normalmente são feitas de aço e são carregadas com 25, 30, 60 e até 90 toneladas.

g] *Drenagem*
Se a escavação estiver abaixo do nível freático, é necessário fazer uma drenagem adequada. No método de Berlim, são feitos poços fora da escavação e instaladas bombas submersas. No método de Hamburgo, essas bombas ficam na escavação, em poços localizados na câmara de trabalho. Havendo ocorrência de silte, areias

finas ou solos semelhantes, pode ser necessária uma drenagem a vácuo. Quando há pouca água, uma drenagem a céu aberto pode ser suficiente. Quando há grande quantidade de água, o escoamento pelo sistema pluvial normal pode apresentar problemas e, nesse caso, devem existir geradores de emergência prontos para entrar em ação se faltar energia, evitando-se graves danos.

h] *Impermeabilização*
Para túneis situados abaixo do nível freático, o tipo de impermeabilização é de grande importância para a construção e para a sequência de trabalhos.

Apesar do grande desenvolvimento dos plásticos, ainda é intensamente usada a impermeabilização betuminosa, com diversas camadas de feltros e betume e reforços de chapas metálicas, método de eficácia comprovada. Existem também impermeabilizações com telas de juta e betume.

Ultimamente passou-se a empregar concreto impermeável em lugar de um revestimento externo. O desenvolvimento da tecnologia do concreto e a possibilidade de vedar perfeitamente as juntas de dilatação com tiras especiais mostram que esse método é perfeitamente viável.

i] *Serviços restantes*
Após a concretagem do túnel, faz-se a impermeabilização das paredes e do teto. As câmaras de trabalho são reaterradas, o sistema de drenagem é desligado e retirado aos poucos e a escavação acima do teto do túnel é reaterrada, com simultânea retirada das escoras. Retiram-se as pontes provisórias e extraem-se os perfis cravados, geralmente com aparelhos hidráulicos para evitar ruídos. Por último reconstrói-se a rua.

A Fig. 14.25 mostra o início do reaterro do túnel já terminado da Linha Azul do metrô de São Paulo, na avenida Jabaquara.

FIG. 14.25 Av. Jabaquara. Notar o início do reaterro e a avenida totalmente bloqueada

ii] *Escavação pelo método mecânico da couraça (shield)*

a] *Histórico*

O método de construção de túneis com couraça, uma variante do método mineiro, é um dos mais modernos.

Foi utilizado pela primeira vez no início do século passado por Brunel, para um túnel rodoviário sob o rio Tâmisa, em Londres.

Na Alemanha, foi empregado há cerca de 100 anos, para construir um túnel sob o rio Elba, em Hamburgo (1907/1911).

Esse método é o que traz menores problemas tanto para o tráfego superficial como para a remoção de interferências. Ele é aplicável em quase todos os tipos de solo, tanto nos moles como nos muito rígidos, acima ou abaixo do nível freático, e se adapta muito bem às mais variadas condições. Para um funcionamento seguro, é necessária a existência de uma altura mínima de terra acima do túnel. De resto, sua profundidade só é limitada quando se trabalha com ar comprimido, abaixo do nível freático. Mesmo trechos em declive ou em curvas, quando necessários para estradas ou metrôs, não apresentam problemas.

Acompanhando-se o desenvolvimento dos últimos cinquenta anos, é possível notar uma evolução nítida a partir da couraça, que inicialmente era manual (Fig. 14.26), passou para semimecanizada e transformou-se em totalmente mecanizada. Essa evolução se deve primeiro ao aumento do custo da mão de obra. Em segundo lugar, com as couraças mecanizadas, obtém-se um aumento na velocidade de avanço, com consequente diminuição de custo. Finalmente, influi a falta de operários especializados para trabalho sob o ar comprimido, pelos perigos que existem nesse tipo de trabalho.

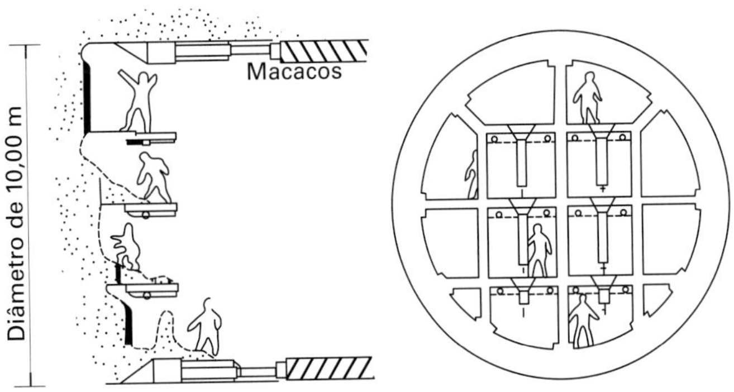

FIG. 14.26 Couraça com escavação manual

b] *Recalques*

Os recalques esperados na superfície do terreno são de grande importância na consideração da construção dos túneis e do tipo de couraça a ser usada, especialmente nos centros das grandes cidades. Geralmente não é possível evitar recalques. Contudo, eles são muito menores na construção com couraça do que no método mineiro clássico. A dimensão dos recalques pode ser mantida bem pequena, dentro de limites que não causem danos. Para isso, é preciso conhecer os locais em que aparecem e as suas causas.

Há recalques tanto quando a couraça permanece parada como quando está em movimento. As possíveis causas estão resumidas a seguir:

- Alívio da tensão no solo, na frente de trabalho, pelo insuficiente escoramento.
- Escavação excessiva na frente de trabalho.
- Deformação da couraça, por exemplo, sob o peso do solo (o que geralmente só acontece no início da escavação) ou por danos causados por obstáculos existentes no solo.
- Compactação do solo no avanço da couraça pela resistência ao avanço e por forças de cisalhamento na sua parede.

- Compactação de solos não coesivos pelo efeito de vibração do avanço da couraça ou de máquinas instaladas nas vizinhanças.
- Acomodação do solo no vão livre atrás da couraça.
- Desmoronamento do solo pela injeção insuficiente de argamassa atrás dos anéis ou utilização de argamassa inadequada.
- Deformação dos anéis sob a carga do solo.
- Rebaixamento parcial ou total do nível freático pode provocar recalques, que, contudo, não são decorrentes do emprego da couraça.

c] *Tipos de couraça*

- *Couraças com escavação manual*

Esse tipo de couraça é o mais seguro para resolver todos os problemas, dentro das mais variadas condições. No escoramento do solo na frente de trabalho usam-se dois sistemas.

As plataformas de trabalho são dispostas de modo a permitir que as pessoas trabalhem de pé. A escavação do solo e o escoramento são feitos de cima para baixo, e a plataforma de trabalho avança empurrada hidraulicamente. O escoramento é feito com o auxílio de macacos hidráulicos.

Quando a couraça avança, as plataformas de trabalho e o escoramento ficam parados, isto é, retrocedem relativamente à couraça, regulando-se a compressão do solo por um comando de pressão dos macacos hidráulicos.

Isso significa, admitindo-se um trabalho muito cuidadoso, que o solo na frente de trabalho está completamente escorado a qualquer momento e em qualquer fase de trabalho. Esse método clássico, de grande adaptabilidade, pode ser empregado tanto acima como abaixo do nível freático (com ar comprimido).

- *Couraças semimecanizadas*

A respeito do escoramento do solo na frente de trabalho, as couraças semimecanizadas não diferem das de escavação manual. Tenta-se simplesmente racionalizar e acelerar alguns serviços manuais por meio de máquinas adequadas. Contudo, as máquinas são operadas individualmente. Isso pode ser feito tanto no carregamento como na escavação, que é a parte mais importante.

A Fig. 14.27 mostra a proposta para uma couraça simples semimecanizada de 5,50 m de diâmetro, como foi projetada em 1963 para o trecho de um túnel do metrô de Hamburgo. O solo é escavado com duas pás mecânicas e carregado imediatamente. As duas máquinas trabalham em dois níveis, sobrepostas, separadas por uma plataforma móvel.

O solo na frente de trabalho a qualquer momento pode ser escorado total ou parcialmente por chapas de aço, usando-se as pás mecânicas para colocá-las ou retirá-las.

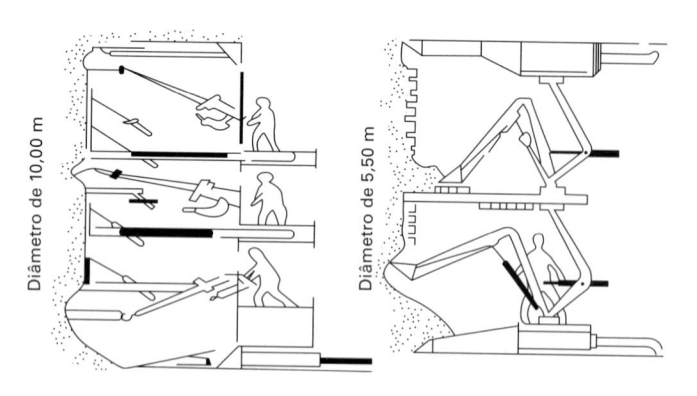

FIG. 14.27 Couraça simples semimecanizada

O escoramento propriamente dito é feito por macacos hidráulicos e pode ser regulado exatamente conforme as condições do empuxo do solo. Desse modo, dá-se à couraça a maior adaptabilidade possível para solos heterogêneos e em camadas de material estável e não estável. A remoção de obstáculos, pedras etc. é relativamente fácil. Essa couraça pode trabalhar com ar comprimido sob o nível da água subterrânea.

♦ *Couraças mecânicas*

Nas couraças mecanizadas conhecidas, o solo é escavado, na frente de trabalho, por placas fresadoras rotativas (Fig. 14.28), sendo levantado mecanicamente e conduzido por correias transportadoras ou vagonetes.

Todas as instalações auxiliares são instaladas na couraça ou em um reboque.

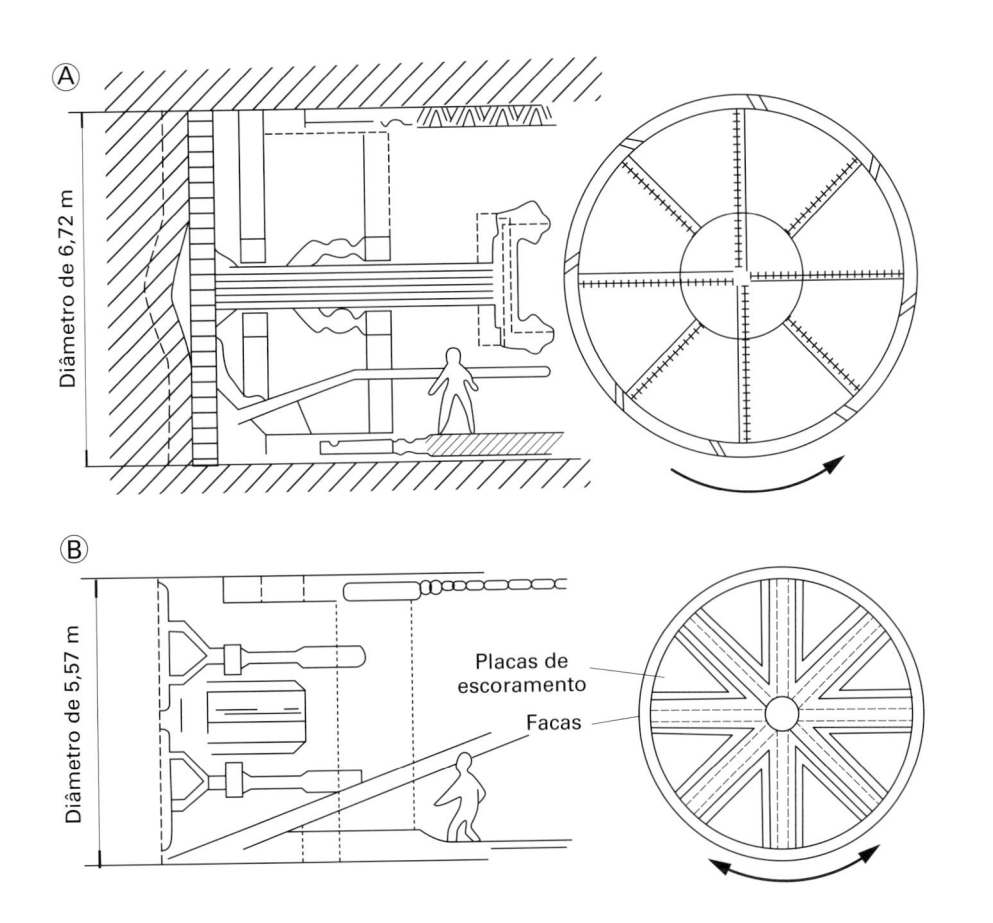

FIG. 14.28 (A) Faca que gira em um sentido (ex-Calweld); (B) faca que gira alternadamente nos dois sentidos

A colocação dos segmentos dos anéis e a injeção de argamassa são feitas como nos outros tipos de couraça. Deve-se distinguir couraças com a frente de trabalho escorada ou não, isto é, se a escavação é feita por um disco fechado ou aberto (Fig. 14.29).

Fig. 14.29 Couraça mecânica, Bade I: vista das facas (metrô de São Paulo)

14.3.3 Exemplos de condições geológicas em túneis brasileiros

A seguir são descritos resumidamente, por meio de perfis geológicos, três túneis brasileiros.

Túnel do Taquaril

Localizado em Belo Horizonte, Minas Gerais, é escavado em rochas metamórficas (Fig. 14.30). Os principais problemas desse túnel foram: a inclinação das camadas, o fraturamento das rochas e a presença de falhas. O trecho em itabirito foi o mais desfavorável, dada a friabilidade dessa rocha.

Túneis do Sistema Cantareira

A Fig. 14.31 mostra os túneis que compõem o chamado Sistema Cantareira, para abastecimento de água de São Paulo. Os túneis atravessaram principalmente rochas metamórficas do tipo gnaisse e xistos.

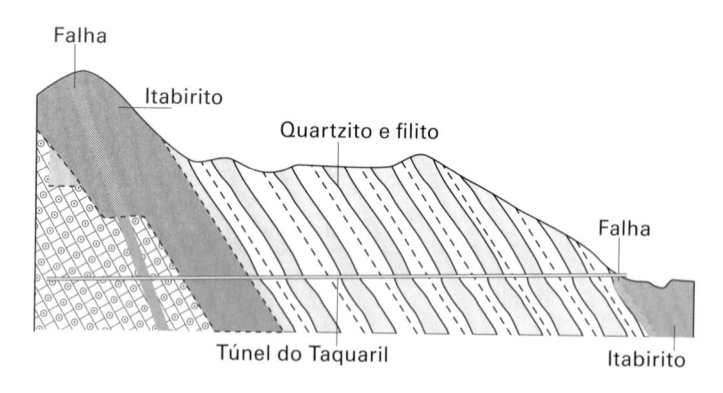

Fig. 14.30 Túnel do Taquaril (MG)

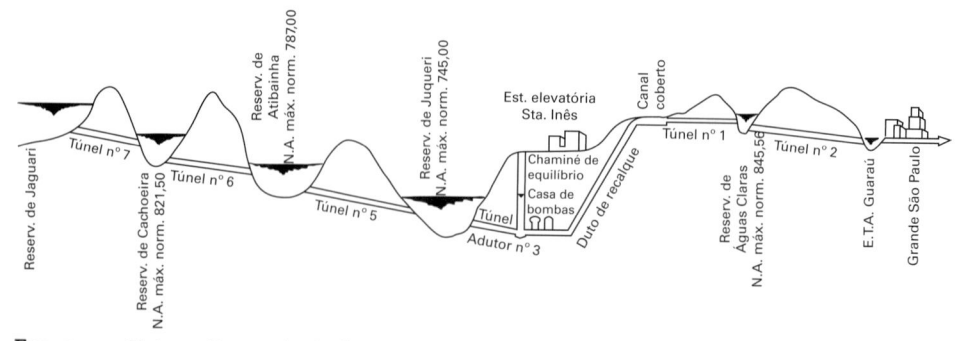

Fig. 14.31 Sistema Cantareira (SP)

Túneis da rodovia dos Imigrantes

A rodovia dos Imigrantes liga São Paulo a Santos (Fig. 14.32). O perfil geológico mostra que o emboque foi feito em solo de alteração de rocha e, posteriormente, desenvolveu-se em rocha do tipo gnaisse (Fig. 14.33).

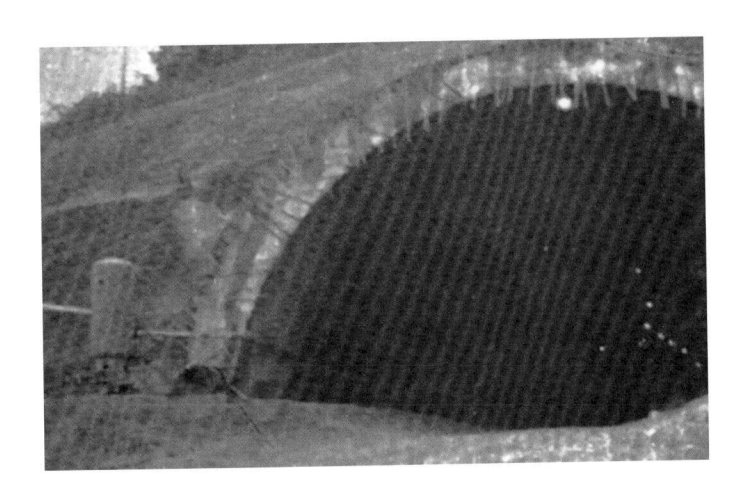

FIG. 14.32 Túnel na rodovia dos Imigrantes (SP). Escavado em solo residual derivado de gnaisses

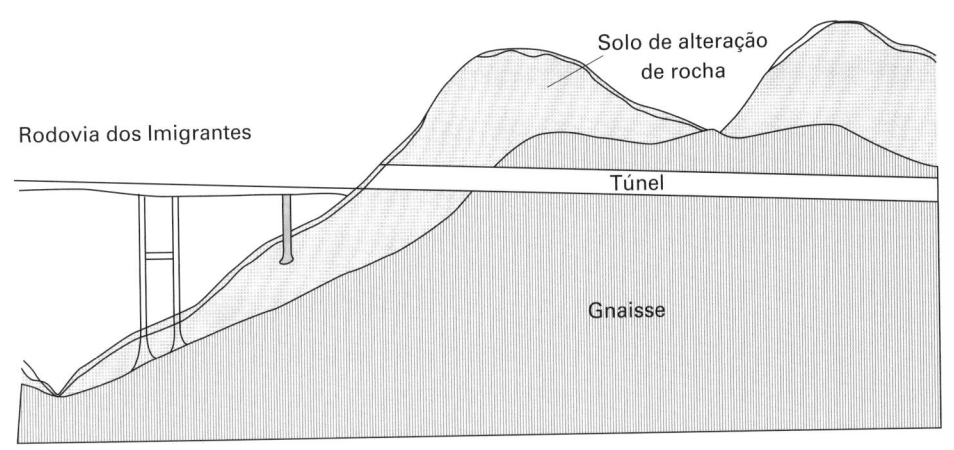

FIG. 14.33 Perfil geológico da rodovia dos Imigrantes (SP)

14.4 O acidente na estação Pinheiros da Linha Amarela do metrô de São Paulo

Tenho laços de afeto com o metrô de São Paulo por ter trabalhado nos anos 1960 no projeto e na construção das linhas norte-sul e leste-oeste. E, felizmente, sem ter presenciado acidentes, apesar de a linha norte-sul atravessar a rua Boa Vista com dois túneis superpostos, tangenciando as fundações profundas dos prédios, e de os túneis cruzarem o vale do Anhangabaú com sedimentos arenosos, pois lá corria um riacho, hoje canalizado.

Em 2012, o metrô de São Paulo, com mais de 40 anos de operação, possuía uma extensão de 74,3 km, distribuídos em cinco linhas e ligados por 64 estações.

Compõem o sistema as linhas:

1] Azul: *Jabaquara-Tucuruvi*;
2] Verde: *Vila Prudente-Vila Madalena*;
3] Vermelha: *Corinthians/Itaquera-Palmeiras/Barra Funda*;
4] Amarela: *Luz-Butantã*;
5] Lilás: *Capão Redondo-Largo Treze*

Em 12 de janeiro de 2007, a população de São Paulo foi surpreendida por um desabamento repentino e assustador ocorrido no canteiro de obras da estação Pinheiros da Linha 4-Amarela, que abriu uma cratera com cerca de 80 m de diâ-

FIG. 14.34 Cratera aberta na estação Pinheiros da Linha Amarela do metrô de São Paulo

metro e vários metros de profundidade, arrastando quatro caminhões, um micro-ônibus, dois carros e matando sete pessoas (Fig. 14.34).

Como consequência, afetou ainda a estrutura das casas vizinhas pelo surgimento de trincas obrigando seus moradores a abandonar o local.

Surpreendentemente atribuíram-se, de início, como causas do desastre, o excesso de chuva e a existência de um solo dito difícil no local, uma vez que aquela área está junto às planícies de argilas com faixas orgânicas e areias.

Posteriormente, alertou-se também sobre a possibilidade de o desabamento decorrer do método construtivo empregado, conhecido como New Austrian Tunnelling Method (NATM) ou túnel mineiro, que utiliza perfuratrizes para escavação.

Comentou-se que outro método que poderia ter sido usado seria o da couraça (shield), também conhecido como tatuzão, que foi utilizado intensamente na Linha Azul (norte-sul). Segundo o engenheiro Ricardo Telles, esse método é mais seguro e dez vezes mais rápido, apesar de, obviamente, ser mais caro.

O presidente do Instituto de Pesquisas Tecnológicas (IPT), Vahan Agopyan, descartou a fatalidade de acidente nessas obras do metrô, afirmando ter sido um somatório de erros. Contudo, dois representantes do consórcio construtor dizem não acreditar que tenha havido algo de errado.

É importante registrar também que os túneis da estação Pinheiros, escavados de dois pontos distantes que deveriam se encontrar, tiveram um erro de 80 cm de diferença nesse encontro.

Finalmente, em 21 de março de 2008 o Ministério Público de São Paulo afirmou ter indícios de que as obras da futura estação Pinheiros foram realizadas em desacordo com o projeto original, citando a inversão do sentido de escavação do túnel sob a rua Capri, a diferença entre os registros dos diários de obra e os encontrados pelos técnicos durante a investigação, e uma inexplicável aceleração do ritmo da construção. A construção estava a cargo de cinco das maiores construtoras do Brasil (Fonte: *Jornal da Tarde* de 20 de março de 2008).

Fica a pergunta: o que realmente causou a tragédia, que resultou em mortes, residências afetadas e atraso na obra?

Acerca das condições geológicas da área do acidente, informações indicavam: 1 m de solo orgânico; 6 m, em média, de solo arenoso, seguido de mais de 30 m de solo residual, solo de alteração, rocha alterada e rocha sã do tipo gnaisse.

14.5 Túneis metroviários: o caso da Linha Azul (N-S) do metrô de São Paulo

14.5.1 As linhas de metrô no Brasil e no mundo

Os especialistas em trânsito são unânimes em afirmar que, em grandes cidades, como São Paulo, por exemplo, com mais de seis milhões de veículos, uma solução para amenizar o problema do tráfego intenso seria a construção de linhas de metrô, apesar de seu alto custo de construção e implantação.

No mundo, muitos países e cidades já são dotados de redes impressionantes de linhas de metrô, destacando-se as cidades de Londres e Nova York, com mais de 400 km cada uma; Moscou e Tóquio, com cerca de 300 km de rede; e Seul (Coreia do Sul), Madri e Paris, com mais de 200 km.

No Brasil, São Paulo tem sua rede básica com cerca de 70 km (Fig. 14.35). Brasília conta com cerca de 40 km; Porto Alegre, com pouco mais de 30 km; Belo Horizonte, com 28 km; Recife, com 38 km; e Fortaleza, com um projeto com 24 km (Metrofor).

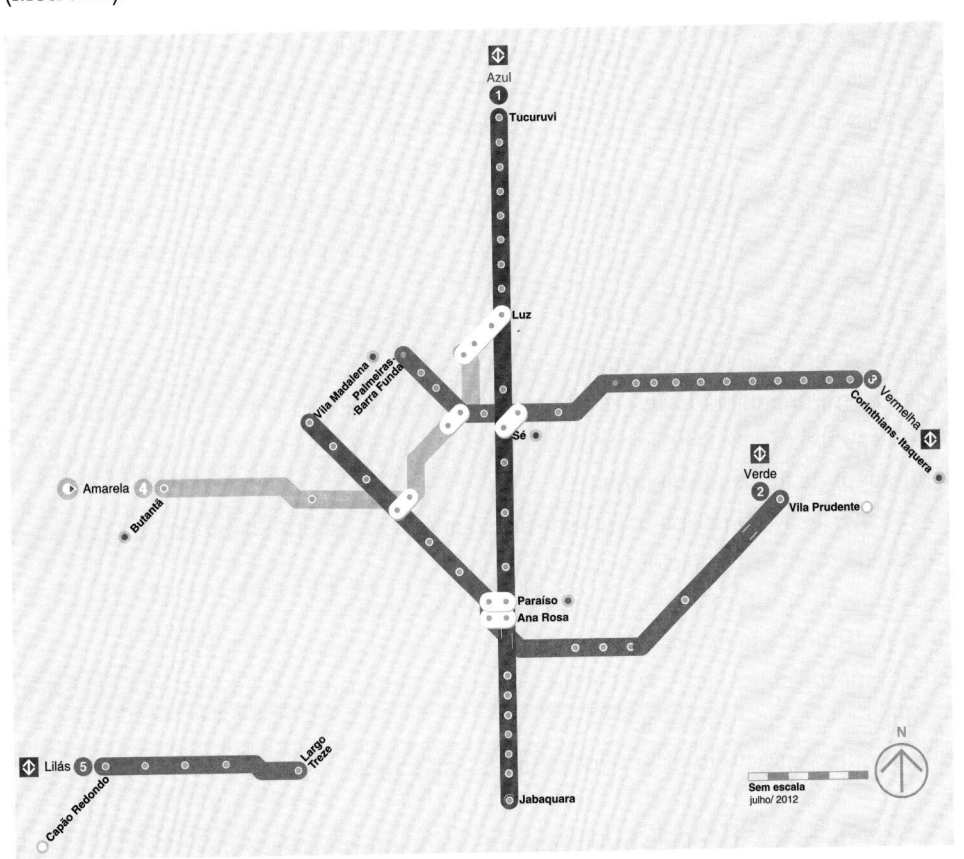

FIG. 14.35 Rede básica do metrô de São Paulo, 2012

A primeira linha do metrô de São Paulo se estendia na direção norte-sul e foi inaugurada em 1974, com uma extensão aproximada de 17 km, ligando o bairro de Santana, na zona norte, ao de Jabaquara, na zona sul. A construção, iniciada em dezembro de 1968, incluía vinte estações, das quais quatro foram construídas em elevado e as demais eram subterrâneas. Desde 1998, com a inauguração da estação Tucuruvi, na zona norte, passou a ter 20,2 km. Em 2013, a Linha Azul conta, no total, com vinte e três estações.

A Linha Azul foi construída basicamente por três diferentes métodos: em elevado, situado na extremidade norte, com uma extensão de 3 km; a céu aberto, que vai do centro da cidade até a extremidade sul, com uma extensão de 11,5 km; e pelo método da couraça, atravessando a parte central da cidade, com 3 km.

14.5.2 Condições geológicas da bacia sedimentar de São Paulo

A cidade de São Paulo estende-se sobre uma bacia sedimentar com limites perfeitamente definidos (Coutinho, 1972).

Essa bacia sedimentar abrange uma área estimada em 5 mil km², com seu substrato construído de rochas graníticas, gnáissicas e xistosas do Pré-Cambriano. A espessura de sedimentos é extremamente variável, em razão da superfície irregular do embasamento cristalino. A espessura máxima conhecida é de 202 m.

A coluna estratigráfica dos sedimentos da bacia de São Paulo, conhecidos também como Formação São Paulo, é resumida no Quadro 14.2.

O esboço geológico da área central da cidade de São Paulo é mostrado na Fig. 14.36, com o perfil geológico correspondente na Fig. 14.37.

Quadro 14.2 Coluna estratigráfica dos sedimentos da bacia de São Paulo

Quaternário
Aluviões orgânicas recentes
Camada de argila porosa vermelha superficial
Terciário
Camada de argila vermelha e amarela dura
Camadas intermediárias – estratos alternados de areias argilosas e argilas siltosas de cores variegadas
Camadas de argila rija cinza, com lentes arenosas
Camada de areias basais – areias médias e grossas
Pré-Cambriano
Embasamento cristalino – gnaisses, xistos e granitos

Fonte: Cozzolino e Chiossi (1969).

14.5.3 Rebaixamento do nível d'água

Dos 17 km iniciais da Linha Azul do metrô de São Paulo, 14 km correspondem ao trecho subterrâneo. Desse total, 4,5 km exigiram processos de rebaixamento e/ou drenagem da água subterrânea.

Os critérios e dados básicos utilizados para a escolha da solução mais adequada de rebaixamento foram os seguintes:

a) O tipo do aquífero a ser atingido e/ou atravessado.
b) A profundidade da escavação.
c) Comportamento do nível d'água por meio de leituras de indicadores do nível d'água e de piezômetros.
d) Método construtivo a ser usado e suas variações.

Os métodos de rebaixamento empregados foram basicamente três: poços profundos gravitacionais, poços profundos a vácuo e ponteiras filtrantes. Completaram esses sistemas: a utilização de drenos de areias verticais para alívio de camadas localizadas com pressão artesiana e a drenagem interna da vala por meio de sistemas de canaletas e de poços coletores, com bombas tipo Bibo. A seguir, são descritos exemplos típicos de áreas com rebaixamento do nível d'água.

Cada trecho, subtrecho ou estação teve suas variações locais, bem como a disposição dos elementos utilizados (poços, ponteiras filtrantes, poços de alívio etc.).

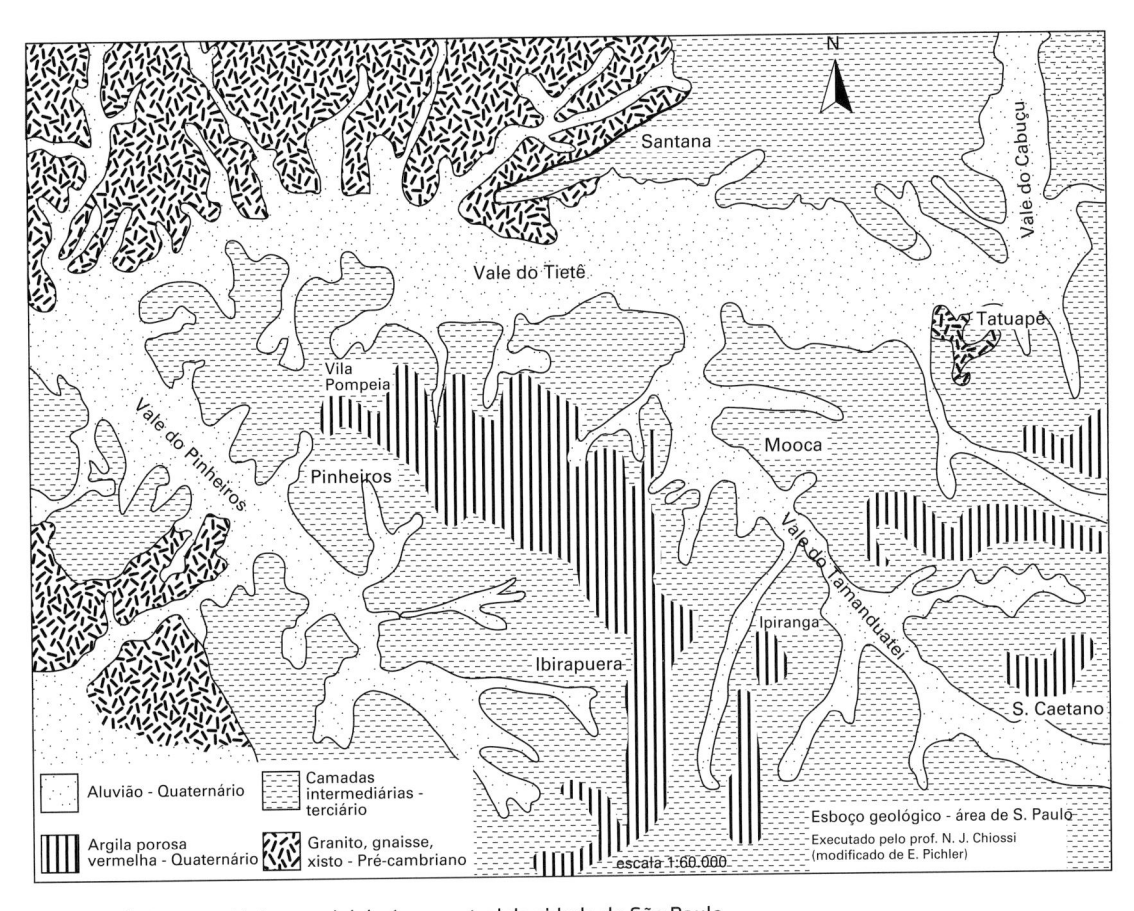

FIG. 14.36 Mapa geológico parcial da área central da cidade de São Paulo

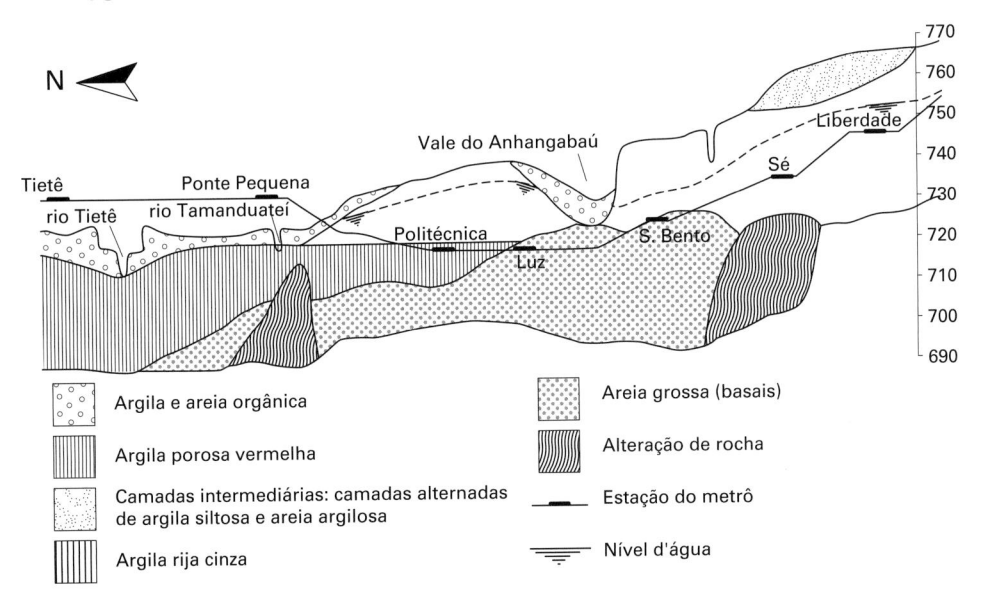

FIG. 14.37 Perfil geológico parcial da Linha Azul do metrô de São Paulo
Fonte: Cozzolino e Chiossi (1969).

Assim, na estação Paraíso, onde se encontram as linhas Azul e Verde, foram utilizados: poços profundos, ponteiras filtrantes, piezômetros e poços de alívio (Fig. 14.38). O corte mostrado na Fig. 14.39 apresenta os três tipos de soluções adotados no projeto de rebaixamento do nível d'água.

Com relação à Fig. 14.39, deve-se observar:
- N.A. original: 2 m de profundidade;
- N.A. deveria ser rebaixado para aproximadamente 10 m.

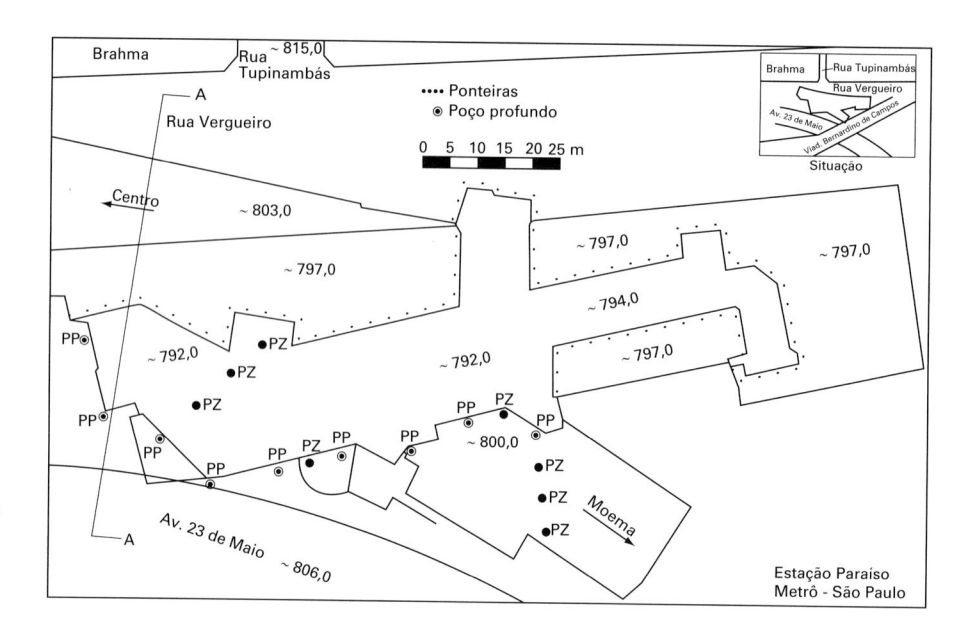

FIG. 14.38 2ª fase: instalação de ponteiras filtrantes e poços profundos

O corte de A-A na estação Paraíso esquematiza os processos e seus resultados: o nível d'água natural estava na cota 802, ou seja, a 1 m de profundidade. A escavação atingiu a cota 792, ou seja, 10 m abaixo do N.A. natural, sem nenhum problema de presença de água.

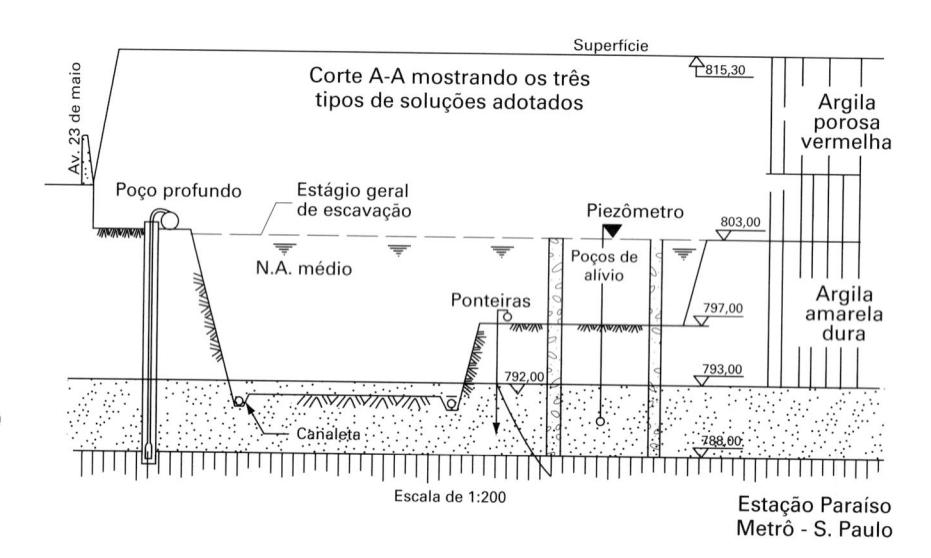

FIG. 14.39 Perfil geológico – trecho escavado com o *shield*. Observe os poços de rebaixamento do N.A. (gravitacional/a vácuo)

14.5.4 Métodos construtivos

A Fig. 14.40 resume os três métodos construtivos básicos da Linha Azul (N-S) do metrô de São Paulo, nos anos 1960: escavação a céu aberto, couraça e trecho em elevado.

Escavação a céu aberto

As fotos mostradas nas Figs. 14.41, 14.42 e 14.43 ilustram a utilização do método de escavação a céu aberto.

Trecho em couraça (shield)

a] *Considerações gerais*

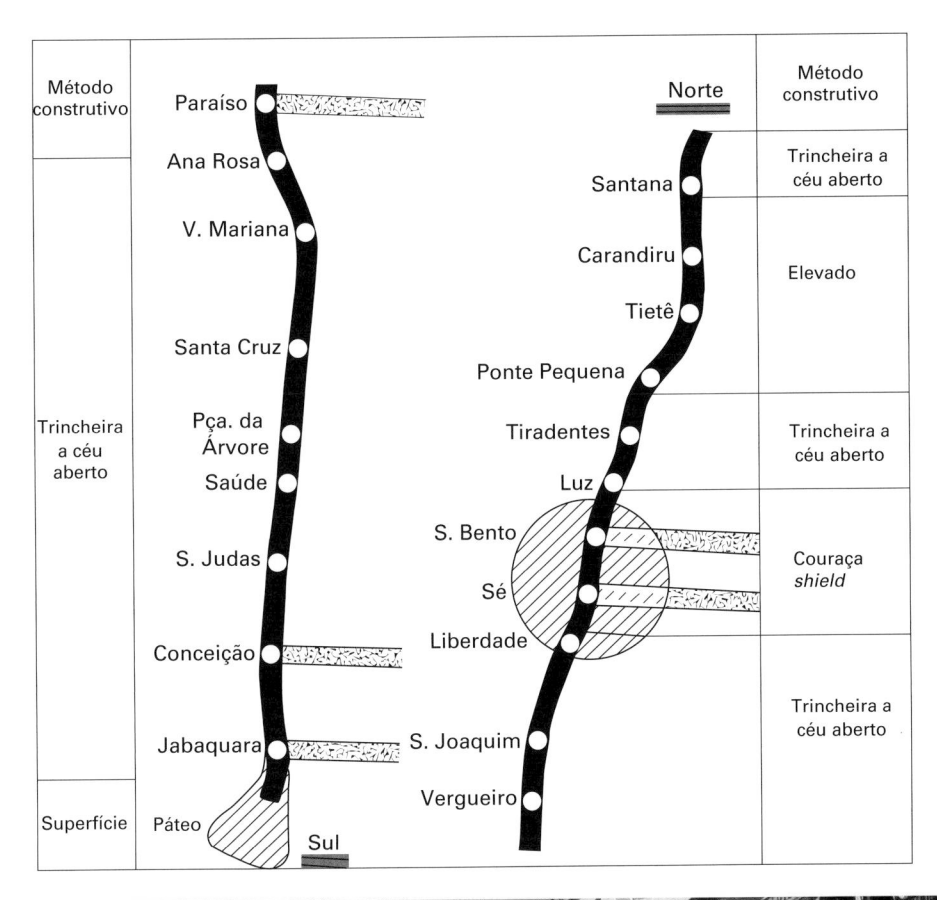

FIG. 14.40 Métodos construtivos da Linha Azul do metrô de São Paulo (anos 1960)

FIG. 14.41 Escavação a céu aberto, Linha Azul (N-S) do metrô de São Paulo (Av. Liberdade). Notar os túneis parcialmente terminados; o escoramento da escavação e sua altura; o solo escavado e exposto à esquerda; e os escoramentos com perfis metálicos e pranchões de madeira à direita

A Linha Azul (N-S) passa pela área central da capital paulista, densamente urbanizada, com altos edifícios concentrados em ruas estreitas. Por isso, não foi possível se evitar a passagem dos túneis sob a rua Boa Vista, com apenas 15 m de largura, e, por ser uma área densamente edificada, foi necessário construir túneis superpostos (Fig. 14.44).

FIG. 14.42 Escavação a céu aberto, metrô de São Paulo (Av. Liberdade). Notar o escoramento, o solo arenoargiloso e o preparo da base do túnel

FIG. 14.43 Escavação a céu aberto, metrô de São Paulo (Rua Vergueiro). Notar os taludes impermeabilizados e os túneis em fase final. Depois, foi executado o reaterro da escavação

Entretanto, mesmo com essa disposição, os túneis se aproximaram muito das fundações dos edifícios da rua Boa Vista (no local em que funcionava o antigo Banco Auxiliar, no nº 192, a distância é de 1 m, aproximadamente).

Além disso, os túneis tiveram de ser construídos sob as fundações de alguns desses edifícios. O mais alto deles era o prédio da Caixa Econômica Federal, com

FIG. 14.44 Metrô de São Paulo, Linha Azul (N-S), entre as estações Sé e São Bento. Notar: a) como a rua Boa Vista é estreita; b) a necessidade de os dois túneis, normalmente paralelos, ficarem superpostos, em virtude das fundações profundas dos edifícios

14 andares, o que dificultou a construção dos túneis. As Figs. 14.45 e 14.46 mostram o trecho em couraça respectivamente em planta e perfil.

Assim, os *shields* atravessaram todas as camadas de solo indicadas na Fig. 14.37, com exceção da alteração de rocha. A escavação foi predominantemente efetuada nas denominadas *camadas intermediárias*, constituídas de camadas alternadas de areia e argila.

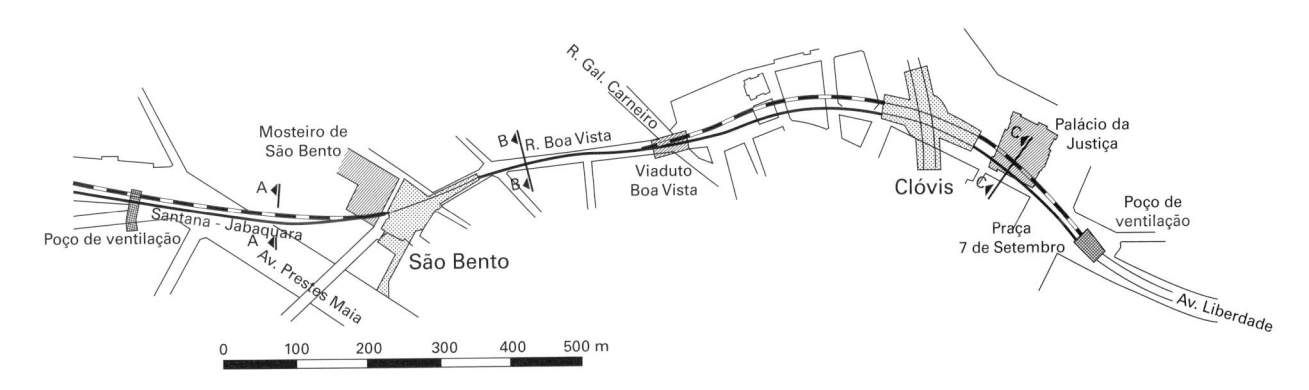

FIG. 14.45 Metrô de São Paulo: planta do trecho em couraça

b] *Condições geológicas*
Na avenida Prestes Maia, as couraças atravessaram camadas de areias argilosas fofas recobertas por argila orgânica, que causaram recalques na pavimentação:

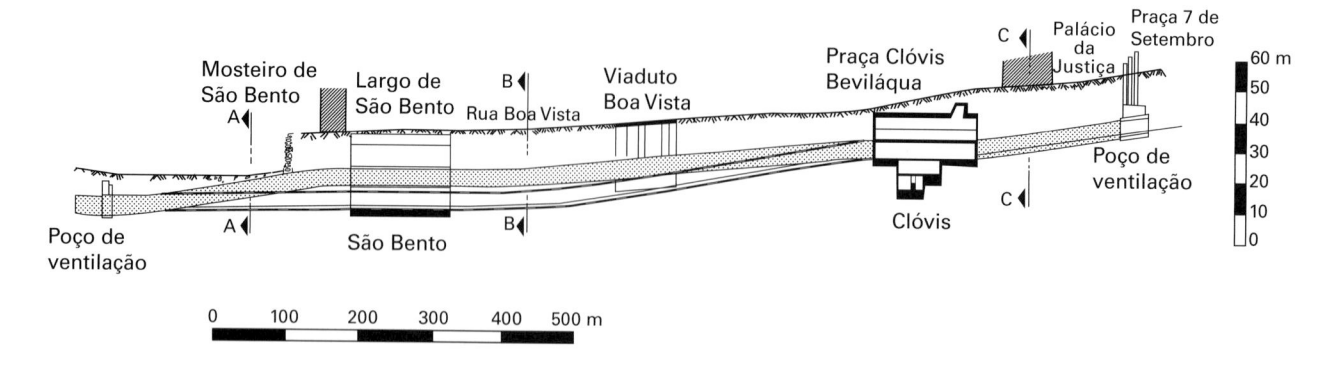

Fig. 14.46 Metrô de São Paulo: perfil do trecho em couraça

- 80 m ao sul, sob o viaduto General Carneiro, os *shields* mecânicos escavaram em camadas de aterro;
- numa extensão de 30 m, junto à estação Sé, o primeiro *shield* mecânico escavou uma camada de argila muito dura, o que causou um desvio do *shield* em relação ao eixo teórico;
- todos os outros túneis foram escavados em solos das camadas intermediárias.

Algumas características típicas dos solos atravessados são indicadas na Tab. 14.5.

Tab. 14.5 Características típicas dos solos

Características dos solos	Tipos de solos			
	Argila orgânica	Argila siltosa	Areia fina siltosa	Areia grossa
Densidade do solo seco	0,91	1,34	1,21	1,62
Umidade natural	70%	35,4%	28,5%	19%
Índice de vazios	1,68	1,04	1,22	0,63
Limite de liquidez	63%	88%	49%	24%
Limite de plasticidade	38%	35%	25%	17%
Índice de plasticidade	25%	53%	24%	70%
Permeabilidade (cm/s)	–	–	$10^{-5} - 10^{-7}$	$10^{-4} - 10^{-3}$

c] *Condições hidrogeológicas*

As diversas medidas do nível freático indicaram que os túneis, praticamente em toda a sua extensão, estariam sob o lençol de água. A profundidade do lençol variava de 1 a 13 m sobre o túnel (Fig. 14.47).

Por isso, 80% do comprimento total dos túneis foi escavado sob ar comprimido. A pressão máxima foi 1 atmosfera (1 atm).

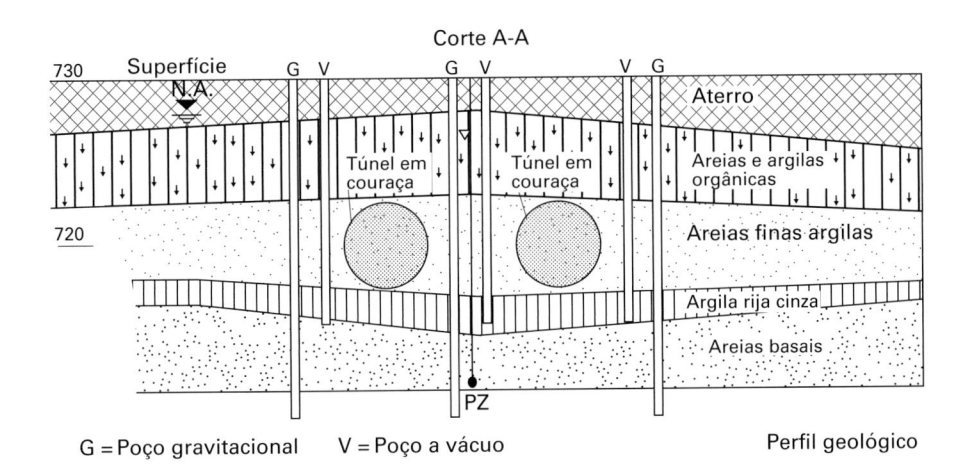

FIG. 14.47 Metrô de São Paulo: poço de saída do *shield*

G = Poço gravitacional   V = Poço a vácuo   Perfil geológico

Um dos túneis de 300 m de comprimento foi escavado, com rebaixamento do nível freático apenas nos 60 m iniciais por meio de poços profundos.

d] *Tipos de shields utilizados*

O objetivo de se iniciar a operação comercial da Linha Azul no início de 1974 provocou a necessidade de se utilizar quatro *shields*: dois convencionais, manuais, de fabricação Calweld, e dois mecânicos de face fechada, de fabricação Bade (Fig. 14.48).

As características do *shield* Calweld são apresentadas na Tab. 14.6.

A velocidade média de escavação variou de 3 a 5 m/dia. A melhor velocidade foi de 7 m/dia.

O *shield* mecânico Bade, por sua vez, tem suas características apresentadas na Tab. 14.7.

Os dois *shields* Bade iniciaram a escavação dos túneis em posições praticamente paralelas e chegaram à estação São Bento um sobre o outro, fato que, naturalmente, complicou a construção.

O transporte do solo escavado tanto nos *shields* mecânicos quanto nos manuais foi feito por correias transportadoras, que faziam a carga em vagonetes de 3 m³ de capacidade,

Tab. 14.6 Características do *shield* Calweld

comprimento total	60 m
diâmetro externo	6,19 m
peso dos *trailers* excluídos	145 t
pistões de avanço	25 ind.
capacidade de cada pistão	130 t
potência requerida	100 HP

Tab. 14.7 Características do *shield* Bade

comprimento	7,50 m
diâmetro externo	6,20 m
peso dos *trailers* excluídos	320 t
pistões de avanço	180 t
capacidade de cada pistão	250 t
torque do cabeçote constante a 1/2 RPM	800 t/m
potência requerida	1.100 HP

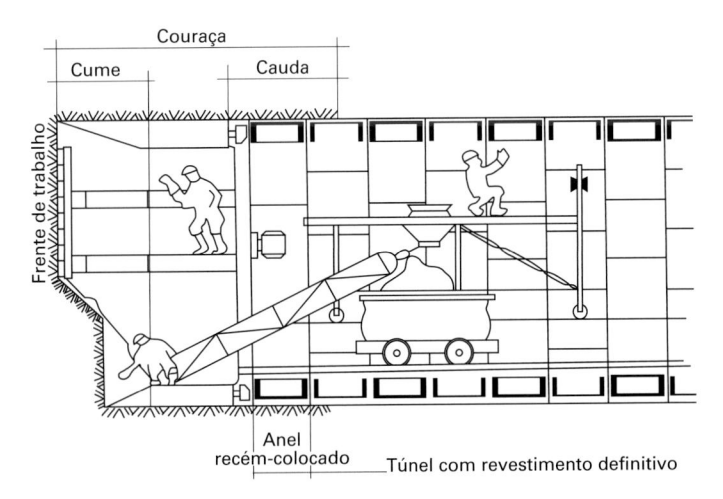

FIG. 14.48 Princípio do método da couraça

tracionados por locomotivas de 10 t movidas a baterias elétricas com 60 HP de potência.

A velocidade média dos *shields* Bade variou de 5 a 7 m/dia. A velocidade máxima foi de 13 m/dia.

e] *Grauteamento e recalques*

Uma das causas de recalques na superfície mais conhecidas é o preenchimento pelo solo do espaço anular em volta do anel de túnel exposto. A diferença entre o diâmetro externo do *shield* e o diâmetro externo do túnel ocasiona esse vazio anular.

Depois da conclusão de praticamente todos os túneis escavados com *shields*, foram obtidos os seguintes resultados com relação a recalques:

- recalques de menos de 1,5 cm ocorreram nos edifícios ao longo da rua Boa Vista praticamente sem o aparecimento de trincas;
- recalques de menos de 2,5 cm apareceram no edifício da Caixa Econômica após a execução dos dois túneis;
- algumas trincas apareceram no mosteiro de São Bento, Tribunal de Alçada e Palácio da Justiça, sem, entretanto, qualquer dano sério à estabilidade dos edifícios.

f] *Revestimentos dos túneis*

Os segmentos dos anéis dos túneis foram fabricados em ferro fundido dúctil (ou nodular) GGG-50, de acordo com as especificações alemãs DIN.

O comprimento do anel é de 1 m. Nove segmentos parafusados entre si, nas faces usinadas, compõem um anel de 6 m de diâmetro externo e 5,55 m de diâmetro interno. O peso aproximado de um anel é de 6 t.

g] *Conclusões*

Os túneis escavados pelos *shields* no metrô da capital paulista provaram ser uma solução conveniente para uma obra adjacente a edifícios elevados na área central. A execução cuidadosa e os procedimentos adotados reduziram os recalques de superfície e dos edifícios ao mínimo, eliminando, assim, a necessidade de subfundar a maioria desses edifícios.

Os túneis em *shield* ainda evitaram sérios problemas de tráfego que seriam causados pelo método de escavação a céu aberto (*cut-and-cover*), fato importantíssimo numa cidade que sofre por causa dos enormes congestionamentos de veículos na área central.

Trecho em elevado

O trecho em elevado foi construído no extremo norte da Linha Azul, entre as estações Armênia e Santana (Fig. 14.49).

Estações

As estações Paraíso e Sé, por causa de suas áreas e profundidade de escavação, são destaques entre as estações subterrâneas.

FIG. 14.49 Metrô de São Paulo: trecho elevado. Extremo norte da Linha Azul (N-S). Notar os pilares e o esquema do projeto

A construção da estação Ponte Pequena (depois Armênia) trouxe consigo a renovação do espaço urbano ao redor. Construiu-se um terminal destinado aos ônibus que fazem a integração com o metrô e aproveitou-se para criar uma ampla área de lazer, com a inteira reformulação da praça Armênia, conforme demonstrado na Fig. 14.50.

A estação Paraíso teve uma enorme área de escavação entre a avenida 23 de Maio e a Igreja Ortodoxa, com grande profundidade (Fig. 14.51).

A estação Sé, pela necessidade de uma grande área livre, exigiu a implosão de um edifício. Nela ocorrem o cruzamento e o transbordo entre as linhas Azul (norte-sul) e Vermelha (leste-oeste) (Fig. 14.52).

FIG. 14.50 Estação Ponte Pequena/Armênia e praça Armênia

FIG. 14.51 Estação Paraíso. Notar: (A) a enorme área da escavação; no alto da foto, a Av. 23 de Maio; (B) a profundidade da escavação junto à Igreja Ortodoxa e a grande área atingida

FIG. 14.52 Praça da Sé e praça Clóvis Beviláqua. Aspecto inicial e um dos estágios da obra. Notar a Catedral da Sé e o Palácio da Justiça

14.6 O metrô de Fortaleza

A Fig. 14.53 apresenta uma visão geral da rede do metrô de Fortaleza.

14.6.1 Características geológico-geotécnicas

A geologia da Região Metropolitana de Fortaleza é caracterizada pela presença de rochas cristalinas (metamórficas e ígneas) do Complexo Nordestino, sedimentados terciários da Formação Barreiras e dunas.

As rochas do Complexo Nordestino englobam metassedimentos, gnaisses, xistos, quartzitos e calcários com migmatitos e rochas graníticas associadas, de idade pré-cambriana.

A Formação Barreiras distribui-se como faixa sedimentar de largura variável, com até 30 km, acompanhando a linha da costa, parcialmente recoberta por dunas e areias marinhas junto ao litoral. Esses sedimentos se compõem de areias argilosas, argilas arenosas e arenitos averme-

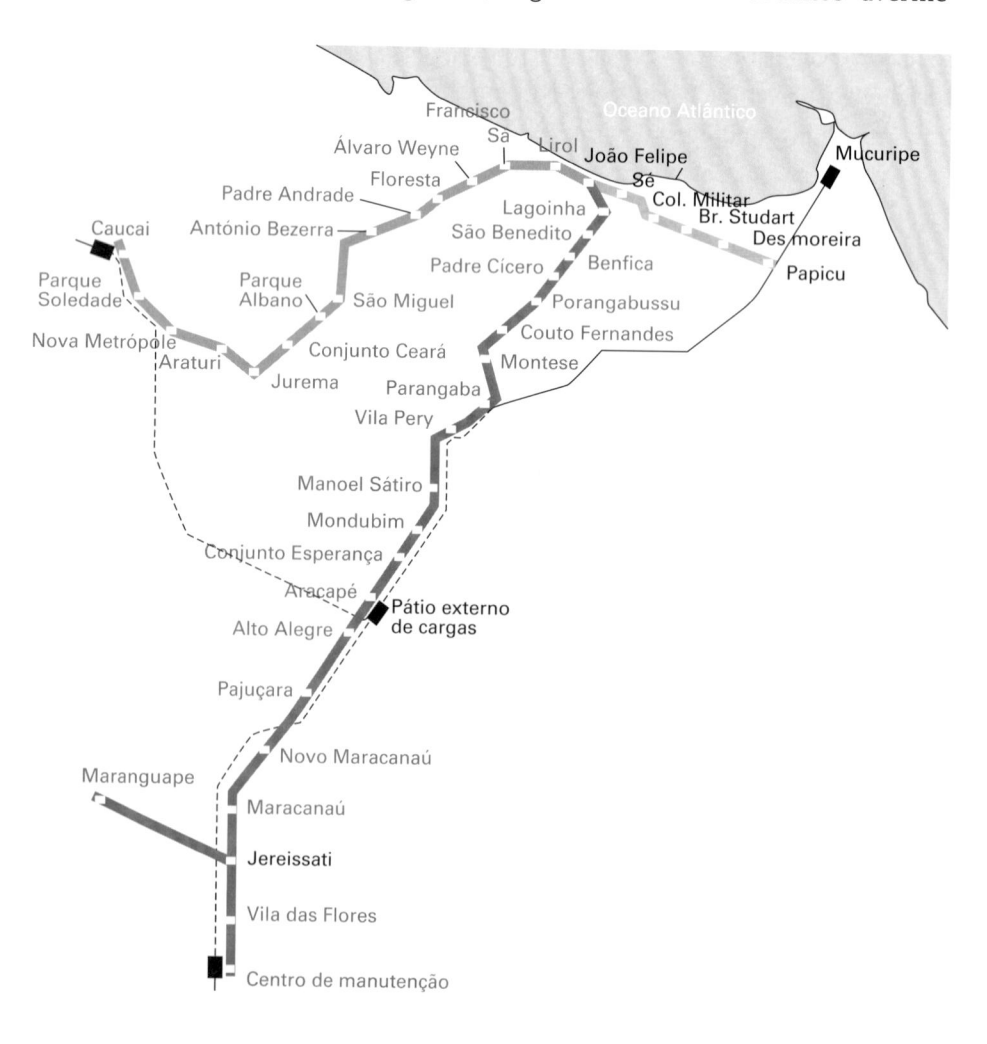

FIG. 14.53 Metrô de Fortaleza

lhados. O nível d'água é raso, variando de 0,80 a 3 m, e é localizado no horizonte representado pelos materiais constituintes das dunas.

14.6.2 Métodos construtivos

Trecho entre as estações: metodologia construtiva prevista no Projeto Básico

As características geológico-geotécnicas do local, somadas à posição do nível freático, descartam a utilização do NATM, em razão da necessidade de tratamento do solo arenoso e de rebaixamento do nível freático, o que tornaria os custos muito elevados (Fig. 14.54).

A escavação por processos mecanizados *shields* também foi abandonada pela pequena extensão do trecho (4 km), que tornava impraticável a importação de equipamentos extremamente caros.

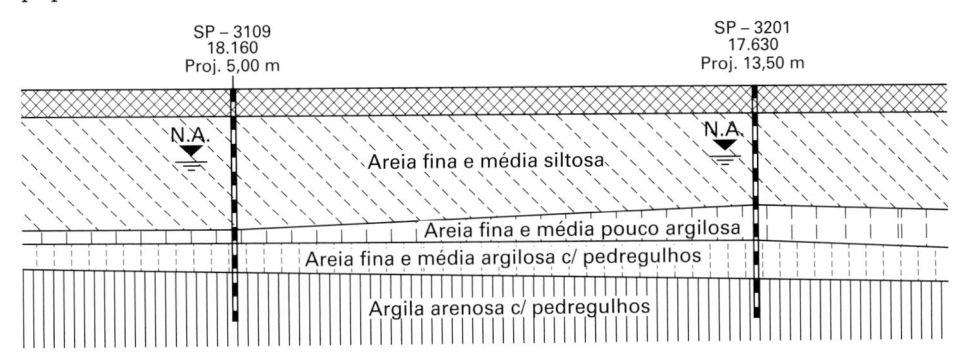

FIG. 14.54 Perfil geológico-geotécnico típico do trecho enterrado

Diante dessa situação, a Companhia Cearense de Transportes Metropolitanos (Metrofor) optou pelo desenvolvimento do Projeto Básico, em trincheira escavada *a céu aberto*, com paredes de contenção tipo diafragma moldadas *in loco*, com espessura de 80 cm e incorporadas à estrutura definitiva. O escoramento das paredes de contenção era previsto com dois níveis de tirantes provisórios, que seriam desativados à medida que fossem executadas as lajes da estrutura definitiva. É importante ressaltar que a baixa resistência da areia até a profundidade aproximada de 10 m obrigou a utilização de tirantes bastante longos no primeiro nível (em média, 30 m de comprimento).

As paredes diafragma teriam profundidade relativamente pequena (15 m) e seriam executadas integralmente em material predominantemente arenoso, o que obrigaria a utilização de rebaixamento do nível freático por meio de poços profundos. Diante das características das edificações próximas à vala, seria inevitável a ocorrência de recalques, com consequentes aparecimentos de trincas, fissuras e outros danos.

A metodologia construtiva do trecho entre as estações está ilustrada na Fig. 14.55.

Os pilares, constituídos por estaca tipo barrete, foram eliminados, e a laje de teto, dimensionada para resistir ao vão total.

E os tirantes puderam ser suprimidos com a adoção da "escavação invertida" e de paredes diafragma pré-moldadas, dimensionadas para resistir aos esforços solicitantes sem a necessidade de apoios provisórios.

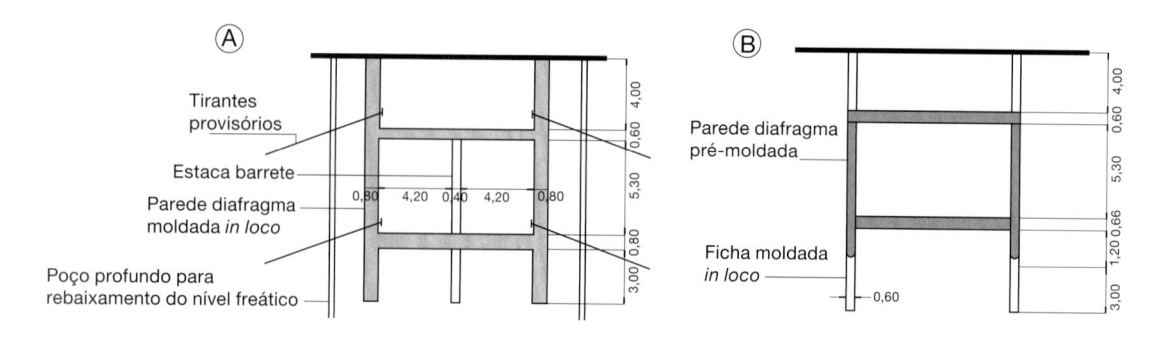

FIG. 14.55 (A) Seção transversal típica adotada no Projeto Básico; (B) seção transversal típica prevista no Projeto Executivo

Estações subterrâneas

a] Metodologia construtiva prevista no Projeto Básico
O Projeto Básico previa estações executadas pelo método berlinense (perfil/pranchão) e escoradas com a utilização de quatro níveis de tirantes provisórios.

As características geológico-geotécnicas e a posição do nível freático obrigavam necessariamente a utilização de rebaixamento do nível freático por meio de poços profundos.

b] Metodologia construtiva prevista no Projeto Executivo
Com o objetivo de diminuir os custos das estações, buscaram-se soluções alternativas ao Projeto Básico.

A forma encontrada para atingir os objetivos foi a substituição do método berlinense (perfil/pranchão) por parede diafragma pré-moldada, aliada à substituição dos tirantes por estroncas metálicas.

A parede diafragma pré-moldada tem a ficha executada em material predominantemente argiloso, o que possibilita a eliminação do rebaixamento do nível freático (Fig. 14.56).

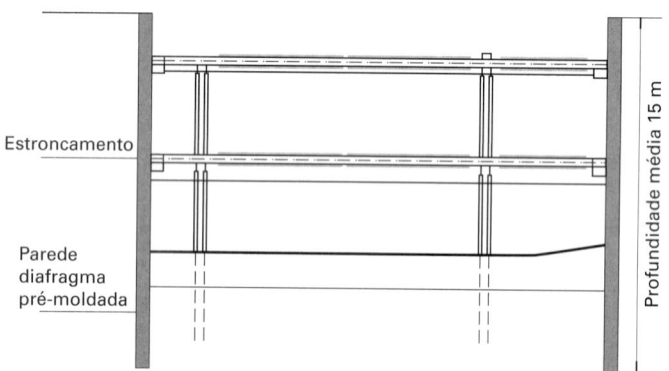

FIG. 14.56 Metodologia prevista no Projeto Executivo

14.6.3 Vantagens obtidas com a mudança da metodologia construtiva

Trecho entre as estações

Foram obtidas redução de custos da ordem de 20% para obra bruta e diminuição do tempo de interdição da superfície de 16 meses para 8 meses em cada frente de trabalho, além das vantagens decorrentes da modificação de parede diafragma moldada in loco para pré-moldada.

Estações subterrâneas

A principal vantagem obtida foi a redução de 30% no custo da obra bruta, além da eliminação dos problemas decorrentes da cravação de perfis metálicos e da utilização de rebaixamento do nível freático.

Nota: os dados expostos na presente seção foram extraídos do trabalho O *Metrô de Fortaleza*, apresentado pela Eng.ª Maria Beatriz Hopf Fernandes no Turb 99 – 3º Simpósio sobre Túneis Urbanos – ABGE.

14.7 O uso de minitúneis em obras de saneamento básico

No Turb 99 – 3º Simpósio sobre Túneis Urbanos – da ABGE, os engenheiros Rubens Russo, Jairo Andrade Sarti e Fávio Durazzo, da Companhia de Saneamento Básico do Estado de São Paulo (Sabesp), apresentaram um panorama sobre a evolução da utilização de *minishields* em obras subterrâneas urbanas (saneamento básico) em São Paulo.

Pela crescente necessidade de implantação de coletores-tronco e interceptores de esgotos em áreas cada vez mais urbanizadas e povoadas, com intenso comércio e tráfego, buscou-se uma alternativa para a construção de valas a céu aberto.

O custo social do empreendimento forçosamente teve de ser considerado. Em 1974 foi introduzido, no Brasil, o *shield* inglês de frente exposta e escavação manual, com revestimento formado por anéis segmentados de 1.200 mm de diâmetro, como única opção para execução de minitúneis para esgotos.

Em 1994, iniciou-se o uso do *shield* de frente balanceada da marca japonesa Iseki para cravação de tubos em obras da Sabesp, com inúmeras vantagens sobre o *shield* automático até então utilizado. Em 1997, passou-se a utilizar os *shields* alemães Soltau e Herrenknecht.

14.7.1 A experiência da Sabesp

No início da utilização do *shield*, a maior preocupação da Sabesp era evitar a fuga da máquina do eixo e garantir o máximo controle da frente exposta de escavação, a fim de se evitar quebras dos segmentos de anéis sobre escavação excessiva e rupturas de frente.

Como na maioria dos túneis da Sabesp, os *shields* foram implantados entre 5 e 8 m de profundidade, abaixo da linha freática, em solos aluvionares considerados fluidos, com a injeção de preenchimento no mesmo instante em que perdia a proteção da couraça, comprometendo o grauteamento e a impermeabilização do túnel.

A Sabesp percebeu que a estanqueidade do túnel estava muito abaixo do desejável, com muita percolação de água e finos de solo para o interior do túnel, criando a possibilidade de desconfinar os anéis, o que poderia causar um colapso.

Diante da indisponibilidade, na época, de outro método ou equipamento de alta produtividade que executasse túneis com melhores condições de estanqueidade, houve uma preocupação da Sabesp em implantar os túneis em solos mais firmes e impermeáveis, a maiores profundidades.

Atualmente a Sabesp sofre com a excessiva infiltração de água e finos de solo nos túneis com revestimento anelar segmentado, com problemas de limpeza dos coletores e interceptores e desgastes das bombas das elevatórias e estações, além de alguns casos em que ocorreu o colapso.

14.7.2 Métodos construtivos

Existe necessidade de pequena área isolada para execução do poço de ataque onde serão desenvolvidos os trabalhos de execução do túnel, com um número reduzido de pessoal (em média, seis trabalhadores).

Os poços de ataque podem ser executados com metodologias diversas, tais como: metálica-madeira, concreto pré-moldado, chapas de aço parafusado e concreto projetado.

Considera-se o concreto projetado como o melhor sistema construtivo para poços de ataque, uma vez que se pode avançar a escavação vagarosamente e minimizar muito os recalques superficiais (pois pode ser executado em forma elíptica e ocupar menos área transversal ao túnel, o que é muito útil em locais com espaço limitado).

Túnel em anéis segmentados

Consiste em uma couraça de aço impulsionada por reação em anéis segmentados em sua parte traseira (saia), por meio de macacos hidráulicos independentes.

O *shield* pode ser de *frente aberta* ou *fechada*, de *escavação manual* ou *automática*.

Em solos considerados firmes, com coesão elevada – como argilas rijas ou solos granulares com cimentação –, o tempo de autossuporte (T) pode ser de dezenas de horas ou dias, propiciando uma boa condição de grauteamento e impermeabilização.

Em solos desmoronáveis, com coesão moderada – como argilas rijas fissuradas (queda em blocos) –, com tempo de autossuporte de aproximadamente seis horas, o atraso máximo do grauteamento deve ser menor que esse.

Em solos escorregadios, não coesivos (areias e pedregulhos acima da linha freática), e solos fluidos (areias finas e siltes saturados), com T=0, o grauteamento deve ser executado com anel ainda dentro da saia, protegido pela couraça.

Tubo cravado

Consiste na cravação de tubos de concreto com anel de aço incorporado e junta elástica na extremidade.

A escavação é feita com *shield* automático ou de frente balanceada, e é um grande avanço tecnológico em relação ao túnel anelar, pela extrema diminuição das juntas existentes e, consequentemente, da infiltração de água e finos.

Com essas características de escavação, o *shield* balanceado dispensa o uso de rebaixamento do nível freático e a necessidade de tratamento de solo, diminuindo os custos de execução e os danos em construções adjacentes à obra. Pode ser operado satisfatoriamente numa grande variedade de solos, com alta produtividade e praticamente sem nenhuma perda de solo na face escavada, induzindo mínimos recalques.

Como produto final, o túnel acabado, temos, na escavação de tubos, uma situação bem superior à do *shield* anelar, pelo número muito menor de juntas pelas quais pode haver infiltração de água e finos, sendo muito mais estanque e dispensando serviços internos de acabamento.

New Austrian Tunnelling Method (NATM)
A escavação do túnel utilizando o método austríaco se baseia na capacidade de autos suporte do solo escavado. A velocidade do avanço da frente, em função do tipo de solo, determina o atraso máximo na aplicação do escoramento/revestimento em concreto projetado.

A sustentação da cavidade escavada é conseguida com a aplicação de concreto projetado sobre tela de aço e o uso de cambotas metálicas e enfilagens, se o tipo de solo escavado assim o determinar. Pode ser utilizado também concreto projetado com fibras de aço.

A execução do túnel depende totalmente do tipo de solo e da posição da linha freática. Um furo piloto sondador à frente da escavação se revela de grande importância para antever problemas com solos ainda não atingidos.

O NATM mostra grandes vantagens no caso de traçados imutáveis em que existam interferências conhecidas, pois permite quaisquer desvios programados, e é utilizado pela Sabesp para diâmetro interno acima de 1,60 m.

Tunnel liner
Consiste na execução do escoramento da cavidade escavada com chapas de aço corrugadas, flangeadas e parafusadas entre si, com orifício para injeção de preenchimento da sobrescavação, recebendo posteriormente revestimento de concreto.

No NATM e no *tunnel liner* podem ser utilizados outros meios de conferência do eixo, uma vez que o avanço da escavação é muito mais lento, tais como linha e nível com apoio em pontos referenciais dados pela topografia.

Conclusões
Nesse relato, os autores concluíram que as maiores preocupações da Sabesp na execução de suas obras resumem-se a:
- mínima interferência na vida cotidiana da cidade e de sua população;
- mínimos danos causados aos bens públicos e privados;
- mínimos danos ao meio ambiente;
- preservação da saúde e bem-estar dos trabalhadores de suas obras;
- retorno do investimento o mais rápido possível, tornando ágil a execução das obras;
- mínimos custos de operação e manutenção de seus coletores e interceptores.

Atualmente, o método executivo para minitúneis que mais se encaixa nessas necessidades e é utilizado com maior frequência pela Sabesp é o de tubos cravados com a utilização do *shield* balanceado. Existe hoje, na Sabesp, a tendência de se usar cada vez mais esse método, que oferece equipamentos *shields* de última geração, com alta produtividade e produto final de ótima qualidade, mais seguro, e que induz mínimos recalques e produz túneis praticamente estanques. É, sem sombra de dúvida, a última palavra em avanço tecnológico no que diz respeito à construção de túneis de pequeno diâmetro.

14.7.3 A importância da Geologia de Engenharia

Qualquer que seja o método executivo, os problemas críticos na construção dos minitúneis ocorrem nas mudanças bruscas das condições geológicas. A campanha de sondagens de reconhecimento dos solos tem importância fundamental tanto na fase de projeto quanto na fase executiva, devendo ser previstas sondagens a não mais de 20 m de distância. Na detecção de possíveis mudanças de homogeneidade do horizonte geológico, devem ser diminuídas as distâncias entre furos para 10 m ou mesmo 5 m.

É oportuno lembrar que o custo das sondagens a percussão, num contrato para execução de minitúnel com sondagens a cada 10 m, equivale a 1% ou 2% do valor total, o que é quase nada pela importância desse serviço na execução de qualquer obra subterrânea.

15
A Geologia
de Engenharia no projeto e construção de obras lineares

"Governar é abrir estradas."
Dr. Washington Luís, presidente do Brasil, 1926

Vista de um dos inúmeros viadutos construídos no Sistema Anchieta-Imigrantes, que liga São Paulo a Santos
Fonte: Revista 25 anos da Dersa (1994).

15.1 Rodovias/estradas

15.1.1 Rodovias no Brasil

O extenso território nacional tem exigido a construção de extensas rodovias, que atingem comprimentos superiores a 4.000 km. A Tab. 15.1 resume seis dessas rodovias. Todas possuem extensão maior que 2.000 km, chegando até a 4.489 km (BR-116).

O Brasil utiliza a malha rodoviária para a maior parte dos transportes. O sistema conta com uma rede de 1.355.000 km de rodovias, pelas quais transitam 56% de todas as cargas movimentadas no país.

Com tamanha rede, as estradas são as principais vias de transporte de carga e de passageiros. Desde o advento da República, os governos brasileiros sempre priorizaram o tranporte rodoviário em detrimento do ferroviário e fluvial.

O Brasil é o 7º país mais importante para a indústria automobilística. Dos mais de 1,3 milhão de quilômetros de rede rodoviária, 30% estão muito danifi-

Tab. 15.1 Exemplos de rodovias brasileiras

Prefixo	Extensão (km)	Trajeto de ligação
BR-116 Régis Bittencourt, Dutra, Rio-Bahia		Fortaleza (CE) a Jaguarão (SC)
BR-101	4.125	Touros (RN) a Rio Grande (RS)
BR-364	4.099	Limeira (SP) a Rio Grande (RS)
BR-153 – Transbrasiliana	3.898	Marabá (PA) a Bagé (RS)
BR-230	4.223	Cabedelo (PB) a Lábrea (AM)
BR-163	2.112	Tenente Portela (RS) a Alenquer (PA)

cados pela falta de conservação e apenas 140 mil km estão pavimentados. Parte considerável das ligações interurbanas no país, mesmo em regiões de grande demanda, ainda se dá por estradas de terra ou com pavimentação quase inexistente. Durante a época de chuvas, principalmente nas regiões Norte e Nordeste, as rodovias sofrem com os buracos, e são comuns, ainda que em menor número, deslizamentos de terra e quedas de pontes, trazendo transtornos e prejuízos ao transporte de cargas, além de causar acidentes e mortes.

As rodovias que se encontram em boas condições, com algumas exceções, fazem parte de concessões à iniciativa privada. Assim, embora apresentem extrema qualidade, estão sujeitas a pedágios. A rodovia dos Bandeirantes, a Imigrantes, a Castelo Branco e a Washington Luís são exemplos desse sistema. O sistema de transporte rodoviário de passageiros compreende uma rede extensa e complexa, mas torna viáveis viagens que, por sua longa duração e distância, em outros países só seriam possíveis por via aérea.

15.1.2 Histórico: primeira rodovia pavimentada no Brasil

A primeira rodovia pavimentada no Brasil foi a Estrada União e Indústria, que liga Petrópolis (RJ) a Juiz de Fora (MG). A estrada foi inaugurada em 23 de junho de 1861 pelo imperador D. Pedro II. Construída com mão de obra de colonos alemães, a rodovia foi pavimentada pelo método macadame, no qual o piso é composto por pequenas pedras, comprimidas de forma a se encaixarem umas nas outras.

Na época, a estrada teve grande importância para o escoamento da produção cafeeira da região, além de ter sido um grande avanço da técnica de engenharia no Brasil.

FIG. 15.1 Rodovia Gov. Antônio Mariz, como a BR-230 é conhecida no trecho duplicado entre Campina Grande e João Pessoa (PB)

15.1.3 O caso da rodovia Transamazônica

A Transamazônica, conhecida como BR-230 (Fig. 15.1), foi concebida durante o governo do presidente Emílio Garrastazu Médici (1969/1974) e incluída no rol de obras faraônicas feitas no Brasil. Sua extensão é de 4.223 km, e liga Cabedelo, na

Paraíba, à cidade de Lábrea, no extremo oeste do Amazonas. Atualmente, corta sete estados brasileiros: Paraíba, Ceará, Piauí, Maranhão, Tocantins, Pará e Amazonas.

Foi inaugurada em 27 de agosto de 1972 com o objetivo de ser uma rodovia pavimentada. Porém, por muitos anos, na condição de não pavimentada, teve trechos interrompidos em épocas de chuvas na região, entre outubro e março.

A Fig. 15.2 ilustra o longo trajeto da Transamazônica. Ela tinha por objetivo permitir, ao longo de seu percurso, a construção das chamadas agrovilas, o que não se concretizou.

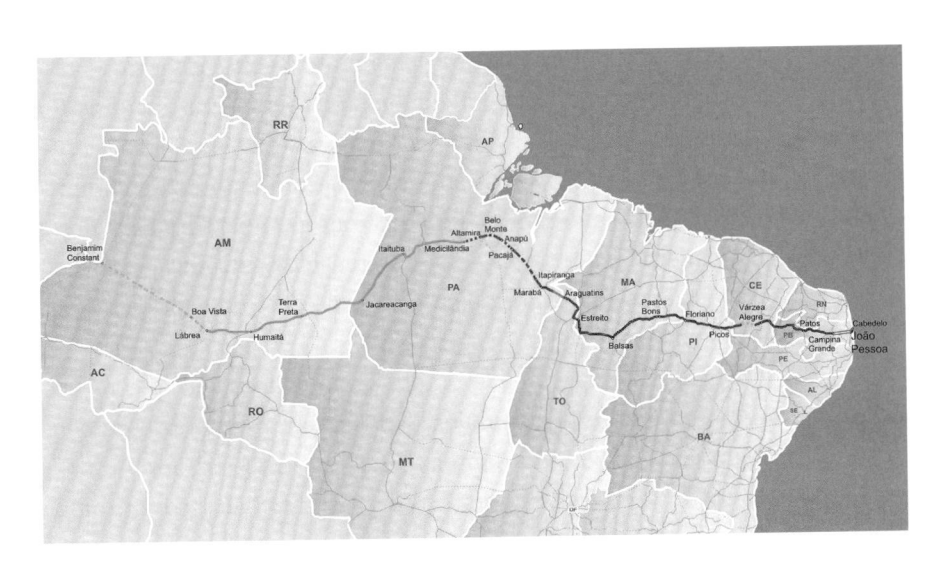

FIG. 15.2 Traçado da BR-230, rodovia Transamazônica, com extensão de 4.223 km

As Figs. 15.3 e 15.4 ilustram aspectos da Transamazônica. A Fig. 15.3 mostra a rodovia rasgando a densa floresta e a Fig. 15.4, um dos trechos interrompidos pela lama.

FIG. 15.3 Rodovia Transamazônica: um rasgo na floresta

FIG. 15.4 Transamazônica no período de chuva

Elementos básicos de uma rodovia 15.1.4

A seguir são apresentados os elementos básicos de uma rodovia, segundo Maciel Filho e Nummer (2011) (Fig. 15.5).

FIG. 15.5   Elementos de uma rodovia
Fonte: Maciel Filho e Nummer (2011).

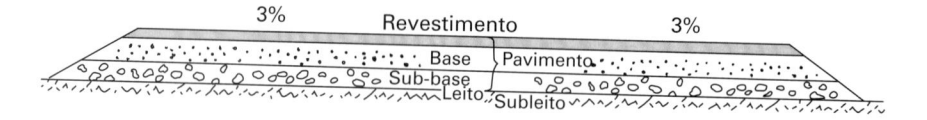

Pavimento é a parte constituída por uma ou mais camadas que suportam diretamente o tráfego e transmitem os respectivos esforços à sua infraestrutura (terreno, obras de arte etc.), e é constituído, em geral, por camada de fundação e camada de desgaste (Caputo, 1981).

Pavimento rígido é aquele pouco deformável constituído, principalmente, por concreto de cimento ou, ainda, por macadame de cimento e solo-cimento.

Pavimento flexível é aquele não rígido; divide-se em dois grupos: pavimento não betuminoso (ligante de agregação) e betuminoso (ligante betuminoso).

Macadame hidráulico é a camada do pavimento constituída por brita comprimida e aglutinada no próprio pavimento pela adição de pó de pedra ou saibro. Segundo Ré (1977), macadame é um tipo de pavimentação de estradas de serviço que consiste na justaposição e compactação de pedras no leito da estrada, rejuntadas com o próprio solo da base.

Revestimento é a camada impermeável, tanto quanto possível, que recebe diretamente a ação de rolamento dos veículos, destinada a melhorar essa condição e resistir aos esforços horizontais (Santos, 1972).

Base é a camada destinada a resistir e distribuir os esforços verticais oriundos dos veículos e sobre a qual se constrói o revestimento (Santos, 1972).

Sub-base é a camada complementar à base, optativa, com as mesmas funções desta, e executada quando, por razões econômicas, for conveniente reduzir a espessura da base (Frazão, 2002).

Leito é a superfície obtida pela terraplenagem ou obra de arte e que separa o subleito da base ou sub-base (Santos, 1972).

Subleito é o terreno de fundação do pavimento. Modernamente se aceita a necessidade de seu preparo para receber o pavimento (Santos, 1972).

A Fig. 15.6 mostra, em uma seção longitudinal, uma estrada e as relações entre o pavimento e o subleito. O terreno natural pode ser cortado (áreas de corte) para receber o pavimento e pode funcionar como fundação de aterros.

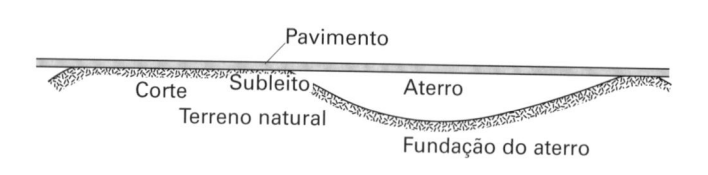

FIG. 15.6   Seção longitudinal de uma rodovia
Fonte: Maciel Filho e Nummer (2011).

15.1.5   Obras de arte

As obras de arte – como pontes, viadutos e túneis – normalmente estão presentes em obras rodoviárias, como ilustra a Fig. 15.7.

Entre as rodovias do mundo, uma que se destaca em obras de arte é o complexo rodoviário na Baía de Jiaodhou, na China (Fig. 15.8). Ele liga o continente à ilha de Huangdao e possui uma extensão de 42 km, tendo custado R$ 2,4 bilhões. Foi concluído em 2011, e construído num tempo inimaginável para nós: quatro anos!

Roteiro dos trabalhos para estudos e projetos de obras viárias 15.1.6

Esse roteiro básico envolve etapas como:

i) *Estudos preliminares*
   a) De tráfego (para avaliar sua utilização)
   b) Topográficos (para definição do traçado)
   c) Geológico-geotécnico
   d) Hidrológicos

ii) *Anteprojeto*
   a) Terraplenagem
   b) Drenagem
   c) Pavimentação

iii) *Estudos complementares*
   a) Para obras de arte
   b) Viabilidade da desapropriação econômica
   c) Acessos
   d) Sinalização e segurança
   e) Orçamento
   f) Licença ambiental

iv) *Fatores necessários para a escolha do traçado*
   a) Topografia da região
   b) Condições geológicas e geotécnicas do terreno
   c) Hidrologia e hidrografia da região
   d) Presença de benfeitorias ao longo da faixa de domínio da estrada

v) Importância da Geologia de Engenharia

Em trabalhos geológico-geotécnicos, o aluno de Engenharia ou o engenheiro deve seguir a mesma sequência para toda e qualquer obra:
   a) Coleta de dados no escritório; trabalhos e mapas existentes e fotos aéreas
   b) Programa de investigação de campo; reconhecimento da região
   c) Programação de sondagens diretas (a trado, a percussão, rotativas e geofísicas)
   d) Análise dos dados de campo
   e) Elaboração de perfis geológicos
   f) Avaliação das áreas de corte e aterro
   g) Identificação de jazidas para brita, aterro etc.

FIG. 15.7 Sistema Anhanguera-Bandeirantes, entre São Paulo e Jundiaí. Notar a interligação das rodovias e viadutos e os cortes em solos residuais

FIG. 15.8 A rodovia chinesa liga o continente à ilha de Huangdao

15.1.7 Casos de intervenções de rodovias em diferentes condições geológico-geotécnicas

Construção em áreas de planícies com solos orgânicos/mangues

A Fig. 15.9 ilustra o caso da rodovia Piaçaguera-Guarujá, no Estado de São Paulo.

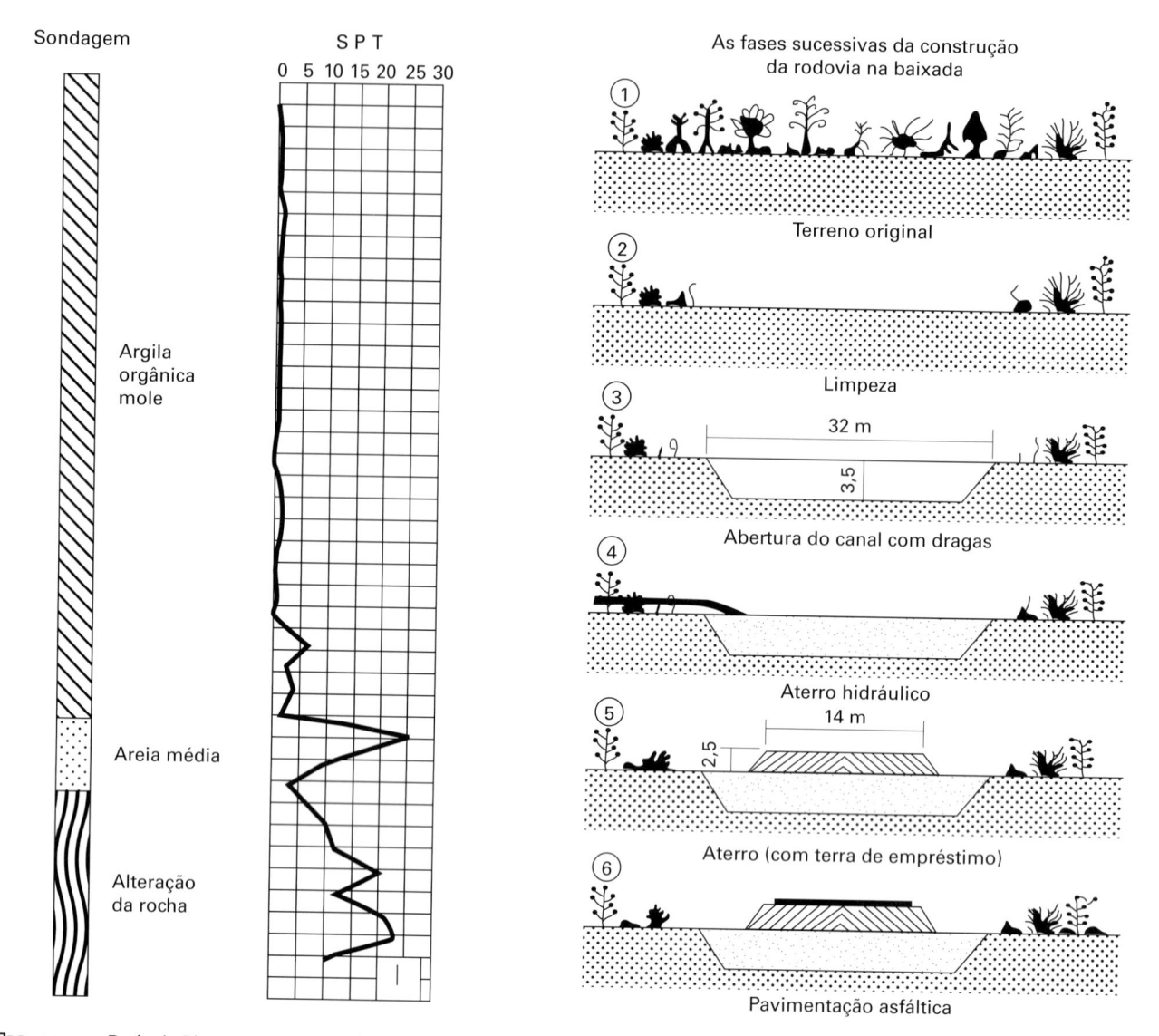

FIG. 15.9 Rodovia Piaçaguera-Guarujá (SP): (A) exemplo da sondagem geológica e baixa resistência de penetração no ensaio de SPT (*Standard penetration test*); (B) seis fases básicas para a construção da rodovia

Construção em regiões de topografia acidentada/encostas

Exige cuidados especiais por causa dos cortes, aterros, drenagem para escoamentos volumosos, prevenção de escorregamento e deslizamentos de terra etc.

No caso particular dos taludes que exigem cortes, a avaliação geológico-geotécnica é de extrema importância pelo comportamento distinto entre o solo e a rocha. Caso o material seja a rocha, a análise é concentrada nas estruturas, como posição das camadas, fraturas, eventuais falhas, grau de alteração etc.

Vale lembrar que essas estruturas, em certos casos, se transformam em superfícies preferenciais de escorregamentos/deslizamentos.

Alvarenga e Carmo (1986 apud Maciel Filho e Nummer, 2011) observaram em 80 taludes na BR-116, do trecho Rio-São Paulo até o km 100, frequentes e pequenos escorregamentos causados por erosão superficial, além de ausência de grandes escorregamentos em taludes de até 20 m. Em taludes de maior altura (30 a 60 m), eles observaram escorregamentos profundos comandados pela herança estrutural da rocha.

As Figs. 15.10 e 15.11 mostram as alterações de geometria do talude cortado em rochas sedimentares no Estado de São Paulo.

Ainda no caso de construção de rodovias em topografia acidentada, em que exista a presença de solos residuais profundos ou camadas de rochas sedimentares, é usual, nos cortes maiores, realizar sua execução de forma escalonada, com a construção das chamadas bermas, que constituem verdadeiros degraus que suavizam o corte.

A Fig. 15.12 é um exemplo de bermas na rodovia Carvalho Pinto, no Vale do Paraíba, no Estado de São Paulo.

Nesses casos, estão presentes contínuos sistemas de drenagem superficial que formam, nos taludes dos cortes, uma rede intensa de canaletas para desvio e condução dos volumes de chuva.

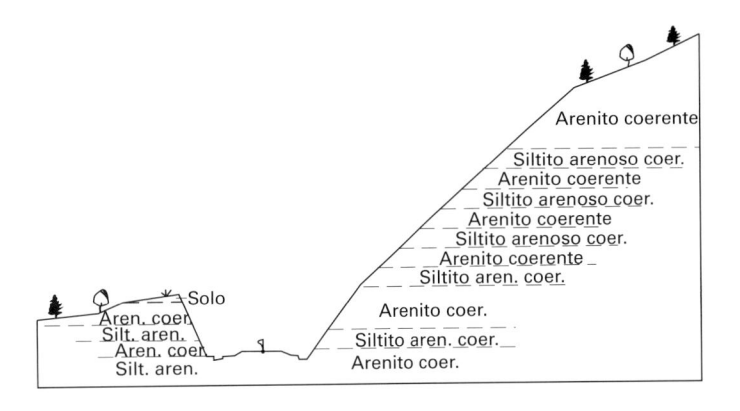

FIG. 15.10 Perfil esquemático de um talude em litologia heterogênea quando da abertura da estrada
Fonte: Frazão, Mioto e Santos (1976).

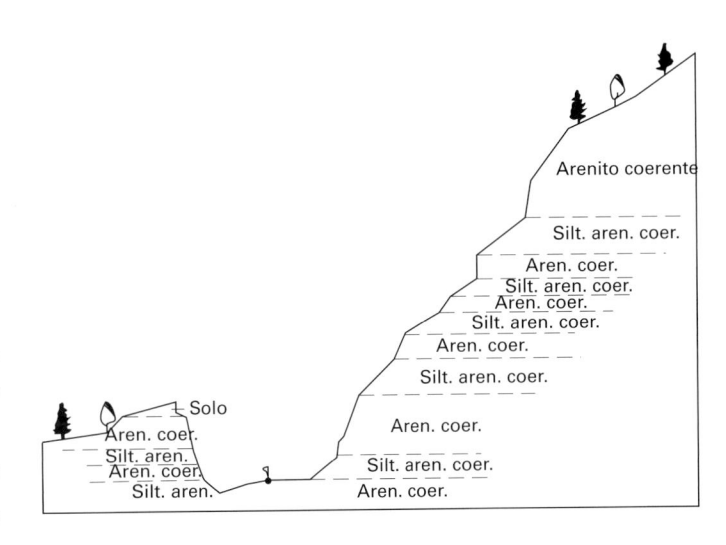

FIG. 15.11 Perfil esquemático do talude da Fig. 15.10 após alguns anos
Fonte: Frazão, Mioto e Santos (1976).

FIG. 15.12 Bermas, verdadeiros degraus
Foto: Ruth Dolce Chiossi.

A Fig. 15.13 dá um exemplo dessas canaletas na rodovia Ayrton Senna, que liga a cidade de São Paulo ao Vale do Paraíba, no Estado de São Paulo.

As regiões de topografia acidentada exigem, muitas vezes, a construção de túneis, como os que se veem na Fig. 15.14, construídos de modo paralelo na rodovia Carvalho Pinto.

As rodovias/estradas estão se tornando obras cada vez mais difíceis e sofisticadas. Um exemplo atual é o da BR-101, que liga São Paulo ao Paraná, que, num trecho de apenas 19 km ainda não duplicado na serra do Cafezal, vai exigir a construção de quatro túneis e 35 viadutos.

Só aumenta o número de obras em que a Geologia de Engenharia assume um papel muito importante, e em que cada vez mais têm ocorrido desastres como escorregamentos de taludes, afundamento de pistas, ruptura de aterros etc.

A Fig. 15.15 mostra a ruptura de um aterro no Estado do Rio de Janeiro, em 2012.

FIG. 15.13 Canaletas de drenagem
Foto: Ruth Dolce Chiossi.

FIG. 15.14 Túneis da rodovia Carvalho Pinto
Foto: Ruth Dolce Chiossi.

15.1.8 Investigação geológica para estradas: o caso da rodovia dos Imigrantes

A Imigrantes faz a ligação entre São Paulo e a Baixada Santista. Ela atravessa três regiões morfológica e geologicamente distintas: trecho de planalto; trecho de serra, de topografia extremamente acidentada, onde ocorrem vários tipos de rocha em diversos graus de alteração; e trecho da Baixada, de topografia plana.

A drenagem é caracterizada por um grande número de profundas ravinas, que se transformam em leitos de enxurradas por ocasião das chuvas e que recortam os taludes da serra.

Durante a época de chuvas (outubro a março), ocorrem escorregamentos de solo e rochas. Estudos geológicos realizados pelo Instituto de Pesquisas Tecnológicas do Estado de São Paulo (IPT) constaram essencialmente de:

a) mapeamento geológico preliminar, indicando especialmente os afloramentos rochosos com atitudes estruturais e delimitando os principais corpos de tálus;
b) execução de poços de inspeção e sondagens a trado;
c) sondagens rotativas;
d) ensaios de caracterização de solos: LL, LP e IP e análises granulométricas;
e) sondagens elétricas.

FIG. 15.15 Ruptura de aterro com o rompimento da estrada BR-356, na altura de Campos, no norte fluminense, provocado pela cheia do rio Muriaé

Já os estudos geológicos desenvolvidos na fase de elaboração do projeto básico constaram essencialmente de:

a) mapeamento geológico de superfície executado ao longo de uma faixa de 250 m de largura;
b) poços de inspeção para fins geotécnicos, com retirada de amostras;
c) sondagens para determinação do topo rochoso;
d) sondagens para fins geotécnicos, com ensaios de penetração SPT nos trechos em solos;
e) prospecção geofísica pelos métodos sísmicos de refração e eletrorresistividade;
f) ensaios especiais em solos (LL, LP e IP, granulometria, cisalhamento direto, ensaios triaxiais, adensamento rápido e ensaio de compactação Proctor normal).

O método sísmico de refração foi utilizado em todo o trecho de serra ao longo dos espigões, procurando-se as linhas de cristas por serem menos irregulares para a elaboração de seções.

No trecho de topografia menos acidentada, esse método foi utilizado em conjunto com o da *eletrorresistividade*, especialmente no estudo das áreas de tálus próximas ao rio Cubatão.

Durante toda a fase executiva, o acompanhamento geológico e geotécnico englobou diversos aspectos, que podem ser resumidos em:

a) acompanhamento geológico das fundações dos viadutos, com elaboração de seções transversais e longitudinais;
b) mapeamento geológico dos muros atirantados, com a execução de numerosas sondagens para perfeito conhecimento dos maciços;
c) acompanhamento geológico da execução de fundações nas zonas de tálus, determinando-se o comprimento a ser adotado para estruturas especiais de proteção;
d) verificação de taludes instáveis ao longo da encosta e execução dos tipos de tratamento mais adequados;
e) execução de ensaios geotécnicos referentes a tirantes de vários fios, ancorados com calda de cimento, e tirantes de vergalhão, ancorados com resina epóxi (Machado Filho; Hessing, 1976).

15.2 Ferrovias

A malha ferroviária do Brasil possui cerca de 30 mil km de extensão, dos quais apenas 1.121 km são eletrificados, além de possuir diversos tipos de bitolas. A Fig. 15.16 mostra uma foto da estrada de ferro Curitiba-Paranaguá (PR).

A história das ferrovias no Brasil contém alguns desastrosos exemplos de falta de planejamento nos projetos e construções.

Um deles é a odisseia da ligação ferroviária Madeira-Mamoré, na Amazônia, entre os anos de 1907 e 1912.

Outros exemplos são os atrasos e gastos astronômicos de obras como a Ferrovia do Aço e a Norte-Sul (esta ainda inacabada), que tiveram custos e períodos de tempo de construção inacreditáveis!

Assim, a Ferrovia do Aço (1973-1989), batizada inicialmente como Ferrovia dos 1.000 dias, que era o prazo dado para sua construção, somente foi terminada 14 anos depois! E a Ferrovia Norte-Sul, iniciada em 1987, após 26 anos, ou seja, até a presente data, ainda tem muito por construir!

FIG. 15.16 Estrada de ferro Curitiba-Paranaguá (PR). Saída de túnel à beira de precipício na serra do Mar

15.2.1 Ferrovias do Brasil
Ferrovia Madeira-Mamoré
A ideia da estrada de ferro Madeira-Mamoré teve sua origem em 1861, concebida por um general boliviano e um engenheiro brasileiro. Era um projeto incentivado pelo governo da Bolívia, visando a escoar, principalmente, a produção brasileira e a boliviana de borracha, interligando Porto Velho e Guajará-Mirim, em Rondônia. A ferrovia era justificada, uma vez que, por via fluvial, o transporte não era possível, devido às cachoeiras do rio Madeira, um grande obstáculo natural.

Nos anos de 1872, 1874, 1877 e 1878, foram feitas tentativas de início e avanço da construção, com vindas de grupos estrangeiros e trabalhadores nacionais, porém foram infrutíferas. Em 1907, houve um novo vigoroso começo; em 1909 ela já possuía 74 km construídos, tendo sido concluída em 1912, com a extensão prevista de 366 km. A Madeira-Mamoré seria, em tese, a saída que a Bolívia buscava para o Oceano Atlântico, através da bacia amazônica.

Após anos de utilização, com o declínio dos preços e da produção de borracha na Amazônia por causa das plantações da Malásia, a ferrovia viu sua importância diminuir.

A ferrovia sobreviveu até meados de 1957, com transporte de carga e passageiros. Em 1966, um decreto determinou sua desativação, ocorrida totalmente em 1972, ano em que foi proposta sua substituição por uma rodovia.

Em 1981, voltou a operar, para fins turísticos, ao longo de um trecho de 7 km, e foi novamente paralisada no ano 2000.

Durante sua construção, além dos elevados gastos, estima-se que morreram cerca de cinco mil trabalhadores, vitimados por moléstias tropicais e por ataques de índios e animais selvagens.

Para concretizar a Madeira-Mamoré participaram das obras técnicos ingleses, americanos, brasileiros (da Região Nordeste) e de outras nacionalidades, como italianos e irlandeses. Por causa das adversidades, a Madeira-Mamoré passou a ser conhecida como a Ferrovia da Morte.

Ferrovia do Aço

Ficou conhecida, na época, como a Ferrovia dos 1.000 dias, que seria o prazo para sua construção.

Sua construção foi iniciada em 1973, buscando a ligação Belo Horizonte-São Paulo, com um ramal para Volta Redonda (RJ), para o transporte de minério de ferro.

Seu traçado atravessa regiões montanhosas, com topografia acidentada e condições geológico-geotécnicas difíceis, o que exigiu a construção de 70 túneis e 92 pontes e viadutos. Um dos túneis possui 8,7 km de extensão (Fig. 15.17). As obras foram interrompidas várias vezes, e os trens circularam pela primeira vez em 1989!

Ferrovia Norte-Sul

Com o objetivo de integrar as regiões Norte e Sul, sua construção foi iniciada em 1987 e até o presente não está concluída. O trecho concluído liga Açailândia, no Maranhão, a Palmas, no Tocantins, com 2.244 km.

FIG. 15.17 Tunelão da Ferrovia do Aço

A Norte-Sul e a Ferrovia do Aço são exemplos da falta de planejamento e de controle, com prazos e recursos inacreditavelmente dilatados.

Estrada de ferro Carajás

A estrada de ferro Carajás é uma importante via para a exportação de minérios. Inaugurada em 1985, com 892 km de extensão, liga a famosa serra de Carajás, no Pará, ao porto de Itaqui, no Maranhão. Transporta, principalmente, minério de ferro e, em pequenos trechos, passageiros.

Seus trens sempre se destacaram pelo tamanho, com até 330 vagões e três locomotivas a diesel.

Outra importante ferrovia para o transporte de minérios e passageiros é a Vitória-Minas (CVRD), em operação desde 1904, com 905 km de extensão. Além de minério de ferro, transporta carvão, madeira, produtos agrícolas etc.

Projetos ferroviários atuais

Três projetos são destacados em 2012 no Brasil:

a) a Transnordestina, com extensão de 1.728 km, ligando Eliseu Martins, no Piauí, ao porto de Suape, em Pernambuco, com um ramal para o porto de Pecem, no Ceará;

b) a ligação Oeste-Leste, ligando Figueirópolis, no Tocantins, a Ilhéus, na Bahia, com extensão de 1.490 km;

c) a chamada Extensão Norte-Sul, ligando Estrela D'Oeste, em São Paulo, a Ouro Verde, em Goiás, que terá uma extensão de 670 km.

A primeira ferrovia é construída pela Transnordestina Logística, e as outras duas, pela Valec - Engenharia, Construções e Ferrovias S.A., empresa pública do Ministério dos Transportes. A previsão de término das obras é entre 2013 e 2014.

15.2.2 Elementos típicos de uma ferrovia

A Fig. 15.18 mostra uma seção transversal típica de uma ferrovia.

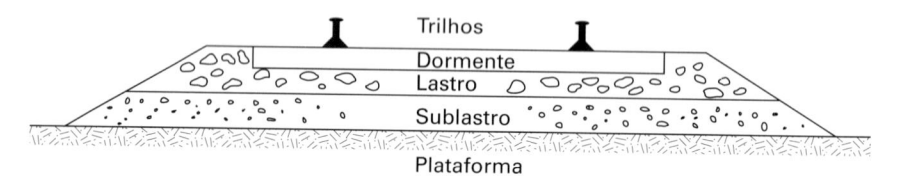

FIG. 15.18 Seção transversal de uma ferrovia
Fonte: Maciel Filho e Nummer (2011).

Importância da Geologia de Engenharia no projeto e construção de ferrovias

Como nos capítulos anteriores, envolvendo diferentes tipos de obras, repetimos aqui a importância do conhecimento geológico, geotécnico e hidrogeológico para projetos e construção de ferrovias. A sequência de etapas envolvendo as investigações ao longo do traçado, já conhecida dos leitores, é:

a) pesquisa bibliográfica;
b) análise de mapas existentes;
c) programa preliminar:
- mapeamento geológico com fotos e imagens numa faixa de 10 km de cada lado;
- diretriz básica proposta;

- mapeamento geológico de campo;
- plano de investigação direta e indireta;
- análise dos dados em escritório.

Esse programa (mapeamento e investigações) visa a definir as unidades de rocha/solo e suas propriedades, bem como áreas de empréstimo para eventuais trechos em aterros. Nesses casos, a investigação se concentra em furos a trado.

15.2.3 Trens de alta velocidade (TAVs/Trens-bala)

Histórico

Em 1964, por ocasião dos Jogos Olímpicos de Tóquio, no Japão, foi lançado o primeiro trem de alta velocidade do mundo, cujo percurso ligava Tóquio a Osaka, com uma extensão de 515 km.

Na Europa, a primeira linha de trem-bala foi inaugurada em 1978, na Itália, com o percurso Roma-Florença, de 254 km.

Em 1981, foi a vez da França, com o percurso Paris-Lyon, com um percurso de 425 km. Outros países seguiram o exemplo: a Espanha, em 1992, com um percurso de 471 km; a Coreia do Sul, em 2004; a Alemanha, em 2006; e Taiwan, em 2007.

No Brasil, a intenção era construir uma linha de trem-bala que atingisse uma velocidade próxima a 350 km/h para a Copa do Mundo de Futebol, em 2014. Mas o processo de criação do Trem de Alta Velocidade (TAV) está muito lento. Somente em dezembro de 2012 foi publicado o edital, que estipula o leilão do TAV para setembro de 2013. A previsão mais recente é de que ele *esteja operando plenamente em 2020*.

Países que implantaram o TAV

A seguir serão apresentadas, em linhas gerais, as principais características dos projetos de TAV em operação no mundo.

a] *Japão*
A principal rota de transporte de passageiros no Japão está entre Tóquio e Osaka, em um percurso de 515 km e 16 estações realizado em duas horas e meia (Fig. 15.19).

b] *Itália*
Na Itália, o percurso de 254 km entre Roma e Florença, inaugurado em 1978, é percorrido em uma hora e meia. Para enfrentar a grande quantidade de curvas, os italianos desenvolveram a tecnologia denominada *tilting train*, conhecido como *pendolino*, que consiste na inclinação do trem nas curvas para compensar a força centrífuga e oferecer maior conforto aos passageiros.

FIG. 15.19 Trem-bala no Japão

c] *Espanha*

Em 1992 foi a vez da Espanha ter sua primeira linha de alta velocidade, com 471 km. Para ser viável economicamente, e para uma possível conexão com a rede francesa, adotou-se a mesma bitola (espaçamento dos trilhos) da França. Por esta não ser igual à usada na Espanha, criou-se um sistema chamado Talgo 200, que permite que um trem seja capaz de se adaptar a diferentes bitolas. A participação de mercado do transporte ferroviário na Espanha é relativamente baixa, próxima de 5% (Lacerda, 2008).

d] *França*

Na França, o sistema de trens de alta velocidade teve início em 1981, entre Paris e Lyon, num percurso de 425 km. Dois aspectos importantes viabilizaram o *train à grande vitesse* (TGV): topografia plana e utilização de malha ferroviária já existente.

e] *Alemanha*

Na Alemanha, a saída para viabilizar a implantação do TAV foi dividir o uso entre serviços de passageiros e de cargas. À noite, é usado para transporte de cargas, com velocidade média de até 160 km/h; durante o dia, transporta passageiros (Ebeling, 2005).

Há somente duas linhas exclusivas para o transporte de passageiros, que estão capacitadas para alcançar a velocidade máxima de 300 km/h. O percurso, de 90 km, inaugurado em 2006, é em terreno acidentado, e exigiu a construção de obras de arte em um grande trecho.

15.2.4 O caso do TAV (trem-bala) brasileiro

O projeto objetiva proporcionar a ligação ferroviária entre a cidade do Rio de Janeiro (RJ) e Campinas (SP), passando pelo Vale do Paraíba e a cidade de São Paulo (Fig. 15.20).

Fig. 15.20 Diagrama do traçado referencial e estações
Fonte: Projeto TAV Brasil (2009b).

A extensão desse trecho totaliza 510,8 km, com estimativa preliminar de 312,1 km em superfície, 90,9 km em túneis e 107,8 km em pontes e viadutos (Tab. 15.2).

A Tab. 15.3 apresenta os vários trechos do traçado proposto.

Tab. 15.2 Extensão do TAV brasileiro e seus percentuais

Obras de engenharia civil	Extensão (km)	Relação percentual com a extensão total do percurso
túneis	90,9	18%
pontes	107,8	21%
superfície	312,1	61%

Condições geológicas e geotécnicas

As investigações das condições geológicas e geotécnicas, das consultas bibliográficas ao programa de campo, consideraram como mapa básico uma faixa de 2 km de largura ao longo da diretriz do traçado proposto, em que foram considerados os seguintes aspectos: litológicos, dos solos, hidrológicos, relevo, clima e vegetação.

A elaboração dos mapas básicos seguiu a metodologia tradicional com interpretação de fotos aéreas e imagens de satélites, numa faixa de 20 km ao longo do traçado proposto.

Na escala 1:50.000 foram elaborados mapas básicos de geologia, geomorfologia, pedologia etc. (Fonte: Relatório do Mapeamento Geológico-Geotécnico (CPRM)).

Tab. 15.3 Trechos do traçado proposto para o TAV brasileiro

Trecho	Extensão (km)
Barão de Mauá-Galeão (RJ)	15,2
Galeão-Barra Mansa/Volta Redonda (RJ)	103,1
Barra Mansa/Volta Redonda (RJ)-São José dos Campos (SP)	210,4
São José dos Campos-Guarulhos (SP)	61,8
Guarulhos-Campo de Marte (SP)	21,8
Campo de Marte-Viracopos (SP)	75,2
Viracopos-Campinas (SP)	23,2

Fonte: Projeto TAV Brasil (2009a).

Resultados preliminares

Numa faixa de 20 km ao longo do traçado foram elaborados mapas geológicos com elementos estruturais, além de indicações da geomorfologia e pedologia.

i] *Geologia regional*

Uma primeira análise geológico-geotécnica definiu sete domínios com base nas suas principais características.

Cada domínio contém 27 unidades geológico-geotécnicas identificadas em razão de suas peculiaridades e da sua possibilidade de comportamento diante das necessidades da obra.

Foram considerados e avaliados os condicionantes e processos cujas características pudessem vir a comprometer o empreendimento tanto em aspectos construtivos como em operacionais ou relativos à manutenção da obra. Os sete domínios compreendem:

a] Solos colapsíveis
b] Solos expansíveis
c] Subsidência característica
d] Cavas de areia
e] Turfeiras
f] Processos erosivos e movimentos de massa
g] Locais de riscos geológico-geotécnicos (hierarquização)

Em relação ao item g, durante os trabalhos de campo, além dos aspectos relacionados às características geológico-geotécnicas dos materiais observados nos 486 pontos visitados, foi feita uma avaliação da suscetibilidade dos terrenos aos processos dinâmicos de encostas (erosões e movimentos de massa) já instalados ou potenciais, sendo os terrenos hierarquizados em grau de risco. Nos trabalhos de fotointerpretação das ortofotos de alta resolução, foram cartografados os processos erosivos, os processos de movimentos de massa e os indícios de mobilização dos terrenos.

ii] *Investigações geológicas*

Investigação direta: sondagens mecânicas e manuais, ensaios de laboratório; foram programadas sondagens mecânicas mistas (rotativas e a percussão) em solo e rocha, a percussão (com SPT) em solo e rotativas em rocha; as sondagens mistas (SM) chegaram a um total de 40, e a profundidade chegou a 30 m; as sondagens rotativas (SR), num total de 10 furos, foram executadas com o objetivo de investigar a ocorrência de estruturas geológicas ao longo dos extensos túneis projetados para a serra das Araras e a região próxima às cidades de São Paulo e Campinas; na serra do Mar foram previstos furos da ordem de 100 a 140 m; foram 100 os furos manuais a trado, com profundidade máxima de 5 m, para a prospecção de materiais terrosos em futuras áreas de empréstimo, além de ensaios de laboratório nas amostras.

iii] *Ensaios de caracterização:* LL, LP e granulometria; compactação (Proctor normal); Índice de Suporte Califórnia (CPRM, 2009).

iv] *Levantamento geofísico*

As investigações geofísicas foram programadas em caráter complementar às investigações diretas. Essas investigações consistem de *sondagens elétricas verticais* (SEVs), em número de 300, e *caminhamentos elétricos*, num total de 50 km (CPRM, 2009).

A Tab. 15.4 traz um resumo das investigações geológicas nessa fase.

Tab. 15.4 Métodos diretos e geofísicos

Métodos diretos			
sondagens mistas 40	sondagens rotativas 10	furos a trado 100	quantidades
30 m	Até 100 m - 140 m	5 m	profundidade
Métodos geofísicos			
sondagens elétricas verticais		300	quantidade
300		50 km	total percorrido

v] *Avaliação ambiental*

Para essa avaliação, foram considerados os indicadores ambientais do Quadro 15.1.

vi] *Métodos construtivos*

Os métodos construtivos para as condições do traçado dos trens de alta velocidade exigem diversas aplicações da Engenharia Civil em razão do longo percurso, que pode atravessar diversos tipos de solo e topografia.

a] em túneis, a escavação poderá ser feita por máquinas denominadas *Tunnel Boring Machine* (TBM) ou pelo *New Austrian Tunneling Method* (NATM);

b] método NATM.

O método austríaco de perfuração de túnel, ou *New Austrian Tunneling Method*, consiste em revestir as paredes de uma escavação de túnel com telas metálicas e, em seguida, projetar concreto de secagem rápida sobre elas, conforme apresentado na Fig. 15.21. É comum o revestimento de concreto posterior.

Quadro 15.1 Indicadores ambientais

Físico e biótico	Antrópico
–	edificações urbanas
rios e áreas de preservação permanente – APP	áreas industriais
	equipamentos de infraestrutura e institucionais
fragmentos florestais	desapropriação
unidades de conservação	segmentação urbana
áreas prioritárias para conservação	estradas (rodovias principais, secundárias e vicinais)
várzeas	trechos de ferrovia (extensão de ferrovias afetadas)
mangues	travessias de linhas de transmissão (LTs)
bacias de mananciais	travessias de linhas de dutos
	assentamentos afetados
	sítios arqueológicos afetados
	bens tombados afetados

Fonte: Projeto TAV Brasil (2009b).

FIG. 15.21 (A) Concreto projetado; (B) túnel de NATM
Fonte: Projeto TAV Brasil (2009b).

O princípio do NATM é utilizar a carga geológica da massa de solo circundante para estabilizar o próprio túnel, eliminando-se a necessidade de usar equipamentos sofisticados de TBM durante a escavação, sendo adequado para várias geometrias. Sua utilização não é indicada em solos moles ou abaixo do nível freático, pela possibilidade de eles cederem durante a escavação. Seu desempenho é, em média, de 1 a 3 m por dia (Projeto TAV Brasil, 2009b).

15.3 Canais

Os canais são importantes obras de engenharia, e possuem as mais diversas finalidades: permitem interligações marítimas e terrestres; transportam cargas e passageiros; levam água para abastecimento público, irrigações (Fig. 15.22) etc.

No mundo, o canal de Suez (Egito, África), com 112 km de extensão, ligando o mar Mediterrâneo ao mar Vermelho, e o do Panamá, com extensão de 80 km, ligando os oceanos Atlântico e Pacífico, na América Central, são grandes obras de engenharia.

15.3.1 Características gerais

Tipos de canais

Os canais podem ser *a céu aberto* (canais de irrigação, de beneficiamento, de navegação, hidrelétricos ou para uso industrial, e apenas em casos específicos são construídos em galerias) ou em *seção fechada* (canais de esgoto, geralmente).

Princípio de projeto e construção de canais

Os problemas que surgem ao se projetar um canal artificial são inúmeros e de naturezas diversas, de acordo com o uso para o qual é destinado.

Em tese, o percurso dos canais é composto por longos trechos retos, unidos por curvas de grandes raios. A escolha de um entre os possíveis traçados é efetuada levando-se em consideração a presença de ferrovias, estradas, cursos d'água naturais ou artificiais, zonas acidentadas, terrenos inadequados à realização de canais de terra etc.

Os canais são realizados por meio de escavações ou aterros, com o álveo contido dentro das margens.

As seções molhadas são, em geral, em forma trapezoidal, com ou sem banquetas, e a inclinação das margens depende sobretudo das características do material de que são formadas. Em canais escavados no terreno e não revestidos, pode-se obter inclinações laterais mínimas de 1/3 (vertical; horizontal), quando forem realizadas em terrenos arenosos pouco coesivos, e máximas de 1/1, em solos argilosos compactos. Quando escavados na rocha, pode-se realizá-los com a parede em vertical. Além da seção trapezoidal saturada, existem outras: poligonais, circulares, parabólicas, triangulares, retangulares etc.

Além do projeto da geometria do canal, deve ser estudada a velocidade da água, para evitar problema tanto de sedimentação como de eventual erosão.

Fonte: Maccaferri (1979).

FIG. 15.22 Canal com uso em irrigação para áreas agrícolas (EUA)

Revestimento de canais e suas finalidades

Com o revestimento nas paredes, pode-se obter, como resultado, a redução das perdas de água do canal em direção ao campo ou, às vezes, das infiltrações em direção oposta.

A redução das perdas de água é de grande interesse quando há pouca água no local ou quando a água transportada tem um custo elevado; nesses casos, é conveniente suportar um acréscimo de custo do revestimento, que será compensado com maiores benefícios da função do canal.

Também pode ser conveniente a redução das infiltrações da água do subsolo em direção ao canal, no caso de canais de escoamento e de beneficiamento dos terrenos. O custo do revestimento pode ser, nesse caso, compensado pela economia na escavação, pois o canal seria dimensionado para uma vazão menor e, portanto, necessitaria de uma área menor de seção transversal.

A melhoria da estabilidade dos taludes
Os revestimentos, às vezes, atuam como verdadeiros muros de contenção. A execução do revestimento permite o aumento das inclinações laterais. É notável a vantagem no caso de canais executados em terrenos argilosos e que funcionam com variações do nível da água: as modificações na superfície dos terrenos, alternadamente secos e saturados de água, produzem, nesse caso, rachaduras dos taludes e, portanto, uma diminuição da sua estabilidade e impermeabilidade.

O controle da erosão das margens e do fundo do canal
O revestimento dá ao terreno natural uma proteção mecânica contra a erosão. As principais causas de erosão podem ser: os agentes atmosféricos (chuva, vento); as ondas geradas por agentes naturais, como o vento; e as ondas geradas artificialmente.

O revestimento do fundo e das margens é indispensável principalmente nos trechos e nas partes sujeitas a fortes movimentos das ondas; com os revestimentos, pode-se, nesses casos, evitar quedas de taludes das margens.

Os revestimentos de paredes com rugosidade prefixada
Na maioria dos casos, procura-se, com o revestimento das paredes, obter rugosidade em menor grau do que a obtida com canais na terra não revestidos. A pouca rugosidade permite canalizar a vazão necessária com seções menores e, assim, obter uma economia no volume das escavações e na ocupação da superfície do solo.

Há casos em que se procura alcançar o resultado oposto, ou seja, obter-se paredes com maior rugosidade. Isso acontece quando o canal é construído em terrenos de fortes declividades; em vez de se construir obras transversais custosas (barragens) para se dissipar, com escadas dissipadoras, a energia da água, e obter canais com pequenas inclinações e reduzida velocidade, pode-se construir o canal com perfil paralelo ao do terreno e dissipar a energia da correnteza por atrito com as paredes do canal. Essas paredes, em razão da forte velocidade da água, devem ser revestidas, possivelmente, de uma superfície de grande rugosidade.

A presença do revestimento permite a obtenção de uma maior constância de vazão durante o funcionamento da rede; os canais em terra estão sujeitos, de fato, a ser cobertos de grama, e a rugosidade das paredes é, portanto, variável no decorrer do tempo. Essa rugosidade é pouca até o crescimento completo da grama, e aumenta à medida que a vegetação aumenta e cobre o canal.

O aumento da rugosidade reduz, em igualdade de seção e inclinação do fundo, a vazão que o canal quer canalizar: a presença do revestimento dificulta o crescimento da grama nas margens e no fundo (é muito difícil eliminar esse fenômeno). Nesse caso, as variações da rugosidade das paredes ocorrem, sobretudo, por envelhecimento dos revestimentos, e não pelo desenvolvimento da vegetação. Essas variações têm valores reduzidos; é pequena, portanto, a redução da vazão durante o funcionamento do canal.

A redução das despesas de manutenção

Para eliminar os inconvenientes derivados do crescimento da vegetação, é oportuno limpar periodicamente o canal. A presença do revestimento, que reduz ou elimina o desenvolvimento da grama, permite, portanto, uma limpeza menos frequente ou a eliminação das custosas operações de manutenção.

Além disso, para a limpeza da vegetação, o uso de meios mecânicos é, geralmente, mais simples com canais revestidos do que com aqueles em terra.

Conclusões

A escolha dos revestimentos entre muitos tipos disponíveis e a sua adoção são feitas pela conveniência técnica e econômica e pela sua funcionalidade.

Os problemas encontrados durante o projeto são muitos e de diversas naturezas, tais como: infiltrações através das paredes; estabilidade dos taludes; erosão; manutenção dos canais; funcionalidade etc.

Tipos de revestimentos

O mais simples revestimento é o *manto de grama*. O seu crescimento pode ser espontâneo ou artificial. A intervenção humana é limitada ao plantio ou à substituição do extrato superficial do terreno natural por um outro, com características mais favoráveis ao crescimento da vegetação.

Os revestimentos em *pedras a seco* – colocadas desordenadamente, tratadas ou não com betume – encontram grande aplicação nas obras de proteção dos cursos de água naturais, mas são utilizados em escala menor também em canais.

Essas estruturas são constituídas de materiais de baixo custo: se as pedras forem encontradas nas vizinhanças do canal, colocá-las é muito simples, e o trabalho pode inclusive ser executado em presença de água, pois as pedras são jogadas do alto diretamente sobre as margens. As pedras, porém, são mal utilizadas, em razão das grandes espessuras destinadas ao revestimento.

Por esse motivo, o emprego de pedras naturais jogadas desordenadamente está, aos poucos, sendo limitado e substituído por soluções mais econômicas, como os gabiões, constituídos de pedras fechadas em embalagens formadas por ramos frescos de salgueiro ou rede metálica. Essas estruturas apresentam muitas vantagens: podem ser utilizadas em qualquer ambiente e tipo de terreno, não necessitam de mão de obra especializada, são de fácil e rápida manutenção e apresentam, em relação aos outros tipos, todas as vantagens das obras flexíveis.

Outra opção é o revestimento em *pedras cortadas* dispostas de maneira regular nas margens e no fundo. Sua execução é muito trabalhosa e requer o canal vazio, bem como planos de execução perfeitamente delineados e consolidados.

A *alvenaria simples*, como revestimento, é pouco utilizada. Ela consiste de pedras naturais ou tijolos unidos por cimento.

Os revestimentos em *conglomerado de cimento* apresentam uma grande variedade de soluções, como: revestimentos com pedras artificiais (blocos em forma de cubos e paralelepípedos); coberturas de proteção constituídas por elementos pré-fabricados de concreto simples ou armado, ligados entre si por eixos ou ligaduras, de modo a permitir pequenas rotações entre um elemento e outro e possibilitar ao revestimento acompanhar em parte os movimentos e acomodações da superfície em que será colocado; revestimentos em blocos encaixados vertical ou horizontalmente, ou com duplo encaixe, a fim de formar uma estrutura contínua e parcialmente flexível; revestimentos em placas de cimento pré-fabricadas, com pequena espessura, que podem ser longas e apoiadas sobre uma base; revestimentos de concreto jogado na obra por diferentes sistemas.

Materiais betuminosos, utilizados principalmente na pavimentação de estradas, são usados, também com sucesso, em obras hidráulicas e, em particular, nas de consolidação e impermeabilização das margens dos canais.

Com essa breve exposição é possível compreender o quanto é trabalhosa a escolha do tipo adequado de revestimento.

15.3.2 Canais no mundo: o caso do canal do Panamá

É um canal com 80 km de extensão ligando os oceanos Pacífico e Atlântico (Fig. 15.23).

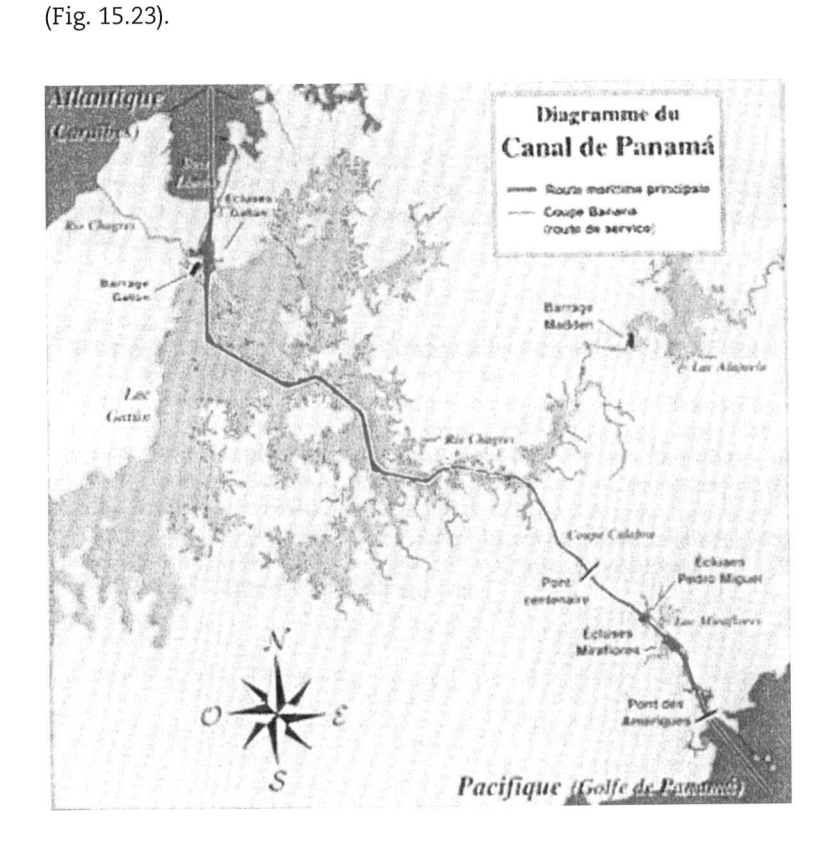

FIG. 15.23 Traçado do canal do Panamá

É de extrema importância para a navegação e o comércio internacional, pelo fato de facilitar a ligação Atlântico-Pacífico e vice-versa, evitando que os navios naveguem até Cabo Horn, ponto extremo da América do Sul, para realizarem a travessia.

Começou a ser construído em 1880 e foi concluído em 1914. Suas características básicas são quatro grupos de eclusas tanto no lado Atlântico como no Pacífico. No lado mais próximo do oceano Atlântico, alimentado pelo rio Chagres, foi construída uma barragem para a formação de uma represa, que deu origem ao lago Gatun. Fica a 20 m acima do nível do mar.

O sistema de eclusas é duplo e permite a passagem dos navios nos dois sentidos (Fig. 15.24).

FIG. 15.24 Canais nos dois sentidos: sistema de eclusas (Panamá)

15.3.3 Canais no Brasil
Canal de Pereira Barreto (SP)

No Brasil, como exemplo de canal, temos o de Pereira Barreto, no Estado de São Paulo, com 9,6 km de extensão, 50 m de largura e profundidade variando de 8 a 12 m (Fig. 15.25).

Ele interliga o lago da barragem de Ilha Solteira, no rio Paraná, com a barragem de Três Irmãos, no rio Tietê, por meio da ligação do rio Tietê com o rio São José dos Dourados.

O canal de Pereira Barreto foi estudado por Koshima, Imaizumi e Pacheco (1981), que determinaram as propriedades geotécnicas do arenito Bauru e dos solos sobrejacentes e suas aplicações ao projeto desse canal de grandes dimensões, em que foram escavados 18,5 milhões de m^3 em solo e em rocha branda (arenito Bauru), com resistência à compressão simples inferior a 120 kg/cm^2.

Kaji, Vasconcelos e Guedes (1981) investigaram o arenito Bauru para a construção do mesmo canal. Classificaram o arenito principalmente em função da resistência à compressão simples. A prospecção contou com levantamentos sísmicos, ensaios de escarificabilidade e determinação da degradibilidade e erodibilidade, além de outros ensaios.

Canais para o transporte de água para a irrigação devem ter seu trecho previamente estudado com relação à permeabilidade, à erodibilidade ou à colapsividade. Um exemplo é o canal de Jaíba, em Minas Gerais.

FIG. 15.25 Canal de Pereira Barreto (SP)

Canal do Valo Grande (SP): uma tragédia ambiental e socioeconômica

O canal do Valo Grande, na cidade paulista de Iguape, foi aberto em 1830, com uma largura média de 4,40 m e uma extensão de 3 km. Parecia uma simples e inocente obra de Engenharia.

Seu objetivo era encurtar as distâncias locais por meio de canoas e possibilitar uma ligação com o mar com uma distância menor do que o traçado do rio Ribeira de Iguape.

A erosão fluvial continuou alargando o antigo canal de tal forma que hoje sua largura atinge os 200 m. O mapa mostrado na Fig. 15.26, de 1930, esquematiza o traçado do Valo Grande, que, partindo de um dos meandros do rio Ribeira de Iguape, tangencia a cidade de Iguape.

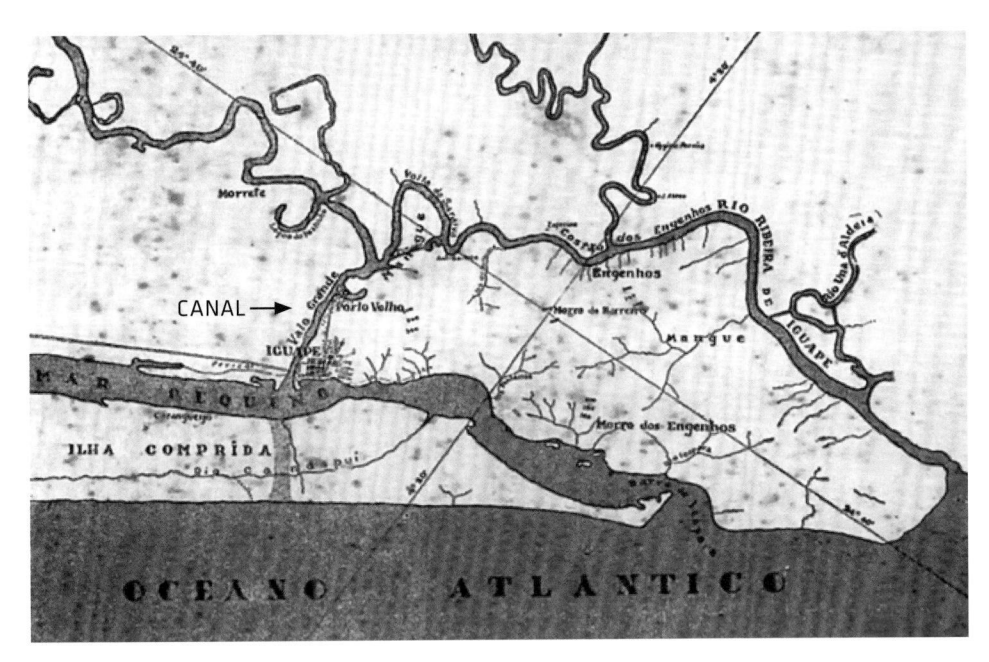

FIG. 15.26 Canal do Valo Grande: mapa de 1930
Fonte: Prefeitura de Iguape (SP).

Suas obras foram iniciadas em 1827 e executadas por meio de trabalho escravo. Só terminaram em 1855, transformando a cidade de Iguape, geograficamente falando, numa ilha. O Valo Grande foi alargado ininterruptamente pela erosão fluvial e hoje serve de exemplo como um desastre ambiental provocado por um projeto de Engenharia que não considerou os mínimos parâmetros e critérios técnicos para uma intervenção desse tipo no meio ambiente.

Outras consequências foram a alteração da salinidade do mar Pequeno, prejudicando a vida marinha e provocando assoreamento, erosões etc.

Canal de Jaíba (MG)

Mais um exemplo é o canal de irrigação do Projeto Jaíba, localizado na região denominada Mata da Jaíba, entre os rios São Francisco e Verde Grande, no norte de Minas Gerais (Fig. 15.27). O Projeto Jaíba, implantado na década de 1970, é constituído de um canal de irrigação revestido totalmente em concreto, com 248 km de extensão, que atende aproximadamente 55.000 ha.

FIG. 15.27 Canal de Jaíba (MG) na condição inicial

Após anos de operação, alguns pontos apresentaram problemas de vazamento por causa do trincamento das placas de concreto. O canal de Jaíba tem seção trapezoidal, 7 m de largura de fundo, 8,5 m de altura, perímetro de 31 m e lâminas d'água de 7 m. Diversas alternativas foram cogitadas para solucionar os problemas, que atingiam aproximadamente 65 m da extensão. A opção adotada foi vedar as trincas com material à base de epóxi e utilizar o Incomat Standard com 10 cm de espessura para revestir a área afetada. Os reparos foram feitos por mergulhadores, com o canal em operação, pois não seria possível esvaziá-lo.

Projeto de transposição do rio São Francisco, Nordeste do Brasil
A Fig. 15.28 indica o traçado dos canais de transposição do rio São Francisco, separado em dois eixos, o norte e o leste, bem como as regiões a serem beneficiadas.

i] *Eixo norte*
A captação ocorrerá nas imediações da cidade de Cabrobó (PE) e despejará as águas nos rios Salgado e Jaguaribe, no Ceará, Apodi, no Rio Grande do Norte, e Piranhas-Açu, na Paraíba e Rio Grande do Norte. Transportará um volume médio de 45,2 m^3/s. Esse eixo, com extensão de 402 km, deve abrigar duas pequenas centrais hidrelétricas, junto aos reservatórios de Jati e Atalho, no Ceará, com capacidade de geração de 40 e 12 MW, respectivamente.

ii] *Eixo leste*
A captação será no lago da barragem de Itaparica (PE) e levará água até os rios Paraíba, na Paraíba, e Moxotó e Brígida, em Pernambuco. O eixo leste terá cerca de 220 km até o rio Paraíba, transportando, em média, 18,3 m^3/s.

O projeto é antigo, tendo sido concebido em 1985 pelo extinto Departamento Nacional de Obras e Saneamento (DNOS) e, em 1999, transferido para o Ministério da Integração Nacional, e tem sido acompanhado por várias segmentos desde então, como o Comitê da Bacia Hidrográfica do Rio São Francisco.

De acordo com o Governo Federal, o projeto é a solução para o grave problema da seca no Nordeste, pois distribuiria água a 390 municípios dos Estados

FIG. 15.28 Mapa de transposição: eixos norte e leste

de Pernambuco, Ceará, Paraíba e Rio Grande do Norte – uma população de 12 milhões de nordestinos. O prazo para a realização do projeto é de vinte anos, a um custo total estimado, em meados de 2009, em R$ 4,5 bilhões.

Iniciada em 2007 ainda sem um projeto detalhado, a previsão de inauguração da obra era em 2010. O valor da obra subiu, de 2010 a 2012, um percentual de 71%, ou seja, R$ 8,2 bilhões.

A Fig. 15.29 dá uma visão de um trecho dos canais, mostrando seu traçado sinuoso, em topografia plana. A Fig. 15.30 mostra a fase de escavação do canal,

FIG. 15.29 Traçado sinuoso

que vai da remoção de materiais moles, pouco resistentes, até de trechos em rocha, em que é exigida a utilização de explosivos. Por sua vez, a Fig. 15.31 ilustra a fase de revestimento do canal.

FIG. 15.30 Fase de escavação

FIG. 15.31 Revestimento do canal

15.4 Dutos

Dutos normalmente são obras lineares de grande extensão e, por isso, atravessam os mais diferentes relevos e condições geomorfológicas, hidrográficas, geológicas e hidrogeológicas (Figs. 15.32 e 15.33).

FIG. 15.32 Oleoduto

FIG. 15.33 Vista aérea do oleoduto Transalasca, com extensão de 1.300 km, entre a baía de Prudhoe e Valdez

Um exemplo expressivo de duto é o gasoduto Brasil-Bolívia, que, no território brasileiro, por uma extensão de mais de 2.500 km, corta cinco Estados e tem características peculiares em vários trechos. Assim, em Mato Grosso do Sul, atravessa a plana região pantaneira sujeita a periódicas inundações; no Paraná, corta um relevo acidentado, com solos e encostas muitas vezes instáveis, que dificultaram sua implantação.

Esse exemplo demonstra, contudo, que foram exigidos estudos muito acurados de topografia, geomorfologia, clima, vegetação e geologia para ser executado.

15.4.1 Estudos preliminares para a construção de dutos

Vários são os aspectos que merecem uma análise detalhada, como:
i) Topografia atravessada (planície, vales, encostas etc.).
ii) Condições geológicas e hidrogeológicas.
iii) Travessias especiais (rios, lagos, pântanos etc.).
iv) Avaliação dos impactos ambientais e sociais.
v) Condições climáticas.
vi) Interferências urbanas, rodoviárias, ferroviárias etc.
vii) Segurança tanto do sistema propriamente dito do duto como dos terrenos (solo/rocha) a serem atravessados.

15.4.2 Investigações geológico-geotécnicas

Como em todo projeto de Engenharia, essas investigações exigem trabalho de escritório (consultas bibliográficas, mapas e pré-mapas) e investigação de campo, começando com o reconhecimento geológico de superfície e, em sequência, fazendo-se investigações de subsuperfície com métodos diretos e indiretos.

i) Em resumo, como já visto em capítulos anteriores:
   a) Consulta bibliográfica, mapas existentes.
   b) Complementação por fotointerpretação de fotos com escala adequada.
   c) Apoio na interpretação de imagens de satélites.
   d) Reconhecimento de campo ao longo de toda a faixa do traçado, numa faixa de cerca de 2 km, tomando como referência o eixo do traçado.
   e) Elaboração de programa de sondagens diretas e geofísicas.

ii) Coleta de amostras:
   a) Ensaios de laboratórios.
   b) Construção do perfil geológico-geotécnico ao longo do traçado.
   c) Definição e indicação das áreas de risco, travessias especiais etc.
   d) Estudo de eventuais alterações de traçado em casos de dificuldade, com propostas/alternativas de novos traçados/desvios.
   e) Quando necessário, realização de um programa de investigações adicionais.

iii) Num projeto básico para dutos e obras lineares, existe uma sequência natural de itens, como:
   a) Estudos de traçados.
   b) Estudos geológico-geotécnicos e de relevo.
   c) Escolha da melhor alternativa de traçado.
   d) Batimetria de rios, lagos e travessias.
   e) Estudos hidrológicos.
   f) Estudos hidráulicos.
   g) Investigações geológico-geotécnicas e de traçado no campo.
   h) Travessias de rios e lagos.
   i) Travessias especiais (rodovias, núcleos urbanos etc.).
   j) Instalações de superfície.
   k) Fundações e geotecnia de encostas.

l] Definição do projeto básico.
m] Definição de quantidades.

15.4.3 Métodos construtivos

Os métodos de construção de dutos variam de acordo com o local em que serão instalados: acima da superfície do terreno, na superfície, abaixo dela ou em ambientes aquosos. Assim, podem ser classificados respectivamente em dutos aéreos, de superfície, subterrâneos e submarinos.

Dutos de superfície ou aparentes são vistos ao longo da superfície topográfica e nela se apoiam, e é necessária a análise do tipo de material de suporte (solo/rocha) (Fig. 15.34).

Dutos subterrâneos ou enterrados exigem a escavação de uma vala estreita com pequena profundidade, em que são analisados os materiais presentes e a presença ou não de água (Fig. 15.35).

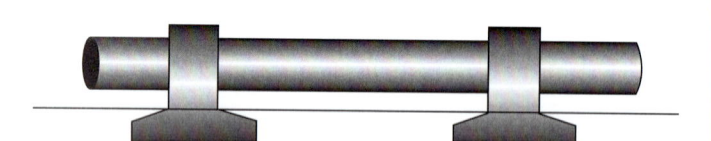

FIG. 15.34 Estrutura de fixação do duto aparente
Fonte: Santana, Azevedo e Pacheco (2008).

FIG. 15.35 Duto subterrâneo ou enterrado

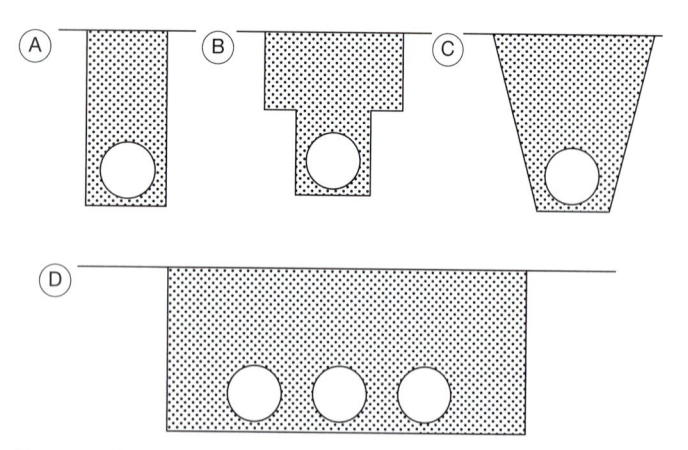

FIG. 15.36 Formas geométricas de instalação de dutos enterrados

Dutos subterrâneos podem ser instalados, de acordo com Bueno e Costa (2012), em valas escavadas como trincheiras, que depois são aterradas.

O esquema da Fig. 15.36 apresenta algumas alternativas de formas geométricas de escavação.

Os dutos implantados sobre aterros levam o nome de *salientes*. O esquema da Fig. 15.37 apresenta esses tipos de instalação em saliência, que é separada em saliência positiva e negativa.

Dutos aéreos são instalados acima da superfície do terreno e sustentados por estruturas metálicas simples (Fig. 15.38).

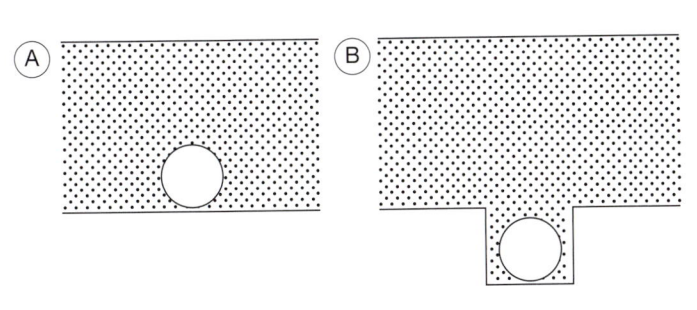

FIG. 15.37 Tipos de instalação em: (A) saliência positiva; (B) saliência negativa

FIG. 15.38 Duto Osvat (São Sebastião-Vale do Paraíba (SP)): passagem aérea

Dutos submarinos são mais comuns na exploração de petróleo e destinados a ligar as plataformas de exploração aos reservatórios (Fig. 15.39).

15.4.4 Infraestrutura dutoviária no Brasil

A infraestrutura de dutos existente no Brasil totaliza uma extensão considerável. Oleodutos e gasodutos somam uma extensão de 11.443,00 km, enquanto minerodutos somam 567 km.

Segundo Santana, Azevedo e Pacheco (2008), o Brasil possui:

- 309 oleodutos, totalizando 7.033 km;
- 79 gasodutos, totalizando 4.410 km;
- 23 polidutos, totalizando 30 km;
- 3 minerodutos, totalizando 567 km.

Dutos mais importantes no Brasil

i) *Oleoduto entre Paulínia e Brasília:*
   a) extensão de 955 km;
   b) diâmetro de 20" e 12";
   c) inaugurado em 1996.

ii) *Mineroduto entre Mariana (MG) e Ponta do Ubu (ES):*
   a) extensão de 396 km;
   b) diâmetro de 18" e 20";
   c) transporta minério de ferro.

iii) *Gasoduto Brasil-Bolívia (Rio Grande do Sul - Santa Cruz de La Sierra):*
   a) extensão de 3.150 km;
   b) diâmetro de 32".

Cargas movimentadas

Em relação às cargas movimentadas, devemos destacar:

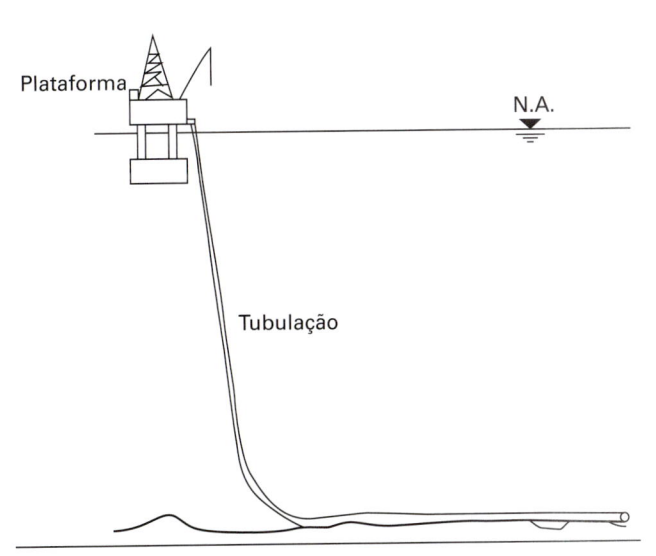

FIG. 15.39 Dutos submarinos

- 670 milhões de m³ nos oledutos;
- 58 milhões de m³/dia nos gasodutos;
- 16,9 milhões de toneladas nos minerodutos.

Vantagens e desvantagens do transporte dutoviário

Os dutos possibilitam o transporte de grandes quantidades de produtos essenciais – e de risco, como gás e derivados de petróleo, que são inflamáveis – de maneira segura, diminuindo a ocorrência de acidentes ambientais.

As vantagens desse transporte são:
a) Dispensa armazenamento.
b) Simplicidade de carga e descarga.
c) Custo de transporte mais baixo.
d) Riscos menores de roubo e perda.
e) Menor probabilidade de desmatamento.
f) Maior qualidade do ar nas grandes cidades.
g) Fácil de implantar, tem baixo custo operacional, baixo consumo de energia e um sistema confiável.

As desvantagens desse transporte são:
a) Pouca flexibilidade em relação aos produtos.
b) Elevado custo de implantação.
c) Desastres ambientais por falta de manutenção ou acidentes inesperados.

A respeito do último item deve ser lembrado que acidentes com rupturas e vazamentos em oleodutos têm ocorrido. Um exemplo significativo ocorreu na Rússia, em Usisnk, em 1994, quando 116 milhões de litros de petróleo bruto foram derramados (Oil Spill Intelligence Report, 2002).

Conclusão

Observamos que o sistema dutoviário, assim como outros, tem vantagens e desvantagens, dependendo do material a ser transportado, da frequência com que será transportado, do destino e dos objetivos finais.

Os dutos, hoje, são fundamentais e estão integrados à nossa realidade sem que percebamos.

O transporte por meio de dutos pode ser considerado novo, e ainda há muitos a serem implantados. Alguns projetos estão em andamento e mostrarão o quanto eles são capazes de agilizar o processo de transporte. Vale lembrar que, em termos percentuais, os tipos de transporte no Brasil estão assim distribuídos:
- rodoviário: 62%;
- hidroviário: 2%;
- ferroviário: 12%;
- dutoviário: 21%;
- aéreo: 2%.

Os custos de transporte por modalidade são comparados na Tab. 15.5.

Tab. 15.5 Custos de transporte por modalidade

Granéis		Combustíveis	
modalidade	custo (US$/1.000 m³)	modalidade	custo (US$/1.000 m³)
hidrovia	12,5	hidrovia	12,0
ferrovia	28,0	ferrovia	13,7
dutovia	13,7	dutovia	13,7
rodovia	50,0	rodovia	50,0

15.4.5 Gasodutos

O exemplo mais expressivo de gasoduto no Brasil é o Brasil-Bolívia, que, partindo de Santa Cruz de La Sierra, percorre 557 km em solo boliviano e 2.593 km em solo brasileiro, passando por Campo Grande (MS), São Paulo (SP), Curitiba (PR), Vale do Itajaí (SC) e Porto Alegre (RS) até chegar em Canoas (RS) (Fig. 15.40).

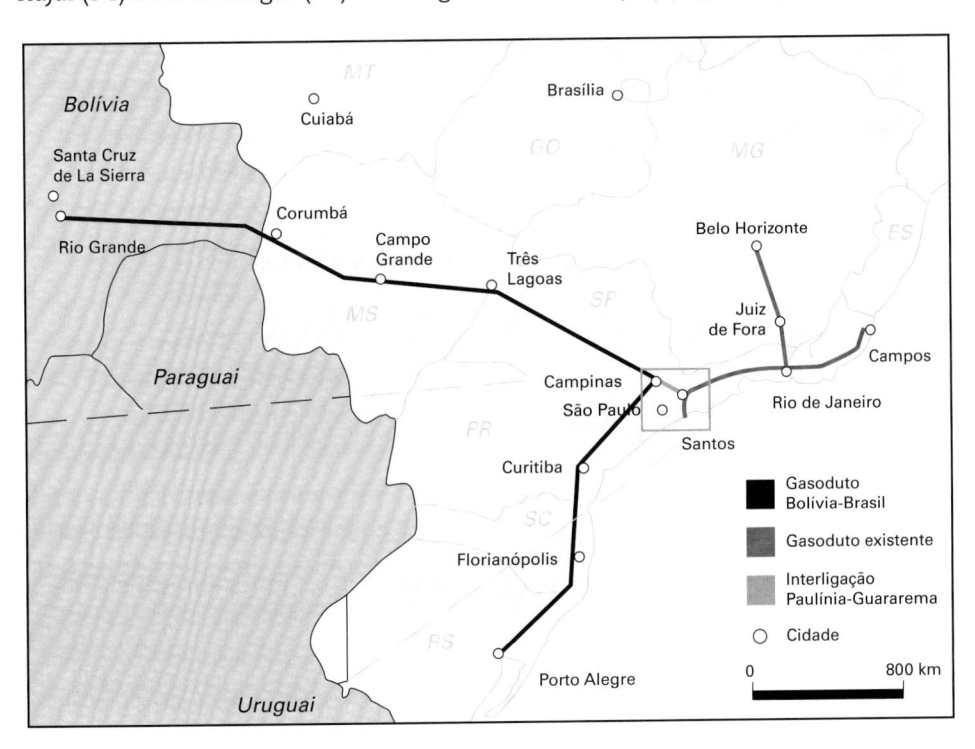

FIG. 15.40 Traçado do gasoduto Brasil-Bolívia

Sua extensão é de 3.150 km e foi terminado em 2010. Na Região Metropolitana de São Paulo, antes da chegada do gasoduto, alguns municípios usavam o gás natural nacional obtido nas plataformas de Campos (RJ) e Santos (SP). Esses sistemas hoje estão interligados com o sistema do gás boliviano.

O Brasil possui uma expressiva rede de gasoduto, como indicado na Fig. 15.41, totalizando 7.321 km.

As Figs. 15.42 e 15.43 indicam os gasodutos do Nordeste do Brasil.

15.4.6 Oleodutos

Os oleodutos transportam principalmente derivados de petróleo, como óleo combustível, gasolina, óleo diesel, querosene etc. (Figs. 15.44 e 15.45).

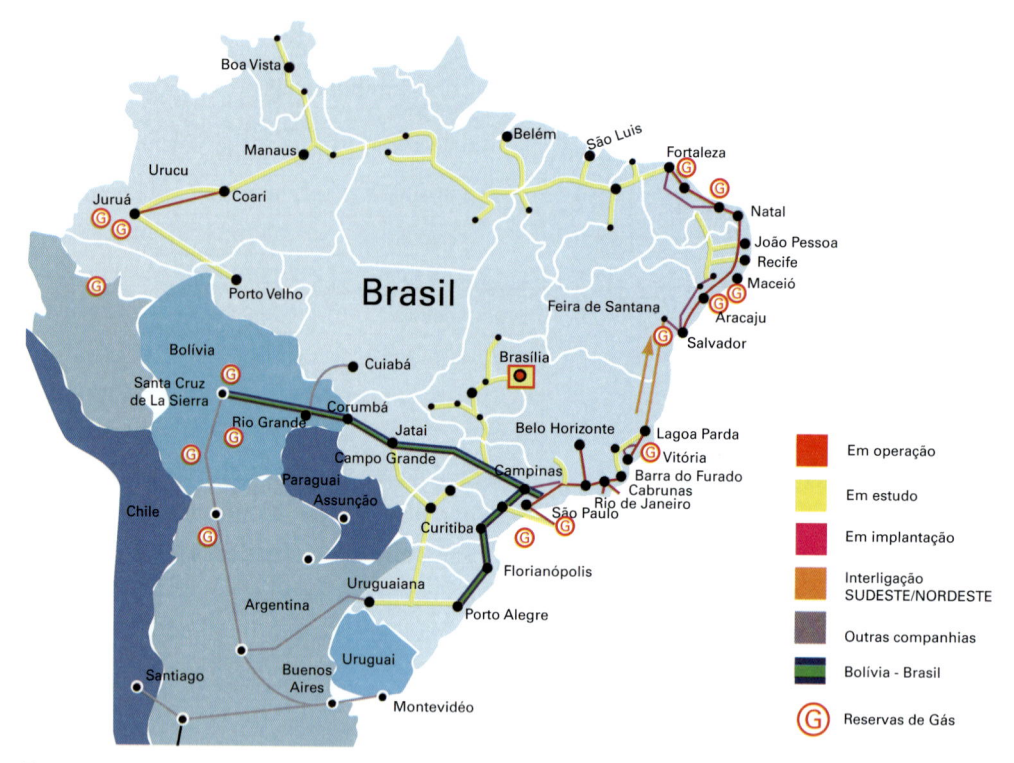

FIG. 15.41 Gasoduto de transporte de gás natural no Brasil e em parte da América do Sul
Fonte: adaptado de <http://www.alunosonline.com.br/quimica/gas-natural-combustivel.htm>.

FIG. 15.42 Gasene (Gasoduto do Nordeste): estudos geotécnicos e definição de nove travessias subaquáticas em perfuração direcional no trecho Cabiúnas-Vitória (Gascav)

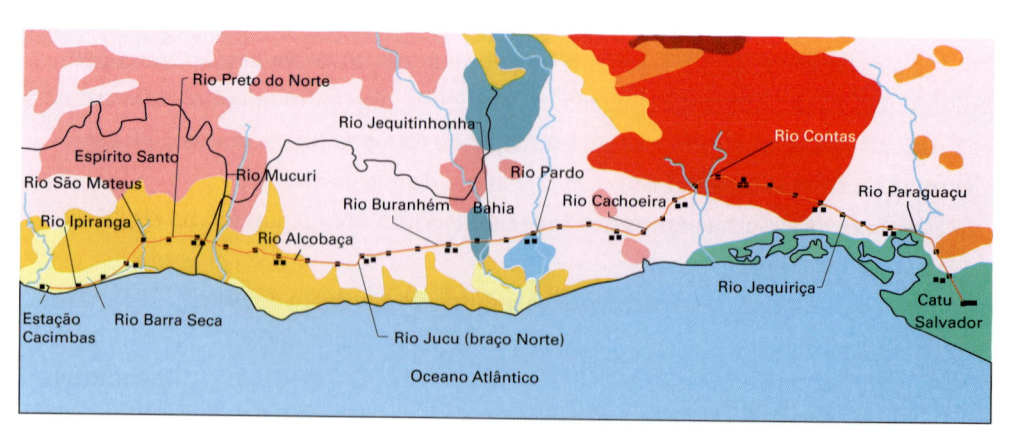

FIG. 15.43 Gasene (Gasoduto do Nordeste): estudos geológico-geotécnicos e definição de 14 travessias subaquáticas em perfuração direcional no trecho Cacimbas-Catu (Gascac)

FIG. 15.44 Exemplo de tubulação usada em oleodutos

As tubulações já eram conhecidas pelos egípcios, astecas e chineses desde a Antiguidade, que usavam materiais como cerâmica e bambus, e por gregos e romanos, que usavam o chumbo.

Segundo Santana, Azevedo e Pacheco (2008), na Pensilvânia, em 1865, foi construído o primeiro oleoduto para transporte de hidrocarbonetos. Em 1930 iniciou-se o transporte de produtos refinados. No Brasil, a primeira linha foi construída na Bahia, com diâmetro de 2" e 1 km de extensão, e iniciou o transporte em 1942.

FIG. 15.45 Trecho de oleoduto em superfície

15.4.7 Alcooldutos

O crescimento impressionante do uso do etanol no Brasil, com expressiva extensão da área de plantio da cana-de-açúcar e implantação de centenas de usinas, exige a construção de alcooldutos para o transporte da produção de etanol.

São destaques o alcoolduto entre Campo Grande (MS) e o porto de Paranaguá (PR), com 920 km de extensão (Fig. 15.46), e o alcoolduto entre Goiânia (GO) e o porto de São Sebastião (SP) (Fig. 15.47).

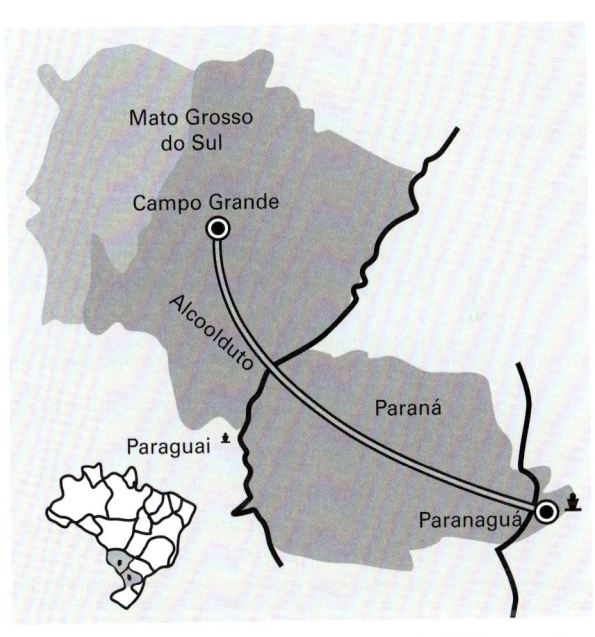

FIG. 15.46 Alcoolduto entre Campo Grande (MS) e o porto de Paranaguá (PR)
Fonte: adaptado de <www.globo.com>.

15.4.8 Mineroduto

São utilizados principalmente para transporte de minério, cimento, cereais e sal-gema.

A Fig. 15.48 mostra parte do mineroduto da Companhia Vale do Rio Doce, com 250 km de extensão, entre Paragominas e Barcarena, no Pará. O diâmetro da tubulação é de 24".

Os minerodutos no Brasil somam uma extensão de 567 km e estão indicados na Tab. 15.6, com suas extensões, diâmetros e tipo de carga transportada.

Como será o alcoolduto

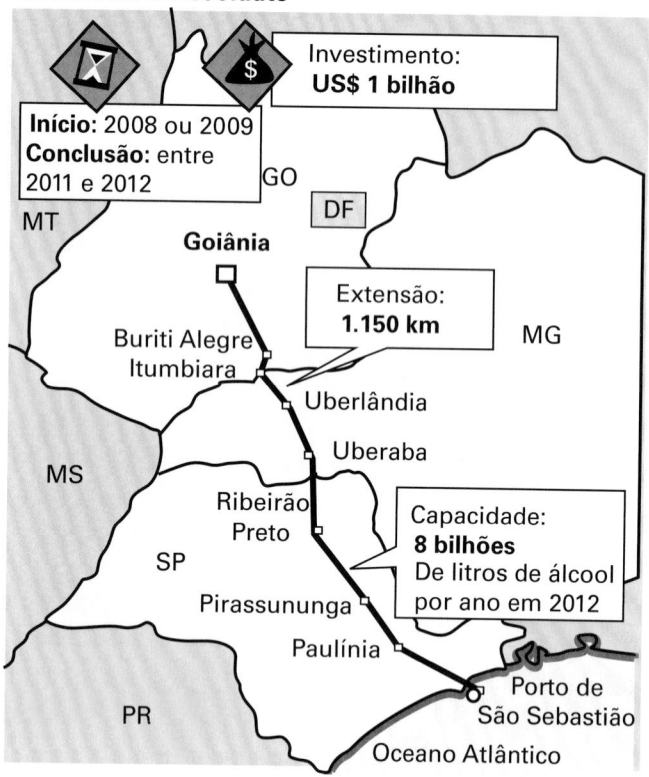

Investimento: US$ 1 bilhão
Início: 2008 ou 2009
Conclusão: entre 2011 e 2012
Extensão: 1.150 km
Capacidade: 8 bilhões De litros de álcool por ano em 2012

FIG. 15.47 Alcoolduto entre Goiânia (GO) e o porto de São Sebastião (SP)
Fonte: Ministério Público de Goiás.

FIG. 15.48 Mineroduto entre os municípios de Paragominas e Barcarena (PA), com extensão de 250 km

Novos minerodutos no Brasil

O mineroduto da MMX Mineração e Metálicos faz parte do Sistema Minas-Rio, terá 525 km de extensão para transporte de minério de ferro e ligará a mina e unidade de beneficiamento de minério de ferro em Conceição do Mato Dentro (MG) ao Porto do Açu, em São João da Barra (RJ). Ele terá um investimento inicial da ordem de US$ 3,6 bilhões, com o início das atividades estimadas para o segundo semestre de 2013, prevendo-se uma produção de 26,5 milhões de toneladas anuais de minério de ferro.

15.5 Linhas de transmissão

No Brasil, as linhas de transmissão (LT) são normalmente muito extensas, porque geralmente as grandes usinas hidrelétricas estão situadas a distâncias consideráveis dos centros consumidores. O Brasil tem cerca de 106.000 km de LT, que, geologicamente falando, atravessam os mais diferentes tipos de terrenos (rochas e solos), além de travessias especiais como rios, estradas, áreas urbanas etc.

O principal elemento estrutural, com relação à necessidade do conhecimento geológico, são as torres de transmissão (Fig. 15.49), cuja fundação deve ser bastante segura, evitando-se áreas instáveis sujeitas a escorregamentos ou

Tab. 15.6 Minerodutos brasileiros

Mineroduto	Empresa	Extensão (km)	Diâmetro (pol)	Vazão nominal (t/ano - 10^3)	Tipo de carga transportada	Início de operação
Ilha de Matarandiba (BA)-Vera Cruz (BA)	Dow Química	51	14	480	sal-gema	1977
Mariana (MG)-Ponte do Ubu (ES)	Samarco	396	18 a 20	14.000	minério de ferro	1977
Tapira (MG)-Uberaba (MG)	Fosfertil	120	9,6	1.900	concentrado	1979
Total		567		16.380		

Fonte: Dow Química, Samarco e Fosfertil.

deslizamentos, pois, evidentemente, irão suportar o peso dos cabos destinados ao transporte da energia.

A Fig. 15.50 sintetiza as principais LTs do Brasil.

15.5.1 Investigação geológico-geotécnica

Os trabalhos iniciais são concentrados no reconhecimento geológico de superfície pela fotointerpretação, imagens de satélite e trabalhos de campo, nos quais é percorrido o trajeto proposto. No mapeamento geológico a ser executado, que vai representar os tipos de rocha, solo e suas estruturas, são utilizadas escalas de 1:25.000 a 1:10.000.

Posteriormente, são aplicados os métodos de investigação do subsolo, que envolvem:

- Poços exploratórios, inclusive para coleta de amostras.
- Sondagens a trado.
- Sondagens a percurssão.
- Sondagens rotativas.
- Investigação geofísica nas fases iniciais de estudo para escolha de traçados.

FIG. 15.49 Torre de transmissão

15.5.2 Linhas de transmissão da Eletrosul

Tomaremos as linhas da Eletrosul como exemplo de situações e soluções para o projeto e construção de LTs.

A primeira avaliação é a análise topográfica, que permite separar regiões com topografia muito acidentada e que apresentem riscos de instabilidade em suas encostas, comuns nas regiões Sul e Sudeste do Brasil.

15.5.3 Sinais indicativos de eventuais acidentes em LTs em encostas

Entende-se por sinais qualquer indício capaz de alertar um observador atento da iminência de um acidente. Os mais comuns, localizados em encostas instáveis, são os causados por deslizamentos de terra.

É importante, por meio de um detalhado reconhecimento de superfície e investigação do subsolo, tentar avaliar possíveis áreas de escorregamentos/deslizamentos.

Os principais indicadores da eventual perda de estabilidade de uma encosta são os seguintes:

a) presença de fissuras no solo: trincas (sulcos) no solo nas imediações do suporte das torres;
b) recalques: existentes em regiões de encostas vizinhas/próximas;
c) alteração da inclinação original da vegetação;
d) deslizamentos ocorridos em encostas próximas e vizinhas à região do suporte das torres.

As Figs. 15.51 e 15.52 mostram ocorrências de trincas e fissuras no solo próximo a uma LT, que são indicativas de perigo de escorregamentos.

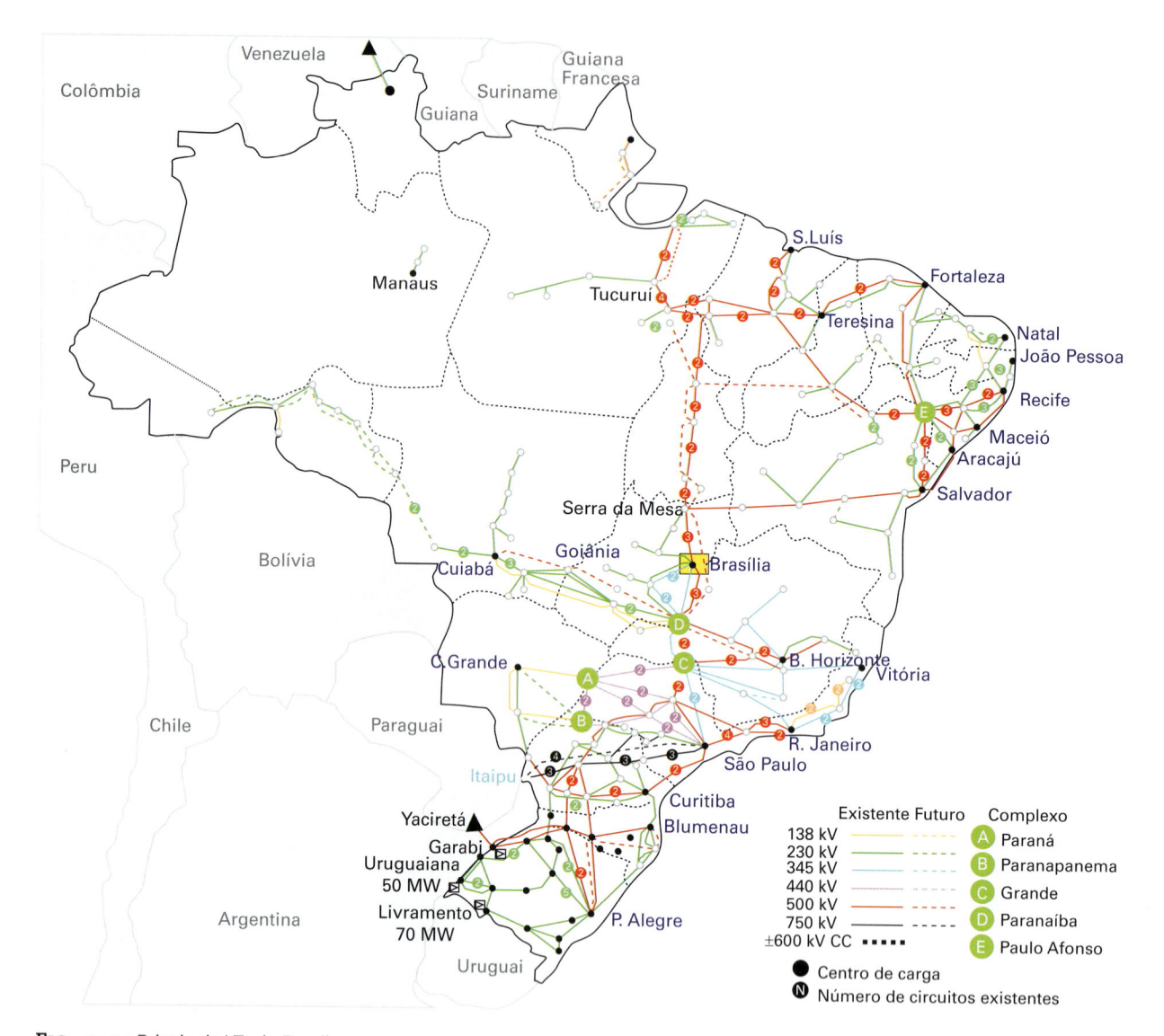

FIG. 15.50 Principais LTs do Brasil
Fonte: Universidade Federal do Paraná (UFPR).

FIG. 15.51 Trincas de tração

FIG. 15.52 Fissuras de escorregamento

15.5.4 Erosões superficiais

Essas erosões são formadas, em geral, pela concentração de fluxo d'água proveniente de enxurradas originadas por grandes precipitações pluviométricas, e são causadas por dois agentes básicos:

a) *naturais*: infiltração de água superficial em solos inclinados com uma camada impermeável a pouca profundidade, aliada a enxurradas causadas por precipitações pluviométricas anormais.

b) *humanos*: ausência de sistema de drenagem adequado para a proteção dos suportes das torres das LTs, desmatamento no entorno e alteração das condições originais do terreno, como execução de cortes ou taludes de forma inadequada.

15.5.5 Estabilidade de encostas e taludes

Escorregamentos e deslizamentos em solos geralmente são provocados por atividades antrópicas, como cortes em encostas, desmatamentos etc. Contudo, esses movimentos também podem ocorrer em locais em que não houve a ação dos seres humanos.

Em resumo, os principais tipos de movimentos de solo/rocha são:

a) *Queda de blocos*: quando uma porção de maciço terroso ou de rocha sofre ruptura e cai, acumulando-se nas partes baixas.

b) *Escorregamento*: caracteriza-se pelo deslocamento rápido de uma massa de solo ou de rocha ao longo de uma superfície de deslizamento.

c) *Rastejo*: deslocamento lento e contínuo das camadas mais superficiais, observado pela inclinação das árvores presentes.

A Fig. 15.53 mostra casos de deslizamentos de solo junto à base da LT, ameaçando sua estrutura e estabilidade.

FIG. 15.53 Deslizamentos de encosta

15.5.6 Características geológico-geotécnicas

As LTs da Eletrosul estão situadas nas regiões Sul, Centro-Oeste e parte da Sudeste do Brasil. Elas atravessam condições geológicas em que predomina a presença de solos residuais de granito/gnaisse, basalto e arenito.

a) *Solos de granito/gnaisse e basalto (rochas magmáticas)*
As LTs geralmente são implantadas ao longo da superfície dos terrenos, que, nos casos de granito, gnaisse e basalto, são caracterizados por solos residuais profundos, depósito de tálus e presença de matacães e restos de elementos estruturais, como falhas e fraturas.

Os locais mais críticos são aqueles situados em encostas, em que os depósitos de tálus podem se transformar em zonas de escorregamentos/trincas etc.

b) *Solos de arenito (rocha sedimentar)*
São solos de composição arenosa, relativamente frágeis e sujeitos, quando expostos a processos erosivos, ao desenvolvimento de sulcos e voçorocas, além de escorregamentos de dimensão variada em períodos de chuva extrema.

15.5.7 Situação de LT ao longo de encostas

Quando a LT atravessa uma encosta, devem ser realizados, depois da investigação e interpretação geológica de superfície e subsuperfície, trabalhos complementares visando a analisar possíveis processos de instabilidade dessas encostas.

Esses trabalhos se resumem em:
a) Plantio nas áreas desmatadas.
b) Estudo de implantação de canaletas de drenagem.
c) Retaludamentos.
d) Estudo de estruturas como muros de arrimo, tirantes, cortinas atirantadas etc.

15.5.8 Proteções e contenções de encostas

As proteções e contenções usuais para encostas sujeitas a instabilidades se resumem em:
a) Muros de arrimo (gabiões etc.).
b) Plantio de vegetação adequada.
c) Instalação de tirantes metálicos.
d) Aplicação de concreto projetado.
e) Cortinas atirantadas.
f) Retaludamentos.

A Eletrosul recomenda ainda que, durante a fase de construção de uma LT, sejam evitadas modificações nas condições naturais dos terrenos em locais considerados críticos, como:
a) Manter o sistema de drenagem superficial operante.
b) Não permitir interferência humana em locais críticos, para evitar desmatamentos e escavações nas imediações das torres, por exemplo, arados e grades.
c) Nas regiões de tálus, dar atenção especial às trincas porventura abertas, assim como providenciar o seu imediato preenchimento com material impermeável.

Para as estradas de acesso sua construção, melhoria e manutenção, necessárias a montagem e operação da linha, deve possibilitar acesso fácil e contínuo a todas as torres.

O traçado para as estradas de acesso deve ser escolhido de modo a limitar, ao mínimo possível, o impacto sobre o meio ambiente, sendo evitados desmatamentos e cortes no terreno capazes de desencadear ou acelerar processos de erosão.

15.5.9 Tipos de fundações

O tipo de fundação mais adequado para as torres de uma determinada LT, do ponto de vista técnico e econômico, não pode ser fixado *a priori*. Sua escolha dependerá de uma análise envolvendo as cargas das condições geológicas.

A seguir, são feitas recomendações e dadas informações técnicas sobre os tipos de fundação de torres autoportantes, torres estaiadas e postes nas fases de projeto de construção.

i] *Torres autoportantes*
As torres autoportantes são estruturas metálicas compostas de uma parte reta superior e uma parte piramidal na base. São formadas por módulos treliçados. Assim, as torres autoportantes utilizam os seguintes tipos de fundação: (a) tubulão; (b) sapata; (c) estaca; (d) bloco; (e) grelha.

a] *Tubulão*
Tubulões são elementos estruturais de fundação profunda, cilíndrica, construída concretando-se um poço (revestido ou não) aberto no terreno, geralmente dotado de base alargada.

A Fig. 15.54 ilustra uma fundação do tipo tubulão aplicada em torres de LT.

A sua execução normalmente é manual, mas pode ser mecânica também. Para fundações localizadas em encostas instáveis ou potencialmente instáveis, a Eletrosul sugere a utilização dos seguintes tipos de fundações:
- Solos argilosos: fundação em tubulão com base alargada.
- Solos arenosos: fundação em tubulão sem base alargada.

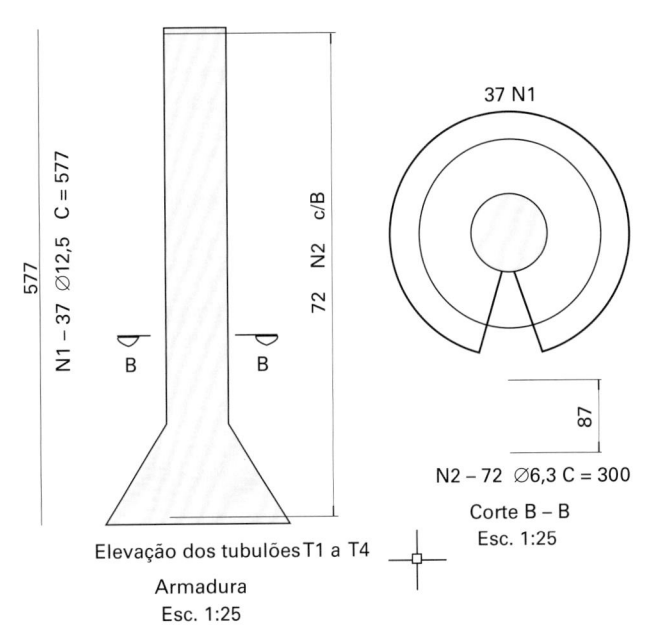

FIG. 15.54 Fundação do tipo tubulão

b] *Sapata*
São elementos de fundação superficial, posicionados em níveis próximos da superfície do terreno, construídos em concreto armado e dimensionados de modo que as tensões de tração não sejam resistidas pelo concreto, mas sim pelo emprego de barras de aço. A Fig. 15.55 ilustra fundações do tipo sapata aplicadas em torres de LT.

Essa fundação é aplicada a pequena profundidade, variável de 2,0 a 4,0 m por causa da dificuldade de escavação mais profunda.

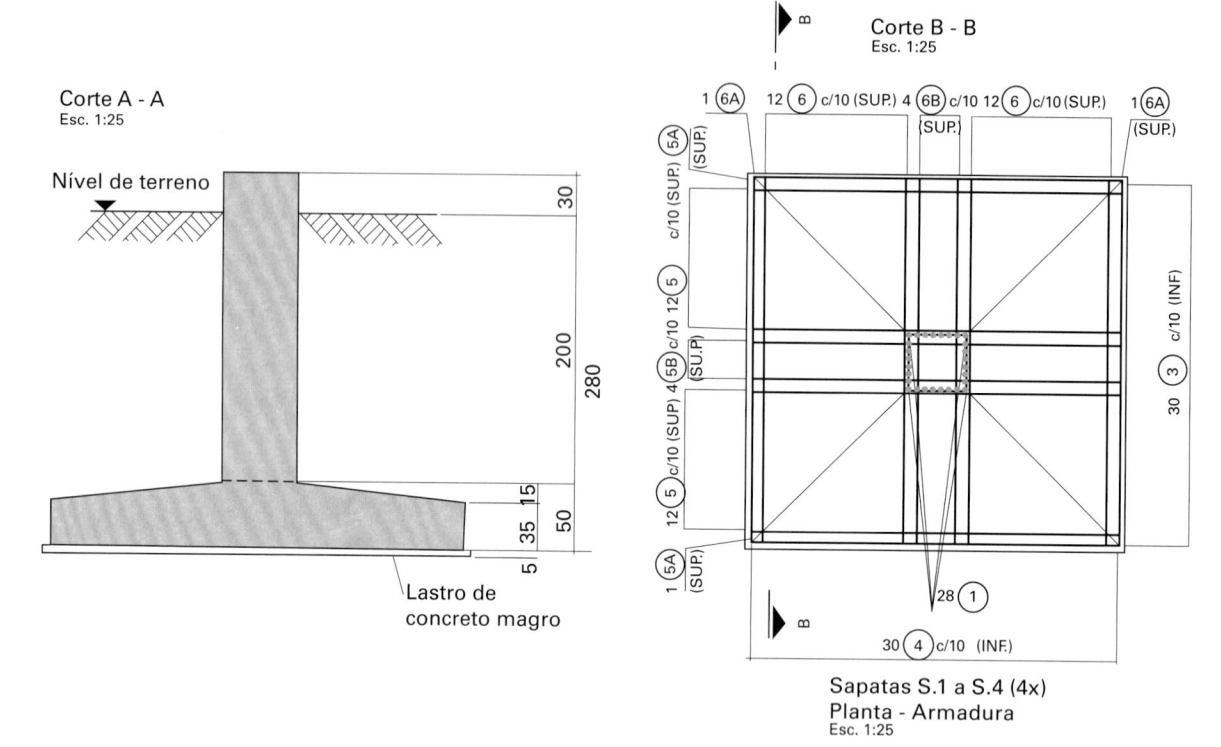

FIG. 15.55 Fundação do tipo sapata
Fonte: Projeto de fundação de linha de transmissão - Ronama Engenharia (2009)

c] *Estaca*

São elementos alongados, cilíndricos ou prismáticos que se cravam com bate-estacas ou se constroem no próprio solo (Fig. 15.56). Os tipos mais utilizados de estacas são as pré-moldadas de concreto armado e as metálicas.

d] *Bloco*

Os blocos sobre estacas são elementos estruturais de fundação cuja finalidade é transmitir as ações oriundas da superestrutura para o solo.

O bloco é aplicado a pequena profundidade, variável de 2,5 a 3,5 m, por causa da dificuldade de escavação manual. Portanto, não deve ser utilizado em locais sujeitos a erosão e em encostas íngremes.

d.1] *Bloco ancorado*

Essa fundação é utilizada na ocorrência de rocha não escavável manualmente, a pequena profundidade (1,0 a 3,0 m), em que a construção de bloco simples (peso) é insuficiente para suportar o arrancamento, exigindo, portanto, a sua ancoragem.

FIG. 15.56 Fundação do tipo estaca
Fonte: Projeto de fundação de linha de transmissão - Ronama Engenharia (2009).

Geralmente são usados chumbadores com diâmetro de 25 mm, aço CA-50 A, e introduzidos num furo de 50 mm, no mínimo.

Outros tipos são a grelha e as torres estaiadas.

Em encostas íngremes ou instáveis e em terrenos sujeitos a erosão, deverão ser tomadas medidas de prevenção para minimizar a instabilidade dos terrenos, taludes e encostas e, assim, diminuir o risco de acidentes com as fundações.

A vegetação superficial deve ser preservada, reduzindo-se ao mínimo necessário a utilização de equipamentos pesados. Durante a escavação das fundações, deve-se evitar a utilização de máquinas e a abertura de praças de trabalho, e, nos locais mais críticos, quando possível, as escavações devem ser feitas manualmente, a fim de preservar ao máximo as condições naturais do terreno e sua vegetação.

Nos locais em que houver problemas de erosão após a instalação das fundações, deverá ser feito plantio de vegetação adequada em toda a superfície de corte e executados sistemas de canaletas de drenagem com seção e revestimentos adequados.

15.5.10 Escolha do tipo de fundação

Essa escolha é feita após a análise geológico-geotécnica, com dados de superfície e subsuperfície fornecidos por mapeamento de superfície e sondagens.

Normalmente, os tipos de fundação mais usuais são:
a] Fundação em tubulação com base alargada.
b] Fundação em tubulação sem base alargada.
c] Fundação com microestacas injetadas sobre pressão.

Pela análise desses dados, determina-se a carga de ruptura das fundações.

15.5.11 Fundações para condições topográficas especiais

Em LTs localizadas em altos topográficos agudos (pequenos picos), com pouca área disponível para otimizar a posição do suporte, deve ser avaliada a necessidade de emprego de concreto projetado sobre telas metálicas, tirantes, cortinas atirantadas e gabiões (Fig. 15.57).

O emprego de concreto projetado sobre rochas sedimentares vem funcionando a contento na estabilização de taludes.

15.5.12 A importância da Geologia de Engenharia nas LTs

À semelhança de todos os tipos de obras consideradas neste livro, a Geologia de Engenharia tem um papel básico e fundamental na definição do traçado de uma LT, bem como na posterior escolha do tipo de fundação das suas torres.

15.5.13 Importância das LTs

Vamos repetir o óbvio: sem as LTs, qualquer energia gerada não poderá chegar aos centros consumidores. Temos, em 2012, um exemplo real, infelizmente no sertão baiano. Numa região onde o vento sopra forte, foi construído o maior com-

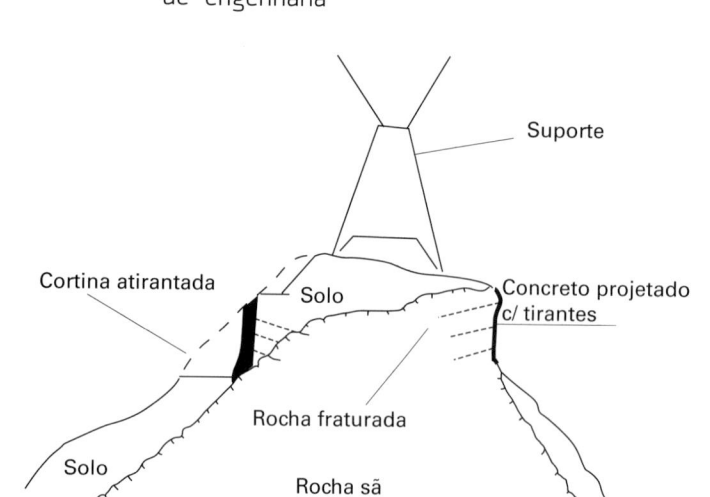

FIG. 15.57 Cortina atirantada e concreto projetado com tirantes
Fonte: Eletrosul.

plexo eólico da America Latina (Fig. 15.58). São 184 aerogeradores divididos em 14 parques eólicos que, entretanto, deverão ficar parados até julho de 2013.

Dados da Agência Nacional de Energia Elétrica (ANEEL) ainda mostraram que, de 71 parques eólicos leiloados em 2009, 32 estão parados pela falta de LTs, não se concretizando, assim, a geração da tão esperada energia.

FIG. 15.58 Geração de energia eólica (Bahia)

A Geologia
de Engenharia na mineração e exploração de petróleo e gás

16

Espetacular vista da escavação em mina de cobre em Utah (EUA).
Notar a dimensão da escavação e a forma da exploração

16.1 Mineração

16.1.1 Noções de Geologia do Brasil

O mapa geológico da Fig. 16.1 mostra as formações geológicas com indicação da idade da sua formação e do tipo de rocha presente na sua origem magmática, sedimentar ou metamórfica.

É claro que, pela imensidão do território nacional, é impossível nominar as rochas presentes.

Somente como exemplo simplista, a cor amarela, na legenda, indica os sedimentos mais recentes, como a área dos rios Solimões, Purus, Juruá e Madeira, na Amazônia.

Na Região Sul, a cor esverdeada representa os extensos derrames de basalto, enquanto a cor rosa-claro representa os chamados escudos de rochas metamórficas, presentes na região das Guianas e do Brasil Central e se estendendo ao longo da costa, constituindo o Escudo Atlântico.

A Fig. 16.2 simplifica a geologia do Brasil em áreas representadas pelas bacias sedimentares maiores – como a Amazônica, a do Parnaíba e a do Paraná –, com indicação das bacias costeiras e das áreas indicadas como escudos cristalinos, que estão representadas por rochas de origem magmática e metamórfica. É possível notar escudos cristalinos na região das Guianas, no Brasil Central e na região do Atlântico.

372 Geologia de engenharia

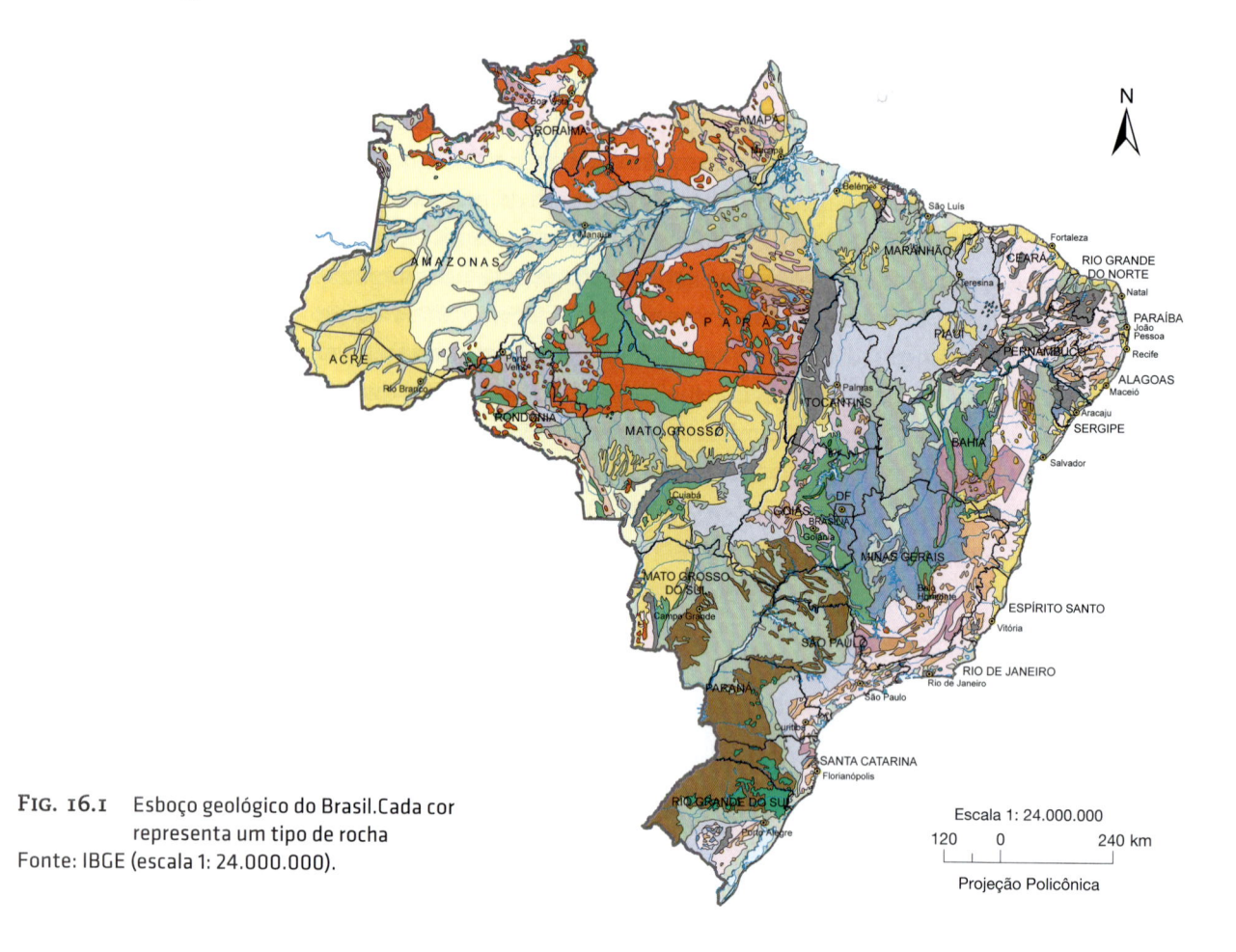

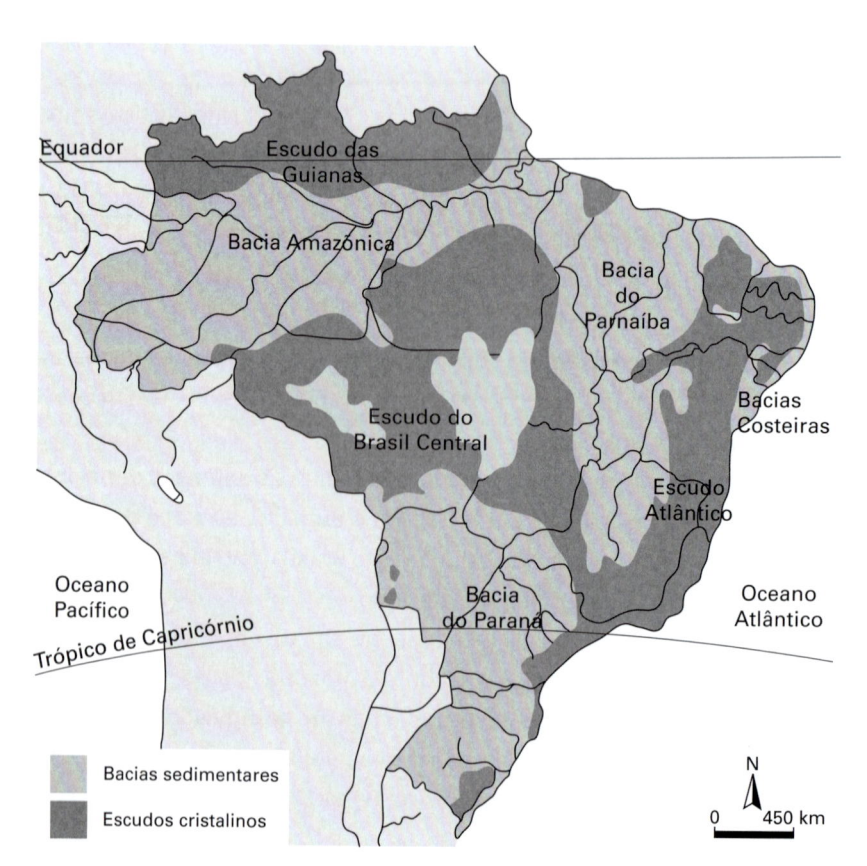

FIG. 16.1 Esboço geológico do Brasil. Cada cor representa um tipo de rocha
Fonte: IBGE (escala 1: 24.000.000).

Escala 1: 24.000.000
120 0 240 km
Projeção Policônica

FIG. 16.2 Bacias sedimentares e escudos cristalinos no Brasil

16.1.2 Recursos minerais no Brasil

Os recursos minerais dividem-se em metálicos e não metálicos. No Brasil, os recursos minerais foram descobertos no século XVII, quando os colonizadores encontraram ouro em Minas Gerais.

Os recursos metálicos são: ferro, alumínio, manganês, magnésio, cobre, mercúrio, chumbo, estanho, ouro, prata, urânio etc.

Os recursos minerais não metálicos são: cloreto de sódio (sal), enxofre, fosfatos, nitratos, areia, argila, cascalho, amianto, água, petróleo, carvão mineral etc.

Apesar de seu importante auxílio à economia brasileira, a mineração causa um grande risco ambiental e social, pois resulta num processo de desmatamento, destruição e contaminação de ecossistemas, além de agredir a sociedade com invasões em áreas indígenas, propriedades particulares e exploração do trabalhador.

A diversidade dos minerais explorados no Brasil é grande. Algumas das principais jazidas de minerais do mundo se encontram aqui. Aproximadamente 8% das reservas de ferro, o principal minério extraído aqui, e as maiores jazidas de nióbio mundiais estão no Brasil.

O Brasil é um país de grande potencial mineral, porque grande parte de sua superfície é constituída de terrenos metamórficos (cristalinos) do período Pré-Cambriano.

As áreas mais expressivas de ocorrência de jazidas minerais são, em resumo:

i] *Região Norte* (a Fig. 16.3 resume as principais jazidas minerais da região Amazônica)

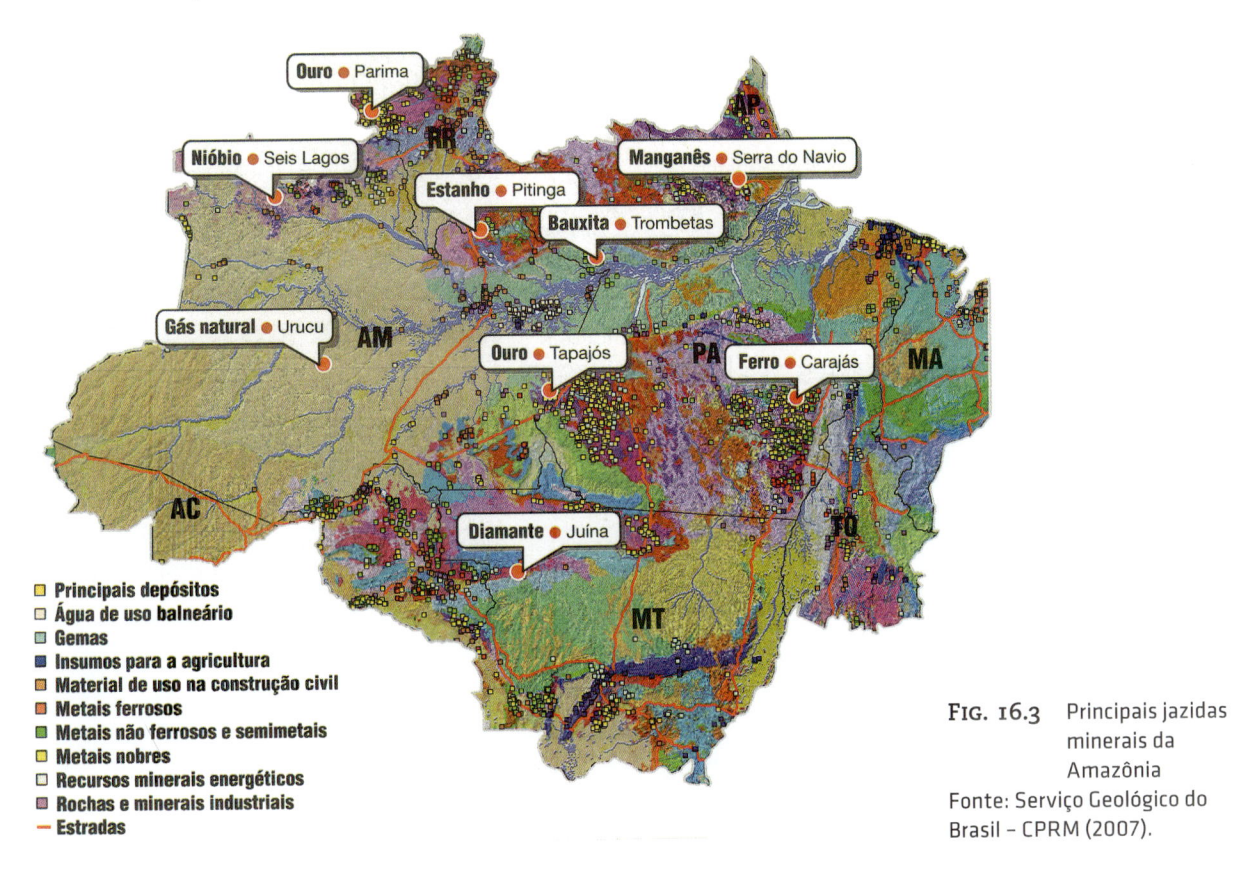

FIG. 16.3 Principais jazidas minerais da Amazônia
Fonte: Serviço Geológico do Brasil – CPRM (2007).

- Serra do Navio (AP): manganês.
- Serra dos Carajás (PA): ferro (Fig. 16.4), manganês, níquel, prata, chumbo e ouro.
- Oriximiná (PA): bauxita.

ii] *Região Nordeste*
- Recôncavo Baiano (BA): petróleo.
- Rio Grande do Norte: petróleo e sal.

iii] *Região Centro-Oeste*
- Maciço do Urucum (MS): manganês e ferro.

iv] *Região Sudeste*
- Quadrilátero Ferrífero (MG): ferro e ouro.
- Bacias de Campos (RJ, ES) e de Santos (SP): petróleo.

v] *Região Sul*
- Rio Grande do Sul e Santa Catarina: carvão mineral.

Minerais não metálicos

Tomando como exemplo de exploração o Estado do Rio de Janeiro, temos:
- água mineral;
- areia e cascalho;
- argilas comuns e plásticas;
- calcário;
- calcita;
- fluorita e criolita;
- granito ornamental;
- pedras britadas;
- sal marinho.

FIG. 16.4 Mina de ferro em Carajás (CVRD), Parauapebas (PA)

16.1.3 Diagnóstico das províncias minerais do Brasil

A atividade mineral no Brasil é intensa por todo o território, em virtude da abundância e da variedade de minérios. Segundo o Departamento Nacional de Produção Mineral (DNPM), do Ministério de Minas e Energia, as províncias minerais brasileiras (Fig. 16.5) foram caracterizadas com base na seleção de 160 áreas catalogadas como as principais produtoras de bens minerais, sendo agrupadas, em seguida, por critérios geológicos. Ainda de acordo com o DNPM, foram selecionadas 33 províncias minerais, que foram subdivididas em dois conjuntos, definidos conforme a prioridade do desenvolvimento de programas de avaliação de distritos mineiros, nos moldes do bem-sucedido programa homônimo iniciado pelo DNPM em Minas Gerais. As 33 províncias minerais são:

1º Conjunto
1. Quadrilátero Ferrífero (MG)
2. Carajás (PA)
3. Serra de Jacobina (BA)
4. Centro-Norte de Goiás (GO)
5. Guaporé (RO e MT)
6. Vale do Ribeira (SP)
7. Carbonífera do Sul (RS e SC)
8. Aurífera Alta Floresta/Peixoto de Azevedo (MT)
9. Aurífera Tapajós (AM e PA)
10. Aurífera Parauari-Amana (AM)
11. Aurífera de Parima (RR)
12. Pegmatítica Nordeste (BA, MG, PB e RN)
13. Bambuí (BA, GO e MG)
14. Evaporítica do Médio Tapajós (AM)
15. Costeira Nordeste Oriental (PE e PB)
16. Serra do Navio/Ipitinga (AP e AM)
17. Campo Alegre de Lourdes (BA)
18. Apodi (CE e RN)
19. Scheelitífera do Seridó (RN e PB)
20. Alto Uruguai/Salto do Jacuí (RS)

2º Conjunto
1. Caçapava do Sul (RS)
2. Brusque/Itajaí (SC)
3. Estanífera de Pitinga (AM)
4. Diamantífera de Roraima (RR)
5. Aurífera Gurupi (PA e MA)
6. Rio Capim (PA)
7. Paragominas (PA)
8. Capanema (PA)
9. Baixo Jaru/Pari (PA)
10. Aurífera Nordeste Oriental (PE e PB)
11. Plumbífera Boquira (BA)
12. Aurífera Cuiabá (MT)
13. Chapada Diamantina Ocidental (BA)

Fonte: DNPM - Depto. Nacional de Produção Minetal.

16.1.4 Evolução do conhecimento mineral no Brasil

O grande salto do conhecimento das potencialidades do subsolo brasileiro foi dado na década de 1960, com o Primeiro Plano Mestre Decenal de Mineração (1965-1974). Em virtude dos esforços desenvolvidos desde então, acumulou-se, hoje, um grande número de informações que, reprocessadas e reinterpretadas com mais detalhes, permitem estabelecer novas prioridades para o desenvolvimento de províncias minerais já identificadas e selecionar novos objetivos em áreas com potencial para se transformar em verdadeiras províncias.

Apesar de todo o esforço do passado e da grande massa de informações a ser reinterpretada à luz de novas técnicas e conceitos da moderna ciência geológica, o nível e a qualidade das informações geológicas ainda são muito insatisfatórios. Um recente levantamento realizado pela Companhia de Pesquisa de

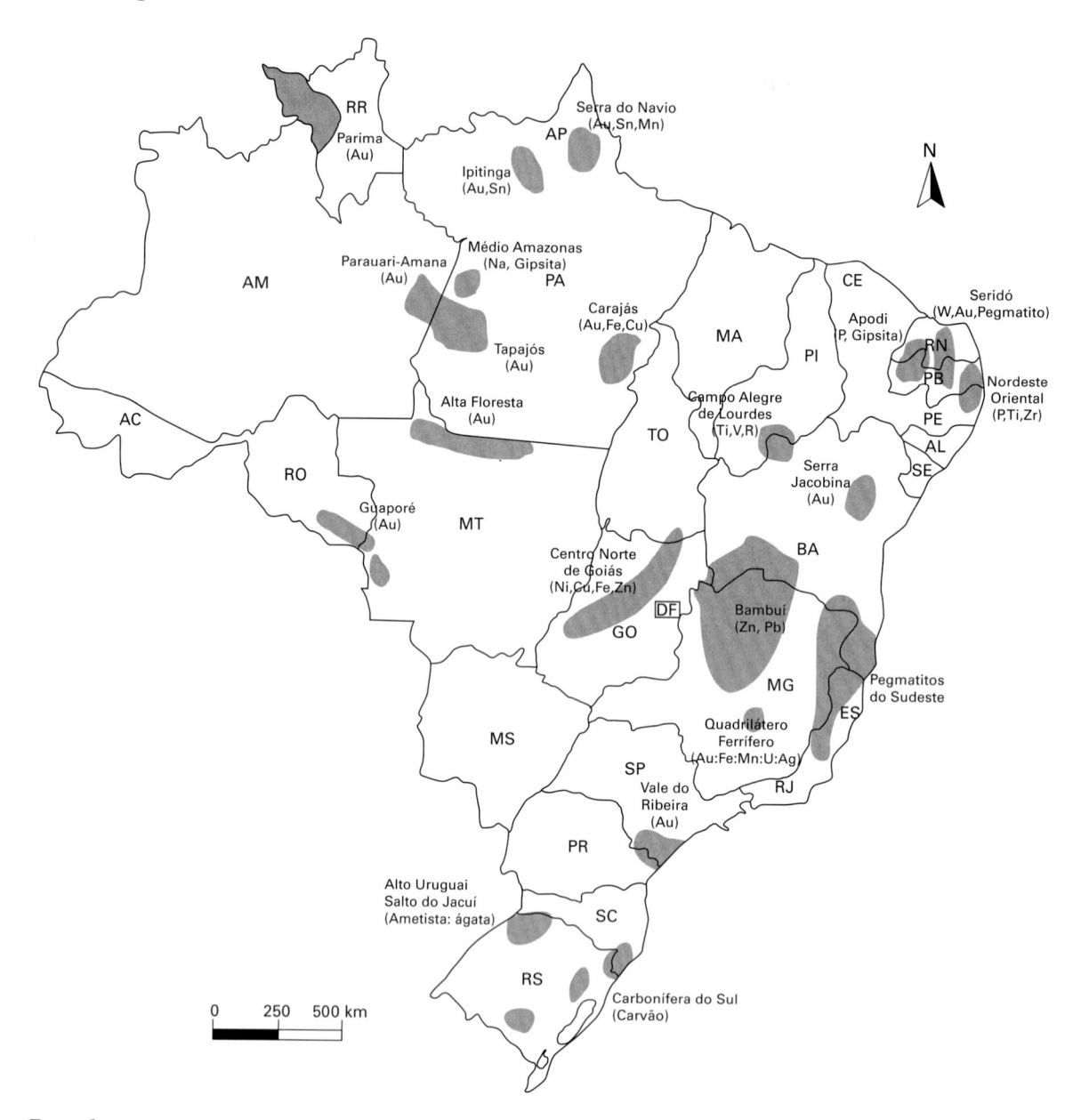

FIG. 16.5   Mapa das províncias minerais brasileiras

Recursos Minerais (CPRM) indica que, das 160 áreas de produção mineral catalogadas no país, apenas 50% têm mapeamento geológico básico na escala 1:100.000, e, desses, menos da metade foi mapeada em escalas maiores. A situação é pior ainda no caso de importantes províncias produtoras de ouro da Amazônia, em que os mapeamentos, elaborados na década de 1970, restringem-se à escala de 1:1.000.000.

Ações recomendadas

Recomenda-se, como conclusão, que as províncias minerais recebam um tratamento institucionalizado e específico, com base no estabelecimento de um sistema de classificação das províncias minerais brasileiras que contemple, segundo a CPRM, as seguintes ações:

- Definição das províncias com base nas 160 áreas definidas pelo estudo da CPRM que distinguiu as principais áreas de produção mineral brasileiras.
- Agrupamento de várias províncias em áreas maiores, definidas de acordo com a potencialidade do contexto geológico para a ocorrência de depósitos polimetálicos.
- Levantamento do acervo total de informações geológicas disponíveis sobre cada província, visando a sua compilação, avaliação, reinterpretação e reintegração temática à luz de novos conceitos e técnicas.
- Estabelecimento de prioridades de curto prazo para a seleção de áreas a serem objeto de levantamentos geológicos, geofísicos e geoquímicos, além de estudos diretivos específicos para bens minerais priorizados em função das projeções de demanda e oferta.
- Reavaliação, no médio prazo, das bacias sedimentares brasileiras, objetivando metais básicos.

Projetos de exploração mineral: áreas do conhecimento envolvidas

A atividade mineral exige projetos multidisciplinares, envolvendo especialidades e áreas como:

1] Geologia Econômica.
2] Geologia de Engenharia.
3] Geotécnica/Geomecânica.
4] Hidrologia/Hidráulica.
5] Hidrogeologia.
6] Geoquímica.
7] Engenharia de Minas.
8] Engenharia Estrutural.
9] Engenharia Ambiental.

Os projetos para exploração do minério de ferro no Brasil têm crescido vertiginosamente, com projeções de expansão de 2013 em diante (Fig. 16.6).

Segundo Brito, Cella e Figueiredo (2011), o envolvimento da Geologia de Engenharia ocorre em quatro grandes áreas, em que são desenvolvidos/projetados/estruturados os itens relacionados a seguir:

1] *Mineração a céu aberto*
   a] Dimensionamento de taludes.
   b] Controle da água superficial e subterrânea.
   c] Escavabilidade e controle de detonações.
   d] Trafegabilidade.
   e] Durabilidade dos materiais.
   f] Monitoramento.

2] *Mineração subterrânea*
   a] Dimensionamento de cavidades da lavra e do desenvolvimento.

FIG. 16.6 Espetacular vista da mineração a céu aberto em Casa de Pedra (MG), para exploração de minério de ferro, da Companhia Siderúrgica Nacional (CSN). Notar a grande profundidade da escavação, principalmente em relação ao caminhão

b) Dimensionamento de pilares.
c) Dimensionamento de suportes.
d) Controle de detonação.
e) Previsão de efeitos na superfície.
f) Monitoramento.

3) *Estruturas auxiliares nos processos de mineração*
   a) Barragens de rejeito.
   b) Barragens para reservatório de água.
   c) Pilhas de estoque, estéril e de lixiviação.
   d) Fundação das usinas de processamento mineral.
   e) Vias de acesso e contenções de cortes e aterros.
   f) Monitoramento.

4) *Impacto ambiental*
   a) Recuperação das áreas mineradas.
   b) Controle de contaminação.
   c) Previsão de recuperação das áreas degradadas.
   d) Monitoramento.

Todas as atividades são desenvolvidas em várias fases de estudo da mineração: projeto, implantação, operação e término.

A principal característica da fase conceitual é o grande rigor no controle de qualidade do projeto e a grande extensão da fase operacional. Nessa fase surge a necessidade de se prever comportamentos adversos e estabelecer procedimentos que permitam minimizá-los ou remediá-los. É uma etapa extremamente dinâmica e exige uma participação permanente da Geologia/Geotecnia.

O Quadro 16.1 resume a demanda básica exigida para a fase conceitual de um projeto de mineração.

Quadro 16.1 Demanda de um projeto de mineração na fase conceitual

Estrutura	Demanda básica	Estudos de investigações técnicas
lavra a céu aberto e subterrânea	unidades geológicas	mapas regionais e reconhecimento de descontinuidades em afloramentos
	contexto geológico no entorno da lavra	gênese dos solos e perfil de intemperismo; modelo geológico estrutural preliminar; unidades hidrogeológicas e nível de água
	sondagem geológica orientada	litotipos, anisotropias e atitude de camadas
	método de lavra	descrição geotécnica dos testemunhos; inclinação global da cava; geometria geral da lavra; vãos máximos de realces por métodos empíricos

16.1.5 Importância da Geologia de Engenharia na mineração

A Geologia de Engenharia está presente nas seguintes fases:

a) Nos mapeamentos geológicos.
b) No programa e na interpretação das investigações do subsolo.
c) Na avaliação das condições hidrogeológicas.

Na verdade, deve-se ter sempre uma ligação direta e profunda entre os geólogos de engenharia e os engenheiros de minas.

Na fase de exploração da jazida, a Geologia de Engenharia tem papel importante tanto nas explorações a céu aberto como nas subterrâneas, em que se destaca o conhecimento de aspectos como:

- Dimensionamento/inclinação dos cortes.
- Áreas para disposição de rejeitos.
- Projetos de barragens.
- Definição dos túneis etc.

16.2 Exploração de petróleo no Brasil

16.2.1 Resumo histórico

De acordo com o Prof. Dr. Celso de Barros Gomes (Gomes, 2007):

- 1859 – Teve início no mundo com a histórica descoberta em Oil Creek, nos EUA.
- 1897 – Iniciativa de Eugênio Ferreira de Camargo, fazendeiro paulista, para encontrar petróleo no Brasil. Foi perfurado um poço com 480 m de profundidade, que encheu dois barris de óleo, na região de Bofete, em São Paulo.
- 1935 – É perfurado em Águas de São Pedro (SP) o décimo poço de exploração no Brasil (Fig. 16.7).
- 1938 – Criado o Conselho Nacional do Petróleo (CNP), que abriu mais de 100 poços exploratórios, descobrindo reservas no Recôncavo Baiano.
- 1940 – Cresce no Brasil a onda do "o petróleo é nosso", com o envolvimento de estudantes.
- 1953 – É criada a Petrobras. A maioria dos geólogos era estrangeira.
- 1954 – Início das atividades da Petrobras. O setor de exploração estava a cargo do geólogo americano Walter Link. Da Bahia, a Petrobras passa a investigar as bacias de Sergipe, Alagoas, Maranhão, Piauí, Paraná e Amazonas.
- 1960 – Forma-se a primeira turma de geólogos nacionais.
- 1960 – Na Petrobras, passam a predominar os geólogos brasileiros.

FIG. 16.7 Torre do poço Eng. Angelo Balloni, em Águas de São Pedro (SP)

- 1963 – É descoberto o Campo de Carmópolis (SE).
- 1966 – A Petrobras passa a contar com 330 geólogos, agora todos brasileiros.
- 1968 – A Petrobras, possuindo reservas limitadas nas bacias terrestres, inicia a exploração na plataforma continental no Espírito Santo.
- 1970 – Nessa época, os mapas, levantamentos e investigações ainda tinham interpretação manual.
- 1978 – Em terra, é descoberto gás em Juruá (AM).
- 1979 – É explorada a bacia Potiguar (RN).
- 1980 – É descoberto o Campo de Urucum na bacia do Solimões, na Amazônia.
- 1988 – É descoberto, na bacia marítima de Santos, o Campo de Tubarão.
- 2002 – Novas e importantes reservas são descobertas na bacia de Santos. Na bacia de Campos, é feito um poço exploratório (Jubarte). Mais descobertas delimitaram uma província produtora conhecida como Parque das Baleias.
- 2003 – É descoberta no Espírito Santo, em águas profundas, uma reserva de petróleo do tipo leve. Em Campos (RJ), é descoberto o Campo de Papa-Terra, na bacia de Campos.
- 2007 – A Petrobras produz 1,8 milhão de barris de óleo/dia e se coloca entre as grandes produtoras do mundo. O número de geólogos e geofísicos chega a 600.

16.2.2 Origem e formação do petróleo

O termo *petróleo* vem do latim – *petra* e *oleum* – e significa *pedra de óleo*. Essa denominação decorre das grandes quantidades de restos vegetais e animais depositados no fundo dos mares e lagos que, ao se decomporem, se transformam em petróleo.

No processo de formação do petróleo, bem como da hulha, torna-se imprescindível a existência de condições que impeçam a destruição dos restos mortos. O local de deposição deve ser pobre de oxigênio e de aeração, que favorecem o desenvolvimento bacteriano.

O acúmulo de petróleo depende das características e do arranjo de certos tipos de rochas geradoras de matérias-primas que se transformarão em petróleo e de rochas reservatório, em geral arenitos e calcários, que possuem espaços vazios, chamados poros, capazes de armazená-lo (Fig. 16.8).

O petróleo só existe em bacia sedimentar, mas nem toda bacia sedimentar possui acumulação comercial de óleo ou gás. O estudo geológico, sob o ponto de vista da prospecção de petróleo, indica onde se encontram e quais são as mais interessantes bacias sedimentares.

Os sedimentos são constituídos, em grande parte, pelo produto da erosão de rochas e que foi transportado por agentes atmosféricos. Os sedimentos se acumulam e formam espessas colunas e, após sua consolidação, transformam-se em rochas constituídas por sequência de estratos, juntamente com os restos orgânicos que, quando preservados adequadamente e transformados, dão origem a acumulações de petróleo e gás natural.

Na formação da rocha geradora, denominada rocha matriz, quantidades de matéria orgânica foram depositadas e preservadas em associação com seus constituintes minerais. Essa matéria orgânica, submetida a condições adequadas de temperatura e pressão, transforma-se em petróleo. A rocha armazenadora, denominada reservatório, tem de ser porosa, isto é, possuir espaços vazios para receber o petróleo migrado da rocha matriz. Essa porosidade pode ser intergranular, de fraturas e de dissolução.

O petróleo, localizado nas rochas reservatório, escaparia se não fosse bloqueada por rochas impermeáveis, denominadas capeadoras, ou por obstáculos denominados trapas ou armadilhas.

A Fig. 16.9 mostra uma trapa estrutural do tipo anticlinal e outra estratigráfica, do tipo falhamento. A trapa, alçapão ou armadilha constitui o depósito do qual o petróleo não poderá escapar.

O petróleo, após ser gerado e ter migrado, é eventualmente acumulado em uma rocha reservatório. Essa rocha pode ter qualquer origem ou natureza, mas deve apresentar espaços vazios em seu interior (porosidade) para se constituir como um reservatório, e tais vazios devem estar interconectados, conferindo à rocha a característica de permeabilidade. Assim, podem ser rochas reservatório os arenitos e calcarenitos e quaisquer rochas sedimentares essencialmente dotadas de porosidade intergranular que sejam permeáveis.

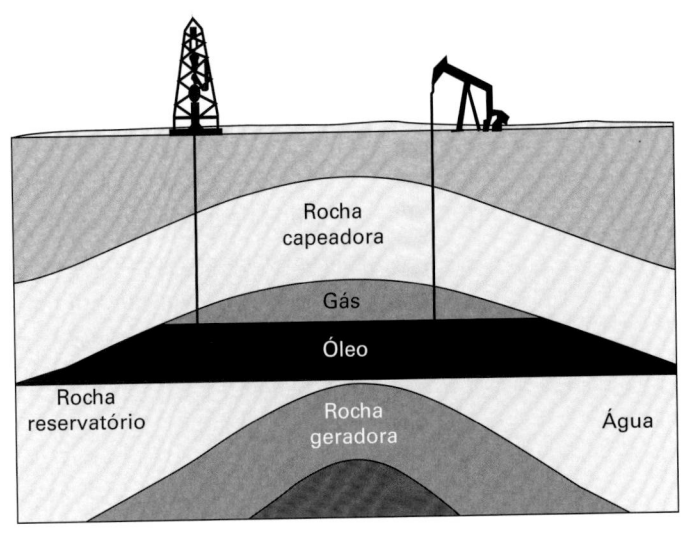

FIG. 16.8 Condições básicas para a existência de acumulações de petróleo

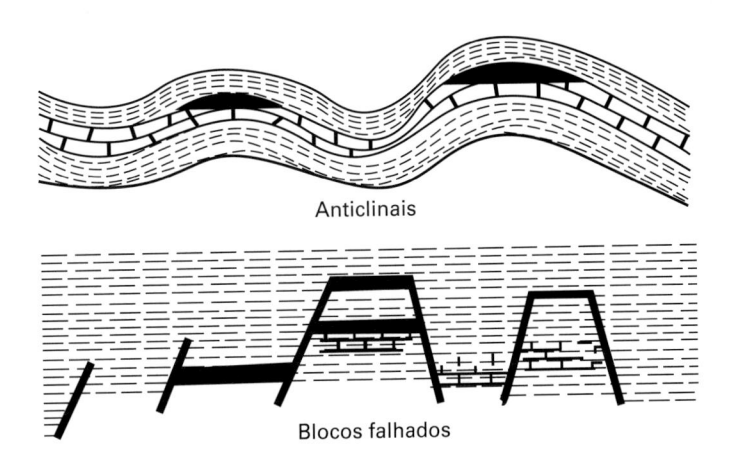

FIG. 16.9 Exemplos de trapas

Em resumo, as condições básicas para a formação de petróleo são:

a) Existência de condições favoráveis ao acúmulo de matéria orgânica, a fim de possibilitar a formação da rocha matriz ou geradora.

b) Ausência de agentes destrutivos (bactérias aeróbias), conjugada com agentes transformadores (bactérias anaeróbias), que propiciem as reações químicas e bioquímicas geradoras dos hidrocarbonetos, por decomposição de matéria orgânica (algas).

c) Existência de forças capazes de promover a migração dos hidrocarbonetos, tais como compressão por parte dos estratos superiores e expulsão da água e dos hidrocarbonetos emulsionados (migração primária), e posterior acúmulo em rocha porosa e permeável suscetível à migração secundária, por meio da flutuação na água, determinando a concentração.

d) Existência de rocha permeável e porosa que possa não apenas armazenar o petróleo, mas permitir que ele escoe com facilidade no poço produtor. É a chamada rocha acumuladora ou reservatório. A mais frequente é o arenito.

e) Existência de rochas impermeáveis que retenham o petróleo, impedindo que a migração prograda indefinidamente, determinando a sua perda. Tais rochas, denominadas rochas selantes, são em geral de natureza argilosa, predominando os folhelhos.

16.2.3 Métodos de investigação/prospecção em terra e no mar

A prospecção de petróleo se faz tanto em bacias sedimentares terrestres (Amazônia, Recôncavo Baiano) como em bacias marinhas (Santos, Campos, Espírito Santo etc.). Os métodos de investigação são os usuais em Geologia. A Fig. 16.10 resume os métodos normalmente empregados.

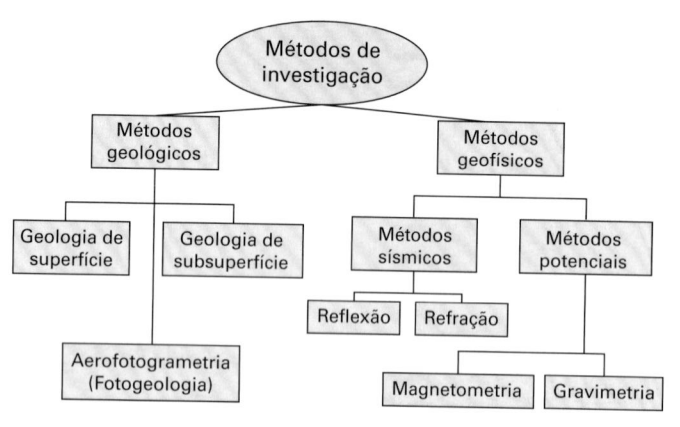

FIG. 16.10 Métodos de investigação/prospecção

Nas bacias terrestres são utilizados, inicialmente, o levantamento e o mapeamento geológico de superfície, resumidos da seguinte forma:
a) Observação das rochas que afloram na superfície.
b) A possibilidade de reconhecer e delimitar bacias sedimentares.
c) Áreas compostas por rochas ígneas e metamórficas e bacias sedimentares com pequena espessura ou sem estrutura favorável à acumulação de hidrocarbonetos são descartadas.

Além do reconhecimento e levantamento de campo, também são usados métodos de aerofotogrametria, que são utilizados para a confecção de mapas topográficos. A interpretação dessas fotos permite determinar feições geológicas como dobras, falhas e mergulho das camadas visíveis. São usadas, além disso, as imagens de radar e satélite (Fig. 16.11).

Após os trabalhos iniciais, a próxima etapa é a aplicação dos métodos diretos de investigação:
a) Nas sondagens diretas, são analisadas, pelo poço exploratório, as formações geológicas atravessadas, sua espessura etc. Depois, são confeccionados mapas estruturais do subsolo, quando já existirem vários poços perfurados.
b) Nos métodos indiretos e geofísicos, como os gravimétricos, são medidas as variações da intensidade no campo gravitacional terrestre. Além disso, é detectada a presença de rochas anômalas, como as ígneas e os domos salinos, e confeccionado um mapa gravimétrico denominado Bouguer (Fig. 16.12).

16.2.4 Refinarias: infraestrutura e logística
Definição

Refinarias são destilarias de petróleo que realizam o processo químico de limpeza e refino do óleo cru (Fig. 16.13). O petróleo bruto é composto de diversos hidrocarbonetos. No processo de refino, os hidrocarbonetos são separados por destilação e as impurezas, removidas. Esses produtos podem então ser utilizados em diversas aplicações.

FIG. 16.11 Imagem de satélite abrangendo as bacias de Santos, Campos e Espírito Santo

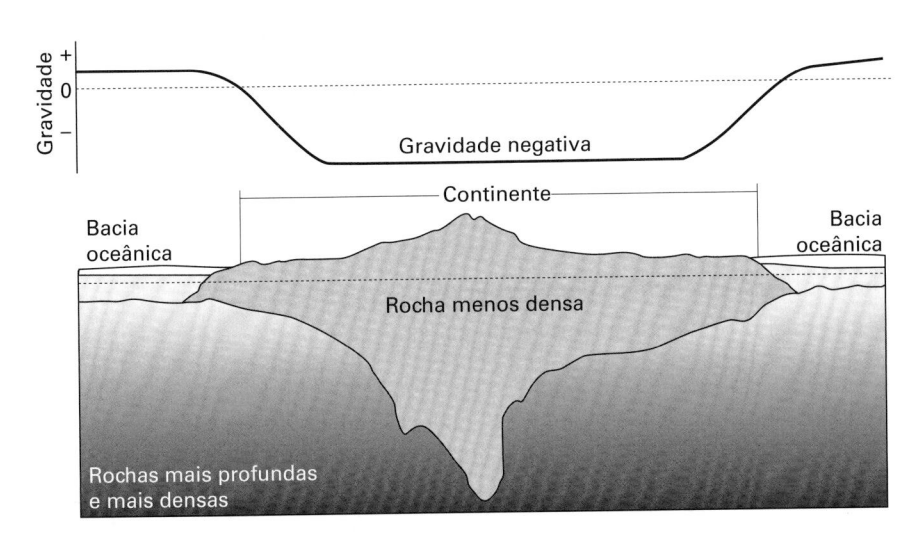

FIG. 16.12 Exemplo da relação rocha/valor da gravidade

Principais produtos do refino

O Quadro 16.2 relaciona os principais produtos do refino de petróleo. Os processos normalmente aplicados em refinarias são:

- Dessalgação: processo de remoção de sais do óleo bruto.
- Destilação atmosférica: processo em que o óleo bruto é separado em diversas frações sob pressão atmosférica.
- Destilação a vácuo ou destilação a pressão reduzida: processo em que o resíduo da destilação atmosférica é separado em diversas frações sob pressão reduzida.
- Hidrotratamento.
- Reforma catalítica.
- Craqueamento/*cracking* catalítico: processo em que moléculas grandes (de menor valor comercial) são quebradas em moléculas menores (de maior valor) por meio de um catalisador.
- Tratamento Merox.
- Craqueamento/*cracking* retardado/térmico: processo em que moléculas grandes (de

Quadro 16.2 Principais produtos do refino de petróleo

asfalto	gás liquefeito de petróleo
diesel/óleo diesel	óleos lubrificantes
nafta	ceras e parafinas
óleo combustível	coque
gasolina	petróleo
querosene e querosene de aviação	

menor valor comercial) são quebradas em moléculas menores (de maior valor) pela ação de temperaturas elevadas.
- Alquilação/alcoilação.

Entre os produtos obtidos com o refino do petróleo, destacam-se:
- *Gasolina*

A gasolina é uma mistura complexa de hidrocarbonetos parafínicos, oleofínicos, naftênicos e aromáticos com uma faixa de ebulição entre 30°C e 220°C. Aditivos são adicionados à gasolina de modo a se obter algumas características desejadas, como a resistência à detonação. Para obter a gasolina, diversas frações de petróleo – naftas, na maioria das vezes – são misturadas.

- *Diesel*

O diesel é formado predominantemente por hidrocarbonetos parafínicos com mais de 14 átomos de carbono, e sua faixa de ebulição é de 150°C a 380°C. O diesel é utilizado em motores de ICO (ignição por compressão), que tem um rendimento melhor que o de motores a gasolina. A taxa de compressão desses motores é de 15:1 a 24:1.

O óleo diesel é um combustível líquido cuja principal característica é permitir uma queima a alta taxa de compressão no interior da câmara de combustão. Dependendo de sua aplicação, é comercializado como rodoviário ou marítimo.

Meio ambiente

As refinarias são complexos industriais que ocupam extensas áreas. Durante o processo, inevitavelmente são gerados grandes impactos ao meio ambiente. Entre os principais impactos estão: emissões atmosféricas de poluentes como NO_x (óxido de nitrogênio), SO_x (óxido de enxofre), VOCs (compostos orgânicos voláteis) e CO_2; elevadas cargas orgânicas nos efluentes líquidos; e resíduos sólidos diversos, como solos contaminados, borras oleosas etc. (Fig. 16.14).

FIG. 16.13 Refinaria de petróleo

Refinarias de petróleo no Brasil

O Brasil possui o maior número de refinarias na Região Sudeste. São elas:
- Refinaria Gabriel Passos (Regap) – Betim, Minas Gerais – 151.000 bpd.
- Refinaria do Planalto Paulista (Replan) – Paulínia, São Paulo – 365.000 bpd (Fig. 16.15).
- Refinaria Henrique Lage (Revap) – São José do Campos, São Paulo – 251.000 bpd.
- Refinaria Presidente Bernardes (RPBC) – Cubatão, São Paulo – 170.000 bpd.
- Refinaria de Capuava (Recap) – Mauá, São Paulo – 53.000 bpd.
- Refinaria Duque de Caxias (Reduc) – Duque de Caxias, Rio de Janeiro – 242.000 bpd.

FIG. 16.14 Refinaria comprometendo o meio ambiente

FIG. 16.15 Vista aérea da Replan (Paulínia, SP), a maior refinaria do Brasil, com uma área de 9,1 km^2

Em outras regiões temos:
- Região Norte: Refinaria Isaac Sabbá ou Refinaria de Manaus (Reman) – Manaus, Amazonas – 46.000 bpd.
- Região Nordeste: Refinaria Landulpho Alves Mataripe (RLAM) – São Francisco do Conde, Bahia – 323.000 bpd.
- Região Sul:
  - Refinaria Presidente Getúlio Vargas ou Refinaria do Paraná (Repar) – Araucária, Paraná – 189.00 bpd.
  - Refinaria Alberto Pasqualini (Refap) – Canoas, Rio Grande do Sul – 189.000 bpd.

Estruturas/trabalhos normalmente executados em refinarias de petróleo
- Diques e rampas.
- Drenagem de águas pluviais.

- Drenagem e substituição de solo.
- Edificação e construção.
- Execução de edifícios administrativos e fábrica de fertilizantes.
- Diques e bacias de tanques.
- Desvio de córrego.
- Estabilização de taludes.

16.2.5 O caso do pré-sal

O pré-sal é uma área de reservas petrolíferas encontrada sob uma profunda camada de rocha salina.

As reservas de petróleo do pré-sal no litoral do Brasil representam o maior campo petrolífero já descoberto em uma região sob as camadas de rochas salinas ou evaporíticas no mundo todo.

Camadas semelhantes de rocha pré-sal são encontradas em alguns outros locais do planeta, como no litoral atlântico da África, golfo do México, mar do Norte e mar Cáspio.

A classificação dessas rochas segue a nomenclatura da Geologia no que se refere à escala temporal em que os diferentes estratos rochosos foram formados.

A rocha reservatório do pré-sal foi formada antes de uma camada de rocha salina que cobriu aquela área milhões de anos depois, ou seja, ela é mais recente na escala de tempo geológica. Portanto, o *pré* do pré-sal se refere à escala de tempo, ou seja, a uma camada estratigráfica que é mais antiga que a camada de rochas salinas.

Qualidade do óleo do pré-sal

O petróleo da camada pré-sal é mais leve que o encontrado no restante do Brasil, como o petróleo da bacia de Campos, por exemplo, que é considerado pesado.

A Petrobras também identificou que esse óleo tem baixo teor de substâncias poluentes, como enxofre e nitrogênio, que são encontrados em grande quantidade no petróleo pesado.

De acordo com a Agência Nacional do Petróleo (ANP), o petróleo recebe a seguinte classificação:

- *Petróleo leve*: densidade igual ou inferior a 0,87 (ou grau API igual ou superior a 31°).
- *Petróleo mediano*: densidade superior a 0,87 e igual ou inferior a 0,92 (ou grau API igual ou superior a 22° e inferior a 31°).
- *Petróleo pesado*: densidade superior a 0,92 e igual ou inferior a 1,00 (ou grau API igual ou superior a 10° e inferior a 22°).
- *Petróleo extrapesado*: densidade superior a 1,00 (ou grau API inferior a 10°).

Assim, o petróleo leve, como o óleo da camada de pré-sal, é estratégico para o Brasil, pois:

a) é mais fácil de ser refinado, produzindo uma porcentagem maior de derivados finos;

b) tem menos enxofre, poluindo menos quando é refinado;

c) é, portanto, comercializado por um valor maior no mercado internacional.

Valor estratégico do petróleo do pré-sal

O que se chama de pré-sal são rochas sedimentares que existem sob uma camada de sal com até 2.000 m de espessura com uma enorme extensão. Essa espessa camada de sal, formada principalmente de halita (cloreto de sódio, ou seja, o sal que usamos na comida) e anidrita (sulfato de cálcio), é uma barreira que se formou diretamente sobre a rocha geradora, impedindo que, nesse caso, o petróleo migrasse.

Por que só ultimamente se começou a falar em petróleo do pré-sal? Porque, em razão da enorme profundidade, nunca se havia procurado petróleo abaixo da camada de sal. É preciso levar-se em conta que essa reserva está entre 3 e 5 km abaixo do fundo do mar e, para alcançá-la, é preciso atravessar até 2.200 m de água. Além disso, as plataformas de exploração e produção marítimas chegam a ficar até a 340 km da costa (Fig. 16.16).

O petróleo do pré-sal também é encontrado em outros países, mas só no continente africano ele tem características semelhantes ao do Brasil, que é, agora, autossuficiente em petróleo, ou seja, produz um volume que satisfaz o consumo interno. Mesmo assim, ele continua a importar certa quantidade de petróleo mais leve, de melhor qualidade, que é exatamente o tipo que existe no pré-sal.

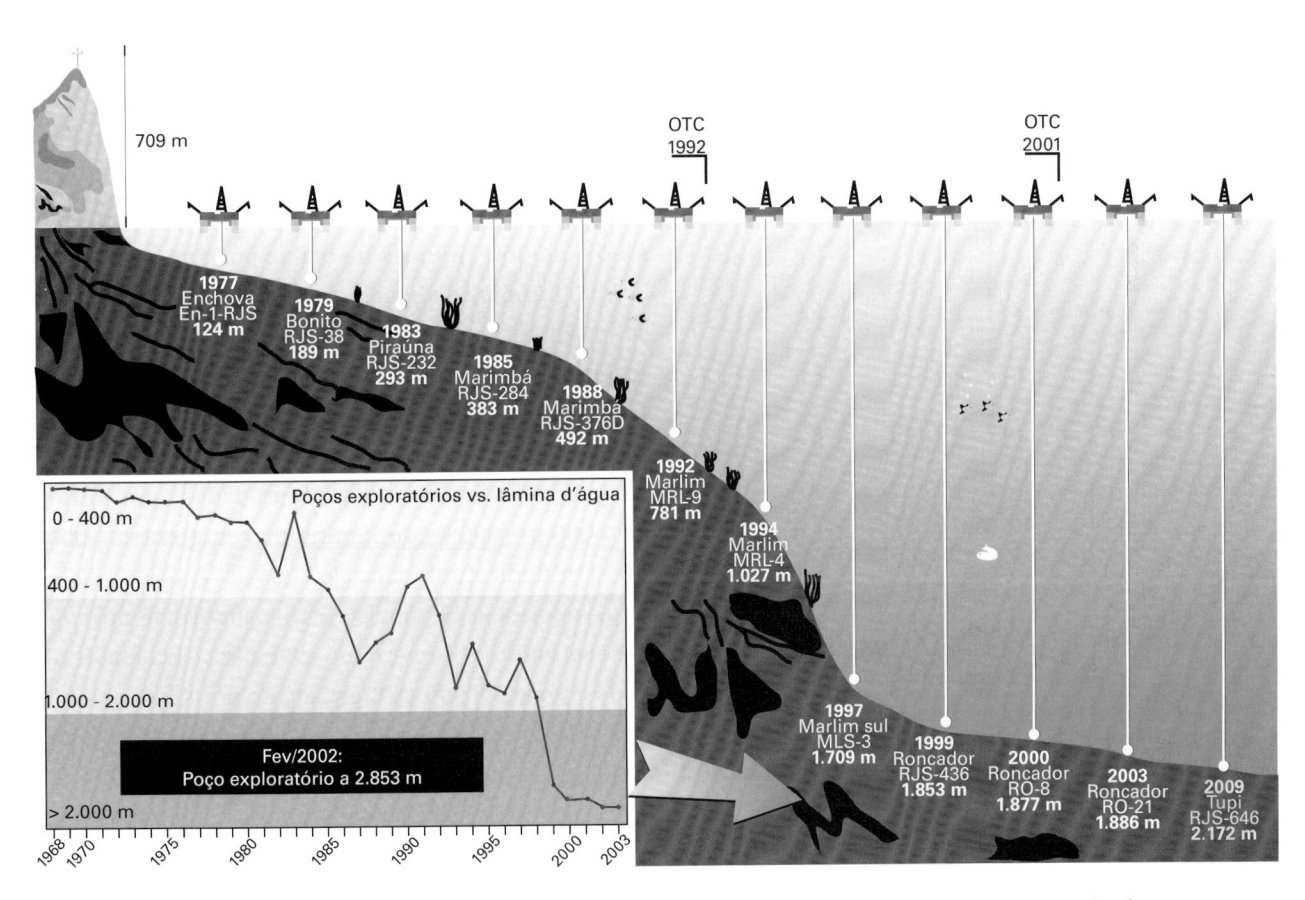

FIG. 16.16 Perfurações exploratórias da Petrobras em águas marinhas, onde se percebe o aumento cada vez maior da profundidade

As reservas do pré-sal

A Fig. 16.17 mostra um perfil esquemático do pré-sal a uma profundidade de 7.000 m.

As reservas de petróleo que se acredita existir abaixo da camada de sal ocupam uma área de 149.000 km² (igual à do Estado do Ceará) e atingem 90 bilhões de barris, ou seja, cerca de sete vezes o volume de petróleo conhecido acima da camada de sal. Isso coloca o Brasil entre os seis países com as maiores reservas de petróleo no mundo.

De acordo com a Petrobras, a avaliação para as principais áreas – os campos de Tupi, Iara e Parque das Baleias – era que existiriam até 14 bilhões de barris. Isso já seria suficiente para dobrar as reservas brasileiras conhecidas. Em fevereiro de 2012, a Petrobras divulgou que a estimativa de reservas no campo de Guará, na bacia de Santos, é de 2,1 bilhões de barris.

Um dos campos conhecidos, Tupi, na bacia de Santos, está a mais de 5.000 m de profundidade e possui uma reserva recuperável entre 5 e 8 bilhões de barris (reserva recuperável é o que realmente se pode retirar do subsolo, uma vez que nunca se consegue extrair todo o petróleo existente numa jazida). Ainda está em fase de testes, com uma produção de 7.000 bpd. Esse volume poderá chegar a um milhão de barris por dia por volta de 2020. Como a produção total de petróleo no Brasil é hoje de dois milhões de barris por dia, isso mostra bem a grandiosidade das reservas de petróleo no pré-sal. Além disso, não está descartada a possibilidade de esses diversos campos petrolíferos serem interligados, formando uma única e descomunal jazida.

No Brasil, o conjunto de campos petrolíferos do pré-sal situa-se em profundidades que variam de 1.000 a 2.000 m de lâmina d'água e entre 4.000 e 6.000 m de profundidade no subsolo. A profundidade total, ou seja, a distância entre a superfície do mar e os reservatórios de petróleo abaixo da camada de sal, pode chegar a 8.000 m. O estrato do pré-sal ocupa uma faixa de aproximadamente 800 km de comprimento ao longo do litoral brasileiro.

Essa área, que vem ganhando destaque pelas recentes descobertas da Petrobras, encontra-se no subsolo oceânico, e vai do norte da bacia de Campos (RJ) ao sul da bacia de Santos (SP) e desde o Alto Vitória (ES) até o Alto de Florianópolis (SC).

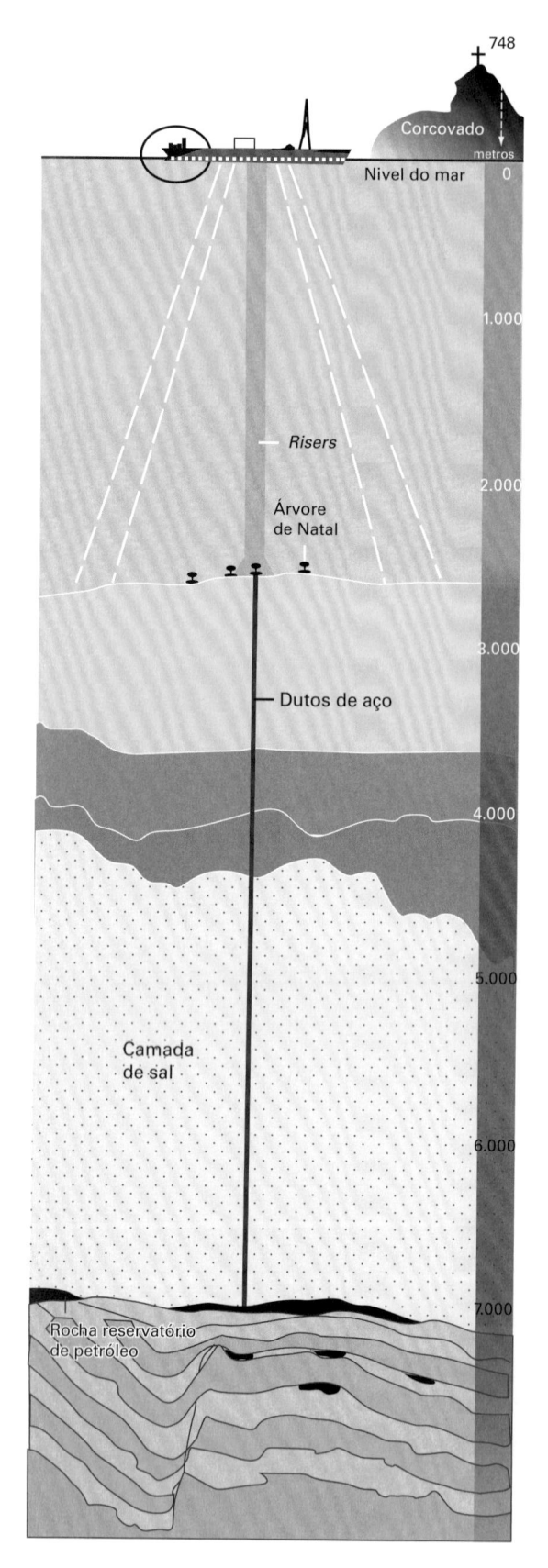

FIG. 16.17 Ilustração esquemática da ocorrência do petróleo no pré-sal

16.2.6 A contribuição da Geologia de Engenharia

Como já descrito em outros capítulos envolvendo obras de Engenharia e exploração mineral, a prospecção do petróleo está intimamente ligada à Geologia da Engenharia tanto nas fases de estudos das bacias como na sua interpretação. Na fase de exploração, a Geologia de Engenharia se destaca tanto na construção de oleodutos e gasodutos, definindo qual processo construtivo será adotado conforme o tipo de solo e de rochas, que é bem variado, como na construção de outras obras civis, como refinarias.

As reservas marinhas são encontradas abaixo de lâminas d'água que variam de pequenas profundidades até águas profundas, com até 3.000 m, como é o caso das reservas do pré-sal. Estruturas como as plataformas de perfuração, as estruturas submersas, os oleodutos, os gasodutos e os terminais levaram à busca de soluções mais eficientes para a resolução e implantação desses desafios.

É importante citarmos as investigações geotécnicas para os campos situados abaixo da lâmina d'água, envolvendo as opções de apoio para os equipamentos de sondagens e os equipamentos usados, que variam de flutuadores a navios de sondagens. Temos os seguintes casos:

1) Equipamento apoiado sobre flutuantes.
2) Equipamentos sobre plataformas fixas.
3) Equipamentos apoiados em monotubo.
4) Equipamentos tipo plataforma autoelevatória.
5) Utilização de um sino de sondagem no caso de a profundidade da lâmina d'água ser inferior a 50 m.
6) Navios geotécnicos; contudo, além de serem uma opção muito onerosa, também são importados.

Para o caso do pré-sal

As investigações mais recentes têm sido executadas por meio de navios geotécnicos que dispõem até de laboratórios a bordo, para realização de ensaios mais simples de caracterização dos materiais (Bogossian, 2012).

16.2.7 Extração de petróleo e gás de rochas

O xisto betuminoso (também conhecido como folhelho betuminoso) é uma fonte de combustível. Quando submetido a altas temperaturas, produz um óleo de composição semelhante à do petróleo do qual se extrai nafta, óleo combustível, gás liquefeito, óleo diesel e gasolina.

Estados Unidos e Brasil são os países com as maiores reservas mundiais de xisto. O xisto ou folhelho betuminoso ocorre na região Sul – tendo como referência São Mateus do Sul (PR) –, Vale do Paraíba (SP), Maraú (BA), Alagoas, Ceará, Maranhão, Amazonas e Amapá. A Petrobrás desenvolveu o processo Petrosix® para a produção de óleo de xisto em larga escala.

Fraturamento hidráulico é um método de perfuração do subsolo em solos de xisto para extração de gás natural (Fig. 16.18). Esse método foi desenvolvido nos anos 1990 e utiliza uma mistura de água, areia e produtos químicos.

1. Quando a tubulação do poço de gás ou petróleo chega à camada de xisto, faz uma curva na horizontal

2. Uma solução de água, areia e produtos químicos é injetada pela tubulação em alta pressão, fracionando a rocha em torno da tubulação

3. Fracionada a rocha, o combustível fóssil — gás ou petróleo — preso dentro do xisto é liberado e escoa para a tubulação

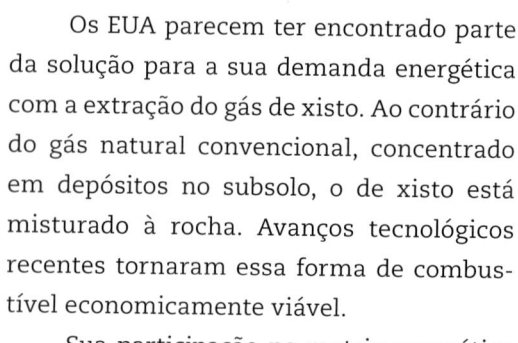

FIG. 16.18 Exploração de xisto por meio de fraturamento hidráulico e perfuração horizontal

Os EUA parecem ter encontrado parte da solução para a sua demanda energética com a extração do gás de xisto. Ao contrário do gás natural convencional, concentrado em depósitos no subsolo, o de xisto está misturado à rocha. Avanços tecnológicos recentes tornaram essa forma de combustível economicamente viável.

Sua participação na matriz energética americana cresceu. Em 2000, o gás de xisto representava 1% do total de gás natural consumido nos Estados Unidos. Em 2013, já corresponde a 16% e pode chegar a 46% em 2035, o que tornaria o país autossuficiente em gás natural, sua terceira maior fonte de energia.

Se a tendência se confirmar, os EUA podem até reduzir sua demanda por petróleo e carvão externos. A extração do gás das camadas de xisto, por definição uma formação rochosa sedimentar, começou a ser estudada pelos EUA nos anos 1970, mas o processo era tão caro e complexo que inviabilizava a produção em larga escala. Só nas décadas seguintes a exploração comercial começou a se tornar realidade, com o desenvolvimento de tecnologias complementares.

A primeira é chamada *perfuração horizontal* e permite acessar melhor o solo que abriga o gás de xisto; a segunda, denominada *fratura hidráulica*, facilita a remoção do produto. O poço aberto na perfuração recebe uma mistura de água, areia e diversos produtos químicos sob alta pressão para quebrar a rocha e liberar o gás, que é levado para a superfície por uma tubulação.

No Brasil utiliza-se uma tecnologia antiga para extrair óleo de xisto em São Mateus do Sul/PR, em pequena escala. Como há muito gás natural convencional para ser explorado, o xisto é pouco explorado.

As reservas brasileiras são volumosas: "Caso se mostre viável e barato no Brasil, o gás de xisto tem tudo para reduzir a importância do pré-sal".

Meio ambiente

O maior empecilho à exploração do gás de xisto é a questão ambientalista, pois no processo de extração são usados componentes químicos potencialmente tóxicos, como o benzeno. Caso essa substância atinja o aquífero, pode contaminar a água. Mas não há provas que isso seja recorrente. O geólogo Eric Potter, diretor do Centro de Geologia Econômica do Texas, EUA, dá o seguinte testemunho: "De todas as extrações de gás de xisto, desde 1950, há poucos casos documentados de poluição".

Desde 2006, avanços tecnológicos permitem a extração do gás de xisto em larga escala. O gás natural existente na formação rochosa conhecida como xisto/folhelho betuminoso, não está em um único depósito, sendo impossível extraí-lo por meios convencionais.

A Geologia
de Engenharia para o meio ambiente

17

Espumas poluídas do rio Tietê em Santana de Parnaíba (SP)

> "Como não seremos violentos com a natureza, se o somos uns com os outros?"
> (Gandhi, líder pacifista hindu, 1869-1948)

A relação entre a Geologia de Engenharia e o meio ambiente é extremamente importante, profunda, delicada, e parte de um princípio simples: "toda intervenção que se faça no meio ambiente – desde a construção de uma simples casa, pequenos caminhos, canais etc., até obras gigantescas (barragens, túneis, metrô, estradas, indústrias) – exige o conhecimento geológico-geotécnico do local/área/região".

Quando não considerado, o aspecto geológico-geotécnico pode gerar consequências desagradáveis e profundas, com o aparecimento de impactos ambientais, sociais e econômicos com graves sequelas, até com a custa de vidas.

Um dos exemplos mais significativos dessa afirmação é o caso do canal do Valo Grande, em Iguape (SP), descrito no Cap. 15, item 15.3.3.

17.1 Formas de uso e ocupação do solo e os impactos resultantes

Infelizmente, o uso e a ocupação do solo no Brasil ocorrem sem nenhum planejamento, gerando, como consequência, os mais diversos e graves impactos.

"Num país privilegiado como o Brasil do ponto de vista das não ocorrências de catástrofes climáticas e geológicas (terremotos, vulcões, furacões), a ocupação desenfreada do meio físico tem provocado impactos ambientais e sociais que podem ser comparados em gravidade aos provocados por aqueles fenômenos naturais."

(Prof. Nivaldo José Chiossi, *Revista Brasileira de Tecnologia*, out./nov. 1982).

O Quadro 17.1 resume os tipos de ocupação em espaços urbanos e rurais e os impactos ambientais e socioeconômicos resultantes.

Em todas as intervenções referidas no Quadro 17.1, a Geologia de Engenharia, quando presente nos estudos preliminares para uma área de implantação, pode minimizar e até eliminar o aparecimento dos impactos citados.

Quadro 17.1 Consequências da ocupação em espaços urbanos e rurais

	Tipo de ocupação	Formas de intervenção no meio físico	Impactos diretos	Consequências correlatas
Espaço urbano	loteamentos	remoção da cobertura vegetal; terraplenagem: cortes/aterros	erosão	assoreamento d'água; ausência de rede de esgoto; formação de lixões
	indústrias	cortes/aterros; desmatamentos	erosão localizada; poluição do ar, solo, água	contaminação do ar, solo e água
	mineração	desmatamentos; escavações instáveis; desmontes de rochas e solos	erosão; escorregamentos/deslizamentos; explosões/ruídos; depósitos de rejeitos	assoreamento de rios; ameaça às construções e vidas humanas; poluição visual do ar, solo e água
	sistemas viários	desmatamentos; cortes/aterros; sistemas de drenagem	erosão; escorregamentos/deslizamentos	assoreamento de rios
	obras urbanas	túneis; viadutos; demolições	desapropriações; poluição visual; modificação da paisagem urbana e histórica	relação da comunidade original
Espaço rural	chácara de lazer	desmatamentos; cortes/aterros; terraplenagem	erosão; escorregamento	assoreamento
	agricultura	grandes desmatamentos; técnicas inadequadas de manejo	erosão; perda da camada fértil do solo	desertificação; poluição de mananciais; custos maiores com agrotóxicos

Fonte: Prof. Nivaldo José Chiossi, *Revista Brasileira de Tecnologia*, out./nov. 1982.

17.1.1 Exemplos de impactos do uso e ocupação do solo

1º caso

A Fig. 17.1 ilustra a ocupação do meio físico por uma barragem hidrelétrica. Em (A), mostra-se a situação da área antes da construção da barragem, com a indicação das atividades existentes, e, em (B), a situação resultante da construção.

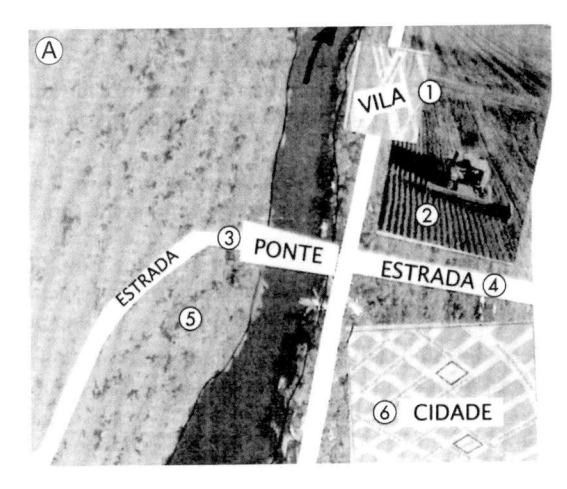

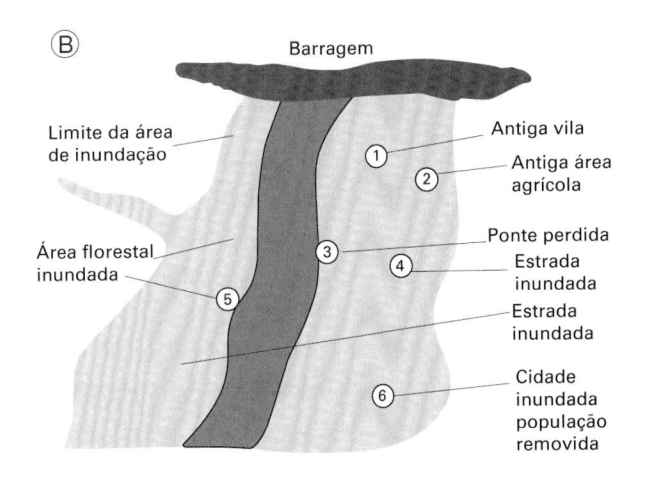

FIG. 17.1 Ocupação do meio físico por uma barragem hidrelétrica: (A) situação anterior à construção da barragem; (B) situação resultante

Notar os impactos ambientais e sociais gerados na área de inundação da barragem:
- Inundação de cidade.
- Área agrícola inutilizada, interrompendo a atividade agrícola.
- Ponte submersa.
- Estradas inundadas, interrompendo o transporte e as comunicações.
- Núcleo urbano inundado (vila).
- Remoção da população urbana e rural.
- Área florestal inundada.

2º caso

O segundo exemplo diz respeito à expansão urbana acelerada, descontrolada, sem planejamento ocorrida na cidade de São Paulo no período entre 1949 e 1992. Como consequência, São Paulo convive com gravíssimos problemas/impactos ambientais, como:

- *Poluição dos recursos hídricos*, a ponto de os rios Pinheiros, Tietê e Tamanduateí, além de muitos outros córregos, terem se transformado em canais de esgotos e lixo. Só o Tietê e o Pinheiros têm cerca de 400 córregos afluentes. Em 2008, 1,6 bilhão de litros de esgotos não tratados foi despejado no rio Tietê, para se juntar às 100 toneladas de lixo que ele recebia por dia.
- *Poluição do solo e subsolo*, tendo sido detectadas pela Companhia Ambiental do Estado de São Paulo (Cetesb), em 2006, 500 áreas poluídas na cidade de São Paulo e 355 na Região Metropolitana de São Paulo. Esses problemas de contaminação de solo e dos lençóis subterrâneos em geral foram gerados entre as décadas de 1940 e 1950.
- *Poluição do ar*, a ponto de o engenheiro Paulo Afonso de André, do Laboratório de Poluição Ambiental da Faculdade de Medicina da Universidade de São Paulo, dizer, em 21 de setembro de 2007, que "em São Paulo, hoje em dia, só há um jeito de escapar da poluição: usar máscara de oxigênio". A esse respeito, o jornalista Gilberto Dimenstein assinalou que, por dia, a poluição mata prema-

turamente 12 pessoas e faz 200 vítimas de doenças respiratórias. As emissões de poluentes têm origem basicamente nos veículos.

- *Poluição sonora* com níveis de ruído elevadíssimos, tendo sido detectado na avenida Paulista o maior índice, 85 decibéis, o suficiente para provocar danos à saúde, e o trânsito é o principal responsável.
- *Poluição visual* decorrente dos milhares de *outdoors*, placas e faixas de propaganda, embora a partir de 2007 tenha ocorrido certa limpeza desse visual.
- *Geração, no ano 2000, de mais de 12.000 t de lixo por dia, e, em 2011, de 15.000 t de lixo por dia*, que vão para aterros sanitários, usinas de compostagem e uma estação de tratamento de resíduos hospitalares, em uma operação que envolve centenas de caminhões de coleta. No passado, o lixo era também incinerado.

A Fig. 17.2 resume duas situações da mancha urbana da cidade de São Paulo, em 1949 e 1992.

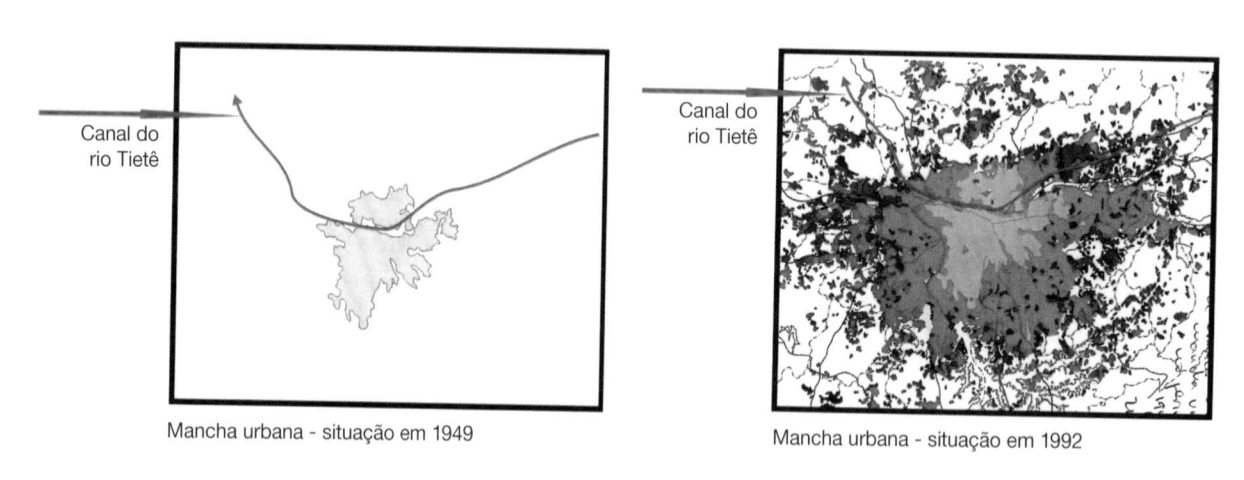

FIG. 17.2 Expansão urbana descontrolada da cidade de São Paulo
Fonte: Empresa Metropolitana de Planejamento da Grande São Paulo (Emplasa), dez. 1993.

Outros exemplos de obras no Brasil que evidenciam a ausência de planejamento são descritos a seguir (*O Estado de S. Paulo*, jul. 2012):

i] *BR-163*
- Cronograma inicial: 2010.
- Cronograma atual: 20 de dezembro de 2014.
- Investimento realizado até 2010: R$ 761,5 milhões.
- Problemas: atraso na obtenção de licenças ambientais e no lançamento dos editais de licitação das obras, divididas em lotes. Projetos deficientes questionados pelo TCU.

ii] *BR-101 Nordeste*
- Cronograma inicial: 2009.
- Cronograma atual: 30 de agosto de 2012.
- Investimento realizado: R$ 1,87 bilhão.

- Problemas: alguns trechos foram paralisados pelo TCU por suspeita de irregularidades. As empresas não concordaram em fazer a repactuação dos contratos conforme determinação do tribunal, como é o caso da BR-101 em Pernambuco.

iii) *Arco rodoviário do Rio*
- Cronograma inicial: 2010.
- Cronograma atual: 20 de dezembro de 2014.
- Investimento realizado: R$ 400,9 milhões.
- Problemas: a obra teve problemas com as licenças ambientais por causa de uma espécie rara de perereca e da acomodação de uma série de sítios arqueológicos. Também houve dificuldade na desapropriação de quase três mil famílias. A obra está parada.

iv) *Ferrovia Norte-Sul, trecho sul*
- Cronograma inicial: 2011.
- Cronograma atual: 30 de junho de 2014.
- Investimento realizado: R$ 3,37 bilhões.
- Problemas: a obra está envolvida em várias denúncias de irregularidades. A última refere-se ao sobrepreço na compra de dormentes e trilhos. Alguns trechos estão paralisados.

v) *Ferrovia Transnordestina*
- Cronograma inicial: 2010.
- Cronograma atual: 30 de dezembro de 2014.
- Investimento realizado: R$ 2,06 bilhões.
- Problemas: dificuldade na desapropriação de áreas sob responsabilidade dos Estados envolvidos na obra. Além disso, o orçamento da obra subiu e precisa de novos financiamentos.

vi) *Alcoolduto Goiás-São Paulo*
- Cronograma inicial: 2010.
- Cronograma atual: 31 de março de 2016.
- Investimento realizado: R$ 71,8 milhões.
- Problemas: Não havia projeto do empreendimento.

vii) *Projeto de integração do rio São Francisco com bacias hidrográficas do Nordeste setentrional*
- Previsão inicial de conclusão: junho de 2010 e dezembro de 2012.
- Previsão atual de conclusão: dezembro de 2014 e dezembro de 2015.
- Investimento realizado: R$ 3,5 bilhões.
- Problemas: obras foram paralisadas pelo TCU por denúncias de irregularidades. Alguns trechos foram retomados, outros ainda aguardam rescisão contratual com empreiteiras contratadas.

viii] *Refinaria Abreu Lima*
- Previsão inicial de conclusão: 2011.
- Previsão atual de conclusão: 30/6/2016.
- Investimento realizado: R$ 4,5 bilhões.
- Problemas: sócia da Petrobras, a estatal venezuelana PDVSA tem tido dificuldade para apresentar garantias e conseguir financiamento para a obra. A estatal brasileira iniciou a construção em 2007 com recursos próprios.

17.2 Licenciamento ambiental

Licenciamento ambiental é o procedimento pelo qual toda atividade potencialmente poluidora necessita de autorização do órgão ambiental competente para ser implantada.

A resolução do Conselho Nacional do Meio Ambiente (Conama) nº 237/97, anexo I, de 1981, relaciona uma série de atividades em que o licenciamento ambiental é obrigatório, incluindo o órgão estadual competente e o Instituto Brasileiro do Meio Ambiente e dos Recursos Naturais Renováveis (Ibama) em caráter supletivo.

Esse licenciamento ambiental é exigido praticamente em todas as atividades, tais como: ferrovias, rodovias, portos, aeroportos, oleodutos, gasodutos, linhas de transmissão, obras hidráulicas, extração de minérios, aterros sanitários, unidades industriais, projetos urbanísticos, loteamento de imóveis, uso de defensivos agrícolas etc.

Para a obtenção do licenciamento ambiental, são elaborados diversos estudos e relatórios, como o Relatório Ambiental Provisório (RAP), o Estudo de Impacto Ambiental (EIA) e o Relatório de Impacto Ambiental (Rima), que são encaminhados para análise nas Secretarias Estaduais do Meio Ambiente e no Ibama.

Existem três tipos principais de licenças ambientais: a Licença Prévia (LP), concedida na fase preliminar do planejamento; a Licença de Instalação (LI), que autoriza a instalação; e a Licença de Operação (LO), que autoriza a operação do empreendimento, depois de serem comprovadas as medidas exigidas nas licenças anteriores.

As atividades que exigem a elaboração do EIA/Rima estão na resolução Conama nº 01/86, envolvendo obras de transportes, mineração, portos e indústrias, entre outros.

17.2.1 Processos para a obtenção do licenciamento ambiental

As Figs. 17.3 e 17.4 resumem as diversas etapas e exigências para a obtenção do licenciamento ambiental nas fases de estudos, projetos e obras de Engenharia, para os casos, respectivamente, de obras de infraestrutura e de indústrias.

17.3 Passivo ambiental

Passivo ambiental é definido como os danos causados pelos impactos ambientais ao meio ambiente em virtude da instalação de determinadas atividades geradoras.

Ele representa a obrigação de responsabilidade social das empresas para com os aspectos ambientais.

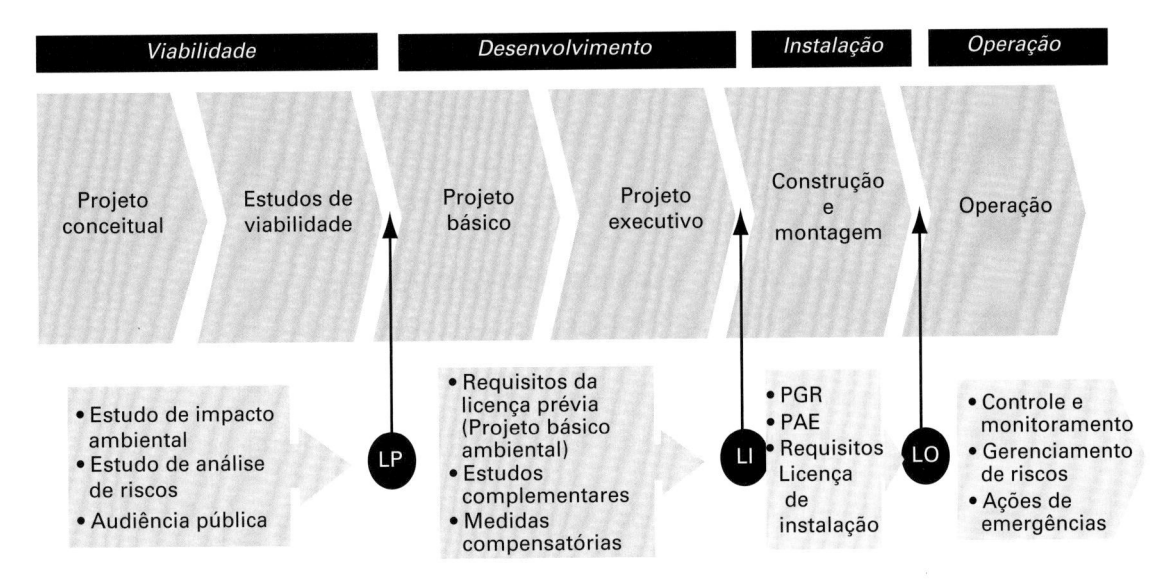

FIG. 17.3 Obras de infraestrutura
Fonte: Bitar et al. (2011).

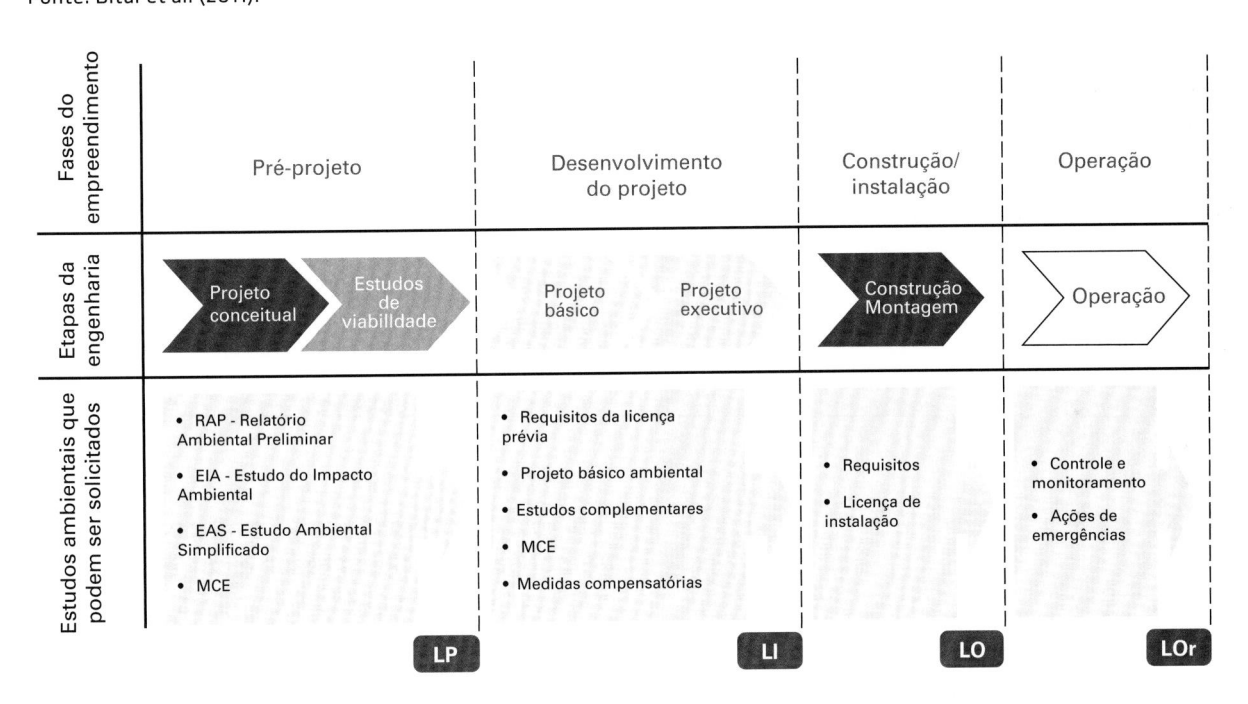

FIG. 17.4 Obras de indústrias
Fonte: Bitar et al. (2011).

Hoje em dia, a venda, a compra e o controle de sociedades empresariais buscam conhecer eventuais passivos ambientais não visíveis, porque a fiscalização ambiental de um eventual passivo pode originar multas elevadíssimas.

Um exemplo efetivo de passivo ambiental foi divulgado pelo Crea-RJ, relativo à antiga fábrica da Ingá, situada próximo ao porto de Sepetiba, em que estão acumulados três milhões de toneladas de resíduos tóxicos à beira da baía de Sepetiba.

Foram detectados vários pontos de vazamento, e os metais, zinco e cádmio, estavam contaminando o mangue da região. Em 1997, um vazamento de 50 milhões de resíduos tóxicos contaminou a baía e tornou-se um dos maiores desastres ambientais do Estado do Rio de Janeiro.

São feitos estudos para buscar uma solução técnica para esse passivo ambiental.

É importante destacar que a Companhia Mercantil e Industrial Ingá, uma fábrica de lingotes de zinco, foi interditada pelo governo federal em 2003.

No Brasil, vários são os casos de passivos ambientais ainda não resolvidos.

17.4 Desastres naturais e a Geologia de Engenharia

Os desastres naturais se dividem basicamente em três tipos:
- são de origem espacial;
- são de origem climática;
- são provocados por fatores relacionados à dinâmica interna da Terra.

17.4.1 Desastres naturais relacionados à dinâmica interna da Terra

A Fig. 17.5 mostra uma foto aérea de uma área destruída na cidade de Kobe, no Japão, pelo terremoto de 1995.

Vale lembrar que, em se tratando de desastres naturais, o Brasil sofre cerca de 1.300 deles por ano. Em 2009, esses desastres atingiram o fantástico número de 3.000 casos, como inundações, ciclones, tornados, incêndios, deslizamentos de solo e rochas, erosões etc. Ocorrem praticamente em todos os Estados do Brasil.

Serão citados apenas os principais desastres naturais relacionados à dinâmica interna da Terra, uma vez que sua ocorrência no Brasil, felizmente, não tem sido significativa.

Terremotos

"Como o raio do relâmpago e o trovão, o tremor na Terra causa medo e horror no homem. Mas, enquanto o temporal se anuncia pela formação de nuvens negras e ventos fortes, o tremor na Terra é imprevisto."
(Eng. Hermann Haberlehner, São Paulo, set. 1979)

No Brasil, apenas sismos de pequena magnitude têm sido registrados, porém com características singulares (Tab. 17.1). O registro histórico de terremotos cita uma ocorrência em Cuiabá, em outubro de 1946, que coincidiu com o terremoto em Lima, no Peru, mas sem causar danos.

FIG. 17.5 Terremoto em Kobe, Japão, em 1995
Fonte: Kyodo News/Associated Press.

Existem relatos na Região Norte do Brasil que, pela proximidade com os Andes, podem ser reflexos dos terremotos que lá ocorrem.

O Prof. Dr. Alberto Veloso, criador do Observatório Sismológico da Universidade de Brasília, afirmou que, em relação a terremotos, "é pequena a probabilidade de grandes destruições por aqui (no Brasil), mas isso é só uma estatística que, por vezes, a natureza teima em desconsiderar".

Contudo, o Brasil foi surpreendido por um tremor que chegou à magnitude de 4,9 na escala Richter, no vilarejo de Caraíbas, em Itacarambi (MG), que causou a morte de uma menina e deixou seis pessoas feridas, além de danificar a maioria das casas de barro do local. Geólogos divergem sobre a origem do tremor: alguns o justificaram como uma movimentação local por causa de uma falha geológica; outros afirmam que não ocorreu propriamente um terremoto, mas sim tremores locais atribuídos ao colapso interno de um labirinto de túneis e cavernas existentes em rochas calcárias.

Em abril de 2008, a cidade de São Paulo sofreu um tremor que alcançou a magnitude de 5,2 na escala Richter, atingiu vários bairros e também foi sentido no Rio de Janeiro, Paraná e Santa Catarina. Nesse caso, não há ligação com a região andina.

O epicentro do tremor foi localizado em alto-mar, a uma distância de 215 km de São Vicente (SP) e a uma profundidade de 10 km, segundo os sismógrafos da United States Geological Survey (USGS) (Fig. 17.6).

Em maio de 2008, a cidade de Sobral (CE) sofreu dois abalos sísmicos que foram sentidos a 240 km de distância, em Fortaleza, com magnitude entre 3,9 e 4,3 na escala Richter.

Tab. 17.1 Terremotos no Brasil

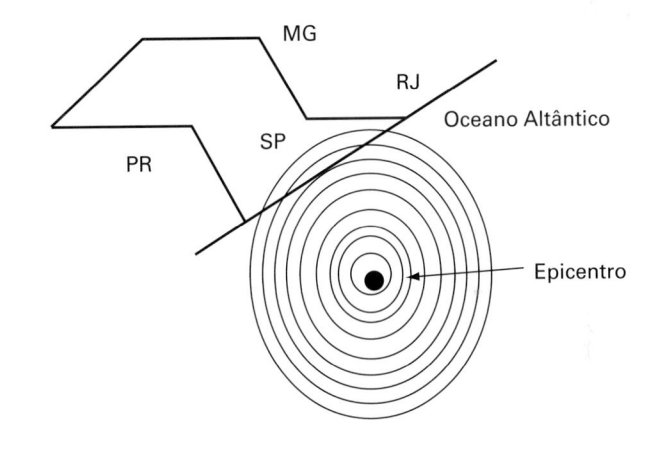

Local	Magnitude	Data
Telêmaco Borba (PR)	4,3	4/1/06
Propriá (SE)	3,3	8/1/06
São José do Rio Pardo (SP)	3,1	10/1/06
Alto Paraíso (GO)	2,6	24/2/06
Palmeirópolis (TO)	2,7	28/2/06
Caruaru (PE)	4,0	20/4/06
Presidente Prudente (SP)	3,0	17/5/06
Mara Rosa (SE)	3,3	18/6/06
Gurupi (SP)	3,1	4/7/06
Belém (GO)	2,6	12/3/07
São Caetano (TO)	2,7	20/3/07
Ibiá (MG)	4,0	14/7/07
Itacarambi (MG)	4,9	9/12/07
Sobral (CE)	3,9 a 4,3	29/2/08
São Paulo (SP)	5,2	22/4/08

FIG. 17.6 Epicentro do terremoto

Sobral (PE) registrou, somente no ano de 2008, quase 900 tremores, de acordo com o técnico Eduardo Menezes, da Universidade Federal do Rio Grande do Norte. A maior parte deles era de microtremores, que não são sentidos pela população.

Tais eventos têm ocorrido com frequência e, desde 1995, foram registrados 23 abalos de relevância.

Em maio de 2012, a cidade de Montes Claros (MG) sofreu um terremoto que chegou à magnitude de 4,5 na escala Richter e abalou construções e a população. As causas dos abalos de Montes Claros foram atribuídas a falhas, uma delas do tipo inversa, que corta Minas Gerais e Bahia. Outras prováveis causas de tremores no Brasil podem ser o reflexo de ondas de energia provocadas pelo choque das placas tectônicas de Nazca e Sul-Americana e a existência de muitas cavernas e grutas calcárias.

Além de não ser possível prever os terremotos, planos de emergência para eventuais ocorrências ainda são escassos.

Vulcões

No Brasil, felizmente, não existem vulcões ativos, diferentemente do que ocorre em diversas regiões do mundo (Fig. 17.7). Ocorrem somente estruturas vulcânicas muito antigas, e as mais conhecidas são as de Fernando de Noronha (antigo vulcão) (PE) e o planalto de Poços de Caldas (restos erodidos de uma cratera vulcânica) (MG).

Atualmente, comenta-se a descoberta de chaminés vulcânicas nos Estados de Goiás, Rio Grande do Sul e Roraima.

Tsunamis

Os tsunamis – ondas gigantescas com mais de 10 m de altura, que se deslocam em velocidades que chegam a centenas de quilômetros por hora, com enorme poder de destruição quando alcançam as áreas costeiras – são causados por tremores submarinos ligados à movimentação de placas tectônicas. O tsunami acontece quando uma delas, por movimento convergente, desliza por baixo da outra (Fig. 17.8).

FIG. 17.7 Erupção do Monte Redoubt, Alasca, lembrando um cogumelo atômico

FIG. 17.8 Simulação da formação de um tsunami

Recentes exemplos de tsunamis devastadores foram o da Indonésia, em 26 de dezembro de 2004, provocado por um tremor de terra submarino de magnitude de 9,0 na escala Richter, consequência do choque e deslocamento da placa tectônica Australiana com a da Eurásia, e seguido de tremores secundários próximo à ilha de Sumatra; e o do Japão, em 11 de março de 2011.

No primeiro caso, a velocidade das ondas geradas pelo tremor submarino foi tão elevada que elas percorreram 600 km em apenas 75 minutos, chegaram a uma altura de 10 m e atingiram os litorais do Sri Lanka, Índia, Indonésia, Tailândia, Maldivas e Bangladesh, vitimando aproximadamente 250 mil pessoas e deixando desabrigada 1,5 milhão de pessoas.

Os prejuízos causados pelo tsunami na Ásia foram estimados em mais de 10 bilhões de euros. A Fig. 17.9 mostra os efeitos do tsunami na Indonésia, com situações de antes e depois numa das áreas atingidas.

Na década de 1990, desastres naturais como furacões, inundações e incêndios afetaram mais de dois bilhões de pessoas, causando prejuízos superiores a

FIG. 17.9 Área atingida pelo tsunami: (A) antes e (B) depois

US$ 608 bilhões em todo o mundo. No Brasil, somente em 2007, foi gasto o total de R$ 352 milhões para reparar prejuízos dessa espécie.

17.4.2 Desastres naturais de origem espacial

Ocorrem principalmente pela queda de corpos celestes, como os meteoritos, que são os menores corpos do Sistema Solar. Ao atingir o solo, provocam a formação de crateras de impacto.

A Tab. 17.2 relaciona exemplos de desastres de origem espacial no mundo e no Brasil.

A cratera do meteorito (Arizona, EUA)

A Fig. 17.10 mostra o resultado da queda de um meteorito em Winslow, no Arizona (EUA). O impacto da queda formou uma depressão com 1.200 m de diâmetro e 180 m de profundidade conhecida como *Cratera de Barringer*. Estima-se que seu peso era de 150 mil toneladas e que sua queda tenha ocorrido há 50 mil anos.

Tab. 17.2 Locais de desastres de origem espacial

Nome	Localização	Diâmetro estimado	Idade (anos)
Vredefort	África do Sul	300 km	2,202 bilhões
Sudbury	Ontário, Canadá	250 km	1,85 bilhão
Chicxulub	Yucatán, México	170 km	65 milhões
Popigai	Sibéria, Rússia	100 km	35,7 milhões
Manicouagan	Quebec, Canadá	100 km	214 milhões
Araguainha	Brasil Central	40 km	Cerca de 300 milhões

Fig. 17.10 Cratera de Barringer, aberta por um meteorito, no Arizona (EUA)

Fenômeno ocorrido em Tunguska (Sibéria, Rússia)

Em junho de 1908, uma enorme explosão, cuja origem ainda não é conhecida, ocorreu em Tunguska, na Sibéria. Principalmente por não haver cratera por impacto nem terem sido encontrados fragmentos de algum corpo celeste no solo, os indícios levam a supor que a explosão não ocorreu no solo, mas sim no ar. O fenômeno é atribuído a um asteroide rochoso ou a um pedaço de cometa, mas sem confirmação.

Os danos à região foram tão gigantescos que os cientistas estimaram que a explosão ocorrida talvez a 7 km de altitude tenha liberado uma energia equivalente à explosão de 500 bombas atômicas semelhantes à lançada sobre Hiroshima, no Japão. Foram devastados 2.000 km² de florestas e derrubados 80 milhões de pinheiros, como se fossem palitinhos de fósforos (Fig. 17.11).

A cratera de Chicxulub

A queda mais espetacular e trágica de um asteroide ocorreu na península de Yucatán, no sul do México. O asteroide teria cerca de 10 km de diâmetro e o choque com o solo terrestre criou uma cratera com aproximadamente 200 km de diâmetro, tendo sido a causa da extinção dos dinossauros, há 65 milhões de anos. Além disso, também teria provocado a formação de um tsunami de altura inacreditável, incêndios nos continentes, um inverno rigoroso e um elevado efeito estufa.

Desastres no Brasil

O Brasil apresenta várias estruturas circulares muito semelhantes às das crateras de impacto de meteoritos. Algumas já foram bem estudadas e comprovadas (Tab. 17.3), enquanto outras ainda são objeto de estudos complementares.

Existe também uma provável cratera de meteorito no extremo sul do município de São Paulo, no bairro de Parelheiros, próximo a Colônia, uma vila alemã, com cerca de 3 km de diâmetro e de provável idade terciária.

Bendegó (Fig. 17.12) é o nome de um dos mais conhecidos meteoritos encontrados no território brasileiro, mais precisamente na Bahia, em 1784, por Joaquim da Motta Botelho. Em 1988, ele foi levado para o Museu Nacional do Rio de Janeiro. Esse meteorito é uma massa irregular de 220 cm x 145 cm x 58 cm.

FIG. 17.11 O fenômeno de Tunguska (Sibéria, Rússia)

Tab. 17.3 Resumo de algumas dessas ocorrências no Brasil

Cratera	Localidade	Dimensão	Idade (milhões de anos)	Situação
Domo de Araguainha	Entre as cidades de Araguainha e Ponte Branca, na divisa dos Estados de Goiás e Mato Grosso	40 km	Cerca de 300	Comprovada
Serra da Cangalha	Tocantins	12 km	200	Comprovada
Domo Vargeão	Santa Catarina	12 km	70	Comprovada

Antecipar quedas e impactos de corpos celestes na Terra é uma tarefa dificílima. A comunidade astronômica, contudo, vem procurando monitorar, dentro do possível, eventual ameaça de queda.

Dentro desse esforço de monitoramento, é significativo citar a passagem de um asteroide à distância de 72.000 km da Terra, com 30 m de diâmetro, ocorrida em março de 2009.

Segundo o professor Ronaldo de Freitas Mourão, no ano de 2036 esse mesmo asteroide apresentará risco de colisão com a Terra. Nessa eventual colisão, ocorreria uma explosão equivalente a 114 mil bombas atômicas semelhantes à lançada em Hiroshima, no Japão. Esse corpo celeste, identificado como Apophis, é acompanhado no espaço pela comunidade científica.

FIG. 17.12 Meteorito de Bendegó, encontrado na Bahia

De acordo com a National Aeronautics and Space Administration (Nasa), existem, no espaço, milhares de asteroides e cometas com aproximadamente 200 m de diâmetro que podem representar ameaça para a Terra, em termos de quedas.

17.4.3 Desastres naturais relacionados a fenômenos climáticos

Embora não pareça, o número de desastres naturais na Terra é bem mais elevado do que imaginamos. Eles dão a impressão de terem um caráter ocasional, por ocorrerem de forma esporádica. Desse modo, o desastre de hoje nos faz esquecer o de ontem. E tudo isso de uma maneira repetitiva, e muitas vezes cíclica, castigando o planeta e tudo o que nele é vida.

> "Tudo passa, só os diamantes são eternos."
> (do filme de James Bond *Os diamantes são eternos*, de Guy Hamilton)

A repetição geográfica desses desastres é conhecida e, por isso, já é esperada a ocorrência de incêndios na costa leste dos Estados Unidos, furacões no Caribe, secas na África, chuvas de monções na Índia. Esses fatos permitem previsões razoavelmente certas, porém, com a complexidade dos sistemas climáticos, tais modelos possuem um grau de imprevisibilidade elevado, o que tornam falíveis essas previsões.

A interpretação resumida da Fig. 17.13, pelo CPTEC/Inpe, indicava que, no dia 8 de setembro de 2009, uma onda frontal se propagava pela Região Sul do Brasil e manteria condições para chuvas na forma de pancadas entre o centro-oeste do Rio Grande do Sul, Santa Catarina e Paraná, assim como no nordeste do Mato Grosso, norte e leste de Goiás, Distrito Federal, faixa oeste e norte do Amazonas, sul do Pará, Tocantins e oeste de Minas Gerais.

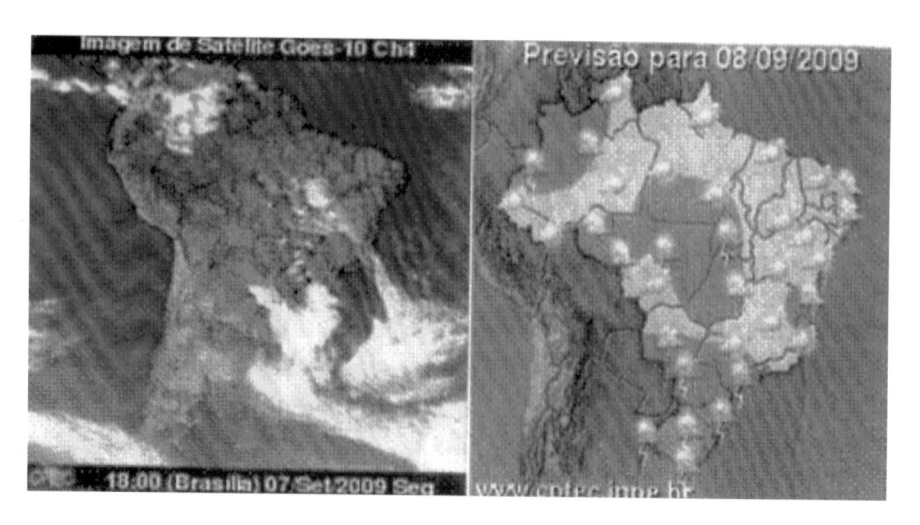

FIG. 17.13 Exemplo de previsão fornecida pelo CPTEC/Inpe nos dias 7 e 8 de setembro de 2009

Tipos de desastres naturais de origens climáticas

Um exemplo foi o devastador furacão Katrina, que, em agosto de 2005, com ventos de mais de 280 km/h, causou prejuízos incalculáveis à região da cidade de Nova Orleans, no Estado de Luisiana (EUA). Ao destruir diques de contenção, o Katrina acabou provocando a inundação de 80% da cidade e de aproximadamente 200.000 casas. No golfo do México, paralisou a extração de petróleo e gás.

O Katrina causou a morte de 1.833 pessoas! Estimam-se que os danos financeiros alcançaram US$ 81 bilhões.

Esse contínuo de desastres naturais traz riscos imprevisíveis de ordem ambiental e socioeconômica. Eles vitimam milhares de pessoas e desalojam outros milhares, além de tornar difícil o cálculo dos prejuízos materiais e financeiros.

As consequências de todos esses desastres, além das perdas materiais, econômicas e sociais, traduzem-se pelas mortes, fome, falta de alimento, refugiados migrantes e epidemias. Essa é a triste realidade que cresce dia a dia no nosso Planeta.

i] *Enchentes e inundações*

Enchentes e inundações ocorrem em praticamente todo o Planeta, chegando a ser um fenômeno quase repetitivo em certas regiões, apesar de ser irregular.

> "São as águas de março fechando o verão."
> (da canção *Águas de março*, de Tom Jobim)

No Brasil, as enchentes também ocorrem em praticamente todo o território nacional e até o Nordeste, região que apresenta baixos índices pluviométricos e é considerada a mais árida do país, é castigado por chuvas e temporais com resultados catastróficos e prejuízos sociais e econômicos elevados.

Em 2009, a chuva castigou seis Estados do Nordeste (Pernambuco, Rio Grande do Norte, Ceará, Paraíba, Maranhão e Piauí). Só na primeira semana de abril choveu em Teresina (PI) 50% da média do mês. O total de municípios atingidos nesses seis Estados foi de 238, desabrigando 86 mil pessoas, desalojando 30 mil, matando 42 e afetando, de alguma forma, outras 390 mil.

Na Região Sul do Brasil, chuvas provocadas pela passagem de um ciclone em maio de 2008 atingiram o Rio Grande do Sul e Santa Catarina em 61 municípios, desabrigando mais de mil e desalojando cerca de 5.500 pessoas.

A cidade de São Paulo é um exemplo significativo da ação arrasadora e repetitiva das enchentes. A maior metrópole do Brasil conviveu, e ainda convive, com as enchentes. Foram desenvolvidas diversas teorias, projetos e obras para determinar e eliminar suas causas.

Repetitivas na cidade de São Paulo por dezenas de anos, as enchentes parecem ser uma consequência direta da imensa urbanização da região, com a quase completa impermeabilização do solo e o despejo incalculável de lixo nos córregos e rios. Na verdade, existe também o condicionante hidráulico.

A Fig. 17.14 mostra a grande inundação do rio Tietê no ano de 1929, em São Paulo, há 84 anos. Nesse ano, as águas cobriram as chamadas planícies de inundação ou várzeas, atingindo uma largura inundada de quase 2 km nas proximidades da atual ponte Cruzeiro do Sul, a qual liga a parte central da cidade ao bairro de Santana.

Devemos lembrar que essas e outras áreas, como a do parque Dom Pedro II e a do Mercado Municipal, são inundáveis por serem áreas de antigas várzeas. Na tentativa de reduzir as enchentes, o leito do rio Tietê foi recentemente aprofundado e a largura do seu canal, aumentado.

FIG. 17.14 Inundação em São Paulo (1929)

FIG. 17.15 Enchente em São Paulo (dezembro de 2008)

Essas obras exigiram milhões de reais e ainda necessitam de manutenção permanente por causa dos detritos e lixo jogados no rio e seus afluentes pela população.

Em dezembro de 2008, as chuvas e as enchentes se repetiram na cidade de São Paulo. Nessa ocasião, alagaram a região do Morumbi (zona sul), e até carros foram levados pelas águas (Fig. 17.15).

Enchentes que se irão repetir por muitas vezes, ano a ano, porque o fenômeno é cíclico.

As soluções propostas foram da demolição da barragem do rio Tietê em Santana de Parnaíba até a construção de piscinões nos afluentes e drenagens no leito do rio Tietê, inclusive com rearranjos de seus taludes, que se mostram insuficientes para evitar as enchentes.

Em abril e maio de 2009, as regiões Norte e Nordeste do Brasil foram literalmente afogadas por chuvas torrenciais intermitentes, provocando cenas de horror e medo nas áreas povoadas por, na sua maioria, populações pobres. Essas chuvas afetaram os Estados do Amazonas, Pará, Maranhão, Piauí, Ceará, Bahia, Rio Grande do Norte, Paraíba, Pernambuco, Sergipe e Alagoas.

A estimativa inicial dos prejuízos era da ordem de R$ 1 bilhão no Nordeste. Foram atingidas mais de 200 cidades, ocorreram 31 mortes e mais de 260.000 pessoas ficaram desabrigadas (Fonte: Defesa Civil dos Estados).

Estradas e pontes foram destruídas, impedindo o transporte de água, alimentos e outros materiais para muitas cidades necessitadas. Na tevê, imagens mostravam várias dessas cidades com o nível de água até o telhado das casas.

Amazonas e Pará tiveram mais de 80 municípios atingidos, e mais de 220.000 pessoas foram afetadas de forma direta ou indireta. Foi realmente uma tragédia ambiental e social.

ii] *Escorregamentos/deslizamentos de solos e rochas*

"Chove chuva, chove sem parar."
(da canção *Chove chuva*, de Jorge Ben Jor)

Deslizamentos são causados principalmente pela precipitação anormal das chuvas, que provoca a saturação excessiva do solo, tornando-o quase um fluido que, pela ação da gravidade, desliza pelas encostas, provocando catástrofes tanto em áreas urbanas como rurais. São comuns em rodovias (Fig. 17.16). Em algumas regiões do Planeta, os deslizamentos ocorrem associados a terremotos, como na China, ou a vulcões e áreas de degelo.

No Brasil, esses fenômenos ocorrem com muita frequência nas estações chuvosas, praticamente em todo o território, com predomínio no Sul, Sudeste e Nordeste. A seguir serão exemplificados os escorregamentos nas cidades de Santos e de Caraguatatuba, no Estado de São Paulo, e nos Estados de Santa Catarina, Minas Gerais e Rio de Janeiro.

Em março de 1928, a população vizinha ao Monte Serrat, em Santos, depois de um forte estrondo, assistiu ao deslizamento de pedras e lama, que causou muita destruição e vitimou 110 pessoas (Fig. 17.17). Esse deslizamento foi motivado pelo excesso de chuva, que encharcou o solo superficial, apoiado por uma capa mais rígida inclinada de material rochoso, que deslizou pela ação da gravidade.

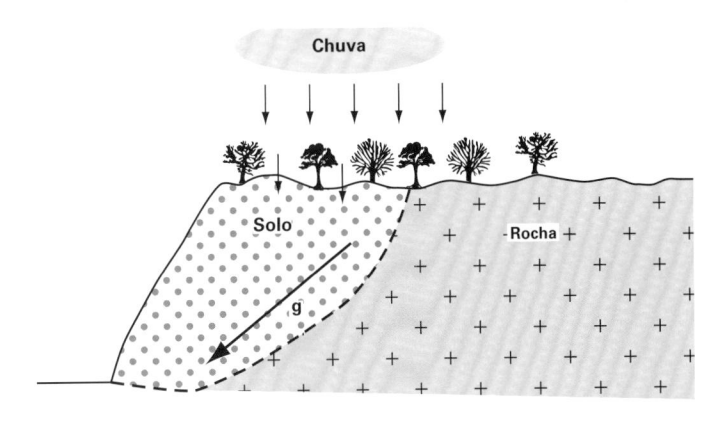

FIG. 17.16 Esquema mostrando a causa dos deslizamentos. g = ação da gravidade

A Santa Casa de Misericórdia de Santos foi atingida e acredita-se que todo solo escorregado pelo excesso de água esteve próximo do estado de liquefação.

Em 1967, a cidade de Caraguatatuba, no litoral de São Paulo, depois de vários dias seguidos de chuvas fortes e constantes, sofreu quase um soterramento por lama, água e blocos de rocha. Os níveis pluviométricos, em março desse ano, atingiram os valores totais de 851 mm.

FIG. 17.17 Primeira página do jornal santista *A Tribuna*, de 11 de março de 1928, mostrando o escorregamento do Monte Serrat
Fonte: <www.novomilenio.inf.br>; foto de Waldir Rueda.

O rio Santo Antônio, que atravessa a cidade, teve a sua largura aumentada de 40 m para 200 m, e pessoas de parte da cidade foram soterradas pelo mar de lama que se originou pelos deslizamentos das encostas dos morros e montanhas. Calcula-se que cerca de 30 mil árvores foram arrancadas das encostas e levadas morro abaixo. Quatrocentas casas foram destruídas e centenas de pessoas, mortas. As chuvas intensas normalmente estão associadas com o escorregamento de solo e rocha (Fig. 17.18).

Em novembro de 2009, os brasileiros assistiram, entre atônitos e horrorizados, à tragédia das chuvas e inundações ocorridas em Santa Catarina, principalmente em Itajaí e Blumenau e em mais dez cidades. Foi triste rever um fato que já ocorreu várias vezes. Sobre isso, o professor Wagner Costa Ribeiro, da Universidade de São Paulo, declarou que "as enchentes em Santa Catarina decorreram da negligência em vários níveis, mas as autoridades sempre recorrem à desculpa da fatalidade" (ver, no Cap. 12, outros exemplos).

É importante saber que existem registros de enchentes históricas em 1880, 1957, 1961, 1984 (grande enchente em Blumenau) e 1987; ou seja, todos sabiam!

A enchente de 2008, em Santa Catarina, um verdadeiro mar de água e lama, causou a morte de 136 pessoas, 19 desapareceram, deixou milhares desabrigados, provocou prejuízos milionários no setor de turismo (mais de R$ 100 milhões) e da pecuária (mais de R$ 400 milhões), e, na área de saúde, infectou pelo menos 242 pessoas, que contraíram leptospirose.

FIG. 17.18 Cena de destruição da cidade de Caraguatatuba, em 1967

O porto de Itajaí ficou paralisado, impedindo a exportação de vários produtos locais, tendo de ser dragado por causa do grande volume de entulho depositado pelas águas.

Em novembro e dezembro de 2008, os Estados de Minas Gerais, Espírito Santo e Rio de Janeiro foram atingidos por fortes chuvas, que se estenderam até janeiro de 2009.

Em Minas Gerais, um total de 91 cidades foram atingidas por chuvas e enchentes e 49 colocadas em estado de emergência. Houve 23 mortes, 290 feridos, 4.744 desabrigados e 46.683 desalojados.

No Espírito Santo, 10 municípios foram atingidos, com milhares de pessoas desabrigadas e desalojadas e centenas de residências situadas em áreas de riscos.

No Estado do Rio de Janeiro, as consequências das chuvas foram 2.150 pessoas desabrigadas e 30.000 desalojadas, atingindo vários municípios. No final de janeiro, na região de Pelotas, no Rio Grande do Sul, as chuvas tinham matado 13 pessoas, desabrigado milhares, interrompido estradas e derrubado pontes.

Às vezes, eu me pergunto se não são números em demasia para o leitor, porém rapidamente me convenço de que eles são necessários para demonstrar a dimensão dos danos causados.

Em 2011, no Estado do Rio de Janeiro, ocorreram escorregamentos catastróficos que devastaram a região serrana de Teresópolis. Foi o segundo pior desastre climático do Brasil e um dos dez maiores do gênero desde 1900, segundo a ONU (Fig. 17.19).

A melhor forma de prevenção dos tão comuns e perigosos escorregamentos de solo e rochas é a cartografia geotécnica. Por meio de minucioso mapeamento de campo, ela identifica as áreas mais suscetíveis, denominadas áreas de risco. Cidades como São Paulo, Santos, Rio de Janeiro, Petrópolis e Salvador, entre outras, possuem esse tipo de levantamento; o problema, porém, é que tais áreas de risco se encontram ocupadas pela população, o que cria um problema social e torna difícil sua remoção.

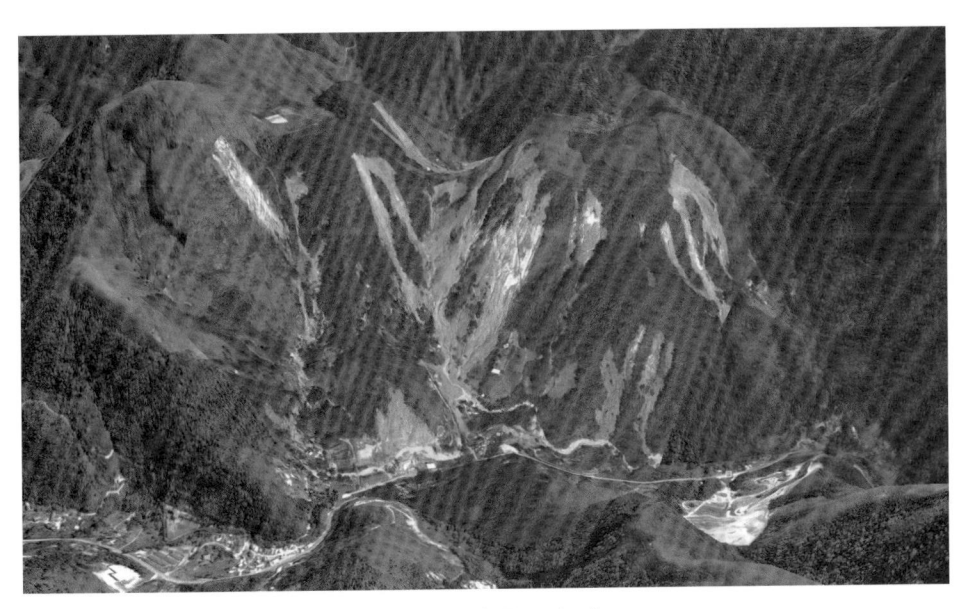

FIG. 17.19 Escorregamentos na região serrana de Teresópolis

Finalmente, cabe lembrar que escorregamentos e deslizamentos ocorrem também em regiões naturais e não ocupadas pelos seres humanos, como foi o caso de Caraguatatuba.

iii] *Seca*

A seca corresponde a períodos de precipitação muito baixa ou inexistente em relação à precipitação média da região (Fig. 17.20). Pode durar de meses a anos. É um fenômeno natural que ocorre em praticamente todo o mundo, principalmente na região andina do Chile, onde está o deserto de Atacama, que é considerado o mais árido e elevado em todo o mundo. A seca está presente numa larga faixa que vai da linha do equador ao norte da África. Na Ásia (China) e na Oceania (Austrália), é comum a ocorrência de longos períodos de secas.

> "A boiada seca, na enxurrada seca, a trovoada seca, na enxada seca."
> (da canção *Segue o seco*, de Marisa Monte)

A seca provoca fortes impactos ambientais e sociais: sem água para a lavoura, o gado e a população, esta se vê obrigada a migrar de forma miserável para regiões mais amenas.

Em 2006, a China teve uma de suas piores secas: ela deixou cerca de dez milhões de pessoas sem acesso fácil a água potável e comprometeu mais de 1,34 milhão de hectares de plantações, totalizando um prejuízo de mais de US$ 1 bilhão.

Na Argentina, em 2008, ocorreu a pior seca dos últimos vinte anos naquele país, com prejuízos em torno de US$ 500 milhões na agricultura e pecuária, pois foram reduzidas as áreas de milho e trigo e o número de cabeças de gado.

FIG. 17.20 Terra seca

No Brasil, a Região Nordeste é a mais atingida pelo fenômeno da seca. É lá que está situado o *Polígono das Secas*, delimitado em 1936 e revisado em 1951, que abrange nove Estados (Maranhão, Piauí, Ceará, Rio Grande do Norte, Paraíba, Pernambuco, Alagoas, Sergipe e Bahia). O polígono cobre mais da metade da Região Nordeste.

Outra região atingida pela seca no Brasil é conhecida como semiárido: ela ocupa uma área quase igual à do polígono, e inclui Minas Gerais.

Em 1996, o IBGE estimou que mais de 17 milhões de pessoas moravam no polígono e mais de 18 milhões, no semiárido; o censo do IBGE também demonstrou, porém, uma diminuição da população rural em virtude da insuficiência de água.

Foram várias as tentativas de se encontrar água para atender as populações com base apenas no interesse político, tanto com a construção de açudes quanto com perfurações de poços rasos e profundos, que, sem ter um adequado estudo hidrogeológico, resultaram em inevitável fracasso.

Em 2008, o projeto da transposição das águas do rio São Francisco para resolver esse gravíssimo problema foi iniciado. Gera muitas polêmicas, é chamado de faraônico, em razão de seus elevados custos, e tem seus resultados finais contestados.

A título de informação: o primeiro projeto de transposição de água do rio São Francisco para resolver o problema de seca no sertão nordestino foi elaborado no Brasil Império.

iv] *Seca na Amazônia em 2005*

Em 2005, uma seca extrema afetou parte da Região Amazônica, em virtude do índice pluviométrico ter sido o menor dos últimos 40 anos, de acordo com pesquisadores. Uma análise histórica da estiagem na região indica que situação semelhante ocorreu nos anos de 1925/26 e de 1963/64. Contudo, em junho de 2009, o rio Negro registrou a sua maior enchente, elevando seu nível para mais de 29 m e superando uma ocorrida há 100 anos. É o contraste do clima.

A seca, contudo, ocorre também nas regiões Sul e Sudeste do Brasil, como em 2006. As cataratas do Iguaçu, localizadas no rio Paraná, tiveram um período de seca, com a vazão reduzida de 1,4 milhão de litros por segundo para 300 mil litros por segundo (Fig. 17.21).

"Quando todos os rios secarem, e a Terra estiver desertificada, é que o ser humano vai aprender que não se come dinheiro."

(Rose Marie Muraro, *Folha de S.Paulo*, 21 fev. 2007)

FIG. 17.21 Seca nas cataratas do Iguaçu, Paraná

v] *Queimadas*

As queimadas, tão comuns em todo o planeta, causam sérios danos à flora, à fauna e ao ser humano (Fig. 17.22). Por emitir gás carbônico, o principal responsável pelo efeito estufa, ajudam a destruir a camada de ozônio. No Brasil, os casos mais graves são os incêndios e queimadas da Amazônia. Imagens de satélite captadas pelo Instituto Nacional de Pesquisas Espaciais (Inpe) mostraram um total de 160.329 incêndios em 2002.

Os maiores focos de queimadas estão nos Estados de Mato Grosso, Pará e Roraima. Apesar de monitoradas por satélites, o Brasil é o campeão mundial de queimadas. É importante destacar que, além das que ocorrem em propriedades privadas, elas acontecem também em áreas de proteção ambiental e reservas florestais, como as de agosto de 2007: na Serra do Cipó (Minas Gerais); no Parque Nacional do Itatiaia (Rio de Janeiro); no Parque Nacional de Brasília (Distrito Federal); na Chapada das Mesas (Maranhão); e na Chapada dos Guimarães (Mato Grosso), entre outras.

"Quando *oiei* a terra ardendo, *quá* fogueira de São João, eu perguntei a Deus do céu, ai, por que tamanha judiação?"

(da canção *Asa Branca*, de Luiz Gonzaga e Humberto Teixeira)

FIG. 17.22 Queimada

17.5 As ações do homem no meio ambiente: impactos resultantes

É fundamental destacar a explosão populacional ocorrida no planeta Terra: de 300 milhões de habitantes no ano 1000, chegou a 7 bilhões de habitantes em 2011. A população cresceu, as necessidades cresceram, os impactos cresceram (Fig. 17.23).

> "Duas coisas são infinitas: o universo e a estupidez humana."
> (Albert Einstein, Prêmio Nobel de Física de 1921)

O grau de destruição e devastação dos recursos naturais do planeta Terra em apenas algumas centenas de anos, pela ação do ser humano, cresceu de forma tão assustadora que em muitas regiões a água já não existe ou, quando existe, está contaminada. Outras regiões emitem bilhões de toneladas de CO_2 (gás carbônico) por ano, poluem o ar, os recursos hídricos e o solo, causando inúmeras doenças.

Na realidade, o ritmo de devastação na Terra aumentou muito nas últimas décadas.

No caso da água, enquanto sua escassez atinge dois bilhões de pessoas no mundo, sua contaminação e poluição alteram a saúde e chegam a levar à morte milhares de pessoas.

Por outro lado, a emissão descontrolada de poluentes das indústrias e da queima do carvão na busca de energia e o uso excessivo de carro chegam a tornar o ar irrespirável em algumas cidades.

A China, por exemplo, vive uma situação insustentável e paradoxal: ao mesmo tempo que se tornou a segunda maior potência econômica do mundo, ela vê, por causa de suas diversas indústrias poluentes e por seu tráfego em cons-

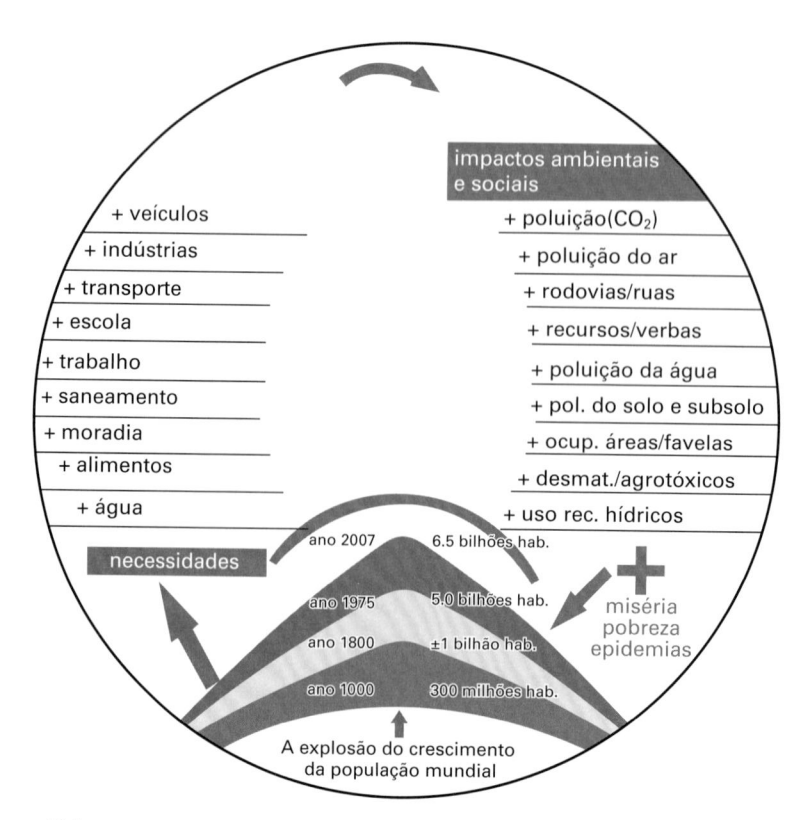

FIG. 17.23 Ciclo contínuo das causas dos impactos ambientais e sociais, que está relacionado com a explosão do crescimento demográfico (esquema do autor)

tante expansão, seu meio ambiente ser degradado pela ineficiência na hora de protegê-lo. Para piorar, a China ainda é a maior emissora mundial de gases que provocam o efeito estufa: 70% de sua energia provém da combustão do carvão.

Outros sérios problemas são os resíduos sólidos (lixo) despejados sem tratamento no meio ambiente, calculados em bilhões de toneladas no mundo, e a fome e a miséria que acompanham perigosamente o aumento do número de pobres e desnutridos.

As florestas, principalmente as tropicais, têm sofrido acelerado ritmo de destruição. Por isso, um grande número de espécies animais e vegetais está ameaçado de extinção.

A atividade humana comprometeu a qualidade ambiental nas áreas continentais e na atmosfera e atingiu mares e oceanos. Nesse caso, a poluição chega a nos enganar, pois, normalmente, quem visita uma praia não poluída, cada vez mais rara, tem a impressão de que todo aquele mar à frente está limpo.

Nada poderia ser mais ardiloso: o despejo diário de resíduos químicos e lixo nos esgotos e rios, tanto de origem doméstica como industrial, provenientes de polos petroquímicos ou de embarcações, transformou a qualidade da água dos mares e oceanos, ameaçando e afetando as espécies marinhas. A tudo isso soma-se ainda a atividade pesqueira predatória.

Estudos realizados por cientistas dos Estados Unidos e Canadá sobre a situação atual de mares e oceanos revelam que 41% deles estão afetados em diferentes graus pela ação humana. Entre os mares mais degradados estão o do Norte, na China Oriental e Meridional, o da Costa Leste, nos Estados Unidos, o Mediterrâneo, o Vermelho, o Golfo Pérsico, o mar de Bering e regiões do Pacífico Oeste.

17.5.1 Impactos de caráter global

Aquecimento global

O aquecimento global é definido como a elevação da temperatura média anual da Terra, causada pelo aumento da concentração na atmosfera dos chamados gases-estufa, como o dióxido de carbono (CO_2), o metano (CH_4), o óxido nitroso (NO_2) e o ozônio (O_3).

Esse aumento é provocado por atividades como a queima de petróleo e seus derivados, queima de carvão, gás natural, queimadas, incêndios e desmatamento, entre outras. O efeito estufa é um fenômeno natural responsável pelo aquecimento global. É a capacidade que a atmosfera apresenta de reter parte da radiação térmica/calorífica emitida pela superfície terrestre. Embora seja um fenômeno natural, a queima de combustíveis fósseis e florestas e o lançamento de gases por indústrias na atmosfera podem alterá-lo (Fig. 17.24).

Sem o efeito estufa normal, a Terra seria semelhante a Marte, e a temperatura de sua superfície seria abaixo de zero.

Uma referência da evolução do conhecimento e das pesquisas sobre o aquecimento global é o físico sueco Svante Arrhenius, que, em 1895, realizou uma pesquisa buscando calcular quanto a temperatura da Terra seria alterada em função dos valores de CO_2 na atmosfera.

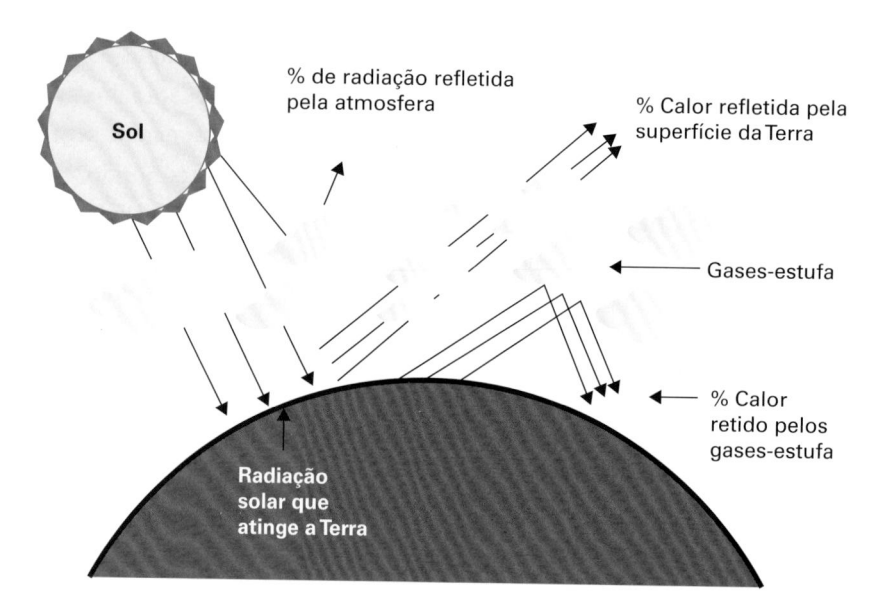

FIG. 17.24 Efeito estufa

Meio século depois, o dr. Charles David Keeling, procurando compreender a influência do CO_2 no clima, iniciou medições de CO_2 na atmosfera junto a um vulcão na ilha de Mauna Loa, no Havaí, de 1958 a 2005, ano de sua morte. Ele montou um gráfico, conhecido como curva de Keeling, com todas as medições de CO_2, e demonstrou o crescimento de sua concentração na atmosfera, que de 315 ppm (partes por milhão) em 1958 passou para 325 ppm em 1998 e chegou a 379 ppm em 2004 (Fig. 17.25).

Um crescimento gradativo quase homogêneo, porém representativo, que foi atribuído às ações humanas, ao uso cada vez mais crescente de petróleo, carvão e gás, veículos, desmatamentos acelerados e queimadas, que aumentam a emissão de CO_2.

Em 2007, o *Intergovernmental Panel on Climate Change* (IPCC), ou Painel Intergovernamental sobre Mudanças Climáticas, divulgou suas conclusões sobre a situação do aquecimento global, afirmando que:

- a mudança do clima é comprovada;
- as atividades humanas são responsáveis pelo crescimento da temperatura;
- o nível dos oceanos poderá subir de 18 a 50 m;
- a temperatura global poderá atingir um valor médio entre 1,8°C e 4°C;
- as secas e as chuvas serão mais intensas;
- poderá ocorrer extinção de espécies animais e vegetais;
- seis milhões de pessoas poderão transformar-se em refugiados errantes.

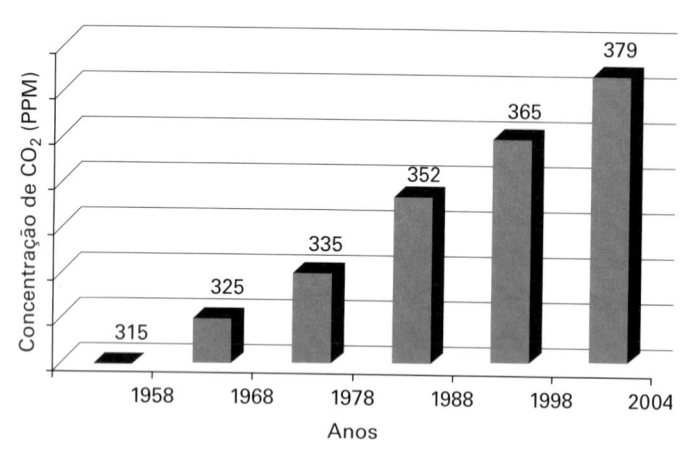

FIG. 17.25 Curva de Keeling modificada, indicando que os níveis de CO_2 estão crescendo desde 1958
Fonte: Scripps Institution of Oceanography.

17.5.2 Impactos de caráter regional

Os impactos ambientais e sociais provocados por ações do ser humano ocorrem praticamente em todo o mundo. Ao intervir na natureza, os seres humanos deveriam lembrar-se de uma frase consagrada, de autor desconhecido, que diz: "A natureza, para ser controlada, precisa ser obedecida". Isto é, ao se intervir na natureza, deve-se obedecer às leis que a própria natureza possui. Um dos exemplos mais representativos dessa afirmação é a morte do mar de Aral, na Ásia Central, situado entre o Cazaquistão e o Uzbequistão.

Morte do mar de Aral

Cerca de 55 milhões de pessoas vivem na bacia do mar de Aral, em torno do qual girava a economia do Cazaquistão e do Uzbequistão. A política econômica soviética, nos anos 1960, foi responsável pela catástrofe na região. Políticos quiseram desenvolver plantações de algodão (ouro branco), julgando que seriam mais lucrativas que a venda dos peixes do mar de Aral.

Os pesticidas utilizados contaminaram cursos d'água e aquíferos, além de provocarem o desaparecimento de centenas de espécies animais. O mesmo ocorreu com as densas florestas às margens do lago. Para irrigar as plantações, desviaram os cursos dos rios Amu Daria e Syr Daria, impedindo que suas águas chegassem ao mar, que começou a secar.

Nos últimos 60 anos, o mar perdeu 60% da sua extensão e três quartos do volume de água. As comunidades das margens do mar estão hoje a quilômetros de distância da água, e técnicos preveem o desaparecimento do mar de Aral (Fig. 17.26).

Derramamento de petróleo

Desastres ambientais sofridos pelas indústrias petrolíferas têm sido comuns no mundo. Um caso *sui generis* ocorreu durante a guerra do Golfo (1990/91), quando mais de 9 milhões de litros de petróleo foram jogados no deserto, 1,5 bilhão teriam sido jogados no mar do Golfo e mais de 600 poços no Kuwait foram incendiados, os quais, por emitirem grandes quantidades de poluentes, causaram impactos terríveis à saúde humana.

A cidade de Valdez, fundada em 1790 no estado americano do Alasca, foi cenário de um grave acidente ecológico em 1989, quando o petroleiro Exxon Valdez sofreu um derramamento de petróleo na baía da cidade. Foram 41 milhões de litros de petróleo, que contaminaram uma área de 3.300 km². O petroleiro chocou-se com um enorme bloco de gelo, e o óleo derramado atingiu a maior área de reprodução de salmão do mundo. O custo da limpeza foi de US$ 2,1 bilhões.

Outros acidentes: o das ilhas Galápagos, em 2001; o da África do Sul, na cidade do Cabo, em 2001. No Brasil, em 2000, houve ruptura de oleoduto da Petrobras, em que foram derramadas 1.170 toneladas de óleo na baía de Guanabara. Nesse mesmo ano, um vazamento de óleo na cidade de Araucária, no Paraná, contaminou os rios Birigui e Iguaçu, e a Petrobras recebeu do Ibama uma multa de R$ 168 milhões.

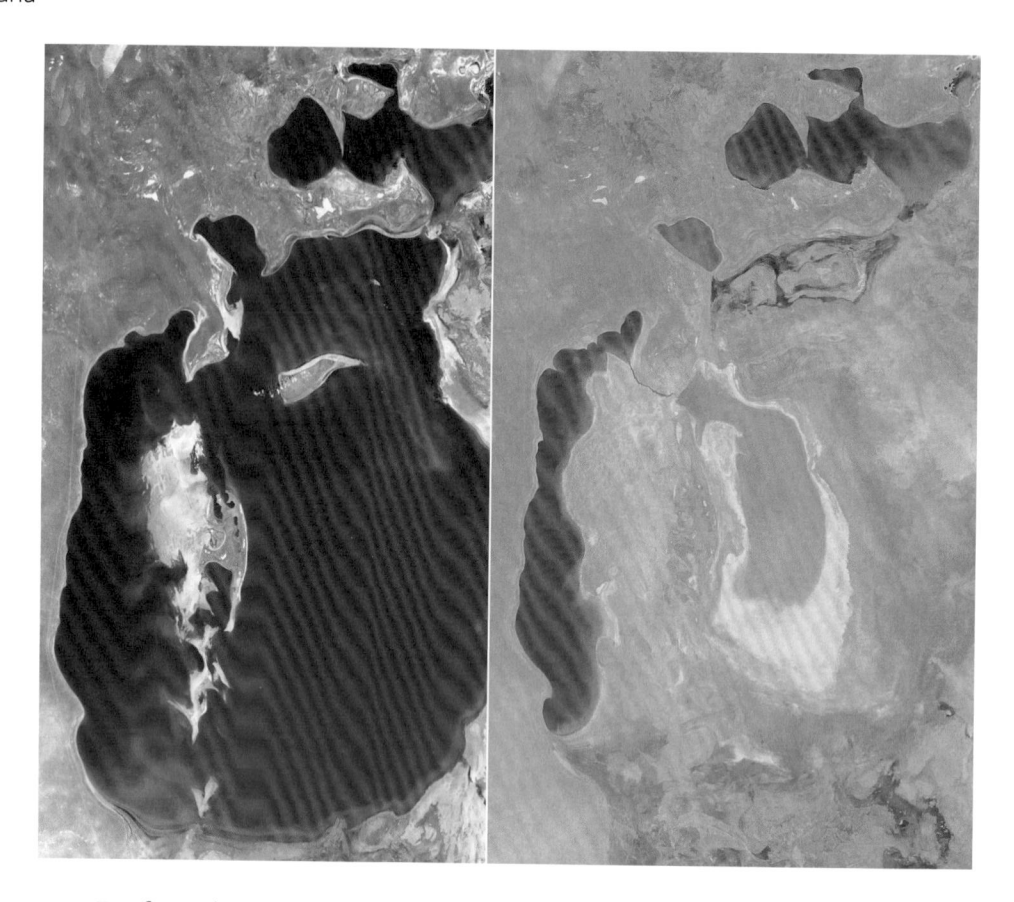

FIG. 17.26 Mar de Aral: antes e depois

Em fevereiro de 2001, ocorreu outro vazamento na mesma região: o oleoduto que liga o Porto de Paranaguá à refinaria Presidente Vargas, em Araucária, rompeu-se, e pelo menos 50 mil litros de óleo diesel atingiram quatro rios da região, alcançaram a baía de Guaraqueçaba e provocaram a morte de toneladas de peixes, causando danos à população costeira, de mais de dois mil habitantes, que vivia da pesca.

Em abril de 2010, um acidente na extração de petróleo no golfo do México, em que vazaram cerca de 780 milhões de litros, provocou um dano ambiental de gravíssimas consequências, afetando, além da vida marinha, a fauna, a flora e as praias (Fig. 17.27). O vazamento foi controlado e o poço, fechado somente meses depois.

Explosão da usina nuclear de Chernobil

Esse desastre ocorreu em 1986, no norte da Ucrânia. Segundo a Organização Mundial da Saúde (OMS), foram diagnosticados, na região, cinco mil casos de câncer de tireoide, com a morte de nove mil pessoas que trabalhavam nas operações. Na ocasião da explosão da usina nuclear (Fig. 17.28), 28 pessoas morreram por efeito da radiação.

"[...] quando a poeira havia se espalhado por toda a Europa, 400 mil pessoas tiveram de ser evacuadas. Um total de 2.000 cidades e vilarejos foram simplesmente riscados do mapa."

(Paulo Coelho, escritor, O Globo, 12. dez. 2004)

A explosão provocou uma nuvem radioativa intensa que contaminou grande parte da Europa. Durante um mês, Moscou manteve-se em completo silêncio, e então retirou os 135 mil habitantes da região. Outras 350 mil pessoas foram removidas do entorno da cidade e foi proibido o cultivo das terras numa área de 800 mil hectares. O pesa-

FIG. 17.27 Resultados ambientais do vazamento de petróleo no golfo do México

FIG. 17.28 Usina de Chernobil

delo de Chernobil continua. Da cidade, com 110 mil habitantes na época do acidente, restava, no ano de 2006, apenas 350 moradores, que desafiavam a lei. As terras ainda permanecem devastadas.

Fica a pergunta: por que Chernobil explodiu?

As bombas atômicas de Hiroshima e Nagasaki

Em agosto de 1945, um avião do tipo B-29 chamado Enola Gay lançou a primeira bomba atômica feita pelo homem na cidade de Hiroshima, no Japão. Dez segundos

"Nunca subestime a maldade e o poder de destruição do homem."
(Popular)

FIG. 17.29 Foto do terror atômico de Hiroshima

após sua explosão, matou 130 mil pessoas e feriu 80 mil. A explosão gerou um calor semelhante ao do próprio Sol, fazendo os prédios e a vegetação sumirem, transformando a cidade num grande deserto. As pessoas foram desintegradas e o calor arrancou suas roupas e peles. Quem sobreviveu morreu logo depois pelo câncer causado pelos efeitos da radiação. A nuvem atômica incinerou tudo (Fig. 17.29).

Três dias depois, em 9 de agosto de 1945, foi a vez da cidade de Nagasaki sofrer um ataque de bomba atômica. Aproximadamente 70 mil pessoas foram mortas. O número de vítimas é estimado.

Os mortos eram civis em sua maioria, e a justificativa para o uso da bomba foi para que a Segunda Guerra terminasse. Terminou, mas será que não foi uma forma desumana de encerrá-la? E quanto ao número de mortos? E a reconstrução dessas cidades?

17.6 Resíduos sólidos

A quantidade de resíduos sólidos produzidos – de origem doméstica e hospitalar e os que são aproveitados em processos de reciclagem – cresce diariamente. Nos grandes centros urbanos, tornaram-se um grande problema diante da falta de infraestrutura e treinamento necessário para sua coleta, transporte e disposição.

Em 2000, a cidade de São Paulo produzia 12 mil toneladas diárias de resíduos sólidos. O problema existe mesmo em pequenas cidades, pois, apesar de em menor quantidade, o lixo é disposto sem critério nos populares lixões ou aterros sanitários (Fig. 17.30).

17.6.1 Formas usuais de disposição de resíduos sólidos

Lixão

É a forma mais inadequada de disposição final de resíduos sólidos, que se caracteriza pela simples descarga sobre o solo, sem medidas de proteção ao meio ambiente ou à saúde pública.

Os resíduos despejados favorecem a proliferação de vetores de doenças (moscas, mosquitos, baratas, ratos etc.), a emissão de odores fétidos e, principalmente, a poluição do solo e de águas subterrâneas e superficiais, pela infiltração do chorume (líquido de cor preta, malcheiroso e extremamente poluente) produzido pela decomposição da matéria orgânica contida no lixo (ABNT, 1948).

Ocorre também o total descontrole dos tipos de resíduos recebidos, verificando-se até mesmo a disposição de materiais originados de serviços de saúde e de indústrias.

FIG. 17.30 Exemplo de lixão

Aterro controlado

É uma técnica que não causa danos ou riscos à saúde pública, minimizando os impactos ambientais. Os resíduos sólidos são cobertos com uma camada de material inerte na conclusão de cada jornada de trabalho.

Essa forma de disposição produz poluição, porém localizada. Geralmente, não dispõe de impermeabilização de base (comprometendo a qualidade das águas subterrâneas) nem de sistemas de tratamento do percolado (termo que designa a mistura do chorume, produzido pela decomposição do lixo, com a água de chuva que percola o aterro) ou do biogás gerado.

No Brasil, infelizmente, o destino do lixo ainda é inadequado. Estudos mostram que metade dos resíduos gerados em 2011 acabou simplesmente sendo jogado em lixões e aterros não controlados.

Dos 5.565 municípios brasileiros, 60,5% deram destino inadequado a mais de 74 mil toneladas de resíduos por dia.

Em todo o país, mais de 6 milhões de toneladas não foram coletadas em 2011, indo parar em terrenos vazios, córregos etc. (Fonte: Panorama dos Resíduos Sólidos no Brasil).

Aterro sanitário

Aterro sanitário é um processo utilizado para a disposição de resíduos sólidos no solo, particularmente lixo domiciliar, fundamentado em critérios de engenharia e normas operacionais específicas, conforme ilustrado na Fig. 17.31. Permite um confinamento seguro em termos de controle de poluição ambiental e proteção à saúde pública mediante confinamento em camadas cobertas com material inerte.

17.6.2 A seleção de áreas para implantação de aterros sanitários

Dados básicos e a importância da Geologia de Engenharia

i] *Dados geológico-geotécnicos*

São informações sobre as características e a ocorrência de materiais que compõem o solo e o subsolo. Os principais aspectos são: tipos de rochas encontradas na região (as menos permeáveis são preferíveis), distribuição das unidades geológico-geotécnicas que compõem o terreno e características estruturais (xistosidade, falhas e fraturas).

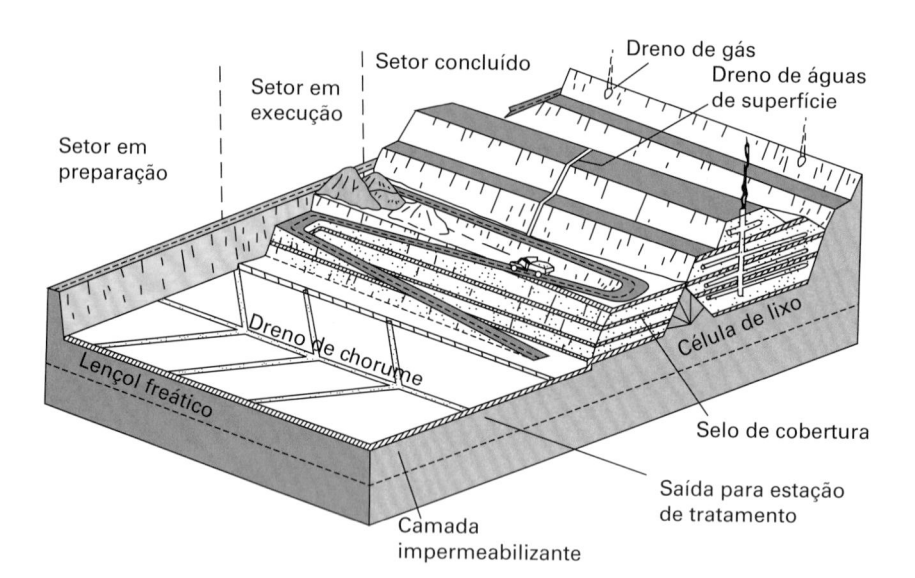

FIG. 17.31 Esquema de um aterro sanitário
Fonte: Lixo Municipal – Manual de Gerenciamento Integrado.

ii] *Dados geomorfológicos*

Dizem respeito às informações sobre as formas e a dinâmica do relevo dos terrenos analisados. Os principais aspectos de interesse são: características das unidades que compõem o relevo (áreas de morros, colinas, planícies, encostas etc.), distribuição das unidades geomorfológicas, declives e principais processos atuantes na região (erosão, escorregamento, inundações, subsidência etc.).

iii] *Dados pedológicos*

São aqueles referentes a características e distribuição dos solos na região estudada. Os principais aspectos de interesse são: tipos de solo que ocorrem e suas características como material de empréstimo (argila para impermeabilização basal e cobertura final; solos siltoargilosos para cobertura diária; areia etc.).

iv] *Dados hidrológicos*

Referem-se ao conjunto de informações sobre o comportamento natural da dinâmica e da química de águas subterrâneas e superficiais. São analisados aspectos como: profundidade do nível freático, posicionamento quanto à zona de recarga das águas subterrâneas e principais bacias e mananciais subterrâneos e superficiais de interesse para abastecimento público (âmbito local e regional).

v] *Dados climatológicos*

Dizem respeito às formatações sobre chuvas, temperaturas e ventos, de interesse para estimativas de geração de percolado, dimensionamento dos sistemas de águas pluviais e dispersão de gases, poeira, ruído e odores. Os principais aspectos de interesse são: regime de chuvas e precipitação pluviométrica histórica, direção e intensidade dos ventos, evaporação e evapotranspiração.

vi] *Dados sobre a legislação*
Referem-se às informações sobre as leis ambientais federais, estaduais e municipais e outros condicionantes do ponto de vista da legislação. No caso de aterros sanitários, os principais aspectos de interesse são: delimitação das áreas de proteção ambiental, áreas de proteção de mananciais, parques, reservas e áreas tombadas e de zoneamento urbano do município.

vii] *Dados econômicos*
Referem-se às informações de cunho social e econômico que podem ser traduzidas em condicionantes para as decisões técnico-políticas de escolha de áreas para instalação de aterros sanitários. São de interesse aspectos como: uso e ocupação dos terrenos, valor da terra, distância em relação aos centros atendidos, integração com a malha viária e a infraestrutura básica e aceitabilidade da população e de suas entidades organizadas.

viii] *Resultados e conclusões da análise dos dados básicos para a pré-seleção de áreas*
A análise integrada dos dados obtidos (itens i a vii) permite identificar as áreas mais favoráveis/indicadas para a instalação do aterro sanitário, que estarão sujeitas a posteriores investigações de campo.

17.6.3 Recuperação de áreas utilizadas como aterros sanitários ou de materiais inertes

As Figs. 17.32 e 17.33 mostram, respectivamente, um exemplo da recuperação de uma área antes utilizada como aterro sanitário e como aterro de materiais inertes.

Deve ser registrado repetidamente que a descontaminação, ou seja, a recuperação de áreas degradadas e contaminadas por postos de gasolina, indústrias e lixões, exige investimentos altíssimos. Além disso, deve-se ressaltar que muitas áreas não foram recuperadas e mesmo assim foram ocupadas por conjuntos habitacionais ou centros de compras. Por isso, elas trazem sérios problemas à saúde e à segurança das populações que vivem ou circulam por elas.

FIG. 17.32 Recuperação de escavação de pedreira no município de São Paulo. Área aterrada com materiais inertes, formando uma colina em região pobre, foi transformada em área verde e de lazer (zona sul do Município de São Paulo)
Fonte: Limpurb (2000).

No Brasil, mais de 300 casos de contaminação do solo e do subsolo foram descobertos até o momento. No processo de recuperação de áreas degradadas, predominam os casos de descontaminação de áreas por produtos químicos tóxicos. No Estado de São Paulo, em 2011, foram catalogadas, pela Cetesb, mais de 3.700 áreas contaminadas.

Em agosto de 2012, foi descoberta uma área com 170.000 m² dentro do aeroporto de Congonhas contendo 69 toneladas de resíduos tóxicos como combustível, solvente e metais pesados (Fonte: O *Estado de S. Paulo*, 24 de agosto de 2012).

Outro caso polêmico de descontaminação esteve relacionado com o Shopping Center Norte, em São Paulo, construído em área de antigos lixões. Além dos custos de descontaminação, esse tipo de trabalho pode levar décadas.

Outros exemplos de regiões com contaminações ambientais apenas no Estado de São Paulo são:

a) *Paulínia*: o bairro Recanto dos Pássaros teve o subsolo e as águas contaminados pela Shell;
b) *Santo Antônio de Posse*: no aterro Mantovani, que recebia resíduos industriais, houve contaminação do local e de áreas vizinhas;
c) *Santa Gertrudes*: polo cerâmico foi acusado de contaminar ar e solos com fluoreto gasoso e metais pesados;
d) *Litoral e Baixada Santista*: em Cubatão, a contaminação de água, solo e ar por resíduos tóxicos da Rhodia acabou afetando as cidades de São Vicente e Itanhaém.
e) *São Paulo (Vila Carioca)*: subsolo e águas subterrâneas do bairro foram contaminados pela Shell;
f) *São Paulo (Jurubatuba)*: subsolo e aquíferos do bairro foram contaminados por resíduos de indústrias localizadas na área.

Foi divulgado que em São Paulo existiriam 2.904 áreas contaminadas, sendo 90% delas em postos de gasolina e o restante, consequência de atividades comerciais e industriais.

FIG. 17.33 Recuperação de um aterro sanitário

Referências bibliográficas

BITAR, O. Y. et al. Integração de estudos geológico-geotécnicos aplicados a projetos de engenharia e à avaliação de impactos ambientais: estamos avançando? *Revista Brasileira de Geologia de Engenharia e Ambiental*. São Paulo, v. 1, n. 1, nov. 2011. Edição especial.

BOGOSSIAN, F. A história da geotecnia offshore no Brasil. *Fundações & Obras Geotécnicas*, n. 21, 2012.

BRITO, S. N. A.; CELLA, P. R. C.; FIGUEIREDO, R. P. Importância da geologia de engenharia e geomecânica na mineração. *Revista Brasileira de Geologia de Engenharia e Ambiental*, São Paulo, v. 1, n. 1, nov. 2011. Edição especial.

BUENO, B.; COSTA, Y. *Dutos enterrados:* aspectos geotécnicos. 2. ed. São Paulo: Oficina de Textos, 2012.

CAPUTO, H. P. *Mecânica dos solos e suas aplicações*. Rio de Janeiro: Livros Técnicos e Científicos S.A., 1981.

CARVALHO, E. T. *Carta geotécnica de Ouro Preto*. Síntese de tese, 1. ed. São Paulo, ABGE, 1987.

CHIOSSI, N. J. Reconhecimento geológico preliminar em Promissão, Rio Tietê. *Relatório Técnico n. 6* (em coautoria com o geólogo Jayme de Oliveira Campos). São Paulo: Companhia Hidrelétrica do Rio Pardo (CHERP), 1965.

CHIOSSI, N. J. Fotointerpretação ajuda o mapeamento geológico. *O Dirigente Construtor*, jul. 1969.

CHIOSSI, N. J. Rebaixamento do nível d'água na estação Conceição do metrô de São Paulo. *Anais da II Semana de Geologia Aplicada*, São Paulo, 1970a.

CHIOSSI, N. J. Rebaixamento por poços profundos no metrô de São Paulo. *Anais do IV Congresso Brasileiro de Mecânica dos Solos e Fundações*, Rio de Janeiro, 1970b.

CHIOSSI, N. J. Métodos de rebaixamento do nível d'água usados nos túneis e estações do Metrô de São Paulo. *II Congresso Internacional da Associação Internacional de Geologia de Engenharia*, São Paulo, 1974a.

CHIOSSI, N. J. Uma síntese dos problemas do ensino da geologia de engenharia no Estado de São Paulo, Brasil. *II Congresso Internacional de Geologia de Engenharia*. São Paulo, ago. 1974b.

CHIOSSI, N. J. Aspectos do rebaixamento do nível d'água na estação Santana do metrô de São Paulo. *I Congresso Brasileiro de Geologia de Engenharia*. Rio de Janeiro, 1976a.

CHIOSSI, N. J. Método geofísico nas investigações geológicas para o pátio de Itaquera da linha leste-oeste do metrô (em colaboração com o geólogo Victor Meyer, do IPT). *A Construção em São Paulo*. São Paulo, jan. 1976b.

CHIOSSI, N. J. Implications of mining activity in the planning of São Paulo Metropolitan Region II. *International Congress of Engineering Geology*. Madrid, Espanha, sept. 1978.

CHIOSSI, N. J. Planejamento a longo prazo: uma medida para solucionar os nossos problemas. III Congresso Brasileiro de Geologia de Engenharia. *Construção Pesada*. São Paulo, abr. 1981.

CHIOSSI, N. J. A degradação ambiental provocada pela exploração mineral na região metropolitana de São Paulo, Brasil. Anais do V Congresso Latino-Americano de Geologia. *Simpósio sobre Fatores Ambientais em Exploraciones Minero-Industriales*. Buenos Aires, out. 1982a.

CHIOSSI, N. J. History and development of the engineering geology in Brazil. *IV International Congress of International Association of Engineering Geology –IAEG*. India, dec. 1982b.

CHIOSSI, N. J. Relato do tema: Engineering Geological and Aspects in Environment Planning Urban Areas. *V Congresso Internacional da IAEG*. Buenos Aires, Argentina, 1986.

CHIOSSI, N. J. *Geologia aplicada à Engenharia*. 4. ed. São Paulo: Departamento de Livros e Publicações da Escola Politécnica da USP, 1987a.

CHIOSSI, N. J. Riqueza que não se vê (água subterrânea). Visão, São Paulo, ano XXXVI, n. 22, 3 jan. 1987b.

CHIOSSI, N. J. Dersa e meio ambiente. Publicação especial para a ECO'92. *Feira Internacional de Tecnologia Ambiental*. São Paulo, maio 1992.

CHIOSSI, N. J. Rodovias e meio ambiente. O caso do licenciamento ambiental da Rodovia Governador Carvalho Pinto, SP. *Seminário MT/GEIPOT – UNESP Guaratinguetá*. São Paulo, 1993.

CHIOSSI, N. J.; CAMPOS, J. O. *Reconhecimento geológico preliminar em Promissão*. Relatório da CHERP, julho 1965.

CHIOSSI, N. J.; KUTNER, A. S. A utilização do método sísmico "terra Scout" em Geologia Aplicada à Engenharia. *Revista do D.E.R. do Estado do Rio de Janeiro*, ano XII, n. 22, maio/julho 1965.

CHIOSSI, N. J.; HORI, K. Aspectos da hidrogeologia da Bacia Sedimentar de São Paulo e a construção do metrô. *19° Simpósio Nacional sobre Recursos Hídricos Subterrâneos*, São Carlos, 1972.

COULON, F. K. *Mapa geotécnico das folhas de Morretes e Montenegro (RS)*. Porto Alegre: FAPERGS, 1974.

COZZOLINO, V. M. N.; CHIOSSI, N. J. *Condições geotécnicas da Bacia Sedimentar de São Paulo*. São Paulo: Departamento de Livros e Publicações da Escola Politécnica da Universidade de São Paulo, 1969.

DOBRIN, M. B. *Introduction to geophysical prospecting*. New York: McGraw-Hill, 1952.

FLORENZANO, T. G. *Iniciação em sensoriamento remoto*. 3. ed. São Paulo: Oficina de Textos, 2011.

FRANCO, R. R. *Curso de Petrologia*. São Paulo: Faculdade de Filosofia, Ciências e Letras da USP, 1963.

FRAZÃO, E. B.; MIOTO, J. A.; SANTOS, A. R. O fenômeno de desagregação superficial em rochas argilosas – sua implicação na estabilidade de taludes viários. In: CONGRESSO BRASILEIRO DE GEOLOGIA DE ENGENHARIA, 1., Rio de Janeiro. Anais... v. 1, p. 211-228, 1976.

GOMES, C. B. (Org.). *Geologia USP: 50 anos*. São Paulo: Edusp, 2007.

MACCAFERRI GABIÕES DO BRASIL LTDA. *Revestimentos flexíveis para canais e cursos de água canalizados*. Jundiaí, 1979.

MACIEL FILHO, C. L. *Caracterização geotécnica das formações sedimentares de Santa Maria, RS*. 1977. 123 f. Dissertação (Mestrado) – Instituto de Geociências/UFRJ, Rio de Janeiro, 1977.

MACIEL FILHO, C. L. *Carta geotécnica de Santa Maria*. Santa Maria: UFSM, 1990.

MACIEL FILHO, C. L.; NUMMER, A. V. *Introdução à Geologia de Engenharia*. 4. ed. Santa Maria: Editora UFSM, 2011.

MARQUES FILHO, P. L. *Anais da 2ª Jornada de Geotecnia da ABGE*. Curitiba, 1982.

MORAES REGO, L. F.; SOUZA SANTOS, T. D. *Contribuição para o estudo dos granitos da Serra da Cantareira*. São Paulo: IPT, 1938. (Boletim 18).

PEDROTO, A. E. S.; BARROSO, J. A. Mapeamento geológico-geotécnico em áreas dos municípios de Saquarema e Marica, RJ: baixada litorânea e vertente atlântica. *Anais do IV Congresso Brasileiro de Geologia de Engenharia*, Belo Horizonte, v. 2, p. 267-278, 1984.

PICHLER, E. *Boletim da Sociedade Brasileira de Geologia*. 1957.

PROJETO TAV BRASIL. Estudos de traçados. Consórcio Halcrow-Sinergia. *Relatório final*, 2009a. v. 2.

PROJETO TAV BRASIL. Operações ferroviárias e tecnologia. Parte 2: Tecnologia. Consórcio Halcrow-Sinergia. *Relatório final*, 2009b. v. 4.

REVISTA ENGENHARIA. Edição especial, dez. 1973.

SANTANA, D. N.; AZEVEDO, R. P.; PACHECO, T. M. S. *Sistema de transporte dutoviário*. Universidade Severino Sombra (Vassouras/RJ). Trabalho apresentado no 5º período para a disciplina de Gestão de Materiais, do curso de Administração, 2008.

SOUZA, C. R. G. A erosão costeira e os desafios da gestão costeira no Brasil. *Gestão Costeira Integrada/Journal of Integrated Coastal Zone Management*, v. 9, n. 1, p. 17-37, 2009.

SOUZA, C. R. G.; SOUZA FILHO, P. W. M.; ESTEVES, S. L.; VITAL, H.; DILLENBURG, S. R.; PATCHINEELAM, S. M.; ADDAD, J. E. Praias arenosas e erosão costeira. In: SOUZA, C. R. G. et al. (Ed.). *Quaternário do Brasil*. Ribeirão Preto: Holos, 2005. p. 130-152.

SOUZA, L. A. P. *Revisão crítica da aplicabilidade dos métodos geofísicos na investigação de áreas submersas rasas*. 311 f. Tese (Doutorado) – Instituto Oceanográfico, Universidade de São Paulo, São Paulo, 2006.

TAKIYA, H. et al. Arcabouço estrutural da Bacia de São Paulo. In: WORKSHOP SOBRE A GEOLOGIA DA BACIA DE SÃO PAULO, 1989, São Paulo. Anais... São Paulo: IG-USP/ SBG-NSP, 1989. p.16-26.

TELLES, F. T. S.; MARCHETTI, D. *Revista Politécnica*, n. 149, 1945.

THE GEOLOGICAL SOCIETY OF AMERICA. *Special Paper* n. 60, 1945.

TODD, D. K. *Groundwater hydrology*. 2. ed. New York: J. Wiley & Sons, 1980.

TRESSOLDI, M. *Uma contribuição à caracterização de maciços rochosos fraturados visando à proposição de modelos para fins hidrogeológicos e hidrogeotécnicos*. 291 f. 1991. Dissertação (Mestrado) – Instituto de Geociências, Universidade de São Paulo, São Paulo, 1991.

U.S. DEPARTMENT OF THE INTERIOR. Bureau of Reclamation. *Concrete manual*. Denver, Co: United States Printing Office, 1963.